全国中医药行业高等教育“十三五”规划教材

全国高等中医药院校规划教材（第十版）

生物化学

（新世纪第二版）

（供中西医临床医学、中医学、中药学、护理学等专业用）

主　审

温进坤（河北医科大学）

主　编

施　红（福建中医药大学）

副主编

王和生（贵阳中医学院）　　田余祥（大连医科大学）

青献春（山西中医药大学）　　郭　平（山东中医药大学）

编　委（以姓氏笔画为序）

王艳杰（辽宁中医药大学）　　韦玉兰（广西中医药大学）

史胜利（河南中医药大学）　　朱　洁（安徽中医药大学）

孙　聪（长春中医药大学）　　李爱英（河北中医学院）

何迎春（湖南中医药大学）　　张捷平（福建中医药大学）

郑　纺（天津中医药大学）　　赵丹玉（辽宁中医药大学）

姜　颖（黑龙江中医药大学）　　姚　政（云南中医学院）

党　琳（陕西中医药大学）　　黄映红（成都中医药大学）

龚张斌（上海中医药大学）　　梁　冯（湖北中医药大学）

学术秘术

张捷平（福建中医药大学）

中国中医药出版社

·北　京·

图书在版编目（CIP）数据

生物化学 / 施红主编 .—北京：中国中医药出版社，2017.12（2021.1重印）

全国中医药行业高等教育“十三五”规划教材

ISBN 978 – 7 – 5132 – 4617 – 0

Ⅰ . ①生…　Ⅱ . ①施…　Ⅲ . ①生物化学–中医学院–教材　Ⅳ . ① Q5

中国版本图书馆 CIP 数据核字（2017）第 287876 号

中国中医药出版社出版

北京经济技术开发区科创十三街 31 号院二区 8 号楼

邮政编码　100176

传真　010 64405721

河北品睿印刷有限公司印刷

各地新华书店经销

开本 850 × 1168　1/16　印张 27　字数 657 千字

2017 年 12 月第 1 版　2021 年 1 月第 3 次印刷

书号　ISBN 978 – 7 – 5132– 4617– 0

定价　75.00 元

网址　www.cptcm.com

如有印装质量问题请与本社出版部调换（010　64405510）

社长热线　010 64405720

购书热线　010 64065415　010 64065413

微信服务号　zgzyycbs

书店网址　csln.net/qksd/

官方微博　http：//e.weibo.com/cptcm

淘宝天猫网址　http：//zgzyycbs.tmall.com

全国中医药行业高等教育“十三五”规划教材

全国高等中医药院校规划教材（第十版）

专家指导委员会

全国中医药行业高等教育“十三五”规划教材

编审专家组

组　长

王国强（国家卫生计生委副主任　国家中医药管理局局长）

副组长

张伯礼（中国工程院院士　天津中医药大学教授）
王志勇（国家中医药管理局副局长）

组　员

卢国慧（国家中医药管理局人事教育司司长）
严世芸（上海中医药大学教授）
吴勉华（南京中医药大学教授）
王之虹（长春中医药大学教授）
匡海学（黑龙江中医药大学教授）
刘红宁（江西中医药大学教授）
翟双庆（北京中医药大学教授）
胡鸿毅（上海中医药大学教授）
余曙光（成都中医药大学教授）
周桂桐（天津中医药大学教授）
石　岩（辽宁中医药大学教授）
黄必胜（湖北中医药大学教授）

前 言

为落实《国家中长期教育改革和发展规划纲要（2010–2020年）》《关于医教协同深化临床医学人才培养改革的意见》，适应新形势下我国中医药行业高等教育教学改革和中医药人才培养的需要，国家中医药管理局教材建设工作委员会办公室（以下简称“教材办”）、中国中医药出版社在国家中医药管理局领导下，在全国中医药行业高等教育规划教材专家指导委员会指导下，总结全国中医药行业历版教材特别是新世纪以来全国高等中医药院校规划教材建设的经验，制定了“‘十三五’中医药教材改革工作方案”和“‘十三五’中医药行业本科规划教材建设工作总体方案”，全面组织和规划了全国中医药行业高等教育“十三五”规划教材。鉴于由全国中医药行业主管部门主持编写的全国高等中医药院校规划教材目前已出版九版，为体现其系统性和传承性，本套教材在中国中医药教育史上称为第十版。

本套教材规划过程中，教材办认真听取了教育部中医学、中药学等专业教学指导委员会相关专家的意见，结合中医药教育教学一线教师的反馈意见，加强顶层设计和组织管理，在新世纪以来三版优秀教材的基础上，进一步明确了“正本清源，突出中医药特色，弘扬中医药优势，优化知识结构，做好基础课程和专业核心课程衔接”的建设目标，旨在适应新时期中医药教育事业发展和教学手段变革的需要，彰显现代中医药教育理念，在继承中创新，在发展中提高，打造符合中医药教育教学规律的经典教材。

本套教材建设过程中，教材办还聘请中医学、中药学、针灸推拿学三个专业德高望重的专家组成编审专家组，请他们参与主编确定，列席编写会议和定稿会议，对编写过程中遇到的问题提出指导性意见，参加教材间内容统筹、审读稿件等。

本套教材具有以下特点：

1. 加强顶层设计，强化中医经典地位

针对中医药人才成长的规律，正本清源，突出中医思维方式，体现中医药学科的人文特色和“读经典，做临床”的实践特点，突出中医理论在中医药教育教学和实践工作中的核心地位，与执业中医（药）师资格考试、中医住院医师规范化培训等工作对接，更具有针对性和实践性。

2. 精选编写队伍，汇集权威专家智慧

主编遴选严格按照程序进行，经过院校推荐、国家中医药管理局教材建设专家指导委员会专家评审、编审专家组认可后确定，确保公开、公平、公正。编委优先吸纳教学名师、学科带头人和一线优秀教师，集中了全国范围内各高等中医药院校的权威专家，确保了编写队伍的水平，体现了中医药行业规划教材的整体优势。

3. 突出精品意识，完善学科知识体系

结合教学实践环节的反馈意见，精心组织编写队伍进行编写大纲和样稿的讨论，要求每门教材立足专业需求，在保持内容稳定性、先进性、适用性的基础上，根据其在整个中医知识体系中的地位、学生知识结构和课程开设时间，突出本学科的教学重点，努力处理好继承与创新、理论与实践、基础与临床的关系。

4. 尝试形式创新，注重实践技能培养

为提升对学生实践技能的培养，配合高等中医药院校数字化教学的发展，更好地服务于中医药教学改革，本套教材在传承历版教材基本知识、基本理论、基本技能主体框架的基础上，将数字化作为重点建设目标，在中医药行业教育云平台的总体构架下，借助网络信息技术，为广大师生提供了丰富的教学资源和广阔的互动空间。

本套教材的建设，得到国家中医药管理局领导的指导与大力支持，凝聚了全国中医药行业高等教育工作者的集体智慧，体现了全国中医药行业齐心协力、求真务实的工作作风，代表了全国中医药行业为“十三五”期间中医药事业发展和人才培养所做的共同努力，谨向有关单位和个人致以衷心的感谢！希望本套教材的出版，能够对全国中医药行业高等教育教学的发展和中医药人才的培养产生积极的推动作用。

需要说明的是，尽管所有组织者与编写者竭尽心智，精益求精，本套教材仍有一定的提升空间，敬请各高等中医药院校广大师生提出宝贵意见和建议，以便今后修订和提高。

国家中医药管理局教材建设工作委员会办公室

中国中医药出版社

2016年6月

编写说明

全国中医药行业高等教育“十二五”规划教材《生物化学》自2015年出版发行以来，受到全国各高等中医药院校教师和学生的普遍好评。被认为是一本教师好用，学生好学，满足中医药人才培养和中医药教学改革需要的好教材。现在上一版教材的基础上修订为全国中医药行业高等教育“十三五”规划教材，供中西医临床医学、中医学、中药学、护理学等专业用。

培养具有实践能力、创新能力及自主学习和终生学习能力的符合社会需求的医学人才是医学教育工作者的重要任务和重要目标。以秉持克服医学生在基础医学教育阶段学习茫然、主动学习意识薄弱、师生互动不足等缺陷，增强基础学科之间及基础学科与临床学科之间的联系，提高学生主动发现问题、思考问题、解决问题的能力作为案例版《生物化学》教材的编写初衷，亦符合当今医学教育教学改革的重要方向，并具有重要的现实意义。

《生物化学》是一门研究生物体物质组成、结构功能、代谢途径及物质分子在体内调控过程的学科，也是从生物化学和分子生物学角度认识并解决人类疾病的诊疗和预防的核心课程。本教材在注重“三基”“五性”的基础上，结合全国医师资格考试大纲、全国硕士研究生统一入学考试大纲及历年考点，从临床案例出发，通过对案例中部分中西医临床表现尤其是生化指标的讨论，引导学生探讨其中蕴含的生物化学知识，以期增进学生对生物化学课程的学习兴趣，激发学生主动学习、自主学习的热情；帮助学生学会运用本学科的知识，解释与人类健康、疾病相关的防治及康复等问题，提高医学生实践应用能力。本教材中的水盐代谢、酸碱平衡章节，以及适当拓展的生物化学新成果和新技术的原理及应用等章节，有助于开拓学生视野、提高学生创新意识，并运用于中西医结合基础及临床研究中，以诠释中医药防治疾病的作用机制。

参与本教材修订的作者分别是来自全国20余所高等医药院校具有丰富教学科研经验的专家教授。在修订过程中，自始至终得到中国中医药出版社、福建中医药大学各级领导的关心和帮助，并在福建中医药大学生化教研室全体老师的协助下，再次完成了全书的修订工作。莅此，全体编委对以上各单位、部门及个人为本教材所做的大力支持和无私奉献表示衷心感谢。

鉴于生物化学内容丰富、发展迅速，加之案例所涉及的中西医学内容广泛，而编者学识所限，本教材若存在遗漏或错讹之处，谨请读者提出宝贵意见和建议，以便再版时修订提高。

《生物化学》编委会

2017 年 11 月 8 日

目 录

第五章 酶 63

第六章 生物氧化 83

第七章 糖代谢 97

第十六章 细胞信号转导 290

第十七章 分子生物学常用技术的原理及应用 318

第十八章 血液化学 339

第一章 绪 论

生物化学（biochemistry）是研究生物体化学分子与化学反应，从分子水平探讨生命现象本质的科学，又称生命的化学。人们通常将有关核酸、蛋白质等生物大分子的结构、功能及基因的结构、表达与调控的内容，称为分子生物学（molecular biology）。分子生物学是生物化学的重要组成部分。20世纪中叶以来，以DNA双螺旋结构模型建立为代表的分子生物学飞速发展，为生物化学注入了生机与活力，使生物化学和分子生物学成为生命科学领域发展最快的前沿学科之一。

生物化学是一门重要的基础医学课程。它以化学、生物学、遗传学、解剖学、组织学、生理学为基础，同时又是免疫学、药理学、病理学和病理生理学等后续课程以及临床课程的基础。生物化学通过与其他学科的联系与交叉，既促进了本学科的发展，也使其成为生命科学各学科之间沟通的共同语言。

第一节 生物化学的主要内容

一、生物分子的组成、结构与功能

生物体是由多种化学物质按严格规律构建起来的。人体内含水55%～67%、蛋白质15%～18%、脂类10%～15%、糖类1%～2%、无机盐3%～4%，此外还有核酸等。其化学元素组成中，C、H、O、N四种元素的含量占99%以上，这些元素构成无机物、小分子有机化合物和生物大分子，生物大分子的多样性是生命现象瑰丽多彩的物质基础。生物大分子的结构虽然复杂，但它们都以小分子有机化合物又称构件分子（building block molecule）作为基本结构单位构成的。例如，核苷酸是核酸的构件分子，氨基酸是蛋白质的构件分子，单糖是多糖的构件分子，脂肪酸是脂类的构件分子等。核酸、蛋白质、多糖和复合脂类等是生物体内重要的生物大分子。

生物大分子的结构与功能的关系是当今生物化学研究的热点之一。结构是功能的基础，功能是结构的体现。生物大分子主要通过分子间的相互识别和相互作用来实现其功能。例如，蛋白质与蛋白质的相互作用是细胞信号转导的结构基础；蛋白质与蛋白质、蛋白质与核酸的相互作用是基因表达调控的决定性因素。生物大分子可进一步组装成更大的复合体，然后再装配成亚细胞结构、细胞、组织、器官和系统，最后成为能进行生命活动的生物体。从生物整体研究生命现象和复杂疾病已成为当前生命科学的主流和发展趋势。

二、物质代谢及其调节

组成生物体的各种物质都按一定规律进行代谢，即物质代谢（metabolism）。通过物质代谢更新组织成分并为生命活动提供能量，以适应外环境变化，维持内环境的相对恒定，这是生命现象的基本特征。物质代谢的正常进行有赖于机体内各条代谢途径的相互协调和精细调控；物质代谢一旦紊乱，就可能发生疾病。目前生物体内的主要代谢途径虽已基本清楚，但物质代谢有序协调的分子机制仍需进一步探明；而物质代谢对生长、繁殖、分化、凋亡、衰老等生命进程的调控，机体内环境影响物质代谢的信号转导通路以及信号转导通路网络机制也有待进一步揭示。

三、基因信息的传递及其调控

DNA是储存遗传信息的物质，基因是DNA分子上的功能片段。通过复制，可形成两个结构完全相同的子代DNA分子，将亲代的遗传信息准确无误地传递给子代。DNA分子中的遗传信息以转录（RNA的生物合成）、翻译（蛋白质的生物合成）的方式指导蛋白质合成的过程称为基因表达（gene expression）。通过基因表达，遗传信息实现对细胞生长、繁殖、分化、凋亡、衰老等生命过程的严密控制。因此，研究和阐明基因表达的调控机制，对揭示人体生命现象的本质具有非常重要的意义。当前，DNA复制、RNA转录和蛋白质生物合成的过程已基本清楚，人类基因组中全部DNA序列也已阐明；但这仅是揭示人类生命奥秘的序幕，接下来更为艰巨的任务，是研究目前所知的2万~2.5万个基因在特定时空表达的调控机制以及表达产物的功能及其与生命活动的关系。

第二节　生物化学的发展历程

生物化学是一门古老又年轻的科学。1903年，Neuberg首先提出了生物化学这一名词并使之成为一门独立学科。生物化学的发展大致分为三个阶段。

一、生物化学的初期阶段

20世纪前，主要针对生命物质的化学组成、理化性质和含量进行研究。在这一阶段，生命物质被分成了糖、脂和蛋白质；发现了酶和核酸；证实了染色体由核酸和蛋白质组成；提出了基因和代谢的概念。因为初期阶段的工作主要是研究静止状态下生命物质的化学组成、化学结构和理化性质，所以这一阶段又称为“静态生物化学”或“叙述生物化学”阶段。

二、生物化学的发展阶段

20世纪初至20世纪中叶，利用离体器官、组织切片、组织匀浆和酶的纯化以及同位素示踪技术，确定了生物体内主要物质的代谢途径，包括糖代谢、脂肪酸β氧化、尿素合成、三羧酸循环及脂肪酸合成途径等；发现了多种维生素和激素，明确了它们在物质代谢及代谢调节中的作用；证实了生物体内存在呼吸链和氧化磷酸化反应；发现了DNA是生物遗传的物质基础。

NOTE

因为物质代谢在体内是处于动态平衡的过程，所以生物化学的这一发展阶段又称为“动态生物化学”阶段。

三、分子生物学阶段

20世纪下半叶，生物化学的发展进入分子生物学阶段。1953年Watson和Crick提出的DNA双螺旋结构模型，标志着生物化学的发展进入了分子生物学时代。此后，随着在大肠杆菌中发现催化DNA复制的DNA聚合酶、DNA指导的RNA聚合酶以及对20种氨基酸遗传密码的揭示，又提出了遗传信息传递的中心法则（DNA→RNA→蛋白质）。20世纪70年代初，限制性核酸内切酶和DNA连接酶的发现，Berg首次将经限制酶切割的病毒SV40 DNA片段和噬菌体DNA片段连接起来构成DNA重组体，并将重组DNA导入大肠杆菌进行克隆，标志着基因工程的诞生。由此，人们可以生产有效药物、制作疫苗和一系列天然蛋白质并根据需要来改造动植物品种。1982年Cech T发现了核酶（ribozyme），打破了“酶是蛋白质”的传统概念，提出了“在蛋白质尚未出现前可能有一RNA世界”的生命起源新理论。1983年，Mullis K发明了聚合酶链反应（polymerase chain reaction，PCR）技术，使人们可以在体外简便快捷地扩增DNA，由于PCR技术操作简单、灵敏度高、特异性强，具有极高的扩增效率，该技术被广泛应用于基因克隆、基因诊断等方面。如检测病毒与细菌、肿瘤诊断、遗传性疾病的产前诊断、法医鉴定以及人体激素如生长抑素、胰岛素的制备等。1997年英国科学家用羊的体细胞成功克隆出克隆羊“多利”，标志着人类无性繁殖哺乳动物技术的重大突破。2003年，由美、英、日、法、德、中等6国科学家协作完成了人类基因组计划（human genome project），成功绘制出人类基因组序列图，为人类健康和疾病的研究带来了革命性变化。继人类基因组计划之后，后基因组计划也应运而生，这将进一步研究各种基因的功能及其表达调控，最终揭示人类生老病死的奥秘。

四、生物化学在我国的发展

在西方生物化学诞生之前，我国劳动人民就能发酵酿酒及酿制酱油和醋。20世纪20年代，我国生物化学家吴宪在临床血液分析方面，创立了血滤液的制备和血糖的测定方法，并针对蛋白质变性是由于其结构发生变化而提出了国际公认的蛋白质变性学说。1965年我国生物化学家在世界上率先人工合成了有生物活性的蛋白质——结晶牛胰岛素；1974年又用X线衍射法精确测定了猪胰岛素晶体结构，分辨率达0.18nm；1981年又成功合成了酵母丙氨酰转运核糖核酸。1990年我国研制了第一例转基因家畜。2003年作为世界上唯一的发展中国家，加入世界人类基因组计划国际大协作，完成了1%人类基因组的测序工作。2005年开始的由我国科学家领衔的第一个人类组织/器官的蛋白质组计划“人类肝脏蛋白质组计划”，将为重大肝脏疾病的预防、诊断、治疗和新药研发提供重要的科学理论。此外，自1986年我国实施“863”计划以来，在诸如基因工程药物、基因工程疫苗、转基因农作物、转基因动物等方面，取得的一批又一批具有自主知识产权的研究成果，不断推动着我国生物化学向国际一流水平迈进。

NOTE

第三节　生物化学与医学及中西医结合医学的关系

一、生物化学与医学的关系

生命活动依赖于生物体内进行的各种生物化学反应，正常的生物化学反应是健康的基础。当组成生物体的某些物质成分、结构或体内的化学反应发生异常或平衡失调时，即预示着机体病变的发生。例如，糖尿病的生物化学基础是糖代谢紊乱；动脉粥样硬化的生物化学基础是脂代谢异常；恶性肿瘤的生物化学基础是癌基因表达异常等。随着生物化学与分子生物学的发展，人类不仅对许多疾病发生发展的机制有了更明确的认识，也不断将更多生物化学与分子生物学的理论和技术应用于疾病的诊断和治疗。如血浆甲胎蛋白（AFP）的检测可用于普查原发性肝癌；血清丙氨酸氨基转移酶（ALT）的检测可以帮助诊断肝脏疾病；血红蛋白β链一级结构的异常将导致镰状红细胞贫血。体内的化学反应绝大多数需要酶的催化，如果酶的活性被抑制或先天缺乏某些酶，必然会导致代谢反应异常而引起相应的疾病或先天性代谢缺乏症。如先天缺乏酪氨酸酶（tyrosinase）引起黑色素生成减少而导致白化病等。除了有助于阐明疾病发生发展的机制及帮助诊断疾病之外，还有助于有效药物的研制和临床疾病的治疗。许多抗癌药如5-氟尿嘧啶（5-FU）、甲氨蝶呤（MTX）等，以及抗痛风药别嘌呤醇等，都是根据竞争性抑制原理而设计研发的抗代谢药物。毫无疑问，生物化学的理论和技术在医药卫生各个领域的不断发展和运用，必将促进临床医学诊疗水平的提高。

二、生物化学与中西医结合医学的关系

生物化学是认识疾病和健康规律的重要基础理论，也是指导中西医结合研究和发展的重要科学理论。整体观念、辨证论治是中医学防病治病的特色和精华，运用生物化学的理论和技术进一步挖掘中医学内涵是继承和发扬祖国医学瑰宝的重要方向。

“病证结合”是中西医结合临床医学中常用的诊疗方法和思维模式。将西医的微观局部分析法与中医的宏观整体辨证法相结合，可极大提高临床疾病的诊治疗效。目前在证的客观化、中西药的互补机制、疾病的病机规律等中西医结合医学研究领域中已大量运用了生物化学的理论和技术。对慢性、难治性疾病机制的研究，西药具有相对单靶点、短期快速高效的特点，但从物质代谢途径和信号转导通路的网络看，长期激活或阻断某代谢途径或信号转导通路，将会导致该途径或通路的上下游中间代谢物失衡继发疗效下降；而整体辨证形成的中药复方不仅可以通过多靶点调节相关代谢途径或信号转导通路来弥补西药继发疗效下降的不足，还可针对不同个体的证候和指标差异进行加减，从而减少西药长期靶点作用导致的不良反应，达到减毒增效、标本兼治的效果，恢复机体的“自稳”状态。如糖尿病模型大鼠与正常组的基因表达谱芯片检测显示，存在差异的（“上调”或“下调”）已知功能基因1339个（$P<0.05$），经滋阴益气活血泻浊中药复方治疗后，血生化指标全面改善，近千个基因表达量恢复正常；聚类分析显示，中药复方治疗后的模型大鼠更接近于正常组；其蛋白表达谱芯片显示，与糖脂代谢、RNA和蛋白质生物合成、增殖、凋亡、自噬、神经-内分泌-免疫网络有关的信号途径蛋白

发生良性改变的达 352 个（$P<0.05$），多于西药二甲双胍组（125 个）。

21 世纪以来，人类基因组计划和随后出现的基因组学、转录组学（transcriptomics）、蛋白质组学、代谢组学把生命科学研究带入了系统生物学和整体医学的新时代，"组学"（-omics）不再是对个别基因、个别蛋白质或个别代谢物进行研究，而是对一个细胞或整个生命体的基因及其编码的蛋白质以及代谢产物进行研究；且物质代谢途径和信号转导通路的大量揭示，又将基因、蛋白质、代谢物连接成整体。因此，重视生物体整体性、动态性、平衡性的研究将使人类更深刻地认识肿瘤、心脑血管疾病、代谢性疾病等复杂疾病的发病机制，从而为在分子水平上预防、诊断和治疗这些疾病奠定科学基础，也将为中西医结合的研究创造前所未有的机遇，为中西医结合和中医药学发展提供更加广阔的空间。

NOTE

第二章　蛋白质的结构与功能

【案例1】

患者，女，56岁，因“肌肉痉挛，运动不协调，记忆力进行性减退6月余”就诊。

体格检查：体温37℃，表情呆滞，步态不稳，肝、脾不大，上下肢肌肉阵挛。

实验室检查：血红蛋白120g/L，红细胞4.5×10^{12}/L，白细胞6×10^{9}/L，脑脊液常规检查基本正常，14-3-3蛋白质呈阳性，脑CT检查基本正常，脑电图有周期性发放的高幅棘-慢综合波（约每秒1次）。经治疗无明显好转，患者意识障碍逐渐昏迷，最后因肺部感染而死亡。经家属同意做病理解剖，脑组织广泛海绵状空泡、淀粉样蛋白沉淀及神经元退行性改变，脑组织PrP^{Sc}检测为阳性。

问题讨论

1. 该患者患何种疾病？
2. 本病的发病机制是什么？

蛋白质（protein）是由氨基酸构成的生物大分子，其种类繁多，功能多样，在物质代谢、信号转导、血液凝固、机体防御、肌肉收缩、组织修复、生长发育、繁衍后代等方面发挥关键作用，是生命活动的物质基础。

第一节　蛋白质的分子组成

一、蛋白质的元素组成

蛋白质的种类繁多，结构各异，但元素组成相似，主要含碳（C）、氢（H）、氧（O）、氮（N）和硫（S）。各种蛋白质的含氮量很接近，约占16%。由于生物样品中的含氮物主要来自蛋白质，因此通过测定生物样品中的含氮量就可以推算出生物样品中蛋白质的大致含量。

每克样品中蛋白质含量（g%）= 每克样品含氮克数 ×6.25×100%

或100g样品中蛋白质含量（g）=100g样品含氮克数 ×6.25

二、蛋白质的基本组成单位——氨基酸的分类和主要性质

（一）氨基酸的结构

NOTE

蛋白质的基本结构单位是氨基酸，存在于自然界中的氨基酸有300余种，但被生物体直接

用于合成蛋白质的只有20种，称为标准氨基酸。除甘氨酸外，其余氨基酸的α－碳原子都结合了4个不同的原子或基团：羧基、氨基、R基和1个氢原子（甘氨酸的R基是1个氢原子），所以α－碳原子是手性碳原子，氨基酸是手性分子。氨基酸的区别在于其R基，以及R基的结构、大小、电荷对氨基酸水溶性的影响。

理论上，任何一种手性分子都存在D（右旋）/L（左旋）对映体，但对于手性生物分子，生物体通常只选择它的一种构型：D型或L型。天然蛋白质中的氨基酸为L－构型，D－构型氨基酸最初发现于细菌细胞壁的部分肽及某些肽类抗生素中，后来人体内也发现，如D－丝氨酸为重要的脑神经递质。甘氨酸不含手性碳原子，但习惯上还是称它L－氨基酸。苏氨酸、异亮氨酸各含2个手性碳原子。其余标准氨基酸只含1个手性碳原子。

和其他有机酸一样，为了准确描述氨基酸的结构，需要对其碳原子进行编号。依照惯例，氨基酸的碳原子有两套编号规则可供选用：一种是将碳原子按照与羧基碳原子的距离依次编号为α、β、γ、δ等；另一种是用阿拉伯数字编号，羧基是主要功能基团，其碳原子编为1号，其他碳原子依次编为2号、3号、4号等。含杂环结构的氨基酸一般用阿拉伯数字编号，用希腊字母容易产生歧义。

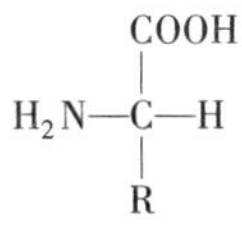

L－氨基酸：$H_2N—C(COOH)(R)—H$（COOH在上，R在下，H_2N在左，H在右）

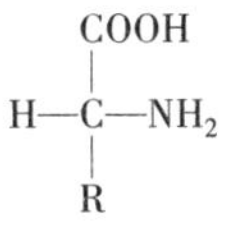

D－氨基酸：$H—C(COOH)(R)—NH_2$（COOH在上，R在下，H在左，NH_2在右）

氨基酸碳原子编号：$\underset{4(\gamma)}{HOOC—CH_2}—\underset{3(\beta)}{CH_2}—\underset{2(\alpha)}{CH(NH_2)}—\underset{1}{COOH}$

L－氨基酸　　D－氨基酸 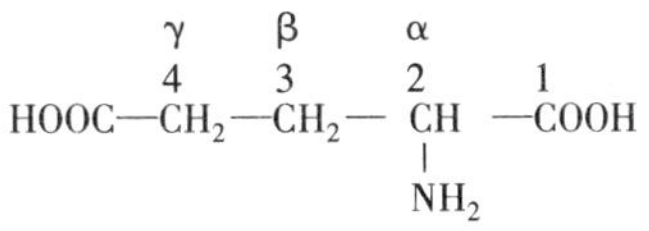　　氨基酸碳原子编号

（二）氨基酸的分类

氨基酸分类主要按照α－碳原子上连接的R基不同来进行分类，根据R基是否电离以及电离后所带电性可将标准氨基酸分为以下四类。

1. 非极性中性氨基酸　本类氨基酸含非极性、疏水的R侧链，见表2－1。其中，丙氨酸、缬氨酸、亮氨酸、异亮氨酸、苯丙氨酸、色氨酸的R基可参与蛋白质分子中的疏水键形成，以稳定蛋白质构象。甘氨酸的结构最简单，尽管它是非极性的，但其侧链太小，因而并不参与形成疏水键。甲硫氨酸（蛋氨酸）是2个含硫氨基酸中的1个，侧链含非极性硫醚基。脯氨酸脂肪侧链形成刚性的环状结构，在蛋白质的空间结构中具有特殊意义。

表2－1　非极性中性氨基酸

结构	中英文名称	缩写符		分子量（Da）	等电点（pI）
$CH_2—COO^-$（CH_2上连 $^+NH_3$）	甘氨酸 Glycine	Gly	G	75.07	5.97
$CH_3—CH—COO^-$（CH上连 $^+NH_3$）	丙氨酸 Alanine	Ala	A	89.09	6.01
$(CH_3)_2CH—CHCOO^-$（CH上连 $^+NH_3$）	缬氨酸 Valine	Val	V	117.15	5.97
$(CH_3)_2CHCH_2—CHCOO^-$（CH上连 $^+NH_3$）	亮氨酸 Leucine	Leu	L	131.17	5.98
$CH_3CH_2CH—CHCOO^-$（CH上分别连 CH_3、$^+NH_3$）	异亮氨酸 Isoleucine	Ile	I	131.17	6.02
$CH_3SCH_2CH_2—CHCOO^-$（CH上连 $^+NH_3$）	甲硫氨酸 Methionine	Met	M	149.21	5.74

续表

结构	中英文名称	缩写符		分子量（Da）	等电点（pI）
（环）$—COO^-$，$\overset{+}{N}$，H H	脯氨酸 Proline	Pro	P	115.13	6.48
（苯环）$—CH_2—CHCOO^-$，$^+NH_3$	苯丙氨酸 Phenylalanine	Phe	F	165.19	5.48
（吲哚环）$CH_2CH—COO^-$，$^+NH_3$，N—H	色氨酸 Tryptophan	Trp	W	204.23	5.89

2. 极性中性氨基酸 本类氨基酸包括丝氨酸、苏氨酸、半胱氨酸、天冬酰胺、谷氨酰胺、酪氨酸，其侧链具亲水性，可与水形成氢键，所以与非极性氨基酸相比，较易溶于水，见表2－2。丝氨酸、苏氨酸、酪氨酸的极性源于羟基，半胱氨酸源于巯基，天冬酰胺、谷氨酰胺源于酰胺基。

表2－2 极性中性氨基酸

结构	中英文名称	缩写符		分子量（Da）	等电点（pI）
$HOCH_2—CHCOO^-$，$^+NH_3$	丝氨酸 Serine	Ser	S	105.09	5.68
$CH_3CH—CHCOO^-$，OH $^+NH_3$	苏氨酸 Threonine	Thr	T	119.12	5.87
$HSCH_2—CHCOO^-$，$^+NH_3$	半胱氨酸 Cysteine	Cys	C	121.16	5.07
$H_2N—\overset{O}{\overset{\Vert}{C}}—CH_2CHCOO^-$，$^+NH_3$	天冬酰胺 Asparagine	Asn	N	132.12	5.41
$H_2N—\overset{O}{\overset{\Vert}{C}}—CH_2CH_2CHCOO^-$，$^+NH_3$	谷氨酰胺 Glutamine	Gln	Q	146.15	5.65
HO—（苯环）$—CH_2—CHCOO^-$，$^+NH_3$	酪氨酸 Tyrosine	Tyr	Y	181.19	5.66

3. 酸性氨基酸 天冬氨酸、谷氨酸其R基侧链含羧基，在生理条件下可以给出H^+而带负电荷，见表2－3。

表2－3 酸性氨基酸

结构	中英文名称	缩写符		分子量（Da）	等电点（pI）
$^-OOCCH_2CHCOO^-$，$^+NH_3$	天冬氨酸 Aspartic acid	Asp	D	133.10	2.77
$^-OOCCH_2CH_2CHCOO^-$，$^+NH_3$	谷氨酸 Glutamic acid	Glu	E	147.13	3.22

4. 碱性氨基酸 pH值7.0时，侧链带正电荷的氨基酸包括赖氨酸：其脂肪链的第6号碳原子上有1个氨基；精氨酸：其脂肪链第5号碳原子连接的胍基带正电；组氨酸：其第3号碳

NOTE

原子连接咪唑基，见表2-4。组氨酸最大的特点是其侧链咪唑基碱性较弱，所以在许多酶促反应中咪唑基既可以作为H^+供体又可以作为H^+受体，发挥酸碱催化作用。

表2-4　碱性氨基酸

结构	中英文名称	缩写符		分子量（Da）	等电点（pI）
$^+NH_3CH_2CH_2CH_2CH_2CH(^+NH_3)COO^-$	赖氨酸 Lysine	Lys	K	146.19	9.74
$H_2N-C(=^+NH_2)-NHCH_2CH_2CH_2CH(^+NH_3)COO^-$	精氨酸 Arginine	Arg	R	174.20	10.76
咪唑基(^+HN, NH)$-CH_2CH(^+NH_3)COO^-$	组氨酸 Histidine	His	H	155.16	7.59

（三）氨基酸的主要性质

各种氨基酸的理化性质不尽相同，甚至都有自己的特性，这里介绍氨基酸的主要性质。

1. 两性电离与等电点　所有的氨基酸都含有α-氨基和α-羧基，既可结合H^+而带正电荷，又可给出H^+而带负电荷，氨基酸的这种电离特性称为两性电离。在水溶液中，氨基酸既是酸又是碱，被称为兼性离子（zwitterion）（图2-1），也被称为两性电解质（ampholyte）。

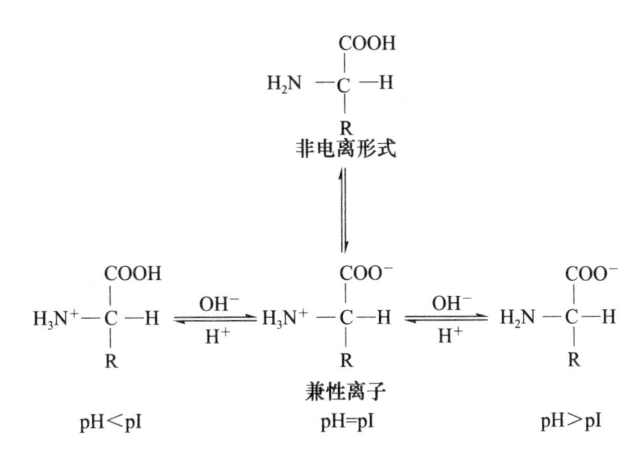

图2-1　氨基酸的两性电离与等电点

氨基酸在溶液中的解离程度受溶液pH影响。在某一pH溶液中，氨基酸解离成阳离子和阴离子的趋势及程度相等，以兼性离子形式存在，净电荷为零，此时溶液的pH称为该氨基酸的等电点（isoelectric point，pI）。等电点是氨基酸的特征常数，标准氨基酸的等电点见表2-1～表2-4。如果溶液pH高于氨基酸等电点，则氨基酸带负电荷，在电场中将向正极（阳极）移动；反之，如果溶液pH低于其等电点，则氨基酸带正电荷，在电场中将向负极（阴极）移动。溶液的pH越偏离等电点，氨基酸所带净电荷越多，在电场中的移动速度就越快。

2. 茚三酮反应　氨基酸与茚三酮水合物发生氧化反应，最终生成蓝紫色化合物（图2-2）。该化合物最大吸收波长为570nm，在一定范围内其吸光度与氨基酸浓度呈线性关系，所以茚三酮反应可用于氨基酸定量分析。

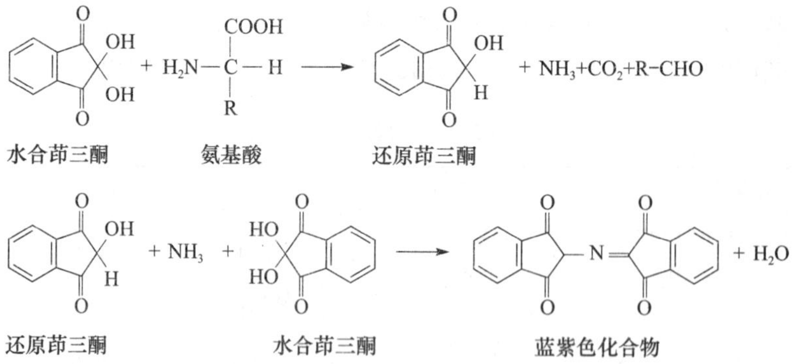

水合茚三酮 + 氨基酸（$H_2N-C(COOH)(R)-H$） → 还原茚三酮 + $NH_3+CO_2+R-CHO$

还原茚三酮 + NH_3 + 水合茚三酮 → 蓝紫色化合物 + H_2O

图2－2 茚三酮反应

3. 氨基酸的紫外吸收 酪氨酸、苯丙氨酸、色氨酸这三种芳香族氨基酸因含有苯环，具有共轭双键，可以吸收紫外线。其中，酪氨酸、色氨酸的吸收峰值为280nm（图2－3），苯丙氨酸的吸收峰值为260nm。由于大多数蛋白质都含有一定量的酪氨酸和色氨酸，所以测定溶液对280nm紫外线的吸光度可以快速简便地进行蛋白质的定量分析。

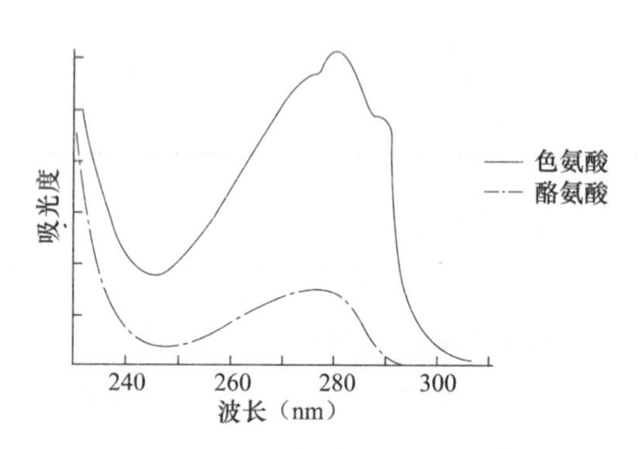

图2－3 氨基酸的紫外吸收光谱

第二节 蛋白质的分子结构

蛋白质是具有结构复杂性与功能多样性的生物大分子，其功能的多样性取决于其分子结构的复杂性。在研究蛋白质的结构时，通常将其分成不同的结构层次，包括一级结构、二级结构、三级结构和四级结构（图2－4）。其中二级结构、三级结构和四级结构称为蛋白质的空间结构或构象。切忌把蛋白质的构象理解为不变的刚性结构，实际上许多蛋白质在发挥作用时必须在几种不同构象之间反复转换。

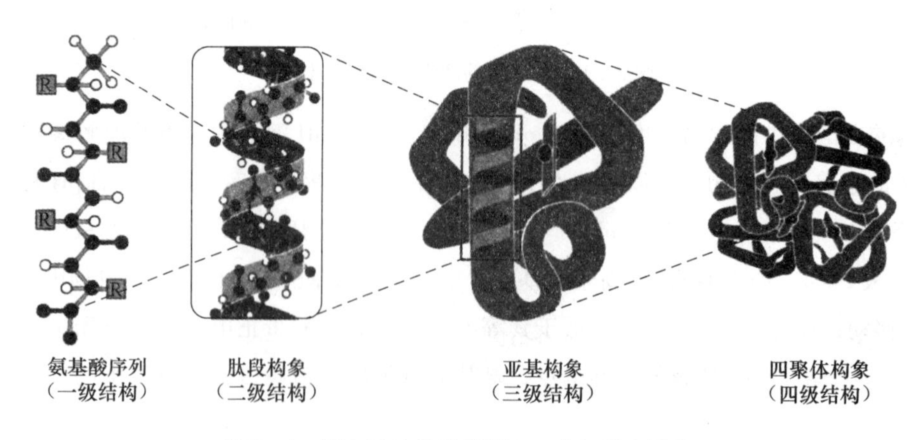

图2－4 蛋白质结构示意图——血红蛋白结构

一、蛋白质的一级结构

蛋白质的一级结构（primary structure）是指蛋白质分子中氨基酸的排列顺序，包括肽键和二硫键位置。一级结构是蛋白质分子空间结构的基础，包含了决定蛋白质分子所有空间结构的信息。

1. 肽键与肽　肽键（peptide bond）是氨基酸构成蛋白质时形成的主要化学键，由一个氨基酸的α－羧基与另一个氨基酸的α－氨基缩合而成。氨基酸通过肽键连接构成的分子称为肽（peptide）。

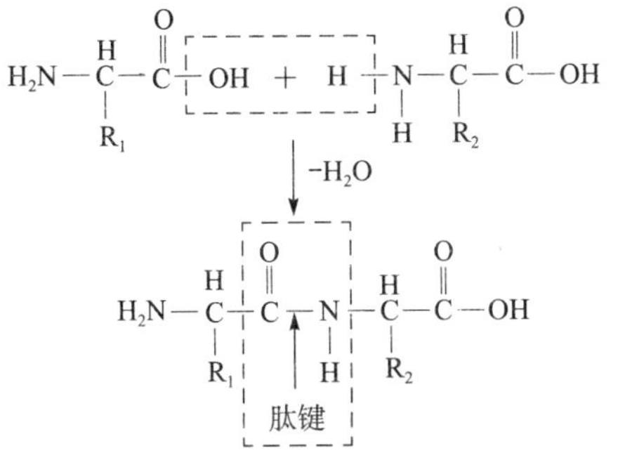

$$H_2N-CH(R_1)-C(=O)-OH + H-N(H)-CH(R_2)-C(=O)-OH \xrightarrow{-H_2O} H_2N-CH(R_1)-C(=O)-N(H)-CH(R_2)-C(=O)-OH$$

肽键

由两个氨基酸构成的肽称为二肽；由三个氨基酸构成的肽称为三肽，依此类推。通常将由2～10个氨基酸构成的肽称为寡肽，多于10个氨基酸构成的肽称为多肽。谷胱甘肽（glutathion，GSH）是存在于生物体内的一种三肽（图2－5），是重要的抗氧化剂。

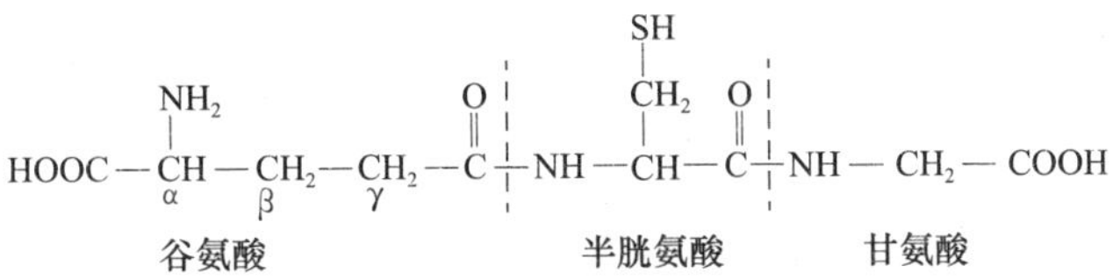

$$HOOC-\underset{\alpha}{CH}(NH_2)-\underset{\beta}{CH_2}-\underset{\gamma}{CH_2}-C(=O)-NH-CH(CH_2SH)-C(=O)-NH-CH_2-COOH$$

谷氨酸　　半胱氨酸　　甘氨酸

图2－5　还原型谷胱甘肽

多肽呈链状，所以也称为多肽链。多肽链结构包括主链结构和侧链结构。主链也称为骨架，是指除侧链R基以外的部分。主链两端不同，其中有游离α－氨基的一端称为氨基端或N端；有游离α－羧基的一端称为羧基端或C端。肽链有方向性，通常将氨基端视为“头”，这与其合成方向一致，即肽链合成起始于氨基端，终止于羧基端。氨基酸缩合成肽后已经不再是一个完整的氨基酸分子，称为氨基酸残基。

肽可根据其氨基酸组成来命名，规定从N端的氨基酸开始称为某氨基酰某氨基酰……某氨基酸。此外，一些活性肽常根据其来源和功能命名，如脑啡肽。书写肽链的氨基酸排列顺序时，常把N端写在左边，用H_2N－或H－表示；C端写在右边，用－COOH或－OH表示，如高等动物脑中的亮氨酸脑啡肽可书写成H－Tyr－Gly－Gly－Gly－Phe－Leu－OH。

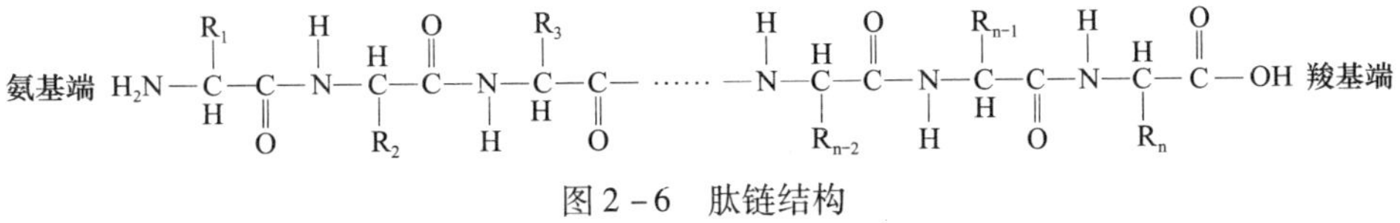

氨基端 $H_2N-CH(R_1)-C(=O)-NH-CH(R_2)-C(=O)-NH-CH(R_3)-C(=O)-\cdots\cdots-NH-CH(R_{n-2})-C(=O)-NH-CH(R_{n-1})-C(=O)-NH-CH(R_n)-C(=O)-OH$ 羧基端

图2－6　肽链结构

2. 胰岛素的一级结构　1953年，英国人F. Sanger测定并报告了牛胰岛素的一级结构（图2－7），因此获得1958年诺贝尔化学奖。胰岛素由A、B两条多肽链组成，A链有21个氨基酸，B 链有 30 个氨基酸。其中 A_7（Cys）－B_7（Cys）、A_{20}（Cys）－B_{19}（Cys）4 个半胱氨酸形成两个二硫键，使 A、B 两链连在一起；此外 A 链中 A_6（Cys）与 A_{11}（Cys）之间还存在一个链内二硫键。不同来源的胰岛素尽管氨基酸组成有差别，但功能相同。猪胰岛素与人胰岛素只是 B 链的第 30 位氨基酸有差异，二者的生物学功能相同，临床上均可用于治疗糖尿病。破坏 A、B 两链间的二硫键，胰岛素的生物活性将完全丧失。

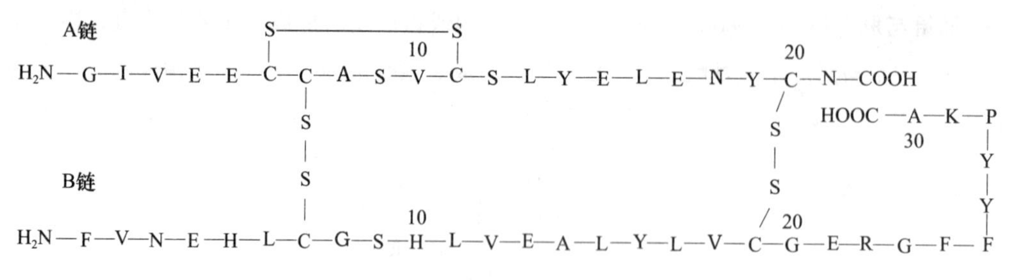

图 2－7 牛胰岛素的一级结构

二、蛋白质的二级结构

蛋白质的二级结构（secondary structure）是指多肽链主链的局部构象，不涉及侧链的空间排布。氢键是稳定二级结构的主要化学键。

在蛋白质多肽链上，以肽键为核心的肽单位是一个刚性平面结构，是多肽链卷曲折叠的基本单位。通过肽键平面的相对旋转，多肽链可以形成 α 螺旋、β 折叠、β 转角和无规卷曲等二级结构，还可以在此基础上进一步形成超二级结构。

1. 肽单位（peptide unit） 是多肽链主链两个相邻 α 碳原子之间的结构，其构象具有以下三个显著特征。

（1）肽单位是一个刚性平面结构。因为肽键中的 C—N 键的长度（0.132nm）介于一般的 C—N 单键（0.146nm）和 C═N 双键（0.128nm）之间，因而具有部分双键性质，不能自由旋转，因此，肽单位所包含的六个原子处在同一个平面上，这个平面称为肽平面（图 2－8）。

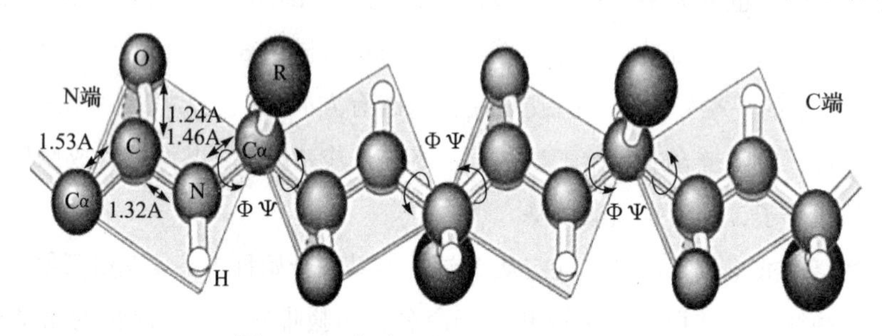

图 2－8 肽平面和 C_α 原子的二面角

（2）肽平面中的羰基氧与亚氨基中的氢可形成顺式和反式两种构型，以反式为主。反式肽平面是热力学上较稳定的形式。由脯氨酸的亚氨基形成的肽平面可以是顺式的，这种排布通常位于转折位置。

（3）肽单位中 C_α—N（0.146nm）和 C_α—C（0.153nm）都是单键，可以自由旋转。C_α—N 键旋转的角度与 C_α—C 键旋转的角度共称 C_α 原子的二面角（图 2－8），它决定着两个相邻肽平面的相对位置。蛋白质主链各 C_α 原子二面角的不同使肽平面形成不同的空间排布，即为不同的二级结构。

2. α螺旋（α-helix）　是蛋白质多肽链局部肽段的主链形成的一种右手螺旋结构（图2-9），其主要特点如下：

（1）α螺旋内部由紧密卷曲的主链构成，侧链R基分布在外表。完成一个螺旋需要3.6个氨基酸残基。螺旋每上升一圈相当于轴向平移0.54nm，即螺距为0.54nm。相邻两个氨基酸残基的轴向距离为0.15nm。

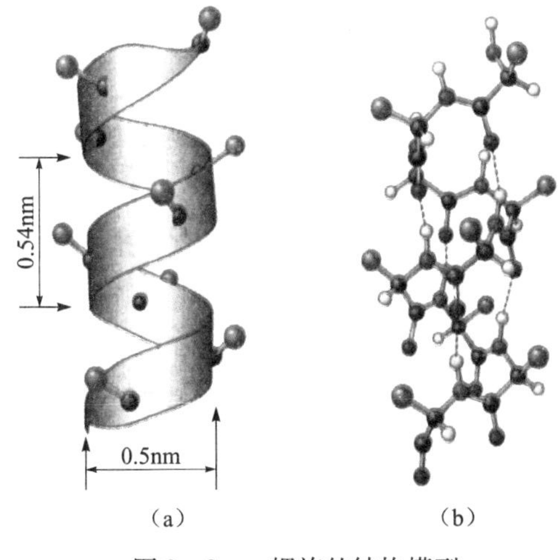

图2-9　α螺旋的结构模型

（2）α螺旋的稳定性由链内氢键维持。氢键形成于每一个肽键的羰基氧与其后数的第四个肽键的氨基氢之间。

蛋白质中存在的α螺旋大多数为右手螺旋。如肌红蛋白、血红蛋白、毛发及指甲中的α角蛋白主要是由α螺旋结构组成；而γ球蛋白、肌动蛋白中几乎不含α螺旋结构。此外，α螺旋的形成与其组成的氨基酸有关。带有相同电荷的氨基酸相邻，或带有较大R基的氨基酸相邻，或连续的几个丝氨酸或苏氨酸，以及较多的甘氨酸和脯氨酸均不利于形成α螺旋。

3. β折叠（β-sheet）　是蛋白质多肽链局部肽段的主链形成的一种锯齿状伸展结构。β折叠的形成一般需要几段肽链共同参与，即它们依靠在肽键之间形成有规则的氢键而侧向聚集在一起，维持β折叠的稳定。β折叠有如下特点（图2-10）：

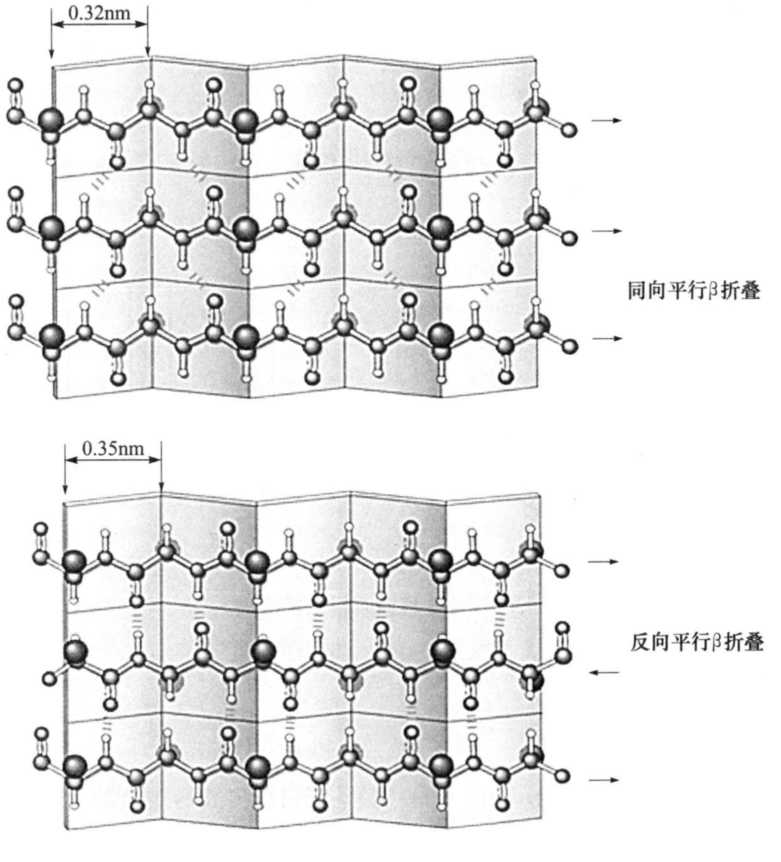

图2-10　β-折叠结构示意图

（1）多肽链局部肽段主链是比较伸展的，呈锯齿状折叠构象；侧链 R 基交替地分布在 β 折叠的两侧，以避免相邻侧链 R 基之间的空间障碍。

（2）β 折叠有同向平行和反向平行两种，在同向平行的 β 折叠结构中，相邻肽链的走向相同，相邻两个氨基酸之间的轴向距离为 0.32nm。在反向平行的 β 折叠中，相邻肽链的走向相反，相邻两个氨基酸之间的轴向距离为 0.35nm。

4. β 转角（β turn） 是指伸展的多肽链中发生 180°回折时形成的结构。β 转角常由四个氨基酸构成，第一个氨基酸的羰基氧与第四个氨基酸的氨基氢形成氢键，第二个氨基酸常为脯氨酸（图 2－11）。此外，在 β 转角结构中常见的氨基酸还有甘氨酸、天冬氨酸、色氨酸及天冬酰胺。

5. 无规卷曲（random coil） 在蛋白质多肽链局部肽段的主链中存在一些无规律可循的结构，称为无规卷曲。无规卷曲是蛋白质发挥功能时构象变化的区域。

6. 超二级结构（supersecondary structure） 是指蛋白质中由几个二级结构单元进一步聚集形成的一种二级结构组合体，又称为模体（motif）或基序，如 αα、βαβ、ββ、锌指、螺旋－环－螺旋结构（图 2－12）等，超二级结构的形成进一步降低了蛋白质分子的内能，使蛋白质更加稳定；同时，其特征性的空间结构又是其特殊功能的结构基础（参见第十五章）。

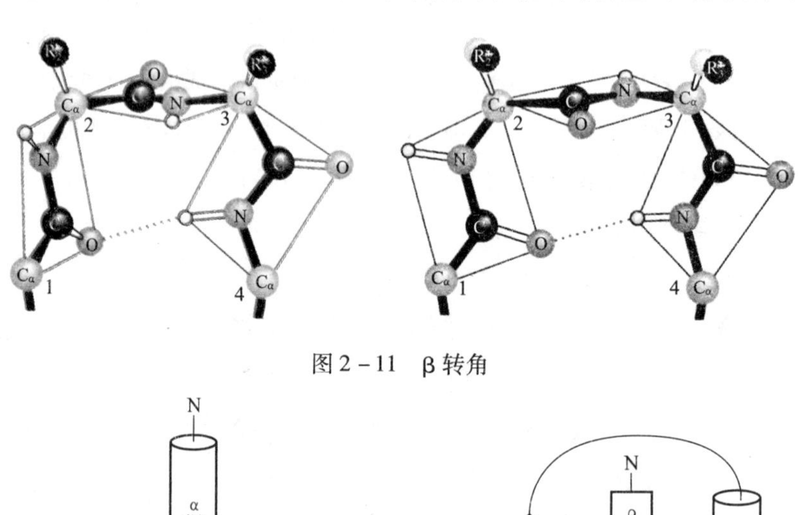

图 2－11　β 转角

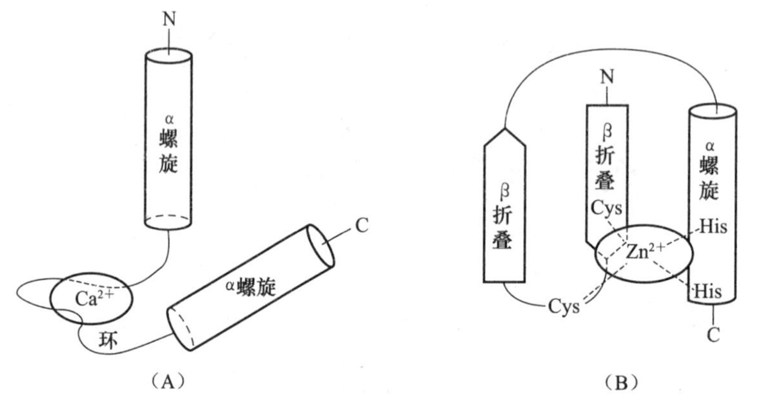

图 2－12　蛋白质超二级结构

A. 螺旋－环－螺旋；B. 锌指结构

三、蛋白质的三级结构

蛋白质的三级结构（tertiary structure）是指整条蛋白质多肽链中全部氨基酸的相对空间位置，也就是整条蛋白质多肽链中所有原子的空间排布。

蛋白质的三级结构是在二级结构基础上，进一步折叠盘曲而成的空间结构，包括了主链构

NOTE

象和侧链构象。主链构象是指多肽主链在二级结构基础上进一步盘曲折叠；侧链构象是指多肽侧链形成的各种微区，包括亲水区和疏水区。亲水区多位于分子表面；疏水区多位于分子内部，往往是与辅助因子、配体或底物结合的位点。稳定的三级结构是蛋白质分子具有生物活性的基本特征之一。

肌红蛋白（myoglobin，Mb）位于肌细胞内，功能是储存 O_2。肌红蛋白是由153个氨基酸残基构成的单一肽链蛋白质，含有一个血红素辅基。肌红蛋白分子由于侧链R基的相互作用，使多肽链缠绕，形成一个球形分子，球表面有亲水侧链，疏水侧链位于分子内部（图2－13）。海洋哺乳动物肌细胞含大量的肌红细胞，可以储存 O_2，因此能长时间潜水。

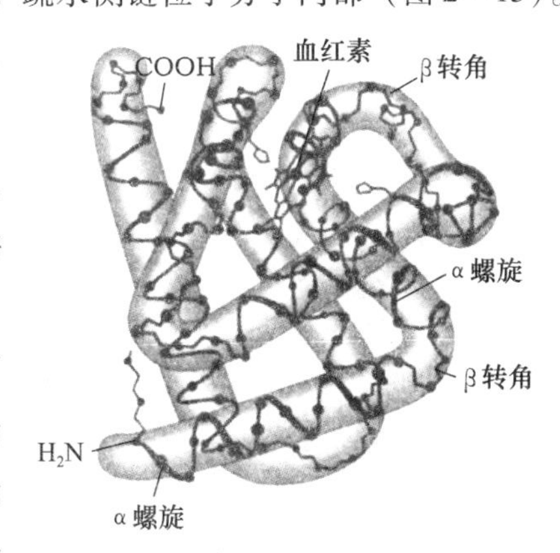

图2－13　肌红蛋白的三级结构

蛋白质的三级结构的形成和稳定主要依靠疏水键、氢键、离子键和范德华力（Ven der Waals force）等非共价键。

结构域（domain）　指分子量较大的蛋白质常可折叠成多个结构较为紧密而稳定，具有独立行使其功能的区域性结构。从结构来看，结构域为介于二级和三级结构之间的一种结构层次，是多肽链在二级结构和超二级结构的基础上形成的、在空间上可明显区分的、相对独立紧密折叠的功能单位。若用限制性蛋白酶水解，含多个结构域的蛋白质常可分解出独立的结构域，且各结构域的构象可以基本不变，并保持其功能。超二级结构则不具备这种特点。

例如：Src是人体内的一种蛋白酪氨酸激酶，其一级结构含535个氨基酸，其中有三段序列在三级结构中形成三个结构域：SH3结构域和SH2结构域的作用是与其他分子结合，蛋白激酶域的作用是催化特定蛋白质酪氨酸磷酸化（图2－14）。

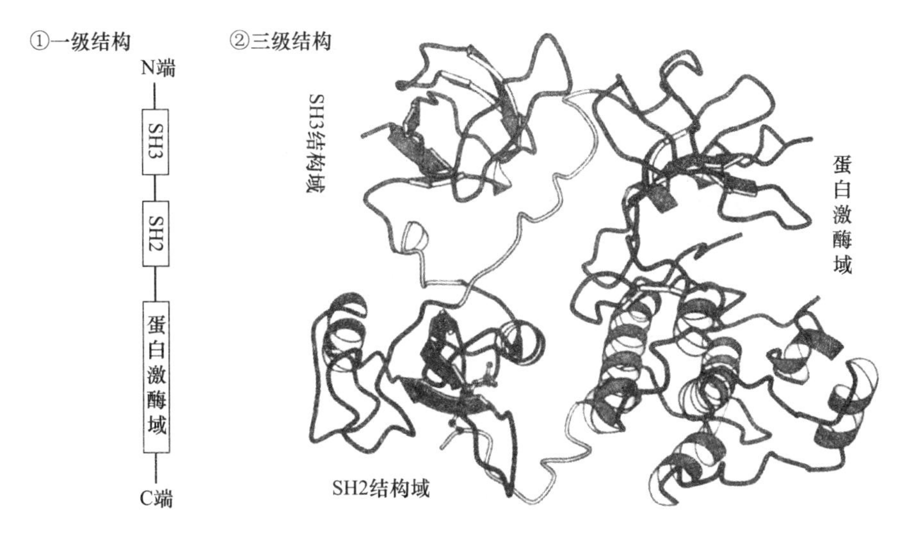

图2－14　蛋白酪氨酸激酶Src结构域

四、蛋白质的四级结构

蛋白质的四级结构（quaternary structure）是指由两条或两条以上具有独立三级结构多肽链组成的蛋白质中，多肽链通过非共价键相互结合而成的聚合体结构。

在具有四级结构的蛋白质中，每一条肽链都具有各自特定的三级结构，称为该蛋白质的一个亚基。由同一种亚基构成的蛋白质称为同聚体，不同亚基构成的蛋白质称为异聚体。由 2 个亚基组成的蛋白质称为二聚体，由 4 个亚基组成的蛋白质称为四聚体，由多个亚基组成的蛋白质称为寡聚蛋白质或多体蛋白。

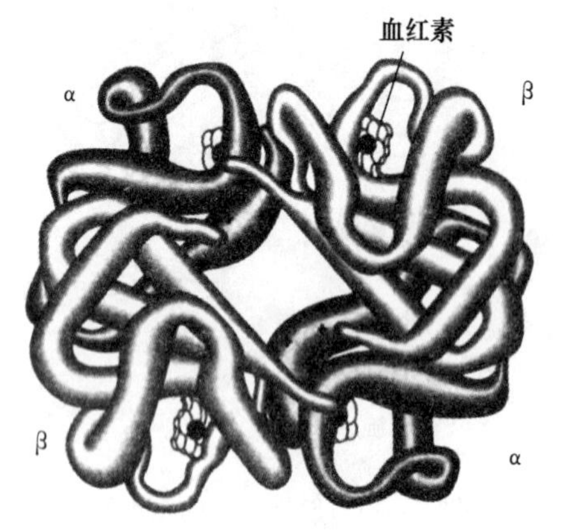

图 2－15　血红蛋白的四级结构

血红蛋白（hemoglobin，Hb）是最早阐明四级结构的蛋白质。健康成人血红蛋白 HbA 是由 α 亚基和 β 亚基构成的 $\alpha_2\beta_2$ 异四聚体，α 亚基含有 141 个氨基酸，β 亚基含有 146 个氨基酸。胎儿期的 Hb 主要为 $\alpha_2\gamma_2$，胚胎期为 $\alpha_2\varepsilon_2$。此外，在成人 Hb 中还存在很少的 $\alpha_2\delta_2$。而镰状红细胞贫血患者红细胞中的 Hb 为 α_2S_2。Hb 各亚基的三级结构均类似肌红蛋白（图2－15）。

四级结构的稳定性主要依靠不同亚基上一些氨基酸的相互作用，包括疏水键、氢键、离子键和范德华力（Ven der Waals force）等非共价键。

值得注意的是，并非所有的蛋白质都有四级结构。

五、维持蛋白质空间结构的作用力

氨基酸通过肽键形成肽链，肽链进一步卷曲折叠形成各种构象，维持蛋白质构象的作用力主要是疏水键、氢键、范德华力、离子键等非共价键，此外还有二硫键(图 2－16)。

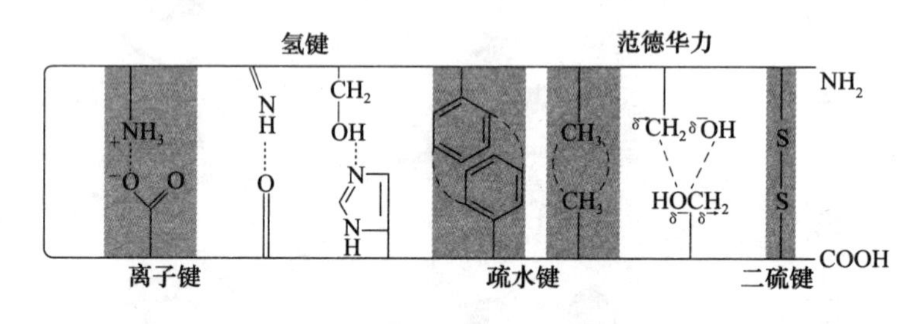

图 2－16　维持蛋白质构象的作用力

1. 疏水键　蛋白质分子中的疏水基团（如异亮氨酸、亮氨酸、苯丙氨酸等 R 基）为避免与水的接触而彼此靠近所产生的具有疏水、聚集而埋于分子内部趋势的作用力，称为疏水键（hydrophobic bond），它是维持蛋白质三级结构的主要作用力。

2. 氢键　蛋白质分子中含有大量由氢和电负性大的原子如氧或氮原子形成的基团，该类基团中成键电子偏向电负性强的原子核，使得氢原子核周围的电子分布减少，在氢核附近出现正电荷，这种由电负性较强的原子（O、N）与带正电荷的氢原子接近时，产生的静电引力，称为氢键（hydrogen bond）。尽管氢键的键能较低，但在蛋白质分子中数量大，故能明显改变蛋白质分子的许多物理性质。氢键是维持蛋白质二级结构的主要作用力，也是维持蛋白质三级结构、四级结构的重要作用力。

3. 范德华力　一般将原子、分子间或基团间保持半径距离时产生的作用力称为范德华力（Van Der Waals force）。

4. 离子键　是指存在于带异性电荷基团之间的静电引力。在生理条件下，蛋白质分子中的氨基带正电荷，羧基带负电荷，当它们靠近时可通过静电引力形成离子键（ionic bond），也称为盐键。

5. 二硫键　肽链中两个半胱氨酸的巯基在多肽链盘曲、折叠或聚合而相互接近时，可氧化形成二硫键（disulfide bond）。二硫键为共价键，是维持蛋白质三级结构的重要作用力。

第三节　蛋白质结构与功能的关系

蛋白质的组成和结构决定其生物活性。蛋白质的结构不同，其生物活性也就不同。一旦蛋白质发生结构改变，其生物活性就会受到影响。

一、蛋白质的一级结构与功能的关系

蛋白质的一级结构决定其空间结构，而蛋白质的空间结构可直接影响蛋白质的生物活性，因此，蛋白质的一级结构对其生物活性的发挥起着关键作用。

（一）一级结构决定功能

蛋白质多肽链的氨基酸排列顺序包含了形成特定空间结构所需的全部信息，决定了蛋白质特有的生物活性。例如，牛胰核糖核酸酶的一级结构是一条含124个氨基酸的肽链，其中有8个半胱氨酸形成4个二硫键。当用巯基乙醇和尿素处理时，酶分子中的二硫键被全部还原，酶的空间结构也随之被破坏，肽链展开，酶活性完全丧失。如果透析除去巯基乙醇和尿素，二硫键会重新形成，酶活性也会恢复（图2－17）。

理论上，8个半胱氨酸可有多种不同位点的二硫键连接方式，而实际上只有形成一种正确的空间构象，才能使酶活性恢复，而这一空间构象被称为该酶的天然结构或天然构象。同样，蛋白质多肽链只能形成一种正确的空间构象，除一级结构为决定因素外，还需要一类称为分子伴侣（molecular chaperone）的蛋白质辅助（见第十四章），合成的蛋白质才能折叠成正确的空间构象，进而发挥其正常的生物学功能。

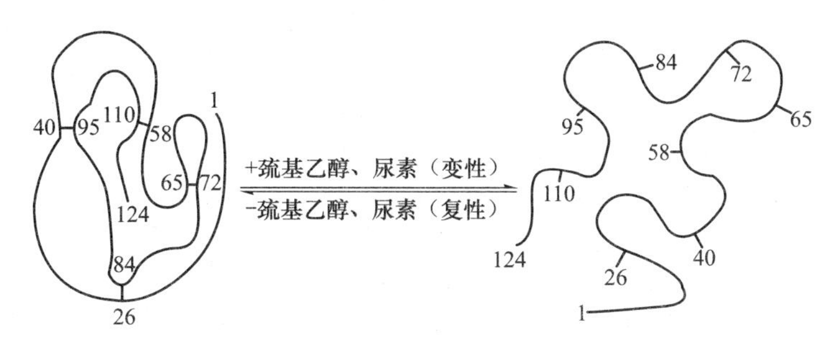

图2－17　核糖核酸酶的变性与复性

（二）一级结构差异反映生物进化程度

存在于不同生物体内，且具有相同或相似生物活性的蛋白质被称为同源蛋白质（homologous protein）。在同源蛋白质的一级结构中，有些位置的氨基酸对所有的种属都是相同的，称为不变残基；有些位置的氨基酸在不同种属之间差异较大，称为可变残基。同源蛋白质之间氨基酸序列的相似性称为序列同源现象。不同种属的同源蛋白质，其一级结构存在一定的种属差异。从比较生物化学的角度来研究这种差异，有助于从分子水平研究生物进化，即通过研究同源蛋白质的差异程度可以判断种属之间的亲缘关系，进而揭示生物系统进化情况。一级结构差异越小的蛋白质亲缘关系越近，一级结构差异越大的则亲缘关系越远。

（三）一级结构改变可直接影响蛋白质功能

基因突变可改变蛋白质的一级结构，从而影响空间构象乃至生理功能，甚至导致疾病产生。由基因突变造成蛋白质结构或合成量异常所引起的疾病称为分子病。镰状红细胞贫血是一种分子病，其分子机制是血红蛋白 β 亚基基因发生点突变，导致 β 亚基第 6 位的谷氨酸被缬氨酸取代（图 2－18）。第 6 位谷氨酸（亲水氨基酸，pI 3.22）位于血红蛋白分子的表面，被缬氨酸（疏水氨基酸，pI 5.97）取代导致血红蛋白溶解度下降，在细胞内易聚集沉淀，使红细胞变形呈镰刀状。

HbA：Val-His-Leu-Thr-Pro-Glu-Glu-Lys-

HbS：Val-His-Leu-Thr-Pro-Val-Glu-Lys-

图 2－18　HbA 与 HbS 一级结构的比较

二、蛋白质的空间构象与功能的关系

体内蛋白质所具有的特定空间构象都与其发挥特殊的生理功能密切相关。现以血红蛋白和肌红蛋白为例说明蛋白质的空间构象与功能的关系。

（一）血红蛋白亚基构象变化可影响亚基与氧结合

血红蛋白（hemoglobin，Hb）在机体内的主要生理功能是运输 O_2。成人红细胞的 Hb 是一个 $\alpha_2\beta_2$ 四聚体，每个亚基含有一条珠蛋白多肽链和一个能与 O_2 结合的血红素辅基。1 分子 Hb 能结合 4 分子 O_2。当 Hb 未与 O_2 结合时，其四级结构为紧张构象（tense state，T 态），与 O_2 亲和力小。O_2 与 Hb 第一个亚基结合后，Hb 的四级结构由紧张构象转变为松弛构象（relaxed state，R 态），与 O_2 的亲和力增大。

Hb 结合 O_2 的能力依赖于分子中的血红素（图 2－19）。血红素由原卟啉Ⅸ和 Fe^{2+} 构成。Fe^{2+} 可形成 6 个配位键，其中 4 个与原卟啉环的 4 个氮原子形成，第 5 个与位于原卟啉平面一侧的组氨酸形成，第 6 个与位于原卟啉平面另一侧的 O_2 形成，非氧合状态时与 H_2O 形成。

图 2－19　血红素的分子结构

从空间结构看，Hb 的 4 个血红素是埋藏在贴近分子表面的疏水袋穴中。血红素中的 Fe^{2+} 因电子所占外层轨道的不同，有高自旋和低自旋两种形式。在未与 O_2 结合时，Fe^{2+} 处在高自旋状态，半径较大，邻近的组氨酸和原卟啉环氮原子的斥力使它位于原卟啉平面之外，距原卟啉平面 0.04～0.06nm，整个 Hb 分子为紧张构象，很难与 O_2 结合。当血红素 Fe^{2+} 与 O_2

形成第6个配位键时，Fe^{2+}进入低自旋状态，半径缩小，落入原卟啉环内，与其4个氮原子处在同一个平面上，整个Hb分子转为松弛构象。

Hb与Mb一样能够可逆地与O_2结合，Hb或Mb中O_2的实际结合量与最大结合量之比称为Hb或Mb的氧饱和度。以氧饱和度（%）为纵坐标、氧浓度（以氧分压P_{O_2}表示）为横坐标作图可得到氧合曲线，又称氧解离曲线。Hb的氧合曲线为S型，Mb为直角双曲线(图2－20)。

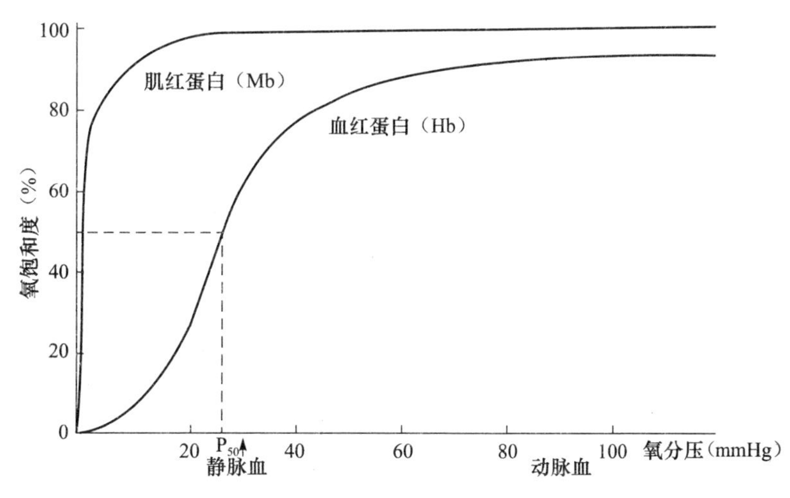

图2－20 Hb和Mb的氧合曲线

根据S形曲线的特征可知，Hb的第1个亚基与O_2结合后，可促进第2个及第3个亚基与O_2的结合，当第3个亚基与O_2结合后，又大大促进第4个亚基与O_2的结合，这种现象称为正协同效应（positive cooperativity）。协同效应是指蛋白质分子中一个亚基与其配体的结合影响其寡聚体中其他亚基与配体的结合。若这种影响是促进其他配体的结合则称为正协同效应；反之则称为负协同效应。Hb与O_2的结合存在典型的正协同效应，其S型氧合曲线是正协同效应的基本特征。此外，一个O_2分子与Hb亚基结合后引起的构象变化称为变构效应（allosteric effect)，又称别构效应。小分子O_2称为变构剂，Hb则被称为变构蛋白。变构效应不仅发生在O_2与Hb之间，一些酶与变构剂的结合，配体与受体的结合也存在着变构效应，因此具有普遍生物学意义。

（二）蛋白质构象改变可引起疾病

近年发现，如果多肽链的折叠发生错误，尽管其一级结构不变，但蛋白质的构象发生改变，也可影响其功能，严重时可导致疾病，常将此类疾病称为蛋白质构象疾病。有些蛋白质错误折叠后相互聚集，可形成抗蛋白水解酶的淀粉样纤维沉淀，产生毒性而致病，这类疾病包括人纹状体脊髓变性病、阿尔茨海默（Alzheimer）病、疯牛病等。

案例1分析讨论

纹状体脊髓变性病（Creutzfedt－Jokob Disease，CJD）是人类最常见的由朊蛋白引起的疾病。发病年龄多为40～80岁，潜伏期长达3～22年，一般超过10年以上，病程3～12个月。主要临床表现为精神衰退、记忆力障碍、小脑性共济失调、失语、吞咽困难、无动性缄默、锥体束征、锥体外系综合征和眼球偏斜等。随病情进展，智力下降，严重者可痴呆，最终病人昏

NOTE

迷、并发感染死亡。诊断的主要依据是典型的临床表现、脑电图呈现周期性发放的高幅棘慢综合波；确诊依赖脑组织广泛海绵状空泡、淀粉样蛋白沉淀及神经元退行性改变，脑组织 PrP^{Sc} 检测为阳性。

朊蛋白（prion protein，PrP）是引起人和动物神经退行性病变的病原体，这类疾病具有传染性、遗传性或散在发病的特点。朊蛋白的三级结构有两种构象：一种是正常的 PrP^{C} 构象，其水溶性强，对蛋白酶敏感，二级结构以 α 螺旋为主；另一种是致病的 PrP^{Sc} 构象，以 β 折叠为主。CJD 的发病机制为富含 α 螺旋的 PrP^{C} 在某种未知蛋白质的作用下转变成分子中大多数为 β 折叠的 PrP^{Sc}，两者的一级结构虽然完全相同，但 PrP^{Sc} 对蛋白酶不敏感，水溶性差，而且对热稳定，可以相互聚集，最终形成淀粉样纤维沉淀而致病，并不断加重。

第四节　蛋白质的理化性质

蛋白质是由氨基酸组成的生物大分子，其理化性质既表现出氨基酸的一些性质，如紫外吸收、两性解离、等电点等，又表现出大分子特性，如沉降与沉淀、胶体特性、变性与复性等，蛋白质还有一些特殊的呈色反应。

一、蛋白质的紫外吸收

蛋白质分子中的酪氨酸和色氨酸含有共轭双键，在 280nm 波长处有特征性吸收峰。在一定条件下，蛋白质溶液的吸光度与其浓度成正比，因此可以用紫外分光光度法进行蛋白质定量。

二、蛋白质的两性解离

蛋白质分子中有许多可解离基团，如氨基、羧基、咪唑基等，既可给出 H^+ 带负电荷，又可结合 H^+ 带正电荷，因此属于两性电解质。蛋白质所带的净电荷与溶液的 pH 有关，调节溶液的 pH 可以使某种蛋白质所带的净电荷为零，此时溶液的 pH 称为该蛋白质的等电点（isoelectric point，pI）。

蛋白质的等电点由其氨基酸组成决定。机体中大多数蛋白质的等电点在 5.0 左右，在体液中解离成阴离子。有些蛋白质含碱性氨基酸较多，称为碱性蛋白质，其等电点较高，如组蛋白；也有少数蛋白质含酸性氨基酸较多，称为酸性蛋白质，其等电点较低，如胃蛋白酶。

三、蛋白质的沉降特性

如果溶液中蛋白质分子颗粒的密度大于溶剂的密度，在受到强大的离心力作用时，蛋白质分子就会下沉，称为蛋白质的沉降作用（sedimentation）。沉降速度与蛋白质分子的大小、密度、形状和溶剂的密度、黏度有关，且在单位离心力下的沉降速度为一常数，该常数称为沉降系数（sedimentation coefficient）。沉降系数的单位为 S，$1S=10^{-13}$秒。

在同样条件下，大颗粒比小颗粒在离心场中沉降得快，沉降系数也大，因此沉降系数与蛋白质颗粒的大小正相关。

四、蛋白质的胶体特性

蛋白质分子的直径处在胶体颗粒范围内，所以其水溶液是一种稳定的亲水胶体。一方面，蛋白质分子表面有亲水基团，可与水分子结合形成水化层，使得蛋白质颗粒不能相互聚集而析出；另一方面，蛋白质分子表面具有可解离基团，能排斥其周围电性相同的离子。水化层和同性电荷使蛋白质溶液成为稳定的亲水胶体。

蛋白质分子的胶体特性使其不能通过半透膜，可应用透析的方法除去蛋白质样品中混有的小分子物质。

五、蛋白质的变性与复性

蛋白质变性（denaturation）是指在某些理化因素的作用下，天然蛋白质分子的空间结构遭到破坏，因而其理化性质发生改变，生物活性丧失。一些变性蛋白质在一定条件下可以恢复空间结构及生物活性，这一过程称为蛋白质复性（renaturation）。

我国生物化学家吴宪早在20世纪30年代就已经提出，蛋白质变性主要由分子中非共价键和二硫键断裂所致，不涉及肽键的破坏。蛋白质变性时肽链从高度折叠状态变为伸展状态，疏水基团外露，溶解度降低，不对称性增加，失去结晶能力，生物活性丧失，易被蛋白酶水解。导致蛋白质变性的常见因素有高温、超声波、强酸、强碱、重金属盐、有机溶剂、尿素、盐酸胍、表面活性剂等，很多因素导致蛋白质变性的同时也使蛋白质沉淀。

蛋白质变性的可逆性与导致变性的因素、蛋白质的种类、蛋白质分子结构的破坏程度有关。胰蛋白酶在酸性条件下短暂加热会变性，但缓慢冷却后可以复性。

六、蛋白质的呈色反应

蛋白质的呈色反应主要是指蛋白质的某些基团与特定试剂作用而显色。以下呈色反应可用于蛋白质定性与定量。

（一）双缩脲反应

尿素加热到180℃缩合生成双缩脲，双缩脲在碱性溶液中与硫酸铜反应产生紫色螯合物，称为双缩脲反应。蛋白质多肽链中肽键与双缩脲结构相似，所以也可以通过双缩脲反应显色，且颜色的深浅与蛋白质含量呈线性关系，可用于蛋白质定量。

（二）酚试剂反应

酚试剂反应由Folin在1912年首创，早期用于酪氨酸和色氨酸测定，1922年吴宪等用于蛋白质定量，1951年Lowry改良了酚试剂反应。先用碱性铜溶液与蛋白质反应生成紫色螯合物，再加入酚试剂即磷钼酸－磷钨酸，将螯合物中的酪氨酸和色氨酸还原成蓝色的钼蓝和钨蓝，且颜色的深浅与蛋白质含量呈线性关系，灵敏度是双缩脲反应的100倍，可用于微量蛋白质定量检测。

（三）染料结合法

染料结合法基于蛋白质与考马斯亮蓝试剂反应，可产生一种亮蓝色的化合物。该化合物在595nm有吸收峰，吸光度与蛋白质含量呈线性关系，可用于蛋白质定量。

第五节　蛋白质的分类

生物体内的蛋白质种类繁多、功能多样，通常根据其化学组成、分子结构和生物活性进行分类。

一、根据化学组成分类

根据化学组成可将蛋白质分为单纯蛋白质（simple protein）和结合蛋白质（conjugated protein）。单纯蛋白质完全由氨基酸构成，如清蛋白、球蛋白、组蛋白等。结合蛋白质由蛋白质和非蛋白质部分构成。根据非蛋白质的组成不同，结合蛋白质可进一步分为糖蛋白、脂蛋白、核蛋白、磷蛋白及金属蛋白等。

二、根据分子形状分类

根据分子形状可将蛋白质分为球状蛋白质和纤维状蛋白质。球状蛋白质分子的长轴与短轴之比小于10，分子接近球状或椭球状，对称性好，溶解度较高，如免疫球蛋白、肌红蛋白、血红蛋白等。纤维状蛋白质分子的长轴与短轴之比大于10，类似细棒或纤维，对称性差，一般不溶于水，多为生物体组织的结构蛋白，如结缔组织中的胶原蛋白和弹性蛋白、毛发中的角蛋白、蚕丝中的丝素蛋白。

三、根据生物活性分类

根据生物活性可将蛋白质分类，蛋白质的生物活性包括以下几个方面：①结构成分，如胶原蛋白、弹性蛋白等；②催化作用，如酶；③代谢调节，如胰岛素、钙调蛋白、生长因子等；④基因表达调控，如转录因子、阻遏蛋白等；⑤收缩作用，如肌球蛋白、肌动蛋白等；⑥运输作用，如血红蛋白、清蛋白等；⑦保护作用，如血纤维蛋白、免疫球蛋白等。

第六节　蛋白质的分离与纯化技术

蛋白质是最重要的生物大分子，只有阐明蛋白质的组成、结构与性质才能揭示其生物活性，而要研究一种蛋白质就要获得其高纯度制剂。此外，临床应用的许多蛋白质制剂也是高纯度制剂。本节简要介绍蛋白质的分离、纯化技术。

一、沉淀技术

蛋白质的沉淀作用（precipitation）是指某些因素导致蛋白质从溶液中析出。用透析等物理方法去除使蛋白质析出的因素，如果可使析出的蛋白质再溶解，则这种沉淀作用是可逆的，否则是不可逆的。在导致蛋白质析出的各种因素中，盐析过程是可逆的，酸、碱、重金

NOTE

属盐、尿素、盐酸胍、有机溶剂、生物碱溶剂、表面活性剂及加热等变性因素导致的沉淀过程多是不可逆的。

（一）盐析

在蛋白质溶液中加入少量中性盐可以提高其溶解度，称为盐溶（salting - in）。如果继续加入盐，蛋白质的溶解度反而下降最终从溶液中析出，称为盐析（salting - out）。不同蛋白质盐析所需的盐浓度常常不同，因此，通过改变盐浓度，可以将溶液中不同的蛋白质分别析出。

盐析是蛋白质分离纯化的一个重要步骤，析出的蛋白质仍保持其天然性质，并能再溶解而不变性。在中性盐中，硫酸铵的溶解度最大，受温度的影响较小，是盐析法沉淀蛋白质常用的中性盐。

（二）有机溶剂沉淀

乙醇、丙酮等能与水互溶的中性有机溶剂可破坏蛋白质水化层、降低溶液的介电常数，使蛋白质分子之间的静电作用增加而聚集并析出。不过，有机溶剂容易使蛋白质变性，所以实际操作时需优化有机溶剂的浓度，并在低温下进行。

不同蛋白质的氨基酸组成不同、等电点不同，蛋白质在等电状态时分子所带净电荷为零，最容易沉淀，因此上述沉淀过程如果在蛋白质等电点条件下进行效果会更好。

二、电泳技术

蛋白质是一种两性电解质，一定 pH 条件下可以解离成带电离子，在电场中向与其所带电荷相反的电极移动，这种现象称为电泳（electrophoresis）。由于不同蛋白质的等电点不同，在同一缓冲溶液中所带电荷及电量均不同，加上各种蛋白质分子量大小不同，在同一电场中的移动速率也就不同，因此，利用电泳技术可以分离提纯蛋白质。电泳技术发展至今已有各种衍生技术，根据支持介质可分为薄膜电泳、凝胶电泳、毛细管电泳等，其中聚丙烯酰胺凝胶电泳和毛细管电泳应用最广泛。

（一）SDS - 聚丙烯酰胺凝胶电泳

SDS - 聚丙烯酰胺凝胶电泳是一种以聚丙烯酰胺凝胶为支持介质的区带电泳。聚丙烯酰胺凝胶由丙烯酰胺与 N,N - 甲叉双丙烯酰胺聚合而成，具有三维网状结构，电泳颗粒通过网状结构的空隙会遇到摩擦阻力，阻力大小与电泳颗粒大小呈正比。因此，电泳颗粒在电泳时受到电场牵引和凝胶摩擦的双重作用。

SDS - 聚丙烯酰胺凝胶电泳是向蛋白质溶液中加入巯基乙醇和表面活性剂十二烷基磺酸钠（SDS）。巯基乙醇能还原二硫键，SDS 能破坏非共价键使蛋白质变性，且形成带负电荷的蛋白质 - SDS 复合物，复合物中 SDS 所带负电荷量大大超过了蛋白质分子原有电荷量，因而掩盖了蛋白质本身的电荷差别，使蛋白质 - SDS 复合物在凝胶中的迁移率取决于分子量的大小。SDS - 聚丙烯酰胺凝胶电泳具有较高的分辨率，可以将蛋白质多肽链按分子大小分开。

大多数多肽链迁移率与其分子量对数值呈线性关系，若与未知样品同时分析已知分子量的

NOTE

一组蛋白质，并绘制标准曲线，就可通过标准曲线确定未知样品的分子量。

（二）等电聚焦电泳

等电聚焦电泳的特点是在支持介质中加入一种两性电解质，当通以直流电时，两性电解质会在支持介质中形成一个由正极到负极逐步增加的pH梯度。在这种条件下进行电泳时，所有的蛋白质最终都聚焦于与其等电点相当的pH位置上。

（三）双向凝胶电泳

双向凝胶电泳实际上是两种单向凝胶电泳的组合，即在第一向电泳后，再在其垂直方向上进行第二向电泳。如等电聚焦/SDS－聚丙烯酰胺双向电泳，第一向等电聚焦电泳是基于蛋白质等电点的不同进行分离，第二向SDS－聚丙烯酰胺电泳则按分子量不同进行分离，最终把混合物中的蛋白质在二维平面上分开。

（四）毛细管电泳

毛细管电泳在内径为25～100μm的石英毛细管中进行。与普通凝胶相比，毛细管内径细，易于扩散热量；另外，毛细管电泳电阻大，在较高电压（可高至30kV）下仍可维持较小的电流，可以提高电泳分辨率并缩短分析时间。

三、色谱技术

色谱技术（chromatography）是研究生物分子最重要的技术之一，其基本特征是具有一个固定相和一个流动相，可以根据不同物质在两相中分配系数的不同而分离之。

（一）凝胶色谱

凝胶色谱是指使样品随流动相经过固定相凝胶，样品中各组分按其分子大小不同而分离。凝胶色谱所用的固定相介质通常是一种不带电荷的具有多孔网状结构的颗粒，大分子物质不能进入网孔，不受固定相的阻滞，只能随流动相沿凝胶颗粒的间隙移动，因此流程短，移动速度快，先流出；小分子物质可以进入网孔，阻滞作用大，因此流程长，移动速度慢，后流出（图2－21a）。显然，这种凝胶具有分子筛性质，因而凝胶色谱又称为分子筛。

（二）离子交换色谱

离子交换色谱是指通过在固定相和流动相之间发生可逆的离子交换反应进行蛋白质的分离提纯（图2－21b）。离子交换色谱所用的固定相介质称为离子交换剂，分为阳离子交换剂和阴离子交换剂两大类，其化学本质是一种引入了可解离基团的不溶性高分子化合物，如树脂、纤维素、葡聚糖等，其所含解离基团能与溶液中的其他离子进行交换。

（三）亲和色谱

许多生物分子的相互结合是可逆且特异的，例如抗原和抗体、酶和底物、激素和受体等。亲和色谱就是以此为基础建立起来的色谱技术。其基本原理是将上述结合体系中的一方（通常是抗体、底物、激素）连接到固定相介质上，当另一方（相应的抗原、酶、受体）随着流动相流过固定相介质时即可与之特异性结合，通过淋洗除去其他成分，再进行解离洗脱即可获得提纯物（图2－21c）。

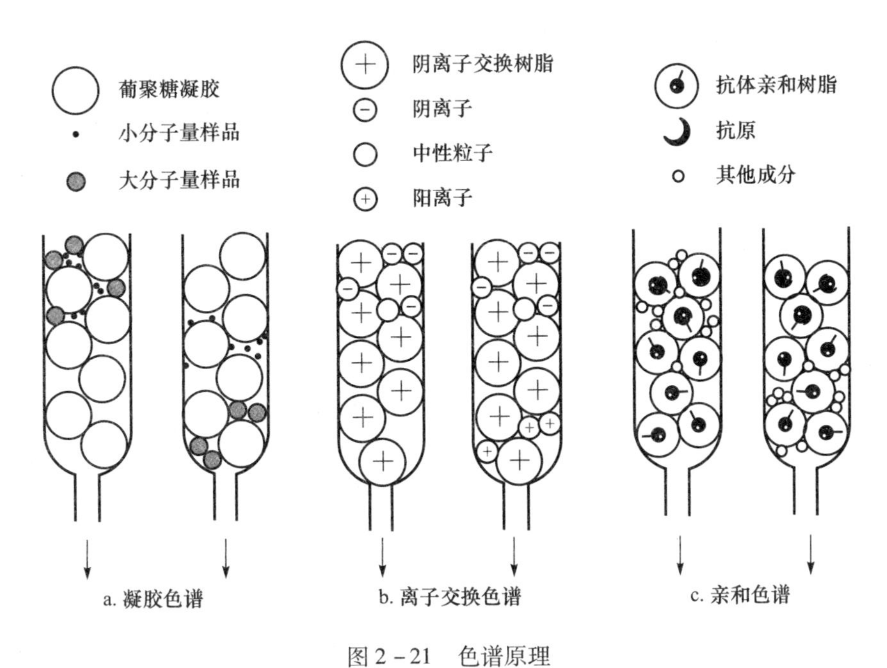

图 2－21　色谱原理

四、其他技术

除上述技术之外，离心、透析、超滤等技术也常用于分离提纯蛋白质。

（一）离心（centrifugation）

离心是将含有微小颗粒的悬浮液置于离心转头中，利用转头旋转所产生的离心力将悬浮颗粒按密度或质量的差异进行分离。随着离心技术的不断发展及离心装置的不断革新，离心机的最大转速不断提高，经历了从低速向高速、超速发展的过程。离心机的结构也加入了冷冻系统、真空系统、自控系统，分析用超速离心机还装有光学分析系统，可用于样品的定量分析。电子计算机自动控制程序的引入使得样品分子量、沉降系数及扩散系数等实现了测定自动化，为提高测定速度和测定结果的准确性创造了有利条件。

（二）透析（dialysis）

透析是利用半透膜将小分子与大分子分离的方法。透析时将蛋白质溶液装入透析袋内，然后浸入流动的缓冲液中，小分子就会从透析袋内透出，蛋白质因此得到纯化。透析常用于盐析蛋白质脱盐。

（三）超滤（ultrafiltration）

超滤是应用一种特制滤膜对溶液中不同分子大小的成分进行选择性过滤。当溶液在一定压力下通过滤膜时，溶剂和小分子滤过，大分子被截留。超滤常用于生物大分子尤其是蛋白质的浓缩或脱盐。

小结

蛋白质的结构单位是氨基酸，用于直接合成人体组织蛋白质的氨基酸只有 20 种，这 20 种氨基酸称为标准氨基酸。除甘氨酸外，标准氨基酸都是 L－α－氨基酸，它们有 1 个氨基和 1 个羧基结合在 α－碳原子上，区别在于其 R 基的结构。

蛋白质功能的多样性取决于其分子结构的复杂性。蛋白质的分子结构包括一级结构、二级

结构、三级结构和四级结构。

蛋白质的一级结构是指蛋白质分子中氨基酸的排列顺序，及肽键和二硫键所在的位置。一级结构是蛋白质分子结构的基础，包含了决定蛋白质分子所有空间结构的全部信息。胰岛素是第一种被阐明一级结构的蛋白质。

在蛋白质多肽链上，以肽键为核心的肽单位是一个刚性平面结构，是多肽链盘曲折叠的基本单位。通过肽键平面的相对旋转，多肽链主链局部可以形成α螺旋、β折叠、β转角和无卷曲等二级结构，还可以在此基础上进一步形成超二级结构。

在二级结构基础上，整条蛋白质多肽链进一步盘曲折叠，形成一定的空间结构，称为蛋白质的三级结构，它反映了蛋白质多肽链中所有原子的空间排布。

蛋白质的四级结构是指由两条及以上具有独立三级结构的多肽链构成的蛋白质中，多肽链亚基通过非共价键相互结合而成的组合体结构。

维持蛋白质结构的作用力主要是疏水键、氢键、范德华力、离子键等非共价键，此外还有二硫键。

蛋白质的组成与结构决定其生物学活性。蛋白质的结构不同，其生物学活性也不同；蛋白质的结构改变，其生物学活性就会受到影响。蛋白质的一级结构决定其功能，一级结构变化可导致其功能变化。蛋白质的空间结构直接决定其功能，破坏空间结构必然导致蛋白质功能丧失。

蛋白质理化性质既有紫外吸收、两性解离、等电点等氨基酸的一些性质，又有沉降、沉淀、胶体特性、变性与复性等大分子特性，还有一些特殊的呈色反应。

蛋白质可以应用沉淀技术、电泳技术、色谱技术以及离心、透析、超滤等技术进行分离、纯化与鉴定。

蛋白质组学与中医药研究

蛋白质组（proteome）是指由一个基因组、细胞、组织或生物所表达的全部蛋白质。此概念最早由澳大利亚学者 Wilkins 和 Williams 于 1994 年提出，并首次公开发表在 1995 年 7 月的《电泳》杂志上。

蛋白质组学（proteomics）是以细胞或组织不同时间、环境的所有蛋白质为研究对象，从整体上研究蛋白质的种类、相互作用及功能结构的一门科学。其强调蛋白质的类型与数量在不同时间和条件下的动态变化本质，从而在细胞和生命有机体的整体水平上阐明生命现象的本质和活动规律。

蛋白质组学“整体、动态、网络”的特点，与中医理论“整体观念”“辨证论治”和中药作用“整体调节”“多层次”“多靶点”等思想不谋而合。蛋白质组学与传统中医药在研究生命科学的思维方法上趋于一致，也说明了在探讨复杂生命现象时，中西医两种医学相结合的必然性和重要性。

目前中医药蛋白质组学研究，主要集中于中医证候和中药药理研究两个方面：

NOTE

1. 证候是疾病发展过程中某一阶段的病机概括，其实质是特定的蛋白质（组）执行特定的生物学功能。进行不同中医证候的蛋白质组学研究，就是探究证候产生的物质基础，揭示证候的科学内涵，并为中医诊断的客观化提供依据和方法。

2. 单味中药或复方的药效和药理研究，是中药作用研究的核心。利用蛋白质组学技术研究治疗前后的蛋白质谱变化，在整体水平上评价中药药效，揭示中药的作用靶点、作用环节和作用过程，力求阐明中药多靶点、多层次作用的分子机制。

利用功能蛋白质组学的技术和策略，分析中医证候及经中药处理过的组织、细胞或体液表达的蛋白质组，并比较处理前后蛋白质组的表达差异、蛋白质功能结构及相互作用的变化，系统地对证候本质和中药的多环节、多靶点调整作用机制进行研究，最终揭示证候的物质基础、中药作用和配伍规律。所以，蛋白质组学研究不仅对探讨中医药理论的科学本质，也为中医药科研提供了可行的实验方法。蛋白质组学的出现，为中医药学与现代医学的对话和对接提供了良好的基础。

第三章 核酸的结构与功能

【案例 1】

患者，男，8 岁，因“智力障碍、好动”就诊。病史由其母亲代述。5 岁时发现智力发育迟缓，并随年龄增长日渐突出，好动，学习成绩差。

体格检查：体重 23kg，身长 120cm。发育尚可，下颌大，突耳，且睾丸较大，注意力不易集中，语言表达较差，智商 52，心率、心音、呼吸等正常。其母亲有家族性智力障碍，其父亲家族有遗传性智力发育迟缓。

问题讨论

1. 该病初步诊断是什么？确诊还需哪些检查？
2. 该病发病的生化机制是什么？

核酸是由核苷酸聚合而成的、具有特殊空间结构与生物学功能的生物信息大分子。1868 年，核酸由瑞士医生米歇尔（F · Miescher）在脓细胞中发现并分离出来。根据其化学组成的差异，核酸可分为两类：脱氧核糖核酸（deoxyribonucleic acid，DNA）和核糖核酸（ribonucleic acid，RNA）。核酸存在于所有的生物体内，所有的细胞均含有这两类核酸，但病毒只含有其中的一类（DNA 或 RNA）。

DNA 是储存、复制和传递遗传信息的载体。真核生物的绝大多数 DNA 存在于细胞核内，并参与染色体的构建，少量 DNA 存在于线粒体或叶绿体等细胞器内；原核生物中，DNA 存在于拟核或细胞质中。RNA 主要存在于细胞质中，少量存在于细胞核中，在蛋白质合成过程中起重要作用。

核酸是生物遗传的物质基础，参与调控细胞的生长、繁殖、分化、遗传和变异等各种生命活动，与病毒感染、肿瘤发生、遗传病和代谢性疾病等均有密切联系。因此，核酸是当代生物化学、分子生物学和医药学的重要研究领域。

第一节 核酸的分子组成

一、核酸的元素组成

核酸由 C、H、O、N、P 五种元素组成，其中 P 含量较为稳定，约为 9.5%，因此，可用定磷法检测样品中核酸含量。

二、核酸的基本组成单位 —— 核苷酸

在多种条件下，核酸水解的终产物为核苷酸。核苷酸可被分解为核苷和磷酸，核苷又可进一步被分解为戊糖和碱基，碱基分为嘌呤和嘧啶两类。

因此，核苷酸由磷酸、戊糖和碱基组成，是核酸的基本组成单位。两类核酸的化学组成见表3－1。

表3－1　两类核酸的化学组成

		RNA	DNA
酸		磷酸	磷酸
戊糖		D－2－脱氧核糖	D－2－核糖
碱基	嘌呤	腺嘌呤（adenine，A）	腺嘌呤（adenine，A）
		鸟嘌呤（guanine，G）	鸟嘌呤（guanine，G）
	嘧啶	胞嘧啶（cytosine，C）	胞嘧啶（cytosine，C）
		尿嘧啶（uracil，U）	胸腺嘧啶（thymine，T）

（一）戊糖

戊糖（pentose）是构成核苷酸的基本组分之一，为呋喃糖，其五个碳原子分别标以C－1′、C－2′…C－5′。在RNA和DNA中，戊糖分别为β－D－核糖（ribose）和β－D－脱氧核糖（deoxyribose），两者的C－2′所连基团分别为－OH和－H，这一结构差异使得DNA的化学性质比RNA稳定，因此，绝大多数生物选择DNA作为遗传物质，只有少数病毒以RNA作为遗传物质。

（二）碱基

碱基（base）是构成核酸的基本组分之一，包括两类含氮杂环化合物，即嘌呤（purine）和嘧啶（pyrimidine）。嘌呤和嘧啶都含有共轭双键，使环呈平面结构，较难溶于水，在260nm的紫外光区有吸收峰。

1. 嘌呤　核酸中常见的嘌呤衍生物有两种，分别为腺嘌呤（adenine，A）和鸟嘌呤（guanine，G）。

2. 嘧啶　核酸中常见的嘧啶衍生物有三种，分别为胞嘧啶（cytosine，C）、尿嘧啶（uracil，U）和胸腺嘧啶（thymine，T）。尿嘧啶和胸腺嘧啶分别为RNA和DNA特有，而胞嘧啶则为两类核酸所共有。

3. 稀有碱基　除上述五种常见碱基外，核酸中还存在一些含量稀少的碱基，称为稀有碱基。稀有碱基的结构多种多样，一般是在常见碱基上经甲基化、乙酰化、氢化、氟化或硫化等化学修饰而成，因此，也被称为修饰碱基（表3－2）。tRNA中稀有碱基含量较高，约为总量的10%。

表3－2　核酸中的一些稀有碱基

脱氧核糖核酸（DNA）	核糖核酸（RNA）
N^6－甲基腺嘌呤（m^6A）	N^1,N^2,N^7－三甲基鸟嘌呤（$m_3^{1,2,7}G$）
5－甲基胞嘧啶（m^5C）	N^4－乙酰基胞嘧啶（ac^4C）
5－羟甲基胞嘧啶（hm^5C）	N^6,N^6－二甲基腺嘌呤（m_2^6A）

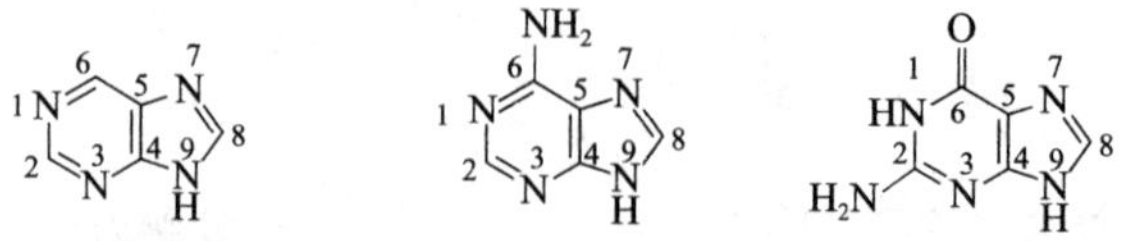

嘌呤 腺嘌呤 鸟嘌呤

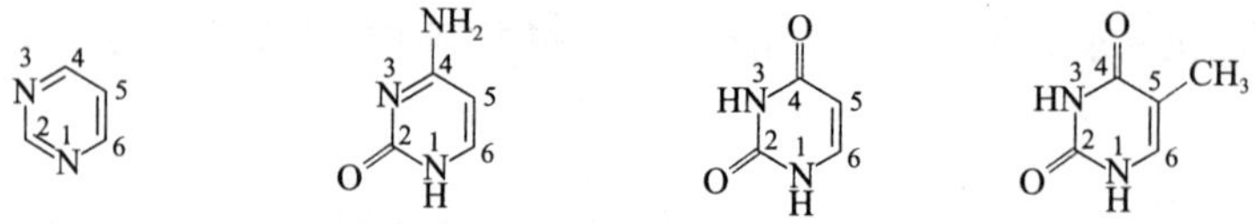

嘧啶 胞嘧啶 尿嘧啶 胸腺嘧啶

核糖 脱氧核糖

续表

脱氧核糖核酸（DNA）	核糖核酸（RNA）
5－羟甲基尿嘧啶（hm^5U）	N^6－异戊烯基腺嘌呤（i^6A）
	1－甲基腺嘌呤（m^1A）
	1－甲基鸟嘌呤（m^1G）
	1－甲基次黄嘌呤（m^1I）
	2－硫基胞嘧啶（s^2C）
	4－硫尿嘧啶（s^4U）
	5－甲基尿嘧啶（m^5U）
	5－甲氧基尿嘧啶（mo^5U）
	5,6－二氢尿嘧啶（DHU，D）
	次黄嘌呤（I）

（三）核苷

核苷（nucleoside）是戊糖和碱基缩合而成的糖苷类化合物。根据核苷中戊糖的差异，核苷分为两类：核糖核苷和脱氧核糖核苷。对核苷命名时，须先冠以碱基的名称，如腺嘌呤核苷、胞嘧啶核苷或脱氧胸腺嘧啶核苷等。为了与碱基原子编号区别，糖的原子编号加撇。戊糖的 C－1′与嘌呤碱 N－9 或嘧啶碱 N－1 之间形成糖苷键，因此，把连接戊糖与碱基之间的化学键称为 N－糖苷键。

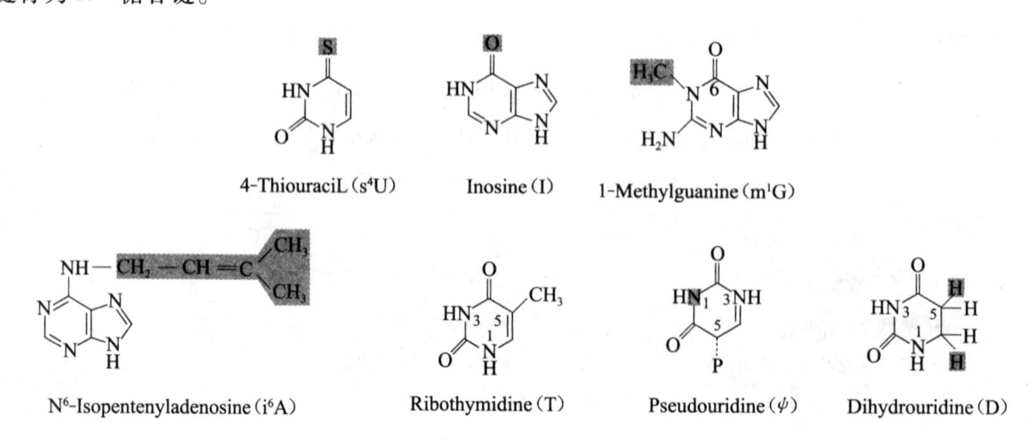

4-ThiouraciL（s^4U） Inosine（I） 1-Methylguanine（m^1G）

N^6-Isopentenyladenosine（i^6A） Ribothymidine（T） Pseudouridine（ψ） Dihydrouridine（D）

核苷或脱氧核苷的戊糖都是呋喃糖，且糖环中 C－1′都是手性碳原子，所以，戊糖都有 α 和 β 两种构型，戊糖与碱基之间的糖苷键均为 N－β－糖苷键。

X 射线衍射实验证明，核苷中的戊糖与碱基都是环形分子，且糖平面与碱基平面相互垂直。

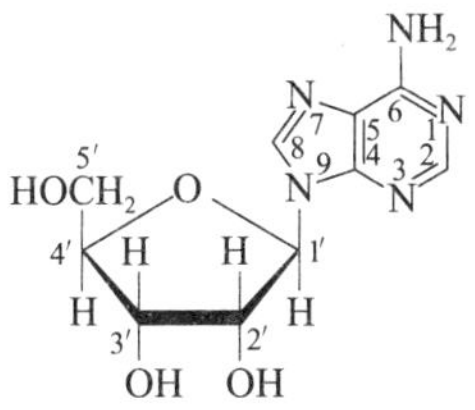

腺苷 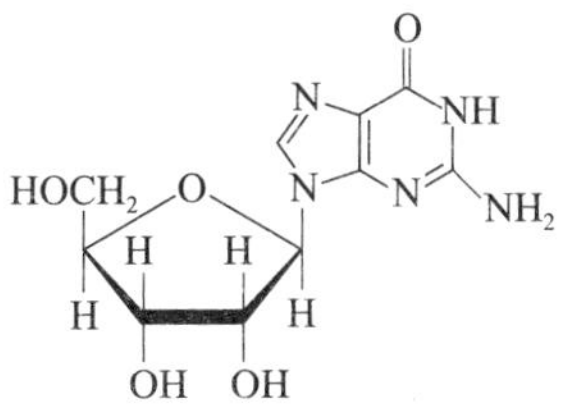　　鸟苷 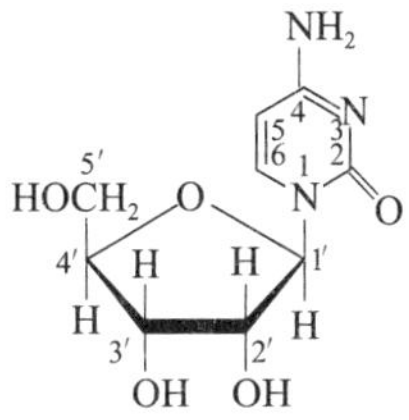　　胞苷 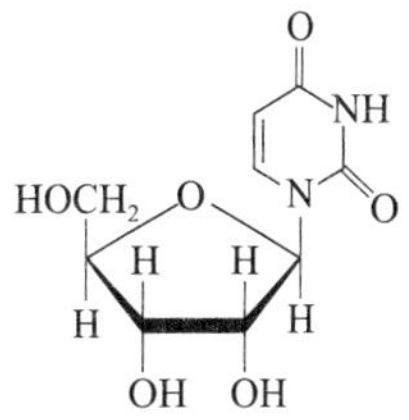　　尿苷

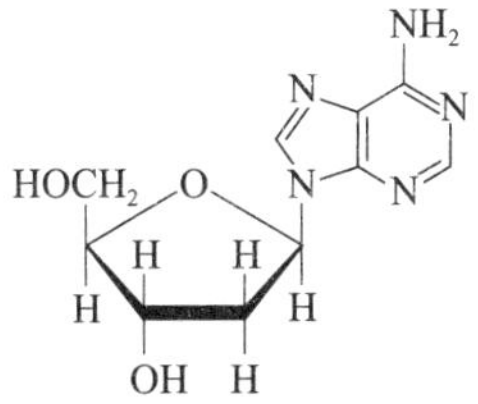

脱氧腺苷 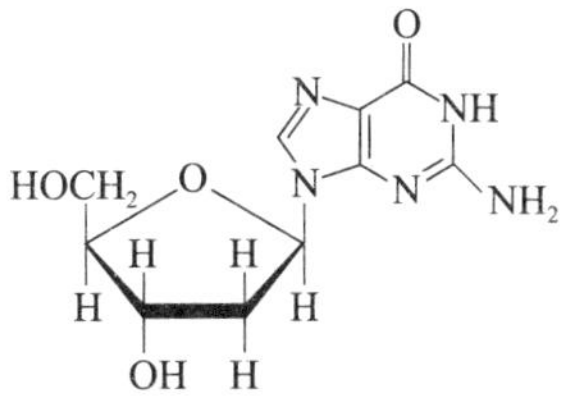　　脱氧鸟苷 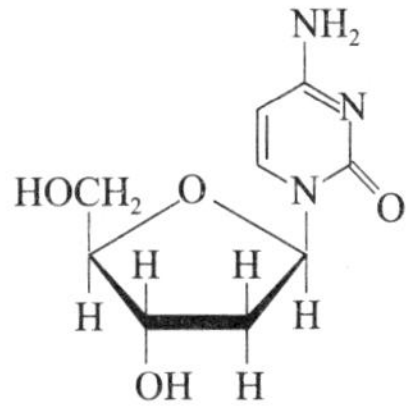　　脱氧胞苷 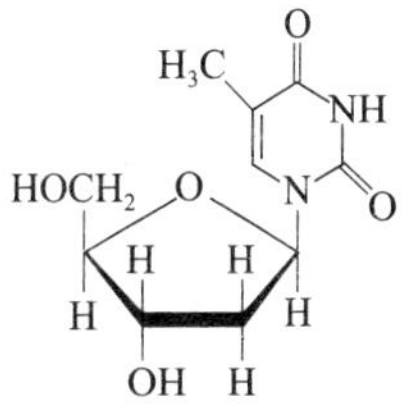　　脱氧胸苷（胸苷）

（四）核苷酸

核苷中戊糖的羟基被磷酸酯化，形成核苷酸（nucleotide）。根据戊糖的差异，可将核苷酸分为两类：脱氧核糖核苷酸和核糖核苷酸。由于核糖含 2′、3′和 5′三个游离羟基，因此，核糖核苷酸有三种：2′－核苷酸、3′－核苷酸和 5′－核苷酸。但脱氧核糖只有 3′和 5′两个游离羟基，因此，脱氧核苷酸只有两种：3′－脱氧核苷酸和 5′－脱氧核苷酸。因核酸中的核苷酸均为 5′－核苷酸，故其代号可省去 5′，简称核苷酸。

根据核苷连接磷酸基团数目的不同，核苷酸可分为核苷一磷酸（nucleoside，NMP）、核苷二磷酸（nucleoside diphosphate，NDP）和核苷三磷酸（nucleoside triphosphate，NTP），以腺苷酸为例，结构式如下图所示。

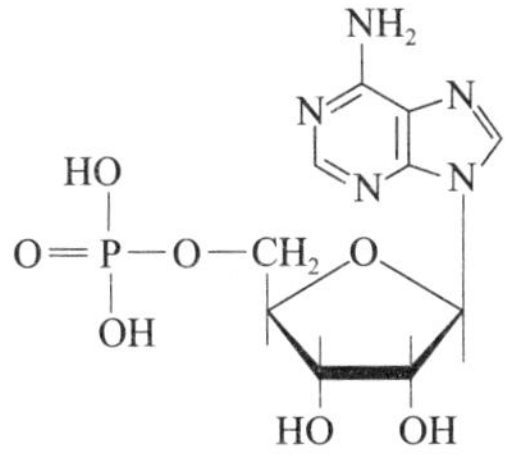

5′-腺苷酸（腺苷-5′-磷酸）　　3′-腺苷酸（腺苷-3′-磷酸）　　2′-腺苷酸（腺苷-2′-磷酸）

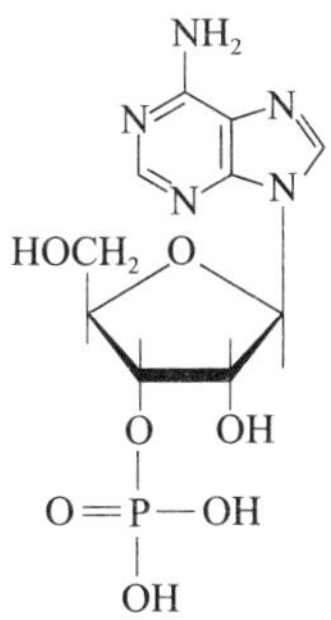

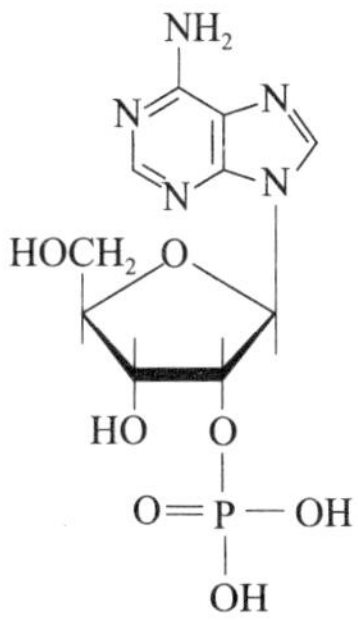

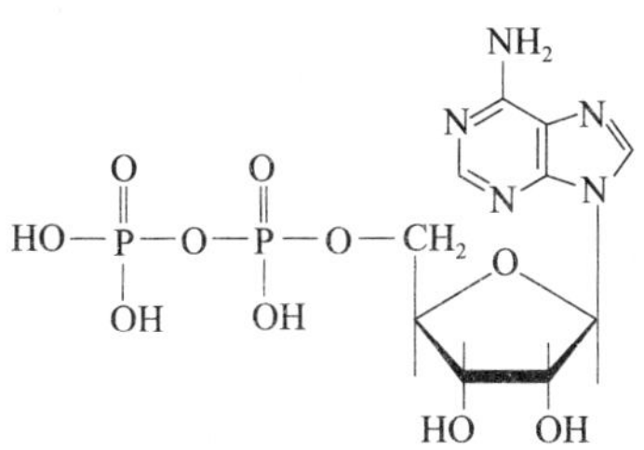

腺苷二磷酸（ADP） 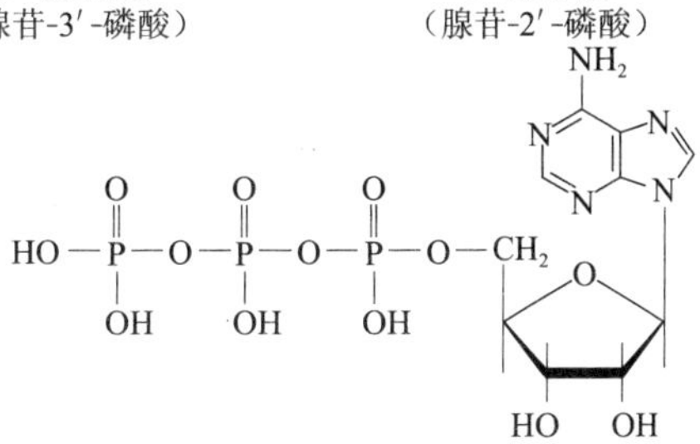　　腺苷三磷酸（ATP）

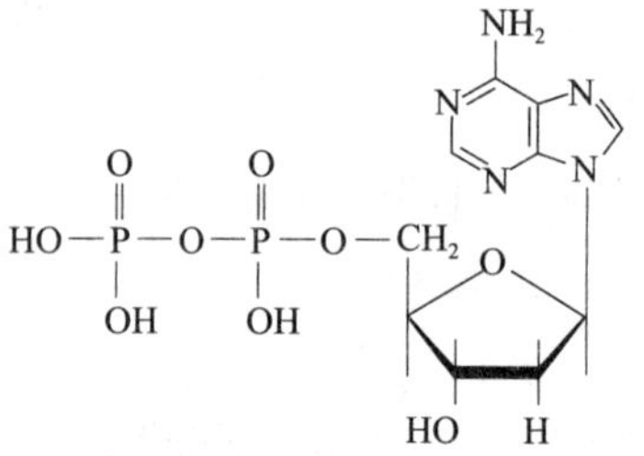

脱氧腺苷二磷酸（dADP）

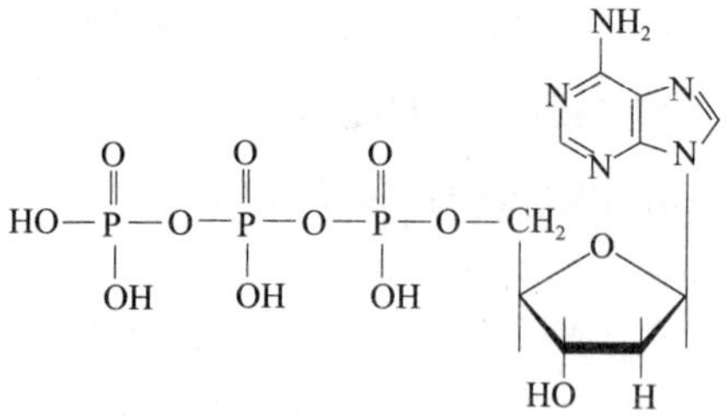

脱氧腺苷三磷酸（dATP）

细胞内存在大量的多磷酸核苷酸，它们除了作为核酸的合成原料外，也是辅酶的重要组分和能量的载体。如 ATP 参与辅酶如辅酶Ⅰ、辅酶Ⅱ、FAD 的构成；UTP 参与糖原合成，GTP 参与蛋白质合成，CTP 参与磷脂合成，其中 ATP 在生物体的能量贮藏和利用中起关键性作用。

DNA 和 RNA 分子常见的核苷酸见表 3-3。

表 3-3 DNA 和 RNA 中常见核苷酸

碱基（base）	脱氧核糖核酸（deoxyribonucleic acid，DNA）		核糖核酸（ribonucleic acid，RNA）	
	脱氧核苷（deoxynucleoside）	脱氧核苷酸（deoxynucleotide monophosphate，dNMP）	核苷（nucleoside）	核苷酸（nucleotide monophosphate，NMP）
腺嘌呤（adenine，A）	脱氧腺苷（deoxyadenosine）	脱氧腺苷一磷酸（deoxyadenosine monophosphate，dAMP）	腺苷（adenosine）	腺苷一磷酸（adenosine monophosphate，AMP）
鸟嘌呤（guanine，G）	脱氧鸟苷（deoxyguanosine）	脱氧鸟苷一磷酸（deoxyguanosine monophosphate，dGMP）	鸟苷（guanosine）	鸟苷一磷酸（guanosine monophosphate，GMP）
胞嘧啶（cytosine，C）	脱氧胞苷（deoxycytidine）	脱氧胞苷一磷酸（deoxycytidine monophosphate，dCMP）	胞苷（cytidine）	胞苷一磷酸（cytidine monophosphate，CMP）
胸腺嘧啶（thymine，T）	脱氧胸苷（deoxythymidine）	脱氧胸苷一磷酸（deoxythymidine monophosphate，dTMP）	—	—
尿嘧啶（uracil，U）	—	—	尿苷（uridine）	尿苷一磷酸（uridine monophosphate，UMP）

在细胞中，核苷酸的某些衍生物参与细胞信号转导和物质代谢调控。如普遍存在于动植物和微生物细胞的环腺苷酸（cyclic adenosine monophosphate，cAMP）和环鸟苷酸（cyclic guanosine monophosphate，cGMP）作为细胞信号转导的第二信使在调节物质代谢和细胞功能中发挥作用。cAMP 和 cGMP 化学结构如下。

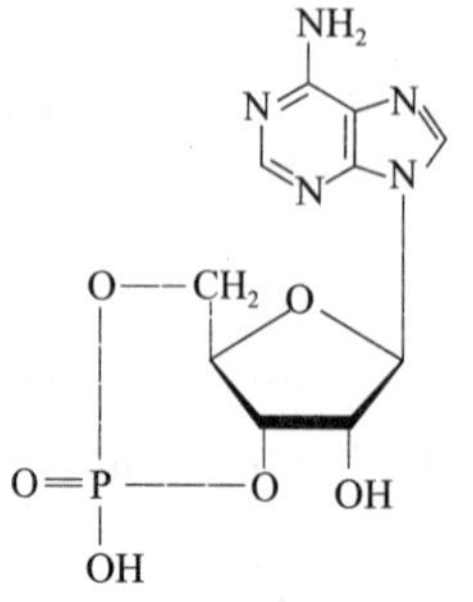

环腺苷酸

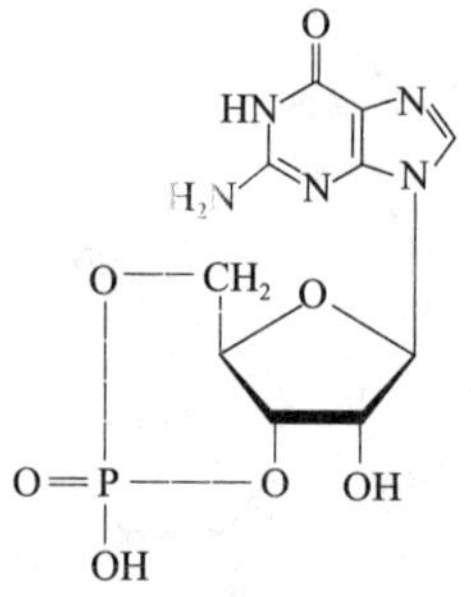

环鸟苷酸

NOTE

第二节　核酸的分子结构

在细胞中，核酸的相对分子量非常大，其分子内或分子间有较强的相互作用，也可与蛋白质结合，形成结构复杂的核蛋白复合物，其结构可分为四级结构：一级结构（primary structure）、二级结构（secondary structure）、三级结构（tertiary structure）和染色体结构（Chromosome structure）。

一、核酸的一级结构

核酸的一级结构是指核酸链中核苷酸的排列顺序，由于核苷酸之间磷酸、戊糖相同，仅有碱基不同，故核酸的一级结构也指碱基的排列顺序（base sequence）。虽然组成 DNA 的碱基只有 4 种，配对方式仅 2 种，然而 DNA 长链中的碱基序列则千变万化，形成了 DNA 分子的多样性。对于某一特定生物的 DNA，确定的碱基序列构成了 DNA 分子的特异性。因此，DNA 分子作为生物体的遗传物质，其多样性和特异性奠定了地球上物种多样性和特异性的基础。

（一）核酸中核苷酸的连接方式

核酸中的核苷酸以 3′,5′－磷酸二酯键相连，即上一核苷酸中戊糖的 3′羟基(－OH)与下一核苷酸中戊糖 C－5′的磷酸基（－P）之间酯化脱水形成 3′,5′－磷酸二酯键，最终构成线性或环形的核酸分子。由于核苷酸上戊糖的 C－5′连接磷酸基（－P），而 C－3′连接羟基（－OH），所以由核苷酸聚合而成的核酸链有 5′和 3′两个不同的末端。为与核酸合成的方向（5′→3′）一致，把含有游离磷酸基的 5′端作为核酸的起始端，把含有游离羟基的 3′端作为结束端（图 3－1）。

单链核酸的大小通常用碱基数目（base，kilobase）表示，而双链核酸则用碱基对数目（base pair，bp 或 kilobase pair，kb）表示。通常把小于 50bp 的核酸称为寡聚核苷酸。

（二）核酸链的几种表示方式

核酸一级结构通常用图 3－1 所示的几种方法表示：

二、核酸的空间结构与功能

核酸的空间结构是指其所有原子在三维空间的相对位置，包括核酸的二级结构、三级结构和染色体结构。DNA 和 RNA 分布在细胞中的不同区域，其存在状态不同，结构差异明显，在生命活动中的功能也各不相同。

（一）DNA 的二级结构与功能

DNA 二级结构除了典型的右手双螺旋结构外，还可在不同条件下发生多态性变化，形成多链螺旋结构等。

1. Chargaff 法则　20 世纪 40 年代，美国科学家 Chargaff 等人利用紫外分光光度法和纸层析等技术研究多种生物 DNA 的化学组成，提出了关于 DNA 碱基组成的 Chargaff 法则：

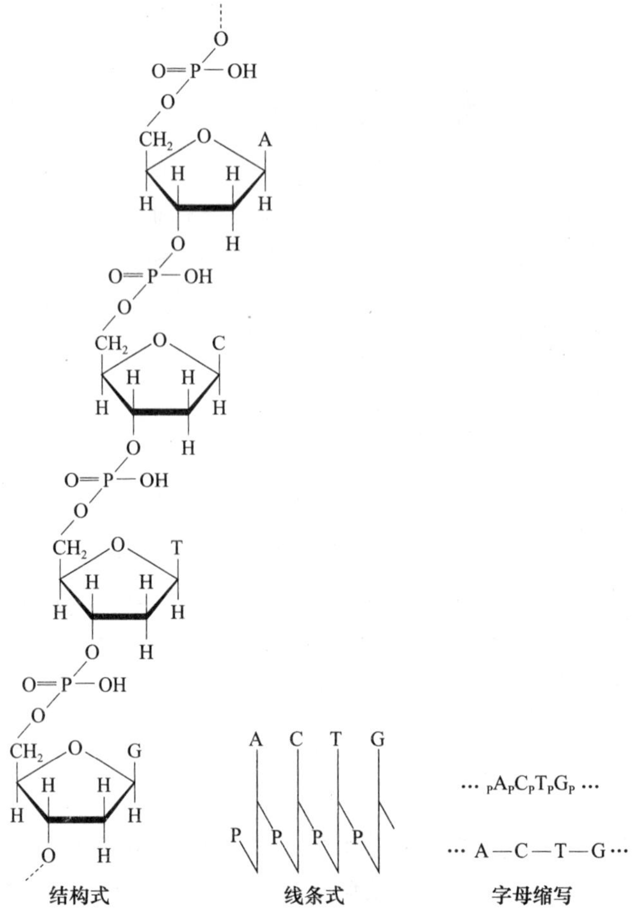
O=P—OH
CH2
A
C
T
G
P
… pApCpTpGp …
… A—C—T—G …
结构式
线条式
字母缩写

图 3-1 核酸一级结构的表示方法

（1）DNA 碱基组成具有物种特异性，不同物种的 DNA 具有其独特的碱基组成（表3-4）。

（2）同一个体的不同器官、不同组织的 DNA 具有相同的碱基组成。

（3）同一个体的 DNA 碱基组成终生不变，不受年龄、营养状况和环境等因素的影响。

（4）几乎所有物种的 DNA 碱基组成都有下列关系：A = T，G = C，A + G = T + C。

表 3-4 不同生物来源的 DNA 组分的相对比例

	A	G	T	C	A/T	G/C	G + C	嘌呤/嘧啶
大肠杆菌	26.0	24.9	25.2	23.9	1.09	0.99	50.1	1.04
结核杆菌	15.1	34.9	35.4	14.6	1.03	0.99	70.3	1.00
酵母菌	31.7	18.3	17.4	32.6	0.97	1.05	35.7	1.00
牛	29.0	21.2	21.2	28.7	1.01	1.00	42.4	1.01
猪	29.8	20.7	20.7	29.1	1.02	1.00	41.4	1.01
人	30.4	19.9	19.9	30.1	1.01	1.00	39.8	1.01

2. DNA 的二级结构 1953 年，J. Watson 和 F. Crick 提出了 DNA 的二级结构——双螺旋结构模型，不仅解释了 DNA 理化性质的物理基础，还揭示了 DNA 分子的遗传机制，首次把生物性状遗传与 DNA 分子结构联系起来，为分子生物学的发展奠定了基础。

NOTE

（1）B－DNA 双螺旋模型结构的要点

① DNA 分子是反向平行的右手双螺旋结构。DNA 分子是双链结构，由磷酸基团和脱氧核糖构成亲水性的两条多核苷酸主链（backbone）位于螺旋外侧，疏水性的碱基位于内侧。两条链反向平行（anti－parallel），围绕同一长轴盘绕，构成右手双螺旋（right－handed double helix）结构（图 3－2）。双螺旋上有一条大沟（major groove）和一条小沟（minor groove）。

② 两条链之间的碱基互补配对。碱基平面与长轴（戊糖平面）垂直，碱基之间 A 与 T 形成两个氢键，G 与 C 形成三个氢键，这样的碱基配对关系称为碱基互补配对（complementary base pair），因此，DNA 的两条链称为互补链（complementary strand）。

③ 双螺旋的直径为 2nm，每旋转一周包含 10.5bp，两个相邻碱基平面之间的垂直距离为 0.34nm（图 3－2）。

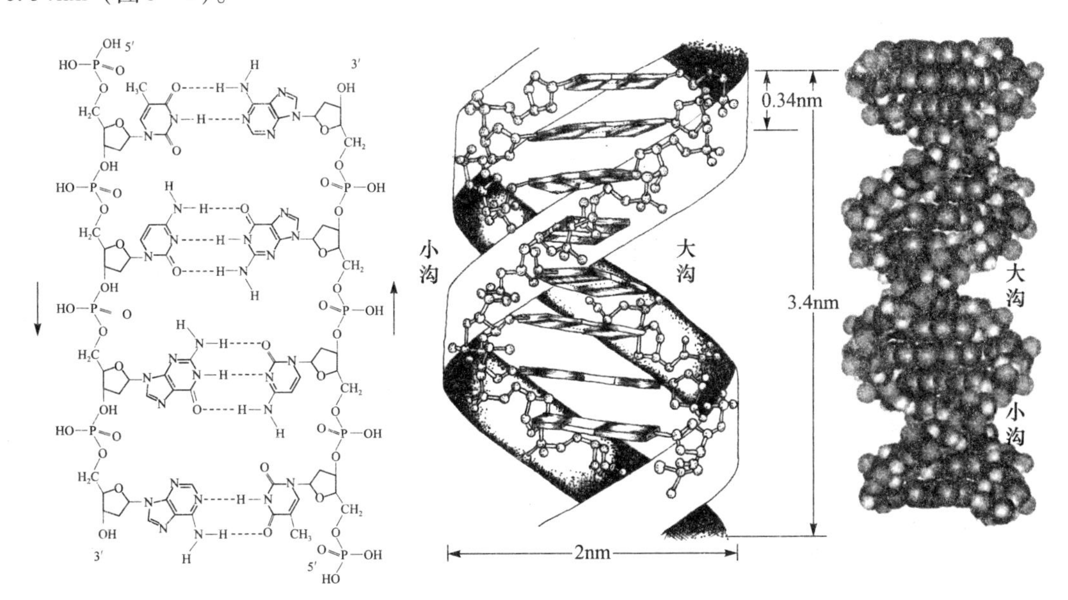

图 3－2　B－DNA 双螺旋结构模型

④ 碱基堆积力和氢键维持螺旋结构的稳定性。相邻的两个碱基对平面在旋进中相互重叠，因此产生具有疏水性的碱基堆积力，维持螺旋的纵向稳定，是保持 DNA 双螺旋稳定的主要作用力。互补链之间碱基对的氢键维持 DNA 双螺旋的横向稳定。磷酸基团的负电荷与组蛋白、介质中阳离子的正电荷之间相互作用，减少了 DNA 分子间的静电斥力，对 DNA 双螺旋结构的稳定有一定作用。

（2）DNA 二级结构的多态性

①A 型 DNA 和 Z 型 DNA。Watson 和 Crick 提出的双螺旋结构称为 B 型 DNA 或 B－DNA（图 3－3），是在水环境或生理条件下 DNA 最稳定的构象。但在不同的离子强度和相对湿度下，DNA 双螺旋结构的沟槽、螺距和旋转角等都会发生变化（表 3－5）。在脱水或 DNA－RNA 杂交时，DNA 右手双螺旋结构称为 A 型 DNA 或 A－DNA（图 3－3）。富含 GC 重复序列的 DNA 分子会出现左手双螺旋结构，称为 Z 型 DNA 或Z－DNA（图 3－3）。因此，在生物体内，DNA 的双螺旋结构所处环境不同，其功能也发生相应的变化，与基因的表达调控相适应。

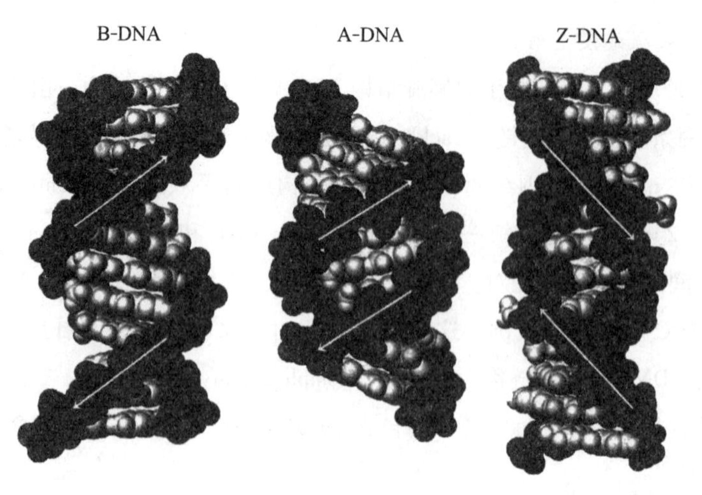

图 3－3 DNA 分子多态性

表 3－5 不同类型 DNA 的比较

	A－DNA	B－DNA	Z－DNA
外形	粗短	适中	细长
大沟	窄、深	宽、深	平坦
小沟	宽、浅	窄、深	窄、深
螺旋方向	右手	右手	左手
螺旋直径	2.55nm	2.37nm	1.84nm
每圈碱基对数	11	10.4	12
螺距	2.53nm	3.54nm	4.56nm
相邻碱基对间的垂直距离	0.23nm	0.34nm	0.38nm
糖苷键构象	反式	反式	嘧啶反式、嘌呤顺式
相邻碱基夹角	32.7°	34.6°	每个二聚体为 60°
碱基倾角	19°	1°	9°
轴心与碱基对的关系	不穿过碱基对	穿过碱基对	不穿过碱基对
使构象稳定的相对环境湿度	75%	92%	

② DNA 的多链螺旋结构。1963 年，K. Hoogsteen 提出在酸性条件下，胞嘧啶 N－3 原子与鸟嘌呤 N－7 原子形成氢键，胞嘧啶 C－4 的氮原子所连的氢原子与鸟嘌呤的 C－6 连接的氧原子形成氢键，称为 Hoogsteen 氢键。DNA 分子通过 Hoogsteen 氢键形成 C^+GC 的三螺旋 DNA 结构（triplex DNA），如图 3－4A 所示。此外，在真核生物 DNA 分子 3′末端常存在富含 GT 的重复序列，通过 Hoogsteen 键形成四链结构，如图 3－4B 所示。

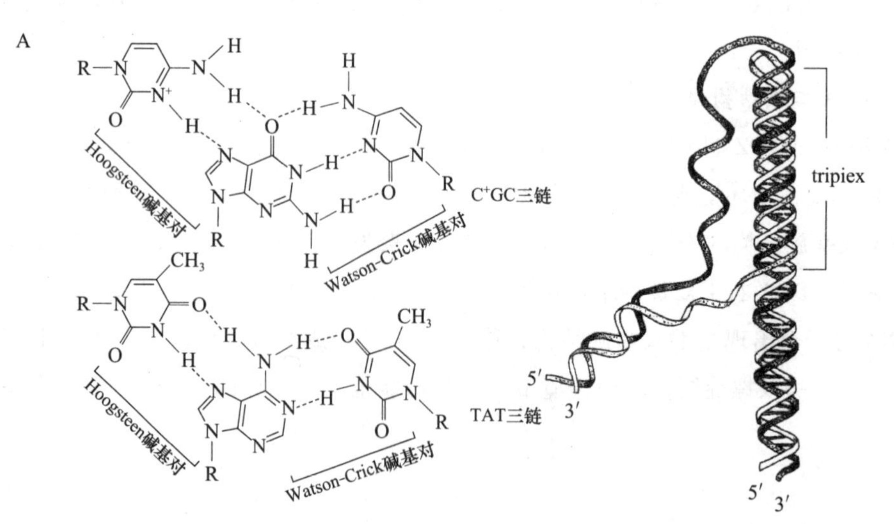

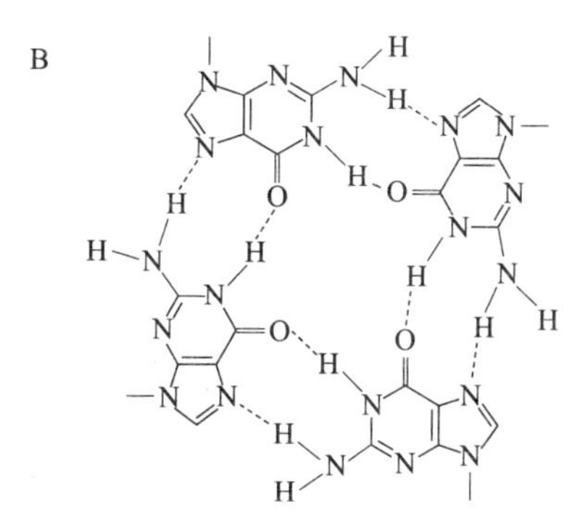

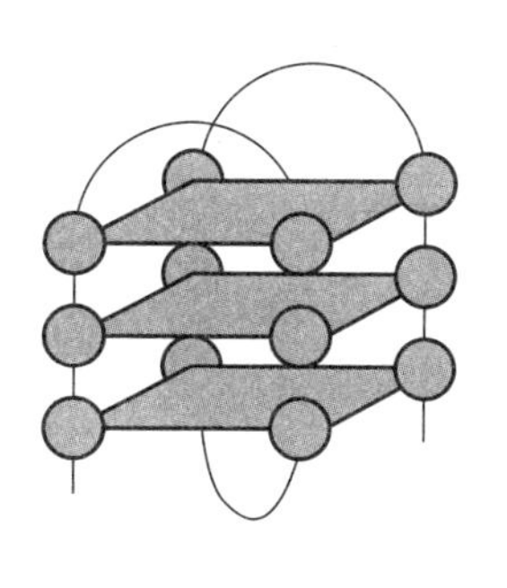

图 3-4　DNA 多链结构及其碱基之间的氢键

A. 三键结构　B. 四键结构

（3）DNA 双螺旋结构的生物学意义　DNA 双螺旋结构模型阐明了生物遗传信息的构成和传递方式，开启了分子生物学时代，为人类从分子水平研究生命的发生、发育、遗传、衰老和死亡等现象，以及疾病的发病机制、预防、诊断和治疗等奠定了坚实的基础。

（二）DNA 的三级及以上结构

DNA 的三级结构是指 DNA 在二级结构基础上进一步盘绕和折叠所形成的超螺旋结构（supercoil），如图 3-5 所示。

1. 超螺旋结构　细菌、某些病毒和噬菌体等原核生物以及真核生物的线粒体和叶绿体的 DNA 都是闭环结构，可进一步扭转、盘绕成超螺旋结构。超螺旋有 2 种：正超螺旋（positive supercoil）和负超螺旋（negative supercoil）。形成超螺旋一方面可以降低 DNA 分子的张力，使 DNA 分子更加稳定，另一方面可以压缩 DNA 分子，使其结构更加紧凑，可将很长的 DNA 分子局限在细胞内一个很小的区域中。与 DNA 双螺旋的旋转方向一致的扭转，称为正超螺旋；与 DNA 双螺旋的旋转方向相反的扭转，称为负超螺旋。在细胞间期，DNA 处于负超螺旋状态，此时 DNA 双链易于解链，有利于基因表达。细菌的 DNA 可形成多个相互独立的超螺旋区，且各区之间的螺旋程度不同。

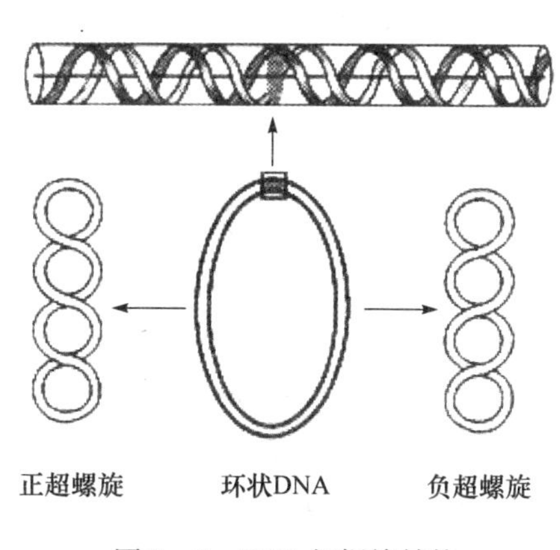

图 3-5　DNA 超螺旋结构

案例 1 分析讨论

该病初步诊断：脆性 X 染色体综合征。该患者具有下颌大、突耳和大睾丸等典型的脆性 X 染色体综合征表型；遗传分析发现，患者的男性亲属具有典型智力障碍家族史，表现为伴性遗传，综合上述可做初步诊断。进一步确诊需进行 X 染色体脆点确认（即 X 染色体长臂末端的随体），或 RFLP 连锁分析、DNA 杂交分析、PCR 扩增等方法来检出致病基因。

脆性 X 染色体是由脆性 X 染色体智力低下基因 1（fragile X mental retardation 1 gene，FMR-1）5′端 CGG 重复序列突变，导致该基因失去功能引起的。临床表现为面容瘦长，前额突出；面中部发育不全，下颌大而前突；约80%的男性患者睾丸增大，性腺发育不良，且伴有中度或重度智障等。

2. 染色体结构 真核细胞的DNA以极其有序的方式组装在细胞核内，在细胞分裂间期形成染色质结构，而在细胞分裂期则形成高度致密的染色体结构。两者主要区别在于染色体的压缩程度比染色质高。

（1）染色体组成 染色体由DNA、组蛋白、少量RNA和非组蛋白构成，其中DNA和组蛋白的比例接近于1∶1。

① 组蛋白（histone）属碱性蛋白质，是真核生物染色体的基本组分，包括H1、H2A、H2B、H3和H4等五种蛋白质。它们富含精氨酸和赖氨酸等碱性氨基酸，在生理条件下带正电荷。在一级结构上，H1与其余四种组蛋白的差异较大，有明显种属差异性，而H2A、H2B、H3和H4则高度保守，无明显种属差异性。组蛋白参与维持染色体的结构并调节染色体功能。

② 核小体（nucleosome）是染色体的基本结构单位，由DNA和组蛋白构成。组蛋白H2A、H2B、H3和H4各两分子组成八聚体的组蛋白核心，长约150bp的DNA以左手螺旋盘绕组蛋白核心1.75圈，形成核小体的核心颗粒。核小体的核心颗粒之间再由组蛋白H1与大约50bp的连接DNA连接起来形成串珠状的染色质细丝，这是DNA在核内形成致密结构的第一层次折叠，使DNA长度压缩了约7倍；每6个核小体进一步卷曲形成直径约30nm的中空状纤维螺线管，使DNA长度压缩了约100倍（图3-6）；30nm纤维螺线管进一步盘绕折叠为直径300nm的超螺旋管，即染色质纤维，后者再进一步压缩成染色单体，最终在核内组装成染色体。在细胞分裂期，DNA被压缩了约8400倍。真核细胞染色体DNA的折叠和组装的整个过程都受到精确调控（图3-7），染色体结构变异则导致严重疾病。

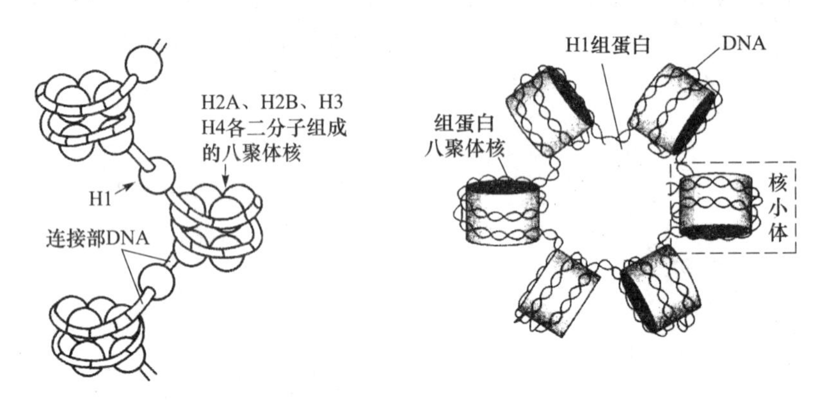

图3-6 核小体的结构及染色质30nm纤维螺线管截面示意图

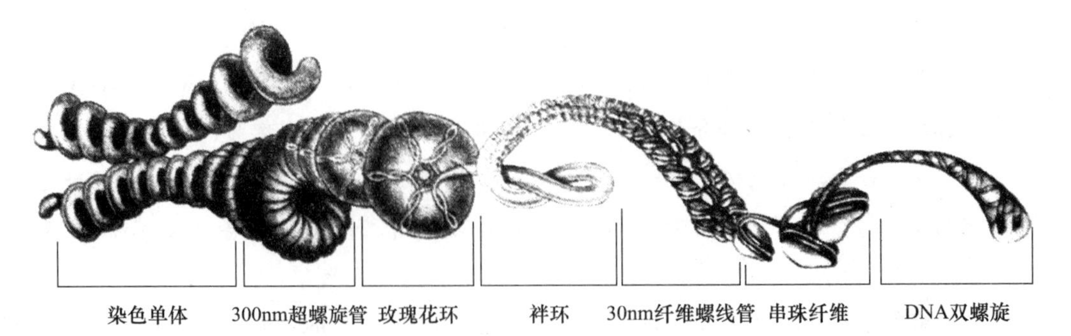

图3-7 染色体的结构示意图

NOTE

3. DNA 三级及以上结构的意义

（1）DNA 超螺旋状态有利于基因调控　生物体 DNA 结构处于动态稳定中，在细胞间期，超螺旋结构的变化可以协调 DNA 的局部解链，影响复制、转录。

（2）DNA 被高度压缩有利于稳定传递遗传信息　真核生物基因组比原核生物大很多，如大肠杆菌的 DNA 约为 4.7×10^6bp，而人的基因组 DNA 约为 3×10^9bp。真核生物 DNA 作为遗传信息载体，在细胞分裂期被高度压缩成染色体并组装于核内，有利于遗传信息的稳定传递。

案例1分析讨论

染色体是基因的载体。真核生物的基因分布在细胞核内一组形态不同的染色体上。染色体结构变异，致使其携带基因的数量和排列顺序异常，导致性状的变异，多数染色体变异对生物体是不利的，甚至是致命的。

FMR－1 基因定位于 Xq27，包含 17 个外显子，大小 38kb，对应 mRNA 4.4kb，编码序列长 19kb。在 FMR－1 的 5′端非翻译区，即距离第 1 外显子启始转录点 69bp 处有一段三核苷酸重复序列 $(CGG)_n$，当 CGG 重复超过 200 时，FMR－1 基因启动子（Cp G 岛）常发生甲基化，导致 FMR－1 转录受抑制或减弱，FMR 蛋白表达受阻，最终导致脆性 X 染色体综合征。

（二）RNA 的空间结构与功能

多数生物遗传信息的载体是 DNA，少数病毒的遗传物质是 RNA。遗传信息通过指导合成蛋白质而发挥作用，但 DNA 并不直接指导蛋白质合成，而是先转录合成 RNA。RNA 在核糖体上作为蛋白质合成的模板，决定肽链的氨基酸排列顺序。因此，RNA 是细胞内蛋白质合成的中间物质。下面主要介绍 RNA 的结构特点，其加工修饰详见第十三章。

RNA 通常是线性单链结构，有时可自身回折形成局部双链、茎环或发夹等二级结构，再进一步折叠形成三级结构；与 DNA 相比，RNA 种类较多，分子量较小，结构比较复杂，功能也相对多样。现今已知的 RNA 大多参与蛋白质的相互作用、遗传信息的表达及其调控。参与蛋白质合成的 RNA 主要有三类：信使 RNA（messenger RNA，mRNA）、转运 RNA（transfer RNA，tRNA）和核糖体 RNA（ribosomal RNA，rRNA）。

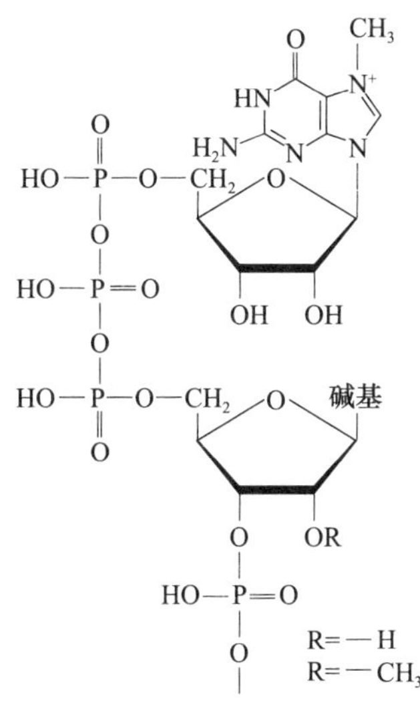

图 3－8　真核生物 mRNA 帽子结构

1. 信使 RNA（mRNA）　指在蛋白质合成过程中直接作为模板指导蛋白质合成的 RNA。mRNA 的特点有：①差异大。不同的 mRNA 长短不一，分子量差别非常大。②含量少。占细胞 RNA 总量的 2% ～5%。③代谢快。在所有 RNA 中，mRNA 寿命最短。不同的 mRNA 的半衰期各不同，一般约为几分钟或几个小时，指导合成不同的蛋白质后即被降解。

（1）原核生物 mRNA 结构特点　原核生物 mRNA 一般 5′端有一段非编码区（NCR），称前导序列，

3′端有一段非编码区，中间是蛋白质的编码区，一般编码多个多肽链。

（2）真核生物mRNA结构特点 ①mRNA 5′末端帽子结构。多数真核生物mRNA的5′端以7-甲基鸟嘌呤-三磷酸核苷（m7GpppN）为帽子结构（cap sequence）（图3-8）。原核生物没有这种特殊结构。5′末端的帽子结构可以保护mRNA免遭核酸酶的降解，也是翻译起始因子识别、结合的一种标志。②mRNA 3′末端多聚A（poly A）结构。真核生物mRNA前体hnRNA转录合成后，由poly A转移酶催化形成poly A结构，称为多聚A尾，长100~200个腺苷酸。Poly A尾可引导mRNA由细胞核向细胞质转运，增加mRNA稳定性及参与翻译起始的调控(图3-9)。

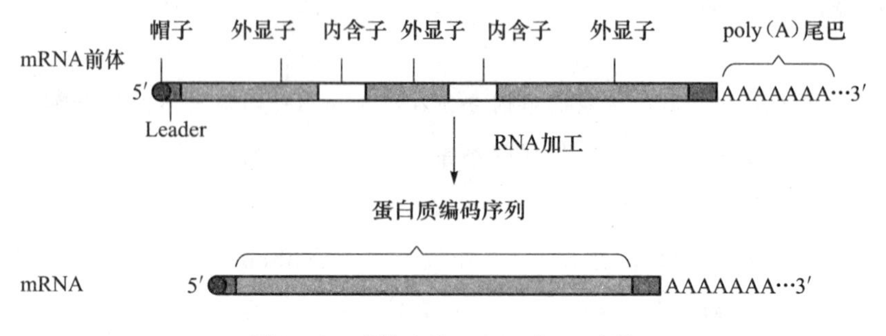

图3-9 真核生物mRNA加工过程

2. 转运RNA（tRNA） 为在蛋白质合成过程中负责搬运氨基酸并解读mRNA密码子的RNA。tRNA占细胞中总RNA的15%，tRNA至少有60多种，虽然各有其独特的碱基组成和空间结构，但均具有如下结构特征：

（1）tRNA一级结构特点 ①为小分子单链RNA，由73~95个核苷酸构成。②稀有碱基多。tRNA所含的稀有碱基占其碱基总数的10%~20%，如二氢尿嘧啶核苷酸（D）假尿嘧啶核苷酸（φ）等。tRNA中的稀有碱基都是转录后修饰加工而成。③5′端核苷酸多是鸟苷酸。④3′端为CCA-OH序列，是氨基酸结合位点。该序列多是转录后在核苷酸转移酶作用下连接到tRNA 3′末端的。

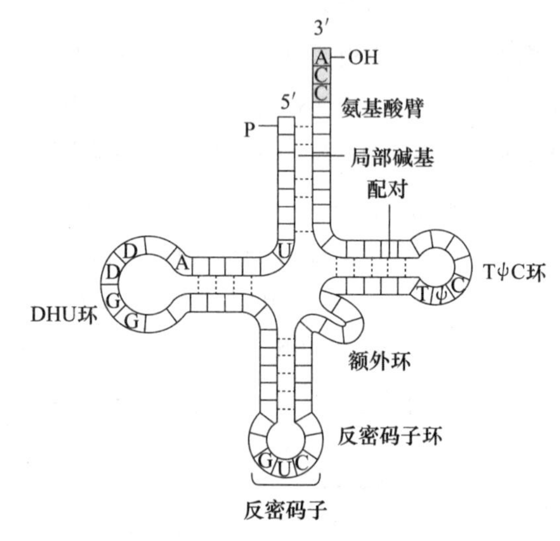

图3-10 tRNA二级结构

（2）tRNA二级结构 tRNA二级结构呈三叶草形(图3-10)，包含四臂四环结构：氨基酸臂（amino acid arm）、反密码子臂（anticodon arm）及反密码子环、TΨC臂（TΨC arm）及TΨC环、DHU臂（DHU arm）及DHU环、额外环（extra loop）。反密码子环的第3、4、5位核苷酸组成反密码子。反密码子可通过碱基互补的关系识别mRNA上的密码子。

（3）tRNA三级结构 tRNA三级结构均为倒“L”形（图3-11），氨基酸臂和反密码子臂分别位于倒“L”的两端，TΨC臂和DHU环虽在三叶草结构中位于两侧，但在三级结构中相邻（图3-10）。在翻译过程中，tRNA这样的结构有利于将特定活化的氨基酸带入核糖体，

NOTE

并通过 mRNA 的密码子与 tRNA 的反密码子相互识别，将 mRNA 的碱基序列解读成蛋白质中氨基酸的排列顺序。

3. 核糖体 RNA（rRNA）　rRNA 常与核糖体蛋白结合构成核糖体（ribosome），为蛋白质合成提供场所。核糖体在所有细胞中均由大小 2 个亚基构成。核糖体及其组分的大小常用沉降系数表示。

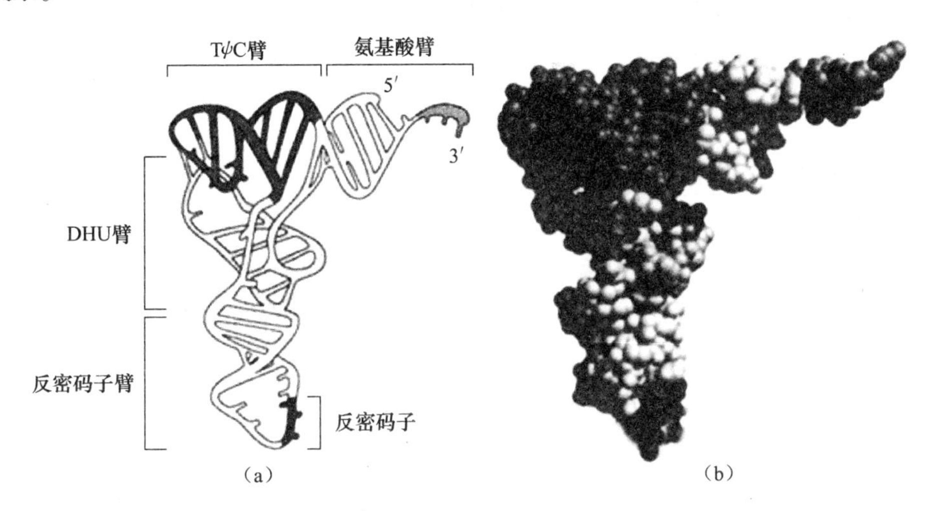

图 3－11　tRNA 三级结构

核糖体 RNA 特点：①含量多。rRNA 是细胞内含量最丰富的 RNA，占 RNA 总量的 80%～85%，②寿命相对长。③种类少。原核生物核糖体由 3 种 rRNA 构成，分别是 5S、16S 和 23S；真核生物核糖体由 4 种 rRNA 构成，分别是 5S、5.8S、18S 和 28S。原核生物和真核生物的核糖体大、小亚基组成成分如表 3－6 所示。

各种 rRNA 的碱基序列已经确定，据此可预测它们的二级结构和其他空间结构，了解其作用机制。

表 3－6　核糖体的组成

	核糖体沉降系数	亚基种类	亚基沉降系数	rRNA 种类	核糖体蛋白种类
原核生物	70S	大亚基	50S	5S，23S	34
		小亚基	30S	16S	21
真核生物	80S	大亚基	60S	5S，5.8S，28S	49
		小亚基	40S	18S	33

4. 非编码 RNA　除上述 3 种 RNA 外，近年在细胞内发现一些大小不超过 300 个核苷酸的小分子 RNA，它们被称为非编码 RNA（non－coding RNA，ncRNA）或非信使小 RNA（small non－messenger RNA，snmRNA）。这是近年来发现的一类能转录但不编码蛋白质，且具有特定功能的 RNA 小分子。ncRNA 可以根据分子大小、结构特征、亚细胞定位及功能等进行分类与命名，包括催化性小 RNA（small catalytic RNA）、核内小 RNA（small nuclear RNA，snRNA）、核仁小 RNA（small nucleolar RNA，snoRNA）、细胞质小 RNA（small cytoplasmic RNA，scRNA）及小干扰 RNA（small interfering RNA，siRNA）、微小 RNA（microRNA，miRNA）等，其中催化性小 RNA 亦被称为核酶（ribozyme，参见第五章），是一类细胞内具有催化作用的小分子 RNA，可催化特定 RNA 降解，其在 RNA 的剪接修饰中起重要作用。ncRNA 主要功能见

NOTE

表3-7。目前发现ncRNA的功能愈来愈多，几乎涉及细胞的各种生理过程，且不同的ncRNA在这些生理过程中发挥的作用也不尽相同，如参与对生长发育、染色质结构、转录、mRNA的稳定性、翻译等调控，参与RNA加工和修饰，以及应对环境刺激等。

表3-7　动物细胞内主要的RNA种类及功能

	细胞核和胞液	线粒体	功能
核蛋白体RNA	rRNA	mt rRNA	核蛋白体组成成分
信使RNA	mRNA	mt mRNA	蛋白质合成模板
转运RNA	tRNA	mt tRNA	转运氨基酸
不均一核RNA	hnRNA		成熟mRNA的前体
核内小RNA	snRNA		参与hnRNA的剪接、转运
核仁小RNA	snoRNA		rRNA的加工和修饰
胞质小RNA	scRNA/7SL-RNA		蛋白质内质网定位合成中信号识别体的组成成分
小干扰RNA	siRNA		与外源基因mRNA结合并诱导其降解
微小RNA	miRNA		结合mRNA选择性调控基因表达

第三节　核酸的理化性质

核酸的化学组成与结构特性决定了其理化性质。

一、核酸的溶解度与黏度

核酸为白色固体，微溶于水，不溶于乙醇、乙醚和氯仿等一般有机溶剂，因此，在分离核酸时，常用50%的乙醇沉淀DNA，75%的乙醇沉淀RNA。天然DNA的黏度较大，变性的DNA黏度降低。RNA的黏度比DNA小。

二、核酸的两性解离

核酸含大量磷酸基团，因此带负电荷，具有较强酸性。同时核酸也含有碱性基因，因此核酸是两性电解质，其解离状态随溶液的pH而改变。核酸常与金属离子、组蛋白、精胺和亚精胺等带正电荷的物质结合，从而降低分子内能，使其更加稳定。

三、核酸的紫外吸收

核酸的组成成分嘌呤和嘧啶都含有共轭双键，具有紫外吸收特征。各种碱基在240～290nm紫外波长有一明显的吸收峰（图3-12A）。在中性条件下，DNA钠盐的最大吸收峰在260nm（图3-12B），以A_{260}表示。这一性质被广泛用来对核酸和核苷酸进行定量分析。如$A_{260}=1.0$相当于以50 μg/mL双链DNA、40 μg/mL单链DNA（或RNA）、20 μg/mL寡核苷酸为标准，计算溶液中的核酸含量。利用A_{260}/A_{280}的比值分析判断样品的纯度，纯DNA $A_{260}/A_{280}\approx1.8$，而纯RNA $A_{260}/A_{280}\approx2.0$，如果样品中含有杂蛋白及苯酚，$A_{260}/A_{280}$比值明显降低。

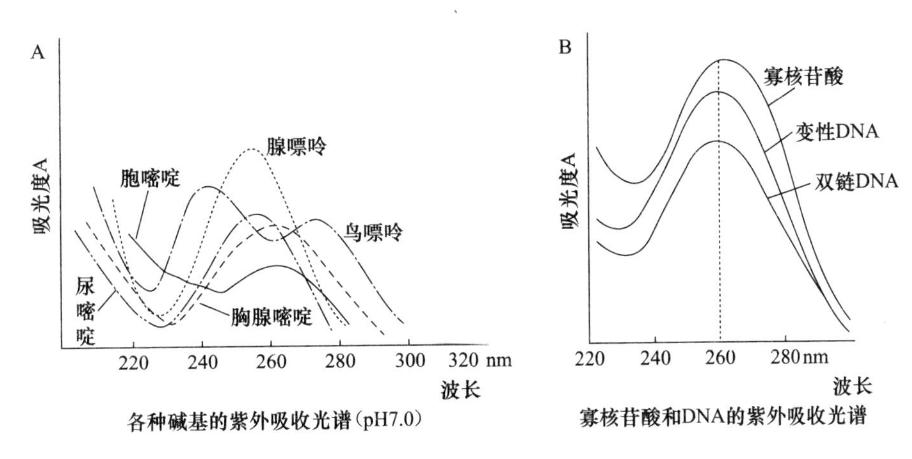

图3-12　碱基、核苷酸和DNA的紫外吸收

四、核酸的沉降特性

溶液中的核酸、蛋白质在离心引力场中可下沉。在相同的离心引力场中，线性、环形和超螺旋等不同构象的核酸分子的沉降速度不同，因此，可以用超速离心法提纯核酸。根据核酸在不同介质中的密度梯度离心的效果不同，RNA分离常用蔗糖梯度离心，而DNA则常用氯化铯梯度离心分离。

五、核酸的变性和复性

(一) 变性 (denaturation)

核酸变性指在加热、强酸、强碱和有机溶剂等理化因素作用下，核酸碱基对之间的氢键断裂，变为单链的过程。变性不涉及核苷酸之间磷酸二酯键的断裂（图3-13），因此，变性核酸的分子量没有改变，只是其理化性质发生变化，如黏度降低、沉降速度加快、紫外吸收增强、生物学活性丧失等。

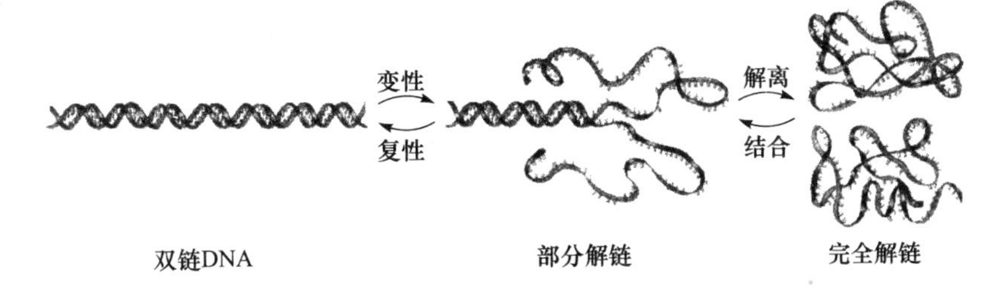

图3-13　DNA的变性和复性

变性DNA紫外光吸收明显增加的现象，称为增色效应（hyperchromic effect）。DNA解链达到一半时的温度，称为DNA的解链温度（melting temperature，T_m）或变性温度，由于这一现象和结晶体的熔解过程相似，又称熔解温度，一般在70～85℃（图3-14）。T_m值与DNA的碱基组成、分子大小、溶液的pH和离子强度等有关。在一定的溶液中，DNA分子中G-C含量越高，解链温度就越高，可以通过测定解链温度来分析DNA的碱基组成，计算公式为：$(G+C)\% = (T_m - 69.3) \times 2.44\%$（0.15mol/L NaCl-0.15mol/L柠檬酸钠溶液中）。

(二) 复性

在适当条件下，变性DNA两股单链重新结合（reassociation），恢复天然的双螺旋结构及其生物学活性的过程称为复性（renaturation）（图 3－13）。复性后，DNA 的紫外吸收明显减小的现象，称减色效应（hypochromic effect）。

（三）核酸的杂交（hybridization）

不同来源的核酸混合后，通过变性与复性，形成 DNA－DNA 异源双链，或 DNA－RNA 杂合双链的过程称为分子杂交（molecular hybridization）（图 3－15）。在定性或定量分析时，通常用同位素或非同位素标记一种核酸的单链，使之成为探针，随后与另一种核酸的单链杂交。核酸分子杂交具有较好的灵敏度和特异性，因而被广泛地应用于酶切图谱制作、目的基因筛选、疾病诊断和法医鉴定等各个方面。

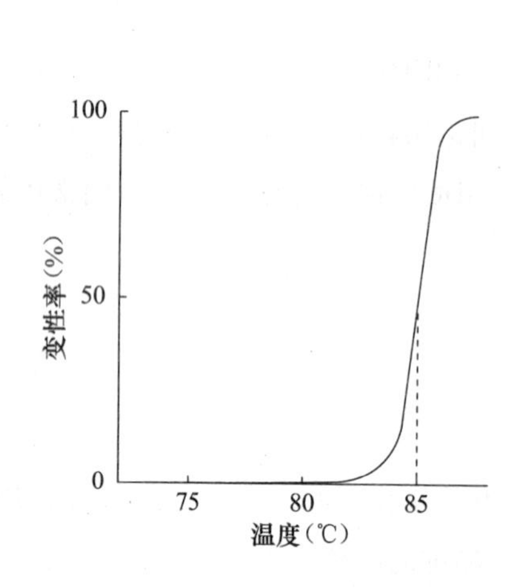

图 3－14　DNA 的解链曲线

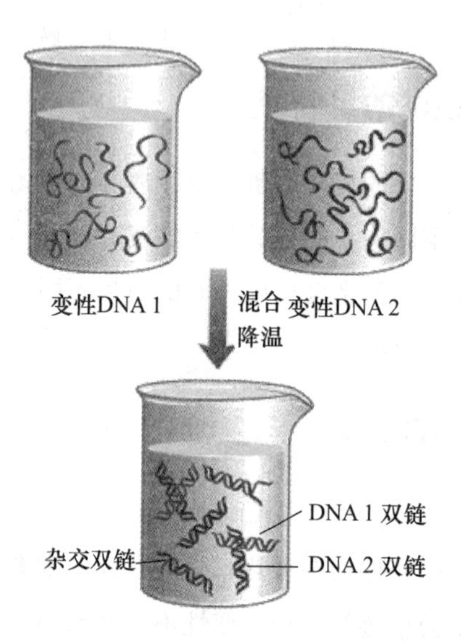

图 3－15　DNA 的杂交

小结

天然存在的核酸分子分为 DNA 与 RNA 两大类。DNA 是遗传信息的载体，绝大多数存在于细胞核内。RNA 包括 mRNA、tRNA、rRNA 等，主要参与遗传信息的传递与表达。mRNA 是传递遗传信息的信使；tRNA 是氨基酸的运输工具；rRNA 是核糖体的组成成分，核糖体是蛋白质合成的场所。

核酸的一级结构是指核酸中核苷酸或碱基的排列顺序。核苷酸以 3′,5′－磷酸二酯键连接构成核酸。核酸链具有方向性，5′端为头，3′端为尾。

DNA 的空间结构包括二级结构与三级结构。典型的二级结构为右手双螺旋结构，由两股多核苷酸链反向平行构成，链间通过氢键结合，氢键严格地形成于 A－T、G－C 碱基对之间。DNA 的二级结构具有多样性。三级结构是双螺旋 DNA 进一步盘曲形成的。DNA 的三级结构主要是超螺旋结构，染色体（染色质）是由 DNA 与蛋白质等构成的更高级结构。

RNA 通常是单链线性分子，RNA 的种类、大小和结构都比 DNA 多样化。mRNA 的特点是种类多、含量少、寿命短。大多数真核生物 mRNA 在 5′端有一个帽子，3′端有一段多聚腺苷酸尾。tRNA 含较多稀有碱基，3′端有 CCA－OH 序列，是氨基酸结合的部位；5′端大多是 pG，二级结构呈三叶草形，三级结构呈倒“L”形。rRNA 是细胞内含量最多的 RNA，原核生物核糖体有 3 种 rRNA，真核生物核糖体有 4 种 rRNA。

碱基使核酸具有特殊的紫外吸收光谱，最大吸收峰在 260nm 附近。核酸是酸性较强的两性电解质，具有生物大分子的理化特性。DNA 的变性、复性与其双螺旋结构有关。变性指双链 DNA 解旋、解链，形成无规则单链线性结构，从而发生性质改变。DNA 变性导致其紫外吸收增加，称为增色效应。变性 DNA 重新形成双链结构称为复性，DNA 复性伴随紫外吸收降低，称为减色效应。DNA 变性与复性是核酸分子杂交的基础。核酸分子杂交技术是分子生物学的核心技术，目前在遗传病检测、亲子鉴定、刑侦等方面得到了广泛应用。

中医治疗丙型肝炎的研究进展

丙型肝炎是由丙型肝炎病毒引起的，以肝脏炎症和坏死病变为主的感染性疾病。中医学根据其临床表现、体征及致病因素等，将其归为“疫毒”“黄疸”“胁痛”“积聚”“臌胀”等病症中。多数学者认为湿热毒邪内侵、正气亏虚为其主要病因，湿热毒邪壅滞于体内，导致肝脾肾功能失调，为其主要病机。病起于肝，继之及脾，日久及肾。中医治疗丙型肝炎多法从《内经》中的治肝三大原则（辛散、甘缓、酸敛），李冠仙《知医必辨》的治肝十法，王旭高《王旭高医书六种》的治肝十法等。

中医对于丙型肝炎的治疗大部分采用辨证与辨病相结合，从传统的辨证论治、方药、单药、民间验方，发展到现今的中西医结合治疗方案，旨在提高 HCV RNA 的转阴率及减轻疾病进展过程中的黄疸、脂肪痢、关节疼痛等症状及治疗中的不良反应。

方药治疗　方药的治疗模式大都围绕丙肝“毒”“瘀”“虚”等基本病机选方，如用清肝凉血解毒法的固定方（赤芍、丹参、山栀、大黄、苦参、生山楂、制白术、甘草、白花蛇舌草和败酱草）治疗，或以活血化瘀法为主的基本方（苦参、虎杖、丹参、赤芍、炙鳖甲）治疗都有较明显的疗效。

中西医结合治疗　用重组干扰素（interferon，IFN）联合加味逍遥散，或以 IFN 联合扶正祛邪为主的愈肝汤治疗，或用健脾清化方（生黄芪、陈皮、薏苡仁、威灵仙、宣木瓜、柴胡、白花蛇舌草、肉苁蓉）联合 IFN 和利巴韦林（ribavirin，RBV）治疗，都取得了很好的效果。

第四章　维生素与微量元素

【案例1】

患儿，男，12月龄，因“睡眠不安、多汗2个月”就诊。2个月来患儿一直不明原因睡眠不安，极易惊醒，易出汗，与室温、季节无关；常腹泻，无发热。平时户外活动较少。出生体重3.5kg，母乳喂养至4月龄后开始混合喂养，仅添加米粉辅食，未补充过维生素D，至今尚未出牙。家族无遗传病史。

体格检查：体重9kg，身长71cm，头围46.7cm，精神尚可，反应较好。方颅，前囟2cm×2cm，平坦；胸部可见串珠肋；心肺检查未见异常；肝脾无肿大；生理反射存在，病理反射未引出。

问题讨论

1. 该病初步诊断是什么？
2. 该患儿发病的生化机制是什么？

维生素（vitamin，Vit）是人体重要的营养物质之一，主要存在于食物中，是人类维持正常生理活动不可缺少的一类小分子有机化合物。

第一节　概　　述

一、维生素的概念

维生素是维持机体正常生理功能所必需的一类小分子有机化合物。各种维生素的结构、性质各不相同，但有如下共同特点：①人体每日需要维生素的量很少，但因其体内不能合成或合成量不足，必须从食物中摄取；②维生素不同于糖、脂类、蛋白质等营养物质，既不提供能量，也不是构成机体组织细胞的原料，它们中的大多数是作为酶的辅助因子或某种激素的前体在物质代谢过程中发挥重要作用；③维生素的长期摄入不足会导致维生素缺乏症，某些维生素长期摄入过量也会出现维生素中毒症状。

二、维生素的命名与分类

（一）维生素的命名

维生素早期按发现的先后顺序用英文大写字母和数字命名，如维生素A、维生素B_1、维生素B_2、维生素C、维生素D等。另外还可根据其功能命名，如维生素A又称抗干眼病维生素，维生素D又称抗佝偻病维生素，维生素K又称凝血维生素；还有根据它们的化学结构特点而

NOTE

命名，如维生素 B_1 的分子结构中既含硫又含有氨基，故又称硫胺素等。

（二）维生素的分类

维生素通常根据其溶解性质的不同而分为脂溶性维生素（lipid - soluble vitamin）和水溶性维生素（water - soluble vitamin）两大类。

三、维生素缺乏与中毒

（一）维生素缺乏

由维生素缺乏引起的疾病称为维生素缺乏症（avitaminosis）。导致维生素缺乏的原因有摄取不足、吸收障碍、机体需要量增加、服用某些药物、慢性肝肾疾病和特异性缺陷等。

（二）维生素中毒

维生素是维持机体正常生理功能所必需的，但并非越多越好，长期过量摄入会导致维生素中毒。一般而言，脂溶性维生素摄入过多，常因不易排出体外而蓄积体内，引起机体中毒。水溶性维生素则可以随尿液排出体外，不易引起中毒。

四、微量元素的概念

微量元素（microelement）是指人体每日需要量在 100mg 以下、不超过体重 0.01% 的元素。目前，动物体内发现的微量元素有 50 余种，其中一部分是具有特殊生理功能的必需微量元素，主要包括铁、碘、铜、锌、锰、硒、氟、钼、钴、铬等。

第二节　水溶性维生素

水溶性维生素有 B 族维生素和维生素 C。它们的共同特点是：易溶于水而不溶或微溶于有机溶剂；容易随尿液排出，故体内储存较少，需要经常从食物中摄取。B 族维生素主要作为酶的辅助因子参与体内的物质代谢。

一、B 族维生素

（一）维生素 B_1

1. 来源及性质　维生素 B_1 在植物种子外皮及胚芽中含量最丰富，因此谷物加工过于精细可造成维生素 B_1 大量丢失。

维生素 B_1 在酸性溶液中比较稳定，可耐受 120℃ 高温，但在碱性溶液中加热极易被破坏。

2. 结构、生化功能与缺乏症　维生素 B_1 结构中含硫的噻唑环与含氨基的嘧啶环通过亚甲基相连，故又称硫胺素（thiamine）。在体内，维生素 B_1 的活性形式是焦磷酸硫胺素（thiamine pyrophosphate，TPP），由硫胺素与 ATP 通过硫胺素焦磷酸激酶催化生成（图 4 - 1）。

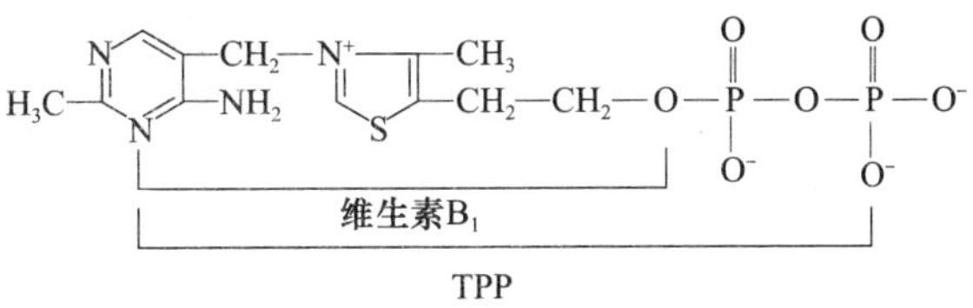

H_3C　N　$-CH_2-N^+$　$-CH_3$　O　O
$-NH_2$　S　$-CH_2-CH_2-O-P-O-P-O^-$
O^-　O^-
维生素B_1
TPP

图 4 - 1　维生素 B_1 及 TPP 的结构

NOTE

TPP是α-酮酸氧化脱羧酶系的辅酶。正常情况下，神经组织的能量来源主要靠糖的氧化供能，丙酮酸、α-酮戊二酸等α-酮酸可在TPP的参与下氧化脱羧，分别生成乙酰辅酶A和琥珀酰辅酶A，参与糖的氧化。因此，维生素B_1缺乏时，由于TPP合成不足，引起依赖TPP的代谢反应被抑制而导致糖的氧化利用受阻，使组织细胞供能不足。所以维生素B_1缺乏首先影响神经组织的能量供应，同时伴有丙酮酸及乳酸等在神经组织中的堆积，出现手足麻木、四肢无力等多发性周围神经炎的症状，严重者引起心跳加快、心脏衰竭等症状，临床称为脚气病。因此，维生素B_1又称为抗脚气病维生素。

TPP也是磷酸戊糖途径中转酮醇酶的辅酶，磷酸戊糖途径能提供机体5-磷酸核糖和NADPH，这两种产物可参与体内核苷酸合成及神经髓鞘中鞘磷脂合成，一旦缺乏可导致末梢神经炎和其他神经病变。

维生素B_1还可抑制胆碱酯酶活性，当维生素B_1缺乏时，胆碱酯酶活性增高，乙酰胆碱水解加快，而乙酰胆碱与神经传导有关；同时，丙酮酸氧化脱羧生成的乙酰辅酶A是体内合成乙酰胆碱的原料之一，维生素B_1缺乏也会使乙酰胆碱合成减少。乙酰胆碱的合成减少，分解增多，使胆碱能神经受到影响，可造成胃肠蠕动减慢、消化液分泌减少，引起食欲不振、消化不良等消化功能障碍。

（二）维生素B_2

1. 来源及性质 维生素B_2广泛存在于自然界，绿叶蔬菜、黄豆、小麦、动物内脏、乳制品和酵母中含量丰富，人体肠道细菌也能合成一部分。

维生素B_2耐热，在酸性溶液中较稳定，易被碱和紫外线破坏。

2. 结构、生化功能与缺乏症 维生素B_2是D-核醇与6,7-二甲基异咯嗪（又称黄素flavin）的缩合物，故又称为核黄素（riboflavin）。在生物体内，维生素B_2在黄素激酶的催化下，生成黄素单核苷酸（flavin mononucleotide，FMN），FMN再由ATP将一分子AMP转移到FMN的磷酸基上而生成黄素腺嘌呤二核苷酸（flavin adenine dinucleotide，FAD）（图4-2），FMN和FAD是维生素B_2的活性形式。维生素B_2异咯嗪环的第1及第10位氮原子能够可逆地加氢和脱氢而具有氧化还原特性，故在生物氧化中维生素B_2作为递氢体而起递氢作用。

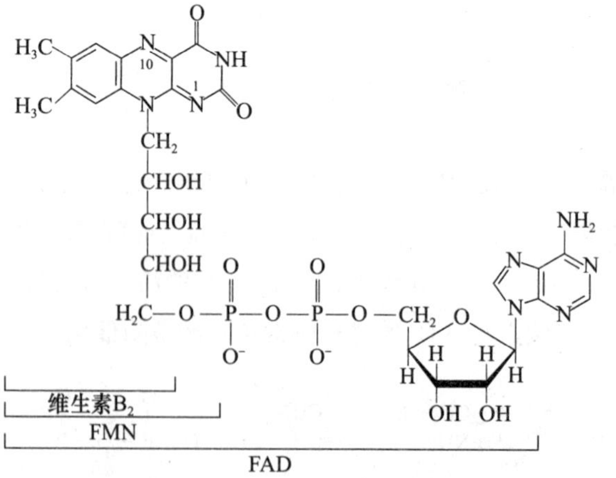

图4-2 维生素B_2及FMN和FAD的结构

维生素B_2缺乏可引起唇炎、舌炎、口角炎、阴囊炎和眼睑炎等缺乏症。

（三）维生素 PP

1. 来源及性质　维生素 PP 分布广泛，在肉类、谷物、花生和酵母中含量丰富。肠道细菌能利用色氨酸合成少量维生素 PP。

维生素 PP 耐热，不易被酸、碱破坏，是性质最稳定的一种维生素。

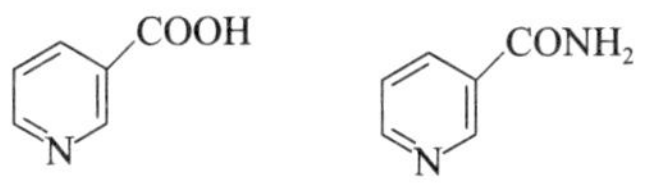

2. 结构、生化功能与缺乏症　维生素 PP 在自然界中有烟酸（尼克酸 nicotinic acid）和烟酰胺（尼克酰胺 nicotinamide）两种，均为吡啶衍生物，在体内主要以烟酰胺形式存在，但两者可以互相转化（图 4－3）。

烟酸　烟酰胺

图 4－3　维生素 PP 的结构

维生素 PP 在体内的活性形式是烟酰胺腺嘌呤二核苷酸（nicotinamide adenine dinucleotide，NAD^+），又称为辅酶Ⅰ（CoⅠ）。NAD^+ 磷酸化即生成烟酰胺腺嘌呤二核苷酸磷酸（nicotinamide adenine dinucleotide phosphate，$NADP^+$），又称为辅酶Ⅱ（CoⅡ）（图 4－4）。

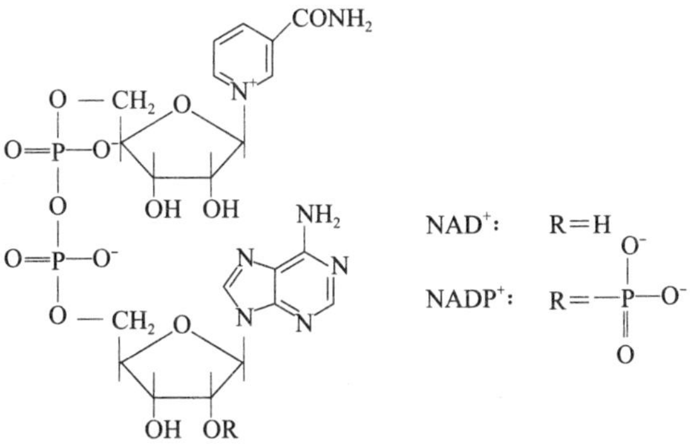

图 4－4　NAD^+ 和 $NADP^+$ 的结构

NAD^+ 和 $NADP^+$ 是多种不需氧脱氢酶的辅酶，分子中的吡啶环能可逆地加氢还原和脱氢氧化，其中 NAD^+ 主要在生物氧化过程中发挥递氢作用，而 $NADP^+$ 则参与还原性合成代谢。

维生素 PP 缺乏能引起癞皮病，主要表现为机体裸露部位和易受摩擦部位出现皮炎，也可出现腹泻和精神方面的症状，因此维生素 PP 又称抗癞皮病维生素。抗结核药物异烟肼与维生素 PP 的结构相似，是维生素 PP 的拮抗剂，所以长期服用异烟肼可引起维生素 PP 缺乏症。

（四）维生素 B_6

1. 来源及性质　维生素 B_6 分布广泛，在酵母和米糠中含量最多，在蛋黄、肉类、鱼、乳制品、谷物和豆类中含量也丰富，肠道细菌亦可以合成。

维生素 B_6 对光和碱敏感，紫外线照射易破坏，高温下迅速分解。

2. 结构、生化功能与缺乏症　维生素 B_6 包括吡哆醇（pyridoxine）、吡哆醛（pyridoxal）和吡哆胺（pyridoxamine），均为吡啶的衍生物（图 4－5）。在体内，吡哆醇可转变成为吡哆醛，吡哆醛和吡哆胺可互相转变。

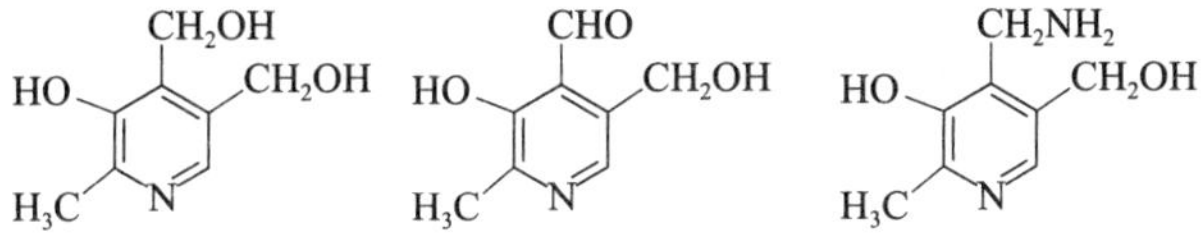

吡哆醇　吡哆醛　吡哆胺

图 4－5　维生素 B_6 的结构

维生素 B_6 在体内的活性形式是磷酸吡哆醛（pyridoxal phosphate）和磷酸吡哆胺（pyridoxamine phosphate）（图 4－6）。

磷酸吡哆醛和磷酸吡哆胺是氨基转移酶的辅酶，通过二者的相互转变，起传递氨基的作用。磷酸吡哆醛也是氨基酸脱羧酶的辅酶，例如作为辅酶参与谷氨酸脱羧生成γ－氨基丁酸（GABA）。GABA 是中枢神经系统的抑制性神经递质。磷酸吡哆醛还是δ－氨基－γ－酮戊酸（δ－aminolevulinic acid，ALA）合酶的辅酶，能促进血红素的合成，缺乏时容易引起低色素性贫血。磷酸吡哆醛也是糖原磷酸化酶的组成部分，参与糖原分解。

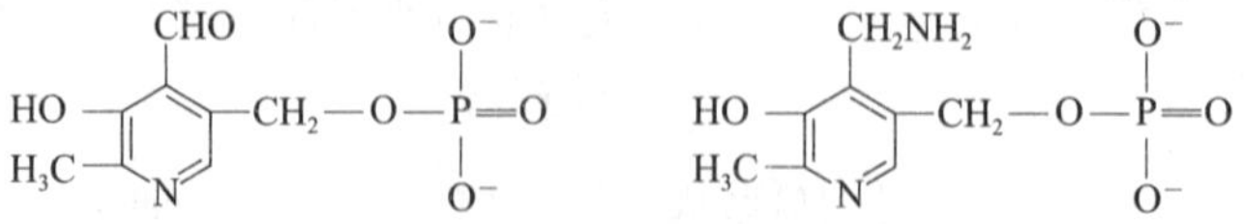

图 4－6 磷酸吡哆醛、磷酸吡哆胺的结构

人类未发现典型维生素 B_6 缺乏症，但磷酸吡哆醛可与抗结核药异烟肼结合而失去辅酶作用，所以在服用异烟肼时，需补充维生素 B_6。

（五）泛酸

1. 来源及性质 泛酸（pantothenic acid）又称遍多酸，分布广泛，在肝、谷物、豆类和酵母中含量丰富。

泛酸在中性溶液中耐热，一般不被氧化剂破坏，但遇酸碱易被破坏。

2. 结构、生化功能与缺乏症 泛酸是由 β－丙氨酸通过酰胺键与二甲基羟丁酸缩合而成的一种酸性物质。泛酸在体内的活性形式是辅酶 A（coenzyme A，CoA）（图 4－7）和酰基载体蛋白（acyl carrier protein，ACP），它们是酰基转移酶的辅酶，其中 CoA 参与酰基的转运，ACP 参与脂肪酸的合成。因此，泛酸在糖、脂和蛋白质代谢中发挥重要作用。

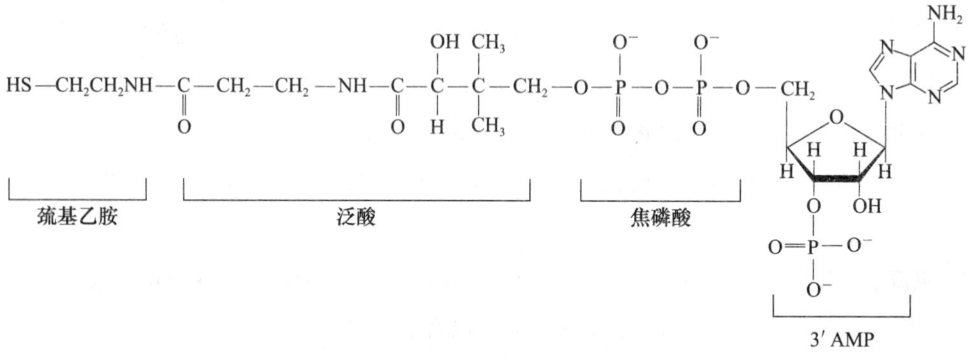

图 4－7 泛酸及其活性形式 CoA 的结构

人类尚未发现典型的泛酸缺乏症，但在治疗其他 B 族维生素缺乏时，给予适量泛酸常可提高疗效。临床上 CoA 已作为许多疾病治疗的辅助药物。

（六）生物素

1. 来源及性质 生物素（biotin）分布广泛，肝、肾、蛋黄、酵母、蔬菜和谷物中均含有生物素，人体肠道细菌也能合成。

生物素为无色针状结晶体，在常温下相当稳定，但对热敏感，耐酸不耐碱，可被氧化剂破坏。

2. 结构、生化功能与缺乏症 生物素是由带有戊酸侧链的噻吩和尿素结合的双环化合物。有 α－生物素（主要存在于蛋黄）及 β－生物素（主要存在于肝）两种（图4－8）。

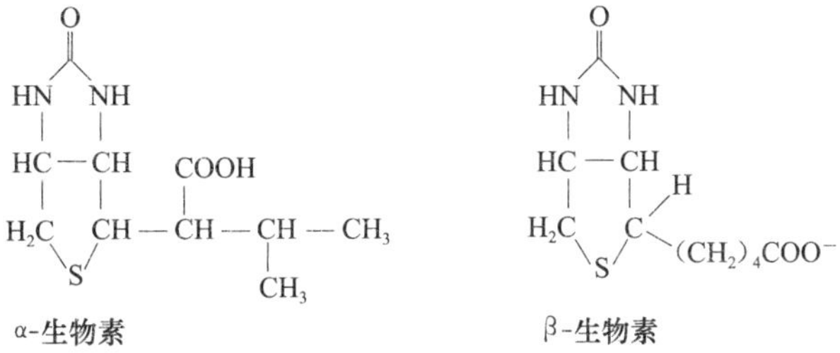

α-生物素　β-生物素

图4－8 生物素的结构

生物素在体内的活性形式是羧基生物素，是多种羧化酶的辅酶，参与羧化反应。如乙酰 CoA 羧化生成丙二酰 CoA，丙酮酸羧化生成草酰乙酸，在糖、脂和氨基酸代谢中有重要意义。

人体很少出现生物素缺乏症。新鲜的生鸡蛋蛋清中有一种抗生物素蛋白，能与生物素结合而抑制其吸收，蛋清经加热处理后该抑制作用消失，所以应避免长期食用生鸡蛋。另外，长期服用抗生素可抑制肠道细菌生长，也会造成生物素的缺乏。

（七）叶酸

1. 来源及性质 叶酸（folic acid）因在绿叶植物中含量丰富而得名。肉类、肝和肾等动物性食物及酵母中含量也较多，人类肠道细菌也能少量合成。

叶酸为深黄色或橙色晶体，对光和酸敏感，食物中的叶酸在室温下很容易被破坏。

2. 结构、生化功能与缺乏症 叶酸是由2－氨基－4－羟基－6－甲基蝶呤啶、对氨基苯甲酸和谷氨酸缩合而成，又称蝶酰谷氨酸（pteroylglutamic acid）（图4－9）。

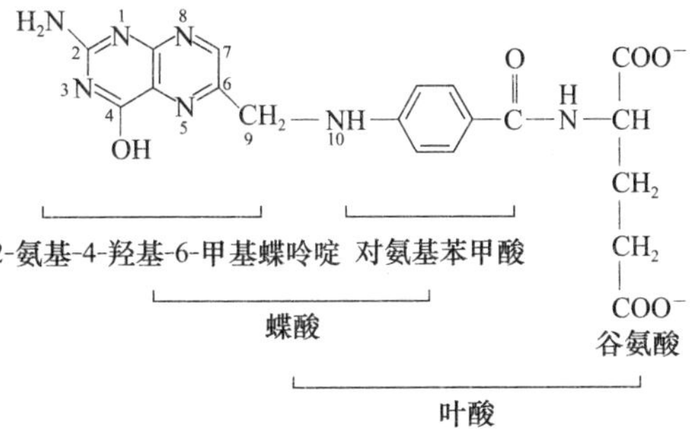

2-氨基-4-羟基-6-甲基蝶呤啶　对氨基苯甲酸　谷氨酸　蝶酸　叶酸

图4－9 叶酸的结构

叶酸在体内的活性形式是四氢叶酸（tetrahydrofolate，FH_4）（图4－10）。叶酸在小肠黏膜、肝和骨髓等组织中被叶酸还原酶催化，由 NADPH 提供还原当量，使叶酸还原为 FH_4。FH_4 是体内一碳单位转移酶的辅酶，FH_4 分子中的 N^5 和 N^{10} 能可逆地结合一碳单位（如—CH_3、—CH_2—、—CH ═等），参与体内嘌呤和嘧啶的合成。叶酸缺乏时，核苷酸合成障碍或合成减少，幼红细胞分裂受阻，细胞变大，造成巨幼红细胞性贫血。抗癌药物氨蝶呤、氨甲蝶呤与叶酸的结构相似，能抑制二氢叶酸还原酶的活性，使 FH_4 合成减少，在应用时须注意叶酸的补充。

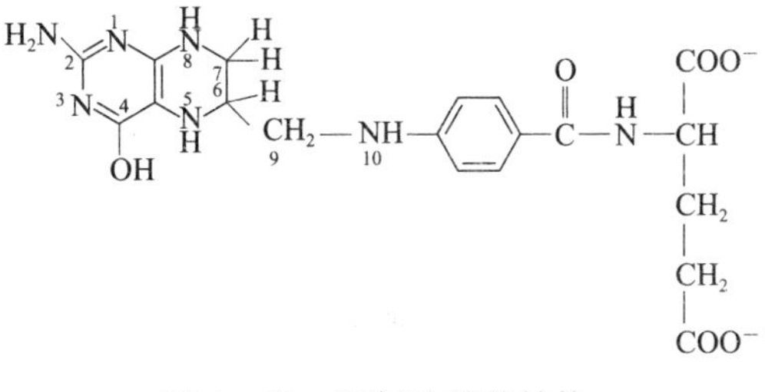

图4－10 四氢叶酸的结构

叶酸在食物中含量较多，一般不会出现缺乏症。孕产妇因代谢旺盛，应适量补充叶酸。

（八）维生素 B_{12}

1. 来源及性质　维生素 B_{12}广泛存在于动物性食物中，特别是肉类、肝中含量丰富，但在植物性食物中含量极少。

维生素 B_{12}是粉红色结晶，在弱酸（pH 值4.5～5.5）条件下稳定，强酸、强碱、日光、氧化剂及还原剂均可破坏维生素 B_{12}。

2. 结构、生化功能与缺乏症　维生素 B_{12}分子中含有金属钴，所以又称钴胺素（cobalamin），是唯一含有金属元素的维生素。其结构包括两个部分：一是咕啉环，钴离子在咕啉环中央；另一个是核糖核苷酸（图 4－11）。

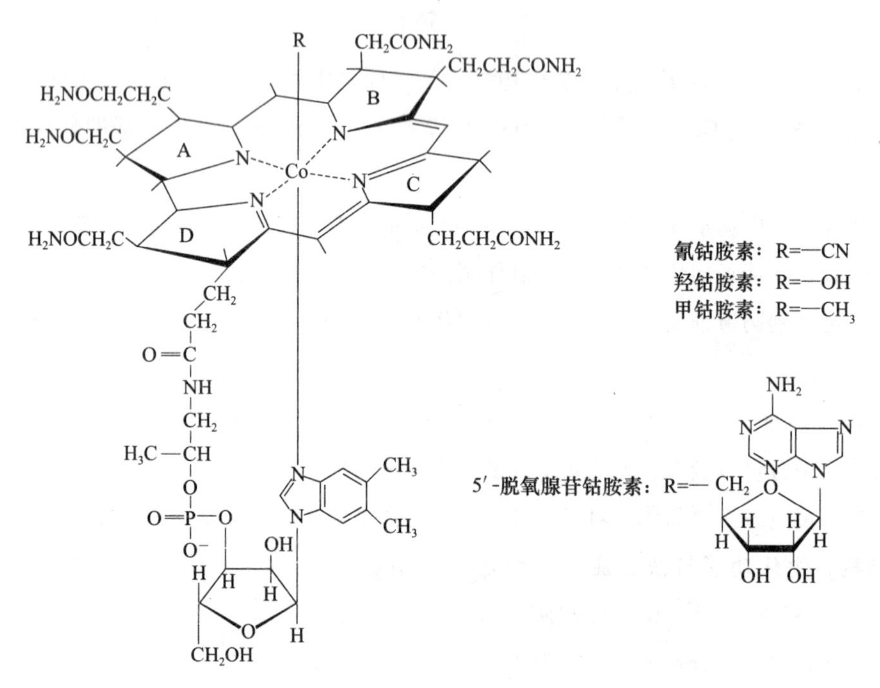

图 4－11　维生素 B_{12}的结构

维生素 B_{12}的活性形式是甲钴胺素和5′－脱氧腺苷钴胺素。其中甲钴胺素参与一碳单位代谢，作为甲基转移酶的辅酶参与甲硫氨酸循环（methionine cycle）。维生素 B_{12}缺乏时不仅影响甲硫氨酸循环，同时也不利于四氢叶酸的再生和其他一碳单位的转运，从而影响核苷酸中碱基的合成，导致核酸合成障碍，影响细胞分裂，出现巨幼红细胞性贫血。

维生素 B_{12}缺乏症很少在饮食正常者中出现，偶见于长期素食者及有严重吸收障碍的患者。此外，全胃切除患者缺少胃幽门部黏膜分泌的一种内因子（intrinsic factor，IF），B_{12}与之结合才能吸收，因此，这类人群需补充维生素 B_{12}。

（九）硫辛酸

α－硫辛酸（lipoic acid）为白色结晶。人体能够合成硫辛酸，目前未见缺乏症。

α－硫辛酸的化学结构是6,8－二硫辛酸，能加氢还原为二氢硫辛酸，通过氧化型、还原型之间的相互转变来传递氢（图 4－12），是α－酮酸氧化脱羧反应所必需的辅酶，也是硫辛酸乙酰转移酶的辅酶，起传递氢和转移酰基的作用。

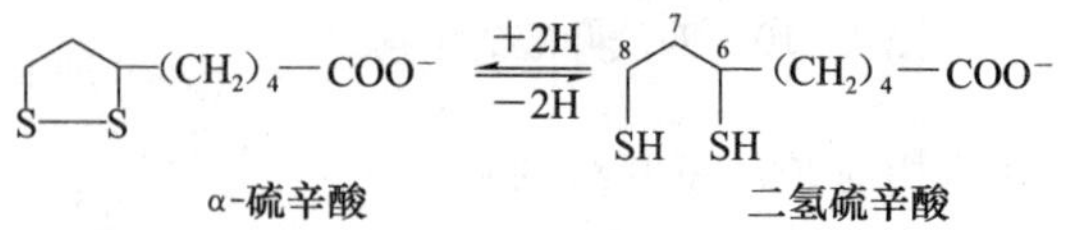

$$\text{(S—S 环)}—(CH_2)_4—COO^- \underset{-2H}{\overset{+2H}{\rightleftharpoons}} \text{(SH)(SH)}—(CH_2)_4—COO^-$$

α-硫辛酸　　　　二氢硫辛酸

图 4－12　硫辛酸的结构及其氧化还原性质

NOTE

α－硫辛酸能够清除体内多种自由基，其极低的氧化还原电位能够使氧化型谷胱甘肽（GSSG）还原为还原型谷胱甘肽（GSH），在 GSH 再生中起着十分重要的作用。

二、维生素 C

维生素 C 是一种酸性化合物并具有强还原性，因其具有防治坏血病的作用，故又称为抗坏血酸（ascorbic acid）。

（一）来源及性质

维生素 C 广泛存在于新鲜蔬菜和水果中，尤其是番茄、柑橘、橙子、柠檬、山楂、辣椒、鲜枣等含量丰富。由于植物组织中存在维生素 C 氧化酶，能使维生素 C 氧化而失活为二酮古洛糖酸，所以经过干燥、研磨或久存的水果和蔬菜，维生素 C 的含量会大幅度降低。

维生素 C 分子中的羟基易解离释放 H^+，因而其水溶液具有较强的酸性。维生素 C 在酸溶液中较稳定，中性或碱溶液中加热易被破坏。

（二）结构、生化功能与缺乏症

维生素 C 的化学本质是不饱和多羟基内酯化合物（图 4－13）。维生素 C 的羟基可脱氢而被氧化，故具有很强的还原性。氧化型维生素 C 又可接受氢再还原成还原型维生素 C。

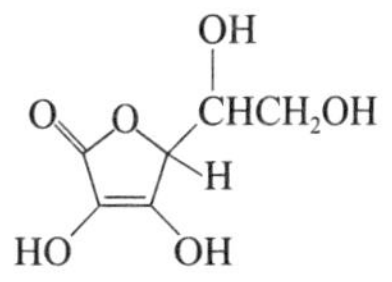

图 4－13　维生素 C

维生素 C 的生化功能主要有：

1. 参与体内的氧化还原反应　维生素 C 能保护巯基酶的活性，使巯基酶的自由巯基（－SH）保持还原状态。在体内，维生素 C 还能与谷胱甘肽共同发挥抗氧化作用。维生素 C 在谷胱甘肽还原酶的作用下可使 GSSG 还原成 GSH，GSH 能使细胞膜过氧化脂质还原，保护细胞膜。

维生素 C 还能使难以吸收的 Fe^{3+} 还原成容易吸收的 Fe^{2+}，便于铁的吸收、储存和利用；维生素 C 还可将高铁血红蛋白（MHb）还原成血红蛋白（Hb），使其恢复运氧能力。

维生素 C 能保护维生素 A、E 及 B 免遭氧化；还能促使叶酸还原成四氢叶酸，促进一碳单位代谢。

2. 参与体内多种羟化反应　维生素 C 能促进胶原蛋白的合成。如胶原蛋白合成时，多肽链中脯氨酸和赖氨酸分别在胶原脯氨酸羟化酶和胶原赖氨酸羟化酶催化下生成羟脯氨酸和羟赖氨酸残基。维生素 C 是羟化酶的辅助因子，因此能促进胶原的合成。当维生素 C 缺乏时，胶原合成障碍，毛细血管壁脆性增大，易破裂出血，称为坏血病，因此维生素 C 又称为抗坏血病维生素。

维生素 C 还参与芳香族氨基酸代谢过程中的羟化反应，也能增强 7α－羟化酶活性，促进体内胆固醇转变生成胆汁酸。

3. 其他作用　维生素 C 能抑制 HMG－CoA 还原酶的活性，发挥降低血胆固醇作用；维生素 C 还能促进淋巴细胞生成，提高吞噬细胞的吞噬能力和机体免疫力，具有抗病毒及防治肿瘤的作用。

NOTE

第三节 脂溶性维生素

脂溶性维生素包括维生素 A、D、E、K。它们的共同特点是：不溶于水，易溶于脂肪及有机溶剂；在食物中常与脂类物质共存，并随脂类一同吸收，吸收后，脂溶性维生素在血浆中与某些蛋白质特异结合而运输，如视黄醇结合蛋白；脂溶性维生素可在肝内储存，但因排泄也需与脂类一起，比水溶性维生素排泄困难，所以摄入过多可出现中毒症状。

一、维生素 A

（一）来源及性质

维生素 A 存在于动物性食物中，肝和鱼肝油是其最好来源。植物性食物不存在维生素 A，但胡萝卜、红辣椒、菠菜及玉米等植物中含有丰富的 β 胡萝卜素，β 胡萝卜素在小肠黏膜处可被裂解成 2 分子的维生素 A_1，所以 β 胡萝卜素也称为维生素 A 原。

维生素 A 及 A 原分子均含有多个双键，易被氧化，尤其在光照和加热时更易被氧化破坏。但在油溶液中较稳定，一般烹调方法对食物中维生素 A 的破坏较少。

（二）结构、生化功能与缺乏症

维生素 A 的化学结构是含有酯环的不饱和一元醇，包括维生素 A_1（视黄醇）和维生素 A_2（3－脱氢视黄醇）两种（图 4－14）。在视网膜，视黄醇（retinol）可被氧化为视黄醛（retinal），后者在肝及肾等组织进一步被氧化成视黄酸（retinoic acid，RA）。维生素 A_1 和 A_2 的生理功能相同，但 A_2 活性只有 A_1 的一半。

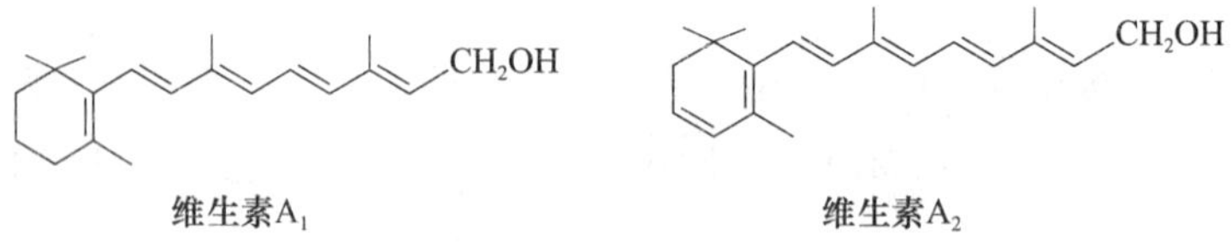

CH_2OH 维生素A_1 CH_2OH 维生素A_2

图 4－14 维生素 A_1、A_2 的结构

维生素 A 在体内的活性形式有视黄醇、视黄醛和视黄酸。

维生素 A 的生化功能主要有：

1. 维生素 A 是构成视觉细胞内感光物质的成分 眼球视网膜杆状细胞能感受弱光是因为其内有感光物质视紫红质（rhodopsin）。视紫红质是由 11－顺视黄醛与视蛋白结合而成，而视黄醛是维生素 A 的氧化产物。在弱光下视紫红质感光，使 11－顺视黄醛异构化转变为全反视黄醛，进而与视蛋白分离，造成细胞外 Ca^{2+} 内流，膜电位变化激发神经冲动，并传导到大脑而产生暗视觉。感光后产生的全反视黄醛，仅一小部分可经异构酶作用缓慢转变为 11－顺视黄醛而被重复利用（图4－15），故需不断地补充新的维生素 A。维

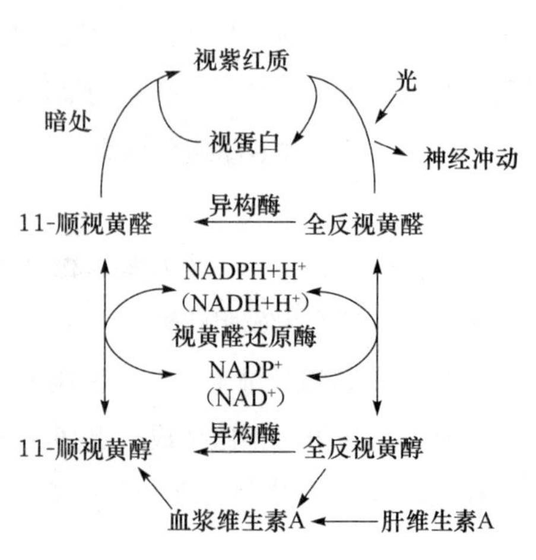

图 4－15 视紫红质与视黄醛代谢的关系

生素 A 缺乏会影响视紫红质的合成，使视网膜的感受弱光能力下降，暗适应时间延长，严重时出现夜盲症。

2. 维持上皮组织结构的完整性　维生素 A 能促进上皮细胞膜糖蛋白的合成。维生素 A 缺乏时，糖蛋白合成障碍，导致上皮组织干燥、增生、角化过度。当影响泪腺上皮时，泪液分泌减少，易导致干眼病。维生素 A 可治疗干眼病，故又称为抗干眼病维生素。上皮组织不健全还会使机体抵抗微生物侵袭的能力降低，易感染疾病。

3. 促进生长发育　维生素 A 参与类固醇的合成，维生素 A 缺乏导致肾上腺、性腺中类固醇激素的合成减少，从而影响机体的生长、发育和繁殖。

4. 其他作用　维生素 A 具有一定的抗肿瘤作用。流行病学调查和动物实验表明，维生素 A 的摄入与肿瘤的发生呈负相关。β - 胡萝卜素是抗氧化剂，在氧分压较低的条件下，能直接清除自由基，而自由基是引起肿瘤和许多疾病的重要因素。视黄酸还能诱导细胞分化，参与细胞信号转导。

二、维生素 D

（一）来源及性质

维生素 D 主要存在于动物性食物中，如鱼肝油、肝、奶和蛋黄等，也可由人体皮下胆固醇经代谢转变生成，或植物中麦角固醇转变而来。

维生素 D 的化学性质稳定，不易被酸、碱和氧化剂破坏。

（二）结构、生化功能与缺乏症

维生素 D 化学本质为类固醇衍生物。包括维生素 D_2（麦角钙化醇，ergocalciferol）和维生素 D_3（胆钙化醇，cholecalciferol）两种。维生素 D_2 主要由植物和酵母中存在的麦角固醇转变而来，在紫外线照射下，麦角固醇可转变成麦角钙化醇，因此麦角固醇又称为维生素 D_2 原。在人体内，胆固醇可转化成 7 - 脱氢胆固醇储存于皮下，后者经紫外线照射可转化成维生素 D_3，故 7 - 脱氢胆固醇又称为维生素 D_3 原（图 4 - 15）。

维生素 D_3 本身没有生物活性，必须在体内进一步羟化生成维生素 D_3 的活性形式才能发挥生理功能。首先，维生素 D_3 在肝由 25 - 羟化酶催化生成 25 - OH - $VitD_3$，后者在肾脏由 1α - 羟化酶进一步催化生成有活性的 1,25 - $(OH)_2$ - $VitD_3$，1,25 - $(OH)_2$ - Vit D_3 是维生素 D_3 最主要的活性形式（图 4 - 16）。

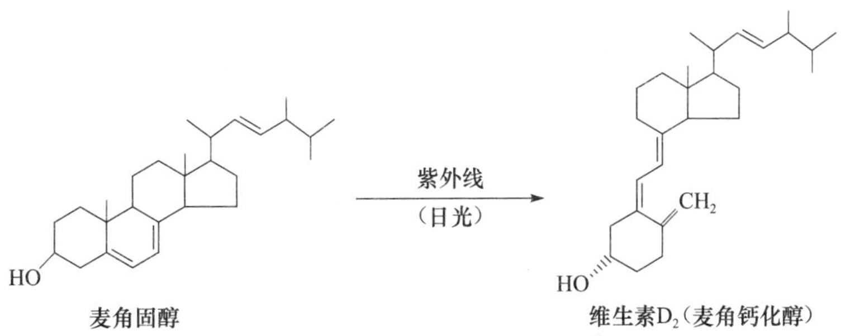

HO　麦角固醇　—紫外线（日光）→　HO　CH_2　维生素D_2（麦角钙化醇）

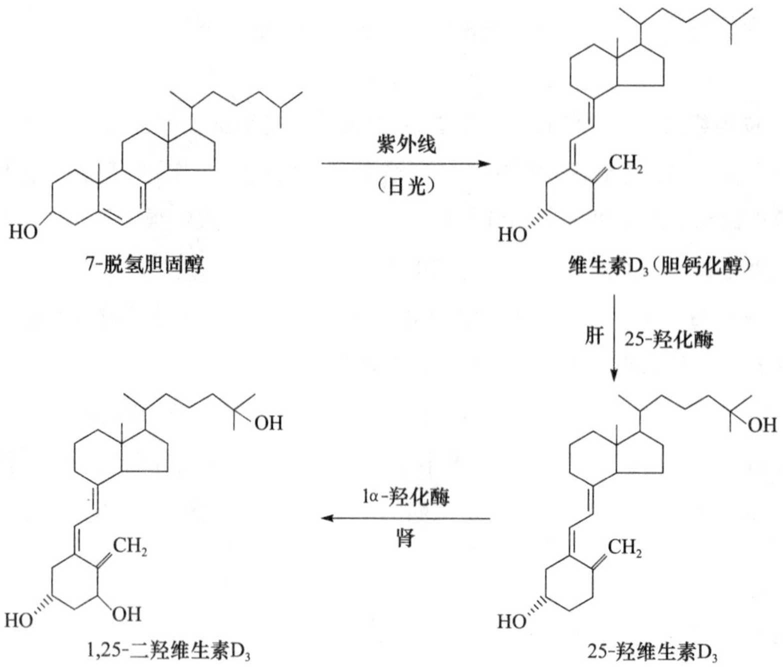

7-脱氢胆固醇 —紫外线（日光）→ 维生素D_3（胆钙化醇）
↓ 肝 25-羟化酶
25-羟维生素D_3 —1α-羟化酶 肾→ 1,25-二羟维生素D_3

图4－16 维生素D_2、D_3结构及D_3活化过程

1,25－$(OH)_2$－VitD_3主要参与钙、磷代谢的调节，可促进肠道钙的吸收；促进肾小管对钙、磷的重吸收，减少从尿排出，提高血钙和血磷浓度；有利于新骨的生成与钙化。1,25－$(OH)_2$－VitD_3还可通过与靶细胞内的特异受体结合而发挥调控基因表达的作用。

缺乏维生素D时，儿童可引起佝偻病，成人出现骨软化症，中老年人则易患骨质疏松症，因此维生素D又称抗佝偻病维生素。

案例1分析讨论

该患儿初步诊断：维生素D缺乏性佝偻病。患儿4月龄后混合喂养，未补充维生素D；室外活动少，日照不足，导致维生素D生成不足；并且经常性腹泻也影响维生素D吸收，上述多方面因素综合影响导致患儿缺乏维生素D。

由于维生素D与钙的吸收与利用关系密切，故维生素D缺乏常常伴随血钙降低。由于血钙浓度与神经兴奋呈负相关，血钙降低可诱发神经兴奋性增高，故患儿常见夜惊、手足抽搐、多汗等神经兴奋性增高表现。体格检查：尚未出牙；方颅，前囟2cm×2cm；胸部可见串珠肋。上述表现都与维生素D缺乏导致的骨的钙化异常有关。

中医辨证：肾精不足，营卫不和。

治则：益肾填精，调和营卫。

中西医结合治疗：适量补充VitD联合益肾填精、调和营卫的中药复方。

三、维生素E

（一）来源及性质

维生素E在植物油（麦胚油、大豆油、玉米油、葵花籽油等）中含量最丰富，麦胚、豆类、谷物、蔬菜、奶、蛋等都是维生素E的丰富来源。

NOTE

维生素 E 在无氧条件下对热稳定，但对氧十分敏感，易被氧化。因此可保护体内其他物质免遭氧化，起抗氧化作用。

（二）结构、生化功能与缺乏症

维生素 E 又称生育酚（tocopherol）。天然存在的生育酚有 8 种，在化学结构上，均系苯骈二氢吡喃的衍生物。根据其结构的不同分为生育酚类和生育三烯酚类，每类又根据甲基的数目和位置不同，分为 α、β、γ、δ 四种（图 4－17）。自然界以 α－生育酚分布最广，活性最高。

维生素 E 的生化功能主要有：

1. 抗氧化作用　维生素 E 是体内最重要的抗氧化剂，它能对抗生物膜磷脂中不饱和脂肪酸的过氧化反应，避免脂质中过氧化物产生，保护生物膜的结构与功能。维生素 E 还能与自由基结合生成非自由基产物生育醌而发挥抗氧化作用。

2. 抗不育作用　动物缺乏维生素 E 时，其生殖器官受损而不育。临床上常用维生素 E 治疗先兆流产、习惯性流产和不育症等。

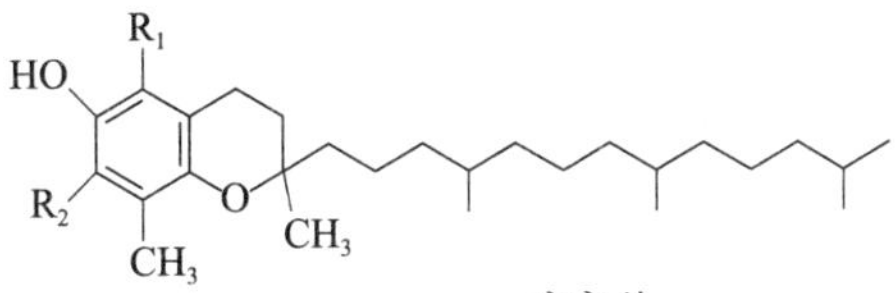

生育酚

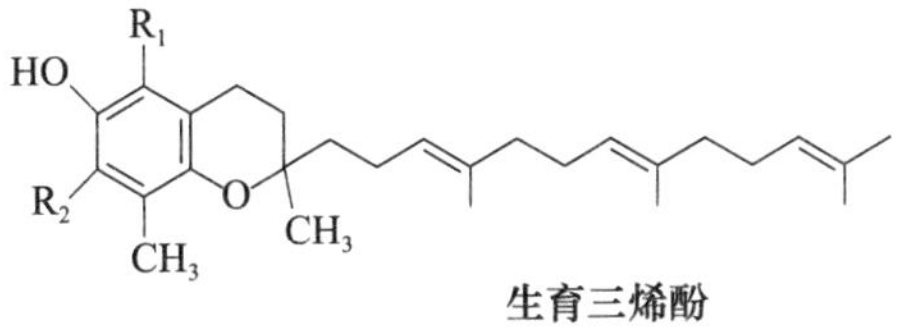

生育三烯酚

	R_1	R_2
α-生育酚（α-生育三烯酚）	$-CH_3$	$-CH_3$
β-生育酚（β-生育三烯酚）	$-CH_3$	$-H$
γ-生育酚（γ-生育三烯酚）	$-H$	$-CH_3$
δ-生育酚（δ-生育三烯酚）	$-H$	$-H$

图 4－17　生育酚及生育三烯酚

3. 促进血红素代谢　维生素 E 能提高血红素合成途径关键酶 δ－氨基－γ－酮戊酸（ALA）合酶和 ALA 脱水酶的活性，从而促进血红素合成。新生儿缺乏维生素 E 可出现贫血。

4. 其他作用　维生素 E 还能抑制血小板凝集，改善微循环，降低毛细血管脆性及通透性。

维生素 E 一般不易缺乏，但影响脂类吸收的疾病可引起维生素 E 缺乏。维生素 E 缺乏时常表现为贫血，体外实验可见到红细胞脆性增加，红细胞数量减少，寿命缩短。

四、维生素 K

（一）来源及性质

维生素 K 分布广泛，天然存在的有 K_1 和 K_2 两种。维生素 K_1 在深绿色蔬菜、种子、大豆油、鱼和海藻及肝中含量较高。维生素 K_2 是人体肠道细菌代谢的产物。

维生素 K 对热稳定，但对光和碱敏感。

（二）结构、生化功能与缺乏症

维生素 K_1、K_2 的化学结构都是 2－甲基－1,4－萘醌的衍生物。临床应用的维生素 K_3、K_4 是人工合成的水溶制剂，可口服或注射。维生素 K 结构如图 4－18 所示。

维生素 K 主要与凝血有关。具有促进肝合成凝血因子Ⅱ（凝血酶原）、Ⅶ、Ⅸ和Ⅹ的作用，故又称为凝血维生素。

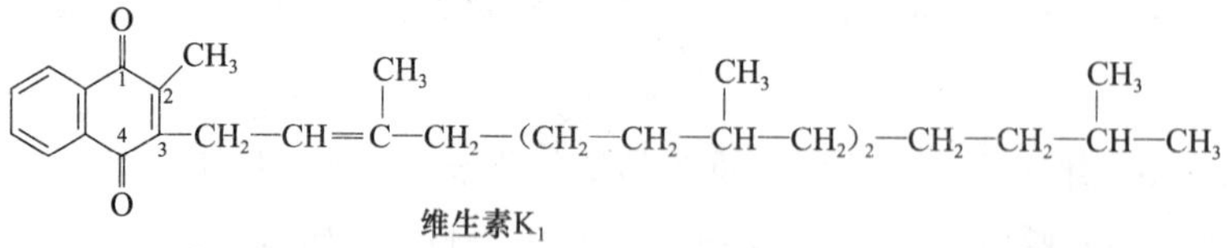

维生素K_1

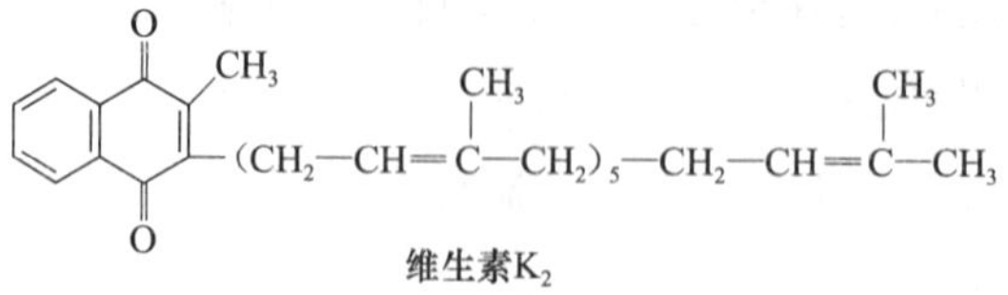

维生素K_2

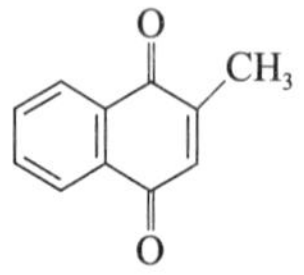

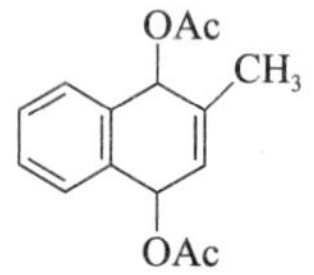

维生素K_3 维生素K_4

图 4－18 维生素 K_1、K_2、K_3、K_4 的结构

由于肠道内的细菌可以合成维生素 K，缺乏症少见。但严重肝、胆疾患或长期滥用抗生素时，因肠道内细菌合成维生素 K 减少，会引起维生素 K 的缺乏，导致凝血过程发生障碍，凝血时间延长，易出血。新生儿肠道无细菌可合成维生素 K，故孕妇产前或早产儿常给予维生素 K 以预防新生儿出血。

现将两类维生素概括如表 4－1 所示。

表 4－1 维生素的活性形式、主要功能及缺乏症

维生素	活性形式	主要功能	缺乏症
维生素 B_1	TPP	α－酮酸氧化脱羧酶的辅酶之一；抑制胆碱酯酶活性；转酮基反应	脚气病，末梢神经炎
维生素 B_2	FMN，FAD	脱氢酶的辅基，参与生物氧化体系	口角炎，舌炎，唇炎，阴囊炎
维生素 PP	NAD^+，$NADP^+$	脱氢酶的辅酶，参与生物氧化体系	癞皮病
维生素 B_6	磷酸吡哆醛，磷酸吡哆胺	氨基酸脱羧酶和转氨酶的辅酶；ALA 合酶的辅酶	人类未发现缺乏症
泛酸	CoA，ACP	构成辅酶 A 的成分，参与体内酰基的转移；构成 ACP 成分，参与脂肪酸合成	人类未发现缺乏症
生物素	生物素辅基	构成羧化酶的辅基，参与 CO_2 固定	人类未发现缺乏症
叶酸	四氢叶酸	参与一碳单位的转移，与蛋白质、核酸合成以及红细胞、白细胞成熟有关	巨幼红细胞性贫血
维生素 B_{12}	甲钴胺素，5′－脱氧腺苷钴胺素	促甲基转移；促 DNA 合成；促红细胞成熟	巨幼红细胞性贫血
硫辛酸	硫辛酸	α－酮酸脱氢酶复合体辅酶之一，参与 α－酮酸氧化脱羧反应	人类未发现缺乏症

续表

维生素	活性形式	主要功能	缺乏症
维生素C	抗坏血酸	参与体内羟化反应；参与抗氧化作用；增强免疫力；促进铁吸收	坏血病
维生素A	视黄醇，视黄醛，视黄酸	构成视紫红质；维持上皮组织结构的完整；促生长发育；抗氧化作用	夜盲症，干眼病
维生素D	1,25-$(OH)_2$-Vit-D_3	调节钙磷代谢；促小肠钙、磷吸收，促肾小管钙、磷吸收；促骨盐代谢与骨正常生长	儿童佝偻病，成人软骨病
维生素E	生育酚	抗氧化作用，保护生物膜；维持生殖功能；促血红素生成；抗衰老	人类未发现缺乏症
维生素K	2-甲基-1,4-萘醌	促肝合成凝血因子Ⅱ、Ⅶ、Ⅸ、Ⅹ	凝血障碍，新生儿出血等

第四节 微量元素

微量元素在体内所需甚微，但对维持机体正常生理功能起重要作用。必需微量元素中的某些元素是许多蛋白质、酶、激素及维生素等所必需的成分，还参与三大营养物质及核酸的代谢。下面就铁、碘、铜、锌、锰、硒、氟、钼、钴、铬10种微量元素简介如下。

一、铁（iron）

铁是体内含量最多的微量元素。成年男子平均每公斤体重约含铁50mg，成年女子则为35mg。体内铁约75%存在于铁卟啉化合物（血红蛋白、肌红蛋白、细胞色素等）中，这部分铁卟啉化合物破坏后释放的铁绝大部分都可以被机体重复利用，所以正常成人对食物铁的需要量不多；其余25%存在于非铁卟啉类含铁化合物（铁硫蛋白、运铁蛋白、黄素蛋白等）中。儿童、成年男子及绝经期妇女每日铁的生理需要量约为1mg，育龄妇女约需1.2mg。这部分食物摄入的铁主要用于补偿体内铁的丢失。猪肝、黑木耳、鱼、蛋黄、大豆等含铁比较丰富。

铁的吸收部位主要在十二指肠及空肠上段。只有溶解状态的铁才能被吸收，且二价铁（Fe^{2+}）比三价铁（Fe^{3+}）易于吸收，维生素C、谷胱甘肽等可使Fe^{3+}还原为Fe^{2+}，有利于铁的吸收。而大量无机磷酸、草酸、植酸等可以与铁形成不溶性的盐，会影响铁的吸收；碱性药物也能降低铁的溶解度进而影响铁的吸收。

铁在血浆中与运铁蛋白结合而运输。此外，在小肠黏膜上皮细胞，吸收的Fe^{2+}氧化生成Fe^{3+}后与铁蛋白结合进行运输。约75%的铁参与体内各种含铁蛋白如血红蛋白、肌红蛋白、细胞色素等的构成，其中血红蛋白含铁量最多。机体铁的缺乏可造成缺铁性或营养性贫血。

二、碘（iodine）

成人体内含碘30～50mg，其中约30%集中于甲状腺，用于合成甲状腺激素（thyroid hormone），其余分散在各组织中。成人每日需碘100～300mg，碘主要由食物提供，紫菜、海带等海产品中含量丰富。碘的吸收部位主要在小肠，吸收入血的碘与蛋白结合而运输，以碘离子的形式进入甲状腺，合成甲状腺激素——三碘甲腺原氨酸（3,5,3′-triiodothyronine，T3）和甲状腺素（tetraiodothyronine，T4）。体内碘主要随尿排出。

甲状腺激素在调节代谢、促进生长发育及智力发育方面均有重要作用。成人缺碘可引起甲状腺肿大，称甲状腺肿；胎儿及新生儿缺碘则可引起呆小症、智力迟钝、体力不佳等严重发育不良症状。常用的预防方法是食用含碘盐等。

三、铜（copper）

成人体内含铜100～150mg，其中50%～70%存在于肌肉和骨骼中，20%左右存在于肝，5%～10%分布在血液。人体每日需铜1～3mg，牡蛎、蛤类、小虾及动物肝肾等含铜量较高，蔬菜中较少。食物中的铜主要在十二指肠吸收，吸收后运输至肝，在肝中铜与铜蓝蛋白结合后，能促进铁的运输和利用。肝是调节体内铜代谢的主要器官。铜可经胆汁排出，极少部分由尿排出。

铜是体内多种含铜酶的辅基，如细胞色素氧化酶等。铜离子在将电子传递给氧的过程中是不可缺少的。此外，酪氨酸酶、超氧化物歧化酶、单胺氧化酶等也是含铜酶。铜参与动员铁由贮存场所进入骨髓，并加速血红蛋白和铁卟啉的合成以及红细胞的成熟与释放。

铜缺乏会影响一些酶的活性，如细胞色素氧化酶活性下降，氧化磷酸化受阻，导致能量代谢障碍；临床表现为儿童发育迟缓、神经组织脱髓鞘、脑组织萎缩等。铜缺乏也可导致血红蛋白合成障碍，引起贫血。

四、锌（zinc）

成人体内含锌为2～3g，广泛分布于各种组织。成人每日需要量为15～20mg，肉类、豆类、坚果、麦胚、蛋等中含锌较丰富。食物中的植酸、钙能与锌结合形成络合物阻碍锌的吸收。谷物和蔬菜中一般含锌较少，含植酸较多，故以此为主食的人群易缺锌。锌主要在小肠中吸收，肠腔内有与锌特异结合的因子，能促进锌的吸收。锌在血中与清蛋白或运铁蛋白结合而运输。锌主要随胰液、胆汁排泄入肠腔，经粪便排出，部分锌可从尿、汗及乳汁排出。

体内锌是80多种酶的组成成分或激活剂，如乳酸脱氢酶、DNA聚合酶、碱性磷酸酶等，参与体内多种物质的代谢，还参与胰岛素合成。在固醇类及甲状腺素的核受体中的DNA结合区，有锌参与构成的锌指结构，在基因调控中发挥重要作用。因此，缺锌会导致多种代谢障碍，如儿童缺锌可引起生长发育迟缓、伤口愈合迟缓、睾丸萎缩等，另外，缺锌还可引起皮炎、味觉减退等。

五、锰（manganese）

正常成人体内含锰12～20mg，在体内主要储存于骨、肝、胰腺和肾。成人每日需要量是2.5～7mg。锰在自然界分布广泛，坚果、蔬菜、谷类富含锰，而以茶叶含锰最多。锰经小肠吸收入血，与运锰蛋白结合后，迅速运至富含线粒体的细胞中。人体内的锰主要由胆汁排泄，少量随胰液排出，尿液排泄很少。

体内锰是多种酶的组成成分，如精氨酸酶、磷酸烯醇丙酮酸羧激酶、RNA聚合酶、超氧化物歧化酶等；锰离子还是许多酶的激活剂，如羧化酶、磷酸化酶、醛缩酶、半乳糖基转移酶等，锰离子与蛋白质生物合成有密切关系。近年来发现锰与肿瘤的发病也有关系。土壤中缺锰的地区，癌肿的发病率高。锰还是一种对心血管系统有益的微量元素，它能改善动脉粥样硬化患者的脂类代谢。

六、硒（selenium）

人体内硒的含量为14～21mg，以肝、胰腺、肾中的含量较多。成人每日需要量为30～50μg，肉类中含硒较多，海产品次之。硒经十二指肠吸收，入血后与α、β球蛋白结合，小部分与VLDL结合而运输。主要随尿及汗液排泄。

硒主要以硒半胱氨酸形式存在于蛋白质中，这些蛋白质称为硒蛋白。谷胱甘肽过氧化物酶是一种重要的硒蛋白，在体内通过氧化谷胱甘肽降低细胞内H_2O_2含量而保护细胞膜。同时，硒还可以加强维生素E的抗氧化作用，两者共同清除细胞内的自由基及过氧化物，阻止过氧化脂质的生成。硒能刺激免疫球蛋白的合成，从而增强机体的抵抗力。此外，硒还参与辅酶A和辅酶Q的合成。动物缺硒时，可出现生长缓慢、肌肉萎缩变性、四肢关节变粗、脊椎变形等。克山病和大骨节病的发病与硒的缺乏有一定关系。

七、氟（fluorine）

人体内含氟2～3g，其中90%积存于骨及牙齿中，少量存在于指甲、毛发及神经肌肉中。氟的每日需要量为0.5～1.0mg，海产品、谷物中均含有氟，但人体氟的来源主要为饮水。氟主要从胃肠道和呼吸道吸收，氟易吸收且吸收较迅速。体内氟约80%从尿排出。

氟与骨、牙的形成及钙磷代谢密切相关。缺氟易生龋齿，适量的氟能被牙釉质中羟磷灰石吸附，形成致密的氟磷灰石，从而加强抗龋齿的作用。但是氟过多又会引起中毒，如出现牙齿的斑釉症和氟骨症。

八、钼（molybdenum）

人体钼含量约为9mg，正常成人每日需100～180μg。钼分布在体内各种组织和体液中，以肝肾中含量最高。食物中一般都含有钼，肉类、豆荚、牛乳中含量较高。

钼是机体内黄嘌呤氧化酶、亚硫酸氧化酶、醛氧化酶等的组成成分，对氧化还原过程中的电子传递、含硫氨基酸及嘌呤代谢有一定影响。钼能降低环境中亚硝酸含量，减少致癌物亚硝胺的生成。

九、钴（cobalt）

人体含钴量为1.1～1.5mg，成人每日最低需要量为1μg。富含钴的食品有小虾、扇贝、肉类、粗麦粉及动物肝。钴是维生素B_{12}的成分。从食物中摄取的钴在肠道内经细菌合成维生素B_{12}后才能被吸收利用。它的主要功能是参与转甲基作用。

十、铬（chromium）

成人体内含铬6mg，每日摄入量5～115μg，进入血浆的铬与运铁蛋白结合运至肝及全身。铬主要随尿排出。铬在维持正常糖耐量以及血脂代谢方面也发挥一定的作用。

小结

维生素是维持机体正常生理功能所必需，需要量少，但机体不能合成或合成量不足，必须由食物供给的一类小分子有机化合物。根据其溶解性可将维生素分为水溶性和脂溶性两大类。

水溶性维生素主要包括B族维生素和维生素C。B族维生素包括B_1、B_2、B_6、PP、B_{12}、泛酸、叶酸、生物素等。B族维生素主要以辅酶（辅基）形式在代谢过程中发挥作用。维生素C是一种具有烯醇结构的多羟基六碳化合物，是一种水溶性抗氧化剂，有较强的酸性和还原性，在体内能促进铁吸收、胶原蛋白合成及参与芳香族氨基酸羟化反应等。水溶性维生素的共同特点是：易溶于水，不溶或微溶于有机溶剂；易随尿液排出，故机体储存很少，必须随时从食物中摄取；摄入过多部分会随尿液排出体外，不易在体内积累引起中毒。

脂溶性维生素有维生素A、D、E、K，都是亲脂的非极性分子，可随脂类共同吸收。脂溶性维生素的共同特点是：不溶于水，易溶于脂肪及有机溶剂；食物中脂溶性维生素常与脂类共存；若脂类吸收障碍则易产生脂溶性维生素缺乏症；体内储存过多则可产生中毒症状。

微量元素是指人体每日需要量在100mg以下的元素。目前，动物体内发现的微量元素有50余种，一类是具有特殊生理功能的必需微量元素，主要包括铁、碘、铜、锌、锰、硒、氟、钼、钴、铬等，必需微量元素中的某些元素是许多蛋白质、酶、激素及维生素等所必需的成分，还参与三大营养物质及核酸的代谢；另一类是没有特殊生理功能，也不是机体必需的异常微量元素。必需微量元素尽管为机体必需，也只有在适宜的浓度下，才对机体有益。人体内微量元素过多或过少均会导致疾病。

维生素与中药

早在公元六世纪，我国唐代医学家孙思邈就应用富含维生素的中药来治疗维生素缺乏症。孙思邈于《千金翼方》中载一方云：“治脚气，常作榖白皮粥防之，法即不发。方：榖白皮（五升，切，勿取斑者，有毒）。右壹味，以水壹斗，煮取柒升，去渣煮米粥常食之。”榖白皮即较细糠秕，防治脚气有效，用以煮米粥，反证唐时人的嗜精米。孙思邈还用猪肝、苍术和黄花治疗夜盲症。我国古代医学家的这些宝贵经验说明，当人体出现维生素缺乏症时，可以用中药进行治疗。富含维生素的常见中药见表4-2。

表4-2　某些富含维生素的中药

维生素	中　药
A（原）	山茱萸、天麻、五加皮、五味子、车前子、玄参、玉竹、白术、白芥子、决明子、地黄、地榆、地肤子、川芎、菟丝子、当归、辛夷、麦冬、苍术、桑叶、夜明砂、牛黄
B_1	人参、火麻仁、车前子、甘遂、艾叶、蜂蜜、杏仁、苏子
B_2	蜂蜜
C	枸杞、人参、五味子、艾叶、柿叶、桑叶、松针
E	仙灵脾
K	人参、蜂蜜、桃仁、桑叶、夏枯草
PP	枸杞、人参、猪苓、蜂蜜、桂皮、远志、柴胡、甘草、桃仁、瓜蒌、茵陈
泛酸	当归
生物素	川芎、黄芪、蜂蜜、虻虫
叶酸	蜂蜜、当归、苍术、柿叶

NOTE

第五章　酶

【案例1】

王某，男，32岁，因与妻子发生口角，饮乐果数十毫升，出现头晕、头疼、腹痛、腹泻、呕吐，半小时后言语出现障碍、神志不清，并伴有阵发性抽搐等症状。入院时神志不清，瞳孔小如针孔，鼻翼翕动，口唇干燥、发绀，两肺有啰音。

实验室检查：血清胆碱酯酶活力1500U/L。

问题讨论

1. 该病临床初步诊断为哪种疾病？
2. 该病发病的生化机制是什么？
3. 临床上常用解毒药物的生化机制是什么？

酶（enzyme，E）是由活细胞产生的对特异性底物具有高效催化功能的生物大分子。其化学本质：一类是蛋白质，一类是核酸。前者是机体内催化各种代谢反应最主要的催化剂，后者包括核酶（ribozyme）和脱氧核酶（deoxyribozyme），催化的底物分别是RNA或DNA（见第三章）。蛋白质酶、核酶和脱氧核酶共同构成生物体新陈代谢的生物催化剂（biocatalyst）。

酶所催化的化学反应称为酶促反应（enzyme - catalyzed reaction）。在酶促反应中被酶催化的物质称为底物（substrate，S）或作用物，经酶催化所产生的物质称为产物（product，P）。酶所具有的催化能力称为酶活性（enzyme activity），酶丧失催化能力称为酶失活。

酶学与医学关系密切。酶不仅涉及许多疾病的发生和诊断，随着酶提纯技术的发展，酶还能作为药品用于临床治疗，并且还可作为“工具酶”广泛应用于科学研究和生产。

本章节讲述的酶，以蛋白质酶为主。

第一节　酶的组成与功能

一、酶的分子组成

（一）酶的分子组成

酶按其分子组成可分为单纯酶（simple enzyme）和结合酶（conjugated enzyme）。单纯酶是只含有蛋白质的酶；结合酶由蛋白质和非蛋白质部分组成，前者称为酶蛋白（apoenzyme），后者称为辅助因子（cofactor）。根据与酶蛋白结合的紧密程度，辅助因子分为辅酶（coenzyme）

和辅基（prosthetic group）。能用透析、超滤等物理学方法除去的为辅酶，不能除去的为辅基。辅基是以共价键与酶蛋白结合，需经过化学方法才能将二者分开。酶蛋白和辅助因子结合后形成的复合物称为全酶（holoenzyme）（图5－1），只有全酶才具有催化活性。体内大部分酶是结合酶，B族维生素及其衍生物是构成结合酶中辅酶或辅基的重要成分。酶蛋白决定反应的特异性，辅助因子决定反应的性质和类型。

辅助因子有两类，一类是金属离子，如 Fe^{2+}（Fe^{3+}）、Cu^{2+}（Cu^{+}）、Mn^{2+}、Zn^{2+}、Mg^{2+}、K^{+}等，且常为辅基，主要起传递电子的作用，含有金属离子的结合酶称为金属酶（metalloenzyme）；另一类是小分子有机化合物，主要起传递氢原子、电子或某些化学基团（羧基、酰基、氨基、一碳单位等）的作用（表5－1）。

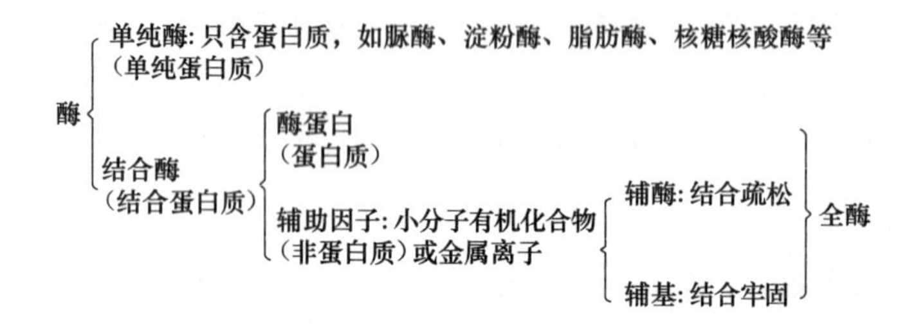

图5－1　酶的分子组成

表5－1　常见辅酶、辅基及其主要作用

辅酶	辅基	所含维生素	转移的基团
NAD^{+}		烟酰胺（维生素PP）	H^{+}、电子
$NADP^{+}$		烟酰胺（维生素PP）	H^{+}、电子
	FMN	核黄素（维生素 B_2）	氢原子
	FAD	核黄素（维生素 B_2）	氢原子
辅酶A（CoA）		泛酸	酰基
	硫辛酸	硫辛酸	酰基
焦磷酸硫胺素（TPP）		硫胺素（维生素 B_1）	醛基
	生物素	生物素	羧基
	磷酸吡哆醛	吡哆醛（维生素 B_6）	氨基
钴胺素辅酸类		钴胺素（维生素 B_{12}）	甲基
四氢叶酸（FH_4）		叶酸	一碳单位

（二）酶的活性中心

酶分子的氨基酸残基中有许多化学基团，其中与酶活性密切相关的基团称为酶的必需基团（essential group）。这些必需基团在一级结构上可能相距甚远，但在空间结构上却彼此靠近，形成一个能与底物特异结合并将底物转变为产物的特定空间区域，这一区域称为酶的活性中心（active center）或活性部位（active site）。对结合酶来说，辅助因子参与组成酶的活性中心（图5－2）。

酶活性中心内的必需基团分两类，能直接与底物结合的必需基团称为结合基团（binding group）；催化底物发生化学反应的必需基团称为催化基团（catalytic group）。还有一些必需基团虽然不参与活性中心的组成，但却是维持酶活性中心应有的空间构象所必需的，这些基团称为酶活性中心外的必需基团（图5－2）。

NOTE

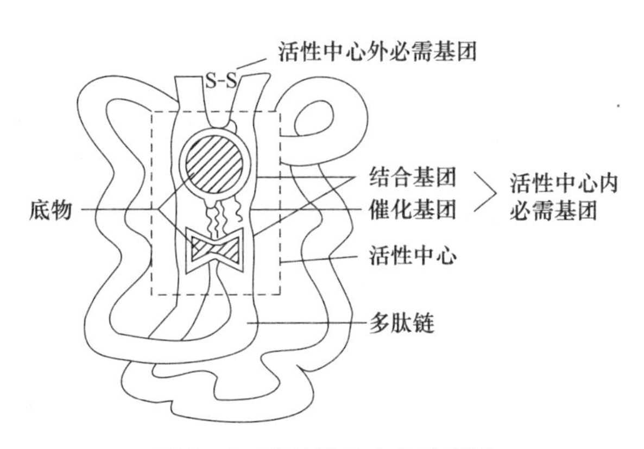

图 5－2 酶的活性中心示意图

酶的活性中心是酶分子中具有三维结构的区域，往往深入分子内部，形如裂缝或凹陷。一方面，裂缝内是非极性基团较多的疏水区域（疏水“口袋”），介电常数低，酶和底物带电功能基团之间的静电作用远高于含水的极性环境，有利于二者之间密切接触，即具有表面效应（surface effect）；另一方面，疏水区域内也含有某些极性氨基酸残基的基团，如丝氨酸的羟基、半胱氨酸的巯基、谷氨酸的 γ－羧基、组氨酸的咪唑基等，它们可以与底物结合后发生催化作用。

二、酶的结构组成

酶根据分子结构及特点可分为：

1. 单体酶（monomeric enzyme） 一般仅由一条多肽链组成，只含有一个活性中心。其种类较少，多为催化水解反应的酶，如溶菌酶、核糖核酸酶等。

2. 寡聚酶（oligomeric enzyme） 由两个或两个以上亚基以非共价键连接，这些亚基可以是相同的、也可以是不同的多肽链，含有多个活性中心，这些活性中心位于不同的亚基上，催化相同的反应，如乳酸脱氢酶、己糖激酶、果糖－1,6－二磷酸酶等。大多数寡聚酶对物质代谢途径起着重要的调节作用。

3. 多酶复合体（multienzyme complex） 是由几种催化不同化学反应的酶按顺序通过次级键结合而形成的、可依次连续催化一系列反应的复合体，也称多酶体系（multienzyme system），如丙酮酸脱氢酶复合体等。

4. 多功能酶（multifunctional enzyme） 在一条多肽链上存在多个催化不同反应的活性中心的酶称为多功能酶（multifunctional enzyme）或串联酶（tandem enzyme），系同一基因的编码产物。多功能酶在分子结构上比多酶复合体更具有优越性，因为相关的化学反应在一个酶分子上进行比多酶复合体更有效，这也是生物进化的结果。如在脂肪酸合成中由 6 种酶和一个酰基载体蛋白组成的脂肪酸合酶复合体具有 6 种酶的催化活性，大肠杆菌 DNA 聚合酶 Ⅰ 具有5′→3′DNA 聚合酶活性、3′→5′核酸外切酶活性和5′→3′核酸外切酶活性。

三、酶促反应的特点与机制

酶作为生物催化剂，与一般催化剂一样具有以下主要特征：①只能催化热力学允许的化学反应；②通过降低反应的活化能（activation energy）来提高反应速度；③化学反应前后没有质和量的改变；④缩短达到化学平衡的时间，但不改变平衡点。

酶还具有一般催化剂所没有的生物大分子的特征，所以又具有其独特的催化特点。

（一）酶促反应的特点

1. 极高的催化效率　酶的催化效率通常比无催化剂的自发反应高 $10^8 \sim 10^{20}$ 倍，比一般催化剂的催化效率高 $10^7 \sim 10^{13}$ 倍。其催化机制主要是能极大程度地降低反应活化能（图5－3）。

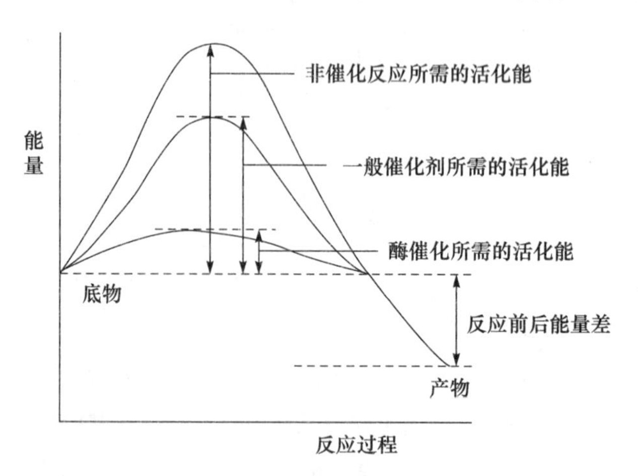

图5－3　酶与一般化学催化剂降低反应活化能示意图

2. 高度的特异性　酶对其所催化的底物具有较严格的选择性，常将这种选择性称为酶的特异性或专一性（specificity）。根据程度不同，酶的特异性通常分为以下三种：

（1）绝对特异性（absolute specificity）　有的酶只能催化一种底物发生反应，这种特异性称为绝对特异性。如脲酶只能催化尿素水解成 NH_3 和 CO_2，而不能催化甲基尿素水解。

（2）相对特异性（relative specificity）　一种酶可作用于一类化合物或一种化学键，这种特异性称为相对特异性。如脂蛋白脂肪酶不仅水解脂肪（三酰甘油），也能水解二酰甘油、一酰甘油等。

（3）立体异构特异性（stereo specificity）　有的酶仅能催化底物立体构型中的一种，称为立体异构特异性。如L－乳酸脱氢酶的底物只能是L－乳酸，而不能是D－乳酸。

3. 酶促反应的可调节性　物质代谢在正常情况下处于有条不紊的动态平衡中，对酶促反应的调节作用是维持这种平衡的重要环节。调节方式包括对酶合成与降解的调节、酶原的激活、酶的化学修饰调节与变构调节、底物浓度对酶促反应速度的调节、同工酶等。

4. 酶的不稳定性　酶是生物大分子，酶促反应要求一定的pH、温度等温和的条件，任何使其变性的理化因素，如高温、紫外线、剧烈震荡、强酸、强碱、有机溶剂、重金属离子等都可使酶变性失活。

（二）酶促反应的机制

1. 诱导契合（induced fit）　酶与底物特异结合过程中，在底物的诱导下，酶的构象发生变化，同时底物也因某些敏感化学键受力而发生变形（distortion），处于不稳定的过渡态，酶构象的改变与底物的变形能彼此诱导契合，导致变形的过渡态底物分子内部产生张力，使其化学键易断裂，容易发生化学反应。现多用诱导契合假说解释酶的特异性和催化作用。

2. 邻近效应（approximation effect）与定向效应（orientation effect）　酶与底物形成复合物后，使底物与底物（如双分子反应）之间相互靠近，酶的催化基团与底物结合为同一分子，使酶活性中心处的底物浓度急剧增高，从而增加底物分子的有效碰撞，使反应速度大大提高，这种效应称为邻近效应。靠近酶活性中心处的底物分子的反应基团之间、酶的催化基团与底物分子的反应基团之间的正确取位产生的效应称为定向效应。定向效应能提高酶与底物反应的非共价结合程度，从而降低反应的活化能，提高反应速度。

3. 酸碱催化（acid – base catalysis）　酶的活性中心内有些基团是质子供体（如羧基），有些是质子受体（如氨基），它们在体液条件下可通过两性解离而发挥酸碱催化，即多元催化（multielement catalysis）作用，其远比一般催化剂的一元催化（酸催化或碱催化）效率高。

此外，还有共价催化（covalent catalysis）等催化机制。一种酶促反应常常是上述一种或几种催化机制共同作用的结果。

第二节　酶促反应动力学

酶促反应动力学（kinetics of enzyme – catalyzed reaction）研究酶促反应速率及各种因素（如底物浓度、酶浓度、温度、pH、抑制剂和激活剂等）对它的影响。酶促反应动力学研究在探讨测定酶活性或代谢物浓度的反应条件、研究酶的结构与功能的关系、了解酶的代谢作用等方面具有重要意义。

研究某种因素对酶促反应速率的影响时，应当维持反应体系中其他因素不变，而只改变待研究的因素，即单因素研究。

一、底物浓度对酶促反应速率的影响

1903 年，Henri 通过蔗糖酶对蔗糖的水解实验，得到一条反应初速率与单一底物浓度的双曲线即 V –［S］曲线（图 5 – 4）。反应初速率是指反应初始单位时间内底物（或产物）浓度的改变量，即底物转化量 < 5% 时的反应速率。反应初速率随不同的酶促反应而不同，具有可比性，故研究酶促反应速度采用反应初速率。

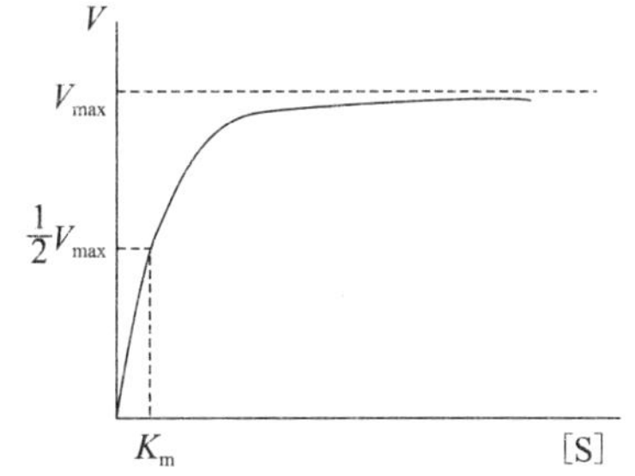

图 5 – 4　底物浓度［S］对酶促反应初速率 V 的影响

在其他因素不变的情况下，底物浓度对酶促反应速率的影响呈矩形双曲线（图 5 – 4）。随着底物浓度的增加，依次表现为：①一级反应：在反应开始时，底物浓度较低，反应速率随底物浓度的增加而急骤上升，两者成正比关系；②混合级反应：随着底物浓度的进一步增高，反应速率不再成正比例增加，反应随底物浓度增加的幅度不断下降；③零级反应：酶被饱和后，如果继续加大底物浓度，反应速率将不再增加，此时酶的活性中心已被底物饱和，反应达最大速率（V_{max}）。

（一）米 – 曼氏方程式

解释酶促反应中底物浓度与反应速率关系的最合理学说是中间复合物学说。酶首先与底物结合形成酶 – 底物复合物（中间产物），此复合物再分解为产物和游离的酶。

$$\underset{\text{酶}}{E} + \underset{\text{底物}}{S} \underset{k_2}{\overset{k_1}{\rightleftharpoons}} \underset{\text{酶-底物复合物}}{ES} \xrightarrow{k_3} \underset{\text{酶}}{E} + \underset{\text{产物}}{P}$$

式中 k_1、k_2、k_3 分别为各方向反应的速度常数。另外，在反应初速度阶段，由于产物浓度较低，$E+P \xrightarrow{k_4} ES$ 的速度极小，可以忽略不计。

1913 年，Michaelis L 和 Menten ML 根据中间复合物学说进行数学推导，得出了 V 和 [S] 关系的公式，即著名的米-曼氏方程（Michaelis-Menten equation），简称米氏方程：

$$V = \frac{V_{max} \cdot [S]}{K_m + [S]}$$

式中 K_m 是米氏常数（Michaelis constant，K_m），V_{max}是最大反应速率，[S] 是底物浓度，V 是实际反应速率。

1. 米氏方程的推导 式中 [E] 代表（总）酶浓度，[S] 代表（总）底物浓度，[$E_{剩}$] 代表剩余酶浓度，[$S_{剩}$] 代表剩余底物浓度，[ES] 代表中间产物浓度，V 代表反应初速率，V_{max}代表最大反应速率，K_m 代表米氏常数。

稳态是指反应进行一段时间后，中间产物 ES 在不断的生成和分解，两个速度相等时，ES 浓度保持不变。在稳态时，ES 生成与分解速度相等：

$$k_1[E_{剩}][S_{剩}] = k_2[ES] + k_3[ES] \quad (5-1)$$

剩余酶浓度等于总酶浓度减去反应消耗掉的酶浓度（中间产物浓度）：

$$[E_{剩}] = [E] - [ES] \quad (5-2)$$

通常，底物浓度远比酶浓度大，因此 [ES] 与 [S] 相比，可以忽略不计：

$$[S_{剩}] = [S] - [ES] \approx [S] \quad (5-3)$$

所以，整个反应的速度与 ES 的浓度呈正比，即：

$$V = k_3[ES] \quad (5-4)$$

当所有的酶都被底物饱和时，[E] = [ES]，酶促反应速度达到最大：

$$V_{max} = k_3[E] \quad (5-5)$$

将式 5-1 与式 5-5 合并后有：

$$V = \frac{V_{max} \cdot [S]}{\frac{k_2 + k_3}{k_1} + [S]} \quad (5-6)$$

令$\frac{k_2 + k_3}{k_1} = K_m$，则式 5-6 即变为米氏方程的表达式：

$$V = \frac{V_{max} \cdot [S]}{K_m + [S]} \quad (5-7)$$

2. 中间复合物学说对 V-[S] 曲线的解释 ①在 [S] 很低时，酶未被底物饱和，溶液中有很多自由的酶分子，中间复合物随着底物浓度的增加而增加，反应初速度 V 与 [S] 成正比，表现为一级反应；②随着 [S] 的增加，大部分酶分子与底物结合，自由的酶分子存在很少，不能使中间复合物成正比增加，V 与 [S] 不再成正比，表现为混合级反应；③当 [S] 达到相当高时，所有酶分子都已被底物所饱和，中间复合物浓度不再增加，V 达到最大值，不再随 [S] 的增加而增加，表现为零级反应，零级反应速度不受 [S] 的影响，只与 [E] 成正比。

3. 米氏方程对 V-[S] 曲线的解释 [S] 为自变量，V 为因变量，反应条件一定时，方程中 V_{max}和 K_m 为常数。①在 [S] 很低时，即 [S] $\ll K_m$ 时，方程中的分母 K_m + [S] ≈

NOTE

K_m，方程式可简化为 $V=\frac{V_{max}}{K_m}\cdot[S]^1$，表现为一级反应；②随着［S］的增加，方程中的分母不能简化，为双曲线形式，V 不再随［S］成正比升高，表现为混合级反应；③当［S］达到相当高时，即［S］$\gg K_m$ 时，方程中的分母 $K_m+[S]\approx[S]$，方程式可简化为 $V=\frac{V_{max}\cdot[S]}{[S]}=V_{max}\cdot[S]^0$，表现为零级反应，即与［S］的零次方成正比。

很显然，对 V－［S］曲线的解释，以中间复合物学说为基础的米氏方程，已由定性解释上升为定量解释。

（二）K_m 的含义与主要意义

1. K_m 的含义　当 $K_m=[S]$ 时，$V=V_{max}/2$，可见 K_m 值等于酶促反应速率达到最大反应速率 V_{max} 一半时的底物浓度。

2. K_m 是酶的特征性常数　K_m 只与酶的性质有关，而与酶的浓度无关。K_m 值的范围多在 $10^{-6}\sim10^{-2}$mol/L。

3. K_m 值可近似地反映酶与底物的亲和力　K_m 值越小，酶与底物的亲和力越大。如果一个酶有几种底物，则酶对每一种底物的 K_m 值都不同，其中 K_m 值最小者是对酶亲和力最大的底物，一般称为该酶的最适底物或天然底物。

（三）V_{max} 的含义

V_{max} 表示在一定酶量时的最大反应速率，即酶完全被底物所饱和时的反应速率，与酶浓度呈正比。在一定酶浓度和测定条件下，酶对特定底物的 V_{max} 也是一个常数。

如果酶的总浓度［E］已知，可用 V_{max} 计算酶的转换数，简称 TN（turnover number，TN），或称为催化常数 K_{cat}，即单位时间内每摩尔酶分子将底物分子转换成产物的最大值。

TN 计算公式为：

$$TN=V_{max}/[E] \tag{5-8}$$

TN 的单位是 s^{-1}。例如，10^{-4}mol/L 的碳酸酐酶溶液在 2s 内催化生成 0.6mol/L H_2CO_3，其 TN 为 $(0.6/2)/(10^{-4})=3\times10^3s^{-1}$。

TN 越大，表示酶的催化效率越高。多数酶的 TN 在 $1\sim10^4s^{-1}$ 范围内。

（四）K_m 值和 V_{max} 值的测定

将米氏方程转换成直线方程后，再根据直线的斜率及外推法或用计算机以最小二乘法处理实验数据后即可得到 K_m 值和 V_{max} 值。几种方法中以 Lineweaver－Burk 双倒数作图法（简称 L－B 法）最常用。

将米氏方程两侧同时取倒数，得到下列方程式：

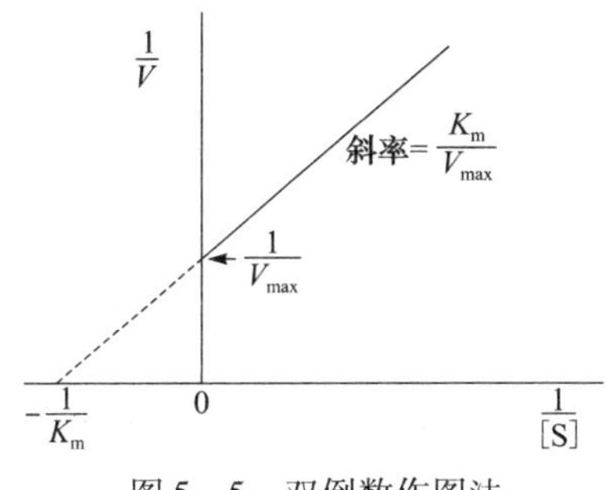

图 5－5　双倒数作图法

$$\frac{1}{V}=\frac{K_m}{V_{max}}\cdot\frac{1}{[S]}+\frac{1}{V_{max}} \tag{5-9}$$

以 1/V 为纵坐标、1/［S］为横坐标作图，可得一直线，纵轴截距为 $1/V_{max}$，斜率为 K_m/V_{max}，横轴截距为 $-1/K_m$（图 5－5）。

L－B 法除了测定 K_m 和 V_{max} 外，还可用于判断可逆性抑制作用的性质。其他还有 Hanes - Woolf 作图法、Eadie - Hofstee 作图法和 Cornish - Bowden 作图法等，但实际应用较少。

二、酶浓度对酶促反应速率的影响

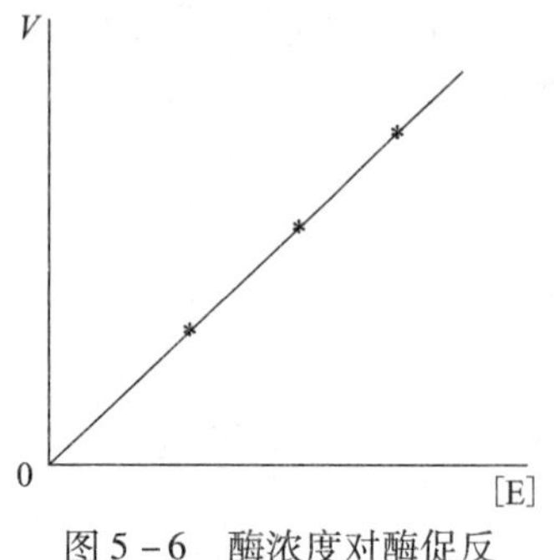

图 5 - 6 酶浓度对酶促反应速率的影响

当酶促反应系统中底物的浓度足够大时，酶促反应速率与酶浓度呈正比关系（图 5 - 6），即：

$$V = k_3 [E] \quad (5-10)$$

在细胞中，通过改变酶浓度来调节酶促反应速率，是代谢调节的一个重要方式。

三、温度对酶促反应速率的影响

化学反应的速率随温度升高而加快，但酶是蛋白质，当达到一定温度时可随温度的升高而变性。在从较低温度升高时，酶促反应速率随温度升高而加快；但温度超过一定范围后，酶受热变性的因素占优势，反应速率反而随温度升高而减慢。酶促反应速率达到最大时的温度称为酶的最适温度（optimum temperature）。温度对酶促反应速率（酶活性）的影响多呈峰形曲线（钟形曲线），酶的最适温度位于峰值(图 5 - 7)。

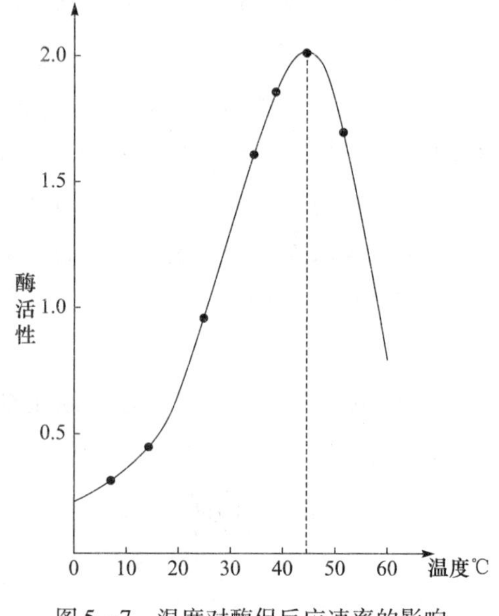

图 5 - 7 温度对酶促反应速率的影响

动物细胞内酶的最适温度多在 35 ~ 40℃（环境温度），温度升高到 60℃以上时，大多数酶开始变性，80℃以上，多数酶的变性已不可逆。微生物酶的最适温度差异较大，如从嗜热水生菌（*Thermus aquaticus*）中提取的用于聚合酶链反应（PCR）的 Taq DNA 聚合酶的最适温度约为 70℃。

最适温度不是酶的特征性常数，它与反应时间有关。反应时间长，则酶易失活，最适温度低；反应时间短，则酶的最适温度高。据此，在临床生物化学检验中，可以采取适当提高温度、缩短时间的方法，进行酶活性的快速检测。

此外，酶的最适温度还与底物种类、pH 和离子强度等因素有关。

四、pH 对酶促反应速率的影响

酶促反应介质的 pH 可影响酶分子特别是活性中心内必需基团的解离状态，导致构象的改变，影响酶与底物的结合，从而影响酶促反应速率即酶活性。酶活性达到最大时反应体系的 pH 称为酶的最适 pH（optimum pH）。

反应体系的 pH 高于或低于最适 pH 时都会使酶的活性降低，远离最适 pH 时甚至可导致酶变性失活（图5 - 8）。

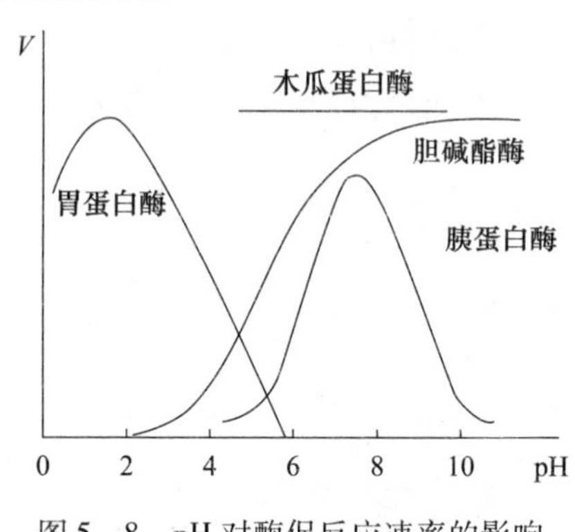

图 5 - 8 pH 对酶促反应速率的影响

NOTE

所以测定酶活性时应选取适宜的缓冲液，以保持酶活性的相对恒定。体内大多数酶的最适 pH 接近中性，但也有例外，如胃蛋白酶的最适 pH 值约为 1.8，肝精氨酸酶最适 pH 值约为 9.8。临床上依据胃蛋白酶的最适 pH 偏酸这一特点，配制助消化的胃蛋白酶合剂时加入一定量的稀盐酸，使疗效更好。

最适 pH 不是酶的特征性常数，易受多种因素的影响，如缓冲液种类、底物浓度、反应温度、各种防腐剂和添加剂等。但各种酶在一定条件下都有其最适 pH。

五、抑制剂对酶促反应速率的影响

凡是能使酶催化活性丧失或降低但不引起酶变性的物质统称为酶的抑制剂（inhibitor，I）。根据抑制剂与酶结合的紧密程度不同，酶的抑制作用分为不可逆性抑制与可逆性抑制两大类。

（一）不可逆性抑制

不可逆性抑制作用（irreversible inhibition）中抑制剂与酶必需基团共价结合，酶活性丧失，不能用透析、超滤等物理方法除去抑制剂而使酶恢复活性，必须用化学反应恢复活性。最常见的不可逆性抑制剂包括有机磷化合物、有机砷（汞）化合物、重金属离子、烷化剂等。

1. 有机磷农药 敌敌畏、敌百虫等有机磷农药能特异性地与胆碱酯酶（choline esterase，ChE）活性中心丝氨酸的羟基结合，使酶失活。当 ChE 被有机磷农药抑制后，胆碱能神经末梢分泌的乙酰胆碱不能被及时分解，过多的乙酰胆碱会导致胆碱能神经过度兴奋，表现为一系列中毒症状。临床上用解磷定等治疗有机磷农药中毒（图 5－9）。

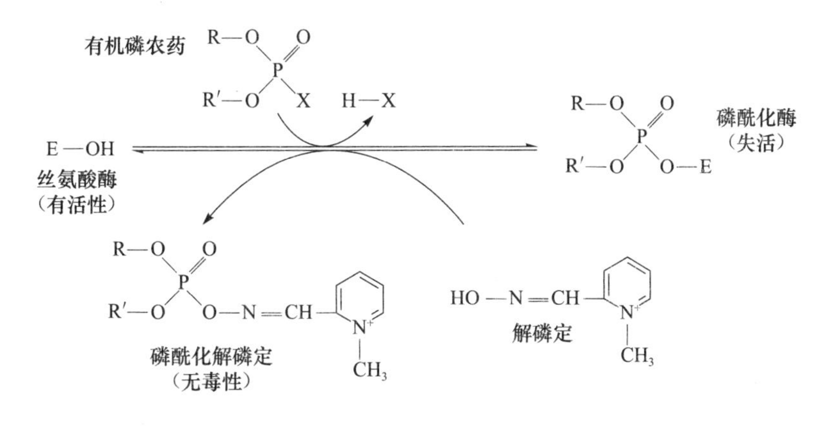

图 5－9 有机磷农药对丝氨酸酶的抑制和解磷定的解抑制

案例1分析讨论

该患者初步诊断：有机磷农药中毒。

该患者有服用有机磷农药（乐果）的病史，随后出现相应的系列临床表现。上述症状的发病机制与有机磷农药抑制胆碱酯酶活性有关：有机磷毒物进入体内后迅速与体内的胆碱酯酶结合，生成磷酰化胆碱酯酶，使胆碱酯酶丧失了水解乙酰胆碱的功能，导致胆碱能神经递质大量积聚，作用于乙酰胆碱受体，先兴奋后衰竭，引起一系列的毒蕈碱样症状（如平滑肌痉挛导致瞳孔针尖样缩小、腹痛、腹泻和呼吸道腺体分泌增加导致肺水肿）、烟碱样症状（如肌纤维颤动，甚至全身肌肉强直性痉挛）和中枢神经系统症状（如头晕、头痛、烦躁不安、谵妄、

抽搐和昏迷)。针尖样瞳孔是有机磷农药中毒的特征性表现。

临床治疗有机磷中毒常联合应用解磷定与阿托品。解磷定能与磷酰化胆碱酯酶中的磷酰基结合，使胆碱酯酶游离，恢复该酶活性中心羟基，从而重新获得水解乙酰胆碱的活性，故又称胆碱酯酶复活剂。但解磷定仅对形成不久的磷酰化胆碱酯酶有效，已“老化”的酶的活性难以恢复，宜早期用药。解磷定尚能与血中游离的有机磷酸酯类化合物直接结合，以无毒形式由尿排出。阿托品是胆碱能受体阻滞剂，能阻断乙酰胆碱的兴奋作用，减轻患者的临床症状，但对酶活性的恢复无帮助。

2. 有机砷（汞）化合物 有机砷化合物如路易斯毒气（Lewisite）、有机汞化合物如对氯汞苯甲酸能与许多巯基酶的活性巯基结合使酶活性丧失。这类抑制剂对巯基酶引起的抑制作用可通过加入过量的巯基化合物如二巯基丙醇（British anti－Lewisite，BAL）、还原型谷胱甘肽等使酶恢复活性。这些化合物常被称为巯基酶保护剂，可作为砷、汞等中毒的解毒剂。

3. 重金属离子 Ag^{+}、Hg^{2+}、Pb^{2+}、Cu^{2+}、Fe^{2+}、Fe^{3+}等重金属离子对大多数酶活性都有强烈的抑制作用，在低浓度时可与酶蛋白的巯基、羧基和咪唑基作用而抑制酶活性；在高浓度时可使酶蛋白变性失活。应用金属离子螯合剂如EDTA、半胱氨酸或焦磷酸盐等将金属离子螯合，可解除其对酶的抑制，恢复酶活性。

$$Cl_2As{-}CH{=}CHCl + E(SH)_2 \longrightarrow E(S)_2As{-}CH{=}CHCl + 2HCl$$

路易斯气　　　巯基酶　　　失活的酶

$$E(S)_2As{-}CH{=}CHCl + CH_2(SH){-}CH(SH){-}CH_2OH \longrightarrow E(SH)_2 + CH_2(S){-}CH(S){-}CH_2OH\ (S,S{>}As{-}CH{=}CHCl)$$

失活的酶　　　BAL　　　巯基酶

4. 烷化剂 碘乙酸、碘乙酰胺等含卤素的化合物可使酶分子中的巯基、氨基、羧基等烷化而失活。例如，碘乙酰胺作用于巯基酶：

$$E-CH_2-SH + ICH_2CONH_2 \longrightarrow E-CH_2-S-CH_2-CONH_2 + HI$$

巯基酶　　　碘乙酰胺　　　失活的酶

（二）可逆性抑制

可逆性抑制作用（reversible inhibition）是抑制剂通过非共价键与酶或酶－底物复合物可逆性结合，使酶活性降低或丧失。可以用物理方法除去抑制剂而使酶恢复活性。可逆性抑制作用分为三种类型。

1. 竞争性抑制作用 竞争性抑制剂（I）与底物（S）结构相似，两者竞争酶的活性中心，当I与酶结合后，酶就不能结合S，从而抑制酶的催化作用，这种抑制作用称为竞争性抑制作用（competitive inhibition）（图5－10）。竞争性抑制作用是最常见的一种可逆性抑制作用，具有以下特点：①抑制剂与底物结构相似。②抑制剂结合的部位是酶的活性中心。③抑制作用的强弱取决于抑制剂/底物与酶的亲和力，以及二者的相对比例，在抑制剂浓度不变时，通过增

NOTE

加底物浓度可以减弱甚至消除竞争性抑制作用。例如丙二酸是琥珀酸脱氢酶的竞争性抑制剂，该酶对抑制剂丙二酸的亲和力远远大于底物琥珀酸，当丙二酸浓度仅为琥珀酸的1/50时，酶活性即被抑制50%，增加琥珀酸浓度可以减弱抑制作用。④V_{max}不变，双倒数作图法的"K_m"（表观K_m）增大（表5-2、图5-11）。

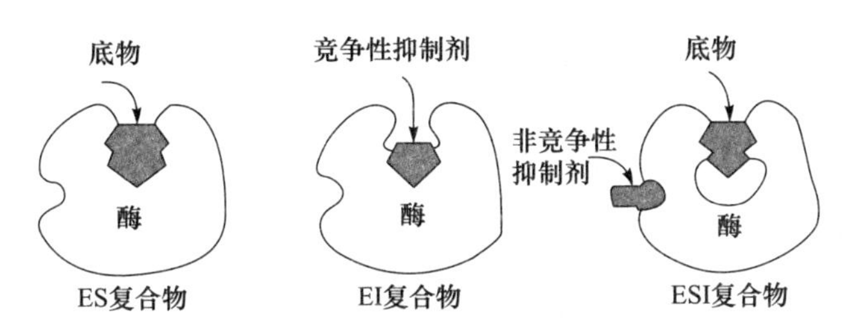

图5-10 酶与底物、抑制剂的结合示意图

表5-2 三种可逆性抑制作用的比较

类型	与I结合的部分	方程式	表观V_{max}	表观K_m
无抑制剂		$V=\frac{V_{max}\cdot[S]}{K_m+[S]}$	V_{max}	K_m
竞争性抑制	E	$V=\frac{V_{max}\cdot[S]}{K_m\left(1+\frac{I}{k_I}\right)+[S]}$	不变	增大
非竞争性抑制	E、ES	$V=\frac{V_{max}\cdot[S]}{K_m+[S]\left(1+\frac{I}{k_I}\right)}$	减小	不变
反竞争性抑制	ES	$V=\frac{V_{max}\cdot[S]}{K_m+\left(1+\frac{I}{k_I}\right)[S]}$	减小	减小

竞争性抑制作用的原理可用来阐明某些药物的作用机制，指导探索合成控制代谢的新药。例如，磺胺类药物是通过竞争性抑制作用抑制细菌生长的。某些细菌通过二氢叶酸合成酶催化，利用对氨基苯甲酸（PABA）、二氢蝶呤和谷氨酸为原料合成二氢叶酸，后者再转变为四氢叶酸，四氢叶酸是细菌合成核酸不可缺少的辅酶。由于磺胺类药物与PABA结构相似，是二氢叶酸合成酶的竞争性抑制剂，可抑制细菌核酸的合成，达到抑菌作用。而人体能直接利用食物中的叶酸，其核酸合成不受磺胺类药物的干扰。

$H_2N-C_6H_4-COOH$　　　$H_2N-C_6H_4-SO_2NHR$

对氨基苯甲酸　　　磺胺药

2. 非竞争性抑制作用 非竞争性抑制剂（I）既可以先与酶活性中心外的部位结合再结合底物，也可以与酶-底物复合物结合，I和底物之间没有竞争作用，三者结合形成的复合物ESI不能进一步分解成产物，从而抑制酶的催化作用，这种抑制作用称为非竞争性抑制作用（non-competitive inhibition）（图5-10）。这种抑制作用的特点是：①抑制剂与底物结构不同；②抑制剂和底物可以同时与酶结合，二者之间没有竞争作用；③抑制剂结合的是酶活性中心外的部位；④抑制作用的强弱取决于抑制剂的浓度，此种抑制作用不能通过增加底物浓度而减弱或消除，例如亮氨酸抑制精氨酸酶活性就是非竞争性抑制；⑤V_{max}下降，表

观 K_m 不变（表5－2、图5－11）。

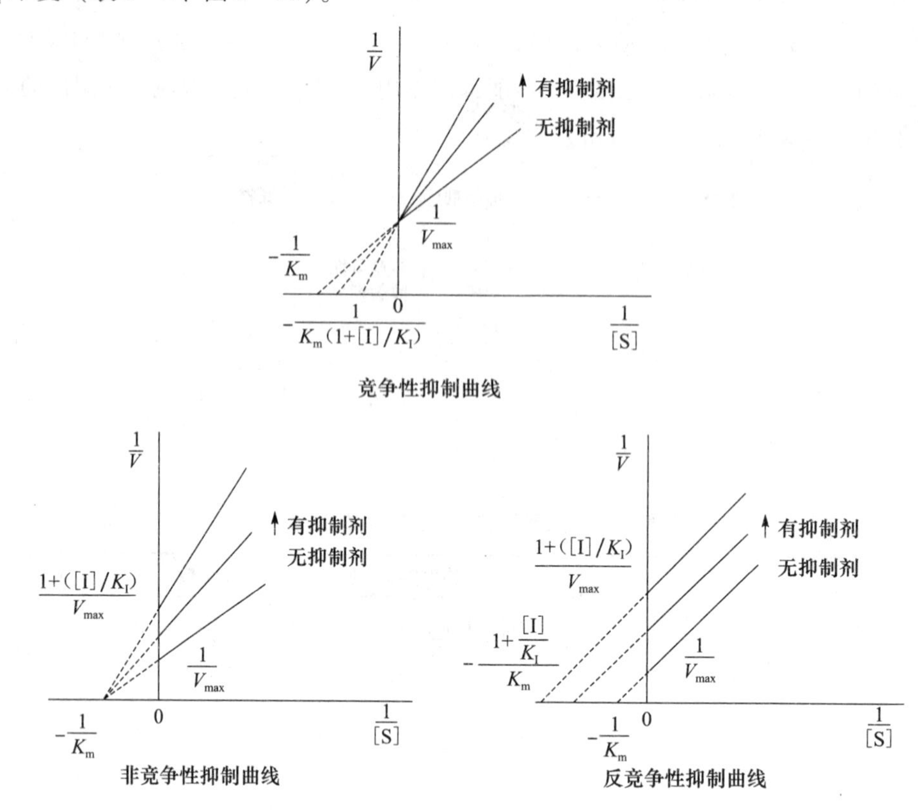

图5－11　三种可逆性抑制作用的特征曲线

3. 反竞争性抑制作用　反竞争性抑制剂（I）只与酶－底物复合物结合，三者结合形成的复合物ESI不能生成产物，这种抑制恰好与竞争性抑制相反，称为反竞争性抑制作用（uncompetitive inhibition）。反竞争性抑制作用使表观 K_m 和 V_{max} 都变小（表5－2、图5－11）。这种抑制作用常见于多底物的反应。

以上三种可逆性抑制作用的米氏方程可以根据其特点进行推导和双倒数作图，现将其结果总结于表5－2、图5－11。

六、激活剂对酶促反应速率的影响

使酶从无活性变为有活性或使酶活性增高的物质称为酶的激活剂（activator）。激活剂大部分是金属离子，如 Mg^{2+}、Zn^{2}、Mn^{2+}、Ca^{2+}、K^{+}、Na^{+} 等；少数为阴离子，如 Cl^{-}、Br^{-} 等；也有有机化合物激活剂，如胆汁酸盐。Mg^{2+} 是肌酸激酶（creatine kinase，CK）的激活剂，Cl^{-} 是淀粉酶（amylase，AMS）的激活剂，N－乙酰－L－半胱氨酸是CK的激活剂。

第三节　酶的调节

酶促反应的可调节性是酶区别于一般催化剂的重要特征，在维持物质代谢的动态平衡方面具有重要意义。

NOTE

一、酶原和酶原的激活

有些酶在细胞内合成或初分泌时没有催化活性，这种无活性的酶的前体称为酶原（zymogen）。在一定条件下，酶原水解掉一个或几个肽段，使酶分子构象发生变化，形成或暴露出活性中心，从而使无活性的酶原转变成有活性的酶，这一过程称为酶原的激活。

消化液中的胃蛋白酶、胰蛋白酶、胰糜蛋白酶等在初分泌时都是以无活性的酶原形式存在，在一定条件下才转变成相应的酶。例如，胰蛋白酶原进入小肠后，在肠激酶或胰蛋白酶本身的作用下，第六位赖氨酸与第七位异亮氨酸残基之间的肽键被切断，水解掉一个六肽，酶分子空间构象发生改变，形成了酶的活性中心，于是胰蛋白酶原激活变成了有活性的胰蛋白酶（图5－12）。

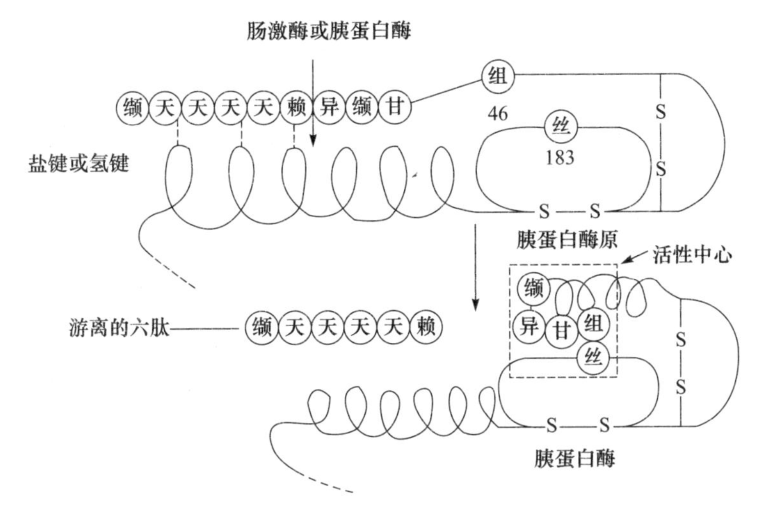

图5－12　胰蛋白酶原激活示意图

此外，血液中有关凝血和纤维蛋白溶解的酶类也都以酶原的形式存在。在正常情况下，血浆中大多数凝血因子基本上是以无活性的酶原形式存在，只有当血管壁破损或内源性促凝血物质大量进入血液系统后，无活性的酶原才会转变为有活性的酶，从而触发一系列的级联酶促反应，最终导致可溶性的纤维蛋白原转变为稳定的纤维蛋白多聚体，网罗血小板与红细胞等形成血凝块，起到止血作用。

酶原激活的生理意义在于可以避免酶异常活化造成对细胞的自身消化，并且酶原也可视为酶的储存形式，使之在特定的部位或特定条件下发挥作用。

二、同工酶及其临床意义

同工酶（isoenzyme）是指催化同一化学反应，但其分子结构、理化性质和免疫学性质等都不同的一组酶。同工酶虽然催化同一化学反应，但其在各种组织或亚细胞组分中的分布不同，由此决定了其在体内不同的功能。

同工酶的测定方法有电泳法、色谱法（层析法）、化学抑制法、免疫抑制法、热失活法等，其中最常用的是电泳法。

现已发现上百种酶具有同工酶，如6－磷酸葡萄糖脱氢酶、乳酸脱氢酶（lactate dehydrogenase，LDH）、酸性和碱性磷酸酶、肌酸激酶（creatine kinase，CK）等。其中LDH是由骨骼

肌型（muscle，M）和心肌型（heart，H）两种亚基构成的四聚体，两种亚基以不同比例组成五种四聚体：LDH_1（H_4）、LDH_2（H_3M）、LDH_3（H_2M_2）、LDH_4（HM_3）、LDH_5（M_4），电泳时它们都向正极移动，LDH_1 速度最快，依次递减，LDH_5 最慢。

表 5－3 LDH 同工酶在人体某些组织器官中的分布（%）

同工酶	亚基组成	心肌	肾	肝	骨骼肌	红细胞	肺	胰腺	血清
LDH_1	H_4	67	52	2	4	42	10	30	27
LDH_2	H_3M	29	28	4	7	36	20	15	34
LDH_3	H_2M_2	4	16	11	21	15	30	50	21
LDH_4	HM_3	<1	4	27	27	5	25	<1	12
LDH_5	M_4	<1	<1	56	41	2	15	55	6

各类 LDH 同工酶虽然均催化乳酸和丙酮酸之间的氧化还原反应，但因各类同工酶组成的差异，它们各自的 K_m 值不同，即表现为对乳酸和丙酮酸的亲和力不同，使 LDH 同工酶在不同组织中发挥的作用不同，体现出各组织的功能差异。如心肌中含量丰富的 LDH_1 对乳酸有较强的亲和力，主要作用是催化乳酸生成丙酮酸，丙酮酸可进一步彻底氧化供能，因此 LDH_1 有利于心肌对乳酸的氧化供能。而骨骼肌中含量最多的 LDH_5 对丙酮酸亲和力较强，LDH_5 主要催化丙酮酸还原生成乳酸，乳酸可经血液循环运送至其他组织再利用，因此有利于骨骼肌在缺氧时应激供能。

$$CH_3CH(OH)COOH + NAD^+ \underset{LDH_5\ (\text{骨骼肌})}{\overset{(\text{心肌})\ LDH_1}{\rightleftharpoons}} CH_3C(=O)COOH + NADH + H^+$$

因为不同脏器、不同组织中的同工酶酶谱不同，故同工酶在疾病诊断中占有重要地位。例如，LDH_1 主要分布于心肌，故心肌受损病人血清 LDH_1 含量升高，此时检查 LDH_1 比总 LDH 更具心肌特异性；LDH_5 主要分布于肝中，故肝细胞受损者血清 LDH_5 含量升高（图 5－13）。

同工酶还是研究代谢、生长、发育、遗传、进化、分化和癌变的有力工具。

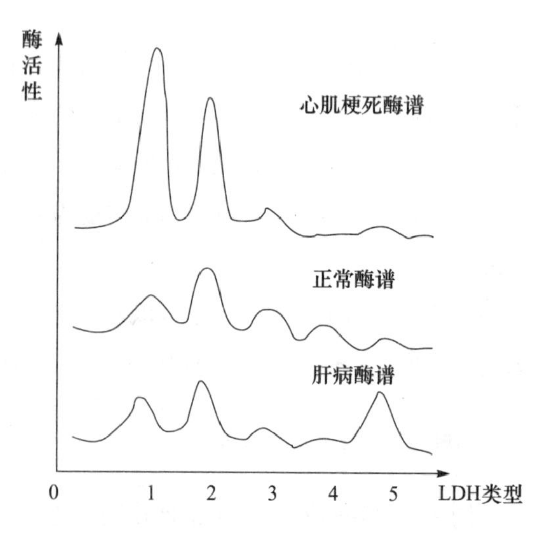

图 5－13 血清 LDH 同工酶的酶谱及变化

三、细胞内酶活性的调节

酶分布于细胞的特定区域或亚细胞结构中，可使各代谢途径的反应有序进行而不互相干扰。代谢途径是一个连续的反应链，前一个酶促反应的产物正好是后一个酶促反应的底物，各种酶的活性高低不同，在代谢途径的各个反应中，催化单向反应、控制着整个代谢速度的酶促反应称为该途径的关键反应，催化此反应的酶称为关键酶（key enzyme）；其中催化反应速度最慢的酶，又称限速酶（limiting velocity enzyme）。调节关键酶活性的方式有变构调节和共价修饰调节两种方式，均属快速调节。

（一）变构调节

一些小分子代谢物可与某些酶分子活性中心外的某部位可逆地结合，使酶构象改变，从而改变酶的催化活性，此种调节方式称变构调节（allosteric regulation）。受变构调节的酶称变构酶或别构酶（allosteric enzyme）。导致变构效应的代谢物称变构效应剂（allosteric effector），有时底物本身就是变构效应剂。酶分子与变构效应剂结合部位称变构部位（allosteric site）。有些酶的调节部位与催化部位存在于同一亚基；有的则分别存在于不同的亚基，故有催化亚基与调节亚基之分。

由于变构酶常为多个亚基构成的寡聚体，故其也具有协同效应，包括正协同效应和负协同效应。如果某效应剂引起的协同效应使酶对底物的亲和力增加，反应速率加快，此效应剂称为变构激活剂（allosteric activator）；反之，使反应速率降低者称为变构抑制剂（allosteric inhibitor）。正协同效应的底物浓度曲线为S形曲线（图5－14），可见，变构酶不遵守底物浓度对酶促反应速率影响的米氏动力学原则。酶的变构调节是体内酶活性快速调节的重要方式之一。变构调节的生理意义见第十一章。

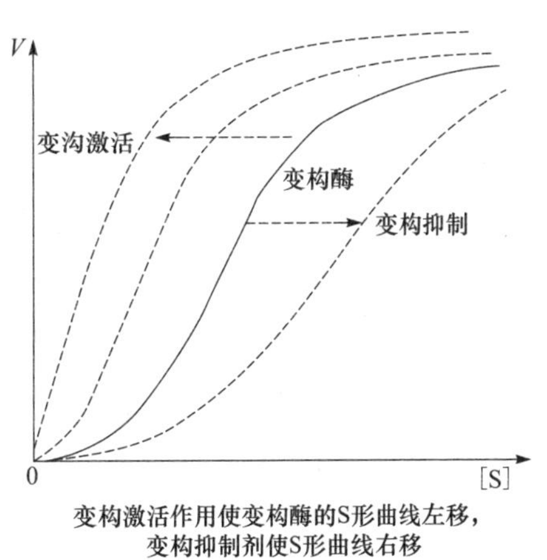

图5－14　变构酶的S形曲线

（二）酶的共价修饰调节

某种化学基团在另一个酶的催化下可与酶分子发生可逆的共价结合，从而改变酶的构象，使酶发生无活性（或低活性）与有活性（或高活性）之间的互变，此过程称为共价修饰（covalent modification）。

酶的共价修饰包括磷酸化与去磷酸化（最常见）（图5－15）、乙酰化和去乙酰化、甲基化和去甲基化、腺苷化和去腺苷化等。酶的共价修饰（covalent modification）或化学修饰（chemial modification）是体内酶活性快速调节的另一种重要方式。

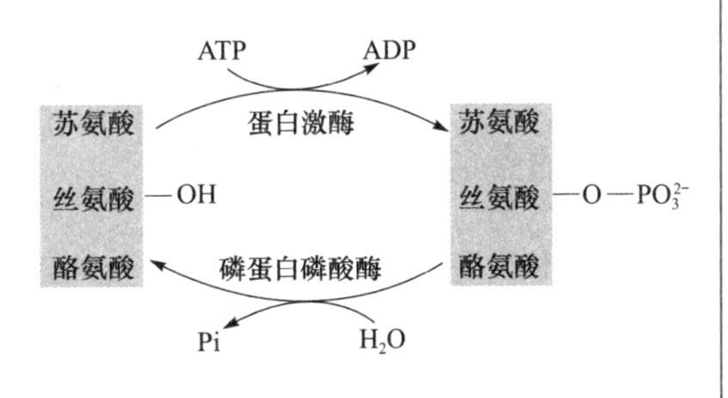

图5－15　酶的共价修饰调节

四、酶含量的调节

通过改变酶的合成或降解的速率以调节酶的含量，进而影响代谢速率，是细胞水平的另一种调节方式。主要发生在基因水平，因此需要较长时间，属于迟缓调节（见第十一章）。

（一）酶合成的调节

酶的合成调节包括诱导与阻遏。能促进酶生物合成的作用称为诱导作用（induction）；减少酶生物合成的作用称为阻遏作用（repression）。

（二）酶降解的调节

与一般蛋白质降解途径相同，酶降解存在两种途径：溶酶体蛋白酶降解途径（不依赖ATP

NOTE

的降解途径）主要水解细胞外来的蛋白质和长半寿期的蛋白质；非溶酶体蛋白酶降解途径（又称依赖 ATP 和泛素的降解途径）主要是对细胞内异常蛋白质和短半寿期的蛋白质进行泛素化标记，然后被蛋白酶水解。

第四节 酶的分类、命名与活性测定

一、酶的分类

国际酶学委员会（International Enzyme Committee，IEC）根据酶促反应性质把酶分为以下 6 大类。

1. 氧化还原酶类（oxidordeuctases） 催化氧化还原反应的酶类。例如，LDH、细胞色素氧化酶、过氧化氢酶等。

2. 转移酶类（transferases） 催化化合物之间进行某些基团的转移或交换的酶类。例如，氨基转移酶、己糖激酶、磷酸化酶等。

3. 水解酶类（hydrolases） 催化水解反应的酶类。例如，淀粉酶、蛋白酶、脂酶等。

4. 裂解酶类（lyases） 催化从底物中移去一个基团而形成双键的反应或其逆反应的酶类，又称裂合酶类。例如，醛缩酶、碳酸酐酶、柠檬酸合酶等。

5. 异构酶类（isomerases） 催化同分异构体之间相互转变的酶类。例如，磷酸丙糖异构酶、磷酸己糖异构酶等。

6. 合成酶类（synthetases） 催化两分子底物合成一分子化合物，同时偶联有 ATP 的磷酸键断裂的酶类，又称连接酶类（ligases）。例如，谷氨酰胺合成酶、谷胱甘肽合成酶等。

二、酶的命名

生物体内酶种类繁多，催化反应各异，为方便研究，需要对酶进行统一的命名。

（一）习惯命名法

习惯命名法是根据酶的来源、底物以及催化反应类型等而命名，如琥珀酸脱氢酶、乳酸脱氢酶等。

对于水解酶类，一般在酶的名称前省去反应类型，如水解脂肪的酶称为脂肪酶、水解淀粉的酶称为淀粉酶。为区分同一类酶，有时也可以在酶的名称前面标上酶的来源或其他特征，如胃蛋白酶、胰蛋白酶、碱性磷酸酶等。

合酶与合成酶的区别在于所催化的反应是否消耗 ATP。例如催化 NO 生物合成的酶是一氧化氮合酶（nitric oxide synthase，NOS），催化的反应不需要消耗 ATP；再如，三羧酸循环中的第一个酶是柠檬酸合酶而不是柠檬酸合成酶，因为该酶催化的反应无须消耗 ATP。

（二）系统命名法

1961 年，IEC 提出了系统命名法。系统命名法的原则是标明酶的所有底物及催化反应的性质。如果一种酶催化两个底物起反应，则两个底物都应写出，中间用“:”号（注意是比例号而不是冒号）隔开，并按系统名称给每一个酶一个编号。如乙醇脱氢酶（习惯名）催化的反应：

$$乙醇 + NAD^+ \longrightarrow 乙醛 + NADH + H^+$$

其系统名称为乙醇：NAD^+氧化还原酶。其国际编号为EC1.1.1.1。其中，EC代表酶学委员会，编号中的第一个数字表示该酶属于上述六大类中的哪一类；第二个数字表示该酶属于哪一亚类；第三个数字表示亚亚类；第四个数字表示亚亚类中的排序。

三、酶的活性测定

酶活性也称为酶活力，指酶所具有的催化化学反应的能力。

（一）酶活性单位

酶活性单位表示酶的相对含量，指在一定条件下，单位时间内生成一定量产物或消耗一定量底物所需要的酶量。

根据反应时间、反应量的不同，酶活性单位常用的表示方法有国际单位IU（μmol/min）和Katal单位（mol/s）。国际单位是指在特定条件下，每分钟催化1μmol底物转变为产物的酶量，为1IU或1U。Katal单位是指在特定条件下，每秒钟催化1mol底物转为产物的酶量，表示为1Kat，1Kat = 1mol/s。IU与Katal单位的关系：$1Kat = 6 \times 10^7 IU$。

（二）酶的比活性

酶的比活性（specific activity）是评价酶制剂纯度的指标，即每毫克酶蛋白所含的酶活性单位数（U/mg），或称为比活力。酶的比活性越高，酶制剂的纯度越高。

（三）酶活性的测定方法

常用分光光度法测定产物的生成量或底物的消耗量，并由此求出反应速率来代表酶活性。酶活性的测定方法一般可分为固定时间法和连续监测法。

1. 固定时间法（fixed time assay）　指测定反应开始后一段时间内（$t_1 \sim t_2$）产物的生成量或底物的消耗量以测定酶活性的方法，常简称为定时法。该方法一般需要在反应进行到一定时间后用强酸、强碱、蛋白质沉淀剂等终止酶促反应。

2. 连续监测法（continuous monitoring assay）　指在多个时间点连续测定产物（或底物）在零级反应期（吸光度与时间呈线性，又称线性期）内的生成量（或消耗量）以测定酶活性的方法。

第五节　酶与医学的关系

随着酶学的发展，酶在医学上的重要性越来越引起人们的重视。酶不仅涉及疾病的发生和诊断，随着酶提纯技术的发展，酶还能作为药品用于临床治疗。

一、酶与疾病的发生

1. 遗传性疾病　因酶的基因缺陷或异常，导致所表达的酶在质和量上先天性异常，影响其正常代谢途径，由此引起的疾病叫作酶遗传性缺陷病。例如，酪氨酸酶遗传性缺陷时，酪氨酸不能生成黑色素，导致皮肤、毛发缺乏黑色素而患白化病；6－磷酸葡萄糖脱氢酶遗传性缺陷时导致蚕豆病。

2. 继发性疾病 许多疾病可引起酶的异常，继而又使病情进一步加重。例如，急性胰腺炎时，胰蛋白酶原在胰腺中被激活，造成胰腺组织被水解破坏。

3. 中毒性疾病 临床上有些疾病是由于酶活性受到抑制引起的。例如，有机磷农药中毒是由于ChE活性受到抑制，重金属盐中毒是由于巯基酶活性受到抑制，氰化物中毒是由于细胞色素氧化酶的活性受到抑制等。

4. 代谢障碍性或营养缺乏性疾病 激素代谢障碍或维生素缺乏可引起某些酶的异常。

例如，当维生素K缺乏时，凝血因子Ⅱ、Ⅶ、Ⅸ、Ⅹ的前体不能在肝内进一步羧化成成熟的凝血因子，病人表现为凝血时间延长，皮下、胃肠道及肌肉等易出血的临床征象。

二、酶与疾病的诊断

测定血清（血浆）、尿液等体液中酶活性的变化，可以反映某些疾病的发生和发展，有助于疾病的诊断和预后判断。临床上常用的检测样本是血清。当组织细胞损伤时，细胞内的酶大量入血，使血清酶活性增高；或因细胞病变使其合成酶的能力下降，使血清中酶活性降低。测定血清酶的活性对疾病的辅助诊断、治疗评价和预后判断具有重要的临床意义。例如，急性胰腺炎时，血清淀粉酶（amylase，AMS）活性增高；急性肝炎、心肌梗死时分别有血清丙氨酸氨基转移酶（alanine aminotransferase，ALT）、天冬氨酸氨基转移酶（aspartate aminotransferase，AST）活性增高。

三、酶与疾病的治疗

（一）酶作为药物用于临床治疗

1. 消化酶类 可治疗由于消化功能失调、消化液不足等引起的消化系统疾病，如胃蛋白酶、胰蛋白酶、淀粉酶、脂肪酶和木瓜蛋白酶等。

2. 消炎抑菌酶类 可消炎抑菌，利于创口愈合等。如溶菌酶、木瓜蛋白酶可缓解炎症，促进消肿；糜蛋白酶可用于外科清创和烧伤病人痂垢的清除以及防治脓胸病人浆膜粘连，雾化吸入可稀释痰液等。

3. 抗血栓酶类 如链激酶、尿激酶和纤溶酶等能溶解血栓，可用于脑血栓、心肌梗死等疾病的防治。

4. 抗肿瘤酶类 如天冬酰胺具有促进白血病细胞生长的作用，利用天冬酰胺酶分解天冬酰胺可抑制白血病细胞的生长。人工合成的6－巯基嘌呤、5－氟尿嘧啶等药物，通过对酶的竞争性抑制作用可抑制肿瘤细胞的异常生长，起到抗肿瘤的作用。

（二）酶作为工具酶用于研究和生产

固定化酶及酶标记测定法广泛应用于科学研究和生产。抗体酶是人工制备的兼有抗体和酶活性的蛋白质，可用于制造自然界中不存在的新酶种。限制性核酸内切酶和连接酶是基因工程中必不可少的工具酶。

NOTE

小结

酶是由活细胞产生的对特异性底物具有催化功能的生物大分子，包括蛋白质酶、核酶和脱氧核酶等。酶按分子组成可分为单纯酶和结合酶。单纯酶只含有蛋白质；结合酶由酶蛋白和辅助因子组成，辅助因子可以是小分子有机化合物或金属离子，两者共同构成全酶才具有催化活性。

酶分子中与酶活性密切相关的基团称为酶的必需基团。有些必需基团在一级结构上可能相距很远，但在空间结构上却彼此靠近，形成能与底物特异结合并将底物转变为产物的特定空间区域，称为酶的活性中心。酶促反应具有高效性、高特异性、可调节性和酶活性不稳定的特点。酶促反应机制有邻近效应与定向效应、变形与诱导契合、酸碱催化和表面效应等。

酶促反应动力学研究酶促反应速率及其影响因素，主要包括底物浓度、酶浓度、温度、pH、抑制剂和激活剂的影响。单一底物浓度变化对酶促反应速率的影响可用米氏方程 $V=\frac{V_{max} \cdot [S]}{K_m + [S]}$表示。其中，米氏常数 K_m 为反应速度达到最大反应速率 V_{max}一半时的底物浓度，是酶的特征性常数。K_m 和 V_{max}可通过双倒数作图法来取值。酶促反应速率在最适 pH 和最适温度时最大。酶的抑制作用分为不可逆性抑制作用与可逆性抑制作用两大类，在 3 种可逆性抑制作用中，竞争性抑制可通过增加底物浓度而解除，其 V_{max}不变、表观 K_m 增大；非竞争性抑制的 V_{max}下降、表观 K_m 不变；反竞争性抑制的 V_{max}和表观 K_m 都变小。激活剂能使酶从无活性状态变为有活性状态或提高酶的活性。

酶原是体内酶的无活性前体，在一定条件下酶原转变为有活性的酶，称为酶原激活。同工酶是指催化同一反应，但其分子结构、理化性质和免疫学性质等都不同的一组酶。

机体对酶结构（快速）与含量（迟缓）的调节是调节代谢的重要途径。其中调节酶结构的方式有变构调节和共价修饰调节，酶含量的调节包括对酶合成与分解速率的调节。

根据酶促反应的性质，酶可分为氧化还原酶类、转移酶类、水解酶类、裂解酶类、异构酶类和合成酶类共 6 大类。酶活性是指酶所具有的催化能力大小。

影响酶活性的中药

酶	中　药
具有抑制作用的中药	
胃蛋白酶、胰酶	甘草、桂皮、黄柏、黄连、山椒
Na^+-K^+-ATP 酶	大黄（大黄素）、杠柳皮、黄连、人参、五味子
生物氧化酶系	苍术、甘草、黄连、野百合
琥珀酸脱氢酶	芦丁、秦皮、石蒜
核酸、蛋白质合成酶类	巴豆、蓖麻子、长春花、大黄（大黄素）、汉防己、黄柏、黄连、三尖杉、野百合、喜树
磷酸二酯酶	槟榔、草果、柴胡、川芎、大腹皮、甘草、桂皮、合欢皮、红花、荆芥、决明子、连翘、秦皮、青皮、山椒、苏叶、五倍子、远志、知母、竹茹

续表

酶	中 药
葡萄糖-6-磷酸酶	柴胡
醛缩酶	灵芝
腺苷酸环化酶	黄连（小檗碱）
胆碱酯酶	杠柳皮、黄连（小檗碱）、灵芝、龙葵（龙葵胺）、一叶萩（一叶萩碱）
丙氨酸氨基转移酶	柴胡、垂盆草、五味子、茵陈蒿
具有激活作用的中药	
纤溶酶	丹参、当归
腺苷酸环化酶	苍术、柴胡、赤芍、大枣、丹参、党参、防己、黄芪、人参、郁金
超氧化物歧化酶	何首乌、黄芪、三七、人参、五味子

心肌酶谱在临床的应用

心肌酶是存在于心肌内多种酶的总称。当心肌发生病变如急性心肌梗死（acute myocardial infarction，AMI）时，因心肌缺血坏死或细胞膜通透性增加，心肌细胞内的蛋白质（含酶类）释放入血增加。根据心肌受损程度、酶释出速度及血中降解时间的不同，血清酶升高的幅度和时间也不同，因此血清心肌酶谱变化能反映 AMI 发生以及病情的严重程度。

临床常用于诊断心肌梗死的血清学指标主要有：

1. 肌酸激酶（CK） 由 M 型（肌型）和 B 型（脑型）两种亚基构成的二聚体酶，脑组织含 CK_1（CK-BB 型），心肌含 CK_2（CK-MB 型），骨骼肌含 CK_3（CK-MM 型）。CK_2 仅存在于心肌，约占心肌肌酸激酶的 30%，正常血中含量极少。当发生 AMI 时，血清 CK_2 在 3~6 小时上升，18 小时达高峰（增高 10~25 倍），多在 72 小时内恢复正常。

2. 乳酸脱氢酶（LDH） 由骨骼肌型（muscle，M）和心肌型（heart，H）两种亚基构成的四聚体酶。心肌中以 LDH_1 为主。当发生 AMI 时，LDH_1 在 12~24 小时出现上升，3~6 天达高峰，持续 6~10 天恢复正常。

3. 天冬氨酸氨基转移酶（AST） 广泛分布于人体各组织、器官，以心肌含量最高。当发生 AMI 时，AST 一般在 6~12 小时上升，18~36 小时达高峰，3~5 天恢复正常。但肝受损时 AST 血清浓度也可升高，应注意鉴别，此时丙氨酸氨基转移酶酶（ALT）升高更显著，ALT/AST 比值 >1。

4. 心肌肌钙蛋白（cTn） cTn 在正常血清中含量极微。因 cTn 分子量较 CK-MB 小，“微型心肌损伤”时即可释出入血，且血中增高倍数一般超过总 CK 和 CK_2 的变化。cTn 在 2~5 小时增高，12~24 小时达高峰，并可维持 7~10 天高水平。因 cTn 血中变化与心肌损害严重程度正相关，目前已成为诊断 AMI 最敏感和最特异的指标，并有逐渐取代原有金指标——CK_2 的趋势。

第六章　生物氧化

【案例1】

患者，女，19岁，以“怕热，多汗心悸，手抖2月余”为主诉就诊。近2个月来患者无明显诱因出现脾气急躁、怕热多汗、失眠、食欲亢进、食量增加、大便次数增多，但体重下降4kg，自觉双眼肿胀、干涩，偶有畏光、流泪。

体格检查：体温37℃，脉搏110次/分，血压130/70mmHg，神清，眼球稍突，瞬目减少，睑裂增宽，双侧甲状腺Ⅰ度弥漫性肿大，可闻及血管杂音，心律齐，110次/分。

实验室检查：T3：300ng/dL；T4：24 μg/dL；TSH：0.001U。

问题讨论

1. 初步诊断该患者患何种疾病？

2. 该疾病发生食欲亢进、体重下降、心率加快等症状的生化机制是什么？

生物氧化（biological oxidation）是指糖、脂和蛋白质三大营养物质在体内氧化分解为二氧化碳和水，并逐步释放能量的过程。其中一部分能量使ADP磷酸化生成ATP，用于各种生命活动；另一部分能量主要以热能散发，用于维持体温。因为生物氧化过程必须伴随肺的呼吸，吸入氧气和呼出二氧化碳，故又称为细胞呼吸或组织呼吸。

三大营养物质的分子组成不同，但是它们在氧化分解释放能量的过程中却有着相同的规律，分解的反应过程都可以分为三个阶段（图6-1）：首先三大营养物质分解转变为乙酰辅酶A；第二阶段乙酰辅酶A进入三羧酸循环，通过脱氢反应生成$NADH+H^+$和$FADH_2$，通过脱羧反应生成二氧化碳；第三阶段是$NADH+H^+$和$FADH_2$将2H经过线粒体内的呼吸链依次传递给氧生成水，并释放能量。其中细胞内ATP主要在第三阶段生成，这个阶段主要以线粒体内的呼吸链和ATP合酶（ATP synthase）为分子基础，通过化学渗透机制生成ATP。

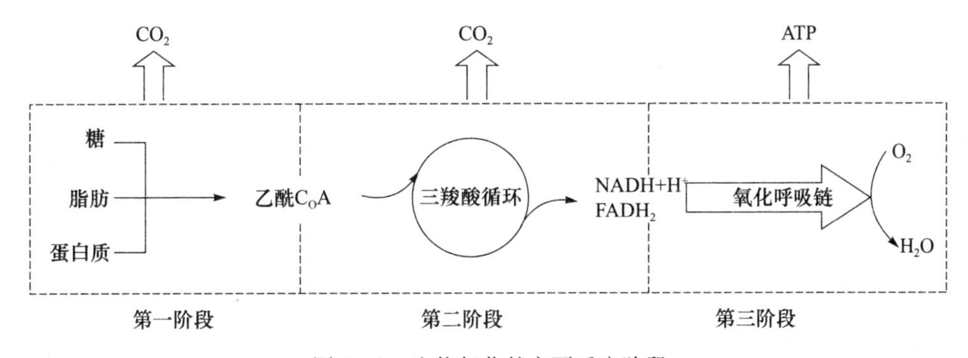

图6-1　生物氧化的主要反应阶段

三大营养物质的生物氧化过程与体外燃烧过程比较，耗氧量、终产物和释放能量均相同，但生物氧化具有以下特点：①生物氧化是在生理条件下（37℃，pH≈7.4，水溶液）逐步发生的酶促反应。②生物氧化过程生成的中间产物有一些是有机酸，例如三羧酸循环中的异柠檬酸、α-酮戊二酸等，这些有机酸通过脱羧反应生成了 CO_2。根据有机酸在脱羧的同时是否伴随氧化反应，分为单纯脱羧和氧化脱羧；根据有机酸脱去的羧基位置不同，又可以分为α-脱羧和β-脱羧。③生物体内代谢物的氧化方式包括加氧、脱氢和失电子，其中脱氢是最常见的氧化方式。在生物氧化过程中，底物一般会脱下一对氢原子，并传递给脱氢酶的辅助因子生成 $NADH + H^+$ 或 $FADH_2$，然后经线粒体内的一系列递氢体和递电子体传递，最终传递给氧生成水。④生物氧化产生能量是伴随着线粒体内氢原子的传递过程逐步释放的，并且能够储存在高能化合物分子中。

第一节　线粒体氧化体系

真核细胞三大营养物质氧化分解生成二氧化碳和水，并释放能量的过程主要在线粒体内进行，因此线粒体被称为“细胞的能量库”。线粒体内物质氧化过程中伴随着能量的生成，在这一过程中参与电子传递的成员称为递电子体，参与氢原子传递的成员称为递氢体，递氢体同时也传递了电子，因此也可以称为递电子体。线粒体内的递氢体和递电子体依次进行氢和电子的传递，伴随这一传递过程逐步释放的能量与 ATP 的生成偶联在一起，成为体内 ATP 生成的最主要方式。

一、呼吸链

呼吸链（respiratory chain）是指存在于线粒体内膜上，按一定顺序排列的递氢体和递电子体构成的链状氧化还原体系，也称电子传递链（electron transfer chain）。

（一）呼吸链的组成成分及其作用

呼吸链中的递氢体与递电子体主要是以四大复合体（复合体Ⅰ、Ⅱ、Ⅲ和Ⅳ）形式存在于线粒体内膜，每种复合体含有多种不同成分，同时还有复合体外的一些游离组分（表6-1）。这些成分主要可以分为以下五大类。

1. 烟酰胺脱氢酶类及其辅酶　烟酰胺脱氢酶类是体内分布最广泛的一类脱氢酶类，是指以 NAD^+ 或 $NADP^+$ 为辅酶的脱氢酶，因其辅酶含有烟酰胺而得名。烟酰胺脱氢酶类催化底物脱氢交给 NAD^+ 生成 $NADH + H^+$ 后，经呼吸链传递给氧生成水的同时产生能量，把代谢物的脱氢反应和呼吸链连接起来（图6-2）；而 $NADPH + H^+$ 主要参与体内脂肪酸、胆固醇等物质的合成过程。

表6-1　呼吸链各组分和基本功能

组分名称	存在位置和状态	辅助因子	基本功能
烟酰胺脱氢酶类	可游离	NAD^+	为呼吸链提供氢原子
NADH 脱氢酶	线粒体内膜复合体Ⅰ	FMN	$NADH + H^+$ 和 Q 之间氢的传递
琥珀酸脱氢酶	线粒体内膜复合体Ⅱ	FAD	琥珀酸和 Q 之间氢的传递

续表

组分名称	存在位置和状态	辅助因子	基本功能
铁硫蛋白	线粒体内膜复合体Ⅰ、Ⅱ、Ⅲ	Fe－S	传递电子
泛醌（Q）	独立存在于线粒体内膜		黄素蛋白和细胞色素间的电子传递
Q－Cyt c 氧化还原酶	线粒体内膜复合体Ⅲ	血红素	Q 和复合体Ⅲ间的电子传递
Cyt c	独立存在于线粒体内膜外侧	血红素	将复合体Ⅲ的电子传递至复合体Ⅳ
Cyt c 氧化酶	线粒体内膜复合体Ⅳ	血红素	将复合体Ⅳ的电子传递给氧

在接受氢原子时，NAD^+或 $NADP^+$分子中烟酰胺的吡啶环以五价的氮接受 1 个电子变为 3 价氮，而其对侧的碳原子能接受 1 个氢原子，这样 NAD^+或 $NADP^+$分子能够接受 1 个氢原子和 1 个电子，而另一个 H^+被游离出来。因此，代谢物脱下的一对氢原子（2H）被 NAD^+和 $NADP^+$接受后，分别以 $NADH + H^+$（简写 NADH）和 $NADPH + H^+$（简写 NADPH）表示。

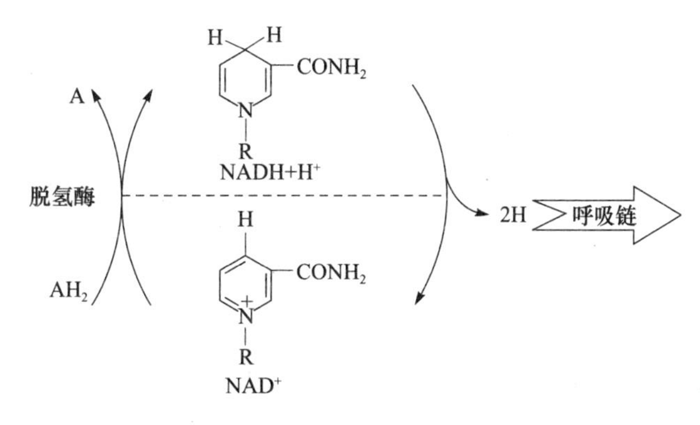

图 6－2　NAD^+的作用

当 NAD^+（氧化型）接受了代谢物脱下的氢原子后转变为 $NADH + H^+$（还原型），然后经呼吸链进一步将氢原子传递给复合体Ⅰ中黄素蛋白的辅基 FMN。

2. 黄素蛋白及其辅基　黄素蛋白（flavoprotein，FP）是以 FAD 和 FMN 为辅基的一类脱氢酶类，因其辅基分子中含有核黄素而得名。在黄素蛋白催化的脱氢反应中，FAD 和 FMN 分子中的异咯嗪环中的 N^1和 N^{10}能够分别接受 1 个氢原子，生成 $FADH_2$ 和 $FMNH_2$。具体反应如下：

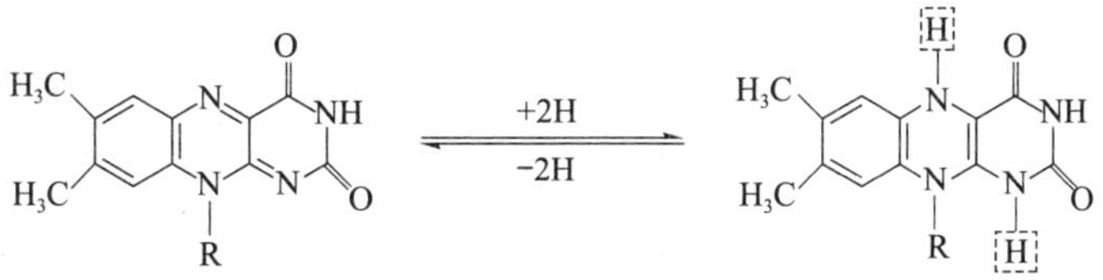

存在于复合体Ⅰ中的 NADH 脱氢酶含有辅基 FMN，就属于黄素蛋白（FP1），FP1 通过催化 $NADH + H^+$脱氢，将 2H 传递给 FMN 生成 $FMNH_2$。复合体Ⅱ中的琥珀酸脱氢酶的辅基为 FAD，属于另一类黄素蛋白（FP2），FP2 能够催化琥珀酸等底物脱氢，将 2H 传递给 FAD 生成 $FADH_2$。然后通过 $FMNH_2$ 或 $FADH_2$ 进一步将氢原子传递给泛醌。

3. 铁硫蛋白类　铁硫蛋白（iron－sulfur protein）和烟酰胺脱氢酶及黄素蛋白酶不同，它属于呼吸链中的一类电子传递体，因其辅基为等量的非血红素铁和无机硫构成的铁硫簇（iron－sulfur cluster，Fe－S）而得名。铁硫簇具有两种形式：Fe_2S_2 和 Fe_4S_4，它们通过分子中的铁离子与蛋白质中的半胱氨酸残基的硫连接构成铁硫蛋白（图 6－3）。

铁硫蛋白通过其辅基铁硫簇中的铁离子发生变价进行电子传递，氧化型铁硫蛋白接受电子

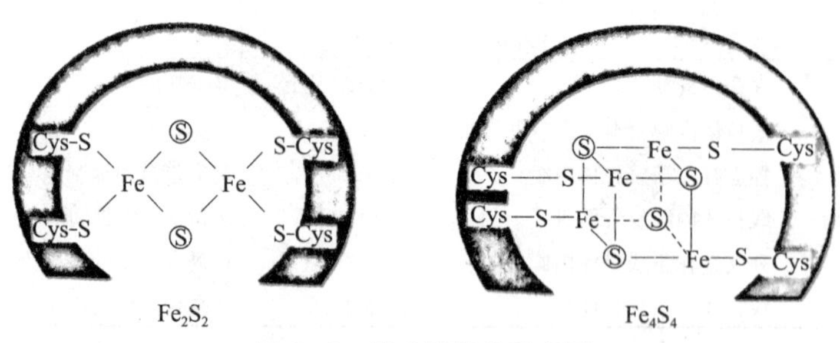

图6－3 铁硫簇结构示意图

时，只有1个Fe^{3+}被还原成Fe^{2+}，即每次只传递1个电子，因此铁硫蛋白属于单电子传递体。在呼吸链中，铁硫蛋白广泛分布于复合体Ⅰ、Ⅱ、Ⅲ，通常以与其他传递体结合构成复合物的形式存在，参与复合体的电子传递过程。

4. 泛醌 泛醌（ubiquinone，Q）与其他呼吸链成分不同，它是一类广泛存在于生物体内的脂溶性醌类化合物，曾被认为是一种辅酶，而被称为辅酶Q（CoQ）。在泛醌分子中的C－6上含有一个由多个异戊烯单位构成的侧链，不同物种该侧链中的异戊烯单位数目不同，人体的泛醌含有10个异戊烯单位（$n=10$），因此人体的泛醌通常使用Q_{10}来表示。泛醌因其侧链的疏水作用，能够在线粒体内膜中迅速扩散，并且非常容易从线粒体内膜中分离出来。

在呼吸链中，泛醌可以分别接受复合体Ⅰ或复合体Ⅱ中黄素蛋白传递来的2H，其首先接受1个电子和1个质子，被还原成半醌型。然后再接受1个电子和1个质子被还原成二氢泛醌。最后二氢泛醌将2个质子释放入线粒体基质中，而把2个电子继续传递给其后的复合体Ⅲ中的细胞色素。

黄素蛋白

H^++e

泛醌Q（全氧化型）

H^+

细胞色素

泛醌H·（半醌型）

H^++e

H^+

细胞色素

二氢泛醌QH_2（全还原型）

5. 细胞色素 细胞色素（cytochrome，Cyt）是一类以铁卟啉为辅基的色素蛋白，通过其辅基铁卟啉中的铁离子变价进行电子传递，因此细胞色素和铁硫蛋白一样属于电子传递体。根据细胞色素的吸收光谱不同，呼吸链中的细胞色素又可以分为a、b、c三大类。每一类又可以根据其最大吸收峰的微小差别再分成几种亚类，Cyt a可以分为a和a_3，Cyt b有b_{560}、b_{562}、b_{566}，Cyt c又分为c和c_1。

参与呼吸链组成的细胞色素有Cyt b、c_1、c、a和a_3，其中Cyt b、c_1、a和a_3以复合体形式存在于线粒体内膜上，Cyt b、c_1和铁硫蛋白结合构成复合体Ⅲ，复合体Ⅲ也称为Q－Cyt c氧化还原酶；Cyt a和a_3存在于复合体Ⅳ中，并且结合紧密，通常用Cyt aa_3表示；Cyt c则单独与线粒体内膜外表面疏松结合，通过它的移动能够将复合体Ⅲ的电子传递给复合体Ⅳ。在呼吸链中，复合体Ⅲ中的Cyt b首先接受泛醌传递来的电子，并且通过Cyt b→Cyt c_1→Cyt c→Cyt aa_3的顺序依次传递。最后由复合体Ⅳ中的Cyt aa_3将电子直接传递给氧原子，因此Cyt aa_3也被称为Cyt c氧化酶（cytochrome c oxidase）。

NOTE

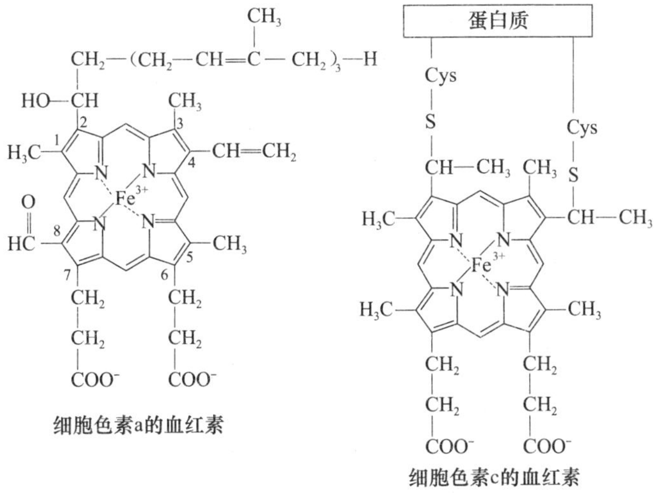

细胞色素a的血红素

细胞色素c的血红素

图6－4　细胞色素 a 和细胞色素 c 的血红素

上述五类成分构成了线粒体内的呼吸链，其中脂溶性泛醌在线粒体内膜中游离存在，Cyt c 疏松结合在线粒体内膜外侧，它们不属于 4 种复合体，而其他几种成分烟酰胺脱氢酶类、黄素蛋白类、铁硫蛋白、细胞色素等存在于 4 种复合体中。复合体Ⅰ、Ⅲ和Ⅳ完全镶嵌在线粒体内膜里，而复合体Ⅱ镶嵌在线粒体内膜的基质侧。由于泛醌能在内膜中自由扩散及 Cyt c 能在内膜外表面移动，从而使代谢物氧化分解脱下的氢和电子能够经 4 种复合体传递，最终交给氧生成水。呼吸链的主要成分及 4 种复合体在线粒体内膜中的分布如图 6－5 所示。

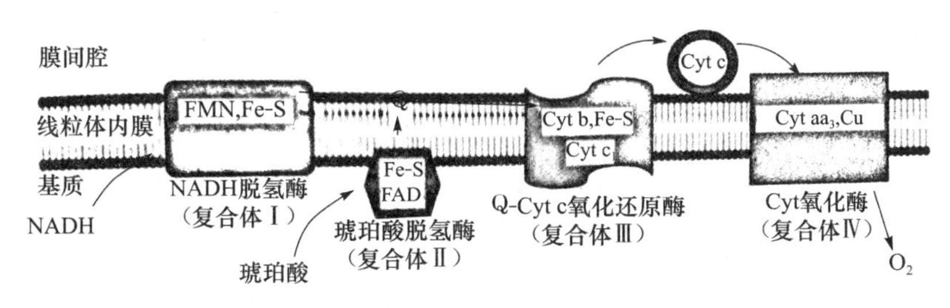

图6－5　呼吸链各组分和存在状态

（二）两条重要的呼吸链及其排列顺序

在呼吸链中，递氢体和递电子体是按照严格的顺序和方向排列的。这种排列顺序是通过下列实验确定的：①测定呼吸链各组分的标准氧化还原电位（$E^{0\prime}$）值，按照由低到高的顺序排列，从而确定呼吸链的排列顺序。②在底物存在时，加入不同的特异性呼吸链抑制剂阻断某一组分的电子传递，被阻断部位以前的组分处于还原状态，其后的组分处于氧化状态，根据各组分的氧化和还原状态的吸收光谱不同，测定吸收光谱的变化可确定呼吸链的排列顺序。③利用呼吸链各组分具有特征性吸收光谱的特点，以离体线粒体无氧时处于还原状态作对照，然后缓慢给氧，观察各组分被氧化的顺序，从而确定呼吸链的排列顺序。④在体外将呼吸链拆开和重组，确定 4 种复合体的组成和排列顺序。通过上述实验，目前确定体内主要存在两条呼吸链，分别是 NADH 氧化呼吸链和 $FADH_2$ 氧化呼吸链。

1. NADH 氧化呼吸链　生物氧化过程中，大多数脱氢酶属于以 NAD^+ 为辅酶的烟酰胺脱氢酶类，例如三羧酸循环中的异柠檬酸脱氢酶、苹果酸脱氢酶等，它们催化底物脱下的 2H 都是交给 NAD^+ 生成 $NADH + H^+$，然后进入 NADH 氧化呼吸链传递给氧生成水。因此 NADH 氧化呼吸链是体内分布最广泛的一条呼吸链。NADH 氧化呼吸链基本组分主要有 NAD^+、复合体Ⅰ（FMN、Fe－S）、Q、复合体Ⅲ（Cyt b、Cyt c_1、Fe－S）、Cyt c 和复合体Ⅳ（Cyt aa_3、Cu）等。通过这些组分依次传递氢和电子，最后交给氧原子形成 H_2O，同时释放能量生成 ATP。NADH 氧化呼吸链每传递 2H 约生成 2.5 分子 ATP。具体传递顺序见图 6－6。

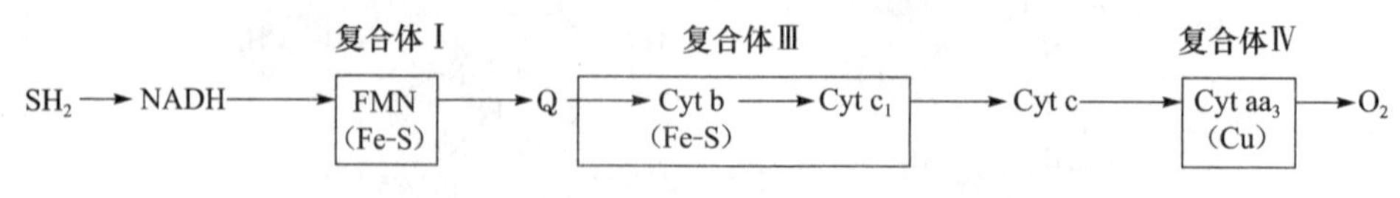

图 6－6　NADH 氧化呼吸链的排列顺序

2. FADH$_2$ 氧化呼吸链（或称琥珀酸氧化呼吸链）　三羧酸循环中琥珀酸脱氢酶、脂肪酸 β－氧化中的脂酰辅酶 A 脱氢酶属于黄素蛋白酶类，其辅基为 FAD。它们催化底物脱下的 2H 交给 FAD 生成 $FADH_2$，然后进入 $FADH_2$ 氧化呼吸链传递给氧生成水。$FADH_2$ 氧化呼吸链基本组分主要有复合体Ⅱ（FAD）、Q、复合体Ⅲ（Cyt b、Cyt c_1、Fe－S）、Cyt c 和复合体Ⅳ（Cyt aa_3、Cu）等。通过这些组分依次传递氢和电子，最后交给氧原子形成 H_2O，同时释放能量生成 ATP。$FADH_2$ 氧化呼吸链每传递 2H 约生成 1.5 分子 ATP。具体传递顺序见图 6－7。

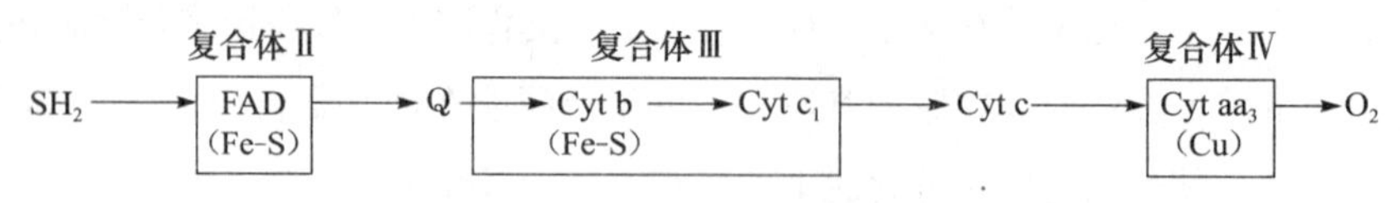

图 6－7　$FADH_2$ 氧化呼吸链的排列顺序

二、ATP 的生成

在生物体内，最重要的高能化合物是 ATP，为体内能量的直接供应者。三大营养物质氧化分解释放的能量能够使 ADP 磷酸化生成 ATP，ATP 利用后又可以分解为 ADP 和磷酸，同时释放能量供生命活动利用。通过 ATP 和 ADP 的相互转化，保证了机体能量代谢的供需平衡。体内 ATP 的生成方式包括底物水平磷酸化和氧化磷酸化两种，其中最主要的是氧化磷酸化。

（一）底物水平磷酸化

底物水平磷酸化（substrate level phosphorylation）是指在分解代谢过程中，底物在发生脱氢或脱水反应时，其分子内部的能量重新分布形成高能化合物，然后将高能化合物分子上的高能基团转移给 ADP 生成 ATP 的过程。糖酵解过程中有 2 步底物水平磷酸化反应，包括 1,3－二磷酸甘油酸生成 3－磷酸甘油酸和磷酸烯醇式丙酮酸转变为丙酮酸的反应，三羧酸循环中有 1 步底物水平磷酸化反应，为琥珀酰辅酶 A 转变为琥珀酸的反应（具体反应式见第七章）。

（二）氧化磷酸化

氧化磷酸化（oxidative phosphorylation）是指在生物氧化过程中，底物脱下的氢通过呼吸链传递给氧生成水，其间所释放的能量用于偶联 ADP 磷酸化生成 ATP 的过程。该过程把氧化释放能量的过程和 ADP 磷酸化生成 ATP 的过程偶联在一起，因此也称为氧化磷酸化偶联。体内 80% 以上的 ATP 是经氧化磷酸化偶联生成的，因此该过程是生物体内生成 ATP 的最主要方式。

1. 氧化磷酸化的偶联部位　通过在体外进行 P/O 比值的测定和自由能变化的实验，大致能够确定氧化和磷酸化偶联的部位，即呼吸链中 ATP 的生成部位。

P/O 比值是指在氧化磷酸化过程中，每消耗 1mol 氧原子时消耗无机磷的摩尔数，该数值

NOTE

即为传递2H生成的ATP摩尔数。P/O比值测定时，在体外模拟细胞内的反应，分离得到完整的线粒体，使之与不同的底物、ADP、无机磷、Mg^{2+}等进行孵育反应，然后测定消耗的氧原子和无机磷的量，计算P/O比值（表6－2）。

表6－2　P/O比值测定实验中加入不同底物的P/O比值

加入底物	呼吸链传递过程	P/O比值	生成ATP的数目
β－羟丁酸	NAD^+→FMN→Q→Cyt→$1/2O_2$	2.5	2.5
琥珀酸	FAD→Q→Cyt→$1/2O_2$	1.5	1.5
抗坏血酸	Cyt c→Cyt aa_3→$1/2O_2$	1	1
还原型Cyt c	Cyt aa_3→$1/2O_2$	1	1

通过P/O比值可以大致推测呼吸链中氧化磷酸化的偶联部位，β－羟丁酸脱下的氢传递给NAD^+，经过NADH呼吸链氧化，P/O比值为2.5，即生成2.5分子ATP；琥珀酸脱下的氢传递给FAD，经过$FADH_2$呼吸链氧化，P/O比值为1.5，即生成1.5分子ATP。由此推测在NAD^+→Q之间存在1个偶联部位。抗坏血酸将电子传递给Cyt c，P/O比值为1，还原型Cyt c将电子传递给Cyt aa_3，其P/O比值也为1，由此推测在Cyt aa_3→$1/2O_2$之间存在1个偶联部位。通过琥珀酸和还原型Cyt c氧化时的P/O比值比较，可以推测出在Q→Cyt c之间也存在1个偶联部位。

自由能的变化：通过测定自由能变化进一步证实了上述氧化磷酸化的偶联部位。NAD^+→Q、Q→Cyt c和Cyt aa_3→$1/2O_2$三个部位的自由能变化分别为52.1、40.5和112.3 kJ/mol，而每生成1mol ATP约需要消耗30.5kJ的能量，因此3个部位均能为ATP的生成提供足够的能量。

通过上述实验可以得出：NADH氧化呼吸链存在3个偶联部位，每传递1对氢原子生成2.5分子ATP；$FADH_2$呼吸链存在2个偶联部位，每传递1对氢原子生成1.5分子ATP。2条呼吸链中氧化磷酸化的偶联部位见图6－8。

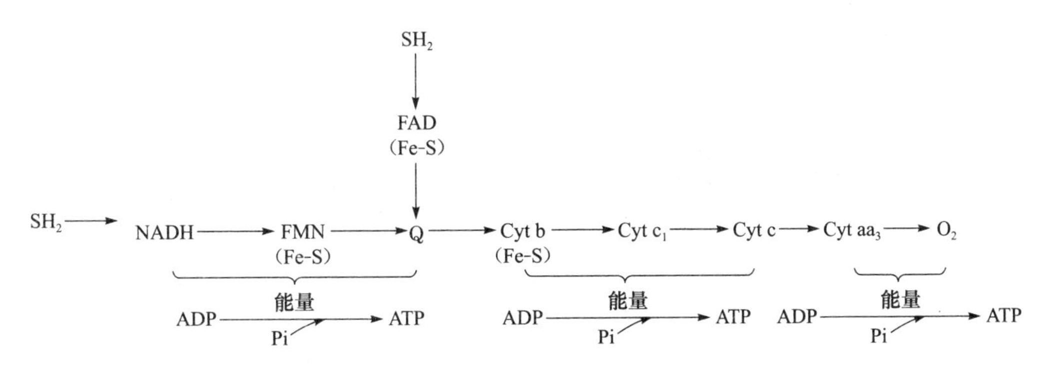

图6－8　呼吸链中氧化磷酸化偶联的部位

2. 氧化磷酸化偶联的机制　对于氧化磷酸化偶联作用的解释，目前普遍认同的是1961年英国科学者Mitchell P提出的化学渗透学说（chemiosmotic theory）。该理论解释了呼吸链电子传递释放的自由能和ADP磷酸化生成ATP的偶联过程机制。Mitchell P因此获得了1978年的诺贝尔化学奖。化学渗透学说认为，复合体Ⅰ、Ⅲ、Ⅳ都具有质子泵的作用，在呼吸链电子传递过程中，释放的自由能驱动了线粒体基质中的H^+跨过内膜进入胞质侧，形成了线粒体内膜内外H^+的电化学梯度，并以此储存能量。当H^+顺浓度梯度通过ATP合酶（ATP synthase）的F_0

（疏水部分）通道回流到线粒体基质时，驱动 ADP 与 Pi 结合生成 ATP。

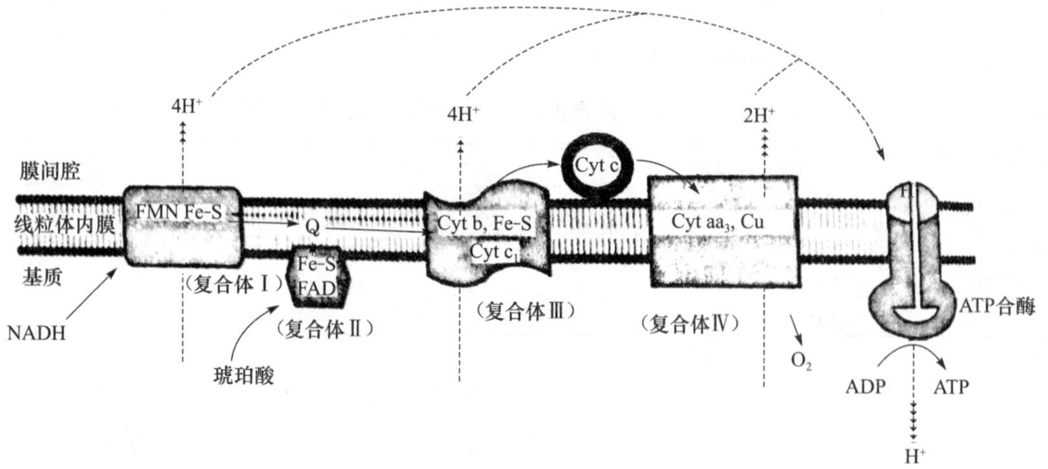

图 6－9　化学渗透机制示意图

3. 影响氧化磷酸化的因素

（1）呼吸链抑制剂　呼吸链抑制剂（respiratory chain inhibitor）能够在特定部位阻断呼吸链的电子传递，从而阻断氧化磷酸化进行。例如麻醉药异戊巴比妥（阿米妥）、杀虫剂鱼藤酮能够与复合体Ⅰ中的铁硫蛋白结合，从而阻断铁硫蛋白到泛醌的电子传递。抗霉素 A、二巯基丙醇能够抑制复合体Ⅲ中 Cyt b 到 Cyt c_1 的电子传递。氰化物（CN^-）和叠氮化物（N_3^-）可以与复合体Ⅳ中的氧化型 Cyt aa_3 紧密结合，一氧化碳和硫化氢可以与还原型 Cyt aa_3 结合，阻断电子传递给氧，引起呼吸链中断。因此在氰化物和一氧化碳中毒时，即使氧气供应充足，也不能被细胞利用，从而造成细胞呼吸停止，机体迅速死亡。

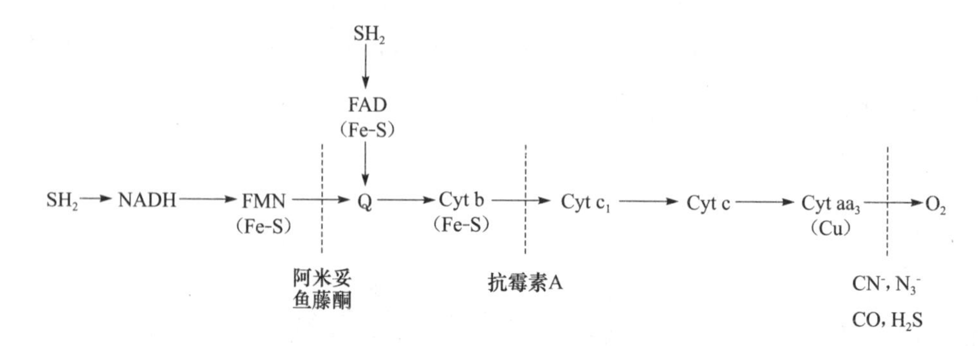

图 6－10　几种呼吸链抑制剂的作用部位

（2）解偶联剂　解偶联剂（uncoupler）是指能使氧化与磷酸化偶联过程解离的化合物。解偶联剂能增大线粒体内膜对 H^+ 的通透性，其发挥作用时并不影响呼吸链对电子的传递作用，氧化过程可以进行，但是跨过线粒体内膜进入胞质侧的 H^+ 不经过 ATP 合酶的 H^+ 通道回流，而是通过其他途径返流回线粒体基质，消除 H^+ 梯度，使氧化与磷酸化作用脱偶联，氧化释放的能量全部以热能形式散发，因而无 ATP 生成。如 2,4－二硝基苯酚（dinitrophenol，DNP）通过引起线粒体内膜上质子的渗漏，使线粒体内膜内外 H^+ 的电化学梯度消失，这时虽然呼吸链的电子传递照常进行，但 ADP 不能磷酸化生成 ATP。人类（尤其新生儿）及其他哺乳动物体内的棕色脂肪组织含有大量的线粒体，而在其线粒体内膜上存在一种解偶联剂，称为解偶联蛋白（uncoupling protein）。解偶联蛋白在生理学上有其特定的作用，如冬眠动物以及新生动物利

NOTE

用解偶联蛋白解除氧化和磷酸化的偶联作用，使氧化释放的能量主要以热能形式散发，因此棕色脂肪组织具有产热御寒的功能。如果新生儿体内缺乏棕色脂肪组织，不能维持正常体温，皮下脂肪凝固就会导致新生儿硬肿症（neonatal scleredema）。

（3）ADP浓度的调节　ADP浓度是正常机体内调节氧化磷酸化的最主要因素。当机体ATP利用增多，ADP浓度升高，其进入线粒体促使氧化磷酸化速度加快。反之，当ATP消耗减少时，氧化磷酸化速度减慢。通过ATP合成的调节，以符合机体生理需求。

（4）甲状腺激素　甲状腺激素能够诱导细胞膜上的 Na^+,K^+ – ATP酶的生成，从而促进ATP分解为ADP，ADP浓度升高后可促进氧化磷酸化的进行，加速体内营养物质的氧化分解，使细胞的耗氧量和产热量增加。另外甲状腺激素可以促进解偶联蛋白基因的表达，从而使更多的解偶联蛋白发挥解偶联作用，增加了产热与耗氧量。因此临床甲状腺功能亢进的患者常出现基础代谢率升高、怕热、易出汗等症状。

案例1分析讨论

该患者初步诊断为甲状腺功能亢进。

引起甲状腺功能亢进的病因包括弥漫性毒性甲状腺肿（Graves病）、炎性甲亢、药物致甲亢、HCG相关性甲亢和垂体TSH瘤甲亢等。临床上80%以上是Graves病。由于甲状腺功能亢进导致甲状腺激素分泌增加。甲状腺激素能够诱导 Na^+,K^+ – ATP酶的合成，从而促进ATP分解为ADP，ADP浓度升高加速体内营养物质氧化分解和氧化磷酸化，使细胞的耗氧量和产热量增加。患者往往呈现基础代谢率增加。由于患者体内氧化磷酸化加快，代谢亢进，故常有易饥、食量增加表现，虽然进食增多，但是因氧化分解反应增强，机体能量消耗增多，导致患者体重下降。甲状腺激素还能促进解偶联蛋白基因表达增加，使产热增多，故患者常表现为怕热出汗。此外，甲状腺激素增多刺激交感神经兴奋，出现心悸、心动过速、失眠、对周围事物敏感、情绪波动明显，甚至焦虑等临床表现。

（5）线粒体DNA的突变　线粒体拥有自己的基因组，线粒体DNA（mitochondrial DNA，mtDNA）含有编码呼吸链复合体中13个亚基的基因及线粒体中22个tRNA和2个rRNA的基因。mtDNA为裸露的环状双链结构，缺乏蛋白质的保护和损伤修复系统，容易受到氧化磷酸化过程中产生的氧自由基的攻击而发生突变。mtDNA的突变会影响呼吸链复合体的合成和功能，从而影响氧化磷酸化，使ATP生成减少而产生mtDNA病。mtDNA病易引起耗能较多的组织器官首先出现功能障碍，常见有失明、耳聋、痴呆、肌无力和糖尿病等，并且随着年龄增长，这种突变会加重。

三、ATP的利用

ATP位于机体能量代谢的中心，是最重要的高能化合物，也是能量的直接供应者。糖、脂和蛋白质三大营养物质氧化分解释放的能量能够使ADP磷酸化生成ATP；ATP又可以分解为ADP和磷酸，释放能量，以供生命活动所需，ATP的合成与利用构成了ATP循环（ATP cycle）。通过ATP循环实现了机体能量的生成和利用，保证了机体能量代谢的平衡；ATP还可以将其高能键转移给其他高能化合物储存起来，例如当机体处于安静状态时，ATP可以将能量转

移给肌酸生成磷酸肌酸（creatine phosphate），储存于肌肉和脑组织中，因而磷酸肌酸是能量的储存者；当机体消耗 ATP 增多时，磷酸肌酸又可以将能量转移给 ATP 供给机体利用。

$$
\begin{array}{c} NH_2 \\ | \\ HN{=}C \\ | \\ H_3C{-}N \\ | \\ CH_2 \\ | \\ COOH \\ \text{肌酸} \end{array}
+ ATP \xrightleftharpoons{\text{肌酸激酶}}
\begin{array}{c} NH{\sim}Ⓟ \\ | \\ HN{=}C \\ | \\ H_3C{-}N \\ | \\ CH_2 \\ | \\ COOH \\ \text{磷酸肌酸} \end{array}
+ ATP
$$

ATP 也可以将能量转移到 UDP、CDP 和 GDP 的分子上，为糖原、磷脂和蛋白质的合成提供 UTP、CTP 和 GTP。因此 ATP 是生物体内能量利用、转移和储存的中心（图 6－11）。

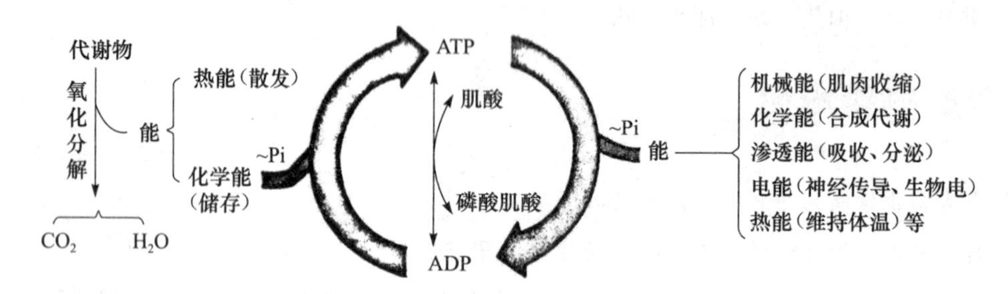

图 6－11　ATP 生成、储存和利用

第二节　细胞质中 NADH 的氧化

在线粒体内，代谢物脱氢生成的 $NADH + H^+$，可以直接进入 NADH 氧化呼吸链传递给氧生成水。但是在细胞质中，代谢物脱氢生成的 $NADH + H^+$ 不能自由透过线粒体内膜。如糖酵解中 3－磷酸甘油醛脱氢生成的 $NADH + H^+$，必须经过载体转运才能进入线粒体，经呼吸链氧化生成水，这种转运是通过穿梭机制实现的。具体包括两种穿梭机制：3－磷酸甘油穿梭（3－glycerophosphate shuttle）和苹果酸－天冬氨酸穿梭（malate－aspartate shuttle）。

一、3－磷酸甘油穿梭

在脑和骨骼肌等组织中，胞质中代谢物脱氢生成的 $NADH + H^+$ 是通过 3－磷酸甘油穿梭进入线粒体的。其转运过程是以 3－磷酸甘油为载体将 2H 转运进线粒体，由此而得名。

细胞质中代谢物脱氢生成的 $NADH + H^+$，在 3－磷酸甘油脱氢酶（以 NAD^+ 为辅酶）的催化下，将 $NADH + H^+$ 的氢原子加到磷酸二羟丙酮分子上，使其还原为 3－磷酸甘油，后者可通过线粒体内膜，经线粒体内膜上的 3－磷酸甘油脱氢酶（以 FAD 为辅基）催化重新脱氢生成磷酸二羟丙酮，并将氢原子传递给线粒体内的 FAD，进入 $FADH_2$ 呼吸链氧化生成水，同时生成 1.5 分子 ATP（图 6－12）。

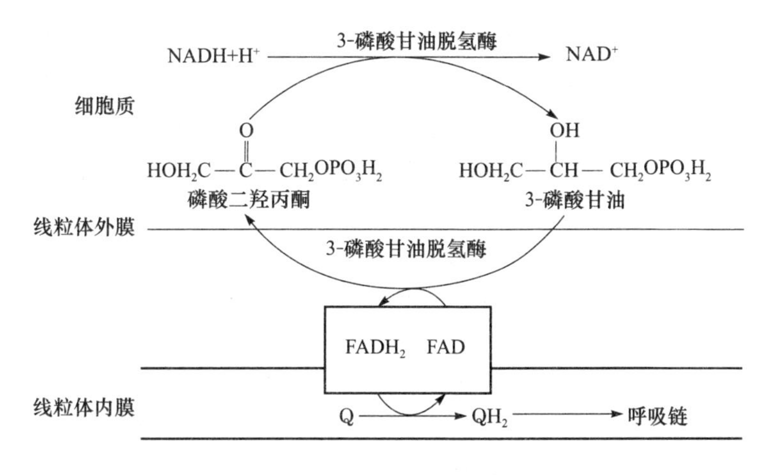

图 6－12　3－磷酸甘油穿梭

二、苹果酸－天冬氨酸穿梭

在肝和心肌等组织中，细胞质中代谢物脱氢生成的 NADH + H^+是通过苹果酸－天冬氨酸穿梭转运进入线粒体的。

细胞质中代谢物脱氢生成的 NADH + H^+，在苹果酸脱氢酶催化下，将 NADH + H^+的氢原子加到草酰乙酸分子上，使其还原为苹果酸，后者借助线粒体内膜上的羧酸转运蛋白进入线粒体，并在线粒体内苹果酸脱氢酶的催化下脱氢生成草酰乙酸，把氢原子传递给线粒体内的 NAD^+，进入 NADH 氧化呼吸链氧化生成水，同时生成 2.5 分子 ATP。草酰乙酸经相应转氨酶催化生成天冬氨酸，后者再经酸性氨基酸转运蛋白转运出线粒体，在细胞质中再转变成草酰乙酸（图 6－13）。

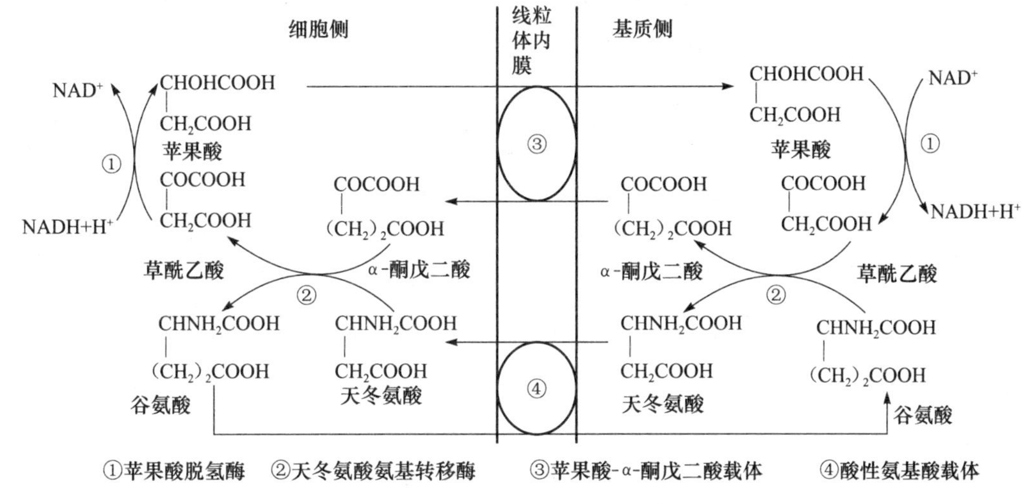

图 6－13　苹果酸－天冬氨酸穿梭

第三节　非线粒体氧化体系

在线粒体之外，细胞的微粒体和过氧化物酶体中存在一些不同于线粒体呼吸链的氧化酶类，也能够发生生物氧化反应，构成了特殊的非线粒体氧化体系。包括肝细胞微粒体中的加单氧酶

(monooxygenase) 或称羟化酶 (hydroxylase), 过氧化物酶体中的过氧化物酶 (peroxidase)、过氧化氢酶 (catalase)、谷胱甘肽过氧化物酶 (glutathione peroxidase) 及细胞质中的超氧化物歧化酶 (superoxide dismutase, SOD) 等。其特点是在氧化的过程中不伴随 ADP 磷酸化生成 ATP, 而是主要参与氧自由基的清除和过氧化氢、类固醇、儿茶酚胺类、药物和毒物的生物转化过程。

一、微粒体氧化体系

微粒体中有一类特殊的氧化酶，它所催化的反应是在底物分子中加入 1 个氧原子，因此称为加单氧酶或羟化酶。该酶主要由细胞色素 P450 (cytochrome P450, CytP450) 和一种称为 P450 还原酶的黄素酶两部分组成。在反应过程中，黄素蛋白利用辅助因子 NADPH 还原 CytP450，而 CytP450 具有类似 Cyt a_3 的作用，能激活 O_2，促使 1 个氧原子进入底物而完成羟化过程；同时另 1 个氧原子被还原，并与介质中的 H^+ 结合成水。反应中加单氧酶使 O_2 同时起了两种作用，故又称此酶为混合功能氧化酶 (mixed - function oxidase)。

多种毒性物质和大约 60% 常用药物是通过微粒体氧化酶的羟化作用，增加水溶性而利于其排泄。除了对药物和毒物进行代谢外，微粒体氧化酶与体内生理活性物质的产生和灭活也有密切关系。如肾上腺皮质激素和性激素的合成，维生素 D_3 的活化，胆汁酸、儿茶酚胺类物质的生成也都需要加单氧酶。

人 CytP450 有几百种同工酶，组成 CytP450 超家族。不同类型的 CytP450 具有种属、组织、器官的分布差异，并且各有其较固定的代谢底物，如 $CytP450_{A1}$ 的底物主要是多环芳烃、黄曲霉毒素，$CytP450_{B1}$ 的底物主要是雌激素，$CytP450_{E1}$ 的底物主要是乙醇和亚硝基，体内 80% 的尼古丁经 $CytP450_{A6}$ 进行代谢，$CytP450_{A4}$ 的底物则有 150 多种，包括红霉素、环孢素、辛伐他汀、睾酮等。

近年，有关 CytP450 基因多态性的研究备受重视。CytP450 基因多态性致使个体间 CytP450 活性有很大差别，同一物质在不同人体代谢会产生不同产物，由此导致生理活性物质代谢异常及疾病，有时也会出现因药物和毒物的代谢物不同而表现为个体对药物或毒物的敏感性不同。因此，深入研究 CytP450 基因多态性及其所催化的氧化反应的关系，对于实现临床个体化用药，降低药物不良反应，避免接触敏感性有毒物质具有重要意义。

二、过氧化物酶体氧化体系

过氧化物酶体也称微体 (microbody)，因其标志酶是过氧化氢酶而得名。过氧化氢酶的作用主要是将过氧化氢 (Hydrogen Peroxide, H_2O_2) 水解。催化以下两种反应：

$$H_2O_2 + RH_2 \longrightarrow R + 2H_2O \quad ①$$

$$2H_2O_2 \longrightarrow 2H_2O + O_2 \quad ②$$

反应①中，RH_2 代表多种物质，其中很多为有毒物质，如酚、甲酸、甲醛和乙醇等，所以该反应对清除体内毒性物质有重要意义。当细胞内产生的 H_2O_2 较多时，过氧化氢酶可以通过反应②清除过多的 H_2O_2，使细胞免受氧化损伤。

过氧化物酶体内还含有多种其他酶，大部分与脂类物质代谢相关，特别是对脂肪酸的氧化尤为重要，例如脂酰 CoA 氧化酶、双功能酶和硫解酶，其过程类似线粒体内的β-氧化，但是有以下区别：脂酰 CoA 在脂酰 CoA 氧化酶催化下脱氢生成 H_2O_2，然后过氧化氢酶将 H_2O_2 分解；同时生成的 NADH 以及乙酰 CoA 转移出过氧化物酶体，进入线粒体进一步氧化，所以过

氧化物酶体中不能生成 ATP。中/长链脂肪酸主要在线粒体氧化，而极长链脂肪酸（very long - chain fatty acids，VLCFA）和支链脂肪酸主要在过氧化物酶体氧化。过氧化物酶体催化β - 氧化的酶活力下降或酶缺陷会造成 VLCFA 积累而引起神经系统的疾病，如 X 连锁肾上腺脑白质营养不良症（X - linked adrenoleukodystrophy，X - ALD）、肾上腺髓质神经病（adrenomyeloneuropathy，AMN）、Zellweger 综合征、假肾上腺脑白质营养不良症、假 Zellweger 综合征等。这类疾病的表现相差无几，只是所缺陷酶种类和原因不同。

过氧化物酶体增殖物是可以促进过氧化物酶体增殖的物质。一些天然或内源性代谢物质，如白三烯、亚油酸、亚麻酸、前列腺素衍生物，以及贝特类和噻唑烷二酮类药物都属于过氧化物酶体增殖物，这些物质作为配体与相应受体——过氧化物酶体增殖物激活受体（peroxisome proliferator - activated receptor，PPAR）结合而发挥促过氧化物酶体增殖的作用。PPAR 是一类核转录因子，与配体结合激活后与其他的转录因子相互作用，在转录水平上调节多种基因的表达，从而参与多种生理过程的调节，包括脂代谢、糖代谢、细胞分化和细胞周期、炎症反应等，同时也与许多病理过程有关，如糖尿病、肥胖、心血管疾病和肿瘤等。

小结

生物氧化是指糖、脂和蛋白质三大营养物质在体内氧化分解为二氧化碳和水，并逐步释放能量的过程。其中一部分能量使 ADP 磷酸化生成 ATP，供生命活动所用；另一部分能量主要以热能散发，用于维持体温。

真核细胞生物氧化主要在线粒体内进行。呼吸链是指存在于线粒体内膜，按一定顺序排列的递氢体和递电子体构成的链状氧化还原体系。呼吸链中的递氢体与递电子体主要以四大复合体形式存在于线粒体内膜，这些组分可分为五大类：烟酰胺脱氢酶类及其辅酶（NAD^+）、黄素蛋白及其辅基（FAD 和 FMN）、铁硫蛋白类、泛醌、细胞色素。其中脂溶性泛醌在线粒体内膜中游离存在，细胞色素 c 疏松结合在线粒体内膜外侧，它们不属于 4 种复合体，而其他几种成分存在于 4 种复合体中。复合体Ⅰ、Ⅲ和Ⅳ完全镶嵌在线粒体内膜中，而复合体Ⅱ镶嵌在线粒体内膜的基质侧。

体内主要存在两条呼吸链：NADH 氧化呼吸链和 $FADH_2$ 氧化呼吸链。NADH 氧化呼吸链是体内分布最广泛的一条呼吸链。NADH 氧化呼吸链基本组分主要有 NAD^+、复合体Ⅰ（FMN、Fe - S）、Q、复合体Ⅲ（Cyt b、Cyt c_1、Fe - S）、Cyt c 和复合体Ⅳ（Cyt aa_3、Cu）等。$FADH_2$ 氧化呼吸链基本组分主要有复合体Ⅱ（FAD、Fe - S）、Q、复合体Ⅲ（Cyt b、Cyt c_1、Fe - S）、Cyt c 和复合体Ⅳ（Cyt aa_3、Cu）等。通过这些组分依次传递氢和电子，最后交给氧生成 H_2O，同时释放能量生成 ATP。NADH 氧化呼吸链每传递 2H 约生成 2.5 分子 ATP；$FADH_2$ 氧化呼吸链每传递 2H 约生成 1.5 分子 ATP。

ATP 位于机体能量代谢的中心。体内 ATP 的生成方式包括底物水平磷酸化和氧化磷酸化两种，其中氧化磷酸化是最主要的方式，且磷酸肌酸是高能键能量的储存形式。

在细胞质中，代谢物脱氢生成的 NADH 不能自由透过线粒体内膜，须经过载体转运才能进入线粒体再经呼吸链氧化生成水。这种转运是通过两种穿梭机制：3 - 磷酸甘油穿梭和苹果酸 - 天冬氨酸穿梭实现的。

在线粒体之外，细胞的微粒体和过氧化物酶体中存在一些不同于线粒体内的氧化酶类，也能够发生生物氧化反应，构成了特殊的非线粒体氧化体系。其特点是在氧化的过程中不伴随ADP磷酸化生成ATP，而是主要参与氧自由基的清除和过氧化氢、类固醇、儿茶酚胺类化合物、药物和毒物的生物转化过程。

活性氧和超氧化物歧化酶、过氧化物酶

H_2O_2、超氧阴离子、羟自由基等具有极强的氧化性，被称为活性氧（reactive oxygen species）。活性氧对机体有双重作用：一方面，在吞噬细胞中，活性氧作为机体的第一道防线杀死入侵细菌；在甲状腺细胞中，H_2O_2 参与酪氨酸碘化反应，促进生成甲状腺激素。近年研究发现，生理浓度的活性氧可作为信号分子参与信号转导过程，调节细胞生长、增殖、凋亡、分化等多种生理过程。另一方面，由于活性氧具有极强的氧化能力，过量的活性氧具有细胞毒作用。活性氧可氧化生物膜中的不饱和脂肪酸，使其形成过氧化脂质并造成生物膜损伤，还会引起蛋白质变性交联、酶与激素失活、免疫功能下降、核酸结构破坏等。

1. 活性氧的来源

（1）呼吸链传递电子过程中电子“泄漏”生成 $^{\bullet}O_2^-$。

（2）微粒体中的加单氧酶生成 $^{\bullet}O_2^-$。

（3）NADPH/NADH 氧化酶生成 $^{\bullet}O_2^-$。NADPH/NADH 氧化酶由多个亚基组成，一般条件下它们广泛分布于吞噬细胞以外的各组织细胞的胞质中，无催化活性；当细胞受到一定刺激后，两类组分在膜上组装成有活性的氧化酶，催化产生的活性氧可作为信号分子调节细胞多种功能。

（4）通过需氧脱氢酶和超氧化物歧化酶（superoxide dismutase，SOD）生成 H_2O_2 的反应。

2. 活性氧的清除 清除活性氧主要由过氧化氢酶、过氧化物酶和 SOD 完成。过氧化氢酶主要存在于过氧化物酶体，过氧化物酶和 SOD 则存在于细胞质和多种细胞器内。

过氧化氢酶可以直接清除过多的 H_2O_2，使细胞免受氧化损伤（见本章）。

过氧化物酶不能直接清除 H_2O_2，但是能催化 H_2O_2 与一些物质反应而转变为 H_2O，从而消除 H_2O_2。体内最重要的过氧化物酶是谷胱甘肽过氧化物酶（glutathione peroxidase，GPx）。GPx 以谷胱甘肽（glutathion，GSH）为还原剂，不仅能将 H_2O_2 转变为 H_2O，还能与脂质过氧化物（ROOH）反应，使其转变为羟基化合物：

$$H_2O_2 + 2GSH \longrightarrow 2H_2O + GSSG$$

$$ROOH + 2GSH \longrightarrow ROH + H_2O + GSSG$$

SOD 可催化 1 分子 $^{\bullet}O_2^-$ 氧化生成 O_2，另一分子 $^{\bullet}O_2^-$ 还原生成 H_2O_2。生成的 H_2O_2 可被过氧化氢酶或过氧化物酶进一步代谢。SOD 主要有 Mn－SOD 和 Cu、Zn－SOD。

细胞内不断有活性氧生成，在过氧化氢酶、过氧化物酶和 SOD 共同作用下，活性氧可被及时消除，从而避免活性氧蓄积而损伤组织细胞。一旦活性氧的生成和消除失去平衡，活性氧浓度增加，就会引发多种疾病，包括心血管疾病、糖尿病、肿瘤、肌萎缩性侧索硬化症以及各种老年病等。

NOTE

第七章 糖 代 谢

【案例1】

患者，女，2.5岁，因“面色苍白伴血尿2天”入院。患者2天前有进食十余枚新鲜蚕豆，次日出现恶心、呕吐，排酱油色尿。据家长反映，患者的姐姐也发生过类似情况。

体格检查：体温38.5℃，脉搏150次/分，血压82/61mmHg，呼吸急促，40次/分，神清，萎靡，面色苍白，皮肤及巩膜黄染，体型较同龄人瘦小，余未见异常。

实验室检查：红细胞1.95×10^{12}/L，血红蛋白53g/L，血清总胆红素85μmol/L，结合胆红素13.7μmol/L，未结合胆红素71.8μmol/L，尿呈酱油色，尿蛋白（++），潜血（+），尿胆红素（-），尿胆素原（++），尿液镜下未见红细胞。

问题讨论

1. 该病初步诊断是什么？还需进行何种检测可确诊？
2. 该病的发病机制如何？

【案例2】

患者，男，40岁，农民，因“多食、多饮、消瘦2个月”就诊。患者2个月前无明显诱因出现食量逐渐增加，米饭由原来每天450g增加到550g，最多达800g，体重却逐渐下降，2个月内体重减轻了3kg，伴口渴，喜饮，尿量增多。既往体健，无药物过敏史。

体格检查：体温36℃，脉搏80次/分，血压120/80mmHg，呼吸18次/分。皮肤无黄染，淋巴结无肿大。甲状腺（-），心肺（-），腹平软，肝脾未触及。双下肢无水肿，腱反射正常。

实验室检查：尿糖（+），尿蛋白（-），空腹血糖8.2mmol/L。

问题讨论

1. 初步考虑该患者患何种疾病？其诊断依据是什么？
2. 该患者还可进行哪些检查以确诊疾病？

糖（saccharide）是自然界中分布最广泛、含量最丰富的一类有机化合物。淀粉（starch）是人类食物中主要被利用的糖。在消化道内，淀粉被分解成单糖——葡萄糖（glucose），通过主动吸收的方式进入血液。糖是人体的主要供能物质，可以被氧化产能，驱动各种代谢过程。葡萄糖在糖代谢中居主要地位，其多聚体——糖原（glycogen）是机体内糖的主要储存形式。本章主要讨论糖在体内的分解代谢、糖异生作用、糖原代谢、血糖及糖代谢调节等问题，并介绍糖代谢异常的相关疾病。

NOTE

第一节 糖的化学

一、概述

糖是一类多羟基醛或多羟基酮以及它们的衍生物或多聚物。根据所含有的单体数目，糖可分为单糖、寡糖和多糖。所有的糖都含有 C、H、O 三种元素，且多数糖分子内的 H 和 O 元素的原子个数比为 2∶1，类似于水，故又称碳水化合物（carbohydrate）。

1. 单糖（monosaccharide） 是指只含有一个多羟基醛或多羟基酮单位，不能再被水解为更小分子的糖。自然界中最丰富的单糖是戊糖和己糖，其中与生命活动密切相关的有葡萄糖、果糖、核糖和脱氧核糖等。

2. 寡糖（oligosaccharide） 又称低聚糖，是由 2～10 个糖基通过糖苷键结合而形成的短链聚合物。大多数寡糖是由两个单糖残基组成的二糖（disaccharide），如乳糖（lactose）、蔗糖（sucrose）和麦芽糖（maltose）。

3. 多糖（polysaccharide） 是指由 10 个以上特定单糖分子脱水缩合而成的长链聚合物。大多数多糖可以根据它们的生物学功能分为结构多糖和贮存多糖。

糖与脂类、蛋白质形成的糖脂、糖蛋白、蛋白聚糖称为复合糖（glycoconjugate）或糖复合物。复合糖属于生物大分子。

二、单糖

单糖是最简单的糖类分子，可按分子内所含碳原子的数目分为丙糖、丁糖、戊糖、己糖等。根据所含羰基的差异，单糖又可分为醛糖和酮糖两类。常见的单糖多为含五个或六个碳的醛糖或酮糖，如葡萄糖、半乳糖、果糖、核糖、脱氧核糖等，它们在溶液中以开链结构与环状结构并存。

（一）单糖的化学结构

1. 开链结构 单糖的开链结构可以用 Fischer 投影式表示，规则是：碳链垂直，醛基碳原子写在最上面，为 C_1，其他依次排列。葡萄糖的 C_2、C_3、C_4、C_5 均以共价键连接了四个不同的原子或基团，在空间呈不对称排布，称为手性碳原子（chiral carbon atom）。含有手性碳原子的不对称分子既有旋光性（optical rotation），又有不同的构型（configuration）。能够使偏振光的偏振面发生旋转的性质，即旋光性，常用（+）表示右旋，即偏振面顺时针旋转；用（-）表示左旋，即偏振面逆时针旋转。构型是指手性碳原子的四个取代基在空间排列方式的不同而使分子呈现出不同的立体结构。单糖的构型可以用甘油醛为参照物，用 D/L 标记构型，即分子结构中离醛基或羰基最远的手性碳原子的构型，若与 L-甘油醛一致定为 L-构型糖，与 D-甘油醛一致定为 D-构型糖。在葡萄糖分子中，C_5 为距离醛基最远的手性碳原子，该原子构型与 D-甘油醛相同，所以葡萄糖为 D-构型糖。D-构型是生物体内单糖常见的构型。

NOTE

^{1}CHO
HO—^{2}C—H
$^{3}CH_2OH$

L－甘油醛

^{1}CHO
H—^{2}C—OH
$^{3}CH_2OH$

D－甘油醛

^{1}CHO
H—^{2}C—OH
HO—^{3}C—H
H—^{4}C—OH
H—^{5}C—OH
$^{6}CH_2OH$

D－葡萄糖

^{1}CHO
H—^{2}C—OH
HO—^{3}C—H
HO—^{4}C—H
H—^{5}C—OH
$^{6}CH_2OH$

D－半乳糖

$^{1}CH_2OH$
^{2}C=O
HO—^{3}C—H
H—^{4}C—OH
H—^{5}C—OH
$^{6}CH_2OH$

D－果糖

2. 环状结构 单糖分子中，含有 5 个或更多碳原子的醛糖和含有 6 个或更多碳原子的酮糖，它们的羰基在溶液中可与分子内一个羟基反应形成环状半缩醛结构。如葡萄糖 C_5 羟基可接近 C_1 上的醛基，发生分子内羟醛缩合反应，形成环状半缩醛结构。葡萄糖环状结构的形成使 C_1 变成了手性碳原子，形成了两种新的旋光异构体，分别命名为α－D－葡萄糖和 β－D－葡萄糖。这两种异构体在溶液中可相互转变，由于两者比旋光度不同，所以刚溶于水时会出现变旋光现象（mutarotation），最终形成一个平衡体系。单糖主要以环状结构存在，其他单糖分子形成的环状结构与葡萄糖的环状结构类似。

D-葡糖糖开链结构

α-D-葡糖糖环状结构

β-D-葡糖糖环状结构

单糖的环状结构常用 Haworth 透视式表示。在书写 Haworth 透视式时，糖环横写并省略构成环的碳原子，用粗线表示朝向前面的三个键，环的上面书写开链式中碳链左边的原子或基团，环的下面书写右边的原子或基团。环式葡萄糖、半乳糖的骨架类似于吡喃，称吡喃糖（pyranose）；核糖、脱氧核糖的骨架类似于呋喃，称呋喃糖（furanose）。果糖既有呋喃糖结构又有吡喃糖结构。

单糖环状结构实际上不是一个平面，存在构象变化。构象（conformation）是指通过单键的旋转或扭曲，使分子内的原子或基团在空间产生不同的排列分布形式。如每个吡喃糖都存在 2 种不同的椅式构象和 6 种船式构象，其中椅式构象可减小环内原子的立体排斥，所以比船式构象更稳定。

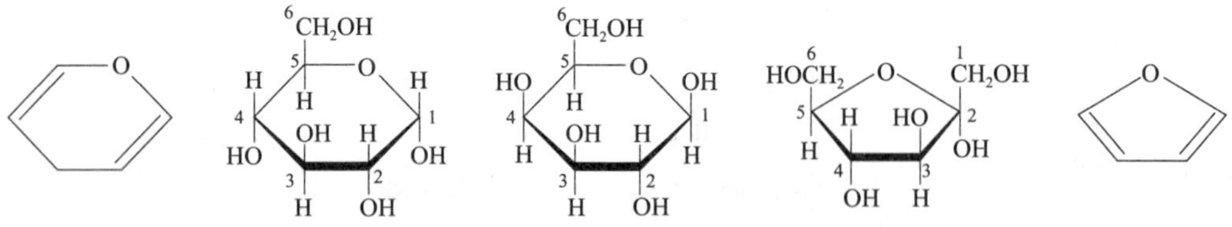

吡喃　α-D-吡喃葡萄糖　β-D-吡喃半乳糖　α-D-呋喃果糖　呋喃

（二）单糖的性质

1. 成苷反应　单糖环状结构中的半缩醛羟基较活泼，可与其他分子的羟基（或活泼氢原子）脱水缩合形成糖苷（glycoside）。如β-D-葡萄糖和甲醇缩合，生成β-D-甲基葡萄糖苷。食物中的二糖如蔗糖、乳糖等也都是糖苷。糖苷分子可分为糖基部分（糖苷基）和非糖部分（糖苷配基），二者由糖苷键（glycosidic bond）连接。生物体内有两种糖苷键，其中半缩醛羟基与羟基脱水形成的糖苷键称O-糖苷键；与和氮相连的氢（如$-NH_2$）脱水形成的糖苷键称N-糖苷键。糖苷键是单糖聚合成寡糖和多糖的化学键，也是生物体合成糖脂、糖蛋白、蛋白聚糖、核苷等多种活性生物分子的化学键。糖苷广泛分布于自然界中，许多糖苷是一些中草药有效成分，如苦杏仁苷有止咳平喘作用，黄芩苷有降压、解热、利尿、抑菌作用等。

2. 氧化反应　单糖的伯醇基被氧化可形成糖醛酸，如葡萄糖醛酸（简称葡糖醛酸）等，葡糖醛酸在肝内参与生物转化，起解毒作用（见第十九章）。

3. 还原反应　单糖可以被还原为相应的糖醇，如葡萄糖还原生成葡萄糖醇（即山梨醇），临床上利用山梨醇治疗脑水肿、青光眼。糖尿病患者晶状体内山梨醇积聚过多易引起白内障。

4. 其他　单糖分子C_2的—OH若被—NH_2取代则形成糖胺，又称氨基糖，自然界中存在的糖胺都是己糖胺。己糖胺的氨基可乙酰化，生成N-乙酰己糖胺，亦称N-乙酰氨基己糖，如N-乙酰氨基葡萄糖等。这些单糖衍生物也是形成糖类生物大分子的构件分子。

三、寡糖

寡糖又称为低聚糖，由2～10个单糖分子通过糖苷键连接而成，以二糖最为普遍。二糖可由两个相同的单糖组成，也可由不同的单糖组成，最常见的二糖有蔗糖、乳糖、麦芽糖和纤维二糖。二糖的物理性质类似于单糖，如易溶于水，形成结晶，有甜味，有旋光性等。通常根据是否具有还原性可将二糖分为非还原糖（蔗糖、海藻糖）和还原糖（麦芽糖、乳糖、纤维二糖）。

（一）蔗糖

蔗糖是自然界分布最广的二糖，易溶于水，为无色晶体，甜味仅次于果糖。它是由α-D-吡喃葡萄糖和β-D-呋喃果糖通过α-1,2-糖苷键连接而成，在溶液中不能开环形成醛基，属于非还原糖。

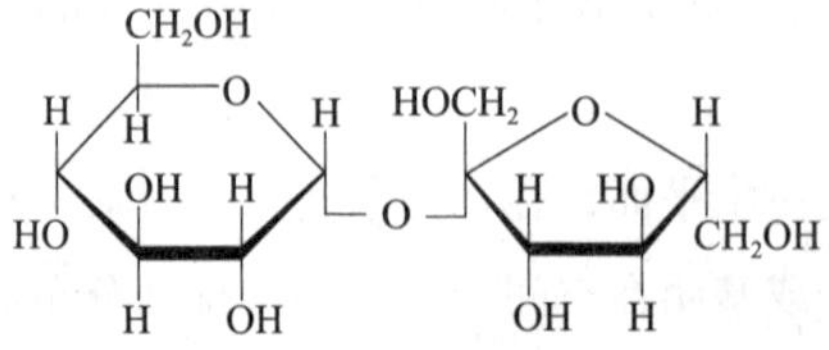

蔗糖的结构

（二）麦芽糖

麦芽糖是淀粉水解时产生的一种二糖，大量存在于发酵的谷粒。麦芽糖是由 α－1，4－糖苷键连接两个 D－吡喃葡萄糖形成，含有一个游离的半缩醛羟基，可在溶液中开环形成醛基，所以麦芽糖是还原糖。

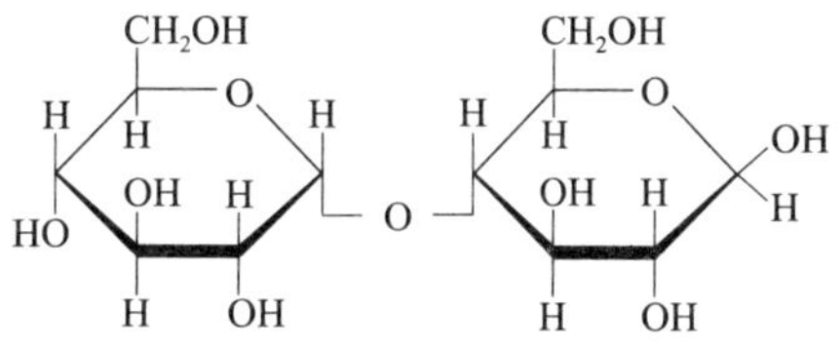

麦芽糖的结构

（三）乳糖

乳糖存在于哺乳动物乳汁中，是由 β－1,4－糖苷键连接 β－D－半乳糖和 D－葡萄糖形成。乳糖味微甜，含有一个游离的半缩醛羟基，具有还原性。

四、多糖

多糖也称聚糖，是由 10 个以上单糖通过糖苷键连接而成的有机化合物。多糖在自然界中分布广泛，具有众多生物学功能。多糖可根据组成成分，分为同多糖与杂多糖两大类。

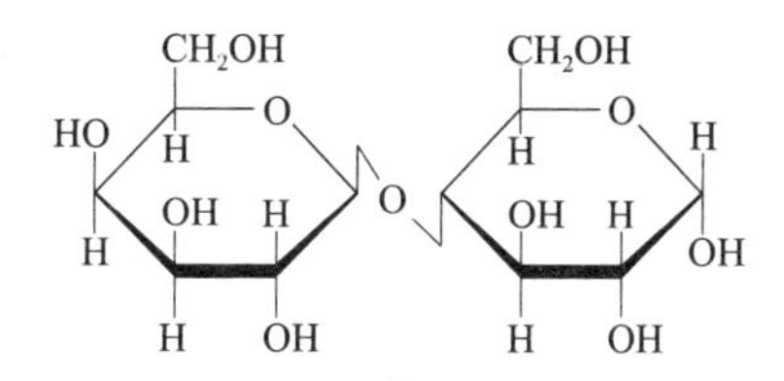

乳糖的结构

（一）同多糖

凡由一种单糖组成的多糖称同多糖（homopolysaccharide），主要有淀粉、糖原、纤维素等，它们大多为贮存多糖或结构多糖。

1. 淀粉（starch） 是植物光合作用的主要产物，广泛分布于植物界，主要存在于植物种子与根茎中，包括直链淀粉（amylose）与支链淀粉（amylopectin）。两种淀粉的结构和性质有所不同，直链淀粉没有分支，由 D－葡萄糖通过 α－1,4－糖苷键连接而成；而支链淀粉每隔 24～30 个葡萄糖残基就有一个分支，由 D－葡萄糖通过 α－1,4－和 α－1,6－（分支处）糖苷键连接形成。直链淀粉的空间结构呈螺旋状，每一圈螺旋含有 6 个葡萄糖残基。直链淀粉有两个末端，一端为半缩醛羟基，称为还原端；另一端无半缩醛羟基，称为非还原端。支链淀粉具有多个末端，仅一端为还原端，其余为非还原端。

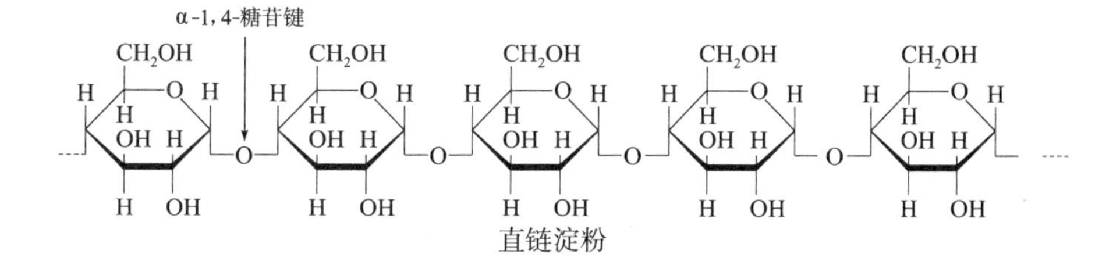

直链淀粉

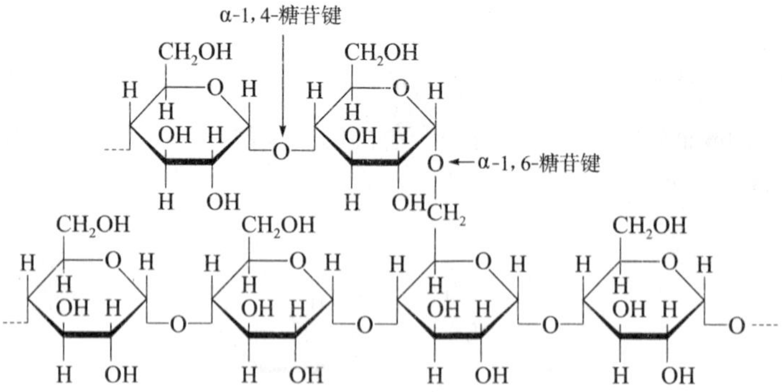

支链淀粉

2. 糖原（glycogen） 是动物体内的葡萄糖贮存形式，又称动物淀粉。主要贮存于肝和肌肉中，可分为肝糖原和肌糖原。它的结构与支链淀粉相似，也是由D-葡萄糖构成的多分支同多糖，但分支出现的频率更高，分支链更短，平均每隔8~12个葡萄糖残基就会产生一个分支。

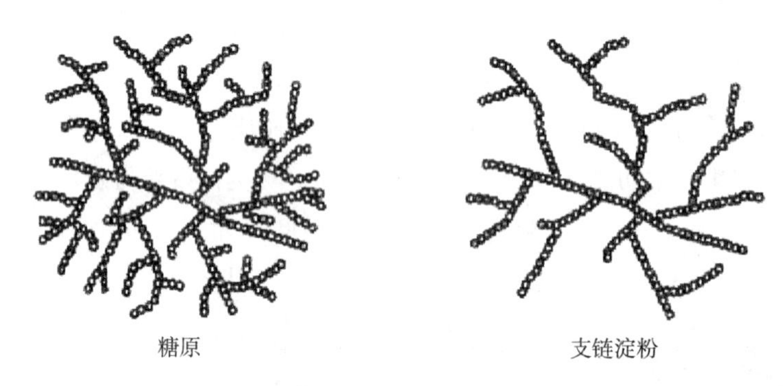

糖原　　　　支链淀粉

3. 纤维素（cellulose） 是通过β-1,4-糖苷键连接D-葡萄糖形成的直链同多糖，是植物细胞壁的主要组成成分。人类消化道不能分泌纤维素酶，无法消化纤维素；但食物中少量膳食纤维能促进肠蠕动，有防止便秘、清除有害物质等作用。纤维素还能抑制胆固醇吸收，可能具有降低血压，预防糖尿病、动脉粥样硬化与冠心病发生的作用。

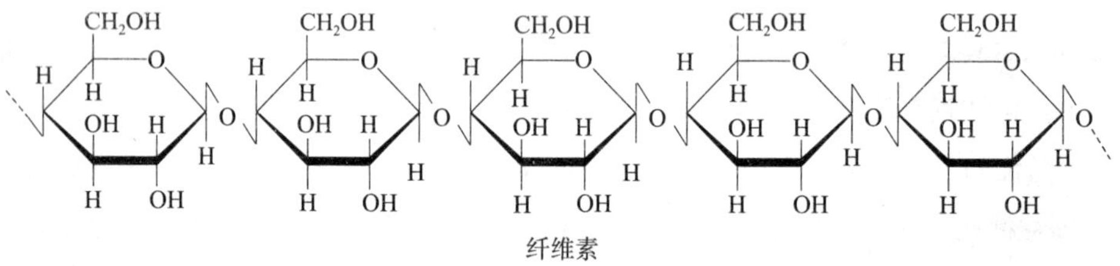

纤维素

4. 右旋糖酐（dextran） 又称葡聚糖，是酵母和细菌的贮存多糖，由葡萄糖通过α-1,6-糖苷键连接而成，用部分水解的方法可以从葡聚糖中获取中分子量右旋糖酐（分子量为75kDa左右）。它能溶于水，在临床上可作为血浆代用品，用于扩充血容量。低分子量葡聚糖（分子量为20~40kDa）主要用于降低血黏度以防止血栓形成，改善微循环。

（二）杂多糖

由多种单糖和单糖衍生物组成的多糖称杂多糖（heteropolysaccharide）。存在于结缔组织中的糖胺聚糖（glycosaminoglycan）是最主要的杂多糖。

糖胺聚糖又称氨基多糖，是不分支长链聚合物，由己糖醛酸与N-乙酰氨基己糖构成的二糖单位重复聚合而成。因糖胺聚糖溶液具有较大黏性，故又称黏多糖。糖胺聚糖包括透明质酸、硫酸软骨素、硫酸角质素、肝素等，是复合糖蛋白聚糖的主要组成成分。

1. 透明质酸（hyaluronic acid，HA）　是分布最广的糖胺聚糖，由250～25000个D－葡糖醛酸与N－乙酰氨基葡萄糖构成的二糖单位组成，通过β－1,3－糖苷键和β－1,4－糖苷键交替连接。透明质酸是组成结缔组织、关节液、眼球玻璃体的重要糖胺聚糖，它与水形成黏稠凝胶，起润滑和保护的作用。

2. 硫酸软骨素（chondroitin sulfate，CS）　是骨骼和软骨的重要成分，广泛存在于结缔组织中。根据单糖硫酸化以及硫酸化的位置不同，硫酸软骨素可以分成A、B和C三种。其中硫酸软骨素A由葡糖醛酸和N－乙酰氨基半乳糖－4－硫酸通过β－1,3－糖苷键组成二糖单位，二糖单位之间以β－1,4－糖苷键连接而成。动脉粥样硬化病变会引起硫酸软骨素A含量下降。

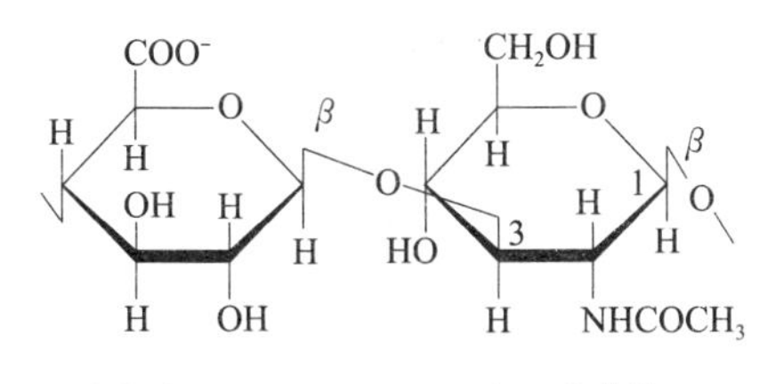

透明质酸二糖单位

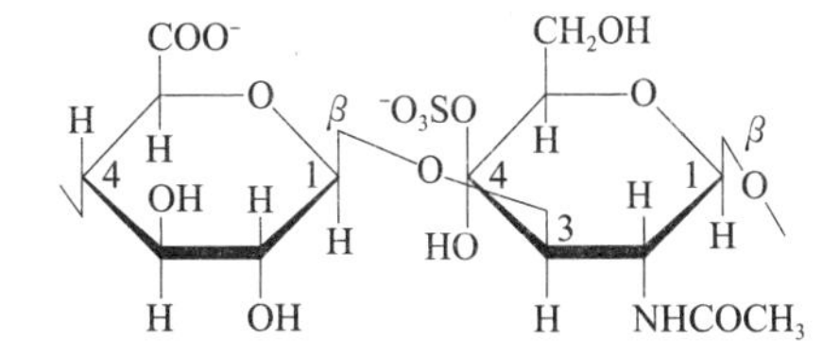

硫酸软骨素A二糖单位

3. 硫酸角质素（keratan sulfate，KS）　又称为硫酸角质，以蛋白多糖的形式存在于哺乳动物的软骨、动脉、椎间板和角膜等处。硫酸角质素是由半乳糖和N－乙酰氨基半乳糖－6－硫酸通过β－1,4－糖苷键连接成二糖单位，再以β－1,3－糖苷键连接相邻的二糖单位而成。硫酸角质素不含有糖醛酸，硫酸含量可变，并出现其他单糖，如甘露醇、N－乙酰氨基葡萄糖等。

4. 肝素（heparin，HP）　是由D－葡糖醛酸－2－硫酸与N－磺基－D－氨基葡萄糖－6－硫酸通过α－1,4－糖苷键和β－1,4－糖苷键交替连接而成。肝素因首先发现于肝，且在肝内含量最为丰富，故此得名。它还广泛分布于动物的肾、肺等血管壁的肥大细胞中，具有阻止血液凝固的特性，在临床上常用作抗凝血剂。

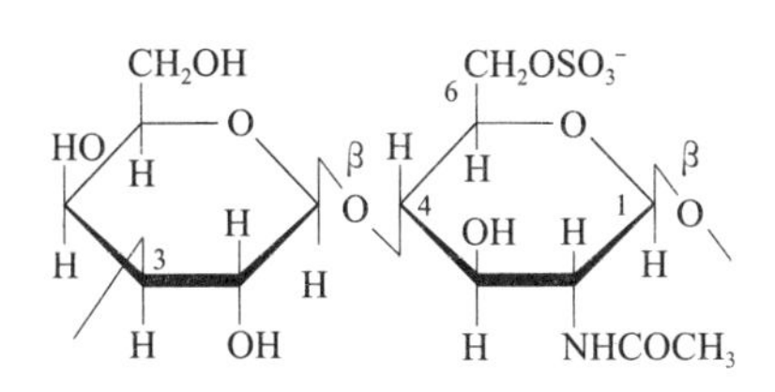

硫酸角质素二糖单位

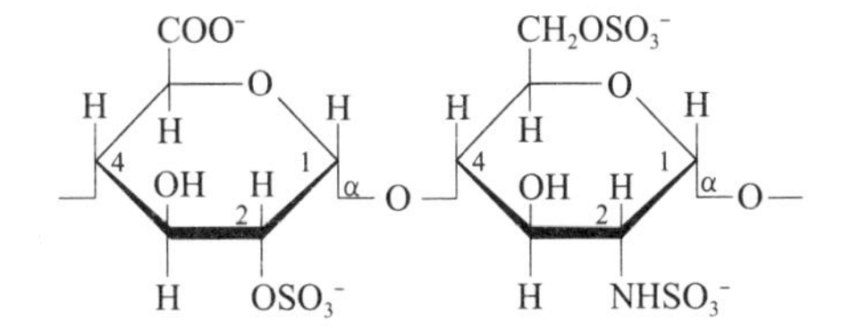

肝素二糖单位

五、复合糖

复合糖是体内又一类含糖的生物大分子，主要包括糖蛋白、糖脂和蛋白聚糖。糖脂将在第八章中讲述。

（一）蛋白聚糖

蛋白聚糖（proteoglycan）由蛋白质与糖胺聚糖共价结合而成。除糖胺聚糖外，许多蛋白聚糖还含有一定数量的O－连接与N－连接的寡糖链（见下述）。与糖胺聚糖直接共价结合的蛋白质称为核心蛋白（core protein）。一个蛋白分子可结合一条至上百条的糖胺聚糖，使蛋白聚糖中糖的含量大于蛋白质。由于构成蛋白聚糖的糖胺聚糖的种类、数量不同，核心蛋白分子的大小和结构也不同，所形成的蛋白聚糖分子组成复杂，结构多样，且种类众多。

软骨组织中的蛋白聚糖（亦称可聚蛋白聚糖，aggrecan）多以“毛刷状”聚合体的形式存在（图7－1）。它以透明质酸长链分子为主干，链两侧非共价键结合多达100个可聚蛋白聚糖，并通过连接蛋白（link protein）使结合稳定化。可聚蛋白聚糖分子有一个核心蛋白，由以共价键连接的50条硫酸角质素链、100条硫酸软骨素链和若干条O－连接的寡糖链构成。

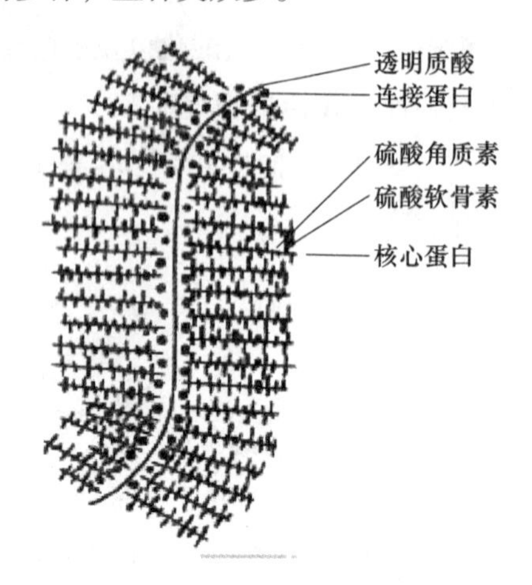

图7－1　软骨蛋白聚糖聚合体示意图

蛋白聚糖广泛分布于细胞外基质及细胞表面，构成基质的主要成分。由于蛋白聚糖中糖胺聚糖带有大量负电荷，可结合水，构成凝胶。故蛋白聚糖在结缔组织中具有良好的机械性保护作用，有助于维持组织的正常形态及抵抗局部压力。肿瘤组织中各种蛋白聚糖的组成会发生改变，这种变化可能参与肿瘤细胞繁殖与转移的过程。

（二）糖蛋白

糖蛋白（glycoprotein）是由寡糖（寡糖链）通过糖苷键与蛋白质结合而成的生物大分子。在体内，激素、抗体、受体、细胞因子、血型抗原、转运蛋白和酶等分泌蛋白和膜蛋白大多为糖蛋白。所以，糖蛋白具有非常重要的生物学功能。

糖蛋白中寡糖链的糖基数目一般少于15个，通常由葡萄糖、半乳糖、甘露醇、岩藻糖以及单糖衍生物组成。根据与多肽链连接方式（图7－2）的不同，寡糖链分为O－连接寡糖链（寡糖链与多肽链的丝氨酸或苏氨酸残基的羟基通过O－糖苷键连接）和N－连接寡糖链（寡糖链与多肽链中天冬酰胺残基上的酰胺基通过N－糖苷键连接）。这两类寡糖链可共同或单独存在于同个糖蛋白中。不同糖蛋白中寡糖链的数目相差较大（可占糖蛋白重量1%～80%），寡糖链的组成与结构也显著不同。

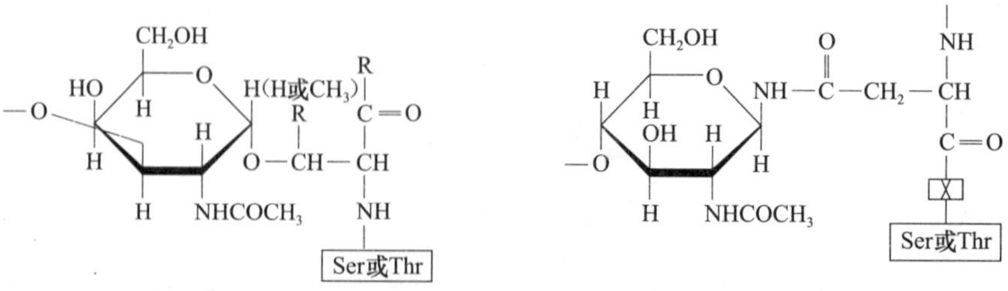

N-乙酰氨基半乳糖　　N-乙酰氨基葡萄糖

图7－2　寡糖链与多肽链的两种链接方式

糖蛋白的寡糖链具有细胞信号分子的功能。由于组成寡糖链的糖基种类、数目和排列顺序不同，且连接的糖苷键种类众多，如α－1,2、α－1,3、α－1,4、α－1,6、β－1,2、β－1,3、β－1,4、β－1,6等，可形成种类繁多、千变万化的寡糖链。这些寡糖链蕴藏着丰富的生物学信息，使得与它们结合的糖蛋白（或糖脂）具有许多独特的生物学作用。寡糖链在糖蛋白中的作用主要有：①稳固多肽链结构，保护多肽链并延长半寿期；②参与介导分子识别与细胞识别；③影响糖蛋白新生肽链的折叠加工；④影响糖蛋白的生物学活性。

第二节　糖的代谢概况

一、糖的生理功能

糖具有多种生理功能，包括：①作为体内主要的供能物质，所供给的能量约占机体所需总能量的70%以上。②是人体组织结构的重要成分之一。蛋白聚糖参与结缔组织、软骨和骨基质的构成，糖脂（glycolipid）是神经组织和细胞膜的组成成分，血浆蛋白、抗体和某些酶及激素中也含有糖基成分。③核糖与脱氧核糖是体内合成核苷酸的原料。④糖的磷酸化衍生物可以形成许多重要的生物活性物质，如ATP、NAD、FAD、HSCoA等。

二、糖的消化

人类食物中的糖主要是淀粉、糖原和纤维素，此外还有少量麦芽糖、蔗糖、乳糖、葡萄糖、果糖等。糖的消化从口腔开始，在唾液淀粉酶的作用下，淀粉被逐步水解成寡糖，寡糖在小肠继续水解成葡萄糖后才能吸收。由于食物在口腔中停留时间较短，胃内酸性又强，使唾液淀粉酶几乎不发挥作用。食物中淀粉的消化主要在小肠中进行，小肠中有可水解淀粉α－1,4－糖苷键的胰淀粉酶，将淀粉水解成麦芽糖、麦芽三糖（约占65%）以及含有分支的异麦芽糖和α－极限糊精（占35%），后者是由4～9个葡萄糖残基构成的支链寡糖。二糖及寡糖进一步被消化，其中麦芽糖及麦芽三糖被α－葡萄糖苷酶（包括麦芽糖酶）水解，α－1,4－糖苷键和α－1,6－糖苷键则被α－极限糊精酶（包括异麦芽糖酶）水解。在上述各种酶的协同作用下，食物中的淀粉可全部水解转变成葡萄糖。

此外，肠黏膜细胞内还有可水解蔗糖和乳糖的葡萄糖苷酶类酶（包括蔗糖酶和乳糖酶）。部分成年人在喝完富含乳糖的牛奶后会感觉不适，甚至腹胀腹泻，就是因其小肠黏膜缺乏乳糖酶导致的乳糖不耐症。

膳食中还含有大量的纤维素。与淀粉和糖原不同，纤维素是由β－D－葡萄糖通过β－1,4－糖苷键连接而成的。由于人不能合成分泌水解β－1,4－糖苷键的纤维素酶，所以不能直接利用纤维素作为能源物质。反刍动物（牛、羊等）的消化道中含有能分泌纤维素酶的微生物，所以反刍动物能利用纤维素做食物。

三、糖的吸收

在小肠上部，食物经过消化后生成的单糖经肠黏膜细胞吸收入血，循门静脉至肝，部分在肝内代谢，部分入血循环，被输送到全身各组织器官代谢利用。肠黏膜细胞对各种单糖的吸收

NOTE

速度不同，若以葡萄糖的吸收速率为100，则各种单糖的吸收速度为：D－半乳糖（110）＞D－葡萄糖（100）＞D－果糖（43）＞D－甘露糖（19）＞L－木酮糖（15）＞L－阿拉伯糖（9）。单糖主要有下列几种吸收方式：

1. 单纯扩散吸收 指不耗能且无须载体参与的吸收方式。

2. 主动吸收 指耗能、有载体蛋白参与的逆浓度梯度的吸收方式。小肠黏膜有一种专一性的载体蛋白，又称为转运体。转运体对单糖分子有选择性，只能与第2位碳原子上含有羟基和第5位碳原子上含有游离羟甲基的吡喃型单糖结合，且与单糖之间的亲和力和糖浓度有关。这可能是半乳糖和葡萄糖吸收速度快的原因之一。糖的主动吸收常伴有 Na^+ 的顺浓度梯度吸收，同时依赖钠泵并消耗ATP以维持细胞正常的离子浓度梯度。这类葡萄糖转运体被称为 Na^+ 依赖型葡萄糖转运体（Na^+ －dependent glucose transporter，SGLT）。

3. 易化扩散吸收 此种吸收是在小肠细胞微绒毛上的一种特异载体蛋白协助下加速扩散平衡。易化扩散不消耗ATP，也无 Na^+ 的转运，吸收速度介于上述两种方式之间。果糖的吸收属此种方式。

四、糖代谢概况

糖代谢主要是指葡萄糖在细胞内一系列复杂的化学反应，它包括糖的分解与合成代谢。葡萄糖首先要进入细胞才能进行各种代谢，此过程依赖葡萄糖转运体（glucose transporter，GLUT）。目前已经发现的葡萄糖转运体有5种，命名为 $GLUT_{1\sim5}$，分别在不同组织细胞中起作用。体内绝大多数组织细胞都能进行糖的分解代谢，但不同组织器官中糖分解代谢途径有所差异。糖在体内分解代谢的主要途径有三条：①糖的无氧分解；②糖的有氧氧化；③磷酸戊糖途径。不同途径发挥的生理作用不同。糖代谢方式在很大程度上还受供氧状况的影响，在缺氧情况下进行糖酵解生成乳酸；在氧充足时进行有氧氧化生成 CO_2 和 H_2O。糖的合成代谢主要包括糖异生和糖原合成。有些非糖物质如乳酸、丙氨酸等经糖异生途径转变成葡萄糖或糖原。葡萄糖可以聚合成糖原，储存在肝或肌肉组织。体内糖代谢概况见下图（图7－3）。以下介绍糖的主要代谢途径、生理意义及其调控机制。

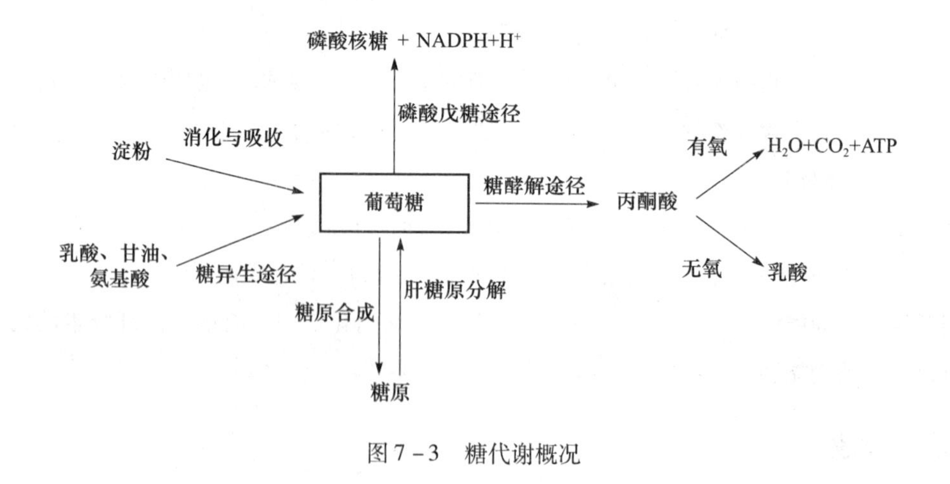

图7－3 糖代谢概况

第三节 糖的分解代谢

糖在体内分解代谢的途径主要有三条：糖的无氧分解、糖的有氧氧化及磷酸戊糖途径。

一、糖的无氧分解

糖的无氧分解又称为糖酵解，是指机体在无氧情况下，葡萄糖经一系列酶促反应生成丙酮酸进而还原生成乳酸的过程。由于 Embden、Meyerhof 和 Parnas 等人对该途径的研究贡献较大，故又称 EMP 途径。

（一）糖酵解的反应过程

糖酵解反应都在细胞质进行。它的反应起始物可以是葡萄糖或糖原分子，以葡萄糖为起始物时，包括连续的 12 步反应；以糖原起始时，则需 13 步反应。糖酵解途径反应归纳如图 7－4 所示。

为了研究方便，将糖酵解反应过程分为两个阶段：第一个阶段是葡萄糖分解成丙酮酸，第二个阶段是丙酮酸还原为乳酸。

1. 葡萄糖分解成丙酮酸

（1）葡萄糖磷酸化生成 6－磷酸葡萄糖（glucose－6－phosphate，G－6－P） 葡萄糖在细胞内的第一步反应是由己糖激酶（hexokinase，HK）催化，将 ATP 的磷酸基团转移到葡萄糖分子上，生成 6－磷酸葡萄糖。该反应不可逆，生成的 6－磷酸葡萄糖不能自由逸出细胞膜。目前，体内已发现存在 4 种己糖激酶的同工酶，分别为Ⅰ～Ⅳ。肝和胰腺 β 细胞存在的Ⅳ型己糖激酶又称为葡萄糖激酶（glucokinase，GK）。GK 对葡萄糖的 K_m 值较高（K_m 值为 10～20mmol/L；而Ⅰ～Ⅲ型 HK 对葡萄糖的 K_m 值为 0.01mmol/L）。血糖浓度低时，GK 活性较低，可避免肝从血液中摄取过多的葡萄糖；当血糖浓度升高时，GK 的活性增高，肝可将过多的葡萄糖变为 6－磷酸葡萄糖，进而合成肝糖原贮存起来，从而降低血糖浓度。因此，GK 是机体调节血糖水平的关键酶。

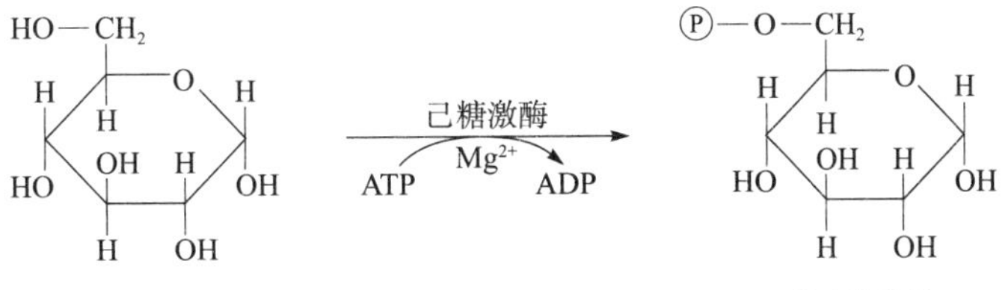

葡萄糖　　6-磷酸葡萄糖

此步反应有两方面的意义：①葡萄糖磷酸化形成化学性质较活泼，易参与代谢的反应产物。这是生物化学代谢反应的一个普遍规律，反应途经的第一步往往需要进行活化。②磷酸基团常呈阴离子状态，使磷酸化产物不能透过细胞膜，从而使糖酵解的中间产物不易移出细胞，这是细胞的一种保糖机制。该步反应消耗 1 分子 ATP，是耗能反应，也是糖酵解过程中第一个关键步骤。

若以糖原分子为反应起始物进行糖酵解时，必须先由磷酸化酶催化生成 1－磷酸葡萄糖，然后再在磷酸葡萄糖变位酶（phosphoglucose mutase）催化下转变为6-磷酸葡萄糖，即多经历一步反应。

（2）*6-磷酸葡萄糖异构为6-磷酸果糖*（fructose-6-phosphate，F-6-P） 这是由磷酸己糖异构酶（phosphohexose isomerase）所催化，需要 Mg^{2+} 参与，属于可逆反应。

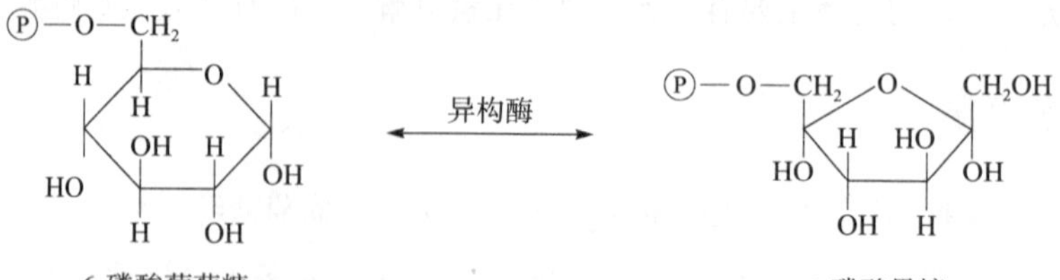

6-磷酸葡萄糖 ⇌（异构酶）6-磷酸果糖

（3）*6-磷酸果糖磷酸化生成1,6-二磷酸果糖*（fructose-1,6-diphosphate，F-1,6-DP 或 FDP） 这步反应由6-磷酸果糖激酶-1（6-phosphofructokinase-1，PFK-1）催化6-磷酸果糖的 C_1 位磷酸化。反应属于不可逆反应，由ATP提供能量和磷酸基团，需要 Mg^{2+} 参与，是糖酵解的第二个关键步骤。体内还有催化6-磷酸果糖 C_2 位磷酸化的6-磷酸果糖激酶-2（PFK-2），生成的产物为2,6-二磷酸果糖（F-2,6-DP）。它是PFK-1最强的变构激活剂，是果糖二磷酸酶-1的变构抑制剂，在糖酵解的调控上有重要作用。

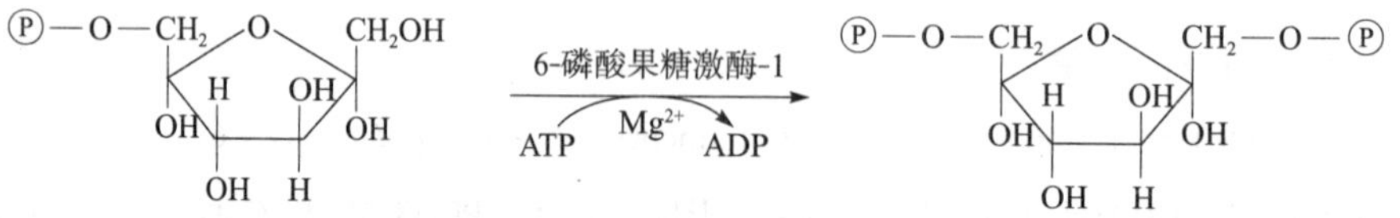

6-磷酸果糖 →（6-磷酸果糖激酶-1，Mg^{2+}，ATP → ADP）1,6-二磷酸果糖

（4）*1,6-二磷酸果糖裂解* 1,6-二磷酸果糖受醛缩酶（aldolase）催化，裂解为磷酸二羟丙酮（dihydroxyacetone phosphate）和3-磷酸甘油醛（glyceraldehyde 3-phosphate）。该反应可逆，其逆反应为醛缩反应，故催化此反应的酶称为醛缩酶。

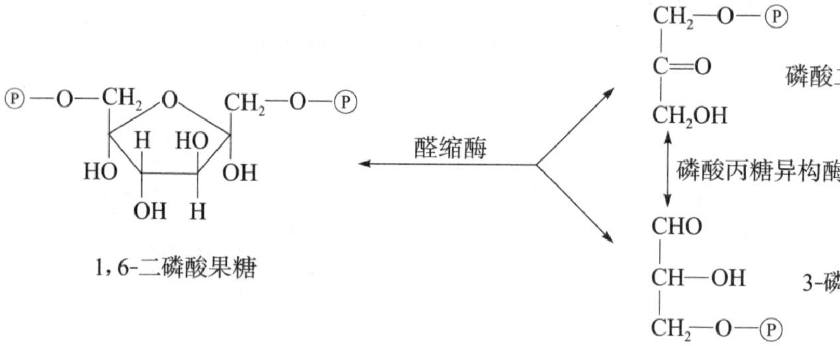

1,6-二磷酸果糖 ⇌（醛缩酶）磷酸二羟丙酮（CH_2—O—Ⓟ / C=O / CH_2OH）+ 3-磷酸甘油醛（CHO / CH—OH / CH_2—O—Ⓟ）；磷酸二羟丙酮 ⇌（磷酸丙糖异构酶）3-磷酸甘油醛

（5）*磷酸二羟丙酮转变为磷酸甘油醛* 磷酸二羟丙酮和3-磷酸甘油醛互为同分异构体，在磷酸丙糖异构酶（triose phosphate isomerase）的催化下互相转变。由于后续反应不断消耗磷酸甘油醛，因此反应平衡向磷酸二羟丙酮转变成3-磷酸甘油醛方向移动，其结果相当于1分子1,6-二磷酸果糖生成2分子3-磷酸甘油醛。

（6）*磷酸甘油醛氧化为1,3-二磷酸甘油酸* 在 NAD^+ 及 H_3PO_4 存在下，3-磷酸甘油醛脱氢酶（glyceraldehyde 3-phosphate dehydrogenase）催化3-磷酸甘油醛的醛基氧化为羧基及羧基磷酸化，生成1,3-二磷酸甘油酸。释出的能量可保存于1,3-二磷酸甘油酸的高能磷酸

NOTE

键中，脱下的2H由NAD^+接受，生成$NADH + H^+$。这是糖酵解途径中唯一的一次脱氢反应。

CHO—CH—OH—CH_2—O—Ⓟ（3-磷酸甘油醛） ⇌（3-磷酸甘油醛脱氢酶；Pi，NAD^+ → $NADH+H^+$） O=C—O～Ⓟ—CH—OH—CH_2—O—Ⓟ（1,3-二磷酸甘油酸）

（7）*1,3-二磷酸甘油酸生成3-磷酸甘油酸* 在磷酸甘油酸激酶（phosphoglycerate kinase）的催化下，1,3-二磷酸甘油酸分子内高能磷酸基团转移给ADP，生成ATP和3-磷酸甘油酸。这步反应是糖酵解途径中第一次生成ATP的反应。这种底物因脱氢、脱水等反应而使能量在分子内重新分布，形成高能基团，然后将高能基因转移到ADP，生成ATP的反应过程称为底物水平磷酸化（substrate level phosphorylation）。

O=C—O～Ⓟ—CH—OH—CH_2—O—Ⓟ（1,3-二磷酸甘油酸） ⇌（磷酸甘油酸激酶；ADP → ATP） COOH—CH—OH—CH_2—O—Ⓟ（3-磷酸甘油酸）

（8）*3-磷酸甘油酸转变为2-磷酸甘油酸* 磷酸甘油酸变位酶（phosphoglycerate mutase）催化磷酸基团从3-磷酸甘油酸的C_3位转移到C_2，反应是可逆的。

COOH—CH—OH—CH_2—O—Ⓟ（3-磷酸甘油酸） ⇌（磷酸甘油酸变位酶） COOH—CH—O—Ⓟ—CH_2—OH（2-磷酸甘油酸）

（9）*2-磷酸甘油酸脱水生成磷酸烯醇式丙酮酸（phosphoenolpyruvate，PEP）* 此反应由烯醇化酶（enolase）催化，需Mg^{2+}或Mn^{2+}参加，属于可逆反应。脱水过程中能量在分子内重新分布，生成具有一个高能键的磷酸烯醇式丙酮酸，这是糖酵解途径中第二个高能磷酸化合物。氟化物能通过结合Mg^{2+}而抑制烯醇化酶的活性，从而抑制糖酵解。血浆葡萄糖测定时，红细胞的糖酵解会导致结果偏低，因此常用氟化钠为抗凝剂以抑制红细胞的糖酵解。

COOH—CH—O—Ⓟ—CH_2—OH（2-磷酸甘油酸） ⇌（烯醇化酶；→ H_2O） COOH—C—O～Ⓟ=CH_2（磷酸烯醇式丙酮酸）

（10）*磷酸烯醇式丙酮酸转变为烯醇式丙酮酸* 该步反应由丙酮酸激酶（pyruvate kinase，PK）磷酸烯醇式丙酮酸的磷酰基团转移给ADP，生成ATP和烯醇式丙酮酸。这是酵解途径中的第二次底物水平磷酸化。在生理条件下此步反应不可逆，是糖酵解途径中第三个关键步骤。

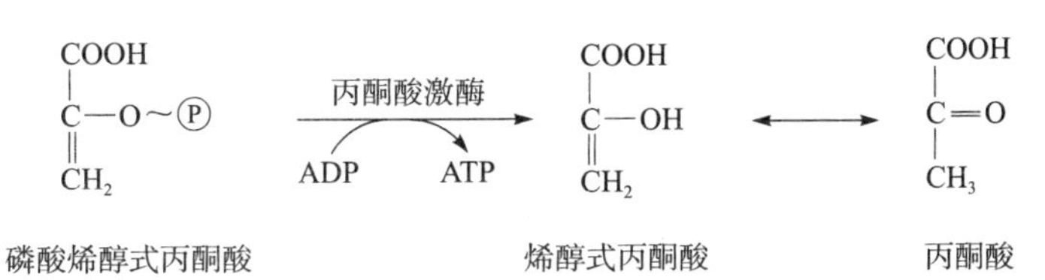

NOTE

(11) 烯醇式丙酮酸自发转变为丙酮酸　烯醇式丙酮酸化学性质不稳定，生成后自动异构化形成更稳定的丙酮酸（pyruvate）。

2. 丙酮酸还原为乳酸　供氧不足时，乳酸脱氢酶（lactate dehydrogenase，LDH）催化丙酮酸接收氢还原成为乳酸。反应过程中主要消耗3－磷酸甘油醛脱氢反应产生的 $NADH + H^+$，生成 NAD^+，从而使得还原型NADH有去路，避免过度积累引起的糖酵解终止（图7-4）。当供氧充足时，细胞质中生成的 $NADH + H^+$ 则可通过α－磷酸甘油穿梭或苹果酸－天冬氨酸穿梭进入线粒体，其携带的氢经电子传递链（呼吸链）传递给氧，生成水和ATP（详见第六章）。

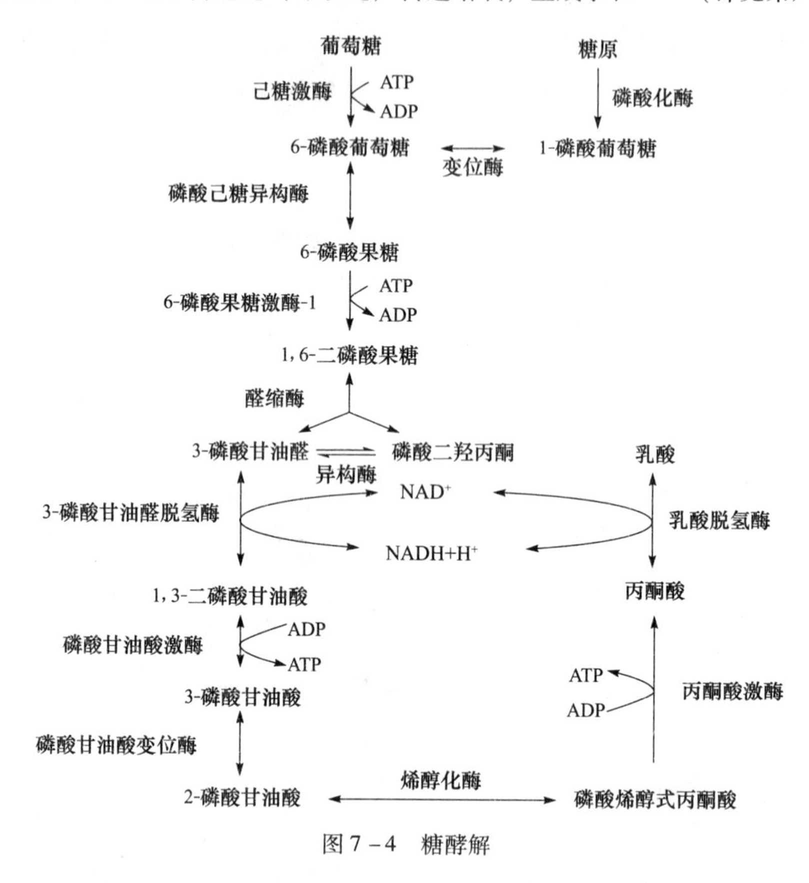

图7－4　糖酵解

糖酵解的最终产物是乳酸和少量能量。此途径中所有酶均分布于细胞质中，其中存在三个关键酶，分别是己糖激酶、6－磷酸果糖激酶－1和丙酮酸激酶。每摩尔葡萄糖通过无氧分解可净生成2mol ATP（表7－1）；若从糖原开始，每摩尔葡萄糖单位则可净生成3mol ATP。

表7－1　糖酵解过程中ATP的生成

每摩尔葡萄糖经过下列反应	生成ATP（mol）
葡萄糖→G－6－P	－1
F－6－P→F－1,6－DP	－1
2×1,3－二磷酸甘油酸→2×3－P甘油酸	2×1
2×磷酸烯醇式丙酮酸→2×烯醇式丙酮酸	2×1
净生成	2

（二）糖酵解的调节

糖酵解过程中多数反应是可逆的。这些可逆反应的速率和方向由底物和产物浓度决定。

但是在糖酵解途径中有3个不可逆反应，分别由己糖激酶（葡萄糖激酶）、6-磷酸果糖激酶-1和丙酮酸激酶催化，是糖酵解途径流量的3个调节点，分别受变构效应剂和激素的调节。

1. 己糖激酶　己糖激酶是催化糖酵解的第一个关键反应，同工酶中除葡萄糖激酶以外，都受其反应产物6-磷酸葡萄糖的反馈抑制。长链脂酰CoA对葡萄糖激酶有变构抑制作用，有助于饥饿时减少肝和其他组织对葡萄糖的摄取。葡萄糖激酶是诱导酶，在胰岛素的协同作用下，高血糖可以诱导基因转录，促进酶的合成。

2. 6-磷酸果糖激酶-1　6-磷酸果糖激酶-1被认为是糖酵解途径最重要的调节点。该酶是一个变构调节酶，受多种变构效应剂的影响。ATP是该酶的底物，同时又是该酶的变构抑制剂，即细胞内的ATP水平升高、能量足够时糖酵解受抑制。柠檬酸是6-磷酸果糖激酶-1的另一个重要抑制剂。而AMP、ADP、1,6-二磷酸果糖和2,6-二磷酸果糖是6-磷酸果糖激酶-1的变构激活剂，AMP可以与ATP竞争变构结合部位，抵消ATP的抑制作用。2,6-二磷酸果糖是最强的变构激活剂，与AMP一起消除ATP、柠檬酸的抑制作用。

3. 丙酮酸激酶　丙酮酸激酶是催化糖酵解的第三个不可逆反应，受1,6-二磷酸果糖的变构激活和ATP的变构抑制。此外，在肝内，丙氨酸也有变构抑制作用。丙酮酸激酶还受共价修饰方式调节。依赖Ca^{2+}、钙调蛋白的蛋白激酶和依赖cAMP的蛋白激酶均可使其磷酸化而失活。胰高血糖素可以通过cAMP抑制丙酮酸激酶活性。

（三）糖酵解的生理意义

糖酵解是机体在相对缺氧情况下快速补充能量的一种有效方式，这对肌肉组织尤为重要。肌肉组织中ATP含量仅为5～7μmol/g组织，肌肉收缩几秒钟就可消耗殆尽。当机体激烈运动时，机体对能量需求增加，糖分解加速，此时即使循环和呼吸加速（以增加氧的供应量）仍不能满足体内所需的氧供给量，肌肉组织处于相对缺氧状态，故主要通过糖酵解以迅速获得ATP，增加供能。激烈运动后血乳酸浓度升高就是糖酵解加强的结果。

某些组织有氧时也通过糖酵解获得能量。成熟红细胞无线粒体，完全依靠糖酵解获能。少数组织如角膜，由于血液循环差，供氧不足，需要糖酵解提供能量。此外，神经、白细胞、骨髓等组织，即使不缺氧，也常由糖酵解提供部分能量。

糖酵解还是一种在特殊情况下机体应激供能的有效方式。在一些病理情况下（如严重贫血、大量失血、呼吸障碍、循环衰竭等），因供氧不足而使糖酵解加强甚至过度，会致使体内乳酸堆积过多而发生乳酸性酸中毒。癌细胞也通过糖酵解消耗大量葡萄糖，这也是恶性肿瘤患者晚期恶病质极度消瘦的重要原因之一。

二、糖的有氧氧化

在有氧条件下葡萄糖彻底氧化分解生成CO_2和H_2O，释放大量能量的反应过程，称为糖的有氧氧化（aerobic oxidation）。体内大多数组织细胞都能通过糖的有氧氧化而获得能量，是机体氧化供能的主要方式。

（一）有氧氧化的反应过程

葡萄糖转变为丙酮酸的过程又称糖酵解途径，是糖的有氧氧化与糖酵解一致的途径。在糖酵解时，丙酮酸在胞质中接受$NADH + H^+$的2H还原为乳酸。而在有氧氧化时，丙酮酸则进入

线粒体，氧化脱羧为乙酰 CoA，进入三羧酸循环彻底氧化。糖的有氧氧化可概括如图 7－5。

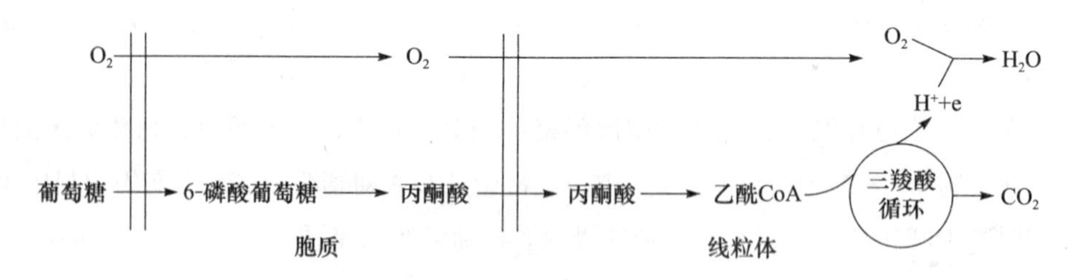

图 7－5 葡萄糖的有氧氧化

葡萄糖的有氧氧化代谢途径可分为三个阶段：第一阶段是葡萄糖在胞质中通过糖酵解途径生成丙酮酸；第二阶段是丙酮酸在线粒体氧化脱羧生成乙酰 CoA；第三阶段是乙酰 CoA 经三羧酸循环氧化分解为 CO_2、H_2O 和 ATP。

1. 丙酮酸的生成 反应步骤同糖酵解途径。

2. 丙酮酸氧化脱羧生成乙酰 CoA 胞质中生成的丙酮酸透过线粒体内膜进入线粒体，由丙酮酸脱氢酶复合体（pyruvate dehydrogenase complex）催化氧化脱羧生成乙酰 CoA，其总反应为：

$$\begin{array}{l}COOH\\ \vert \\ C=O \\ \vert \\ CH_3\end{array} + HSCoA + NAD^+ \xrightarrow[\text{TPP、FAD、硫辛酸}]{\text{丙酮酸脱氢酶复合体}} CH_3-\overset{\overset{O}{\|}}{C}\sim SCoA + NADH + H^+ + CO_2$$

丙酮酸脱氢酶复合体是糖有氧氧化途径的关键酶，由 3 种酶和 5 种辅助因子组成。分别是丙酮酸脱氢酶〔E_1，辅酶为硫胺素焦磷酸（TPP），并需 Mg^{2+} 参与反应〕、二氢硫辛酰胺转乙酰酶（E_2，辅酶是硫辛酸和 HSCoA）、二氢硫辛酰胺脱氢酶（E_3，辅基为 FAD，并需线粒体基质中的 NAD^+ 参加反应）。丙酮酸氧化脱羧过程由下列 5 步反应组成，如图 7－6 所示。其中由丙酮酸脱氢酶所催化的反应不可逆，因此整个酶复合体催化的反应不可逆。

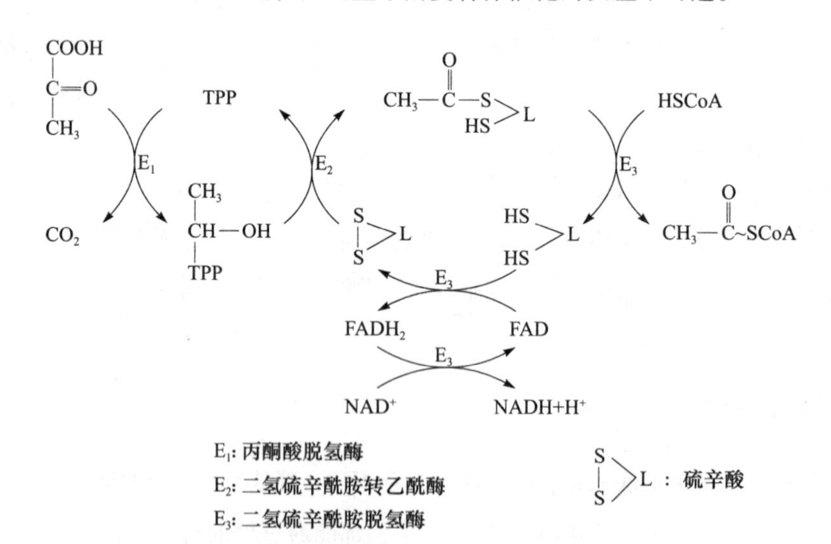

图 7－6 丙酮酸脱氢酶复合体催化的反应

3. 乙酰 CoA 进入三羧酸循环彻底氧化 线粒体中，乙酰 CoA 与草酰乙酸缩合成柠檬酸，经过一连串代谢反应又生成草酰乙酸而形成一个反应循环，使 1 分子乙酰基彻底氧化，称为柠檬酸循环（citrate cycle）。因该循环的第一个产物柠檬酸含 3 个羧基，故又称为三羧酸循环

(tricarboxylic acid cycle，TAC)。它由 Krebs 于 1937 年首先提出（1953 年获得诺贝尔奖），故又称 Krebs 循环。其详细过程涉及 8 步酶促反应。

（1）柠檬酸的形成　这是三羧酸循环的首个反应。乙酰 CoA 与草酰乙酸缩合为柠檬酸，由柠檬酸合酶（citrate synthase）催化。反应过程中，乙酰 CoA 的硫酯键加水断裂释放能量促进缩合反应，生理条件下本反应不可逆。柠檬酸合酶对草酰乙酸的亲和力很强，即使线粒体内草酰乙酸的浓度很低，反应也能迅速进行，是三羧酸循环中的第一个关键酶。

$$\underset{\text{乙酰CoA}}{CH_3-\overset{O}{\overset{\|}{C}}\sim SCoA} + \underset{\text{草酰乙酸}}{HOOC-CH_2-\overset{O}{\overset{\|}{C}}-COOH} \xrightarrow{\text{柠檬酸合酶}} \underset{\text{柠檬酸}}{HO-C(CH_2-COOH)_2-COOH} + HSCoA$$

（2）柠檬酸异构化生成异柠檬酸　在顺乌头酸酶（cis - aconitase）催化下，柠檬酸先脱水生成顺乌头酸，再加水变成异柠檬酸，将原来在 C_3 上的羟基转到 C_2 上。当反应平衡时，异柠檬酸占 6%，顺乌头酸占 4%，柠檬酸约占 90%。由于后继反应不断消耗异柠檬酸，故整个反应仍趋向于生成异柠檬酸的方向。

$$\underset{\text{柠檬酸}}{HO-C(CH_2-COOH)_2-COOH} \underset{H_2O}{\overset{\text{顺乌头酸酶}}{\rightleftarrows}} \underset{\text{顺乌头酸}}{HOOC-CH=C(COOH)-CH_2-COOH} \underset{H_2O}{\overset{\text{顺乌头酸酶}}{\rightleftarrows}} \underset{\text{异柠檬酸}}{HOOC-CH(OH)-CH(COOH)-CH_2-COOH}$$

（3）异柠檬酸氧化脱羧生成 α - 酮戊二酸　这是三羧酸循环中的第一个氧化还原反应。在异柠檬酸脱氢酶（isocitrate dehydrogenase）催化下，以 NAD^+ 作为辅酶，异柠檬酸脱氢生成 $NADH + H^+$ 和不稳定的 β - 酮酸草酰琥珀酸，后者经过 β 脱羧作用生成 α - 酮戊二酸和 CO_2，反应是不可逆的。

$$\underset{\text{异柠檬酸}}{HOOC-CH_2-CH(COOH)-CH(OH)-COOH} \xrightarrow[NAD^+ \to NADH+H^+,\ Mg^{2+}]{\text{异柠檬酸脱氢酶}} \underset{\alpha\text{-酮戊二酸}}{HOOC-C(=O)-CH_2-CH_2-COOH} + CO_2$$

细胞内存在着两种异柠檬酸脱氢酶：一种以 NAD^+ 为辅酶（仅存在于线粒体基质中）；另一种以 $NADP^+$ 为辅酶（大多存在于胞质中，线粒体内仅有少量）。NAD^+ 为辅酶的异柠檬酸脱氢酶也是柠檬酸循环的一个关键酶。因其催化的反应速度最慢，故也是三羧酸循环的限速酶。该酶活性受变构效应剂调节，ADP 是其变构激活剂，而 ATP 和 NADH 是其变构抑制剂。

（4）α - 酮戊二酸氧化脱羧生成琥珀酰辅酶 A　这一步反应是三羧酸循环中的第二个氧化还原反应，催化此步反应的酶是 α - 酮戊二酸脱氢酶复合体（α - ketoglutarate dehydrogenase complex）。与丙酮酸类似，α - 酮戊二酸也是一个酮酸，所以该反应与丙酮酸脱氢酶复合体催化的反应十分相似。α - 酮戊二酸脱氢酶复合体也包括 3 种酶（α - 酮戊二酸脱氢酶、二氢硫辛酰胺琥珀酰基转移酶和二氢硫辛酰胺脱氢酶）和 5 种辅助因子（TPP、HSCoA、硫辛酸、

FAD 及 NAD^+），也是不可逆反应。α－酮戊二酸脱氢酶复合体是三羧酸循环中第三个关键酶。产物琥珀酰辅酶 A 含有一个高能硫酯键。

$$\underset{\alpha\text{-酮戊二酸}}{\mathrm{COOH{-}C({=}O){-}CH_2{-}CH_2{-}COOH}} + \mathrm{HSCoA} + \mathrm{NAD^+} \xrightarrow[\text{TPP、硫辛酸、FAD}]{\alpha\text{-酮戊二酸脱氢酶复合体}} \underset{\text{琥珀酰CoA}}{\mathrm{O{=}C{\sim}SCoA{-}CH_2{-}CH_2{-}COOH}} + \mathrm{NADH} + \mathrm{H^+}$$

（5）琥珀酰 CoA 转变为琥珀酸　琥珀酰 CoA 合成酶（succinyl CoA synthetase）催化琥珀酰 CoA 转变过程中，琥珀酰 CoA 的高能硫酯键水解释放出大量自由能，这些能量驱动 GDP 生成 GTP。GTP 的 γ－磷酰基通过二磷酸核苷激酶催化将高能基团交给 ADP 生成 ATP。这是三羧酸循环中仅有的一个以底物水平磷酸化方式生成 ATP 的反应。

$$\underset{\text{琥珀酰CoA}}{\mathrm{O{=}C{\sim}SCoA{-}CH_2{-}CH_2{-}COOH}} \xrightleftharpoons[\text{GDP+Pi → GTP；GTP+ADP → ATP}]{\text{琥珀酰CoA合成酶}} \underset{\text{琥珀酸}}{\mathrm{COOH{-}CH_2{-}CH_2{-}COOH}} + \mathrm{HSCoA}$$

（6）琥珀酸氧化脱氢生成延胡索酸　这是三羧酸循环中的第三个氧化还原反应。以 FAD 为辅酶的琥珀酸脱氢酶（succinate dehydrogenase）催化琥珀酸脱氢生成延胡索酸。脱下的 2H 转给 FAD，使之还原为 $FADH_2$，再经琥珀酸氧化呼吸链生成 H_2O。真核生物的琥珀酸脱氢酶位于线粒体内膜上，而其他柠檬酸循环的酶都位于线粒体基质中。丙二酸的结构与琥珀酸类似，是琥珀酸脱氢酶的竞争性抑制剂。在分离的线粒体和细胞匀浆中加入丙二酸会抑制柠檬酸循环的继续进行。这是研究柠檬酸循环的一个证据。琥珀酸脱氢酶具有立体异构特异性，催化琥珀酸氧化仅生成反丁烯二酸（延胡索酸）而不生成顺丁烯二酸（马来酸）。

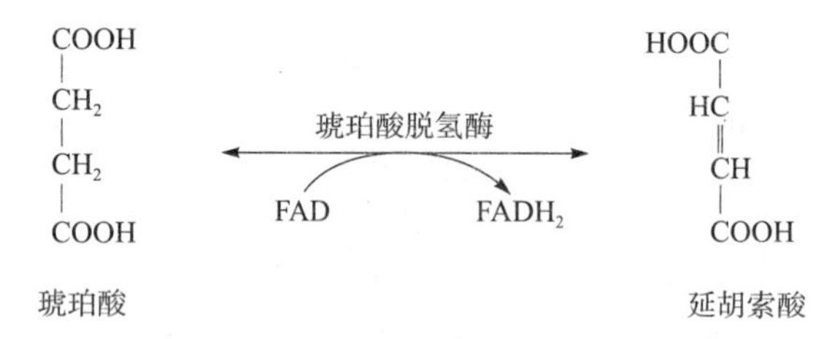

（7）延胡索酸被水化生成苹果酸　在延胡索酸酶（fumarase）催化下，延胡索酸的反式双键加水生成苹果酸。延胡索酸酶也具有立体异构特异性，催化双键水化时，H^+ 和 OH^- 以反式加成，只形成 L－型苹果酸。

$$\underset{\text{延胡索酸}}{\mathrm{HOOC{-}HC{=}CH{-}COOH}} \xrightleftharpoons[\mathrm{H_2O}]{\text{延胡索酸酶}} \underset{\text{苹果酸}}{\mathrm{COOH{-}C(HO)(H){-}CH_2{-}COOH}}$$

NOTE

（8）苹果酸脱氢生成草酰乙酸　这是三羧酸循环的最后一个反应。在苹果酸脱氢酶（L－malate dehydrogenase）的催化下，以 NAD^+ 为辅酶，苹果酸脱氢生成草酰乙酸，并将 NAD^+ 还原成 $NADH + H^+$。生成的草酰乙酸可再次进入三羧酸循环。在离体标准热力学条件下，反应有利于苹果酸的生成，但在生理条件下草酰乙酸不断被柠檬酸合成反应所消耗，使草酰乙酸在线粒体中浓度极低，因此有利于苹果酸脱氢酶催化苹果酸脱氢转变为草酰乙酸。三羧酸循环过程可归纳为图7－7。

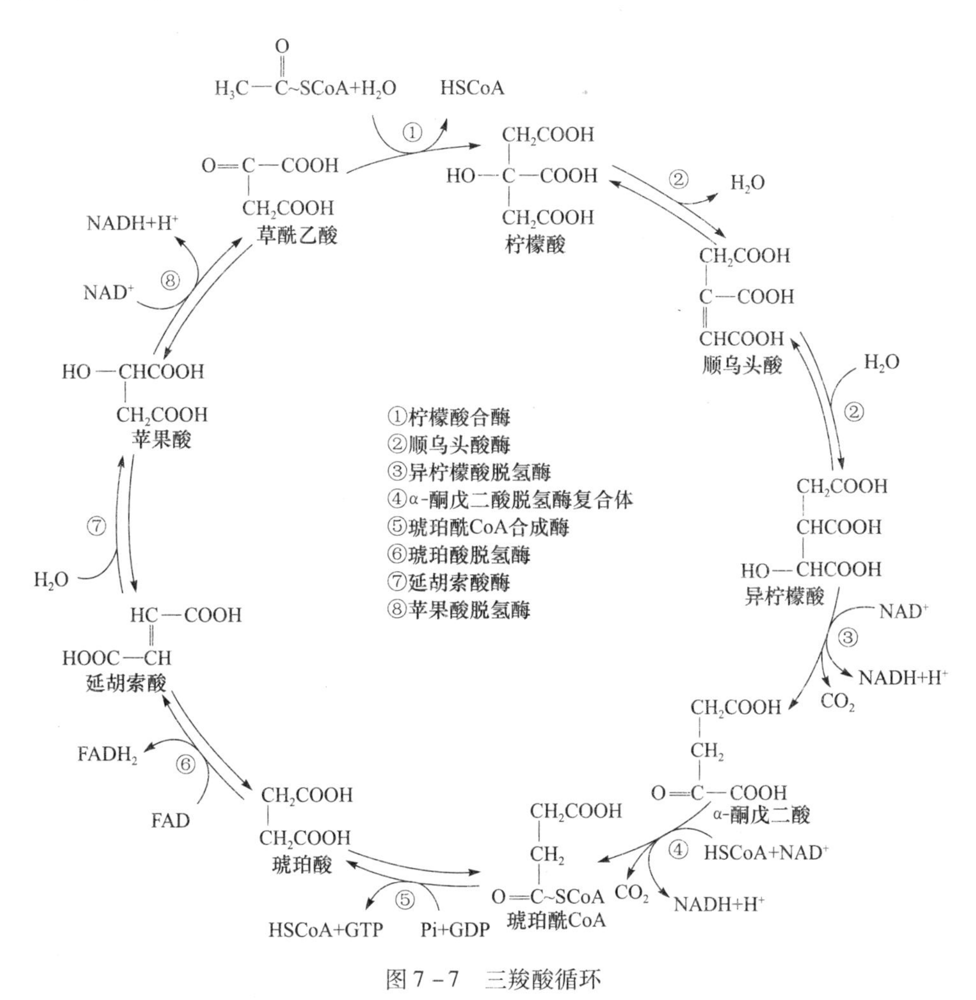

图7－7　三羧酸循环

三羧酸循环是生物体内一个极其重要的代谢途径，现将其主要特点总结如下：

（1）三羧酸循环是在细胞线粒体内进行的一系列连续酶促反应。从乙酰 CoA 与草酰乙酸缩合为柠檬酸开始，到草酰乙酸的再生，构成一轮循环。从量来说，每轮三羧酸循环的净结果是氧化了1分子乙酰 CoA，释放出2分子 CO_2。但用 ^{14}C 标记同位素示踪技术研究表明，CO_2 的碳原子系直接来自草酰乙酸而不是来自乙酰 CoA。

（2）每轮循环有4次脱氢反应，有2次脱羧反应，可生成2分子 CO_2。脱下的氢在线粒体内经不同的呼吸链生成 H_2O 和 ATP。其中，琥珀酸脱下的2H由 FAD 接受，进入琥珀酸氧化呼吸链生成1.5分子 ATP；其余3次脱氢均由 NAD^+ 接受，进入 NADH 氧化呼吸链共产生7.5分子 ATP（具体生成过程，详见第六章）；再加上琥珀酰 CoA 底物水平磷酸化产生的1分子 ATP，1分子乙酰 CoA 进入三羧酸循环氧化分解，总共可生成10分子 ATP。2次脱羧反应分别由异柠檬酸脱氢酶和α－酮戊二酸脱氢酶复合体催化，生成2分子 CO_2。

NOTE

（3）三羧酸循环中存在三个不可逆反应，分别由柠檬酸合酶、异柠檬酸脱氢酶和α－酮戊二酸脱氢酶复合体这三个关键酶催化，故三羧酸循环不可逆。其中异柠檬酸脱氢酶是三羧酸循环的限速酶。

（4）体内凡是能转变为乙酰 CoA 的物质，都能进入三羧酸循环而被彻底氧化。

（5）三羧酸循环的中间代谢物经常由于参与体内各种相应的合成途径而被移出循环，同时机体又会通过各种途径不断加以补充，这种作用称为“添补反应”（anaplerotic reaction）。例如：草酰乙酸－天冬氨酸；草酰乙酸－丙酮酸－丙氨酸；α－酮戊二酸－谷氨酸等。其中以补充三羧酸循环的关键物质草酰乙酸最为重要。草酰乙酸主要通过丙酮酸的羧化反应补充，因此糖的供应及代谢情况直接影响着乙酰 CoA 进入三羧酸循环的速度。通过“添补反应”使三羧酸循环中的某些中间代谢物不断得到补充和更新，保证三羧酸循环的正常运转；另一方面也将多种物质代谢过程联系起来，形成一个紧密的整体。

（二）有氧氧化生成的 ATP

1. 糖的有氧氧化是机体获取能量的主要途径　每摩尔葡萄糖经有氧氧化彻底分解可净生成 30 或 32 mol ATP（表 7－2）；若从糖原开始进行糖的有氧氧化，则每摩尔葡萄糖单位可净生成 31 或 33mol ATP。因此维持体内糖有氧氧化的正常进行对维持正常生命活动具有极其重要的意义。糖有氧氧化的总反应式为：

表 7－2　葡萄糖有氧氧化生成的 ATP

反应阶段		反应	递氢体	ATP
细胞质	第一阶段	葡萄糖→葡萄糖－6－磷酸		－1
		果糖－6－磷酸→果糖－1,6－二磷酸		－1
		3－磷酸甘油醛 ×2→1,3－二磷酸甘油酸 ×2	NAD^+	2×2.5 或 2×1.5
		1,3－二磷酸甘油酸 ×2→3－磷酸甘油酸 ×2		2×1
		磷酸烯醇式丙酮酸 ×2→丙酮酸 ×2		2×1
线粒体	第二阶段	丙酮酸 ×2→乙酰 CoA ×2	NAD^+	2×2.5
	第三阶段	异柠檬酸 ×2→α－酮戊二酸 ×2	NAD^+	2×2.5
		α－酮戊二酸 ×2→琥珀酰 CoA ×2	NAD^+	2×2.5
		琥珀酰 CoA ×2→琥珀酸 ×2		2×1
		琥珀酸 ×2→延胡索酸 ×2	FAD	2×1.5
		苹果酸 ×2→草酰乙酸 ×2	NAD^+	2×2.5
合计（净生成数）				30（或 32）

$$C_6H_{12}O_6 + 30（或32）ADP + 30（或32）Pi + 6O_2 \longrightarrow 30（或32）ATP + 6CO_2 + 6H_2O$$

2. 糖的有氧氧化是体内三大营养物质氧化的共同途径和代谢联系的枢纽　三羧酸循环是糖类、脂类和蛋白质三大营养物质分解代谢的共同途径。体内凡可转变为糖有氧氧化途径中间代谢物的物质，最终都能进入三羧酸循环而被氧化为 CO_2、H_2O 并生成 ATP。例如脂肪酸氧化分解产生的乙酰 CoA，蛋白质分解后生成的天冬氨酸、谷氨酸、丙氨酸可以转变为相应的草酰乙酸、α－酮戊二酸和丙酮酸，都可进入三羧酸循环被彻底氧化。不仅如此，三羧酸循环还是体内三大营养物质互相转变的重要枢纽。如甘油和糖经过代谢生成丙酮酸等中间产物，可用于合成非必需氨基酸。氨基酸分解生成的草酰乙酸可以异生成葡萄糖。

NOTE

3. 糖的有氧氧化途径与体内糖的其他代谢途径有着密切的联系　糖的各条代谢途径之间

靠共同的中间代谢产物相互联系，这些中间代谢产物称为糖代谢的交汇点。如在缺氧的条件下，葡萄糖分解形成丙酮酸转变为乳酸；在氧供应充足的条件下，葡萄糖分解形成丙酮酸进入线粒体彻底氧化分解为二氧化碳和水。糖代谢的主要交汇点为6－磷酸葡萄糖、3－磷酸甘油醛、丙酮酸，其中6－磷酸葡萄糖是糖各条代谢途径交汇点上的化合物，连接糖的有氧氧化、糖酵解、磷酸戊糖、糖原合成、糖原分解、糖异生6条代谢途径。

（三）有氧氧化的调节

在有氧氧化的三个阶段中，糖酵解途径的调节前面已述，这里主要叙述丙酮酸脱氢酶复合体的调节及三羧酸循环的调节。

1. 丙酮酸脱氢酶复合体的调节 丙酮酸脱氢酶复合体可以通过变构效应和共价修饰两种方式进行快速调节，其活性受反应产物乙酰 CoA 及 $NADH + H^+$ 的反馈抑制。当乙酰 CoA/HSCoA 或 $NADH + H^+/NAD^+$ 比例升高时，酶活性被抑制。这两种情况常见于饥饿和大量脂肪酸被动员利用时，这时大多数组织器官的糖有氧氧化被抑制，主要利用脂肪酸作为能量来源，以减少葡萄糖的消耗，确保脑等重要组织对葡萄糖的需要。ATP 也对丙酮酸脱氢酶复合体有抑制效应，AMP 是其激活剂。丙酮酸脱氢酶激酶可催化丙酮酸脱氢酶复合体的丝氨酸被磷酸化，引起酶蛋白变构而失去活性。丙酮酸脱氢酶磷酸酶则使其去磷酸化而恢复活性。乙酰 CoA 和 $NADH + H^+$ 也可通过间接增强丙酮酸脱氢酶激酶的活性而使丙酮酸脱氢酶失活。而胰岛素则是一种可促进丙酮酸脱氢酶去磷酸化的激素。

2. 三羧酸循环的速率和流量的调控 在三羧酸循环中存在的三个不可逆反应，是主要的调节位点。它们分别由柠檬酸合酶、异柠檬酸脱氢酶和 α－酮戊二酸脱氢酶复合体催化。有证据表明，异柠檬酸脱氢酶和 α－酮戊二酸脱氢酶复合体在调节三羧酸循环中承担着更为重要的作用。$NADH + H^+/NAD^+$、ATP/ADP 比率高时会反馈抑制这两个酶的活性，ADP 还是异柠檬酸脱氢酶的变构激活剂。另外，当线粒体内 Ca^{2+} 浓度升高时，Ca^{2+} 不仅可与异柠檬酸脱氢酶和 α－酮戊二酸脱氢酶结合，降低其底物的 K_m 值而使酶激活；也可激活丙酮酸脱氢酶复合体，从而促进三羧酸循环和有氧氧化的进行。

三、磷酸戊糖途径

体内葡萄糖除氧化供能外，还存在其他分解代谢途径。磷酸戊糖途径（pentose phospho pathway）就是另一种重要途径，其目的是合成细胞所需要的特殊生物分子。磷酸戊糖途径是以6－磷酸葡萄糖为起始物，直接氧化脱羧生成磷酸戊糖和 $NADPH + H^+$，再经异构反应及中间代谢物分子之间的转酮醇基、转醛醇基反应，最终生成糖酵解途径的中间物3－磷酸甘油醛和6－磷酸果糖，故又称磷酸戊糖旁路。磷酸戊糖途径主要在肝、脂肪组织、泌乳期乳腺、肾上腺皮质、睾丸、红细胞及中性粒细胞的细胞质中进行，主要用途是提供磷酸核糖和 $NADPH + H^+$。

（一）磷酸戊糖途径的反应过程

磷酸戊糖途径可分为两个阶段，第一阶段是不可逆的氧化阶段；反应特点是两次脱氢反应，形成一分子5－磷酸核糖和两分子 NADPH；第二阶段是可逆的非氧化反应，包括一系列基团转移反应。

1. 氧化阶段 6－磷酸葡萄糖在6－磷酸葡萄糖脱氢酶（glucose－6－phosphate dehydrogenase，G－6－PDH）催化下脱氢氧化成6－磷酸葡萄糖酸内酯，后者在内酯酶（lactonase）催化

下生成6－磷酸葡萄糖酸，继而在6－磷酸葡萄糖酸脱氢酶催化下氧化脱羧生成5－磷酸核酮糖。上述两个脱氢酶的辅酶均为 $NADP^+$，接受H而生成 $NADPH+H^+$。其中，6－磷酸葡萄糖脱氢酶是该反应途径中催化不可逆反应的关键酶，其性质决定了6－磷酸葡萄糖进入此途径的流量。它对 $NADP^+$ 有高度特异性，对 NAD^+ 的 K_m 值为 $NADP^+$ 的1000倍。$NADPH+H^+/NADP^+$ 比值的变化可快速调节6－磷酸葡萄糖脱氢酶的活性和 $NADPH+H^+$ 的产生。

2. 非氧化阶段 该阶段是一条转换途径，氧化阶段的产物5－磷酸核酮糖经异构化反应转变为5－磷酸核糖或5－磷酸木酮糖。后两者再经转酮醇基、转醛醇基等一系列基团转移反应，生成6－磷酸果糖和3－磷酸甘油醛，后者可进入糖酵解途径继续代谢。

6-磷酸葡萄糖 —(6-磷酸葡萄糖脱氢酶；$NADP^+$ → $NADPH+H^+$)→ 6-磷酸葡萄糖酸内酯 —(H_2O；6-磷酸葡萄糖酸内酯酶)→ 6-磷酸葡萄糖酸

—(6-磷酸葡萄糖酸脱氢酶；$NADP^+$ → CO_2，$NADPH+H^+$)→ 5-磷酸核酮糖 ⇌(异构酶) 5-磷酸核糖

磷酸戊糖途径可归纳为图7－8。

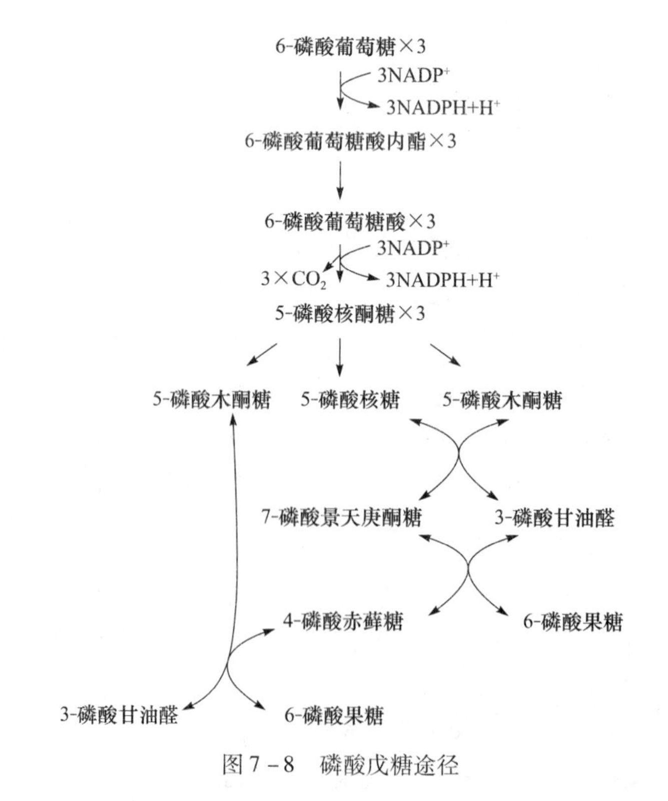

图7－8 磷酸戊糖途径

上述两阶段的反应可以看成3分子6-磷酸葡萄糖经过磷酸戊糖途径生成3分子CO_2、6分子$NADPH+H^+$、2分子6-磷酸果糖和1分子3-磷酸甘油醛，反应式为：

$$3\times6-\text{磷酸葡萄糖}+6NADP^+\rightarrow2\times6-\text{磷酸果糖}+3-\text{磷酸甘油醛}+6NADPH+6H^++3\times CO_2$$

（二）磷酸戊糖途径的生理意义

磷酸戊糖途径的主要意义是为机体提供5-磷酸核糖和$NADPH+H^+$。

1. 提供5-磷酸核糖作为体内合成核苷酸和核酸的原料 磷酸戊糖途径是体内的5-磷酸核糖的主要供应途径。在一些增殖旺盛或损伤后修补再生能力强的组织（如肝和心肌），由于细胞核酸合成旺盛，对核苷酸合成的原料5-磷酸核糖需求量相对较大，所以磷酸戊糖途径比较活跃。葡萄糖既可经氧化阶段生成磷酸核糖，也可通过糖酵解途径的中间代谢物3-磷酸甘油醛和6-磷酸果糖通过非氧化阶段的基团转移反应而生成磷酸核糖。通过这条代谢途径，还能将体内戊糖和己糖的代谢互相联系起来。

2. 提供$NADPH+H^+$作为供氢体参与多种代谢反应

（1）作为体内多种合成代谢的供氢体 如脂肪酸、胆固醇、类固醇激素等合成所需的氢原子均由$NADPH+H^+$提供。高糖饮食时肝中6-磷酸葡萄糖脱氢酶含量明显增多（可增加10倍），以提供脂肪酸合成所需的$NADPH+H^+$。

（2）参与体内羟化反应 肝细胞内质网含有以$NADPH+H^+$为供氢体的羟化酶系，该酶系与体内激素灭活及药物、毒物等非营养物质的生物转化作用有关（见第十九章）。

（3）维持体内谷胱甘肽还原状态 $NADPH+H^+$是谷胱甘肽还原酶的辅酶，参与氧化型谷胱甘肽（GSSG）转化为还原型谷胱甘肽的反应，维持机体还原型谷胱甘肽（GSH）的正常含量。GSH具有抗氧化作用，它能保护血红蛋白、酶和膜蛋白上的巯基免受氧化损伤，可清除脂质过氧化物（LOOH）和H_2O_2（详见第六章），维持细胞特别是红细胞的完整性。这些作用对于保护红细胞的正常功能和寿命具有重要意义。有些人群缺乏6-磷酸葡萄糖脱氢酶，导致体内磷酸戊糖途径生成的NADPH不足，GSH缺乏，红细胞容易受氧化剂破坏而发生溶血，出现急性氧化性溶血。由于常在食用蚕豆后发病，故称为蚕豆病（favism）。

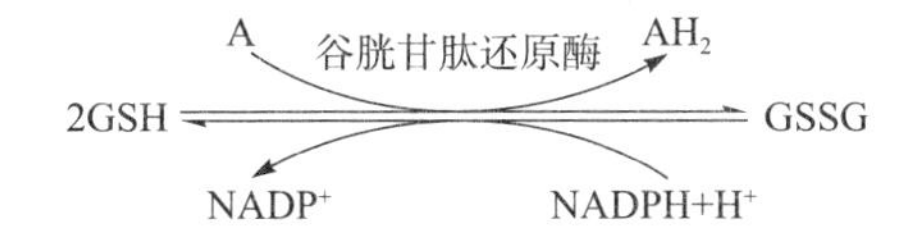

案例1分析讨论

蚕豆病是由于G-6-PDH缺乏者进食新鲜蚕豆或接触蚕豆花粉、服用抗疟或磺胺药物等引起的急性溶血性贫血。临床表现以贫血、血红蛋白尿（浓茶色或酱油样）、黄疸为主，本病常起病突然，自然转归一般呈良性经过。本病以3岁以下小儿多见，男性显著多于女性。

本案例患儿为2岁女孩，有进食蚕豆史，发病迅速，出现贫血、血红蛋白尿、黄疸。实验室检查示RBC和Hb下降；未结合胆红素明显升高，结合胆红素不高；尿胆素原明显升高，尿胆红素阴性，符合溶血性贫血的改变，基本可诊断。

如需进一步确诊可进行红细胞G-6-PDH活性检测。蚕豆病患者G-6-PDH活性下降或缺乏，该指标可作为蚕豆病的确诊依据之一。某些具有氧化作用的外源性物质（如蚕豆、抗疟药、磺胺药等），可使机体产生较多的 H_2O_2。正常人由于 G－6－PDH 活性正常，服用蚕豆或药物时，可通过增强磷酸戊糖途径，生成较多 NADPH＋H^+ 而增加 GSH 含量，可及时清除对红细胞有破坏作用的 H_2O_2，不会出现溶血。但遗传性 G－6－PDH 缺乏者，其磷酸戊糖途径不能正常进行，NADPH＋H^+ 缺乏或不足，导致 GSH 生成量减少，由于平时机体产生的 H_2O_2 等物质并不多，故不会发病，与正常人无异。但当服用蚕豆或药物时，机体中的 GSH 不能及时清除过多生成的 H_2O_2，后者可破坏红细胞膜而发生溶血，从而诱发急性溶血性贫血。

第四节　糖原合成与分解

糖原是哺乳动物贮存糖的主要形式，大多数贮藏于肝和肌肉细胞中，分别称为肝糖原和肌糖原。两种糖原的生理功能有很大不同，肝糖原是血糖的重要来源，肌糖原则主要供肌肉收缩所需。糖原的结构类似于支链淀粉，呈树枝状。在糖原分子中，相邻的葡萄糖残基之间以 α－1,4－糖苷键连接成 7～12 个葡萄糖单位组成的直链，又以 α－1,6－糖苷键相连形成分支。每个糖原分子只有一个末端葡萄糖残基保留有半缩醛羟基而具有还原性，称为还原端；其他的末端葡萄糖残基都没有半缩醛羟基，不具有还原性，称为非还原端。糖原在体内的合成与分解反应均从非还原端开始。

一、糖原的合成代谢

单糖在肝、肌肉等组织中可以合成糖原，该过程称为糖原合成（glycogenesis）。糖原合成具有储存葡萄糖和调节血糖浓度的作用。

由葡萄糖合成糖原的反应过程包括：

（一）葡萄糖磷酸化生成6－磷酸葡萄糖

糖原合成时，葡萄糖首先在己糖激酶（肝内为葡萄糖激酶）的作用下生成 6－磷酸葡萄糖。此步反应与糖酵解的第一步反应相同。

（二）6－磷酸葡萄糖转变为1－磷酸葡萄糖

6－磷酸葡萄糖在磷酸葡萄糖变位酶的催化下，生成 1－磷酸葡萄糖，为葡萄糖通过 α－1,4－糖苷键与糖原分子连接做准备，反应可逆。

（三）尿苷二磷酸葡萄糖的生成

1－磷酸葡萄糖与尿苷三磷酸（UTP）反应生成尿苷二磷酸葡萄糖（uridine diphosphate glucose，UDPG）和焦磷酸，催化反应的酶为 UDPG 焦磷酸化酶。

（四）UDPG 中的葡萄糖残基连接到糖原引物上

UDPG 中的葡萄糖残基在糖原合酶（glycogen synthase）催化下，以 α－1,4 糖苷键连接到已存在的糖原分子（又称糖原引物）某个分支的非还原端上，从而生成比原来多 1 分子葡萄糖残基的糖原分子。上述反应反复进行，可使糖原的糖链不断延长。这一过程中，UD-

NOTE

PG 可看做体内的“活性葡萄糖”，在体内充当葡萄糖供体。糖原合酶是糖原合成途径的关键酶。

$$G \xrightarrow[\text{ATP} \quad \text{ADP}]{\text{己糖激酶}} \text{G-6-P} \underset{}{\overset{\text{磷酸葡萄糖变位酶}}{\rightleftharpoons}} \text{G-1-P} \underset{\text{UTP} \quad \text{PPi}}{\overset{\text{UDPG焦磷酸化酶}}{\rightleftharpoons}} \text{UDPG} \xrightarrow[G_n \quad \text{UDP}]{\text{糖原合酶}} G_{n+1}$$

合成过程最初起引物作用的是糖原引物蛋白。这种蛋白分子量为 37kD，分子上带有一个由 α－1,4 糖苷键连接的寡聚葡萄糖分子。糖原引物蛋白具有催化功能，可催化 8 个葡萄糖单位连接到自身的酪氨酸残基上，形成糖原的核心。

（五）分支酶催化糖原不断形成新分支链

糖原合酶催化糖链长度达 12～18 个葡萄糖残基时，糖原分支酶（branching enzyme）将 6～7 个葡萄糖残基的糖链转移到邻近的糖链上，通过 α－1,6－糖苷键相连从而形成新分支。新分支点与邻近分支点的距离一般不少于 4 个葡萄糖残基。分支程度的增加一方面可增强糖原的水溶性，另一方面可增加非还原端的数目，有利于糖原的合成及分解代谢。分支酶的作用见图 7－9。

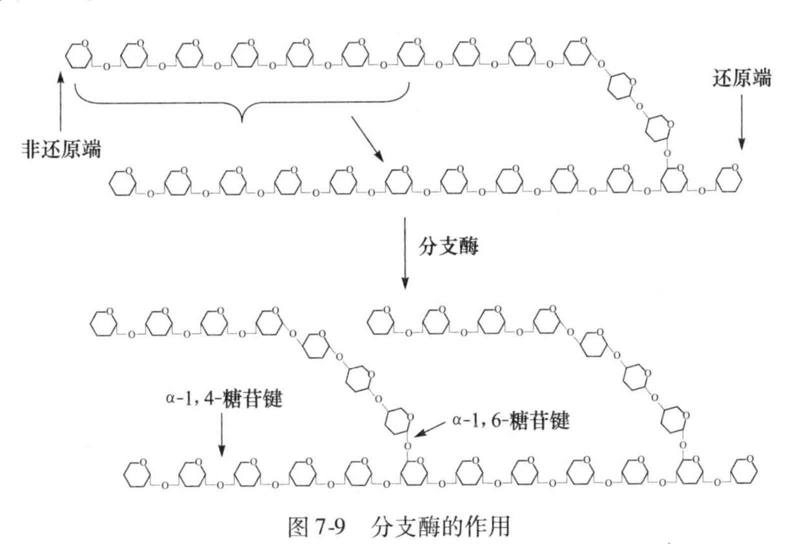

图 7-9　分支酶的作用

从葡萄糖合成糖原是耗能的过程，每增加 1 个葡萄糖单位共需消耗 2 分子 ATP。其中，葡萄糖磷酸化时消耗 1 分子 ATP，UDPG 的生成再消耗 1 分子 UTP（UDP＋ATP→UTP＋ADP）。

二、糖原的分解代谢

糖原分解（glycogenolysis）通常指肝糖原分解为葡萄糖的过程。其反应步骤如下：

（一）糖原磷酸化分解

1. 糖原分解为 1－磷酸葡萄糖　在糖原磷酸化酶（phosphorylase）的催化下，糖原非还原端的 α－1,4 糖苷键磷酸水解，生成 1－磷酸葡萄糖。此反应自由能变动较小，故反应可逆，但在生理状态下只能向糖原分解的方向进行。磷酸化酶是糖原分解过程的关键酶。

2. 6－磷酸葡萄糖的形成　在磷酸葡萄糖变位酶的催化下，1－磷酸葡萄糖转变为6－磷酸葡萄糖。

3. 6－磷酸葡萄糖水解生成葡萄糖　在葡萄糖－6－磷酸酶的催化下，6－磷酸葡萄糖水解为葡萄糖。葡萄糖－6－磷酸酶在肝细胞中活跃，但在肌肉中活性很低。所以肌糖原不能直接转变为葡萄糖，只有肝糖原可直接分解生成葡萄糖，补充血糖。

$$G_n \xrightarrow[\text{Pi}\quad G_{n-1}]{\text{磷酸化酶}} \text{G-1-P} \xrightarrow{\text{磷酸葡萄糖变位酶}} \text{G-6-P} \xrightarrow[\text{（肝）}\quad \text{Pi}]{\text{葡萄糖-6-磷酸酶}} \text{G}$$

（二）极限糊精的水解

当糖原分支上的糖链被磷酸化分解到剩下 4 个葡萄糖残基时，糖原的残余部分称为极限糊精。由于位阻效应，磷酸化酶不能继续发挥其作用。此时由脱支酶（debranching enzyme）将极限糊精 4 糖分支的 3 个葡萄糖残基转移到主链的非还原端，形成更长的糖链，以便磷酸化酶发挥其催化作用。同时分支点暴露的 α－1,6－糖苷键在脱支酶催化下水解，生成游离的葡萄糖和寡糖链，完成糖原分子的去分支过程（图 7－10）。在磷酸化酶和脱支酶的反复协调作用下，糖原可迅速被磷酸解和水解。通常所得产物 1－磷酸葡萄糖与游离葡萄糖之比为 12：1。

糖原合成与分解的全过程汇总于图 7－11。

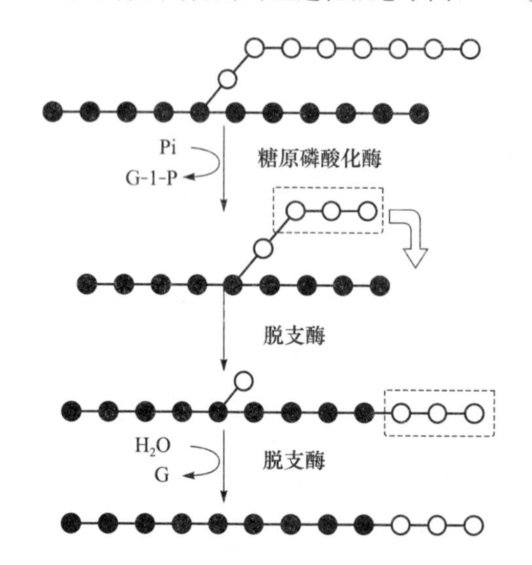

图 7－10　糖原磷酸化酶和脱支酶的作用

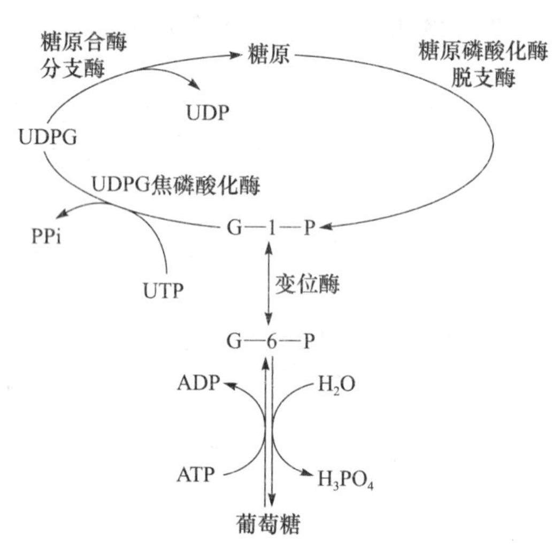

图 7－11　糖原合成与分解的过程

三、糖原合成与分解的生理意义

糖原合成与分解是维持机体血糖浓度相对恒定的重要途径。当饱食之后，糖原合成能力增强，可以将多余的糖转变为糖原储存在肝和肌肉；当血糖浓度低时（如空腹状态下）肝糖原分解为葡萄糖进入血液以补充血糖。另外，肝细胞将乳酸经糖异生途径来合成糖原，促进乳酸再利用。

四、糖原合成与分解的调节

在肌肉中糖原的合成与分解主要是为肌肉提供 ATP；在肝中糖原合成与分解主要是维持血糖浓度的相对恒定。糖原合成与分解不是简单的可逆过程，而是机体根据生理需求分别通过两条途径实现的，有利于进行精密调节。饥饿时，糖原分解加强，合成减少；饱食时，糖原合成加强，分解减弱。糖原合成和分解代谢的调节位点是两个代谢途径的关键酶，分别是糖原合酶与糖原磷酸化酶，它们活性的高低决定两条代谢途径的速率，从而影响糖原代谢的方向。二者的活性不会被同时激活或同时抑制，它们都受变构调节和共价修饰调节两种方式的快速调节，此外还受多种激素的调节。

（一）变构调节

糖原磷酸化酶和糖原合酶受体内多种代谢物的调节。6－磷酸葡萄糖既是糖原合酶的变构激活剂，加速糖原合成；同时又是磷酸化酶的变构抑制剂，可以抑制糖原分解。Ca^{2+}变构激活糖原磷酸化酶激酶，使磷酸化酶磷酸化而活化。AMP 是糖原磷酸化酶变构激活剂；ATP 和葡萄糖是磷酸化酶的变构抑制剂。

（二）化学修饰调节

1. 糖原磷酸化酶 糖原磷酸化酶以 a、b 两种形式存在。在糖原磷酸化酶激酶及 ATP 存在下，磷酸化酶 b 的丝氨酸残基经磷酸化修饰，转变成有活性的糖原磷酸化酶 a。糖原磷酸化酶 a 可在磷蛋白磷酸酶作用下使其丝氨酸残基脱去磷酸，成为无活性的糖原磷酸化酶 b。

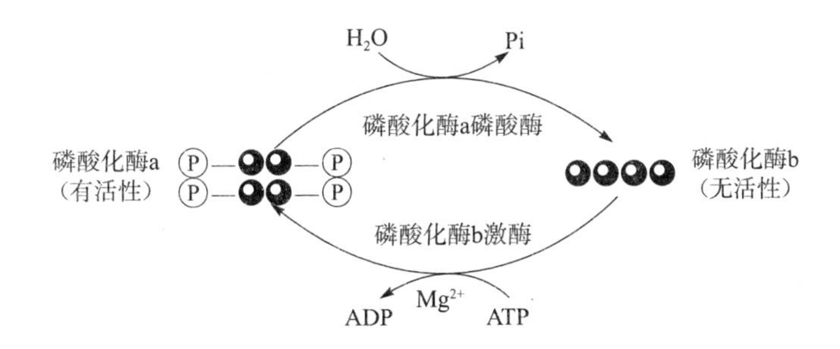

2. 糖原合酶 糖原合酶也存在 a、b 两种形式。糖原合酶 a 具有活性。糖原合酶 a 被磷酸化转变成无活性的糖原合酶 b。在磷蛋白磷酸酶的作用下，无活性的糖原合酶 b 脱磷酸转变为有活性的糖原合酶 a。

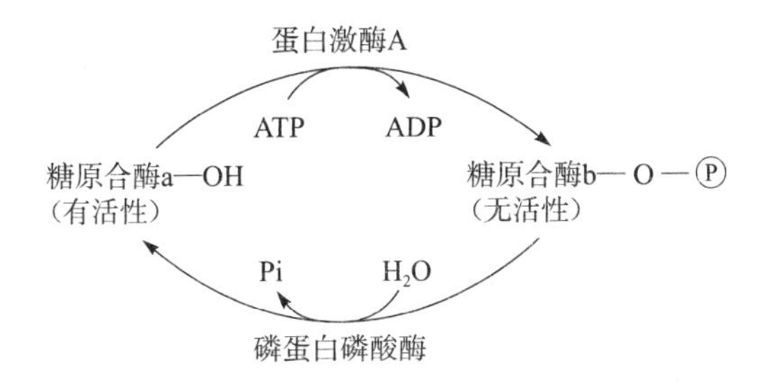

糖原磷酸化酶和糖原合酶的磷酸化均在依赖 cAMP 的蛋白激酶催化下，使酶分子中丝氨酸残基磷酸化。它们的脱磷酸均在磷蛋白磷酸酶催化下进行。糖原磷酸化酶和糖原合酶的活性在磷酸化与去磷酸化作用下相互调节，一个酶被激活，另一个酶活性则被抑制，二者不会同时被激活或同时被抑制。

（三）激素的调节

受肾上腺素（epinephrine）、胰高血糖素（glucagon）、胰岛素（insulin）等多种激素的调节。肾上腺素主要作用于肌肉；胰高血糖素、胰岛素主要调节肝中糖原合成和分解的平衡。当机体血糖浓度降低或剧烈活动时，胰高血糖素或肾上腺素分泌增加，致使细胞内 cAMP 水平升高，促进糖原分解。

肾上腺素或胰高血糖素通过 G 蛋白介导活化腺苷酸环化酶，使 cAMP 的浓度提高，进一步激活蛋白激酶 A，活化的蛋白激酶 A 一方面使无活性的磷酸化酶激酶 b 磷酸化成为有活性的糖原磷酸化酶激酶 a，后者进一步使无活性的糖原磷酸化酶 b 成为有活性的糖原磷酸化酶 a；另

一方面使有活性的糖原合酶磷酸化失活。最终结果是抑制糖原合成，促进糖原分解。激素对糖原合成与分解的调节可归纳为图 7－12。

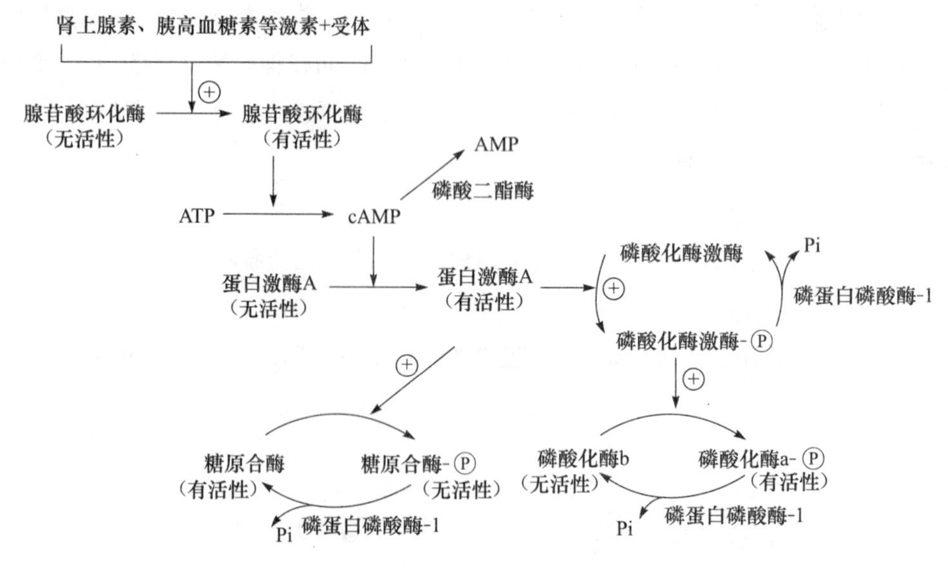

图 7－12 糖原合成与分解的调节

第五节 糖 异 生

由非糖化合物（如乳酸、甘油、丙酮酸、生糖氨基酸等）转变为葡萄糖或糖原的过程称为糖异生（gluconeogenesis）。这是禁食甚至长期饥饿下机体补充血糖的一个主要来源。机体内进行糖异生的主要器官是肝，肾在正常情况下糖异生能力较弱，但长期饥饿时可大为增强。

一、糖异生途径

（一）糖异生途径的反应过程

糖异生途径与糖酵解途径的多数反应可逆、共有。但糖酵解途径中由己糖激酶、6－磷酸果糖激酶－1 和丙酮酸激酶三个关键酶所催化的反应过程均有相当大的能量变化。如果这些反应逆行，就会由于需要吸收相等量的能量而难以进行，即存在“能障”。这种“能障”的存在使得在糖异生过程中必须绕过这三个不可逆反应。

己糖激酶（或葡萄糖激酶）和 6－磷酸果糖激酶－1 所催化的 2 个反应的逆过程，分别由葡萄糖－6－磷酸酶（glucose－6－phosphatase）和果糖二磷酸酶－1（fructose bisphosphatase－1）催化。上述由不同的酶催化的单向反应使两种底物彼此相互转化，称为底物循环（substrate cycle），见图 7－13。

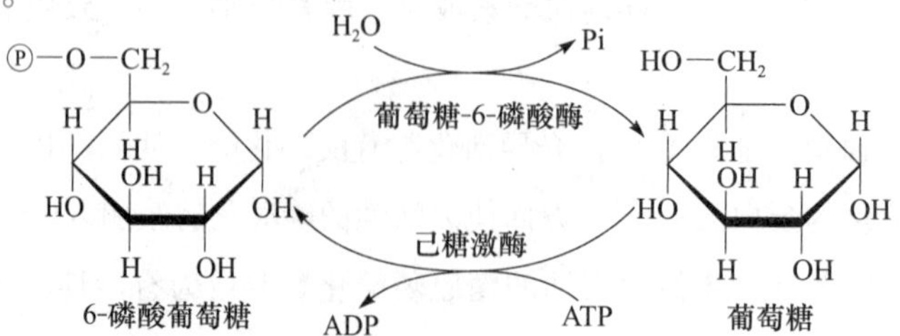

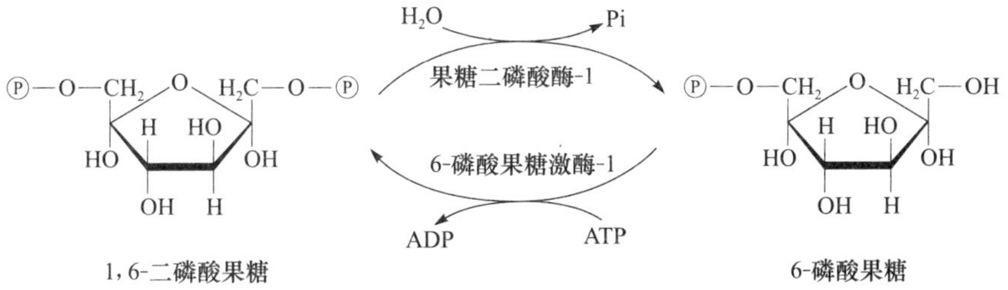

图 7－13 底物循环

丙酮酸激酶所催化的不可逆反应由丙酮酸羧化支路（pyruvate carboxylation shunt）来绕过。丙酮酸羧化支路是由丙酮酸羧化酶（pyruvate carboxylase）和磷酸烯醇式丙酮酸羧激酶（phosphoenolpyruvate carboxykinase，PEPCK）催化的两步反应所构成。它是一个耗能的循环反应，是许多物质在体内进行糖异生的必由之路（图 7－14）。

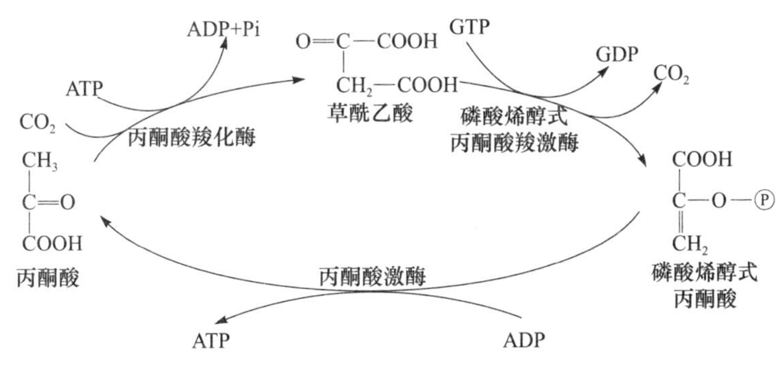

图 7－14 丙酮酸羧化支路

丙酮酸羧化酶存在于细胞的线粒体内，在 CO_2 和 ATP 参与下，以生物素为辅酶，将丙酮酸羧化成草酰乙酸，这是体内草酰乙酸的重要来源之一。而磷酸烯醇式丙酮酸羧激酶在 GTP 参与下，催化草酰乙酸转变为磷酸烯醇式丙酮酸。该反应在人肝细胞质和线粒体内均可进行，但胞质中此酶的活性约为线粒体中的 2 倍。饥饿时此酶活性升高，有利于糖异生的进行。

（二）糖异生过程中物质的跨线粒体内膜运输

线粒体内膜对各种物质的跨膜运输有严格的选择性，大部分物质都不能自由透过，需要依赖膜上的特殊载体进行运输。糖异生途径中的关键中间产物——草酰乙酸不能自由透过线粒体内膜。线粒体中的草酰乙酸必须由苹果酸脱氢酶催化加氢生成苹果酸，而后由苹果酸－α－酮戊二酸转运体转运到细胞质中，再由苹果酸脱氢酶催化脱氢重新生成草酰乙酸（图 7－15）。此外，糖异生途径各关键酶的细胞定位不同，也使丙酮酸羧化支路的反应步骤更加复杂。糖异生途径可归纳如图 7－15 所示。

二、糖异生的生理意义

（一）维持血糖浓度恒定

糖异生作用最重要的生理意义是在空腹或饥饿状态下保持血糖浓度的相对恒定，这对于主要利用葡萄糖供能的组织尤为重要。如脑组织主要利用葡萄糖供能，不能利用脂肪酸，而安静状态的正常成人脑组织每天消耗葡萄糖约 120g。此外，肌肉组织、血细胞、肾髓质和视网膜等每天消耗葡萄糖 70～80g。仅这几种组织的耗糖量就超过 200g，整个机体的葡萄糖消耗量更

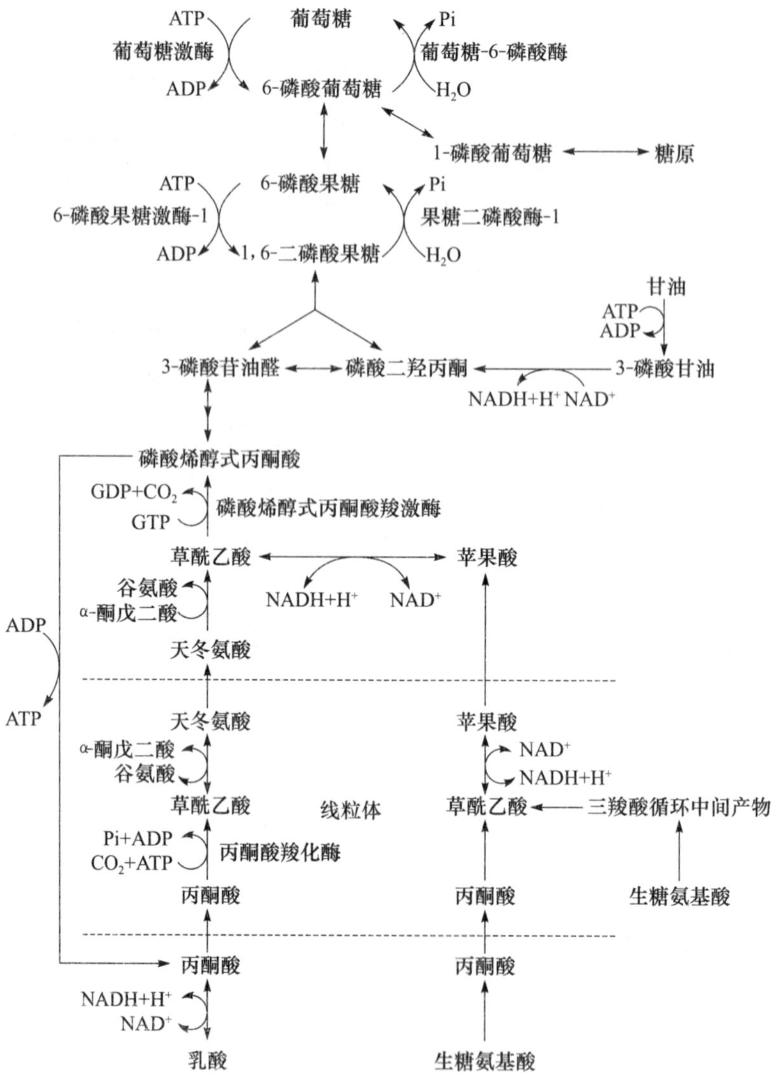

图7－15　糖异生途径

多。而正常成人体内肝糖原只有150g左右，若仅靠肝糖原维持血糖浓度，最多仅维持12小时，因此必须通过糖异生获得葡萄糖，以维持血糖浓度的恒定。通过该途径，即使禁食数周，血糖浓度仍可维持3 mmol/L（70 mg/dL）左右。

（二）参与体内氨基酸的转化与储存

大多数氨基酸可以通过脱氨基等分解代谢产生α－酮酸，随后可通过糖异生途径生成葡萄糖或是进一步合成糖原。因此，食物中的氨基酸可以转化为糖在体内贮存。

（三）参与乳酸的回收利用，防止代谢性酸中毒

在一些生理或病理性缺氧情况下，肌糖原酵解产生大量乳酸。乳酸通过血液循环转运至肝，再通过糖异生途径合成葡萄糖或糖原。这样可实现体内乳酸的再利用，避免浪费，防止发生代谢性酸中毒，促进糖原的更新。

三、乳酸循环

在缺氧情况下（如剧烈运动、呼吸或循环衰竭等），肌肉中糖酵解增强生成大量乳酸，乳酸通过细胞膜弥散入血并运送至肝，通过糖异生作用合成肝糖原或葡萄糖，葡萄糖再释入血液

被肌肉摄取，如此构成一个循环，称为乳酸循环（lactate cycle），也称为Cori循环（图7－16）。乳酸循环是耗能的过程，2分子乳酸异生成葡萄糖需消耗6分子ATP。乳酸循环的形成是由于肝和肌肉组织中酶的特点所致。肝内含有较多糖异生途径的酶类，糖异生能力强，可将乳酸异生成葡萄糖并补充血糖；而肌肉除了糖异生能力低外，葡萄糖－6－磷酸酶的含量也极低，肌糖原分解产生的6－磷酸葡萄糖不能转化为葡萄糖，无法补充血糖，也不能将酵解产生的乳酸回收利用。

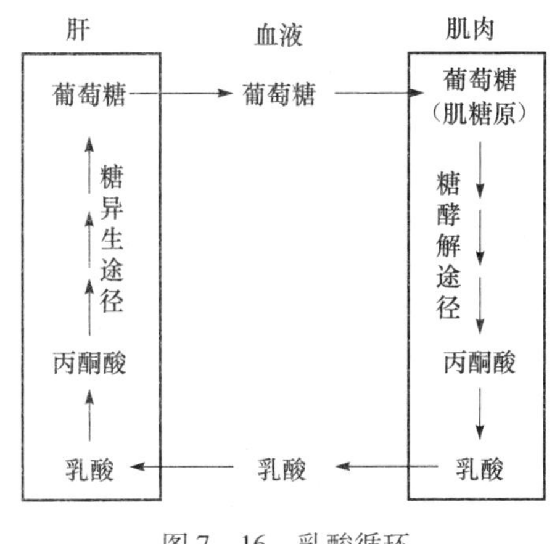

图7－16　乳酸循环

因此该循环的生理意义在于实现体内乳酸的再利用，防止发生乳酸酸中毒；促进肝糖原的不断更新。

四、糖异生的调节

糖异生途径主要有丙酮酸羧化酶、磷酸烯醇式丙酮酸羧激酶、果糖二磷酸酶－1和葡萄糖－6－磷酸酶4个关键酶，它们都受多种因素的影响和调节。

（一）代谢物对糖异生的调节

1. 代谢物对糖异生的调节　果糖二磷酸酶－1是变构酶，AMP、2,6－二磷酸果糖是其强烈抑制剂；而ATP、柠檬酸则是其激活剂。此外乙酰CoA与草酰乙酸缩合生成的柠檬酸由线粒体进入胞液中，可抑制6－磷酸果糖激酶－1，使果糖二磷酸酶－1活性升高，促进糖异生。

2. 糖异生原料对糖异生的调节　饥饿情况下，脂肪动员增加，组织蛋白质分解加强，血液中甘油和氨基酸水平增高；激烈运动时血乳酸含量剧增，这些糖异生原料的增加可促进糖异生作用。

3. 乙酰CoA对糖异生的影响　细胞内乙酰CoA的含量决定了丙酮酸代谢的方向。脂肪酸氧化分解产生的大量乙酰CoA可以抑制丙酮酸脱氢酶复合体，使细胞内丙酮酸大量蓄积，其一方面为糖异生提供了充足的原料，另一方面又可激活丙酮酸羧化酶，加速丙酮酸生成草酰乙酸，增强糖异生作用。

（二）激素对糖异生的调节

激素对糖异生调节的实质是调节糖异生和糖酵解两个途径关键酶的活性。胰高血糖素可激活腺苷酸环化酶，从而使cAMP生成增加，进而激活依赖cAMP的蛋白激酶A；后者使丙酮酸激酶磷酸化，使其活性降低，阻止磷酸烯醇式丙酮酸转变成丙酮酸，从而加速糖异生。2,6－二磷酸果糖是果糖二磷酸酶－1的变构抑制剂，胰高血糖素可以降低肝内2,6－二磷酸果糖的浓度，促进糖异生。胰岛素则相反。

第六节　血糖及其调节

血液中的葡萄糖称为血糖（blood sugar），是糖在体内的运输形式。正常人空腹血糖（fasting plasma glucose，FPG）浓度相对恒定，维持在3.89～6.11mmol/L（葡萄糖氧化酶法）。正常人血糖浓度随生理状态变化会有所波动，饭后或大量摄入糖后血糖浓度升高，但很快可恢复正常（约2小时）；短期不进食，血糖浓度会有所下降，但经体内调节也能维持在正常水平。这对保证人体各组织器官特别是主要利用葡萄糖供能的大脑正常功能的发挥极为重要。

一、血糖的来源和去路

血糖的来源有：①食物中的糖类经消化吸收转化成葡萄糖，并进入血液，这是血糖的主要来源；②肝糖原分解为葡萄糖入血，这是空腹时血糖的直接来源；③非糖物质如甘油、乳酸和大多数氨基酸可以在肝、肾组织通过糖异生作用转变为葡萄糖，随后进入血液补充血糖。

血糖的去路有：①进入各组织细胞中氧化分解供能，生成 CO_2 和 H_2O，这是血糖的主要去路；②在肝、肌肉等组织中合成糖原储存；③转变为非糖物质或其他糖类，如脂肪、多种有机酸、非必需氨基酸、核糖、脱氧核糖等；④血糖浓度过高（>8.9mmol/L）时，超过肾小管对葡萄糖的重吸收能力，可随尿液排出体外。

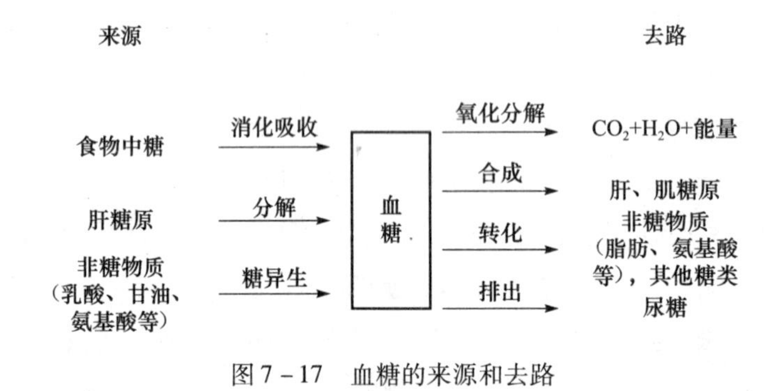

图7－17　血糖的来源和去路

二、血糖的调节机制

正常人体内的血糖浓度能维持在相对恒定的范围内是由于体内具有高效的调节机制，能有效调节血糖的来源和去路，使之处于动态平衡状态（图7－17）。这一结果实际上是体内各组织器官中各条糖代谢途径（包括糖酵解、糖有氧氧化、糖原合成和分解及糖异生作用等）相互协同的结果。肝是调节血糖的主要器官。高等动物体内的神经系统和激素则通过协调体内各组织器官糖代谢，参与血糖的调节。

（一）肝的调节作用

肝是维持血糖浓度的最主要器官，对血糖浓度的变化极为敏感。进食后血糖浓度升高，肝细胞合成糖原的能力增强，糖异生作用减弱，避免过多的葡萄糖进入血液；饥饿时血糖浓度降低，肝糖原分解和糖异生作用均加强，促进葡萄糖释放入血，以补充血糖。除肝外，肾重吸收葡萄糖，心、肌肉、脂肪等外周组织对糖摄取和利用对血糖浓度也有相当的影响。

（二）激素对血糖浓度的调节作用

体内各种激素相互协调、相互制约，通过调节糖代谢的各主要途径共同调节血糖浓度。其中最重要的是胰岛素和胰高血糖素；肾上腺素主要在机体应激状态下发挥作用；肾上腺皮质激素、生长素等都可影响血糖水平，但在生理性调节中仅居次要地位。

1. 胰岛素 胰岛素可促进体内糖原、脂肪和蛋白质的合成，是由胰岛β细胞分泌的体内唯一降低血糖的激素。胰岛素的分泌受血糖浓度的影响，血糖浓度升高立即引起胰岛素分泌，血糖浓度降低，胰岛素分泌减少。胰岛素降低血糖是多方面综合作用的结果：①胰岛素促进肌肉、脂肪组织等细胞摄入葡萄糖；②胰岛素可降低细胞内 cAMP 水平，增强糖原合酶活性、降低糖原磷酸化酶活性，促进糖原合成、抑制糖原分解；③胰岛素可激活丙酮酸脱氢酶复合体，加速糖的有氧氧化；④胰岛素可减少肝中糖异生的原料，抑制肝内糖异生作用；⑤胰岛素可抑制脂肪动员，促进肝、肌肉、心肌等组织中葡萄糖的氧化，加快葡萄糖的利用速率。

2. 胰高血糖素 胰高血糖素由胰岛α细胞分泌，能升高血糖浓度。血糖浓度降低或血中氨基酸含量升高可刺激胰高血糖素分泌。它调节血糖的机制是：①通过抑制糖原合酶活性，激活糖原磷酸化酶，促进肝糖原分解，升高血糖浓度；②降低细胞内变构激活剂6-磷酸果糖激酶-1的水平，诱导磷酸烯醇式丙酮酸羧激酶的合成，抑制丙酮酸激酶的活性，从而抑制糖酵解，促进糖异生作用；③促使肝细胞摄取氨基酸，为糖异生提供原料；④激活脂肪组织中激素敏感性脂肪酶，加速脂肪动员，提高脂肪酸水平。⑤抑制周围组织摄取葡萄糖从而间接地升高血糖浓度。

3. 肾上腺素 肾上腺素是强有力的升高血糖的激素。肾上腺素升高血糖的机制是：①通过激活糖原磷酸化酶而加速糖原分解。肝中肝糖原分解可直接补充血糖，而肌糖原酵解产生的乳酸可以经乳酸循环间接地升高血糖浓度。②与肝细胞膜受体结合，通过依赖 cAMP 蛋白激酶系统的作用，增强果糖二磷酸酶-1活性，抑制6-磷酸果糖激酶-1的活性，从而增强糖异生抑制糖酵解反应。

4. 糖皮质激素 肾上腺皮质分泌的皮质醇等对体内糖、氨基酸和脂类代谢的作用较强，对水和无机盐代谢影响很弱，故称为糖皮质激素或糖皮质类固醇。糖皮质激素可引起血糖升高，肝糖原增加。

从上述激素对血糖水平的调节作用可以看出，血糖水平的相对恒定，不仅是体内糖、脂、氨基酸代谢协调的结果，也是胰腺、肝、肾、肌肉、脂肪等各组织器官代谢协调的结果。

表7-3 激素对血糖浓度的调节

类别	激素	作用机制
降低血糖的激素	胰岛素	1. 促进肌肉、脂肪组织等细胞摄入葡萄糖
		2. 促进葡萄糖的有氧氧化
		3. 促进糖原合成、抑制糖原分解
		4. 促进葡萄糖转化为脂肪，抑制脂肪分解
		5. 抑制肝糖异生作用
升血糖的激素	胰高血糖素	1. 抑制肝糖原合成，促进肝糖原分解
		2. 促进糖异生作用
		3. 促进脂肪动员，减少糖的利用
	糖皮质激素	1. 促进肌肉蛋白分解，加速糖异生
		2. 抑制肝外组织摄取利用葡萄糖
	肾上腺素	1. 促进糖异生
		2. 促进糖原分解、肌糖原酵解

NOTE

三、血糖代谢紊乱

（一）高血糖

空腹血糖浓度高于7.0mmol/L时称为高血糖（hyperglycemia）。正常成人在一些生理情况下，如情绪激动时，交感神经兴奋或一次性大量摄入葡萄糖等均可使血糖浓度暂时性升高，当血糖浓度超过肾糖阈（8.9～10.0mmol/L）时则可出现糖尿，分别称为情感性和饮食性糖尿。病理性高血糖和糖尿则常见于内分泌功能紊乱，其中以糖尿病最多见。

案例2分析讨论

糖尿病是由胰岛素绝对或相对缺乏或胰岛素抵抗所致的一组糖、脂和蛋白质代谢紊乱综合征，其中以高血糖为特征。其典型的症状为“三多一少”，即多饮、多食、多尿、体重减轻。但许多2型糖尿病患者早期常无明显症状，在普查、健康检查或检查其他疾病时偶然发现，不少患者甚至以各种急性或慢性并发症就诊。

2017年美国糖尿病学会（ADA）推荐的糖尿病诊断标准：①糖化血红蛋白（HbAlc）≥6.5%，HbA1c反映取血前8～12周的平均血糖状况；②具有典型症状，FPG≥7.0mmol/L或随机血糖≥11.1mmol/L或OGTT 2小时血糖≥11.1mmol/L；③无典型症状，仅FPG≥7.0mmol/L或随机血糖≥11.1mmol/L或OGTT 2小时血糖≥11.1mmol/L，应再重复一次，仍达以上值者，可确诊为糖尿病。

本病例初步诊断为糖尿病，诊断依据是：①具有糖尿病“三多一少”典型症状；②空腹血糖8.2mmol/L，尿糖（+）。

为确定诊断可进一步做OGTT或HbA1c检查。预计该患在OGTT中2小时血糖可达到或者超过11.1mmol/L。

（二）低血糖

空腹血糖浓度低于3.3mmol/L时为低血糖（hypoglycemia）。血糖是大脑能量的主要来源，低血糖时脑组织首先出现反应，表现出脑昏迷（低血糖性昏迷），重者甚至死亡。引起低血糖的原因有：①糖摄入不足或吸收不良；②持续重体力劳动等引起的组织细胞对糖的消耗量过多；③严重肝疾病；④临床治疗时使用胰岛素过量；⑤胰岛β细胞功能亢进，胰岛α细胞功能低下，肾上腺皮质机能低下等。

（三）糖耐量试验

机体处理所给予葡萄糖的能力称为葡萄糖耐量（glucose tolerance）或耐糖现象。口服葡萄糖耐量试验（oral glucose tolerance test，OGTT）是临床上检查糖代谢的常用方法。

糖耐量试验方法是受试者测定空腹血糖浓度后，一次性进食75g葡萄糖，在给糖后0.5、1、2和3小时分别测定血糖浓度。通常正常人口服75g葡萄糖后30～60分钟血糖浓度达高峰，其峰值一般不超过9.0mmol/L，在90～120分钟时回到正常水平。如FPG为3.0～6.0mmol/L，OGTT 2小时血糖<7.7mmol/L，则为正常糖耐量；如FPG为6.1～7.0mmol/L，OGTT 2小时血糖7.8～11.1mmol/L，为糖耐量减低（impaired glucose tolerance，IGT）；FPG为5.6～7.0mmol/L，OGTT 2小时血糖<7.8mmol/L，为空腹血糖调节受损（impaired fasting plasma glucose,

IFG)。糖尿病患者的 OGTT 2 小时血糖 >11.1mmol/L。

小结

糖是自然界一类重要的含碳化合物。其主要生物学功能是提供机体代谢的能源和碳源，也是组织和细胞的重要组成成分。食物中可被消化的糖主要是淀粉，它经过消化道中一系列酶的消化作用，最终生成葡萄糖，在小肠被吸收。糖的吸收包括单纯扩散吸收、主动吸收和易化扩散吸收。

糖代谢包括分解代谢和合成代谢。其分解代谢途径主要有糖酵解、糖的有氧氧化及磷酸戊糖途径等。合成代谢有糖异生和糖原合成。

糖酵解是指机体在缺氧情况下，葡萄糖生成丙酮酸进而还原成乳酸的过程。糖酵解在胞质中进行，关键酶是己糖激酶（或葡萄糖激酶）、6-磷酸果糖激酶-1 和丙酮酸激酶。其生理意义是机体在缺氧情况下迅速提供能量。

糖的有氧氧化是指葡萄糖在有氧条件下彻底氧化生成 CO_2 和 H_2O，释放大量 ATP 的过程，是机体糖氧化供能的主要方式。其反应过程分三个阶段：第一阶段为葡萄糖分解为丙酮酸，在胞质中完成；第二阶段为丙酮酸进入线粒体氧化脱羧生成乙酰 CoA；第三阶段为三羧酸循环和氧化磷酸化。调节糖有氧氧化的关键酶包括己糖激酶或葡萄糖激酶、6-磷酸果糖激酶-1、丙酮酸激酶、丙酮酸脱氢酶复合体、柠檬酸合酶、异柠檬酸脱氢酶、α-酮戊二酸脱氢酶复合体。

葡萄糖经磷酸戊糖途径代谢产生磷酸核糖和 NADPH。前者是合成核苷酸的重要原料，后者作为供氢体参与多种代谢反应。其过程在胞质中进行，关键酶为6-磷酸葡萄糖脱氢酶。

糖原是体内糖的储存形式，主要储存在肝和肌肉中。肝糖原的合成有直接途径（由葡萄糖经 UDPG 合成糖原）和间接途径（由三碳化合物经糖异生合成糖原）。糖原分解习惯上是指肝糖原分解成为葡萄糖，这是空腹血糖的重要来源。肌糖原的合成是由葡萄糖经 UDPG 合成的；由于肌肉组织中缺乏葡萄糖-6-磷酸酶，肌糖原不能分解成葡萄糖，只能进行糖酵解或有氧氧化。糖原合成与分解的关键酶分别为糖原合酶及糖原磷酸化酶。

糖异生是指由非糖化合物转变为葡萄糖或糖原的过程。进行糖异生的主要器官是肝，其次为肾。糖酵解途径中 3 个关键酶所催化的反应是不可逆的，在糖异生途径中需由丙酮酸羧化酶、磷酸烯醇式丙酮酸羧激酶、果糖二磷酸酶-1 和葡萄糖-6-磷酸酶催化。糖异生的生理意义在于维持血糖浓度的相对恒定；补充肝糖原；长期饥饿时，肾糖异生增强有利于维持酸碱平衡。

血糖是指血中的葡萄糖，其正常水平相对恒定在 3.89 ~ 6.11mmol/L，这是血糖的来源和去路保持平衡的结果。血糖水平主要受多种激素调控。胰岛素具有降低血糖的作用，是唯一降低血糖的激素；而胰高血糖素、肾上腺素、糖皮质激素可升高血糖。当人体糖代谢障碍时可导致高血糖或低血糖。糖尿病是最常见的糖代谢紊乱疾病。

糖尿病与中医药

糖尿病在中医学中属于“消渴症”范畴。中医对糖尿病消渴的病因病理、临床表现、治则等都有了详细的记载和分析。在病因方面，认为本病的发生与过食肥甘、情志失调和烦劳过

度有密切关系，如《素问·奇病论》“其人数食甘美而多肥，肥者令人内热，甘者令人中满，故其气上溢，转为消渴”；《河间六书》有“耗乱精神，过违其度”之说。本病的特点是“三多”症状，有“消谷”（多食），“以饮一斗，小便一斗”（多饮、多尿）。中医对治疗糖尿病的基本疗法——控制饮食早有认识，把控制饮食的治疗方法，称“谷药”，又称作“真良药”。明代《古今医统》有治疗糖尿病消渴必须“薄滋味”的论述。

近年来中医药对治疗糖尿病有较多的研究。

（1）单味中药：降糖中药桑白皮的生物碱、女贞子的多糖等能够抑制 α-葡萄糖苷酶，从而延缓肠道对葡萄糖的吸收，延迟并降低餐后血糖，减轻餐后高血糖对胰岛 β 细胞的刺激作用；西洋参茎叶总皂苷可改善脂肪细胞胰岛素抵抗，促进葡萄糖转运体的转位；黄精多糖可显著改善“三多”症状，降低血糖、胰岛细胞凋亡率和 Caspase2 与 3 的表达；黄连小檗碱能显著改善游离脂肪酸诱导 HepG2 细胞的胰岛素抵抗，降低糖尿病模型大鼠空腹血糖，提高肝糖原合成、葡萄糖激酶活性及其蛋白表达，显著降低胰岛素抵抗模型大鼠的血清胰岛素水平、胰岛素抵抗指数、血清三酰甘油和游离脂肪酸水平及肿瘤坏死因子-α 的 mRNA 表达。

（2）中药复方：石斛合剂主要由石斛、黄芪、丹参、葛根、五味子、生地、知母等组成。基础研究显示，该方可明显改善糖尿病模型动物“三多一少”症状，降低模型动物的血糖、糖化血清蛋白，促进胰岛素分泌，降低胰高血糖素，抗氧化（升高 SOD、降低 LPO），改善胰岛组织形态结构等；进一步研究发现其可使糖尿病模型动物延后的血糖高峰前移，明显下调血游离脂肪酸、肿瘤坏死因子-α 水平及肠 α-葡萄糖苷酶活性，下调多种胰岛 β 细胞凋亡因子（Caspase3、Bax）表达，增加肠道 GLP-1 分泌，增加胰岛 β 细胞 GLP-1 R、GLUT2 基因及再生基因 PDX-1 表达，增加骨骼肌 GLUT4 表达，促进胰岛 β 细胞增生，减轻外周组织胰岛素抵抗等多种作用。临床上针对 2 型糖尿病患者（阴虚、气虚、血瘀及夹杂等不同证型），以石斛合剂为基础方随症加减，不仅可稳定患者血糖水平，改善患者腰酸、口渴、乏力、烦躁等多种证候，而且长期服用可稳定患者血糖水平，明显改善患者肝肾组织结构，取得满意的临床疗效。

NOTE

第八章　脂类代谢

【案例1】

患者，男，76岁，因“高血糖20余年，发热2天，神志不清2小时”入院。20余年前，体检发现血糖升高，空腹血糖均在12mmol/L以上，平素不规律服用降糖药及保健品。入院前2天，因受凉出现发热、全身乏力、食欲差等症状，查空腹血糖20mmol/L。2小时前家属发现患者神志不清，呼之不应，呼吸困难，查体发现呼气有“烂苹果味”，入院急诊。

体格检查：体温38℃，脉搏87次/分，血压93/58mmHg，呼吸深大，33次/分，神志不清。呼吸增强，双肺无干湿啰音。

实验室检查：血常规，白细胞（WBC）16.6×10^9/L；尿常规，尿酮体（3+），尿糖（2+）；随机血糖47.20mmol/L；血清HCO_3^- 3.5mmol/L，β-羟丁酸11.4mmol/L，乙酰乙酸4.8mmol/L，血钾5.12mmol/L，血钠138mmol/L。

问题讨论

1. 该病初步诊断是什么？
2. 本病发病的生化机制是什么？

【案例2】

患者，男，51岁，因“间歇性头昏3月，右上下肢麻木、无力2月”入院。3月前无明显诱因出现间歇性头昏、右下肢无力、走路不稳、无视物旋转及恶心、呕吐，休息2~3分钟症状可自行缓解。2月前，患者在下棋时突感右手麻木、无力，自觉右手指持棋子不灵活，5分钟后症状自行缓解。此后，右上下肢反复出现上述症状，10~20分钟后症状缓解。患者既往有高血脂病史2年，高血压病史2年，平时血压为150/100mmHg，未正规服药。吸烟25年（1包/日），饮酒20余年（4两/日）。

体格检查：右上肢血压为140/90mmHg，左上肢血压为140/100mmHg。患者神清，言语流利，对答切题。右侧颈动脉可闻及吹风样杂音。颅神经检查正常，四肢肌力V级。痛温觉、触觉检查正常，腱反射正常，病理反射未引出。

实验室检查：高密度脂蛋白胆固醇0.72mmol/L，低密度脂蛋白胆固醇4.60mmol/L。

影像学检查：①经颅多普勒超声（TCD）提示：双侧颈内动脉虹吸段、颈内动脉末端和大脑中动脉近端血流速度增快，频谱紊乱，见涡流信号，有杂音。双侧椎动脉血流速度略减慢，基底动脉血流信号减弱。②头部磁共振（MRI）提示：双侧基底节区及左额顶叶多发脑梗死病灶。③磁共振血管造影（MRA）提示：双颈内动脉虹吸段及双椎动脉颅内段均严重狭窄。④数字减影血管造影（DSA）提示：上述血管段狭窄70%以上。

NOTE

问题讨论

1. 该病初步诊断是什么？

2. 该病发病的生化机制是什么？

第一节 脂类的化学

一、概述

脂类（lipid）包括脂肪和类脂两大类。脂肪是由甘油和脂肪酸形成的甘油酯，类脂包括磷脂、糖脂和类固醇等。它们广泛存在于生物体内，是维持生命所必需的物质。各种脂类物质组成和结构差异很大，但具有以下共同特征：①难溶于水，易溶于乙醚、氯仿、丙酮及苯等非极性或弱极性有机溶剂；②具有酯的结构或成酯的可能；③能被生物体所利用，是构成生物体的重要成分。

二、脂肪

（一）脂肪的组成和结构

脂肪（fat）是由一分子甘油与三分子脂肪酸脱水生成的三脂酰甘油（triacylglycerol，TAG），简称三酰甘油，又称甘油三酯（triglyceride，TG）。脂肪包括油和脂，通常将熔点低、室温下呈液态的称为油（oil），如植物油；将熔点高、室温下呈固态的称为脂（fat），如动物脂肪。

如果脂肪分子中三个酰基相同，则称为单纯甘油酯；不同则被称为混合甘油酯。绝大多数天然脂肪属于混合甘油酯。

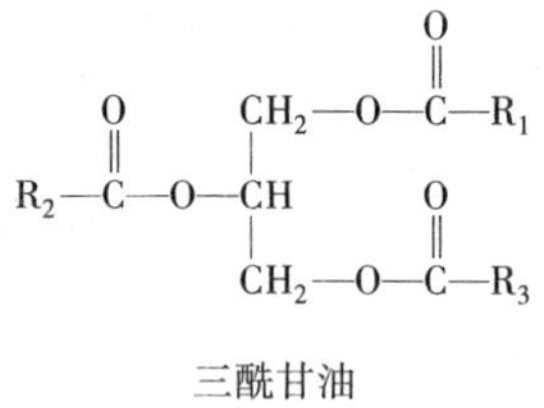

$$
\begin{array}{l}
\qquad\qquad\qquad\qquad CH_2-O-\overset{O}{\overset{\|}{C}}-R_1 \\
R_2-\overset{O}{\overset{\|}{C}}-O-CH \\
\qquad\qquad\qquad\qquad CH_2-O-\overset{O}{\overset{\|}{C}}-R_3
\end{array}
$$

三酰甘油

（二）脂肪酸

脂肪酸（fatty acid）是生物体内多种脂类分子（脂肪、甘油磷脂及胆固醇酯等）的重要结构单位，少量在体内游离存在。脂肪酸在体内能够氧化分解释放能量，供机体利用，是体内重要的供能物质。

1. 脂肪酸的结构 脂肪酸的分子式可写成 RCOOH，R 为烃基。生物体内的脂肪酸大多为含有偶数碳原子直链的一元羧酸，碳原子数目一般为 4～26，其中以 16 个碳原子和 18 个碳原子最为常见。如软脂酸（含有十六个碳原子的饱和脂肪酸）和硬脂酸（含有十八个碳原子的饱和脂肪酸）等。哺乳动物体内常见的脂肪酸见表 8－1。

NOTE

表8-1　哺乳动物体内常见的脂肪酸

类型	碳原子数	双键个数	名称	熔点（℃）	R基团
饱和脂肪酸	12	0	月桂酸	44	$CH_3(CH_2)_{10}$—
	14	0	豆蔻酸	52	$CH_3(CH_2)_{12}$—
	16	0	棕榈酸（软脂酸）	63	$CH_3(CH_2)_{14}$—
	18	0	硬脂酸	70	$CH_3(CH_2)_{16}$—
	20	0	花生酸	75	$CH_3(CH_2)_{18}$—
	22	0	山嵛酸	81	$CH_3(CH_2)_{20}$—
	24	0	掬焦油酸	84	$CH_3(CH_2)_{22}$—
不饱和脂肪酸	16	1	棕榈油酸	-0.5	$CH_3(CH_2)_5CH=CH(CH_2)_7$—
	18	1	油酸	13	$CH_3(CH_2)_7CH=CH(CH_2)_7$—
	18	2	亚油酸	-9	$CH_3(CH_2)_4(CH=CHCH_2)_2(CH_2)_6$—
	18	3	亚麻酸	-17	$CH_3CH_2(CH=CHCH_2)_3(CH_2)_6$—
	20	4	花生四烯酸	-49	$CH_3(CH_2)_4(CH=CHCH_2)_4(CH_2)_2$—

2. 脂肪酸的分类　生物体内大约存在100余种脂肪酸，它们碳链的长度、双键的数目及双键的位置均不同。根据其碳链长短分为短链（C_2～C_4）脂肪酸、中链（C_6～C_{10}）脂肪酸和长链（C_{12}～C_{26}）脂肪酸三大类；根据其碳链中是否含有双键分为饱和脂肪酸和不饱和脂肪酸两大类，在室温下饱和脂肪酸呈固态，不饱和脂肪酸呈液态。不饱和脂肪酸的碳-碳双键会出现顺反两种异构体，天然不饱和脂肪酸多为顺式结构。不饱和脂肪酸中根据分子中所含双键的数目分为单不饱和脂肪酸和多不饱和脂肪酸两大类。多不饱和脂肪酸中的亚油酸、亚麻酸和花生四烯酸是磷脂和胆固醇酯的重要组成成分之一，对于维持人体正常生命活动具有重要作用，但体内不能合成或合成量不足，必须由食物供给，因此被称为必需脂肪酸。

（三）脂肪的物理性质

纯净的脂肪是无色、无味的液体或固体。脂肪难溶于水，易溶于有机溶剂，密度低于水。天然脂肪大多数是混合物，因此没有固定的熔点和沸点。

（四）脂肪的化学性质

1. 水解和皂化　脂肪在酸、碱或脂肪酶的作用下水解生成甘油和脂肪酸的反应，称为水解反应，如图8-1所示。

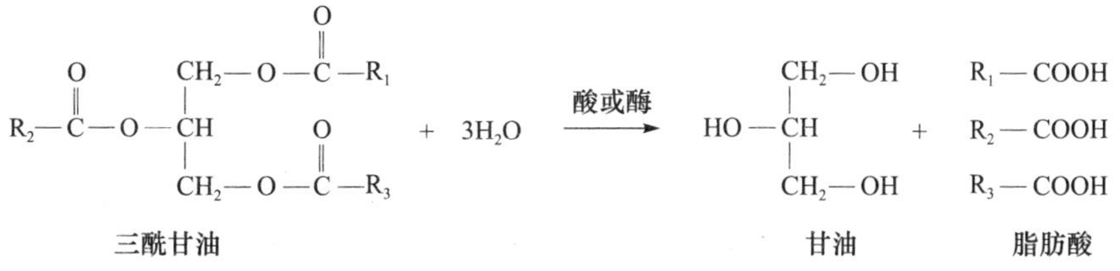

$$\underset{\text{三酰甘油}}{\begin{array}{l} CH_2-O-\overset{O}{\overset{\|}{C}}-R_1 \\ R_2-\overset{O}{\overset{\|}{C}}-O-CH \\ CH_2-O-\overset{O}{\overset{\|}{C}}-R_3 \end{array}} + 3H_2O \xrightarrow{\text{酸或酶}} \underset{\text{甘油}}{\begin{array}{l} CH_2-OH \\ HO-CH \\ CH_2-OH \end{array}} + \underset{\text{脂肪酸}}{\begin{array}{l} R_1-COOH \\ R_2-COOH \\ R_3-COOH \end{array}}$$

图8-1　脂肪的水解

如果用碱液水解脂肪，则生成1分子甘油和3分子脂肪酸盐（即肥皂），称为皂化反应。水解1g脂肪所需要的氢氧化钾的毫克数被称为皂化值。皂化值越大表示脂肪分子中脂肪酸的平均分子量越小。

2. 氢化和碘化　分子中含有不饱和脂肪酸的脂肪，在催化剂存在的条件下，碳-碳双键能够与氢或卤素发生加成反应，分别称为氢化反应和碘化反应。100g脂肪发生碘化反应时，

所消耗碘的克数称为碘值。碘值的高低反映脂肪分子中脂肪酸的不饱和程度，脂肪的碘值越大，不饱和程度就越高。一般植物油含有不饱和脂肪酸较多，所以碘值也较大。

3. 酸败作用 天然脂肪分子中含有碳－碳双键、酯键等不稳定化学键，若久置于潮湿、闷热的环境，就会发生氧化、水解等反应，生成具有臭味的醛、醛酸和羧酸等物质，此过程被称为酸败作用。脂肪发生酸败后，分解产物有毒，食用后轻则引起腹泻，重则造成肝损伤；另外，酸败产物能破坏脂溶性维生素等，营养价值降低。

三、类脂

除了脂肪以外，生物体内还含有许多种脂类，它们被统称为类脂。主要包括磷脂、糖脂和类固醇等。

（一）磷脂

磷脂（phospholipid）是一类分子中含有磷酸基团的类脂。在生物体内磷脂是生物膜的重要组成成分。根据磷脂含有的醇不同，分为甘油磷脂（glycerophosphatide）和鞘磷脂（sphingomyelin）两大类。

1. 甘油磷脂 甘油磷脂是一类以甘油为骨架的二脂酰甘油磷酸酯，包括磷脂酸及其衍生物。最简单的甘油磷脂是 L－磷脂酸。L－磷脂酸分子中磷酸基团与含有游离羟基的多种取代基－X（主要包括磷脂酰胆碱、磷脂酰乙醇胺、磷脂酰丝氨酸和磷脂酰肌醇等），通过磷酸酯键连接，就得到了不同的甘油磷脂（表 8－2）。

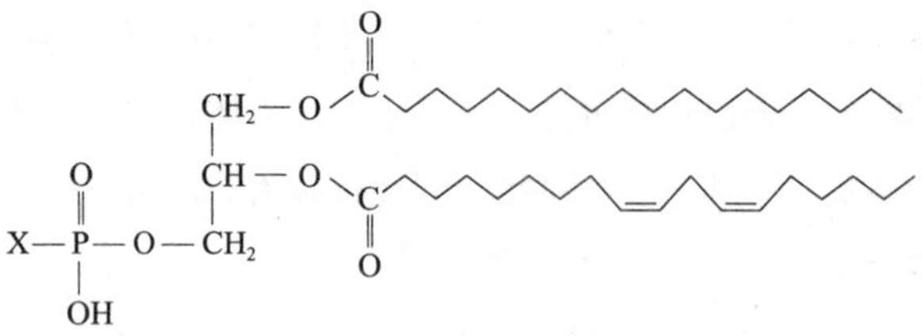

L－甘油磷脂

表 8－2 生物体内常见的甘油磷脂

名称	取代基名称	取代基结构
磷脂酸		$-OH$
磷脂酰乙醇胺	乙醇胺	$-OCH_2CH_2NH_2$
磷脂酰胆碱	胆碱	$-OCH_2CH_2N^+(CH_3)_3$
磷脂酰丝氨酸	丝氨酸	$-OCH_2CH(NH_2)COOH$
磷脂酰甘油	甘油	$-OCH_2CH(OH)CH_2OH$
磷脂酰肌醇	肌醇	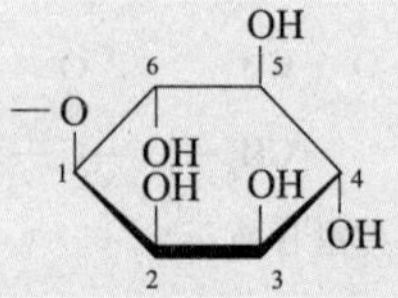 （肌醇环状结构：—O 连于 C1，C2–C6 位 OH）
心磷脂	磷脂酰甘油	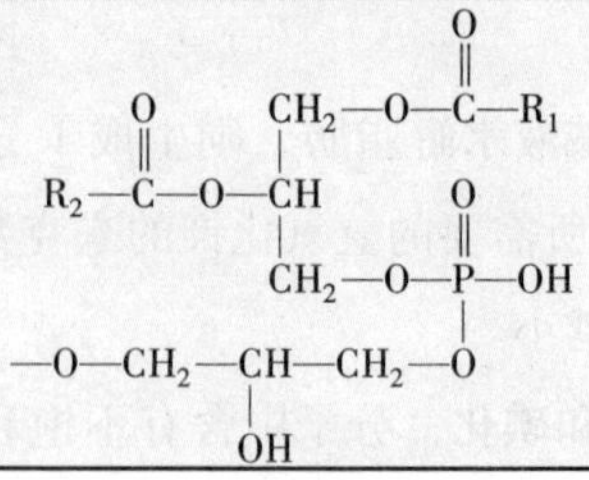 $R_2-\overset{O}{\overset{\|}{C}}-O-CH(CH_2-O-\overset{O}{\overset{\|}{C}}-R_1)-CH_2-O-\overset{O}{\overset{\|}{P}}(OH)-O-CH_2-CH(OH)-CH_2-O-$

甘油磷脂的共同结构特点：天然存在的甘油磷脂均为 L - 构型。其分子中含有两个非极性的脂酰基长链（C - 1 上常结合饱和脂肪酸，C - 2 常结合不饱和脂肪酸），称为非极性尾；磷酸基和 X 基团属于极性部分，被称为极性头。在水溶液中，甘油磷脂的极性头趋向于水相；非极性尾排斥水而聚集在一起，避免与水接触，形成稳定微团或排列成双分子层，后者是构成生物膜的最基本结构。

磷脂酰胆碱是分布最广泛的一种甘油磷脂，因其在蛋黄中含量丰富，故被称为卵磷脂。磷脂酰胆碱易溶于乙醚、乙醇和氯仿，不溶于丙酮。主要功能是构成各种生物膜（如细胞膜、细胞核膜、线粒体膜等）的主要成分，在体内还具有协助脂肪运输的功能。

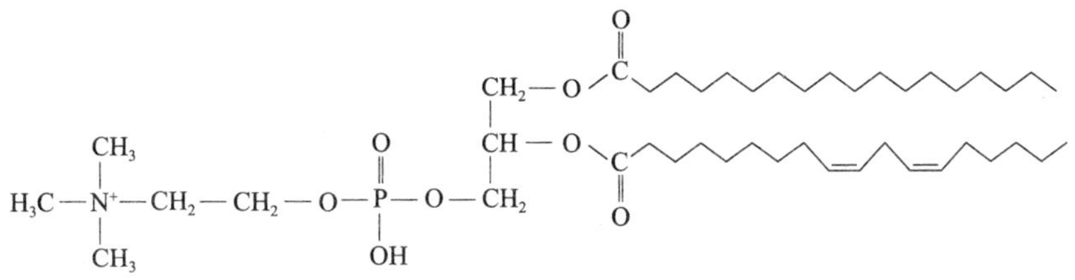

L - 磷脂酰胆碱

磷脂酰乙醇胺在脑和神经组织中含量丰富，因此又称为脑磷脂。磷脂酰乙醇胺溶于乙醚，难溶于乙醇，不溶于丙酮。

2. 鞘磷脂　鞘磷脂是一类分子中含有鞘氨醇（简称鞘氨醇）的磷脂。鞘氨醇是一种不饱和的十八碳氨基二元醇，它以酰胺键与脂肪酸结合生成 N - 脂酰鞘氨醇，即神经酰胺（ceramide）。后者进一步通过磷酸酯键与磷脂酰胆碱或磷脂酰乙醇胺结合，构成鞘磷脂。鞘磷脂在脑和神经组织中含量丰富，是神经细胞髓鞘的主要成分。

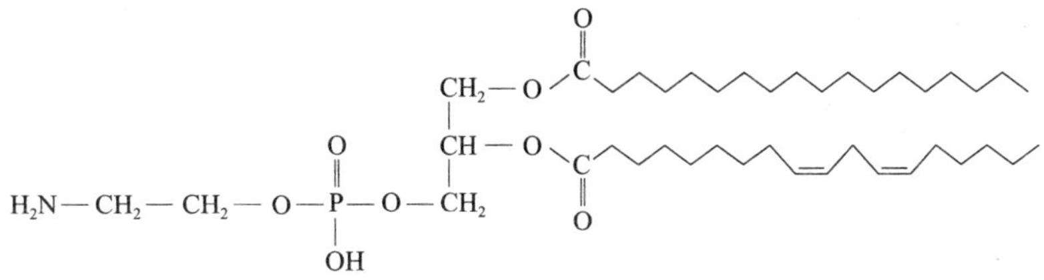

L-磷脂酰乙醇胺

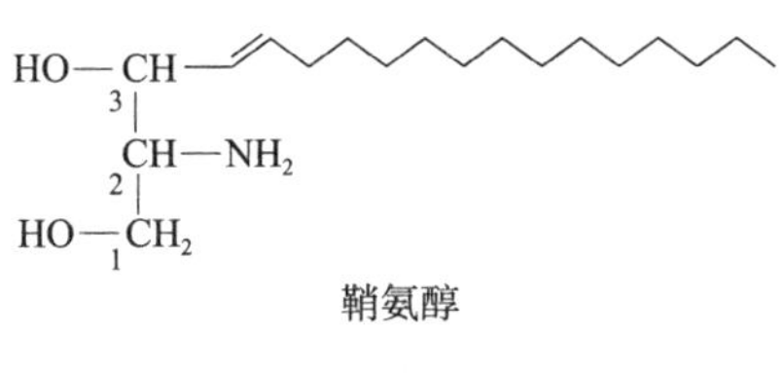

鞘氨醇

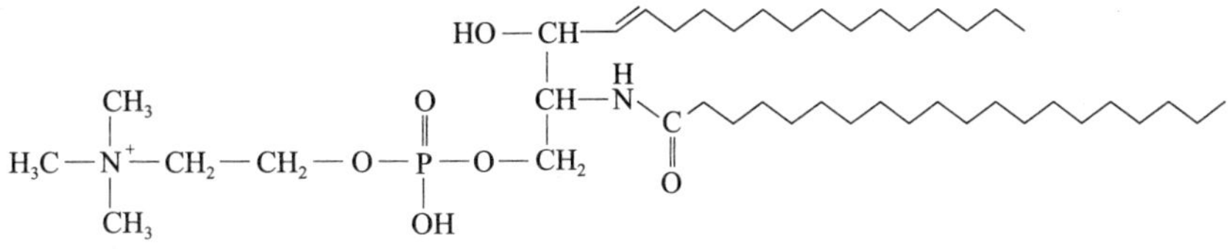

鞘磷脂

（二）糖脂

糖脂（glycolipid）是一类分子中含有糖基的类脂，是细胞的结构成分，也是构成血型物质及细胞膜抗原的主要成分。根据其分子中含有的醇不同，可分为甘油糖脂（glyceroglycolipid）和鞘糖脂（glycosphingolipid）两大类。

1. 甘油糖脂 甘油糖脂与甘油磷脂相似，它是由二脂酰甘油与1分子单糖或寡糖以糖苷键连接而形成。例如，在高等生物和脊椎动物神经组织中发现的半乳糖二脂酰甘油，其组成有甘油、脂肪酸和糖。

2. 鞘糖脂 鞘糖脂又称为糖鞘脂，其基本组成为鞘氨醇、脂肪酸和糖。重要的鞘糖脂有脑苷脂、神经节苷脂及血型物质等。

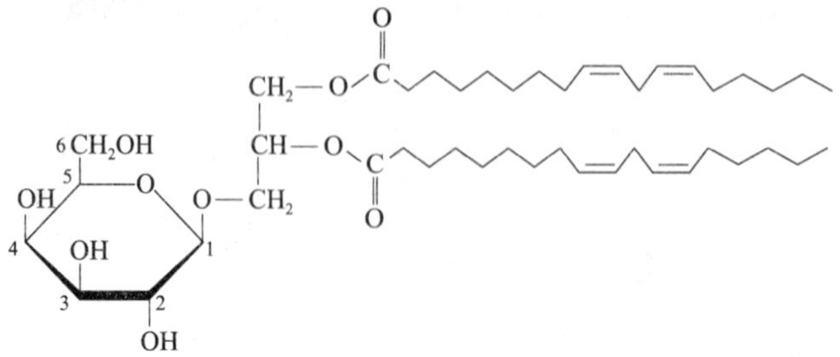

半乳糖二脂酰甘油

（1）脑苷脂 脑苷脂（cerebroside）是由鞘氨醇分子中C－1上的羟基与糖分子以糖苷键相连而成类脂，因脑组织含量多而得名。含半乳糖的称为半乳糖脑苷脂，含葡萄糖的称为葡萄糖脑苷脂。前者是神经组织细胞膜的成分，后者存在于非神经组织细胞膜中。根据分子中脂肪酸的不同，脑苷脂又可分为角脑苷脂（含二十四碳酸）、羟脑苷脂（含α－羟二十四碳酸）、烯脑苷脂（又称神经苷脂，二十四碳烯酸）。

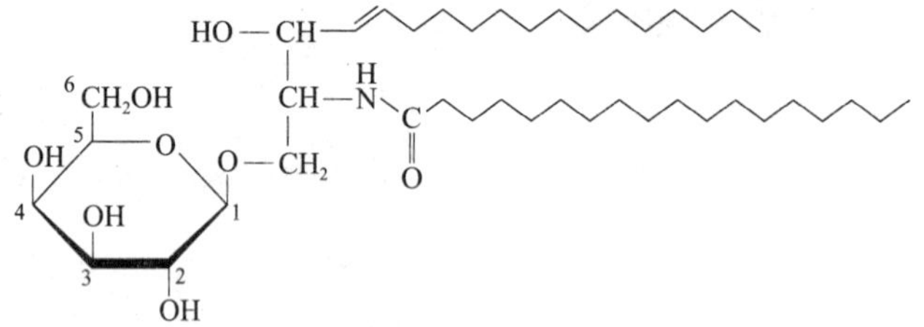

半乳糖脑苷脂

（2）神经节苷脂 神经节苷脂（ganglioside）是由脂肪酸、鞘氨醇、葡萄糖、半乳糖、氨基己糖、唾液酸等组成的结构复杂的一类糖脂。神经节苷脂分子含唾液酸的数目可不等，一般为1～5个。又由于其唾液酸结合的位置不同，神经节苷脂的种类很多，目前已知有60种以上的神经节苷脂，最常见的一种为神经节苷脂GM_1。

N－脂酰鞘氨醇—葡萄糖—半乳糖—N－乙酰氨基半乳糖—半乳糖
（半乳糖上连）唾液酸

神经节苷脂（GM_1）

（G代表神经节苷脂，M、D、T分别表示有1、2、3个唾液酸，右下标数字表示与神经酰胺连接的糖链中半乳糖顺序）

神经节苷脂在脑灰质中含量最高，它是神经元细胞膜（特别是突触）的重要成分，参与神经传导过程。神经节苷脂分子的糖基和唾液酸部分是亲水基团，向细胞膜的外侧面突出形成许多结合位点，是细胞膜表面特异受体的重要组成部分，由于寡糖链蕴藏着丰富的生物学信

NOTE

息，神经节苷脂与细胞免疫和细胞识别有关，在组织生长、分化，甚至癌变中起重要作用。

（3）血型物质　目前已知的血型物质（blood - group substance）有很多种，其中研究较多的是 ABO 系血型，它的化学本质是鞘糖脂。血型物质存在于红细胞膜上，具有抗原性。人体分泌的黏液中也能分离出与红细胞膜上相同的血型物质。

研究表明，不同血型是因为鞘糖脂糖链末端有所不同。因为合成糖链所需要的酶存在遗传差异，所以糖链的结构受遗传影响。O 型血的人分泌 H 型物质；如在 H 型物质糖链的半乳糖末端再接上 1 个 N - 乙酰氨基半乳糖，就成为 A 型物质，它存在于 A 型血的红细胞膜上；如在 H 型物质的半乳糖末端再接上 1 个半乳糖，则成为 B 型物质，存在于 B 型血的红细胞膜上；AB 型血的红细胞膜上则同时存在 A 及 B 两种血型物质。

（三）类固醇

类固醇（steroid）是一类含有环戊烷多氢菲基本骨架的类脂。主要包括胆固醇及胆固醇酯、胆汁酸和类固醇激素等。

1. 胆固醇　胆固醇（cholesterol）是脊椎动物细胞膜的组成成分之一，在脑和神经组织中含量比较丰富，在体内可以转变为多种生物活性物质，如维生素 D_3、胆汁酸和类固醇激素等。

环戊烷多氢菲

胆固醇的 C - 3 上有 1 个羟基，能够和脂肪酸酯化形成胆固醇酯；C - 5 与 C - 6 之间有双键；C - 17 上连接有一个 8 个碳原子的侧链。

胆固醇

2. 胆汁酸　胆汁酸（bile acid）是人和动物体内胆汁的主要组成成分，系 24 碳的胆烷酸衍生物，由胆固醇转化而来。胆汁酸根据结构可以分为游离胆汁酸和结合胆汁酸两种，游离胆汁酸包括胆酸、脱氧胆酸、鹅脱氧胆酸及石胆酸等。结合胆汁酸是由游离胆汁酸与牛磺酸或甘氨酸结合而形成的胆汁酸。

胆汁酸

	胆酸	鹅脱氧胆酸	脱氧胆酸	石胆酸
R_3	OH	OH	OH	OH
R_7	OH	OH	H	H
R_{12}	OH	H	OH	H

胆汁酸在胆汁中以钠盐或钾盐形式存在，称为胆汁酸盐。胆汁酸盐的分子具有亲水和疏水的两个侧面，是一种很好的乳化剂，在脂类食物的消化和吸收中起重要作用。

3. 类固醇激素　类固醇激素（steroid hormone）可分为肾上腺皮质激素和性激素两大类。肾上腺皮质激素是一类由肾上腺皮质分泌的激素，主要包括醛固酮、皮质醇（又称氢化可的松）和皮质酮等。性激素包括雄激素、雌激素及孕激素，分别由睾丸和卵巢分泌。肾上腺皮质激素具有升高血糖浓度和促进肾保钠排钾的作用，可分为糖皮质激素及盐皮质激素。皮质醇和皮质酮对血糖的调节作用较强，而对盐的作用（即保钠排钾作用）很弱，故称其为糖皮质激素；而醛固酮对盐和水的平衡有较强的调节作用，所以称为盐皮质激素。性激素对于机体的生长、发育、第二性征的发生与成熟起着重要的作用。

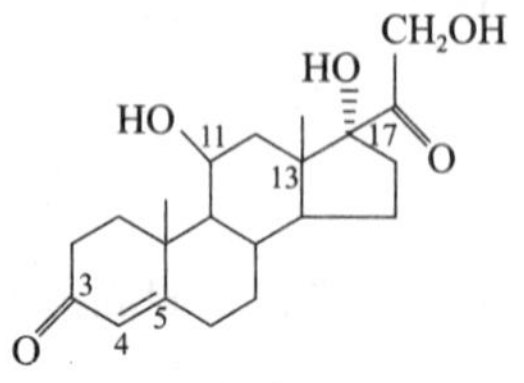

皮质醇 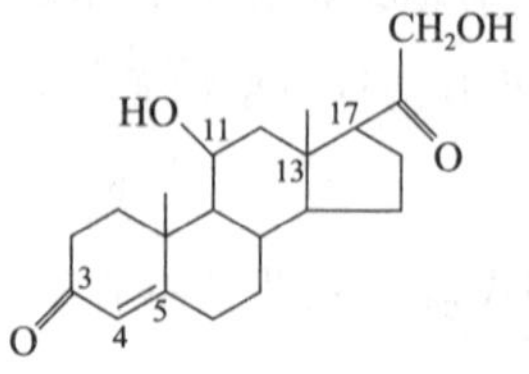　　皮质酮 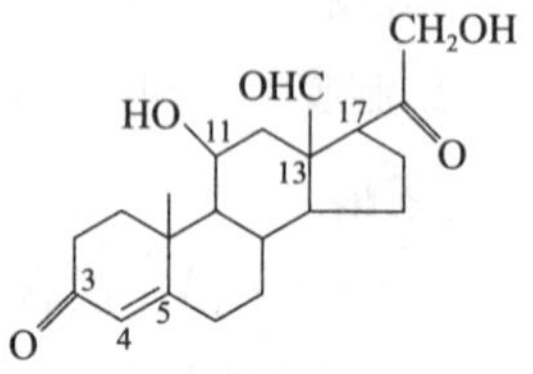　　醛固酮

第二节　脂类的消化与吸收

一、脂类的消化

食物中的脂类主要是脂肪，此外还含少量磷脂、胆固醇及胆固醇酯等。小肠是脂类物质消化的主要部位，脂类物质在肠腔中首先经胆汁酸盐的乳化作用生成细小的微团，增加了其溶解度，然后在不同来源的各种消化酶的作用下被水解。例如胰脂酶能特异地水解三酰甘油第1、3位的酯键，生成脂肪酸和一酰甘油；甘油磷脂在磷脂酶 A_2 的催化下，其分子中第2位上的酯键被水解，生成脂肪酸和溶血磷脂，溶血磷脂具有强烈的溶血作用，某些毒蛇的毒液和部分微生物分泌液中即含有磷脂酶 A_2；胆固醇酯酶可将胆固醇酯水解为游离胆固醇及脂肪酸，食物中的胆固醇多以游离胆固醇的形式存在，胆固醇酯仅占10%～15%。

二、脂类的吸收

脂类的吸收部位主要在十二指肠下部和空肠上部。短链和中链脂肪酸及甘油经胆汁酸盐乳化后即可被吸收，通过门静脉进入血循环；一酰甘油、长链脂肪酸、溶血卵磷脂和胆固醇等与胆汁酸盐形成带有极性的混合微团，被小肠黏膜细胞吸收。在肠黏膜细胞内这些脂类物质重新酯化成三酰甘油、胆固醇酯、磷脂等，它们再与载脂蛋白B-48、C、A-Ⅰ、A-Ⅳ一起组成乳糜微粒（chylomicron，CM），以CM的形式经淋巴进入血循环。CM的组成中绝大部分（80%～95%）为三酰甘油，是食物脂肪的运输形式。

纤维素、果胶、琼脂等也能与胆汁酸盐结合成复合物，从而影响了胆汁酸盐对脂类的乳化作用，减少胆固醇的吸收。所以冠心病患者应多吃水果蔬菜，有助于抑制胆固醇的吸收。

NOTE

三、脂类的分布与生理功能

（一）脂类的分布

1. 三酰甘油　在皮下、腹腔大网膜、肠系膜、内脏周围等脂肪组织中分布着大量的三酰甘油。这些储存脂肪的部位称为脂库。由于三酰甘油主要作为储能物质，故称为储存脂。储存脂的含量会受到营养、激素分泌、运动等多种因素的影响而变动，占体重的5%～20%不等，故又称为可变脂。

2. 类脂　类脂约占体重的5%，是构成各种生物膜的基本成分，主要存在于神经组织。由于其基本上不受营养状况和运动情况的影响，含量比较恒定，因此类脂又称为基本脂或固定脂。

（二）脂类的生理功能

1. 三酰甘油

（1）储能和供能　脂肪的主要生理功能是储能和供能。1g脂肪在体内彻底氧化约产生37.7kJ能量，比氧化同等质量的糖或蛋白质所产生的能量（17kJ）多1倍以上。全身组织除脑组织和红细胞外，约50%的能量由脂肪提供。另外，脂肪含结合水较少，体积小，所占的空间相对较少，所以是一种理想的储能供能形式。

（2）热垫作用　脂肪是不良热导体，分布在皮下的脂肪可以防止热量散发而保持体温，这也是胖人比较耐寒怕热的原因。

（3）保护垫作用　脂肪是器官、关节及神经组织的隔离层，具有减少器官间的摩擦、保护和固定内脏、缓冲机械性冲击的作用，故瘦而高的人易发生内脏下垂。

（4）促进脂溶性维生素的吸收　食物中的脂肪是脂溶性维生素的溶剂，可以协助脂溶性维生素A、D、E、K的运输和储存，故胆道梗阻病人不仅有脂类消化吸收障碍，而且还常伴有脂溶性维生素的吸收障碍，常出现相应的维生素缺乏症。

（5）提供必需脂肪酸　食物中的脂肪能够提供亚麻酸、亚油酸和花生四烯酸等必需脂肪酸。

2. 类脂

（1）构成生物膜的重要成分　磷脂中的不饱和脂肪酸有利于保证膜的流动性，而饱和脂肪酸和胆固醇又有利于维持膜的坚固性。

（2）转化成体内重要的生物活性物质　胆固醇在体内可转化成胆汁酸、维生素D_3、类固醇激素等。

（3）构成血浆脂蛋白　见本章第五节。

第三节　三酰甘油代谢

一、三酰甘油的分解代谢

（一）脂肪动员

储存在脂肪细胞中的脂肪，被脂肪酶逐步水解为游离脂肪酸及甘油并释放入血，以供全身各组织氧化利用的过程，称为脂肪动员。催化脂肪动员的酶统称为脂肪酶，包括三酰甘油脂肪酶、二酰甘油脂肪酶及一酰甘油脂肪酶。脂肪动员的过程如图 8－2 所示。

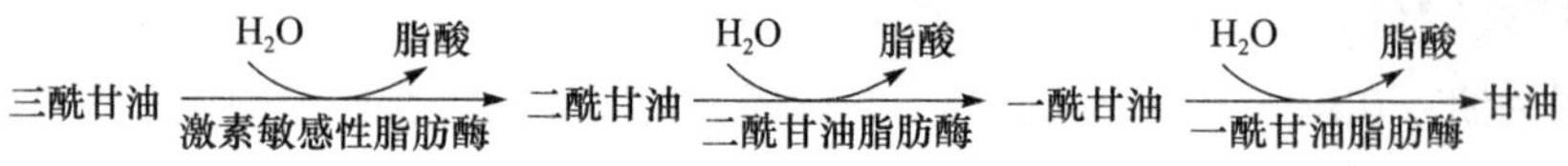

三酰甘油 —(H_2O → 脂酸；激素敏感性脂肪酶)→ 二酰甘油 —(H_2O → 脂酸；二酰甘油脂肪酶)→ 一酰甘油 —(H_2O → 脂酸；一酰甘油脂肪酶)→ 甘油

图 8－2 脂肪动员

三酰甘油脂肪酶是脂肪动员的关键酶，其活性受多种激素的调节，又称为激素敏感性三酰甘油脂肪酶（hormone－sensitive triacylglycerol lipase，HSL）。能够促进脂肪动员的激素称为脂解激素，如肾上腺素、去甲肾上腺素（norepinephrine，NE）、胰高血糖素、生长激素等，可增加 HSL 的活性，促进脂肪的分解；而胰岛素、前列腺素、雌二醇等激素能够抑制该酶的活性，称为抗脂解激素。

脂肪细胞中的脂肪经脂肪动员分解成游离脂肪酸和甘油，释放入血。甘油溶于水，可以直接进入血循环，运送到各组织。脂肪酸水溶性较差，需与血浆清蛋白结合成为脂肪酸－清蛋白复合体而运输到全身各组织被氧化利用。

（二）甘油的氧化

肝、肾和肠黏膜细胞中含有较多的甘油激酶，甘油在甘油激酶的催化下生成 3－磷酸甘油，随后第 2 位碳原子脱氢生成磷酸二羟丙酮，后者异构为 3－磷酸甘油醛，再经糖代谢途径氧化分解释放能量或经糖异生途径异生成糖。骨骼肌和脂肪细胞中甘油激酶的活性较低，不能很好地利用甘油。甘油代谢过程见图 8－3。

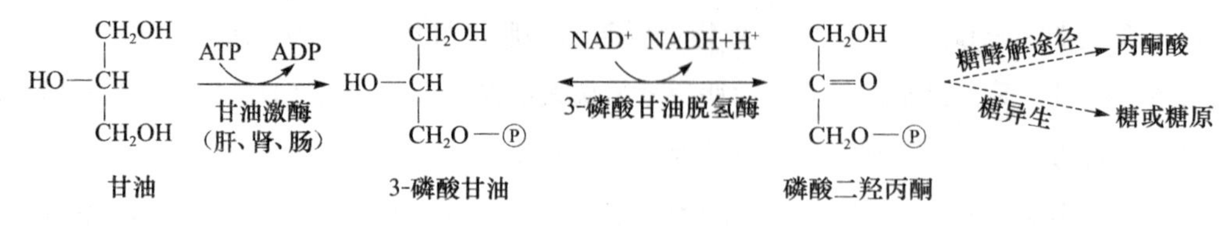

图 8－3 甘油代谢

（三）脂肪酸的分解代谢

当供氧充足时，脂肪酸在体内可分解生成二氧化碳和水，释放出大量能量。除脑组织及红细胞外，大多数组织都可以氧化利用脂肪酸，其中以心、肝和肌肉组织最活跃。目前已知脂肪酸的氧化方式有很多种，饱和脂肪酸氧化的方式主要是 β 氧化。

1. 脂肪酸氧化分解的过程 脂肪酸氧化分解在细胞质和线粒体内进行，大体分为四个阶段。脂肪酸首先活化生成脂酰 CoA，然后进入线粒体。在线粒体内脂酰 CoA 经多次 β 氧化过程，最终分解生成多个乙酰 CoA。乙酰 CoA 进入三羧酸循环，彻底氧化生成二氧化碳和水，并释放出大量能量供机体生命活动需要。

（1）脂肪酸的活化 脂肪酸进入线粒体进行 β 氧化前必须先经过活化，活化过程在细胞质内进行。脂肪酸由脂酰 CoA 合成酶（acyl－CoA synthetase）催化，在 ATP、HSCoA、Mg^{2+} 存在的条件下，生成脂酰 CoA。脂酰 CoA 分子中含有高能硫酯键，其水溶性相较于脂肪酸明显增加，因此活化的结果提高了脂肪酸的代谢活性。每分子的脂肪酸活化消耗 2 个高能磷酸键，相当于消耗 2 分子的 ATP。活化过程见图 8－4。

NOTE

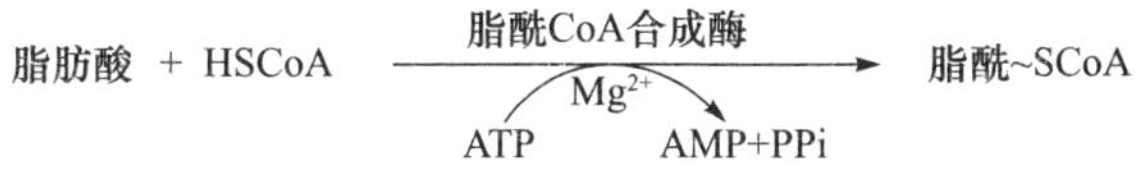

$$\text{脂肪酸} + \text{HSCoA} \xrightarrow[\text{ATP} \quad \text{AMP+PPi}]{\text{脂酰CoA合成酶},\ Mg^{2+}} \text{脂酰\sim SCoA}$$

图 8－4 脂肪酸的活化

（2）脂酰 CoA 进入线粒体 β 氧化酶系存在于线粒体内，因此在细胞质中生成的脂酰 CoA 必须进入线粒体内进行氧化。中链及短链脂肪酸不需要载体可直接进入线粒体；长链脂酰 CoA 不能直接穿过线粒体内膜，需以肉碱（carnitine，3－羟－4－三甲基铵丁酸）为载体转运进入线粒体。

肉碱转运长链脂酰 CoA 需在肉碱脂酰转移酶的催化下进行，该酶有Ⅰ、Ⅱ两种同工酶。在线粒体外膜的肉碱脂酰转移酶Ⅰ（carnitine acyl transferase Ⅰ）的催化下，长链脂酰 CoA 转变为脂酰肉碱而进入线粒体内膜。脂酰肉碱在线粒体内膜内侧肉碱脂酰转移酶Ⅱ的作用下，转变成脂酰 CoA，脂酰 CoA 即可在线粒体基质中酶的催化下进行 β 氧化，肉碱则经转位酶的作用出线粒体再次参加转运。长链脂酰 CoA 进入线粒体的机制见图 8－5。

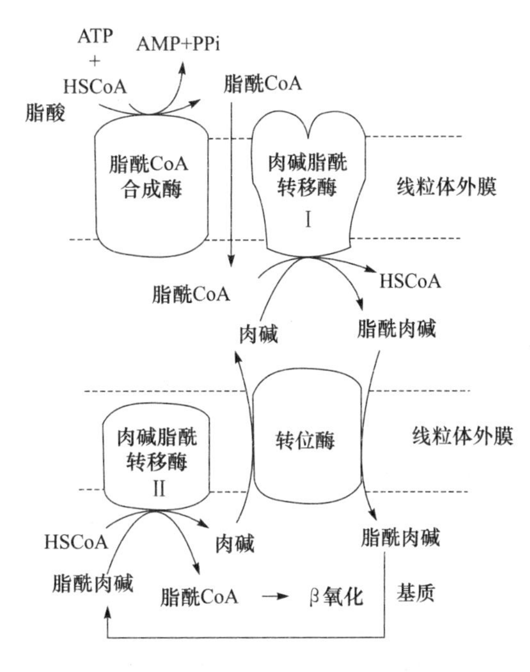

图 8－5 长链脂酰 CoA 进入线粒体的机制

（3）脂肪酸的 β 氧化过程 脂酰 CoA 进入线粒体后，在一系列酶的催化下，脂酰基 β 碳原子上依次进行脱氢、加水、再脱氢及硫解 4 步连续反应，每次反应后生成 1 分子乙酰 CoA 和少 2 个碳原子的脂酰 CoA。经过多轮反应，最终长链脂酰 CoA 转化成若干个乙酰 CoA。由于该反应发生于 β 碳原子上，故称 β 氧化（图 8－6）。

β 氧化反应过程：①脱氢：脂酰 CoA 在脂酰 CoA 脱氢酶（acetyl CoA dehydrogenase）的催化下，α、β 碳原子上各脱下 1 个氢原子，生成 α,β－烯脂酰 CoA，脱下的氢转移给 FAD 生成 $FADH_2$；②加水：α,β－烯脂酰 CoA 在烯酰 CoA 水化酶（enoyl CoA hydratase）催化下，其双键加上 1 分子水，生成 β－羟脂酰 CoA；③再脱氢：β－羟脂酰 CoA 在 β－羟脂酰 CoA 脱氢酶（L－3－hydroxyacyl CoA dehydrogenase）的作用下，其 β 碳原子上再次脱去 1 对氢，生成 β－酮脂酰 CoA，脱下的氢由 NAD^+ 接受生成 $NADH + H^+$；④硫解：β－酮脂酰 CoA 与 HSCoA 在 β－酮脂酰 CoA 硫解酶的作用下，碳链 α 和 β 碳原子之间的共价键断裂，生成 1 分子乙酰 CoA 和比原来少 2 个碳原子的脂酰 CoA。后者再继续进行脱氢、加水、再脱氢、硫解反应，如此反复进行，最终脂酰 CoA 全部分解为乙酰 CoA。

（4）乙酰 CoA 的去路 脂肪酸 β 氧化生成的乙酰 CoA 大部分进入三羧酸循环被彻底氧化生成二氧化碳和水并释放出大量能量；肝细胞中，部分乙酰 CoA 缩合生成酮体，经血液循环转移到肝外组织被氧化利用。

（5）能量计算 脂肪酸是一种高能物质，β 氧化是脂肪酸分解的主要方式。下面以 1 分

NOTE

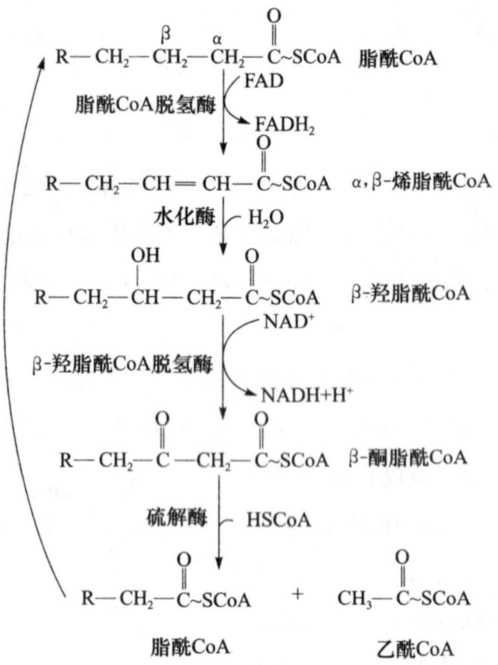

$R-CH_2-\overset{\beta}{C}H_2-\overset{\alpha}{C}H_2-\overset{O}{\overset{\|}{C}}\sim SCoA$ 脂酰CoA

脂酰CoA脱氢酶（FAD → $FADH_2$）

$R-CH_2-CH=CH-\overset{O}{\overset{\|}{C}}\sim SCoA$ α,β-烯脂酰CoA

水化酶（H_2O）

$R-CH_2-\overset{OH}{\overset{|}{C}H}-CH_2-\overset{O}{\overset{\|}{C}}\sim SCoA$ β-羟脂酰CoA

β-羟脂酰CoA脱氢酶（NAD^+ → $NADH+H^+$）

$R-CH_2-\overset{O}{\overset{\|}{C}}-CH_2-\overset{O}{\overset{\|}{C}}\sim SCoA$ β-酮脂酰CoA

硫解酶（HSCoA）

$R-CH_2-\overset{O}{\overset{\|}{C}}\sim SCoA$ + $CH_3-\overset{O}{\overset{\|}{C}}\sim SCoA$

脂酰CoA　　乙酰CoA

图 8-6　脂肪酸的 β 氧化过程

子 16 碳的软脂酸为例，计算其彻底氧化分解释放的能量。软脂酸首先在细胞质被活化生成软脂酰 CoA，消耗 2 分子 ATP。软脂酰 CoA 进入线粒体后共进行 7 次 β 氧化，生成 7 分子 $FADH_2$、7 分子 $NADH + H^+$ 和 8 分子乙酰 CoA。每分子 $FADH_2$ 经过琥珀酸氧化呼吸链氧化磷酸化产生 1.5 分子 ATP；每分子 $NADH + H^+$ 经过 NADH 氧化呼吸链氧化磷酸化生成 2.5 分子 ATP；每分子乙酰 CoA 通过三羧酸循环氧化产生 10 分子 ATP。因此，1 分子软脂酰 CoA 彻底氧化分解总共生成 $(7 \times 1.5) + (7 \times 2.5) + (8 \times 10) = 108$ 分子 ATP。减去软脂酸活化时消耗的 2 分子 ATP，净生成 106 分子 ATP。

2. 脂肪酸氧化分解的调节　肉碱脂酰转移酶 I 是脂肪酸氧化分解的关键酶。

（1）关键酶调节　当饥饿或摄入高脂低糖膳食时机体糖供应不足，糖尿病时机体不能有效利用血糖，均需要脂肪酸氧化分解供能，此时肉碱脂酰转移酶 I 活性增高，脂肪酸氧化分解加快。饱食后机体三酰甘油合成增多，细胞内丙二酸单酰 CoA 增多（见脂肪酸的合成），竞争性抑制肉碱脂酰转移酶 I 活性，脂肪酸氧化分解减慢。

（2）代谢物调节　摄入高糖膳食时，糖代谢加快，消耗 NAD^+，抑制 β-羟脂酰 CoA 脱氢，同时由于生成大量的乙酰 CoA，抑制 β-酮脂酰 CoA 硫解，由此抑制脂肪酸的氧化分解。饥饿、进食高脂低糖食物及糖尿病时，脂肪动员增强，脂肪酸则大量被组织细胞摄取、代谢。

3. 脂肪酸的其他氧化方式　β 氧化是脂肪酸的主要氧化方式，除此之外还有 ω-氧化和 α-氧化等。

（1）脂肪酸的 ω-氧化　脂肪酸在羟化酶作用下，ω 端的甲基氧化生成 ω-羟脂酸，再氧化成二羧酸。后者进入线粒体，进行 β 氧化，最后生成琥珀酸直接参加三羧酸循环被氧化。

（2）脂肪酸的 α-氧化　脂肪酸经羟化酶的催化生成 α-羟脂酸，然后氧化脱羧生成比原来少 1 个碳原子的脂肪酸，最后再进行 β 氧化。

（3）奇数碳脂肪酸的氧化　奇数碳的脂肪酸经 β 氧化产生乙酰 CoA，直至存留 1 分子丙酰

NOTE

CoA，后者转变为琥珀酰 CoA，进入三羧酸循环彻底氧化。

（4）不饱和脂肪酸的氧化　不饱和脂肪酸也能在线粒体内进行 β 氧化。所不同的是天然不饱和脂肪酸在氧化过程中产生的顺式 Δ^3 中间产物需经线粒体中特异的 $\Delta^3 \rightarrow \Delta^2$ 反脂酰 CoA 异构酶的催化，转变成 Δ^2 反式构型，再进入 β 氧化。

（四）酮体的生成和利用

乙酰乙酸、β－羟丁酸及丙酮三种物质总称为酮体。肝中有活性较强的酮体合成酶系，故酮体是脂肪酸在肝氧化分解时形成的特有中间代谢物。酮体在肝内合成后被及时输出，供肝外组织氧化利用。

1. 酮体的生成　脂肪酸在肝内分解非常活跃，生成大量的乙酰 CoA，通常会超出肝自身的需要，过剩的乙酰 CoA 以合成酮体作为能量输出形式。酮体生成的过程分 3 步进行。

（1）乙酰乙酰 CoA 的生成　在乙酰乙酰 CoA 硫解酶（thiolase）的作用下 2 分子乙酰 CoA 缩合成乙酰乙酰 CoA，脱去 1 分子 HSCoA。

（2）HMG－CoA 的生成　在 HMG－CoA 合酶（β－hydroxy－β－methylglutaryl coenzyme A，HMG－CoA synthase）的催化下，乙酰乙酰 CoA 再结合 1 分子乙酰 CoA 生成β－羟基－β－甲基戊二酸单酰 CoA（β－hydroxy－β－methylglutaryl coenzyme A，HMG－CoA），并释放出 1 分子 HSCoA。该酶是酮体合成的关键酶，脂解激素可增强其活性。

（3）酮体的生成　在 HMG－CoA 裂解酶（HMG－CoA lyase）的作用下，HMG－CoA 裂解脱去 1 分子乙酰 CoA 生成乙酰乙酸。乙酰乙酸在 β－羟丁酸脱氢酶（β－hydroxybutyrate dehydrogenase）催化下加氢生成 β－羟丁酸；乙酰乙酸也可以脱羧生成丙酮。合成酮体的酶在肝细胞线粒体内含量丰富，因此酮体合成是肝特有的功能。但是肝细胞中缺乏氧化酮体的酶，故不能利用酮体。肝生成的酮体必须运送到肝外组织进一步分解氧化。酮体生成的过程见图 8－7。

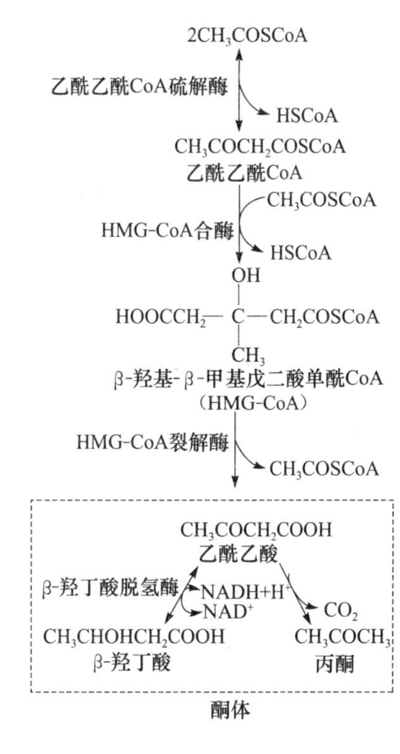

图 8－7　酮体的生成

2. 酮体的利用　心、脑、肾等肝外组织细胞内有活性很高的利用酮体的酶，能将乙酰乙酸活化为乙酰乙酰 CoA，然后在硫解酶的作用下分解成 2 分子乙酰 CoA，后者进入三羧酸循环彻底氧化。酮体利用的过程见图 8－8。

乙酰乙酸有两种活化方式：①在琥珀酰 CoA 转硫酶（succinyl CoA thiophorase）的催化下，乙酰乙酸从琥珀酰 CoA 分子中获得 CoA 被活化成乙酰乙酰 CoA；②在乙酰乙酸硫激酶（acetoacetatesulfurkinase）的催化下，乙酰乙酸在 ATP 供能下直接与 CoA 结合生成乙酰乙酰 CoA。

β－羟丁酸在 β－羟丁酸脱氢酶的作用下脱氢生成乙酰乙酸，再沿上述途径氧化分解；丙酮含量很少，不能被利用，主要随尿排出，当生成过多时可经肺呼出。

3. 酮体代谢的生理意义

（1）酮体是脂肪酸在肝内的正常中间代谢物，是肝输出能源物质的一种形式。

（2）小分子水溶性的酮体易于透过血脑屏障和肌肉毛细血管壁，因此长期饥饿、糖供应不足时，酮体可代替葡萄糖成为脑组织及肌肉的重要能源。

（3）酮体利用的增加可减少糖的利用，有利于维持血糖水平恒定，节省蛋白质的消耗。正常情况下，酮体一经生成即被肝外组织利用，因此血中仅含有少量酮体（为0.03～0.50mmol/L），其中乙酰乙酸占28%～30%，β-羟丁酸占70%，丙酮占2%以下。饥饿、糖尿病、高脂低糖膳食时，一方面，胰高血糖素等脂解激素分泌增多，脂肪动员增强，脂肪酸β氧化加快，酮体生成增加；另一方面，糖来源不足或糖代谢障碍，草酰乙酸生成减少，乙酰CoA进入三羧酸循环受阻，乙酰CoA大量堆积，使酮体生成进一步增加，当超过肝外组织利用时，血中酮体会异常升高，产生酮血症、酮尿症、酮症酸中毒。酮症酸中毒是一种临床上常见的代谢性酸中毒，治疗时除对症给予碱性药物外，糖尿病患者还应给予胰岛素和葡萄糖，以抵抗脂解激素的作用，并增加糖的氧化供能，减少脂肪动员和酮体的生成。

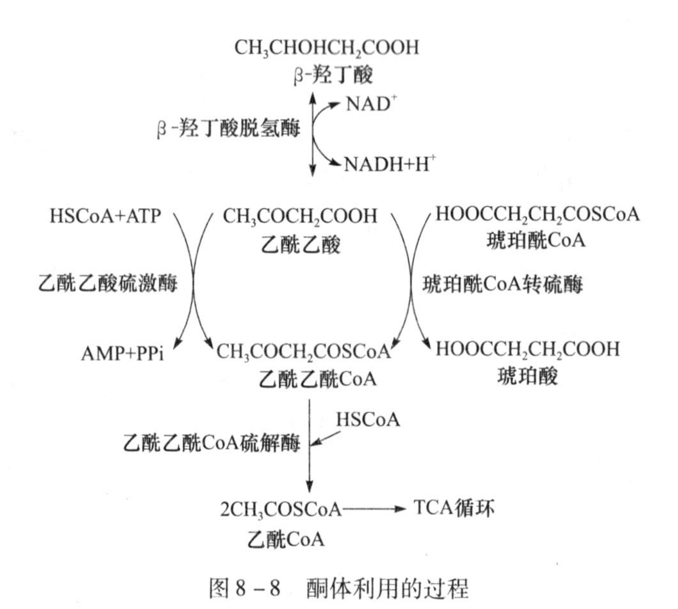

图8-8 酮体利用的过程

案例1分析讨论

本案例患者初步诊断：①糖尿病；②酮症酸中毒；③高渗性昏迷。该患者具有20余年的糖尿病病史，血糖一直未得到有效控制，本次发病体格检查及实验室检查提示，血β-羟丁酸和乙酰乙酸均远大于参考值（参考值分别为<0.25mmol/L和0.01～0.18mmol/L），且呼出丙酮特有的“烂苹果”味。说明患者血中的酮体已经超出各组织的利用能力，产生酮血症；同时患者HCO_3^-远低于参考值（24mmol/L），说明体内呈现代谢性酸中毒，即酮症酸中毒。

产生酮症酸中毒的原因很多，糖尿病是酮症酸中毒常见的诱发因素。该案例患者的空腹血糖远高于参考值（<7.0mmol/L）。由于糖尿病患者胰岛素缺乏或胰岛素抵抗，产生糖代谢障碍，患者体内葡萄糖转运体功能降低，糖原合成与糖的利用下降，同时胰岛素拮抗激素（如胰高血糖素）增加，糖原分解及糖异生加强，血糖显著增高，同时，脂肪分解增加，游离脂肪酸水平升高，使酮体合成大量增加，血浆酮体增多，继发酸碱平衡紊乱，最终导致糖尿病酮症酸中毒。同时，该患者血糖含量超过33.3mmol/L，导致血液处于高渗状态，引起脑细胞严重脱水，产生神经功能紊乱，出现高渗性昏迷表现。

NOTE

二、三酰甘油的合成代谢

人体内的三酰甘油除了从食物中摄取外，也可在体内合成。能够合成三酰甘油的组织很多，肝和脂肪组织是最主要的部位，此外小肠黏膜也可以合成大量的三酰甘油。合成三酰甘油的主要原料包括脂肪酸和甘油。

（一）脂肪酸的合成

1. 合成原料和部位　脂肪酸是在肝、肾、脑、脂肪等组织的细胞质中合成的。肝合成脂肪酸的能力最强，其合成能力是脂肪组织的 8 ~ 9 倍。

乙酰 CoA 是合成脂肪酸的直接原料，可以由糖、脂肪及蛋白质的氧化分解提供，最主要来自于糖的分解。乙酰 CoA 生成的部位全部在线粒体内，而合成脂肪酸的酶系存在于细胞质中，因此，乙酰 CoA 必须穿过线粒体膜进入细胞质中完成脂肪酸的合成。但是乙酰 CoA 本身不能自由穿过线粒体内膜，这就需要一定的转运机制使乙酰 CoA 出线粒体进入细胞质，这个转运机制就是柠檬酸－丙酮酸循环（citrate pyruvate cycle）。在此循环中，线粒体内的乙酰 CoA 首先与草酰乙酸结合生成柠檬酸，柠檬酸通过线粒体内膜上的载体进入细胞质，在细胞质中 ATP 柠檬酸裂解酶催化下，柠檬酸裂解为乙酰 CoA 和草酰乙酸。由此，乙酰 CoA 到达细胞质用于合成脂肪酸；草酰乙酸则在细胞质中苹果酸脱氢酶的催化下还原生成苹果酸，后者通过线粒体内膜上的载体转运至线粒体内，或者在苹果酸酶的作用下氧化脱羧生成丙酮酸，再进入线粒体，由丙酮酸羧化酶催化生成草酰乙酸。柠檬酸－丙酮酸循环见图 8－9。

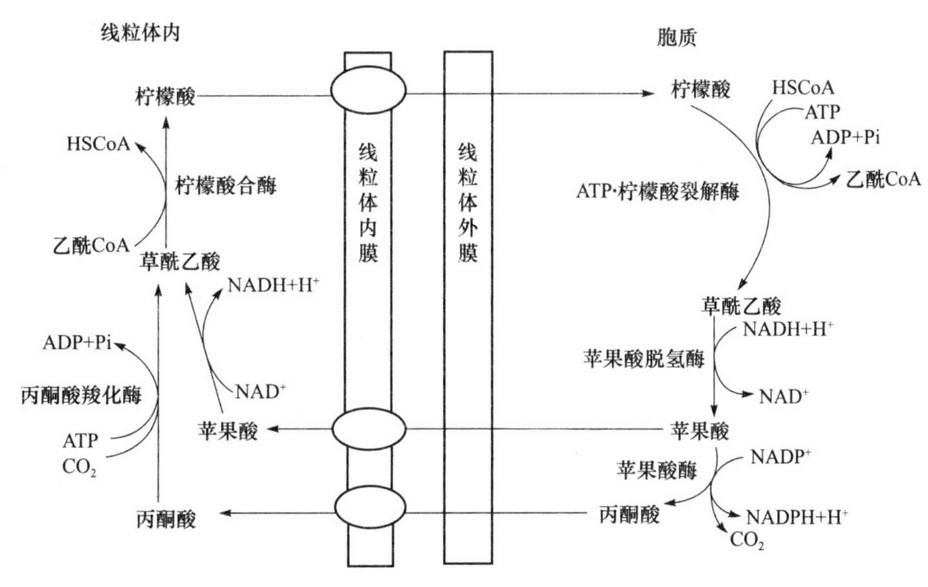

图 8－9　柠檬酸－丙酮酸循环

除乙酰 CoA 外，脂肪酸的合成还需 ATP 供能，NADPH + H^+ 供氢以及生物素、CO_2 和 Mn^{2+} 或 Mg^{2+} 等。NADPH + H^+ 主要来自磷酸戊糖途径。

2. 乙酰 CoA 的活化　乙酰 CoA 在乙酰 CoA 羧化酶（acetyl CoA carboxylase）的作用下羧化成丙二酸单酰 CoA 是脂肪酸合成的第一步反应，乙酰 CoA 羧化酶是脂肪酸合成的关键酶，辅酶为生物素，Mn^{2+} 为激活剂。此反应消耗 1 分子的 ATP。

3. 软脂酸的合成　软脂酸的合成是一个在脂肪酸合酶复合体催化下进行的复杂循环过程。

NOTE

在大肠杆菌中，催化此过程的酶是由一个酰基载体蛋白（acyl carrier protein，ACP）和围绕在其周围的6种酶所组成的多酶复合物；哺乳动物的脂肪酸合酶是一种多功能酶，7种酶活性均在一条多肽链上，由一个基因所编码。软脂酸的合成以ACP为核心，在其基础上经过脱羧缩合、加氢、脱水、再加氢，反复进行，每次增加2个碳原子，经过7次循环，即生成十六碳的软脂酰ACP，经硫酯酶水解生成软脂酸。

$$\underset{\text{乙酰CoA}}{CH_3CO\sim SCoA} + CO_2 \xrightarrow[\text{乙酰CoA羧化酶}]{ATP \to ADP+Pi \quad \text{生物素}, Mn^{2+}} \underset{\text{丙二酸单酰CoA}}{HOOC—CH_2—CO\sim SCoA}$$

乙酰CoA的活化

软脂酸合成的过程主要包括4个反应阶段：

（1）缩合　脂肪酸合酶的结构中有2个巯基与其催化作用密切相关。中央巯基结合在ACP上，由4′-磷酸泛酰氨基乙硫醇提供，表示为HS-ACP；另一个巯基（外围巯基）来自于合酶的半胱氨酸，表示为HS-KS。①乙酰CoA在乙酰CoA-ACP转酰基酶的催化下，乙酰基结合到脂肪酸合酶的外围巯基上；②在丙二酸单酰转移酶的作用下，丙二酸单酰CoA与ACP的中央巯基相结合，释放出HSCoA；③上述结合在外围巯基上的乙酰基在β-酮脂酰合酶的催化下转移，并与ACP上丙二酸单酰基缩合，脱羧生成β-酮丁酰ACP。

（2）加氢　在β-酮丁酰ACP还原酶催化下，β-酮丁酰ACP由$NADPH+H^+$供氢，还原生成β-羟丁酰ACP。

（3）脱水　在水化酶作用下，β-羟丁酰ACP脱去1分子H_2O，生成α,β-烯丁酰ACP。

（4）再加氢　α,β-烯丁酰ACP再次由$NADPH+H^+$供氢，在烯脂酰还原酶作用下还原成丁酰ACP。

丁酰ACP将丁酰基转移给外围巯基，另1分子丙二酸单酰CoA与ACP的中央巯基结合，通过上述缩合、加氢、脱水、再加氢的循环过程，每次循环增加2个碳原子，经过7次循环，生成十六碳的软脂酰ACP，后者经硫酯酶水解生成软脂酸。合成过程见图8-10。软脂酸合成的总反应式为：

$$\text{乙酰 CoA} + 7\text{丙二酰 CoA} + 14NADPH + 14H^+ \longrightarrow \text{软脂酸} + 7CO_2 + 6H_2O + 8CoASH + 14NADP^+$$

4. 脂肪酸碳链的加工　脂肪酸的合成首先合成的是软脂酸，但是人体内的脂肪酸碳链长度不一，饱和程度也不尽相同，因此需对软脂酸进行加工改造，该过程在肝细胞的内质网和线粒体中进行。

（1）脂肪酸碳链的延长　在内质网，脂肪酸碳链的延长过程与软脂酸的合成过程相似，只是催化反应的酶不同，以及脂酰基连接在HSCoA上进行反应，而不是以ACP为载体。在延长酶系作用下，以丙二酸单酰CoA为二碳单位的供体，由$NADPH+H^+$供氢，通过缩合、加氢、脱水、再加氢等反应，每次循环增加2个碳原子，反复进行，使碳链逐步延长。一般可延长至24个碳原子，但以18碳的硬脂酸居多。

在线粒体，软脂酰CoA在脂肪酸延长酶系的作用下，与乙酰CoA缩合，生成β-酮硬脂酰CoA。然后由$NADPH+H^+$供氢，经过加氢、脱水、再加氢等反应过程生成硬脂酰CoA。此过程反复进行，每轮反应延长2个碳原子，一般可延长至24或26个碳原子，但以18碳的硬脂酸居多。

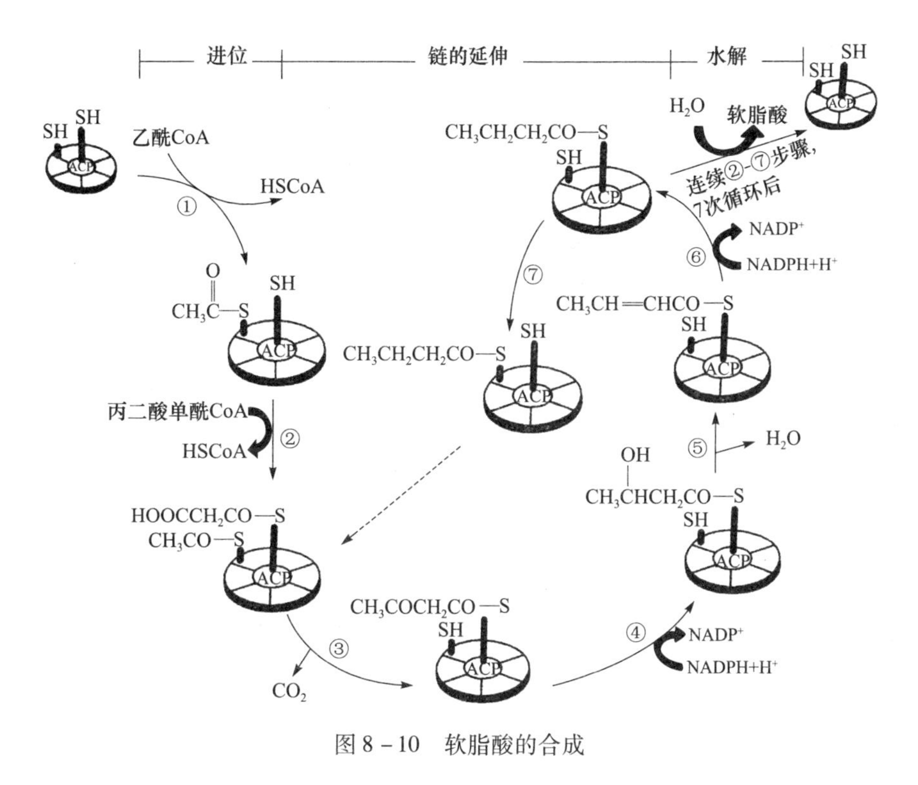

图8-10　软脂酸的合成

（2）脂肪酸碳链的缩短　碳链的缩短在线粒体内通过β氧化进行，经过一次β氧化即可减少2个碳原子。

（3）不饱和脂肪酸的生成　人和动物体内所含不饱和脂肪酸主要有软油酸、油酸、亚油酸、亚麻酸和花生四烯酸等。前两种机体内可以合成，通过去饱和作用可使硬脂酸转变为油酸，软脂酸转变为软油酸。催化此过程的酶为去饱和酶，主要存在于肝微粒体内，催化在脂肪酸的Δ^9形成双键。人体缺乏Δ^9以上的去饱和酶，故亚油酸和亚麻酸在人体内不能合成，花生四烯酸合成量不足，它们都必须由食物提供。

5. 脂肪酸合成的调节　脂肪酸合成受激素和代谢中间产物的调节。

（1）激素的调节作用　胰岛素、胰高血糖素、肾上腺素及生长激素等均参与脂肪酸合成的调节。胰高血糖素可通过增加蛋白激酶A活性使乙酰CoA羧化酶磷酸化而降低活性，故能抑制脂肪酸的合成；此外，胰高血糖素还能增加长链脂酰CoA对乙酰CoA羧化酶的反馈抑制，从而抑制三酰甘油的合成。胰岛素能诱导乙酰CoA羧化酶、脂肪酸合酶及柠檬酸裂解酶的合成，从而促进脂肪酸的合成；此外，还可通过促进乙酰CoA羧化酶的去磷酸化而使酶活性增强，促进脂肪酸的合成，同时，胰岛素还能促使脂肪酸进入脂肪组织，加速合成脂肪。

（2）代谢物的调节作用　饱食或高糖膳食时，糖代谢加强，一方面使合成脂肪酸的原料（NADPH、乙酰CoA及ATP）增多，有利于脂肪酸的合成；另一方面，糖氧化增强使细胞内ATP增多，抑制异柠檬酸脱氢酶的活性，造成异柠檬酸及柠檬酸堆积，在线粒体内膜相应载体的转运下进入胞质，变构激活乙酰CoA羧化酶。同时，二者本身也可裂解释放出乙酰CoA，增加脂肪酸合成的原料，使脂肪酸合成增加。高脂膳食或饥饿使脂肪动员加强时，肝细胞内脂酰CoA增多，使乙酰CoA羧化酶受到变构抑制，进而抑制体内脂肪酸的合成。

（二）磷酸甘油的合成

合成三酰甘油所需的甘油来自3－磷酸甘油，主要由糖代谢提供。糖分解代谢中的磷酸二羟丙酮可通过3－磷酸甘油脱氢酶催化生成3－磷酸甘油（见本章图8－3）。

肝、肾、肠黏膜等细胞中含有丰富的甘油激酶，能催化游离甘油磷酸化生成3－磷酸甘油。

（三）三酰甘油的合成

三酰甘油以脂酰CoA和3－磷酸甘油为原料，在脂酰转移酶的催化下合成。合成过程在细胞质中进行，不同组织细胞合成途径不同。

1. 一酰甘油途径 主要在小肠黏膜细胞内进行。利用食物脂肪分解产生的一酰甘油和脂肪酸酯化生成三酰甘油，反应需要ATP、HSCoA及Mg^{2+}的参与。

2. 二酰甘油途径 肝细胞及脂肪细胞主要通过二酰甘油途径合成三酰甘油。在脂酰转移酶的作用下，将2分子脂酰CoA的脂酰基转移至3－磷酸甘油分子的羟基上，生成磷脂酸，然后脱去磷酸生成二酰甘油，后者再与另1分子脂酰CoA缩合生成三酰甘油（图8－11）。

合成三酰甘油所需的3－磷酸甘油主要来自糖分解，而脂酰CoA的合成原料也主要来自糖的分解代谢，因此糖是合成脂肪的重要原料。在能源物质供应充裕的条件下，机体主要以糖为原料合成脂肪储存起来，以备需要。

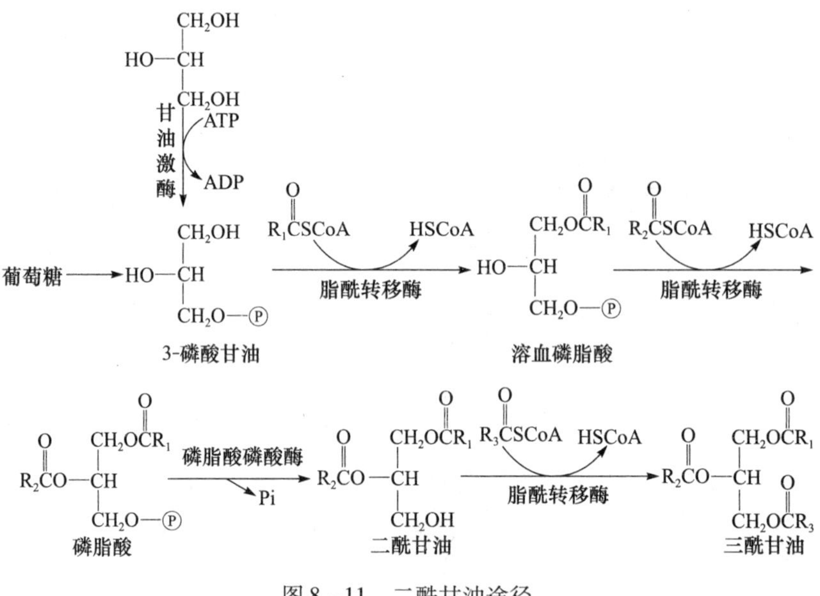

图8－11 二酰甘油途径

三、激素对三酰甘油代谢的调节

对三酰甘油代谢影响较大的激素有胰岛素、胰高血糖素、肾上腺素、甲状腺激素、糖皮质激素和生长激素等，其中胰岛素促进三酰甘油的合成，其余激素促进三酰甘油分解，以胰岛素、肾上腺素和胰高血糖素最为重要。

1. 胰岛素 通过信号转导既促进三酰甘油合成又抑制脂肪动员，从而使脂库储存脂肪增多：①胰岛素一方面激活乙酰CoA羧化酶和ATP柠檬酸裂解酶，诱导乙酰CoA羧化酶基因表达，促进脂肪酸合成；另一方面激活脂酰转移酶，从而促进磷脂酸和三酰甘油合成。②胰岛素抑制激素敏感性三酰甘油脂肪酶、肉碱酰基转移酶Ⅰ的活性，抑制脂肪动员。

2. 胰高血糖素和肾上腺素　既抑制三酰甘油的合成又促进脂肪动员：胰高血糖素通过相关的信号转导途径抑制乙酰 CoA 羧化酶的活性，从而抑制脂肪酸和三酰甘油的合成；同时激活激素敏感性三酰甘油脂肪酶，促进脂肪动员。

3. 糖皮质激素　对不同部位脂肪代谢作用不同：促进四肢脂肪组织脂肪动员，促进腹部、面部、背部、两肩脂肪合成。因此，糖皮质激素分泌过多（Cushing 综合征）会导致脂肪在体内重新分布，出现满月脸、水牛背、向心性肥胖等体征。

第四节　类脂代谢

类脂包括磷脂、糖脂和类固醇。本节主要叙述甘油磷脂、鞘磷脂及胆固醇在体内的代谢。

一、甘油磷脂代谢

甘油磷脂是人体内含量最多的磷脂，最主要的甘油磷脂有磷脂酰胆碱（卵磷脂）和磷脂酰乙醇胺（脑磷脂）。

（一）甘油磷脂的分解代谢

生物体内存在多种能使甘油磷脂水解的磷脂酶类，主要有磷脂酶（phospholipase，PL）A_1、A_2、C、D 等。每一类磷脂酶特异水解甘油磷脂分子中特定的酯键，产生不同的产物（图 8－12），如磷脂酶 A_1、A_2 分别水解甘油磷脂分子第 1、2 位酯键，生成脂肪酸及相应的溶血磷脂。溶血磷脂顾名思义，可损伤细胞膜，具有强烈的溶血作用。磷脂酶 A_1 存在于动物各组织的细胞膜及微粒体膜上，Ca^{2+} 是其激活剂；磷脂酶 A_2 主要存在于蛇、蝎、蜂等的毒液中，也常以酶原形式存在于动物的胰腺内；胰磷脂酶 A_2 的激活与急性胰腺炎的发病密切相关；磷脂酶 C 水解第 3 位酯键生成二酰甘油和磷酸胆碱或磷酸乙醇胺等；磷脂酶 D 作用于磷酸与取代基之间的酯键，生成磷脂酸和胆碱或乙醇胺等含氮碱。在这些磷脂酶的催化下，甘油磷脂最终可被水解为甘油、脂肪酸、磷酸和含氮碱。

（二）甘油磷脂的合成代谢

1. 合成部位　合成甘油磷脂的酶系广泛存在于全身各组织细胞的内质网内，因此各组织均能合成甘油磷脂，其中以肝、肾及肠黏膜组织最为活跃。

2. 合成原料　合成甘油磷脂的原料包括甘油、脂肪酸、磷酸、含氮碱、ATP 和 CTP。脂肪酸和甘油主要由糖转变而来，但是甘油第 2 位羟基所连接的脂肪酸多为必需脂肪酸，只能从食物中获得；胆碱、乙醇胺可从食物中获得，也可由丝氨酸脱羧生成乙醇胺，乙醇胺再从 S－腺苷甲硫氨酸获得甲基转变为胆碱。

3. 合成的基本过程　合成甘油磷脂的途径主要有两条：二酰甘油途径及 CDP－二酰甘油途径。磷脂酰胆碱和磷脂酰乙醇胺主要通过二酰甘油途径合成；CDP－二酰甘油合成途径主要合成磷脂酰肌醇和心磷脂。

（1）二酰甘油合成途径　在胆碱激酶或乙醇胺激酶的作用下，胆碱或乙醇胺首先消耗 ATP，磷酸化生成磷酸胆碱或磷酸乙醇胺，然后与 CTP 作用，生成 CDP－胆碱或 CDP－乙醇

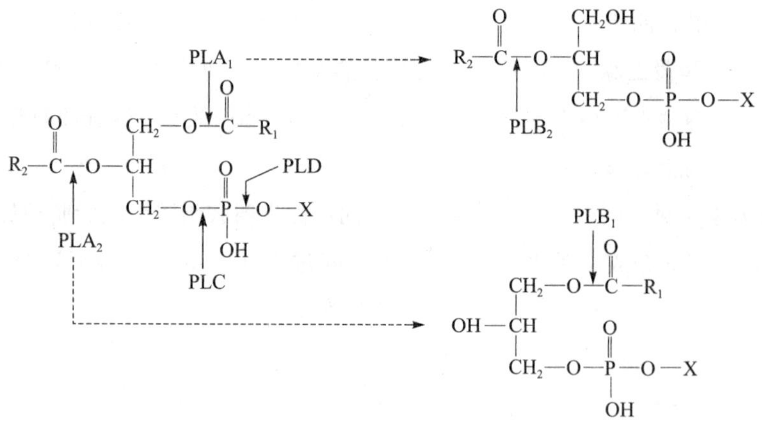

图 8－12 磷脂酶的作用部位

胺，再与二酰甘油缩合生成磷脂酰胆碱或磷脂酰乙醇胺（图 8－13）。

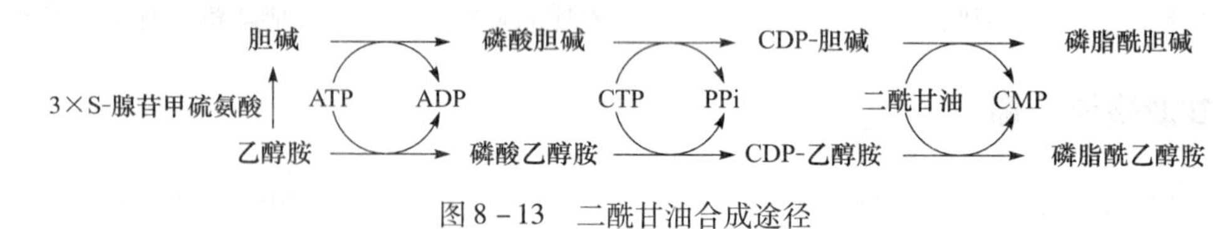

图 8－13 二酰甘油合成途径

（2）CDP－二酰甘油合成途径　此途径首先由磷脂酸与 CTP 反应生成 CDP－二酰甘油，后者与肌醇缩合生成磷脂酰肌醇，或者与磷脂酰甘油缩合生成心磷脂（图 8－14）。

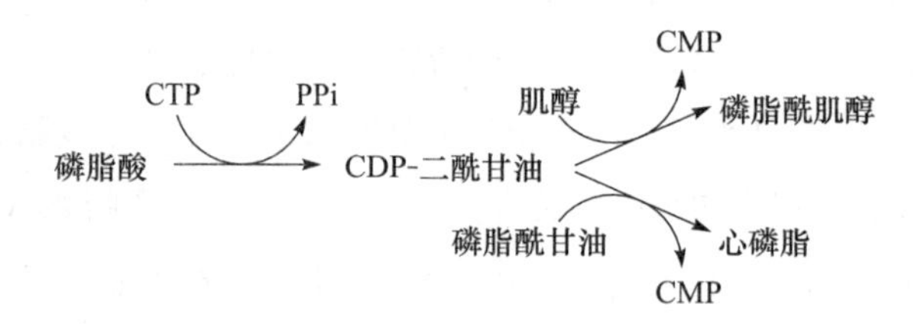

图 8－14 CDP－二酰甘油合成途径

肝细胞的脂肪合成非常活跃，合成的脂肪以极低密度脂蛋白（见本章第五节）的形式运输出肝被肝外组织利用。健康人肝内脂肪的合成与外运处于动态平衡。当肝中脂肪合成过多，或者极低密度脂蛋白生成过少导致脂肪运输出现障碍时，就会出现脂肪在肝中过量堆积的现象，形成脂肪肝。磷脂是构成极低密度脂蛋白的重要成分，其摄入不足或者合成障碍都会影响肝中极低密度脂蛋白的合成，使肝内合成的脂肪不能及时外运，发生脂肪肝。因此，适当补充卵磷脂可以防治脂肪肝。

二、鞘磷脂代谢

人体内含量最多的鞘磷脂是神经鞘磷脂，神经鞘磷脂由鞘氨醇、脂肪酸及磷酸胆碱构成。

（一）神经鞘磷脂的合成

全身各组织均可合成神经鞘磷脂，以脑组织最活跃。软脂酰 CoA、丝氨酸和磷酸胆碱为合成神经鞘磷脂的基本原料，此外还需磷酸吡哆醛、NADPH + H^+、FAD、Mn^{2+} 等参与。

1. 鞘氨醇的合成　在内质网内 3－酮基二氢鞘氨醇合酶的催化下，软脂酰 CoA 与丝氨酸缩合生成 3－酮基二氢鞘氨醇。后者由 NADPH + H^+ 提供氢，还原为二氢鞘氨醇。然后在脱氢酶的催化下，生成鞘氨醇，脱下的氢由 FAD 接受。

2. 神经鞘磷脂的合成　在脂酰转移酶的催化下，鞘氨醇与脂酰 CoA 以酰胺键结合生成N－脂酰鞘氨醇。后者由 CDP－胆碱供给磷酸胆碱，即生成神经鞘磷脂（图 8－15）。

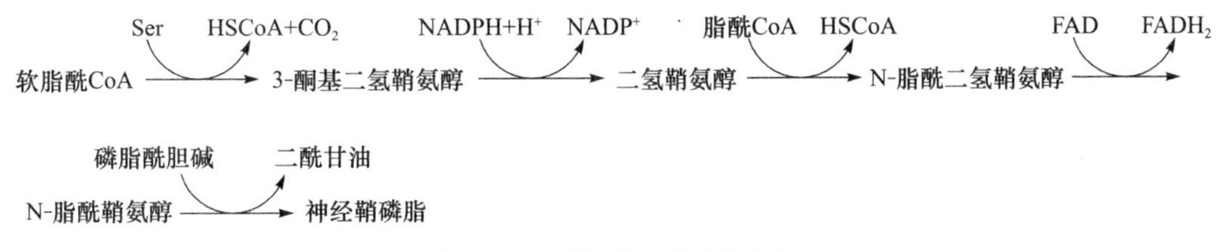

图 8－15　神经鞘磷脂的合成

（二）神经鞘磷脂的分解

神经鞘磷脂可被神经鞘脂酶催化，水解其磷酸酯键生成磷酸胆碱和 N－脂酰鞘氨醇。神经鞘磷脂酶存在于脑、肝、脾、肾等细胞的溶酶体中，属磷脂酶 C 类，如先天缺乏此酶，则神经鞘磷脂不能降解，积存于细胞内，引起肝、脾肿大，累及中枢神经系统功能，出现痴呆，甚至危及生命，称尼曼－匹克（Nieman－Pick）病。

三、胆固醇代谢

胆固醇广泛分布于全身各组织中，是生物膜和神经髓鞘的重要组成成分，也是合成胆汁酸、维生素 D 以及类固醇激素的原料。人体内的胆固醇除来自食物外，主要由生物体自身合成。

（一）胆固醇合成

1. 合成场所　除脑组织及成熟红细胞外，人体各组织细胞均可合成胆固醇，其中以肝合成胆固醇的能力最强，其次为小肠。胆固醇合成在细胞质和内质网中进行。

2. 合成原料　胆固醇的合成原料是乙酰 CoA，此外还需要 NADPH＋H^+供氢，ATP 供能。乙酰 CoA 及 ATP 主要来自糖的有氧氧化，NADPH＋H^+主要来自磷酸戊糖途径。

3. 合成过程　胆固醇的合成过程较复杂，大致分为三个阶段（图 8－16）。

（1）合成甲羟戊酸　合成甲羟戊酸反应开始阶段与酮体的合成类似，只是反应在细胞质中进行：2 分子乙酰 CoA 缩合生成乙酰乙酰 CoA，再结合 1 分子乙酰 CoA 在 HMG－CoA 合酶催化下，缩合成 HMG－CoA。在内质网中 HMG－CoA 在 HMG－CoA 还原酶（HMG－CoA reductase）催化下，由 NADPH＋H^+提供氢，还原生成甲羟戊酸（mevalonic acid，MVA）。HMG－CoA 还原酶是胆固醇合成的关键酶。

（2）合成鲨烯　甲羟戊酸在细胞质中一系列酶的催化下，由 ATP 供能，经磷酸化、脱羧、脱羟基等反应生成活泼的异戊烯焦磷酸及其异构物二甲基丙烯焦磷酸，它们都是含有 5 个碳的中间产物。然后 3 分子活泼的 5 碳化合物进一步缩合成 15 碳的焦磷酸法尼酯。在内质网的鲨烯合成酶的催化下，2 分子 15 碳的焦磷酸法尼酯缩合生成 30 碳的鲨烯。

（3）合成胆固醇　鲨烯结合在细胞质固醇载体蛋白（sterol carrier protein，SCP）上，经内质网单加氧酶和环化酶等作用，使固醇核环化形成羊毛固醇，后者再经氧化、脱羧和还原等一系列反应，生成胆固醇。

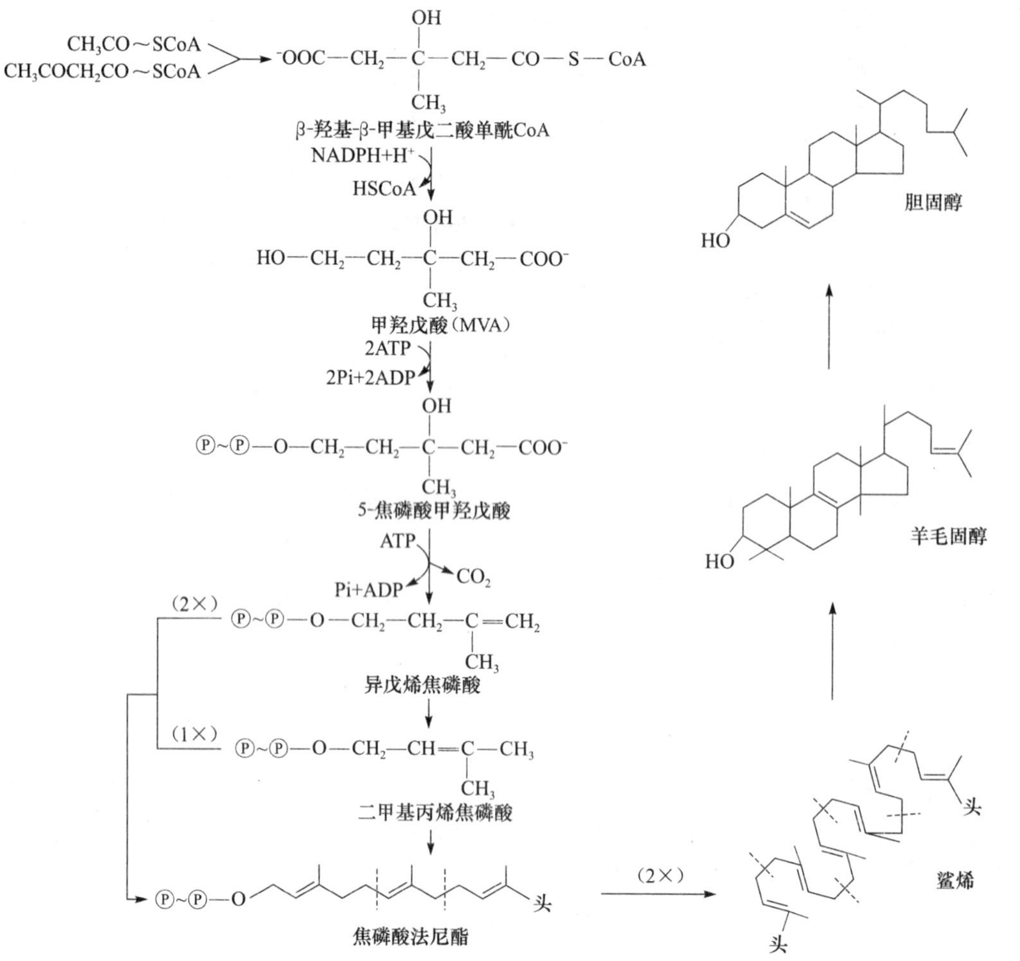

图 8-16 胆固醇的合成过程

（二）胆固醇合成的调节

HMG-CoA 还原酶是胆固醇合成的限速酶，多种因素通过改变此酶活性，影响体内胆固醇的合成。

1. 营养状况 饥饿与禁食情况下，肝细胞内胆固醇的合成受到抑制。动物实验表明，禁食48小时后，大鼠肝胆固醇合成减少91%，禁食96小时减少94%，而肝外组织胆固醇减少不多。饥饿及禁食一方面降低肝细胞 HMG-CoA 还原酶的表达，抑制其活性，另一方面胆固醇的合成原料乙酰 CoA、$NADPH + H^+$ 及 ATP 不足，导致胆固醇合成明显减少。反之，高糖、饱食和脂肪膳食后，HMG-CoA 还原酶合成增加，活性增强，胆固醇合成原料充分，胆固醇合成增加。

2. 胆固醇 高水平的胆固醇既能降低 HMG-CoA 还原酶的合成又可以抑制该酶的活性。HMG-CoA 还原酶在肝中半寿期约4小时，若阻断其合成，该酶在肝细胞内的含量几小时后便下降，加之其活性被抑制，胆固醇合成将大大降低。若降低胆固醇的摄入，HMG-CoA 还原酶合成增加，活性抑制被解除，则胆固醇合成增加。但是食物胆固醇不能降低小肠黏膜细胞内 HMG-CoA 还原酶的合成，因此食用高胆固醇食物，血浆胆固醇仍然会增高。

3. 激素 胰岛素和甲状腺素可提高 HMG-CoA 还原酶活性，增加胆固醇合成。但是甲状腺素同时能促进胆固醇转变为胆汁酸，且后一效应更强，故最终结果是血浆胆固醇降低。因此，甲状腺功能亢进患者，血浆胆固醇含量较正常偏低；而甲状腺机能减退的患者常伴有高胆固醇血症及动脉粥样硬化。胰高血糖素和皮质醇可激活腺苷酸环化酶，通过信号转导，磷酸化抑制 HMG－CoA 还原酶活性，减少胆固醇的合成。

（三）胆固醇的酯化

胆固醇在体内以游离胆固醇和胆固醇酯两种形式存在，游离胆固醇与脂肪酸经酯化反应生成胆固醇酯。胆固醇有两种酯化的方式，其一是在组织细胞中直接从脂酰 CoA 分子上转移 1 个脂酰基到胆固醇分子上，生成胆固醇酯，催化此反应的酶是脂酰 CoA 胆固醇脂酰转移酶（acyl coenzyme A－cholesterol acyltransferase，ACAT）；另一种方式是在血浆中通过卵磷脂－胆固醇脂酰转移酶（lecithin cholesterol acyltransferase，LCAT）的作用将卵磷脂分子上的脂酰基转移到胆固醇分子上，生成胆固醇酯（图 8－17）。LCAT 由肝细胞合成，合成后分泌入血。当肝细胞损伤时，胆固醇和 LCAT 合成均减少，血中 LCAT 水平降低，胆固醇酯化作用减弱，血浆中胆固醇和胆固醇酯的水平下降，临床上可凭此推测肝功能的情况。

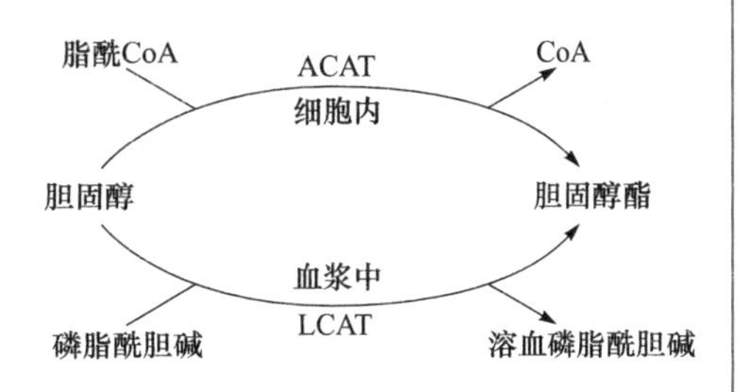

图 8－17　胆固醇酯化

（四）胆固醇的转化

胆固醇不是能源物质，不能分解成二氧化碳和水为机体提供能量，但经转化可生成具有重要生理活性的物质。

1. 转变成胆汁酸　胆固醇在肝中转化成胆汁酸是胆固醇代谢的主要途径（见第十九章）。胆汁酸以钠盐或钾盐的形式存在，称为胆汁酸盐或胆盐，它们在脂类的消化吸收中起重要作用。

2. 转变成类固醇激素　在肾上腺皮质细胞内胆固醇可转变为肾上腺皮质激素；在卵巢可转变为雌二醇、黄体酮等雌性激素；在睾丸转变为睾酮等雄性激素。

3. 转变成 7－脱氢胆固醇　在肝及肠黏膜细胞内，胆固醇可转变成 7－脱氢胆固醇。后者经血液循环运送至皮肤，经紫外线照射后可转变成维生素 D_3，促进钙磷的吸收。

（五）胆固醇的排泄

体内的胆固醇大部分在肝转变为胆汁酸，经胆道系统排入小肠（见第十九章）。

第五节　血脂与血浆脂蛋白代谢

血浆中所含的脂类统称为血脂。脂类物质难溶于水，因此必须与蛋白质结合成溶解度较大的脂蛋白复合体，方可在血液中转运。因此，血浆脂蛋白（lipoprotein）是脂类在血液中的存在和运输形式。

一、血脂

血脂主要包括三酰甘油、磷脂、胆固醇及其酯以及游离脂肪酸等。血脂的含量受年龄、营养、性别、运动情况、生理状态、激素水平等多因素影响，波动范围较大。例如青年人血浆胆固醇水平低于老年人；某些疾病如糖尿病和动脉粥样硬化时，血脂一般都明显升高。因此，测定血脂的含量在临床上具有重要意义。正常成人空腹血脂的组成及含量见表8－3。

表8－3 正常成人空腹血脂的组成及含量

组成	正常参考值	
	mmol/L	mg/dL
总脂	—	400～700（500）
三酰甘油	V0.11～1.69（1.13）	10～150（100）
总胆固醇	2.59～6.21（5.17）	100～240（200）
胆固醇酯	1.81～5.17（3.75）	70～200（145）
游离胆固醇	1.03～1.81（1.42）	40～70（55）
游离脂肪酸	0.20～0.78	5～20（15）
总磷脂	48.44～80.73（64.58）	150～250（200）
磷脂酰胆碱	16.1～64.6（32.3）	50～200（100）
磷脂酰乙醇胺	4.8～13.0（6.4）	15～35（20）
神经磷脂	16.1～42.0（22.6）	5～130（70）

血脂的含量虽受许多因素的影响，但健康成人血脂含量在400～700 mg/dL波动，原因就在于血脂的来源和去路维持着动态平衡。

血脂的来源有两条途径：①外源性，即经消化吸收进入血液的食物脂类；②内源性，是由肝等组织合成或者脂肪动员后释放入血的脂类。

血脂的去路主要有：①经血液循环转运到各组织氧化供能；②进入脂库储存；③作为生物膜合成的原料；④转变成其他物质。血脂的来源与去路见图8－18。

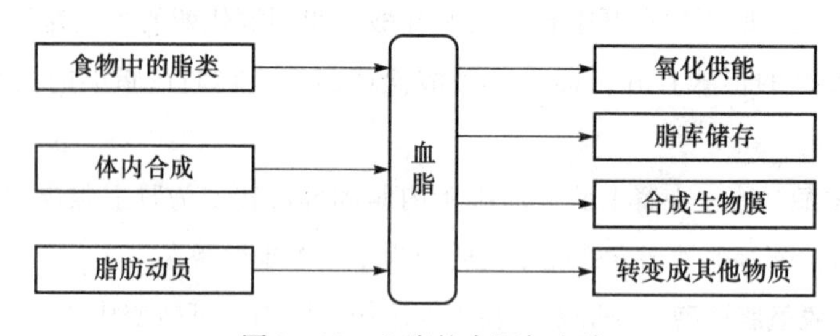

图8－18 血脂的来源与去路

二、血浆脂蛋白

血浆脂蛋白是血浆中的脂类与蛋白质以非共价键方式结合形成的球形颗粒，是脂类在血浆中的存在与运输形式。血浆中存在多种血浆脂蛋白，其结构、来源、去路及功能等均有所不同。

（一）血浆脂蛋白的分类与命名

电泳法和超速离心法是对血浆脂蛋白进行分类和命名最常用的方法。

1. 电泳法 各类血浆脂蛋白含有不同种类和数量的蛋白质分子，故其所带的表面电荷不同；并且每类血浆脂蛋白颗粒大小也有差异，因此在电场中产生不同的迁移率。表面电荷愈多，颗粒愈小，移动速度愈快；反之，则愈慢。按血浆脂蛋白在电场中的迁移率可将其分为四类，由大至小依次为α－脂蛋白、前β－脂蛋白、β－脂蛋白和乳糜微粒。α－脂蛋白蛋白质含量最多，颗粒最小，移动速度最快，其电泳位置相当于血清蛋白电泳时α_1－球蛋白的位置，正常含量占脂蛋白总量的30%～47%；β－脂蛋白相当于血浆β－球蛋白的位置，含量最多，占血浆脂蛋白的48%～68%；前β-脂蛋白位于α-脂蛋白和β-脂蛋白之间，相当于血浆α_2-球蛋白的电泳位置，其含量较少，占脂蛋白的4%～16%，通常电泳检测不出；乳糜微粒（CM）位于原点，正常人空腹血浆中不易检出，仅在进食后出现。血浆脂蛋白与血清蛋白电泳图谱如图8-19所示。

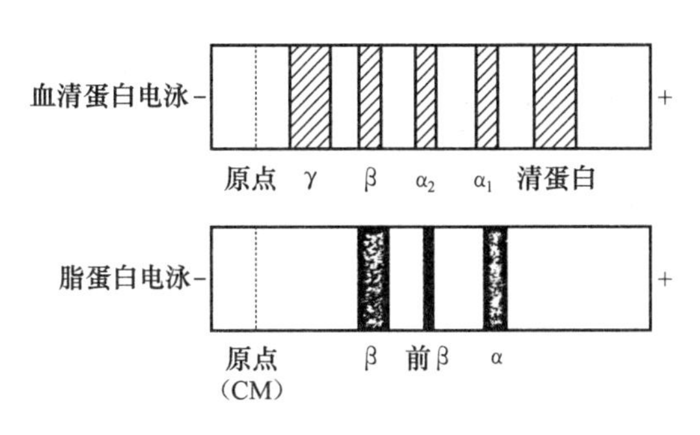

图8-19　血浆脂蛋白电泳图谱

2. 超速离心法（密度分类法）　由于各类脂蛋白中脂类及蛋白质的种类、数量不同，因而密度也就各不相同。若血浆脂蛋白组成中蛋白质含量高，脂类含量低，则密度较高；反之，密度则较低。在一定密度的盐溶液或蔗糖溶液中进行超速离心时，各种脂蛋白因其密度不同或漂浮或沉降，由此可将血浆脂蛋白分为4类，密度由低至高依次为CM、极低密度脂蛋白（very low-density lipoprotein，VLDL）、低密度脂蛋白（low-density lipoprotein，LDL）和高密度脂蛋白（high density lipoprotein，HDL）。

此外，血浆中还有一种中间密度脂蛋白（intermediate density lipoprotein，IDL），其密度介于VLDL和LDL之间，是VLDL在血浆中的中间代谢物。近年来，在人和动物的血浆中又发现了脂蛋白（α），其组成与LDL相似，但是含有载脂蛋白apo（α）。脂蛋白（α）在肝和小肠合成，其水平与患心血管系统疾病的风险性呈正相关。

电泳法和超速离心法的对应关系是：α-脂蛋白相当于HDL、前β-脂蛋白相当于VLDL、β-脂蛋白相当于LDL。

（二）血浆脂蛋白的组成

血浆脂蛋白由脂类和载脂蛋白两部分组成。

1. 脂类　组成血浆脂蛋白的脂类主要包括三酰甘油、磷脂、胆固醇及其酯等成分，其含量及组成比例在各类血浆脂蛋白中相差甚远，见表8-4。

2. 载脂蛋白　血浆脂蛋白中的蛋白质部分称为载脂蛋白（apolipoprotein，apo），迄今为止已发现约有20种。主要包括apoA、B、C、D、E等5类，每类载脂蛋白又可分为若干亚类，例如apoA可分为A-Ⅰ、A-Ⅱ和A-Ⅳ；apoB分为B-100和B-48；apoC分为C-Ⅰ、C-Ⅱ和C-Ⅲ等。各类血浆脂蛋白中载脂蛋白的种类及含量具有较大差异，见表8-4。

载脂蛋白的主要功能是结合及转运各种脂类，另外某些载脂蛋白还有一些特殊功能。例如apo A-Ⅰ能激活LCAT，从而促进HDL成熟和胆固醇的逆向转运（从血浆转运至肝）；apoC-Ⅱ是脂蛋白脂肪酶（lipoprotein lipase，LPL）的激活剂，可促进CM和VLDL的降解。

表 8-4　血浆脂蛋白的种类、组成及一般特性

	特性	CM CM	前β-脂蛋白 VLDL	β-脂蛋白 LDL	α-脂蛋白 HDL
物理性质	形态	微粒	小泡	微小泡	平圆面
	微粒直径（nm）	80~500	25~80	20~25	6.5~9.5
	密度（g/mL）	<0.96	0.96~1.006	1.006~1.063	1.063~1.210
	S_f 值（漂浮系数）	>400	20~400	0~20	沉降
化学组成（%）	蛋白质	2	10	20	50
	脂类	98	90	80	50
	三酰甘油	80~95	50~70	10	5
	磷脂	6	15	20	25
	总胆固醇	4	15	45~50	20
	游离胆固醇	1	5	8	5
	胆固醇酯	3	10	40~42	15
	脂类/蛋白质	40~50	~9	~41	~1.5
	apoA-Ⅰ	7	—	—	67
	apoA-Ⅱ	4	—	—	22
	apoB-48	23	—	—	—
	apoB-100	—	37	98	—
	apoC-Ⅰ	15	3	—	2
	apoC-Ⅱ	15	7	—	2
	apoC-Ⅲ	36	40	—	4
	apoD	—	—	—	痕量
	apoE	—	13	—	痕量

（三）血浆脂蛋白的结构

各种血浆脂蛋白具有相似的基本结构。疏水性较强的三酰甘油和胆固醇酯构成脂蛋白的核心，位于脂蛋白的内部；载脂蛋白、磷脂及游离胆固醇等以单分子层覆盖在脂蛋白表面，其极性基团朝外，疏水基团朝向内部，与脂蛋白核心的疏水分子以疏水键相连，从而构成具有较强亲水性的球形脂蛋白颗粒，使脂类易于在血浆中运输（图 8-20）。

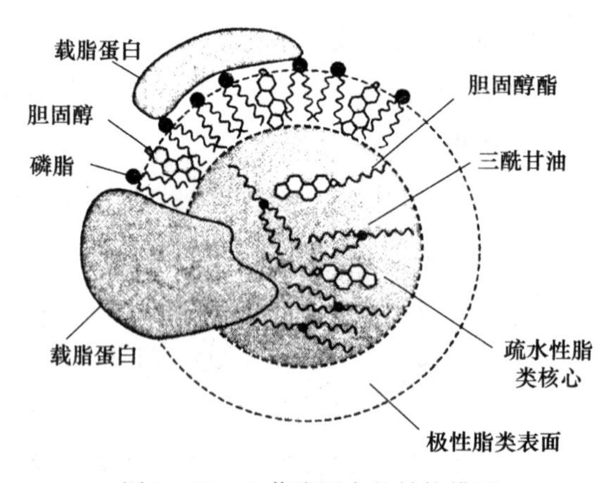

图 8-20　血浆脂蛋白的结构模型

（四）血浆脂蛋白的代谢及功能

1. 乳糜微粒　CM 在小肠黏膜细胞中合成，是运输外源性三酰甘油和胆固醇的主要形式。食物中脂肪被消化吸收后，进入肠黏膜细胞，重新酯化成三酰甘油，连同合成和吸收的磷脂及

胆固醇，与 apoB－48、apoA－Ⅰ、A－Ⅱ及 A－Ⅳ等结合组装成新生 CM。新生 CM 经淋巴管进入血液，从 HDL 获得 apoC 和 apoE，并将部分 apoA－Ⅰ、A－Ⅱ、A－Ⅳ转移给 HDL，生成成熟 CM。成熟 CM 中的 apoC－Ⅱ可以激活存在于心肌、骨骼肌、脂肪组织毛细血管内皮细胞表面的 LPL，LPL 催化三酰甘油水解生成甘油和脂肪酸，被组织细胞摄取利用。三酰甘油的分解使 CM 颗粒逐渐变小，其表面的 apoA、apoC、磷脂酰胆碱及游离胆固醇转移到 HDL，成为富含 apoB－48、apoE 和胆固醇酯的 CM 残体，后者与肝细胞膜上的 apoE 受体结合后，进入肝细胞降解。因此，CM 不但以游离脂肪酸和甘油的形式向心肌、骨骼肌、脂肪组织、肝组织运送外源性三酰甘油，同时也将小肠吸收的胆固醇运送至肝。健康人 CM 在血浆中代谢迅速，其半寿期仅 5～15 分钟，饭后 12～14 小时后血浆中不再含有 CM。

2. 极低密度脂蛋白 VLDL 在肝细胞内合成，是肝转运内源性三酰甘油到肝外组织的主要形式。肝细胞能以葡萄糖为原料合成三酰甘油，也可利用 CM 残体及脂肪动员产生的脂肪酸合成三酰甘油，然后同磷脂、胆固醇、apoB－100 及 apoE 等结合形成新生 VLDL，分泌入血。与 CM 的代谢过程相似，VLDL 分泌入血后，从 HDL 处获得 apoC 和 apoE，形成成熟 VLDL。成熟 VLDL 中的 apoC－Ⅱ可以激活肝外组织毛细血管内皮细胞表面的 LPL，后者又将成熟 VLDL 中的三酰甘油水解成甘油和脂肪酸，被组织吸收利用；VLDL 失去较多三酰甘油后颗粒变小，表面过剩的磷脂、胆固醇及 apoC 转移至 HDL，再从 HDL 处接受胆固醇酯，密度逐渐增大，形成 IDL。部分 IDL 与肝细胞表面的 apoE 受体结合，进入肝细胞内进行代谢；其余 IDL 中的三酰甘油继续被 LPL 水解，表面过剩的 apoE 转移给 HDL，最终主要剩下胆固醇及 apoB－100，即 LDL。VLDL 在血中的半寿期为 6～12 小时。正常人空腹血浆中含有 VLDL，其浓度与三酰甘油水平呈正相关。

3. 低密度脂蛋白 LDL 是正常人空腹时血浆中的主要脂蛋白，含量占血浆脂蛋白总量的 1/2～2/3。LDL 由血浆中 VLDL 转变而来，其载脂蛋白成分仅含 apo B－100，脂类主要是胆固醇及胆固醇酯，是转运肝合成的内源性胆固醇至肝外的主要形式。LDL 主要通过与细胞膜上的 LDL 受体结合而进入细胞内降解，该受体广泛存在于全身各组织细胞膜表面，特异地识别并结合含 apoB－100 或 apoE 的脂蛋白，故又称 apoB、E 受体。LDL 进入细胞后在溶酶体内被水解，释放出游离胆固醇而被机体组织所利用。

4. 高密度脂蛋白 HDL 主要在肝内合成，小肠亦可合成，其主要功能是参与逆向转运胆固醇（reverse cholesterol transport，RCT）。新生 HDL 主要由磷脂、游离胆固醇和 apoA、apoC 及 apoE 组成，不含胆固醇酯，形成圆盘状磷脂双层结构。进入血液后，HDL 表面的 apoA－Ⅰ激活血浆中 LCAT，后者催化 HDL 中卵磷脂第 2 位的脂酰基转移至胆固醇第 3 位的羟基上形成酯键，生成溶血卵磷脂和胆固醇酯。此反应中游离胆固醇可以来自 HDL 表面，也可以来自肝外组织。疏水的胆固醇酯进入 HDL 的核心部位，使其体积逐渐增大，转变为球状成熟 HDL；溶血卵磷脂与血浆清蛋白结合，送往各组织细胞，用于膜磷脂的更新。此过程所消耗的卵磷脂和游离胆固醇可不断从细胞膜、CM 及 VLDL 得到补充。

成熟 HDL 主要被肝细胞摄取降解，其中的胆固醇可合成胆汁酸盐或通过胆汁直接排出体外。HDL 能将肝外组织、其他血浆脂蛋白颗粒以及动脉壁中的胆固醇逆向转运至肝进行代谢转化或排出体外，阻止了游离胆固醇在动脉壁等组织的沉积，因而有对抗动脉粥样硬化形成的作用。统计资料表明，凡能够使血浆 HDL 水平降低的因素，如肥胖、吸烟、糖尿病等都是动脉

NOTE

粥样硬化的危险因素。运动则可有效增加血浆 HDL 的含量。

第六节 血脂与血浆脂蛋白代谢紊乱

一、高脂血症

高脂血症（hyperlipidemia，HLP）是人体脂代谢异常导致的血清脂类和脂蛋白水平升高，包括血清总胆固醇或三酰甘油水平过高和（或）高密度脂蛋白水平过低。由于血浆中的脂类是与载脂蛋白结合以脂蛋白的形式存在，因此高脂血症实际上也可以认为是高脂蛋白血症，只是两种提法而已。HLP 是代谢性疾病中一种常见而多发的病症，与心脑血管疾病、糖尿病等关系密切。

1965 年，Fredrickson 根据大量高脂血症患者的临床表现、生化特点，将高脂蛋白血症分为五型。1970 年世界卫生组织（WHO）将其略加补充，把Ⅱ型分为Ⅱ a 和Ⅱ b 两个亚型，制定了“国际暂行的高脂蛋白血症分型标准”，即将高脂蛋白血症分为六型（Ⅰ、Ⅱa、Ⅱb、Ⅲ、Ⅳ、Ⅴ型）。此分型法对了解高脂蛋白血症产生的原因及防治等都有帮助（表 8 – 5）。我国高脂蛋白血症主要为Ⅱ型（约占 40%）和Ⅳ型（占 50% 以上）。

表 8 – 5 各型高脂蛋白血症的特征

类型	脂蛋白变化	血脂变化	
		三酰甘油	胆固醇
Ⅰ	乳糜微粒（CM）增多	↑↑↑	↑
Ⅱa	LDL 增多		↑↑
Ⅱb	LDL 增多伴有 VLDL 增多	↑↑	↑↑
Ⅲ	IDL 增多	↑↑	↑↑
Ⅳ	VLDL 增多	↑↑	
Ⅴ	VLDL 增多伴有 CM 增多	↑↑↑	↑

高脂血症从病因上分为原发性和继发性两大类。继发性高脂血症继发于某些疾病，如糖尿病、肾病、甲状腺功能减退等。原发性高脂血症病因多不明确。现已证实，原发性高脂血症具有一定遗传性，家族史、肥胖、不良的饮食和生活习惯、激素及神经调节异常是诱发高脂血症的重要因素。

二、动脉粥样硬化

动脉粥样硬化（atherosclerosis，AS）主要是由于血浆中胆固醇含量过多，沉积于大、中动脉内膜上，形成粥样斑块，导致动脉内皮细胞损伤，脂质浸润，管腔狭窄甚至阻塞，从而影响了受累器官的血液供应。以动脉粥样硬化为病理基础的疾病如冠状动脉粥样硬化性心脏病（简称冠心病）等心血管疾病严重危害人类的健康。

血脂紊乱是 AS 发生的重要诱因和独立危险因素。血脂水平异常可引起血黏稠度增高，血流缓慢，血液中过多的脂质沉积于血管壁，巨噬细胞摄入大量脂质成为泡沫细胞。内皮细胞和巨噬细胞分泌的生长因子以及脂质本身可刺激平滑肌细胞增殖，最后形成粥样斑块，导致 AS 的发生。研究表明，粥样斑块中的胆固醇来自血浆 LDL，VLDL 是 LDL 的前体，因此，血浆 LDL 和 VLDL 增高的患者，冠心病的发病率显著升高。HDL 通过多种机制发挥其抗 AS 作用，如减轻 LDL 的氧化、保护内皮细胞、结合脂多糖（lipopolysaccharides，LPS）、调节血凝与纤溶等，其中最重要的是参与胆固醇的逆向转运过程。RCT 途径是将肝外组织包括动脉平滑肌细胞、巨噬细胞等过多的胆固醇转变成为胆固醇酯，并将其转运至肝代谢转化，促进了外周组织胆固醇的清除，有利于降低血浆胆固醇水平，防止泡沫细胞的形成，延缓 AS 发生和发展，是体内抗 AS 的天然防御机制。所以 HDL 的水平与冠心病的发病率呈负相关。血浆 LDL 和 VLDL 含量升高和 HDL 含量降低是导致动脉粥样硬化的关键因素，因此降低 LDL 和 VLDL 的水平、提高 HDL 的水平是防治动脉粥样硬化、冠心病的基本原则。

案例2分析讨论

该患者初步诊断：①动脉粥样硬化；②多发性脑梗死。

诊断依据：患者为中年男性，既往有高血压、吸烟和饮酒史；临床表现为前循环和后循环缺血症状，病情反复发作，上述表现是缺血性脑血管病的重要特征。颈动脉狭窄是导致缺血性脑梗死的主要原因之一。

该患者血液生化检查发现有高密度脂蛋白水平降低（正常 >0.91mmol/L）、低密度脂蛋白水平升高（正常 <3.12mmol/L），提示高胆固醇血症。血脂（特别是胆固醇）代谢紊乱是产生 AS 的重要诱发因素。颅脑 AS 最常侵犯颈内动脉、基底动脉和脊动脉，颈内动脉入脑处为好发区，病变多集中在血管分叉处。由于血浆中高胆固醇状态，导致动脉内皮细胞受损，表面粗糙，易产生附壁血栓。局部血栓将加重动脉粥样斑块造成管腔狭窄，使局部血流更加紊乱，出现涡流，更易于血栓形成。局部血栓的形成或栓子脱落阻塞脑内血管，导致缺血性脑梗死。该患者的影像学检查也支持上述诊断。

患者除了采用降低血压、抗血小板聚集等对症治疗外，还应给予他汀类药物（HMG－CoA 还原酶抑制剂）降低血胆固醇；适当应用活血化瘀、理气祛痰和泻浊类的中药或复方调理。日常生活中还应注意合理膳食，适量运动，禁烟限酒，规律生活。

三、肥胖

全身性的脂肪堆积过多，导致体内发生一系列病理生理变化，称为肥胖症。目前国际上用体重指数（body mass index，BMI）作为肥胖度的衡量标准。BMI＝体重（kg）/身高^2（m^2）。我国规定 BMI 在 24～26 为轻度肥胖；在 26～28 为中度肥胖；大于 28 为重度肥胖。肥胖病人常合并有糖尿病、冠心病、高血压、脑血管病及胆囊炎、胆石症和痛风等，肥胖症及其相关疾病可损害患者身心健康，使生活质量下降，预期寿命缩短，成为重要的世界性健康问题之一。

肥胖症是一组异质性疾病，病因未明，目前认为与遗传、中枢神经系统异常、内分泌功能紊乱、营养过剩、体力活动过少等因素有关。最常见的原因是热量摄入过多，体力活动过少，致使过多的糖、脂肪酸、甘油、氨基酸等转变成三酰甘油储存于脂肪组织中，该原因引起的肥胖即为单纯性肥胖。此外，还有一种肥胖类型为继发性肥胖，继发性肥胖往往存在明确的病因，如下丘脑－垂体感染、肿瘤、皮质醇增多症、甲状腺功能减退等，去除原发病，症状大多可减轻或消失。

小结

脂类包括脂肪和类脂两大类。脂肪是由甘油和脂肪酸形成的甘油酯；类脂包括磷脂、糖脂和类固醇等。脂类的共同特点是难溶于水，易溶于有机溶剂。

生物体内的脂肪酸可分为短链、中链和长链脂肪酸，也可以分为饱和脂肪酸和不饱和脂肪酸。不饱和脂肪酸中的亚油酸、亚麻酸和花生四烯酸对于维持人体正常生命活动具有重要作用，但是体内又不能合成或合成量不足，必须由食物供给，因此被称为必需脂肪酸。

脂肪可以发生水解反应，如果用碱液水解脂肪，则称为皂化反应；含有不饱和脂肪酸的脂肪，可发生加成反应，如氢化反应、碘化反应等；脂肪如果久置于潮湿、闷热的环境，就会发生酸败作用。

磷脂分为甘油磷脂和鞘磷脂。甘油磷脂主要有磷脂酰胆碱、磷脂酰乙醇胺、磷脂酰丝氨酸和磷脂酰肌醇等。

糖脂包括甘油糖脂及鞘糖脂，在脑和神经髓鞘中含量丰富，参与了神经传导的过程，同时也是构成血型物质及细胞膜抗原的主要成分。

类固醇主要包括胆固醇、胆固醇酯、维生素 D_3 原、胆汁酸和类固醇激素等。胆汁酸分为游离胆汁酸和结合胆汁酸两种；类固醇激素可分为肾上腺皮质激素和性激素。

脂类消化的主要部位是小肠上段。食物脂类在小肠中经消化酶水解，在胆汁酸盐的作用下由小肠黏膜细胞摄取并重新酯化，以乳糜微粒的形式被吸收。

脂肪动员是指三酰甘油被水解生成甘油和脂肪酸的过程，三酰甘油脂肪酶是脂肪动员的限速酶。甘油在甘油激酶催化下活化后转变为磷酸二羟丙酮，沿糖代谢途径进行氧化分解或异生成糖；脂肪酸在线粒体外活化生成脂酰 CoA，然后以肉碱为载体转运至线粒体进行 β 氧化，反复经历脱氢、加水、再脱氢及硫解四步连续反应，全部分解为乙酰 CoA，进入三羧酸循环彻底氧化分解供能。肝细胞内脂肪酸经 β 氧化后生成过多的乙酰 CoA 可转化成酮体，运到肝外组织氧化利用。酮体包括乙酰乙酸、β－羟丁酸和丙酮，合成的关键酶是 HMG－CoA 合酶，饥饿时酮体是脑及肌肉组织主要能源。

脂肪酸合成的主要原料是乙酰 CoA 和 $NADPH + H^+$。线粒体内的乙酰 CoA 通过柠檬酸－丙酮酸循环进入细胞质，首先在限速酶乙酰 CoA 羧化酶催化下生成丙二酸单酰 CoA，然后在脂肪酸合酶复合体的催化下，反复经缩合、加氢、脱水、再加氢连续循环反应，生成软脂酸。在此基础上经过碳链加工，生成其他不同的脂肪酸。体内三酰甘油主要在肝及脂肪组织细胞中经二酰甘油途径由 3 分子脂酰 CoA 与 1 分子 3－磷酸甘油经酰基转移反应合成。此外，在小肠黏膜细胞中可通过一酰甘油途径合成三酰甘油。

甘油磷脂的合成需在 CTP 参与下进行；甘油磷脂的降解是在各种磷脂酶催化下的水解反应。人体胆固醇包括体内合成和从食物中摄取两个来源，以前者为主。胆固醇是以乙酰 CoA 为原料在细胞质中合成，关键酶是 HMG－CoA 还原酶。胆固醇在体内可转化成胆汁酸、类固醇激素、维生素 D_3 等。

NOTE

血浆脂蛋白是脂类在血浆中的存在和运输形式。按超速离心法及电泳法可将血浆脂蛋白分为乳糜微粒、极低密度脂蛋白（前β－脂蛋白）、低密度脂蛋白（β－脂蛋白）及高密度脂蛋白（α－脂蛋白）四类。CM 主要转运外源性三酰甘油，VLDL 主要转运内源性三酰甘油，LDL 主要将内源性胆固醇转运至肝外组织，HDL 将肝外组织、血液和动脉壁的胆固醇逆向转运到肝内进行代谢。

高脂血症与脏腑关系

一、脾脏

过食肥甘，精神紧张，体力活动减少，致脾胃运化失职，生痰生湿而成高脂血症，脾虚失运是本病的病理基础，“痰”“瘀”是本病之标。血脂，古称膏脂，中医认为膏脂在人体属于正常津液的一部分，早在《内经》中已明确阐述了膏脂的生成及其作用。《灵枢·五癃津液别》曰：“五谷之津液和合而为膏者，内渗于骨空，补益脑髓，而下流于阴股。”张景岳曰：“膏，脂膏也。津液和合为膏，以填补骨空之中，则为脑为髓，为精为血。”说明膏脂随血而循脉上下，敷布全身以濡润滋养五脏六腑、四肢百骸，是人体生命活动的重要物质。从生理学角度，中医学中膏脂与现代医学所谓之血脂在含义上颇相一致。膏脂代谢虽与五脏六腑皆有关系，但与脾的关系最为密切。脾主运化，为后天之本，气血生化之源。《素问·灵兰秘典论》云：“脾胃者，仓廪之官，五味出焉。”《素问·经脉别论》曰：“饮入于胃，游溢精气，上输于脾，脾气散精……水精四布，五经并行。”张志聪的《黄帝内经灵枢集注》云：“中焦之气，蒸津液，化其精微……溢于外则皮肉膏肥，余于内则膏肓丰满。”说明膏脂来源于中焦，由脾运化水谷而生成，并依赖脾的转输功能布散周身。故若嗜食肥甘或素体脾虚，导致脾失健运，则水谷精微不归正化，形成病理性的痰湿脂浊，诚如李中梓所说“脾土虚弱，清者难升，浊者难降，留中滞膈，淤而成痰”。张景岳亦谓：“人之多痰，悉由中虚使然。”

二、肾

肾为先天之本，肾主水，主津液，具有主持和调节人体津液代谢的作用，肾虚则津液代谢失调，痰湿内生，凝聚为脂。《内经》云“年过四十而阴气自半”，“年过五十，气虚而身重”，男子“七八而气衰，天癸竭，肾渐衰，气血渐亏”，女子“七七任脉虚，天癸竭，地道不通”。人至中年，肾气渐衰，气血渐亏，无力推动气血正常运行而致血脉瘀滞，血中形成脂浊。故常见中年后出现高脂血症，并随年龄增长发病率逐渐增加。

三、肝

肝为刚脏，主疏泄，肝主疏泄功能正常，则气机的运行正常，气血调和，经脉通利。反之，由于情志不遂，肝失疏泄，气机不利，气滞则血瘀，气滞则水停，津液与血液运行失常，留而为痰为瘀，阻滞血脉。此外，肝失疏泄，横逆犯脾，肝脾不调导致阴阳气血失和，痰浊内生，形成高脂血症。

高脂血症虽以脏腑功能失调为本，但痰浊瘀血乃为其标。痰瘀是肝脾肾功能失调的病理产物，是高脂血症的病理基础。因此，根据肝脾肾不同病位以及病性虚实特点，用中医药调理，可获得临床良好疗效。

第九章 氨基酸代谢

【案例1】

患儿，女，5岁，因智能落后做病残鉴定。患儿2岁半前生长发育正常，以后出现周期性呕吐、嗜睡和左侧肢体运动不灵活。开始每月发作1次，以后每半月发作1次，发作时每天呕吐10余次，为胃内容物和黄水，吐完后即睡，一睡10余小时。1年来随呕吐发作出现短暂性左侧偏瘫和发音困难。自发病以来患儿拒绝喝牛乳和吃肉类食品。患儿为第2胎第1产，足月顺产。父母非近亲结婚，双方家系中无类似症状者。

体格检查：体重17kg，身高108cm，语言表达能力差，不会穿衣服，体检无异常。

实验室检查：空腹血糖5.0mmol/L，二氧化碳结合力20mmol/L（正常值22～28mmol/L），肝功能正常，发作时血氨为117μmol/L（正常<47μmol/L），血浆精氨酸<4μmol/dL（正常42～76μmol/dL），瓜氨酸未检出（正常1.2～5.5μmol/dL），谷氨酰胺82μmol/dL（正常<60μmol/dL），尿有机酸浓度正常，呕吐时尿酮体阳性，头颅CT正常。

问题讨论

1. 该病初步诊断是什么？
2. 该病的发病机制是什么？

【案例2】

患者，男，15岁，以“双眼畏光、视物不清15年，加重1个月”为主诉入院。患者自出生以来，出现畏光，双眼视物不清。近1个月因右眼外伤后视物不清加重。患儿无家族遗传史，无早产病史，顺产。

体格检查：发育正常，说话吐字清晰，全身皮肤呈粉白色，头发、睫毛及眉毛均呈灰白色。双眼视力：右眼4.0，左眼4.0，不能矫正。双眼球水平眼震，运动不受限，眼位正。双上睑稍下垂，向前平视时双上睑缘遮盖瞳孔上1/3区，双眼虹膜发育不良，呈浅灰白色，瞳孔区呈红色反光，双侧瞳孔等大约6mm，圆形。药物性散瞳，晶体透明，玻璃体无混浊。双眼底视盘界欠清，整个眼底为橘红色，视网膜和脉络膜广泛性色素脱失，透见裸露的脉络膜血管，后极部轻度水肿，不能发现黄斑及中心凹。

影像学检查：视网膜造影早期可见视网膜弥漫性透见脉络膜血管，后极部下方造影剂轻度渗漏；晚期后极部造影剂轻度积存。脉络膜造影早期可见脉络膜大血管充盈，脉络膜毛细血管纹理紊乱，后极部脉络膜造影剂轻度渗漏；晚期后极部造影剂轻度积存。

问题讨论

1. 初步诊断该病是何种疾病？
2. 该病的发病机制是什么？

3. 需检测何种项目可以确认分型？

蛋白质代谢包括合成代谢和分解代谢两方面。蛋白质是构成组织细胞的重要成分，是生命的物质基础。在生物体内进行蛋白质合成需要核酸的参与。蛋白质分解为氨基酸，仅涉及肽键断裂，而氨基酸的分解代谢则更复杂且更重要，氨基酸可分解为氨、尿素等，也可转变为糖和其他物质，进一步可生成 CO_2 和 H_2O，因此本章重点介绍氨基酸的分解代谢。

第一节 蛋白质的消化与吸收

一、蛋白质的消化

蛋白质是生物大分子，结构复杂，大多存在于瘦肉、鸡蛋、鱼类和大豆等固体食物中，不经消化成氨基酸很难被吸收；另外，蛋白质具有免疫原性，未经消化的蛋白质如果进入体内有可能会引起过敏反应，严重时可因血压下降等引起休克症状。因此，食物蛋白质必须经胃肠道消化酶分解成氨基酸，才能被机体安全地吸收利用。食物蛋白质的消化从胃开始，但主要在小肠中进行和完成。

（一）胃中的消化

胃黏膜主细胞能分泌胃蛋白酶原。胃蛋白酶原在胃酸激活下转变为胃蛋白酶（pepsin），胃蛋白酶又反过来激活胃蛋白酶原。胃蛋白酶属于内肽酶（endopeptidase），作用的最适 pH 值为 1.5～2.5。食物蛋白质在胃内主要水解产物是多肽、寡肽和少量氨基酸，消化并不完全。

（二）小肠中的消化

小肠是消化蛋白质的主要场所。食物在胃内停留时间较短，未完全消化的食物很快进入小肠。小肠内有胰腺和肠黏膜细胞分泌的多种蛋白水解酶和肽酶，在这些酶的协同作用下，将蛋白质分解为氨基酸。

1. 胰腺分泌的蛋白酶 胰腺分泌的蛋白酶统称胰酶，根据作用部位的不同，分为内肽酶和外肽酶（exopeptidase）两类。内肽酶是指水解肽链非末端肽键产生寡肽的酶，例如胰蛋白酶（trypsin）、糜蛋白酶（又称胰凝乳蛋白酶，chymotrypsin）和弹性蛋白酶（elastase）等；外肽酶是指水解肽链末端肽键产生氨基酸的酶，主要有羧基肽酶（carboxypeptidase）A 和羧基肽酶 B。食物蛋白质在各类胰酶的协同作用下，分解为氨基酸（占 1/3）和寡肽（占 2/3）。各类胰酶作用的特异性及其产物见图 9－1。

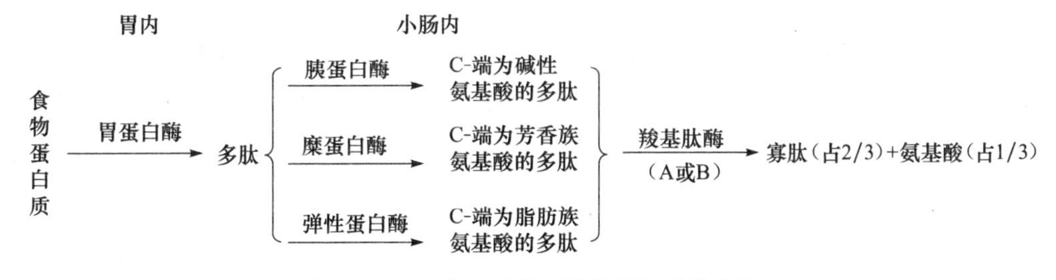

图 9－1 各类胰酶作用的特异性及其产物

2. 肠黏膜细胞分泌的蛋白酶　根据它们的水解作用分为两类：

（1）肠激酶　肠激酶（enterokinase）存在于肠黏膜细胞刷状缘表面。在胆汁酸作用下，可大量释入肠液。最初从胰腺细胞分泌出来的各类胰酶均以无活性的酶原形式存在，分泌入十二指肠后迅速被肠激酶激活。首先肠激酶激活胰蛋白酶原转变为胰蛋白酶，有活性的胰蛋白酶除了对自身产生微弱激活作用外，还可以依次激活糜蛋白酶原、弹性蛋白酶原和羧基肽酶原，接着启动连续的蛋白水解作用。

（2）氨基肽酶和二肽酶　肠黏膜细胞刷状缘和胞质中存在着一些寡肽酶（oligopeptidase），例如氨基肽酶（aminopeptidase）和二肽酶（dipeptidase）等。氨基肽酶可将寡肽从氨基末端逐个水解产生氨基酸以及最后的二肽，二肽再经二肽酶催化水解生成氨基酸。

寡肽 —氨基肽酶→ 二肽 —二肽酶→ 氨基酸
（各步释放出氨基酸）

综上所述，食物蛋白在胃肠道各种消化酶的共同作用下，约有95%被完全水解，消除了食物蛋白的免疫原性，使机体安全、充分地吸收利用氨基酸。此外，胰液中还存在胰蛋白酶抑制剂，可以保护胰腺组织免受蛋白酶的自身消化作用。

二、氨基酸的吸收

1. 氨基酸吸收的载体　研究表明，肠黏膜细胞、肾小管上皮细胞和肌肉细胞膜上均具有转运氨基酸的载体蛋白，能够在耗能、需钠的条件下，将氨基酸主动吸收入细胞内。转运氨基酸的载体蛋白包括中性氨基酸载体、碱性氨基酸载体、酸性氨基酸载体、亚氨基酸和甘氨酸载体，其中酸性氨基酸载体主要转运天冬氨酸和谷氨酸，其转运速度很慢。当同一载体转运不同氨基酸时，相互间可产生竞争作用。

2. γ-谷氨酰基循环　除了通过上述载体蛋白转运方式吸收氨基酸外，在小肠黏膜细胞、肾小管细胞和脑组织还有一种特殊的转运系统，被称为γ-谷氨酰基循环。主要过程为：在细胞膜上γ-谷氨酰基转移酶的作用下，氨基酸与细胞的谷胱甘肽作用生成γ-谷氨酰氨基酸并进入细胞质内，然后再经其他酶催化释放出氨基酸，同时使谷氨酸重新合成谷胱甘肽，进入下一轮的转运过程。全过程转运1分子的氨基酸，消耗3分子的ATP，γ-谷氨酰基转移酶是该过程的关键酶（图9-2）。

三、蛋白质的营养作用

（一）蛋白质的生理功能

1. 维持细胞、组织的生长、更新和修复　足量蛋白质可促进胎儿及儿童生长、发育；可维持成年人组织蛋白的更新；对于创伤和手术后恢复期患者，补充蛋白质还可修复损伤组织。

2. 参与体内许多重要的生命活动　酶的催化作用、激素的调控及受体的作用、免疫防御、物质的运输、运动与支持、生长与繁殖等，都与蛋白质有密切的联系。

3. 氧化供能　人体10%～15%的能量来源于蛋白质，每克蛋白质在体内氧化分解可释放17.19kJ能量。蛋白质氧化供能的作用可完全由糖或脂类替代，因此，供能不是蛋白质的主要功能。

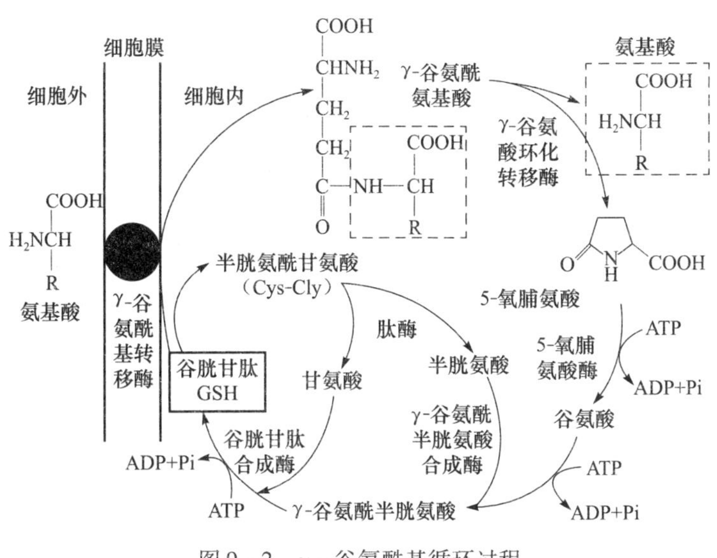

图 9－2　γ－谷氨酰基循环过程

（二）蛋白质的需要量

人体每日需要摄入足够量的蛋白质才能维持机体的生理需要。蛋白质的需要量可根据氮平衡（nitrogen balance）实验来确定。

1. 氮平衡　氮平衡是指摄入氮量与排出氮量之间的平衡关系，反映体内蛋白质代谢状况。通过氮平衡实验可以了解机体内蛋白质的代谢状况。蛋白质含氮量是恒定的，平均为 16%，即 1g 氮相当于 6.25g 蛋白质。因此，测定食物含氮量（摄入氮），即可算出食物中蛋白质含量。蛋白质经分解代谢所产生的含氮物主要由尿、粪排出，因此测定尿、粪中的含氮量（排出氮），就可推测体内蛋白质的分解情况。体内蛋白质的分解与合成维持于动态平衡状态，每天分解掉的蛋白质必须由食物蛋白质来补充，故测定摄入氮量与排泄氮量之间的关系在一定程度上可以反映体内蛋白质的合成与分解情况。

氮平衡有以下三种情况：

（1）氮总平衡　氮总平衡是指机体总氮量不发生改变，即摄入氮等于排出氮。健康成人每天通过摄取种类丰富的食物来维持机体氮摄取和排出的动态平衡。氮总平衡状态，反映了人体内摄入蛋白质的量基本上能满足体内组织蛋白质更新的需要，也说明体内蛋白质的合成与分解处于动态平衡。常见于健康成年人。

（2）氮正平衡　氮正平衡是指机体中摄入氮大于排出氮，反映了人体内摄入的部分蛋白质用于合成组织蛋白储存在体内，也说明体内蛋白质合成代谢占优势。如儿童、孕妇和康复期患者。

（3）氮负平衡　氮负平衡是指机体中摄入氮小于排出氮，反映人体内摄入的蛋白质量不足以补充体内分解掉的蛋白质，也说明体内蛋白质分解代谢占优势。一般见于饥饿和某些特定疾病中，例如消耗性疾病、大面积烧伤、大量失血等患者。

2. 蛋白质的生理需要量　根据氮平衡实验测算，在不进食蛋白质时，成人每天至少需要分解 20g 蛋白质，此为组织蛋白的最低更新量。由于食物蛋白质与人体蛋白质组成有差异，不可能全部被利用；因此，成人每天至少需补充 30～50g 食物蛋白质，即蛋白质的最低生理需要量，才能维持氮的总平衡。由于个体差异、劳动强度不同等原因，要保持氮的总平衡，还需增加一定蛋白质量才能满足人体的生理需要。我国营养学会目前推荐的成人每天蛋白质的需要量为80g。现将常用食物中蛋白质含量列于表9－1中。

表9－1 常用食物中蛋白质含量（%）

食物名称	蛋白质含量	食物名称	蛋白质含量	食物名称	蛋白质含量
猪肉	13.3～18.5	小麦	12.4	大白菜	1.1
牛肉	15.8～21.7	小米	9.7	菠菜	1.8
羊肉	14.3～18.7	玉米	8.6	油菜	1.4
鸡肉	21.5	高粱	9.5	黄瓜	0.8
鲤鱼	18.1	面粉	11.0	橘子	0.9
鸡蛋	13.4	大豆	39.2	苹果	0.2
牛奶	3.3	花生	25.8	红薯	1.3
稻米	8.5	白萝卜	0.6		

（三）蛋白质的营养价值与互补作用

1. 蛋白质的营养价值 用于合成蛋白质的氨基酸有20种，其中8种氨基酸人体不能合成，必须由食物供给，称为必需氨基酸（essential amino acids），包括缬氨酸、亮氨酸、异亮氨酸、苏氨酸、赖氨酸、甲硫氨酸、苯丙氨酸和色氨酸（表9－2），缺乏其中任何一种，均会引起氮负平衡。其余12种人体自身可以合成，不必由食物供给，称为非必需氨基酸。

表9－2 成人、儿童和婴儿必需氨基酸的每天最低需要量（mg/kg体重）

必需氨基酸	成人	儿童	婴儿
异亮氨酸	10	30	70
甲硫氨酸	13	27	58
缬氨酸	10	33	93
亮氨酸	14	45	161
色氨酸	35	4	17
苯丙氨酸	14	27	125
苏氨酸	7	35	87
赖氨酸	12	60	103

蛋白质的营养价值（nutrition value）是指外源性蛋白质被人体利用的程度，其高低取决于组成蛋白质中必需氨基酸的种类、含量和比例。外源性蛋白质与人体蛋白质的氨基酸组成越接近，人体对其利用率就越高，蛋白质的营养价值则越高。例如动物蛋白质鸡蛋、牛肉、牛奶等所含必需氨基酸的种类、含量、比例与人体蛋白质的氨基酸组成比较接近，其营养价值就较高；而植物蛋白如玉米、小麦等往往缺少一种或几种必需氨基酸，其营养价值则较低。

2. 食物蛋白质的互补作用 将不同种类营养价值较低的蛋白质混合食用，则可以互相补充所缺少的必需氨基酸，从而提高蛋白质的营养价值，称为食物蛋白质的互补作用。例如谷类蛋白含赖氨酸较少而色氨酸多，豆类蛋白含色氨酸较少而赖氨酸多，两者单独食用营养价值均不高，但若将两者混合食用，则由于互相补充了所缺少的必需氨基酸，使利用率大大提高，从而增加了蛋白质的营养价值（表9－3）。

NOTE

表 9-3　蛋白质的营养价值及互补作用

食物	营养价值	
	单独食用	混合食用
玉米	60	
小米	57	73
大豆	64	
小麦	67	
小米	57	89
大豆	64	
牛肉	76	

对临床危重患者，则需静脉输入含量比例适当的、营养价值高的混合氨基酸或必需氨基酸，用于维持患者体内氮总平衡。

四、蛋白质的腐败作用

在肠内未被消化的蛋白质和未被吸收的氨基酸，在肠道下端细菌的作用下，产生一系列对人体有害物质的过程，称为腐败作用（putrefaction）。大多数腐败产物对人体是有害的，如胺类、酚类、氨、吲哚及硫化氢等，但也可产生少量具有一定营养价值的维生素和脂肪酸等物质。

（一）胺类的生成

在肠道内，氨基酸受肠道细菌作用发生脱羧反应，生成相应的胺类。如组氨酸脱羧生成组胺，赖氨酸脱羧生成尸胺，酪氨酸脱羧生成酪胺，苯丙氨酸脱羧生成苯乙胺等。

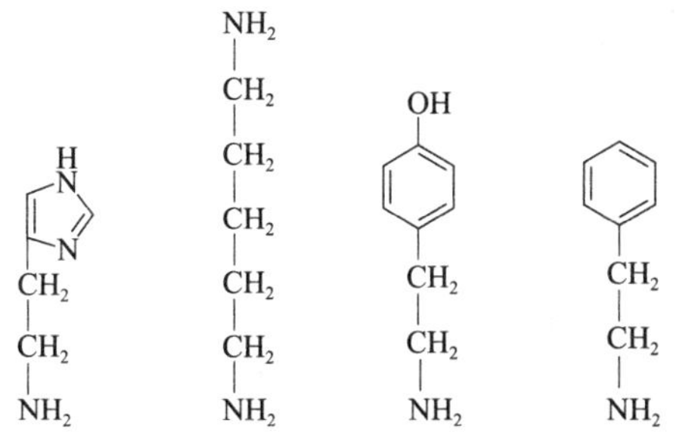

组胺　尸胺　酪胺　苯乙胺

这些腐败产物大多有毒性，如组胺和尸胺具有降压作用，酪胺具有升压作用等。正常情况下，这些有毒产物需经肝代谢转化为无毒形式排出体外。肠梗阻或肝功能障碍患者，腐败产物生成增多，或肝不能有效解毒，则会导致部分腐败产物，如酪胺和苯乙胺进入脑组织，经 β-羟化酶作用，转化为 β-羟酪胺或苯乙醇胺，其结构类似于儿茶酚胺，故称为假神经递质（false neurotrans-mitter）。假神经递质增多时，可以竞争性抑制儿茶酚胺受体，使神经冲动传递受阻，导致大脑功能障碍，发生深度抑制而昏迷，临床称这种现象为肝性脑昏迷，简称肝昏迷。这就是肝昏迷的假神经递质学说。

NOTE

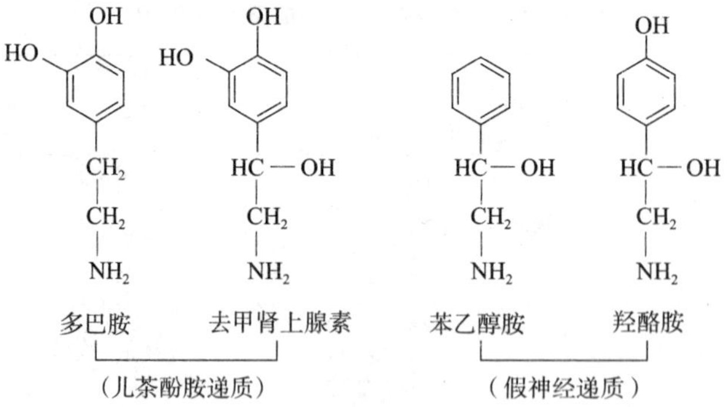

多巴胺　去甲肾上腺素　苯乙醇胺　羟酪胺

（儿茶酚胺递质）　（假神经递质）

（二）氨的生成

未吸收的氨基酸在肠菌作用下可发生还原性脱氨基作用，生成氨。

$$R-CH(NH_2)-COOH + (H) \longrightarrow R-CH_2-COOH + NH_3$$

（三）酚类的生成

酪氨酸脱羧基生成的酪胺，可以进一步脱氨基和氧化，生成苯酚和对甲酚等有毒物质。

对甲酚　苯酚

（四）吲哚及甲基吲哚的生成

色氨酸经肠菌作用可分解产生吲哚和甲基吲哚，随粪便排出体外，是粪便臭味的主要来源。

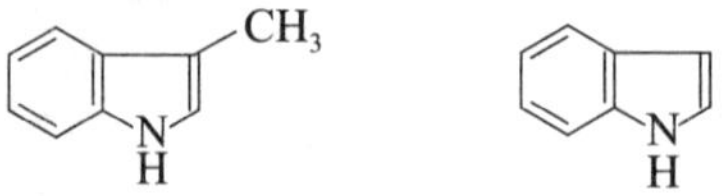

甲基吲哚　吲哚

（五）硫化氢的生成

半胱氨酸在肠菌作用下可分解产生硫醇、硫化氢和甲烷等。

第二节　氨基酸的一般代谢

一、氨基酸代谢概况

人体内氨基酸总是处在不断的动态平衡过程中，以适应生理需要。氨基酸在体内代谢主要有3个来源和4条去路。

（一）氨基酸的来源

氨基酸的 3 个来源：①食物蛋白的消化吸收；②组织蛋白的分解；③利用 α－酮酸和氨合成一些非必需氨基酸。这三部分氨基酸共同分布于全身各处，参与各种代谢，称为氨基酸代谢库（amino acid metabolic pool）。

（二）氨基酸的去路

氨基酸的 4 条去路：①合成组织蛋白；②脱氨基生成 α－酮酸和氨；③脱羧基生成胺类和 CO_2；④经特殊代谢途径，转变为一些具有重要生理功能的物质（如肾上腺素、甲状腺激素等）。氨基酸的来源及去路概括如图 9－3 所示。

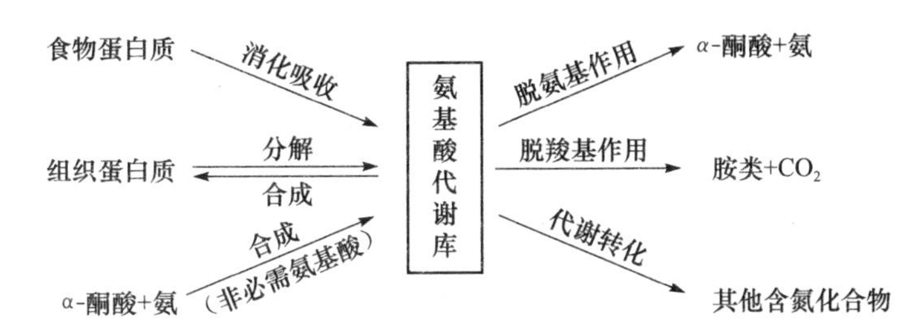

图 9－3　体内氨基酸的来源及去路

以下着重讨论氨基酸的分解代谢，包括一般代谢和特殊代谢。首先介绍氨基酸的一般代谢：脱氨基作用和脱羧基作用。

二、氨基酸的脱氨基作用

氨基酸在体内分解代谢的最主要反应是脱氨基作用。脱氨基作用主要有 4 种不同方式：转氨基作用、氧化脱氨基作用、联合脱氨基作用以及其他脱氨基作用等。其中以联合脱氨基最为重要。

（一）转氨基作用

转氨基作用，或称氨基转移作用，是指氨基酸在氨基转移酶（aminotransferase）或称转氨酶（transaminase）催化下，将氨基酸的 α－氨基转移到一个 α－酮酸的酮基位置上，生成相应的 α－酮酸和一个相应的 α－氨基酸。反应如下：

$$\begin{array}{c}R_1\\|\\H-C-NH_2\\|\\COOH\end{array} + \begin{array}{c}R_2\\|\\C=O\\|\\COOH\end{array} \xrightleftharpoons[\text{转氨酶}]{} \begin{array}{c}R_1\\|\\C=O\\|\\COOH\end{array} + \begin{array}{c}R_2\\|\\H-C-NH_2\\|\\COOH\end{array}$$

氨基转移反应需要维生素 B_6 的磷酸酯——磷酸吡哆醛和磷酸吡哆胺作为氨基转移酶的辅酶，起传递氨基作用。转氨基反应是可逆的，只要有相应的 α－酮酸存在，通过其逆过程又是合成非必需氨基酸的重要途径。

除了赖氨酸、脯氨酸和羟脯氨酸等个别氨基酸外，大多数氨基酸通常都可通过该反应进行转氨基，而且都是在特异的氨基转移酶作用下，将 α－氨基转移到 α－酮戊二酸的酮基位置上，从而生成谷氨酸和相应的 α－酮酸，该反应在氨基酸的脱氨基作用中具有十分重要意义。

重要的氨基转移酶有丙氨酸氨基转移酶（alanine aminotransferase，ALT，又称谷丙转氨酶，glutamate－pyruvate transaminase，GPT）和天冬氨酸氨基转移酶（aspartate aminotransferase，

AST，又称谷草转氨酶，glutamate - oxaloacetate trans - aminase，GOT）。ALT 和 AST 广泛分布于各组织细胞内，但在各组织中含量不等。

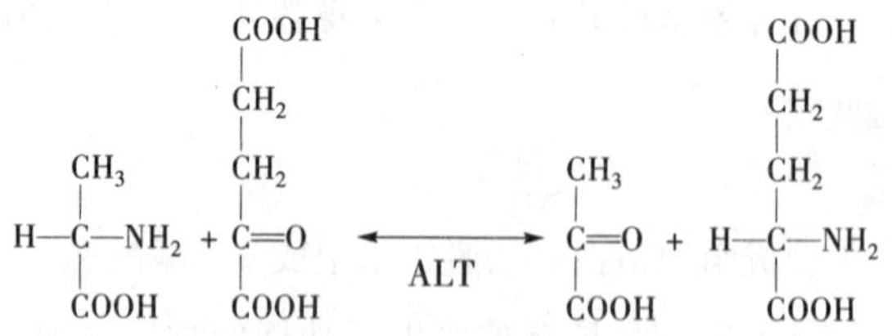

$$\underset{\text{丙氨酸}}{\mathrm{CH_3-CH(NH_2)-COOH}} + \underset{\alpha-\text{酮戊二酸}}{\mathrm{HOOC-CH_2-CH_2-CO-COOH}} \underset{\mathrm{ALT}}{\longleftrightarrow} \underset{\text{丙酮酸}}{\mathrm{CH_3-CO-COOH}} + \underset{\text{谷氨酸}}{\mathrm{HOOC-CH_2-CH_2-CH(NH_2)-COOH}}$$

正常情况下氨基转移酶主要存在于特定的组织细胞内，而血清中活性则很低。只有当组织受损，细胞膜通透性增加或细胞破裂时，才会大量释放入血，使血中氨基转移酶活性明显增高。例如急性肝炎患者血清 ALT 活性显著增高，心肌梗死患者血清中 AST 活性明显上升，故临床可以此作为相关组织器官疾病的辅助诊断和预后指标。

（二）氧化脱氨基作用

氧化脱氨基作用是指氨基酸在酶的作用下，氧化脱氢、水解脱氨，产生游离氨和α - 酮酸的过程。

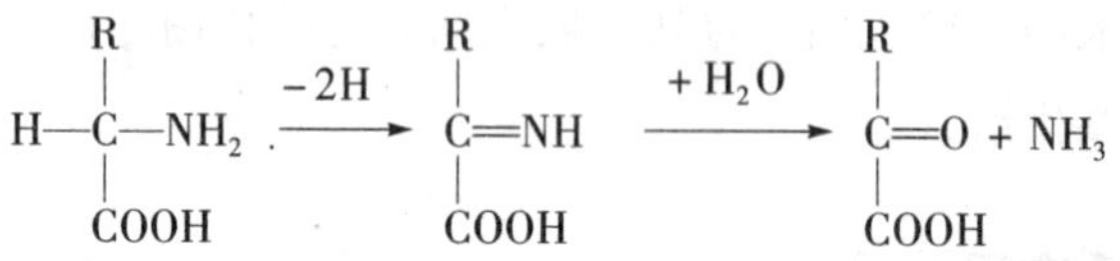

$$\underset{\text{氨基酸}}{\mathrm{R-CH(NH_2)-COOH}} \xrightarrow{-2H} \underset{\text{亚氨基酸}}{\mathrm{R-C(=NH)-COOH}} \xrightarrow{+H_2O} \underset{\alpha-\text{酮酸}}{\mathrm{R-CO-COOH}} + \underset{\text{氨}}{\mathrm{NH_3}}$$

催化氧化脱氨基的酶主要为 L - 谷氨酸脱氢酶（L - glutamate dehydrogenase）。L - 谷氨酸脱氢酶是以 NAD^+ 或 $NADP^+$ 为辅酶的不需氧脱氢酶，其在体内分布广（肌肉组织除外）、活性高，能催化 L - 谷氨酸脱氢（氧化）又脱氨，产生 α - 酮戊二酸和游离氨。反应如下：

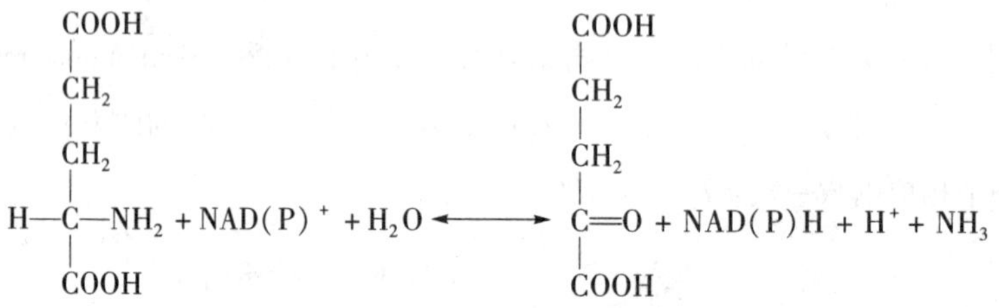

$$\underset{\text{谷氨酸}}{\mathrm{HOOC-CH_2-CH_2-CH(NH_2)-COOH}} + \mathrm{NAD(P)^+} + \mathrm{H_2O} \longleftrightarrow \underset{\alpha-\text{酮戊二酸}}{\mathrm{HOOC-CH_2-CH_2-CO-COOH}} + \mathrm{NAD(P)H} + \mathrm{H^+} + \mathrm{NH_3}$$

L - 谷氨酸脱氢酶催化的是可逆反应，其逆反应是细胞内合成谷氨酸的主要方式。L - 谷氨酸脱氢酶是由 6 个相同亚基构成的变构酶，其催化活性可以受体内一些变构剂的调节。ADP 和 GDP 是该酶的变构激活剂，而 ATP 和 GTP 是该酶的变构抑制剂。

（三）联合脱氨基作用

1. 联合脱氨基作用 转氨酶在体内普遍存在，在特异转氨酶催化下，大多数氨基酸可将氨基转移给 α - 酮戊二酸，生成谷氨酸；L - 谷氨酸脱氢酶催化谷氨酸氧化脱氨基。这种转氨酶与 L - 谷氨酸脱氢酶联合作用的方式，被称为联合脱氨基作用，这是体内大多数氨基酸脱氨基的主要途径，反应过程见图 9 - 4。

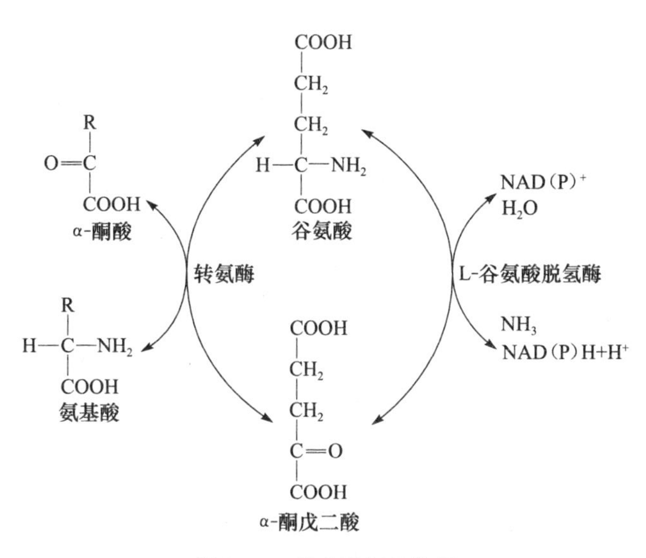

图9－4　联合脱氨基作用

上述联合脱氨基作用主要在肝、肾组织中进行，是体内氨基酸脱氨基的主要方式。全过程是可逆的，其逆过程又是体内合成非必需氨基酸的主要途径。

2. 嘌呤核苷酸循环　肌肉组织中L－谷氨酸脱氢酶活性很弱，难以进行上述联合脱氨基作用，需要通过嘌呤核苷酸循环过程脱去氨基。此循环中，首先一个氨基酸通过两次连续的转氨基作用，将氨基转移给草酰乙酸生成天冬氨酸；然后由天冬氨酸与次黄嘌呤核苷酸（IMP）进行缩合反应，生成腺苷酸代琥珀酸；后者进一步裂解为延胡索酸和AMP，AMP在腺苷酸脱氨酶催化下水解脱氨，又生成IMP，从而完成氨基酸的脱氨基作用。IMP可以再参加循环（图9－5）。可见，嘌呤核苷酸循环实际上也可看作是另一种形式的联合脱氨基作用。

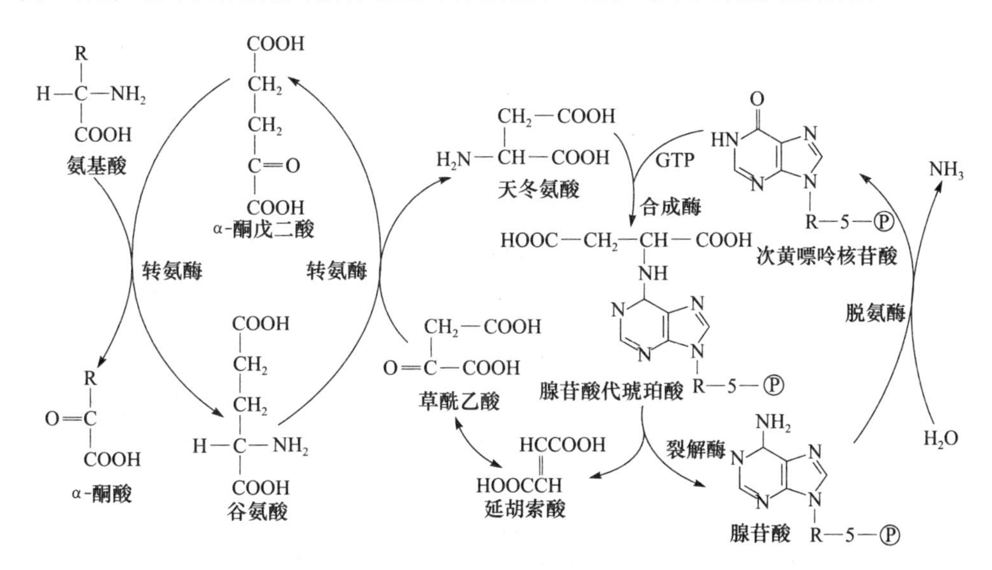

图9－5　嘌呤核苷酸循环

（四）其他脱氨基作用

在生物体内，除了上述几种脱氨基方式外，个别氨基酸还有其他特殊的脱氨基方式。例如半胱氨酸可发生脱硫化氢脱氨基作用生成丙酮酸；天冬氨酸还可经直接脱氨基作用生成延胡索酸；丝氨酸可经脱水脱氨基作用生成丙酮酸等。

三、α－酮酸的代谢

氨基酸脱氨基后生成的α－酮酸进一步经历以下代谢。

（一）合成非必需氨基酸

α－酮酸循联合脱氨基作用逆过程还原氨基化，重新生成α－氨基酸。

（二）转变为糖或酮体

实验发现，用各种氨基酸喂养糖尿病犬时，大多数氨基酸可使尿糖增加，表明这些氨基酸在体内经脱氨基生成的α－酮酸可以通过糖异生合成葡萄糖，这些氨基酸称为生糖氨基酸；少数几种氨基酸可同时增加葡萄糖和酮体的排出，称为生糖兼生酮氨基酸；而亮氨酸和赖氨酸只能增加酮体排出量，称为生酮氨基酸（表9－4）。

表9－4 生糖和生酮氨基酸种类

分类	氨基酸
生酮氨基酸	亮氨酸、赖氨酸
生糖氨基酸	甘氨酸、丙氨酸、丝氨酸、精氨酸、脯氨酸、谷氨酸、谷氨酰胺、缬氨酸、组氨酸、甲硫氨酸、半胱氨酸、天冬氨酸、天冬酰胺
生糖兼生酮氨基酸	苯丙氨酸、酪氨酸、色氨酸、异亮氨酸、苏氨酸

（三）氧化供能

α－酮酸在体内可通过三羧酸循环彻底氧化，生成二氧化碳和水，同时释放能量以供机体生命活动所需。

四、氨基酸的脱羧基作用

氨基酸分解代谢的主要途径是脱氨基作用，但部分氨基酸还可脱羧基（decarboxylation）生成相应的胺。反应由特异的氨基酸脱羧酶催化，并需磷酸吡哆醛作为辅酶。体内胺类含量虽不高，但具有重要的生理功能。下面列举几种氨基酸脱羧基产生的重要活性胺类。

（一）γ－氨基丁酸

γ－氨基丁酸（γ－aminobutyric acid，GABA）是由谷氨酸脱羧基产生。催化此反应的酶是谷氨酸脱羧酶，此酶在脑组织中活性最高，所以脑中GABA含量最高。GABA是一种重要的抑制性神经递质，其生成不足可以引起中枢神经系统的过度兴奋。

$$H_2N-\underset{|}{\overset{COOH}{CH}}-CH_2-CH_2-COOH \xrightarrow[\text{谷氨酸脱羧酶}]{CO_2} H_2N-CH_2-CH_2-CH_2-COOH$$

（二）5－羟色胺

5－羟色胺（5－hydroxytryptamine，5－HT或serotonin，血清素）是由色氨酸经羟化和脱羧基作用生成。5－HT在神经系统、胃肠道、血小板和乳腺等组织均能生成。在脑内，5－HT可作为抑制性神经递质，与调节睡眠、体温和镇痛等有关。在松果体，5－HT可经乙酰化、甲基化等反应转变为褪黑激素（melatonin），褪黑激素的分泌有昼夜节律和季节性节律，与机体神

NOTE

经内分泌及免疫调节功能有密切关系。在外周，5－HT是一种强烈的血管收缩剂。

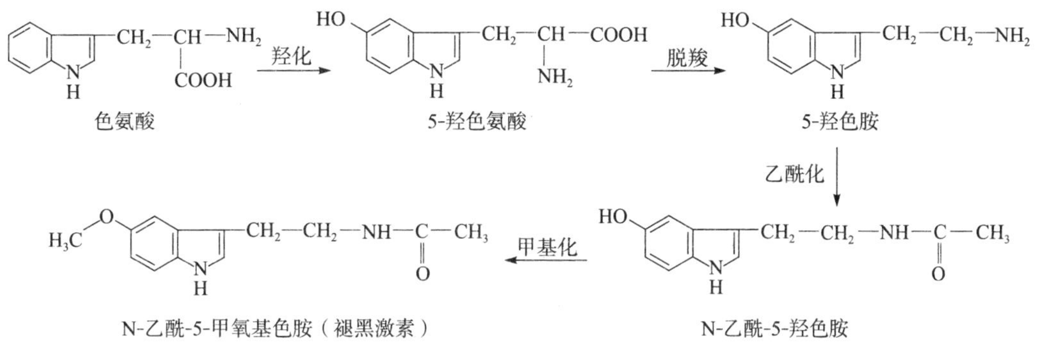

色氨酸 —羟化→ 5-羟色氨酸 —脱羧→ 5-羟色胺 —乙酰化→ N-乙酰-5-羟色胺 —甲基化→ N-乙酰-5-甲氧基色胺（褪黑激素）

（三）牛磺酸

牛磺酸（taurine）是由半胱氨酸经氧化和脱羧基作用生成（见本章第四节）。在肝内牛磺酸参与合成结合胆汁酸（见第十九章）。现已发现脑组织中含有较多的牛磺酸，可能发挥抑制性神经递质的作用。

第三节　氨的代谢

一、氨的来源和去路

（一）氨的来源

体内氨的来源主要有：

1. 氨基酸脱氨基和胺类分解产氨　从氨基酸脱下的氨是体内氨的主要来源，核苷酸和胺类的分解也可以产生氨。

2. 肠道吸收的氨　肠道有两个产氨方式，即肠内氨基酸经细菌腐败作用产生的氨以及肠道尿素经肠菌尿素酶水解产生的氨。

3. 肾小管上皮细胞的泌氨　肾小管上皮细胞的谷氨酰胺在谷氨酰胺酶催化下水解生成谷氨酸和NH_3，成为血氨的另一个来源。

（二）氨的去路

体内氨的去路主要有：

1. 合成尿素　由肝合成尿素，经肾排出体外，为体内氨的最主要去路。

2. 转变为非必需氨基酸及其他含氮物　氨通过还原氨基化使α－酮戊二酸生成谷氨酸，谷氨酸又可通过转氨基作用，将氨基转移给其他α－酮酸，生成某些非必需氨基酸；少量的氨可用于合成嘌呤、嘧啶等其他含氮物。

3. 生成谷氨酰胺　在脑和肌肉等组织，部分氨与谷氨酸合成谷氨酰胺运输到肾，水解产生NH_3，在酸性环境中以NH_4^+形式排出体外。

由于NH_3比NH_4^+易透过细胞膜而被吸收，在碱性环境中，NH_4^+的电离被抑制而易形成NH_3，因此肠道pH偏碱或碱性尿均易促进氨的吸收。为此临床上对高血氨患者禁用碱性肥皂水灌肠，对肝硬化腹水患者，不宜使用碱性利尿药，以免血氨升高。

机体内氨的来源与去路总结如图9-6所示。

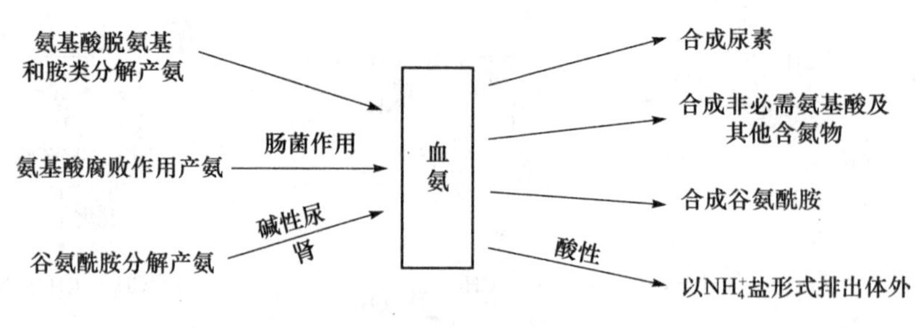

图9-6　机体内氨的来源与去路

二、氨的转运

氨具有毒性，尤其脑组织对氨极为敏感。血氨增高，可收缩脑血管，影响脑血流量，并通过干扰糖代谢影响能量的生成与利用，严重时可致昏迷甚至死亡。所以血氨在体内累积一般不超过60μmol/L。肝外组织主要以谷氨酰胺或丙氨酸两种无毒形式运输氨。

（一）谷氨酰胺的运氨作用

谷氨酰胺合成酶（glutamine synthetase）催化谷氨酸和氨合成谷氨酰胺，反应消耗ATP。谷氨酰胺是中性无毒分子，水溶性强，其合成与分解都是不可逆的。在脑和肌肉等组织内，谷氨酸和氨合成谷氨酰胺后可经血液循环运送至肝或肾。在肝或肾细胞内，谷氨酰胺酶（glutaminase）催化谷氨酰胺水解为谷氨酸和氨，除少量用于合成其他含氮化合物外，氨或在肝组织合成尿素，经肾排出，或在肾脏与H^+结合成NH_4^+，随尿排出体外。

$$\underset{\text{谷氨酸}}{HOOC-CH_2-CH_2-CH(NH_2)-COOH}\xrightarrow[ATP,\ NH_3\ \rightarrow\ ADP,\ Pi]{\text{谷氨酰胺合成酶}}\underset{\text{谷氨酰胺}}{H_2N-C(=O)-CH_2-CH_2-CH(NH_2)-COOH}\xrightarrow[H_2O\ \rightarrow\ NH_3]{\text{谷氨酰胺酶}}\underset{\text{谷氨酸}}{HOOC-CH_2-CH_2-CH(NH_2)-COOH}$$

在脑组织内，通过合成谷氨酰胺，将氨固定在谷氨酰胺分子中，并以此作为氨的运输形式，以避免高氨导致脑毒性。临床上对氨中毒患者常给予口服或静脉滴注谷氨酸钠盐，以解除氨毒并降低血氨浓度。

（二）葡萄糖-丙氨酸循环

肌肉组织中，氨基酸还可以经转氨基作用将氨基转移给丙酮酸，生成丙氨酸，后者进入血液循环被运送至肝。在肝细胞内，丙氨酸通过联合脱氨基作用释放氨，用于合成尿素。脱去氨基后生成的丙酮酸通过糖异生转化为葡萄糖。葡萄糖进入血液循环运送到肌肉组织，经糖酵解途径转变成丙酮酸，后者再接受氨基又生成丙氨酸，从而构成一个循环过程，称为葡萄糖-丙氨酸循环（图9-7）。

葡萄糖-丙氨酸循环既实现了氨的无毒运输，又得以使肝组织为肌肉活动提供能量。

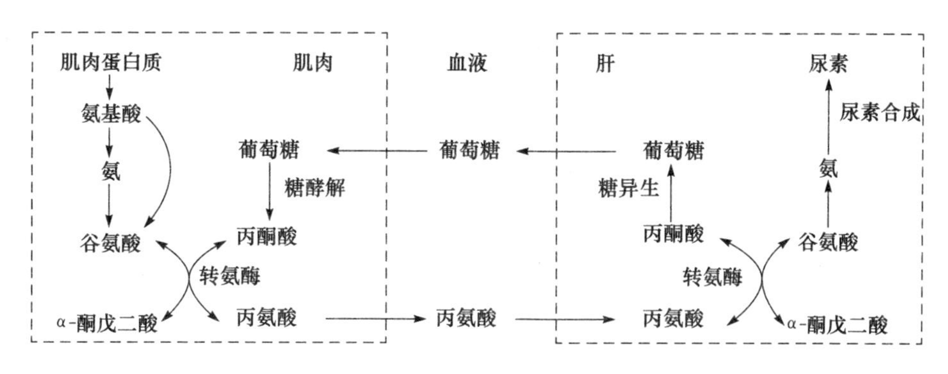

图 9-7　葡萄糖-丙氨酸循环

三、尿素的合成——鸟氨酸循环

体内的氨有 80% ~90% 是在肝合成中性、无毒、水溶性强的尿素，经血液循环运送至肾脏，随尿排出体外。尿素是氨代谢的终产物。

首先，鸟氨酸与 NH_3 及 CO_2 结合生成瓜氨酸，然后瓜氨酸再接受 1 分子 NH_3 生成精氨酸，最后精氨酸水解产生 1 分子尿素和鸟氨酸，后者进入下一轮循环，此循环过程称为鸟氨酸循环（ornithine cycle）或称尿素循环（urea cycle）（图 9-8）。1932 年，德国学者 Hans Krebs 和 Kurt Henseleit 在动物实验中发现，将大鼠肝切片在有氧条件下与铵盐保温数小时可以合成尿素；同时发现鸟氨酸、瓜氨酸和精氨酸都能促进尿素的合成，但它们的量并不减少。根据以上三种氨基酸的结构推断，它们在代谢上可能有一定联系。经过进一步研究，Krebs 和 Henseleit 提出了尿素合成的循环机制。

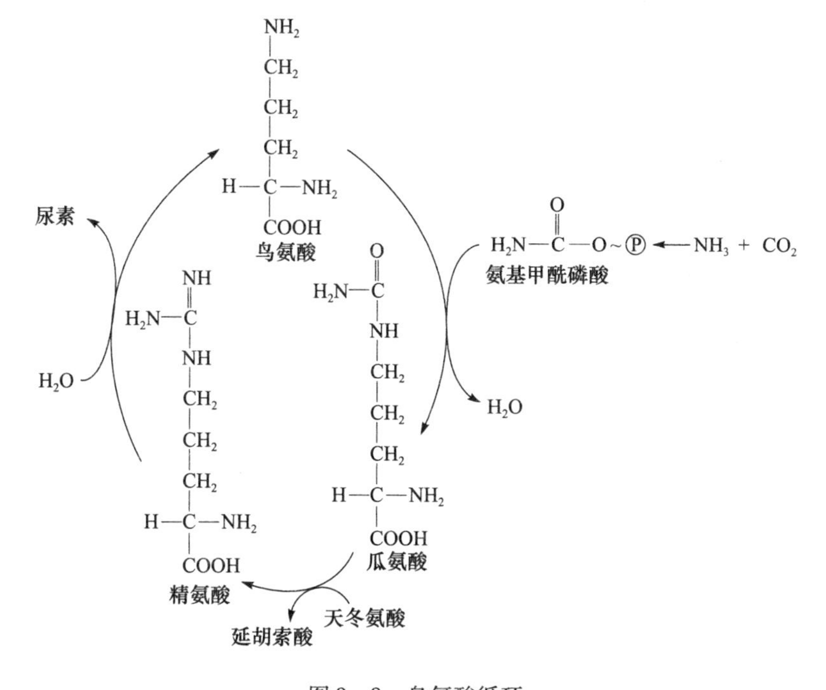

图 9-8　鸟氨酸循环

（一）尿素合成过程

整个过程分四个步骤：

1. 氨基甲酰磷酸的合成　在肝细胞线粒体内，由氨基甲酰磷酸合成酶Ⅰ（carbamoyl phosphate synthetase Ⅰ，CPS-Ⅰ）催化，将 NH_3 与 CO_2 以及 2 分子 ATP 缩合成为氨基甲酰磷酸。此

反应不可逆，CPS－Ⅰ是变构酶，N－乙酰谷氨酸是该酶的变构激活剂。

$$CO_2 + H_2O + NH_3 + 2ATP \longrightarrow \text{Ⓟ} \sim O-\overset{\overset{O}{\|}}{C}-NH_2 + 2ADP + Pi$$

2. 瓜氨酸的合成 氨基甲酰磷酸分子中含有性质较活泼的酐键，在线粒体内，由鸟氨酸氨基甲酰转移酶催化，氨基甲酰磷酸与鸟氨酸缩合生成瓜氨酸，反应不可逆。

$$\underset{\text{鸟氨酸}}{NH_2-CH_2-CH_2-CH_2-CH(NH_2)-COOH} + \underset{\text{氨基甲酰磷酸}}{\text{Ⓟ}\sim O-\overset{\overset{O}{\|}}{C}-NH_2} \xrightarrow{\quad Pi \quad} \underset{\text{瓜氨酸}}{H_2N-\overset{\overset{O}{\|}}{C}-NH-CH_2-CH_2-CH_2-CH(NH_2)-COOH}$$

3. 精氨酸的合成 瓜氨酸由线粒体内膜上的载体转运至胞质内，受精氨酸代琥珀酸合成酶催化，与天冬氨酸进行缩合反应，生成精氨酸代琥珀酸，其中第二个氨基是由天冬氨酸提供的。此反应同时伴有1分子ATP分解为AMP和Pi，其两个高能磷酸键被消耗。精氨酸代琥珀酸再经裂解酶催化，裂解为精氨酸和延胡索酸。

天冬氨酸提供氨基后，生成的延胡索酸可循三羧酸循环途径加水、脱氢转变为草酰乙酸，后者经谷草转氨酶催化接受谷氨酸转来的氨基，又生成天冬氨酸。而谷氨酸的氨基可来自其他氨基酸与α－酮戊二酸的转氨基作用。因此，体内多种氨基酸的氨基可以采用天冬氨酸的形式参与尿素的合成。由上可见，通过延胡索酸和天冬氨酸，可将鸟氨酸循环、三羧酸循环和转氨基作用相互联系起来。

$$\underset{\text{天冬氨酸}}{HOOC-CH(NH_2)-CH_2-COOH} + \underset{\text{瓜氨酸}}{H_2N-\overset{\overset{O}{\|}}{C}-NH-CH_2-CH_2-CH_2-CH(NH_2)-COOH} \xrightarrow[ATP \quad AMP + PPi]{} \underset{\text{精氨酸代琥珀酸}}{HOOC-CH(CH_2-COOH)-NH-\underset{HN=}{C}-NH-CH_2-CH_2-CH_2-CH(NH_2)-COOH} \xrightarrow{\text{延胡索酸}} \underset{\text{精氨酸}}{H_2N-\overset{\overset{NH}{\|}}{C}-NH-CH_2-CH_2-CH_2-CH(NH_2)-COOH}$$

4. 精氨酸水解生成尿素 在胞质内，受精氨酸酶催化，精氨酸水解为尿素和重新生成鸟氨酸。鸟氨酸通过线粒体内膜上的载体蛋白帮助，从胞质转运入线粒体，重新接受下一个氨基甲酰磷酸生成瓜氨酸，进入下一轮循环。尿素则通过血液循环运送至肾随尿排出。

$$H_2N{-}C({=}NH){-}NH{-}CH_2{-}CH_2{-}CH_2{-}CH(NH_2){-}COOH + H_2O \longrightarrow H_2N{-}CH_2{-}CH_2{-}CH_2{-}CH(NH_2){-}COOH + H_2N{-}CO{-}NH_2$$

精氨酸　　　　　　鸟氨酸　　　　　　尿素

（二）尿素合成总反应及其意义

$$CO_2 + 2NH_3 + 3H_2O + 3ATP \longrightarrow H_2N-CO-NH_2 + 2ADP + AMP + 4Pi$$

一次鸟氨酸循环，共消耗1分子CO_2、2分子NH_3（包括1分子游离氨和1分子天冬氨酸提供的氨基）、3分子ATP（共消耗4个高能磷酸键），最终产生1分子尿素，经肾随尿排出，以解氨毒。此外，鸟氨酸循环中间物的浓度，如鸟氨酸、瓜氨酸和精氨酸，可以影响尿素合成的速率。精氨酸还通过促进N－乙酰谷氨酸合成而激活CPS－I，因此，临床上常输注精氨酸以促进尿素合成，降低血氨浓度。

在鸟氨酸循环过程中，精氨酸代琥珀酸合成酶为限速酶。值得一提的是，氨基甲酰磷酸合成酶－I存在于线粒体内，以氨为氮源，参与尿素合成，它的活性可作为肝细胞分化程度的指标之一；在胞质中还存在氨基甲酰磷酸合成酶－Ⅱ，它以谷氨酰胺的酰胺基为氮源，参与嘧啶合成（见第十章），它的合成可作为细胞增殖程度的指标之一。

现将尿素合成的详细过程及其在细胞内的定位总结于图9－9。

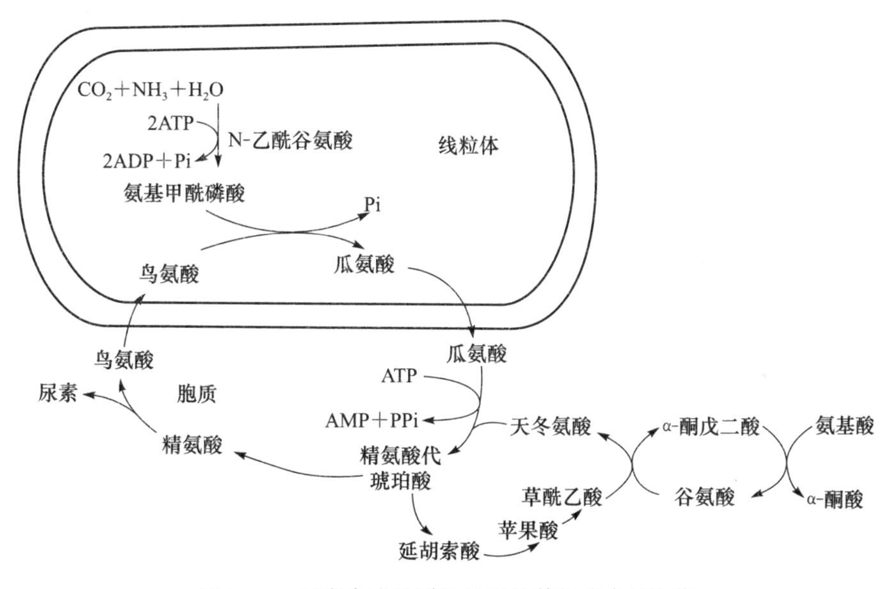

图9－9　尿素合成的详细过程及其细胞内的定位

四、高血氨与氨中毒

尿素是氨的主要排泄形式，氨是含氮化合物分解的有毒产物。肝功能严重受损时，尿素合

NOTE

成障碍，导致血氨增高，称为高氨血症。大量的氨进入脑组织，与脑细胞中的α-酮戊二酸结合生成谷氨酸，并进一步生成谷氨酰胺。在此过程中，消耗较多的NADH和ATP等能源物质，同时也消耗大量的α-酮戊二酸，使三羧酸循环速率降低，影响ATP的生成，使脑组织供能不足。此外，谷氨酸属于兴奋性神经递质，能量及兴奋性神经递质严重缺乏时将影响脑正常功能甚至昏迷，临床称为氨中毒或肝昏迷。这就是目前肝昏迷的氨中毒学说。

案例1分析讨论

先天性高氨血症主要见于尿素循环障碍、有机酸血症及高血氨高胰岛素综合征，已知有十余种类型，多数为常染色体隐性遗传。其中尿素循环障碍导致的高氨血症可以通过测定尿素循环不同部位酶缺陷所导致的血浆相应氨基酸浓度变化来区分不同的类型。该病患儿的共同特点为对高蛋白饮食不耐受。目前已知尿素循环途径中有6种酶缺陷均会导致尿素循环障碍，除鸟氨酸氨甲酰基转移酶（OTC）缺乏症为X伴性遗传（基因位于Xp21.1）外，其他的均属常染色体隐性遗传。OTC缺乏症的患儿出生不久便出现氨中毒症状，女性杂合子可在幼儿期起病。

本例患儿虽未做肝活检测定酶活性，但根据性别、发病年龄、临床表现、病情程度、高血氨及血浆氨基酸测定结果，可以初步诊断为OTC缺乏症杂合子。诊断依据：本例患儿血氨浓度超过正常值，可断定为高氨血症。但尿有机酸浓度正常，可排除有机酸血症；空腹血糖浓度正常，可排除高血氨高胰岛素综合征（以胰岛素升高、血糖降低及血氨轻度升高为特征）。该患儿的血浆鸟氨酸和精氨酸浓度极低，常见于氨甲酰磷酸合成酶（CPS）、OTC及N-乙酰谷氨酸合成酶（NAGS）的基因缺陷，需进一步检测尿中乳清酸浓度。若乳清酸浓度升高，可初步诊断为OTC缺乏。由于OTC缺乏使鸟氨酸生成不足导致氨甲酰磷酸在线粒体聚积，最终使其扩散至胞质中参与合成嘧啶核苷酸（见第十章），引起乳清酸堆积，导致乳清酸尿；而其他两种酶缺陷均导致线粒体中氨基甲酰磷酸合成不足，因此尿中检测不出乳清酸。为进一步确诊，可测定肝中OTC活性或利用分子遗传学方法进行DNA诊断是否有OTC缺乏。由于男性患儿中因自发基因突变而致病的比例占1/3，所以无症状女性可疑杂合子的检出对预测再生育风险甚为重要。使用别嘌呤醇诱导乳清酸尿或DNA分析可以鉴别无症状的杂合子。由于条件所限当时未对患儿母亲做这一检查，故不能判断患儿病因是由于自发基因突变还是母亲遗传所致。

第四节　个别氨基酸的代谢

氨基酸的代谢除脱氨基和脱羧基的一般代谢外，有些还有其特殊的代谢方式，并产生一些具有重要生理功能的物质。

一、一碳单位代谢

NOTE

有些氨基酸在体内分解过程中可产生含一个碳原子的活性基团，称为一碳单位（one

carbon unit）。一碳单位不能游离存在于体内，常与四氢叶酸（FH_4）等结合转运并参加代谢。

（一）一碳单位的形式与来源

体内重要的一碳单位主要有甲酰基（—CHO）、甲炔基（—CH＝）、亚胺甲基（—CH＝NH）、甲烯基（$—CH_2—$）和甲基（$—CH_3$）等。它们分别来自甘氨酸、组氨酸、丝氨酸、色氨酸和甲硫氨酸等（表 13－5）。

表 13－5　一碳单位存在形式表

一碳单位名称	结构	与四氢叶酸结合位点
甲基	$—CH_3$	N^5
甲烯基	$—CH_2—$	N^5 和 N^{10}
甲酰基	—CHO	N^5 或 N^{10}
甲炔基	—CH＝	N^5 和 N^{10}
亚胺甲基	—CH＝NH	N^5

（二）一碳单位的生成与四氢叶酸

由氨基酸分解产生一碳单位需经过复杂的代谢过程，并且需要四氢叶酸作为一碳单位转移酶的辅酶，例如丝氨酸或甘氨酸分解生成 N^5,N^{10}－甲烯基四氢叶酸。

丝氨酸在羟甲基转移酶催化下，其羟甲基转移到四氢叶酸分子上，并脱水生成N^5,N^{10}－甲烯基四氢叶酸和甘氨酸。甘氨酸在裂解酶催化下，又与四氢叶酸反应，生成N^5,N^{10}－甲烯基四氢叶酸（图 9－10）。

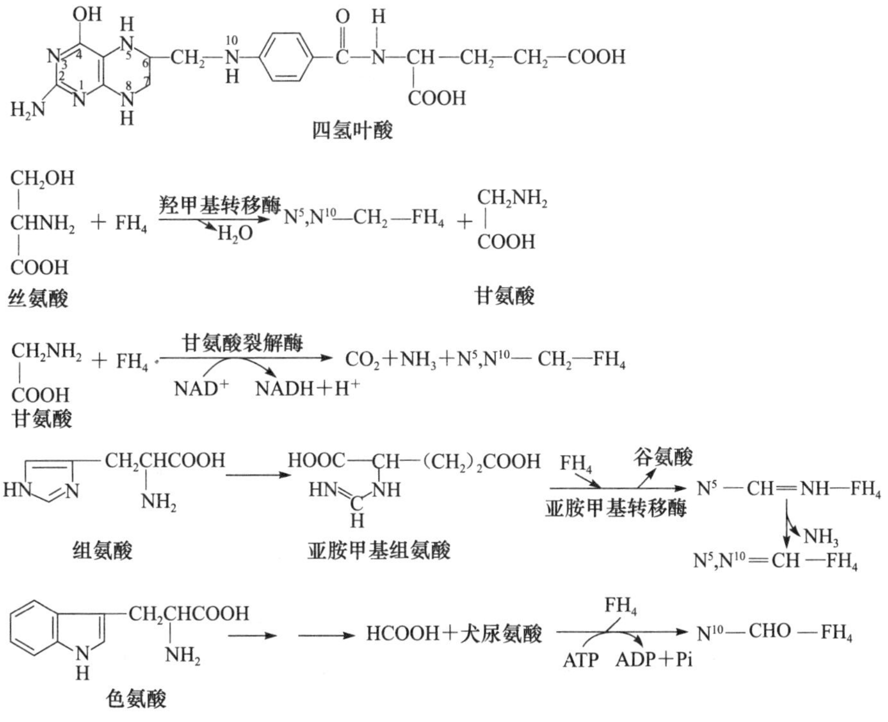

四氢叶酸

$$\text{丝氨酸 } (CH_2OH—CHNH_2—COOH) + FH_4 \xrightarrow[H_2O]{\text{羟甲基转移酶}} N^5,N^{10}—CH_2—FH_4 + \text{甘氨酸 } (CH_2NH_2—COOH)$$

$$\text{甘氨酸 } (CH_2NH_2—COOH) + FH_4 \xrightarrow[NAD^+ \ \ NADH+H^+]{\text{甘氨酸裂解酶}} CO_2 + NH_3 + N^5,N^{10}—CH_2—FH_4$$

$$\text{组氨酸} \longrightarrow \text{亚胺甲基组氨酸 } (HOOC—CH—(CH_2)_2COOH) \xrightarrow[\text{亚胺甲基转移酶}]{FH_4 \ \ \text{谷氨酸}} N^5—CH=NH—FH_4 \xrightarrow{NH_3} N^5,N^{10}=CH—FH_4$$

$$\text{色氨酸} \longrightarrow \longrightarrow HCOOH + \text{犬尿氨酸} \xrightarrow[ATP \ \ ADP+Pi]{FH_4} N^{10}—CHO—FH_4$$

图 9－10　四氢叶酸与一碳单位

（三）一碳单位的互变与代谢意义

1. 一碳单位的互变 各种不同形式的一碳单位中碳原子的氧化状态不同，在适当条件下，它们可以通过氧化还原反应而彼此互变（图9－11）。但是，N^5－甲基四氢叶酸的还原合成是不可逆的，它不能再氧化为其他形式。

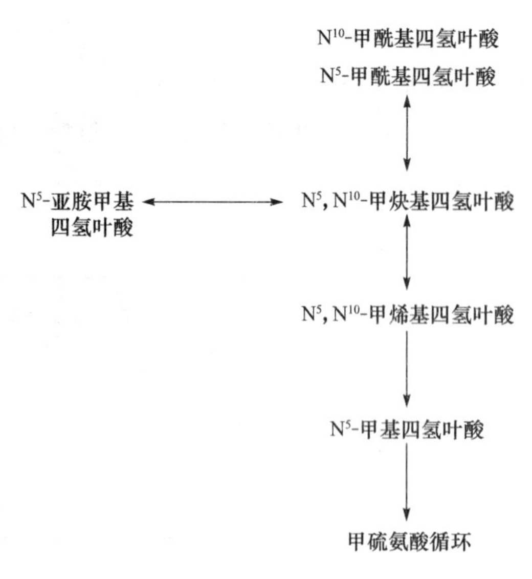

图9－11 一碳单位的相互转变

2. 一碳单位的生理功能 氨基酸分解产生的一碳单位，由 FH_4 携带和转运，参与嘌呤和嘧啶碱的合成。例如，N^{10}－甲酰基四氢叶酸提供嘌呤碱的 C_2 与 C_8，N^5,N^{10}－甲烯基四氢叶酸则提供脱氧胸苷酸（dTMP）的 C_5－甲基。然而，N^5－甲基四氢叶酸则需与甲硫氨酸循环联系起来才能提供甲基，参与体内重要甲基化合物的合成。

由上看出，一碳单位与核酸代谢关系密切。当一碳单位代谢发生障碍或四氢叶酸缺乏时，核酸的合成代谢受影响，可导致巨幼红细胞性贫血等疾病。又如磺胺药或某些抗癌药（氨甲蝶呤等）的作用机制是由于干扰了细菌或癌细胞的叶酸或四氢叶酸的合成，进而影响一碳单位与核酸的代谢，使细菌或癌细胞分裂增殖受阻，以达到抗菌或抑癌的目的。

二、含硫氨基酸代谢

含硫氨基酸包括甲硫氨酸（蛋氨酸）、半胱氨酸和胱氨酸三种。它们在体内的代谢是相互联系的：甲硫氨酸可为半胱氨酸的合成提供硫，半胱氨酸与胱氨酸可以互变，但后两者不能逆转变为甲硫氨酸。

（一）甲硫氨酸循环

甲硫氨酸除了作为蛋白质合成原料外，还可作为甲基供体，参与体内许多重要甲基化合物的合成。

1. 甲硫氨酸循环过程

（1）*甲硫氨酸的活化* 在甲硫氨酸腺苷转移酶催化下，甲硫氨酸与ATP反应，形成S－腺苷甲硫氨酸（S－adenosylmethionine，SAM），称为活性甲硫氨酸。

（2）*SAM转甲基* SAM分子中的甲基称为活性甲基（activated methyl，$-CH_3$），是一碳单位。在甲基转移酶催化下，SAM可将甲基转移给各种甲基受体分子，合成各种重要的甲基化合物，而失去甲基的SAM分子转化为S－腺苷同型半胱氨酸，后者进一步脱去腺苷，生成同型半胱氨酸（homocysteine）。如去甲肾上腺素、胍乙酸、乙醇胺等，接受SAM提供的甲基后，分别生成肾上腺素、肌酸和胆碱，这些物质在体内可进一步发挥各自的生理功能。

（3）*甲硫氨酸和四氢叶酸的再生* 同型半胱氨酸在 N^5－甲基四氢叶酸甲基转移酶（需维生素 B_{12} 作为其辅酶）催化下，从 N^5－甲基四氢叶酸接受甲基，重新生成甲硫氨酸，形成一个循环过程，称为甲硫氨酸循环（图9－12）。与此同时，四氢叶酸也得以再生。

NOTE

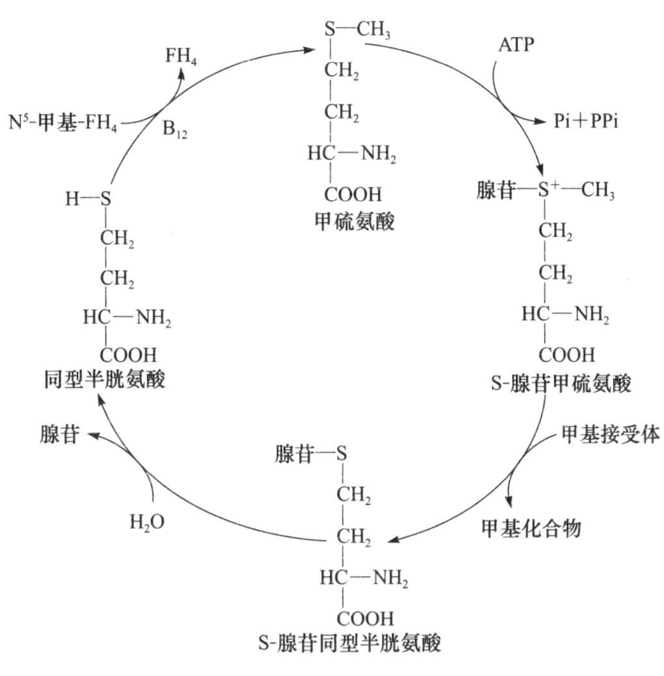

图 9－12 甲硫氨酸循环

2. 甲硫氨酸循环的生理意义

（1）提供活性甲基 用于合成许多重要的甲基化合物。

（2）再生四氢叶酸 N^5－甲基四氢叶酸通过甲硫氨酸循环转移出甲基，使四氢叶酸得到再生，参与其他一碳单位代谢。维生素 B_{12}是 N^5－甲基四氢叶酸甲基转移酶的辅酶。当缺乏维生素 B_{12}时，N^5－甲基四氢叶酸的甲基不能转移出去，既影响甲硫氨酸的再生，又影响四氢叶酸的再生，进而影响一碳单位的代谢，导致核酸合成减少，细胞分裂速度下降。因此，维生素 B_{12}不足会出现类似于叶酸缺乏的症状，即巨幼红细胞性贫血。

甲硫氨酸循环过程中的同型半胱氨酸可以在胱硫醚合酶等催化下，与丝氨酸缩合，再裂解为半胱氨酸和 α－酮丁酸，后者转变成琥珀酰 CoA 进入糖代谢途径。研究表明，同型半胱氨酸对血管内皮细胞有损伤作用，是动脉粥样硬化发生的危险因子。先天性缺乏胱硫醚合酶可导致血中同型半胱氨酸堆积，出现高同型半胱氨酸血症，患儿有明显的心血管异常症状。

（二）半胱氨酸与胱氨酸代谢

1. 半胱氨酸与胱氨酸的互变 半胱氨酸含有巯基，2 分子半胱氨酸可以脱氢氧化为以二硫键相连的胱氨酸，胱氨酸分子中的二硫键又可以断裂还原，转变成 2 分子半胱氨酸。

$$2HSCH_2CH(NH_2)COOH \underset{+2H}{\overset{-2H}{\rightleftharpoons}} HOOCCH(NH_2)CH_2SSCH_2CH_2(NH_2)COOH$$

半胱氨酸与胱氨酸可存在于酶或蛋白质等肽链中，通过半胱氨酸与胱氨酸之间氧化还原互变，从而影响酶或蛋白质的结构与功能。例如，胰岛素分子是由 A、B 两条肽链通过两对二硫键相连而成，当二硫键断裂还原，A、B 两条肽链分开，则完全丧失胰岛素活性。

2. 半胱氨酸氧化分解为硫酸根 半胱氨酸可以氧化脱羧基生成牛磺酸，半胱氨酸还可以氧化脱氨基生成丙酮酸、氨和硫化氢，后者进一步氧化而生成硫酸。生成的硫酸一部分以无机盐形式随尿排出，另一部分则与 ATP 反应，被活化成活性硫酸根，即3′－磷酸腺苷－5′－磷酸硫酸（PAPS），反应过程如下：

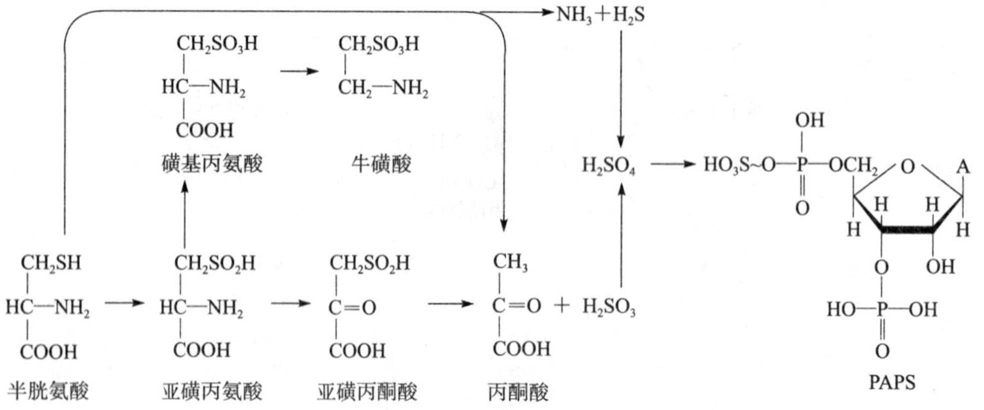

PAPS的性质较活泼，可提供硫酸根参与硫酸软骨素、硫酸角质素和肝素等黏多糖的合成，进而与蛋白质结合，形成蛋白聚糖（见第七章）。在生物转化（见第十九章）中，PAPS提供硫酸根与固醇类或酚类等物质结合而解毒，并促使其随尿排出。

3. 半胱氨酸参与合成谷胱甘肽 谷胱甘肽（GSH）是由谷氨酸、半胱氨酸和甘氨酸构成的三肽。GSH中的巯基具有还原性，可作为体内重要的还原剂，保护体内许多酶或蛋白质分子中的巯基免遭氧化而失活；GSH中的巯基还可与外源性的毒物如药物或致癌剂等结合，从而阻断这些物质与体内生物大分子DNA、RNA或蛋白质结合，以保护机体免遭毒物损害。

三、芳香族氨基酸代谢

芳香族氨基酸有苯丙氨酸、酪氨酸和色氨酸三种。以下介绍苯丙氨酸和酪氨酸的特殊代谢。

（一）苯丙氨酸羟化为酪氨酸

在体内，正常情况下苯丙氨酸由苯丙氨酸羟化酶（phenylalanine hydroxylase）催化转化为酪氨酸。苯丙氨酸羟化酶是一种加单氧酶，需四氢生物蝶呤作为辅酶，反应不可逆，酪氨酸不能逆转变为苯丙氨酸。

当先天性缺乏苯丙氨酸羟化酶时，苯丙氨酸不能羟化为酪氨酸，而只能通过转氨基反应生成苯丙酮酸，苯丙酮酸在血液中积累，对中枢神经系统有毒性作用，影响幼儿智力发育。过多的苯丙酮酸可随尿排出，使尿中出现大量苯丙酮酸，临床称此为苯丙酮酸尿症（phenylketonuria，PKU）。对此种患儿的治疗原则是早期诊断，并严格控制膳食中的苯丙氨酸含量，同时应适当补充酪氨酸。

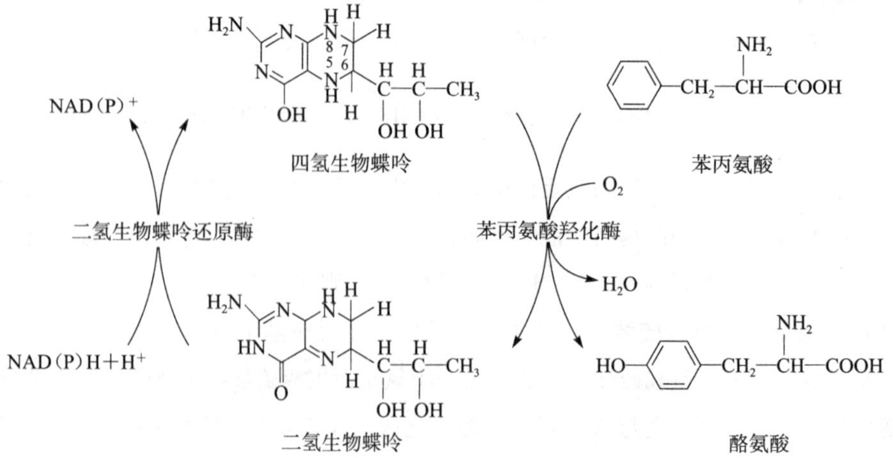

（二）酪氨酸转变为甲状腺激素

甲状腺激素主要有甲状腺素（thyroxine，又称四碘甲腺原氨酸，T_4）和三碘甲腺原氨酸（T_3）两种。它们的合成原料是构成甲状腺球蛋白的酪氨酸残基，酪氨酸首先碘化生成一碘酪氨酸和二碘酪氨酸，然后两分子二碘酪氨酸缩合成 T_4，或二碘酪氨酸与一碘酪氨酸缩合成 T_3，最后从甲状腺球蛋白上水解下来，并储存于甲状腺滤泡胶质中。当甲状腺受到垂体分泌的促甲状腺激素（thyroid stimulating hormone，TSH）刺激后，甲状腺激素分泌入血。甲状腺激素的主要作用是促进糖、脂和蛋白质代谢以及能量代谢，促进机体生长、发育，对骨和脑的发育尤为重要。

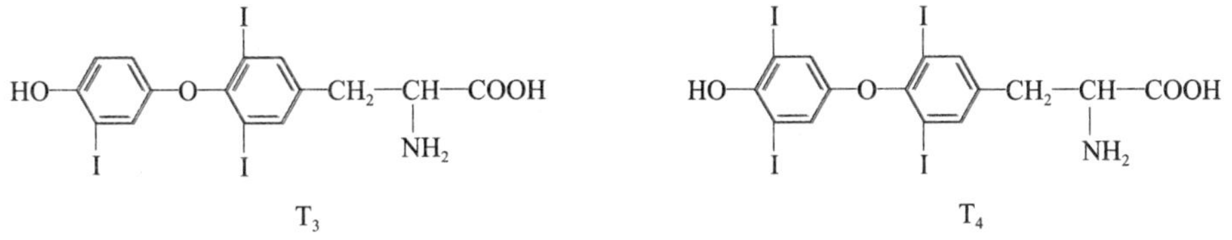

甲状腺激素

婴幼儿缺乏甲状腺激素时，中枢神经系统发育出现障碍，长骨生长停滞，表现为智力迟钝和身材矮小等特征的现象称为呆小症（又称克汀病）。内陆地区因饮食中缺少碘，使甲状腺激素合成下降，反馈性引起垂体分泌 TSH 增加，促使甲状腺组织增生、肿大，引起地方性甲状腺肿。故常在食盐中加碘以预防缺乏。

（三）酪氨酸转变为儿茶酚胺类

在神经组织或肾上腺髓质，酪氨酸受到酪氨酸羟化酶（tyrosine hydroxylase）的催化，使酪氨酸发生羟化生成多巴。多巴经多巴脱羧酶催化，脱去羧基转变为多巴胺（dopamine，DA）。多巴胺再经多巴胺 β－羟化酶催化生成去甲肾上腺素。后者经 N－甲基转移酶催化，接受 SAM 提供的甲基，转变成肾上腺素。

由酪氨酸代谢转变生成的多巴胺、去甲肾上腺素和肾上腺素都是具有儿茶酚结构的胺类物质，故统称为儿茶酚胺（catecholamine，CA）类。其中酪氨酸羟化酶是儿茶酚胺类生物合成过程中的限速酶，其活性受儿茶酚胺的反馈抑制。

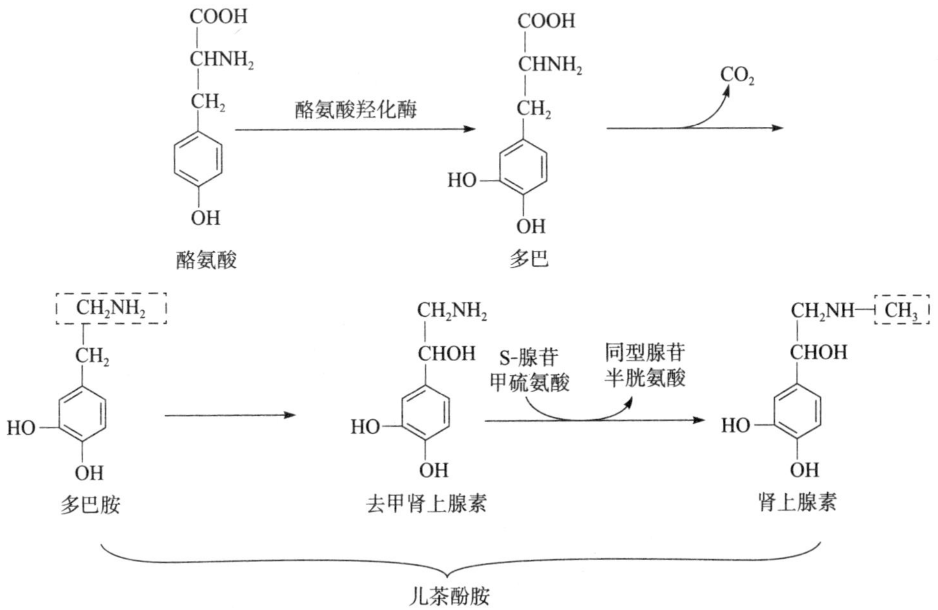

NOTE

儿茶酚胺是重要的生物活性物质，其中多巴胺和去甲肾上腺素是重要的神经递质，多巴胺的生成不足是造成帕金森病（Parkinson's disease）的重要原因，帕金森病又称震颤麻痹（paralysis agitans）；肾上腺素主要作为外周重要的激素物质。

（四）酪氨酸转变为黑色素

在皮肤、毛囊等组织的黑色素细胞中，酪氨酸可受到酪氨酸酶（一种含铜的氧化酶）的催化，使酪氨酸发生羟化反应生成3,4－二羟苯丙氨酸（3,4－dihydroxyphenylalanine，Dopa，多巴），再脱氢生成多巴醌，后者再经氧化、脱羧等反应转变为吲哚醌，然后再聚合成黑色素，成为这些组织中的色素来源。

酪氨酸 → 多巴 → 多巴醌 →→→ 吲哚-5,6-醌 →→→ 黑色素

案例2分析讨论

该患者初步诊断为白化病。诊断依据：该患儿全身皮肤呈粉白色，头发、睫毛及眉毛均呈灰白色；双眼球水平眼震，瞳孔区呈红色反光，整个眼底为橘红色，视网膜和脉络膜广泛性色素脱失，透见裸露的脉络膜血管，后极部轻度水肿，不能透见黄斑及中心凹；视网膜及脉络膜造影后均可见眼底弥漫透见脉络膜血管，脉络膜毛细血管纹理紊乱。本病在中医属“白驳风”范畴。

当人体先天性缺乏酪氨酸酶时，因黑色素合成障碍，使毛发、皮肤等组织因色素缺少而呈白色的现象称为白化病。皮肤中色素的缺少使白化病患者的皮肤对紫外线敏感，除了易引起灼伤外，皮肤癌的发病率也会增加，眼睛中也因为缺少色素会导致惧光。白化病分完全型及不完全型，多为常染色体隐性遗传病，间或有显性遗传的报道。完全型白化病主要是由于缺乏酪氨酸酶，使酪氨酸代谢的中间产物多巴不能转化为黑色素，色素细胞不能形成色素颗粒沉着。不完全型白化病则可能是该酶功能不足所致。完全型白化病以男性患者较多，还可同时伴有周身的发育不良和智力障碍等。单纯的眼部白化病患者也以男性多见，偶尔有眼部白化症的病变只限于眼底者，主要为性染色体隐性遗传，少数为常染色体显性遗传。

该案例患者如需进一步确认分型，则需进行酪氨酸酶活性测定和基因诊断。

（五）酪氨酸的氧化分解

酪氨酸分解代谢的主要方式是经特异转氨酶作用，脱去氨基生成相应的对羟苯丙酮酸，后者进一步氧化、脱羧生成尿黑酸，尿黑酸再经尿黑酸氧化酶催化，打开苯环生成马来酰乙酰乙酸，再异构为延胡索酰乙酰乙酸，然后水解为延胡索酸和乙酰乙酸。因此苯丙氨酸和酪氨酸都是生糖兼生酮的氨基酸。

当先天性缺乏尿黑酸氧化酶时，因尿黑酸不能氧化分解，从而使大量尿黑酸随尿排出。在碱性条件下易被空气中的 O_2 氧化为醌类化合物，并进一步生成黑色化合物，称此为尿黑酸症。患者的骨等结缔组织也有广泛的黑色物质沉积。

NOTE

现将苯丙氨酸和酪氨酸代谢途径归纳于图 9－13。

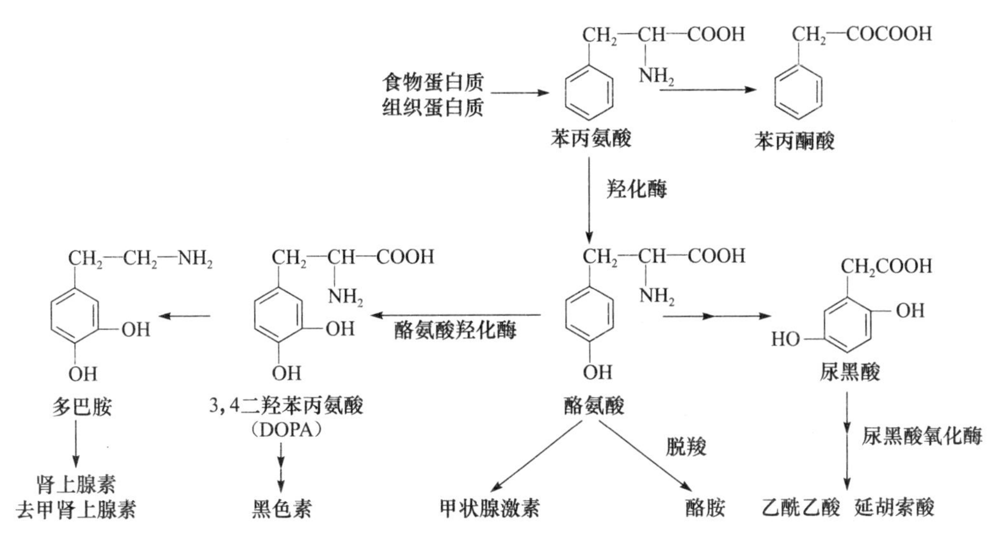

图 9－13　苯丙氨酸和酪氨酸分解代谢

四、支链氨基酸代谢

支链氨基酸包括缬氨酸、亮氨酸和异亮氨酸三种，均为必需氨基酸。它们的 R 基团均疏水，常处于蛋白质的疏水区，有利于维持蛋白质的空间结构。

支链氨基酸的分解代谢主要在骨骼肌中进行。首先在转氨酶催化下脱去氨基生成相应的 α－酮酸，然后在支链 α－酮酸脱氢酶系催化下发生氧化脱羧等反应，降解成各自相应的脂酰 CoA。然后分别进行若干步不同的分解代谢：缬氨酸分解产生琥珀酰 CoA（生糖氨基酸），亮氨酸分解产生乙酰 CoA 和乙酰乙酸（生酮氨基酸），异亮氨酸分解产生乙酰 CoA 和琥珀酰 CoA（生糖兼生酮氨基酸）。

缬氨酸
亮氨酸　⟶　相应的 α-酮酸　⟶　相应的脂酰CoA　⟶　琥珀酰CoA
异亮氨酸　　　　　　　　　　　　　　　　　　　　　乙酰CoA ＋ 乙酰乙酸
　　　　　　　　　　　　　　　　　　　　　　　　　乙酰CoA ＋ 琥珀酰CoA

如果先天性缺乏支链 α－酮酸脱氢酶系活性，可引起血中这三种 α－酮酸堆积而随尿排出。因这些 α－酮酸具有甜味，故这种酮酸尿称为“槭糖尿病”。据报道，正常人血中支链氨基酸与芳香族氨基酸的比值在 3.0～3.5。肝疾病患者，当比值 <1.0 时，则可出现肝昏迷。

小结

蛋白质是构成组织细胞的重要成分，是生命的物质基础。氮平衡是指摄入氮与排出氮之间的平衡关系，以此可估算体内蛋白质代谢概况，其结果包括氮总平衡、氮正平衡和氮负平衡。

食物蛋白质营养价值的高低，取决于必需氨基酸的种类、数量和比例是否与人体组成的相近。必需氨基酸是指人体需要而自身又不能合成、必须由食物供给的氨基酸。

蛋白质在胃肠道需经各种酶作用，消化成氨基酸后才能安全地吸收利用。氨基酸的吸收需依赖载体蛋白的主动转运。

氨基酸的脱氨基作用有氧化脱氨基作用、转氨基作用、联合脱氨基作用等，其中以联合脱氨基作用最为重要。

氨基酸在体内代谢有3条来源：①食物蛋白的消化吸收；②组织蛋白的分解；③体内合成一些非必需氨基酸。这3部分氨基酸共同分布于全身各处，参与各种代谢，称为氨基酸代谢库。还有4条去路：①合成组织蛋白；②脱氨基生成α-酮酸和氨；③脱羧基生成胺类和CO_2；④转变为一些重要生物活性物质。

机体内血氨来源有：①氨基酸脱氨基作用和胺类物质氧化；②肠菌的腐败作用；③肾小管上皮细胞的泌氨。血氨的去路有：①被转运到肝合成尿素而解毒；②合成一些非必需氨基酸和嘌呤、嘧啶碱等其他含氮物；③合成谷氨酰胺；④在酸性环境中以NH_4^+形式排出。氨具有毒性，氨的运输形式是谷氨酰胺和丙氨酸。

体内氨的代谢主要为鸟氨酸循环：首先鸟氨酸与氨基甲酰磷酸结合生成瓜氨酸，然后瓜氨酸再接受1分子NH_3生成精氨酸，最后精氨酸水解产生1分子尿素并且重新生成鸟氨酸，此循环过程又称为尿素循环。一次鸟氨酸循环，共消耗2分子NH_3、1分子CO_2、3分子ATP（含4个高能磷酸键），产生1分子尿素经肾随尿排出，以解氨毒。当肝功能严重受损，尿素合成障碍时，可使血氨增高。大量氨易进入脑组织，使脑组织能量代谢发生障碍，严重时可致肝昏迷。

氨基酸经脱氨基作用生成的α-酮酸可继续代谢：①合成非必需氨基酸；②生糖或生酮；③氧化供能。

有些氨基酸在体内分解可产生含一个碳原子的基团，称为一碳单位。一碳单位常与四氢叶酸结合而被转运和参加代谢。

含硫氨基酸包括甲硫氨酸、半胱氨酸和胱氨酸三种。甲硫氨酸除了作为蛋白质合成原料外，还可通过甲硫氨酸循环过程提供甲基，参与体内许多重要甲基化合物的合成。

芳香族氨基酸有苯丙氨酸、酪氨酸和色氨酸三种。在体内苯丙氨酸可经羟化作用转变成酪氨酸，后者可进一步代谢转变为甲状腺激素和儿茶酚胺类（多巴胺、去甲肾上腺素和肾上腺素）等重要活性物质。

高胱氨酸尿症的诊断和鉴别诊断

高胱氨酸尿症或称同型胱氨酸尿症（homocystinuria），又称假性 Marfan 综合征，是含硫氨基酸代谢病之一，为常染色体遗传性代谢性疾病，突变基因可能位于2号染色体短臂，发病率为2.5/10万~5/10万活婴，本病除引起骨骼异常及眼部病变，还可引起血管和脑病变，儿童脑卒中应排除本病的可能。

1. 诊断　根据临床症状如典型骨骼发育畸形、晶状体移位等眼症状、智力发育迟滞及精神衰退，伴血栓形成性或栓塞性血管闭塞病变，血浆胱氨酸、蛋氨酸增高。

2. 鉴别诊断　本病应与其他含硫氨基酸代谢病鉴别。

（1）胱硫醚尿症（cystathioninuria）　该病由 Harris 等（1959年）首先报告，是胱硫醚合酶缺陷所致，表现为精神发育迟滞、行为异常、骨骼畸形（肢端肥大）、血小板减少及代谢性

NOTE

酸中毒，尿中排出大量胱硫醚；有的患者可不出现神经系统症状，智力发育正常。本病应用大量维生素 B_6 加低甲硫氨酸、高胱氨酸饮食或甜菜碱治疗可获得较好疗效。

（2）高甲硫氨酸血症（hypermethioninemia）　该病由 Perry 等（1965 年）首先描述，代谢缺陷可能系甲硫氨酸腺苷转移酶活性缺乏所致，常发生在同一家族，婴儿出生 2 个月内出现易激惹、躁动，并逐渐出现嗜睡、痫性发作，体表常有煮卷心菜气味，血及尿中甲硫氨酸显著增高，也可出现其他类型的含硫氨基酸，患儿通常存活 2 ~ 3 个月，多死于出血性并发症。

（3）甲硫氨酸吸收不良综合征　也称干蛇麻尿症（oasthouse disease），由 Smith 和 Strang（1958 年）首先报道，代谢缺陷是肠道内甲硫氨酸转移功能障碍，也可影响其他氨基酸代谢，常在婴儿期起病，智能发育迟滞，全身毛发纤细色淡，伴发作性呼吸加快、发热及痫性发作，可有全身伸直性痉挛状态。尿中有干芹菜或熬糖的特殊气味，色谱法分析为大量 γ - 羟基丁酸及多种氨基酸；粪便中有大量甲硫氨酸。治疗主要是限制甲硫氨酸摄入的饮食疗法。

NOTE

第十章　核苷酸代谢

【案例1】

患者，男，43岁，以“反复出现足关节肿痛3年，加重1天”为主诉入院。3年前出现双足关节肿痛，常常在饮酒、劳累后加重。1天前饮酒后，夜间突感右足关节剧烈疼痛。平日嗜酒，每天饮啤酒5瓶，无过敏史。

体格检查：体温36.3℃，脉搏77次/分，呼吸19次/分，血压115/80mmHg。皮肤无黄染，淋巴结无肿大。甲状腺（－），心肺（－），腹平软，肝脾未触及。腱反射正常，Babinski征（－）。右足关节局部肿胀变形、触痛，局部皮肤呈暗红色，以右第一跖趾关节为甚。

实验室检查：血尿酸0.69mmol/L。

问题讨论

1. 该病初步诊断是什么？
2. 该患者发病的生化机制是什么？

核苷酸是由戊糖、含氮碱基和磷酸三种成分组成的小分子有机化合物。核苷酸是核酸的基本构成单位。人体所需要的核苷酸主要由自身合成，也可来自于食物核酸的消化吸收。

食物中的核酸通常与蛋白质结合成核蛋白形式。在消化道内，核蛋白在胃酸作用下分解为核酸和蛋白质，核酸主要在小肠内经多种酶的催化逐步水解（图10－1），所生成的单核苷酸及其水解产物均可被小肠吸收。

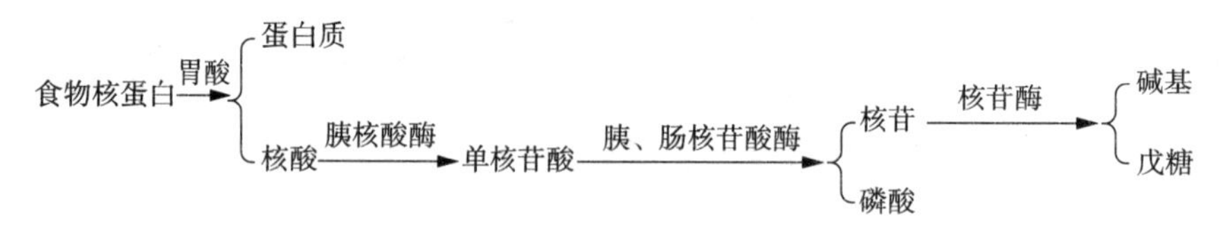

图10－1　核酸的消化

核苷酸在体内具有多种生物学功能：①作为核酸合成的原料。NTP是合成RNA的原料，dNTP是合成DNA的原料。②生物体的直接供能物质。如ATP水解释放的能量供给生理功能所需。③构成酶的辅助因子。如NAD^+、$NADP^+$、FAD、辅酶A均含有ADP的结构。④参与代谢调节。如cAMP、cGMP作为细胞信号转导的第二信使参与物质代谢和基因表达的调节。⑤构成某些活性物质。如UDP－葡糖醛酸、CDP－胆碱等。

NOTE

第一节　嘌呤核苷酸的代谢

一、嘌呤核苷酸的合成代谢

体内无论是嘌呤核苷酸还是嘧啶核苷酸，其合成代谢均存在从头合成（denovo synthesis）和补救合成（salvage pathway）两种途径，前者是主要合成途径。

（一）嘌呤核苷酸的从头合成

嘌呤核苷酸的从头合成是利用磷酸核糖、氨基酸、一碳单位、CO_2 等物质，经过一系列酶促反应合成嘌呤核苷酸的过程。其中磷酸核糖主要来自磷酸戊糖途径；嘌呤环合成的原料是天冬氨酸、一碳单位、谷氨酰胺、甘氨酸和 CO_2。嘌呤核苷酸的从头合成主要在肝组织进行，其次是小肠和胸腺，合成过程在细胞质完成。

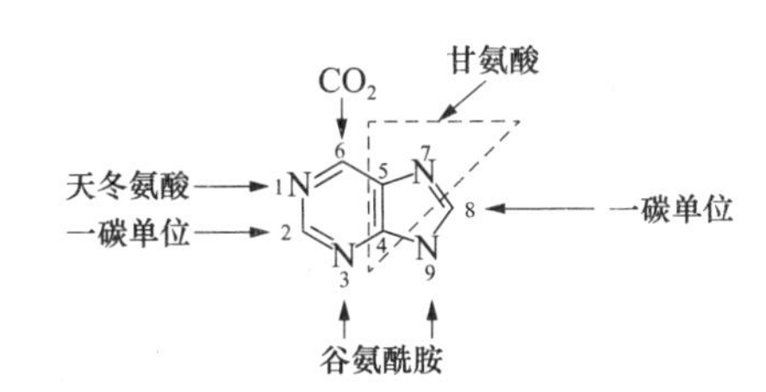

图 10－2　嘌呤环的合成原料

1. 合成过程　研究证实，在嘌呤核苷酸从头合成途径中，嘌呤环的 N_1 来自于天冬氨酸；C_2 和 C_8 由 N^{10}－甲酰基四氢叶酸提供一碳单位；N_3 和 N_9 由谷氨酰胺的酰胺基提供；C_4、C_5 和 N_7 来自于甘氨酸；C_6 来源于 CO_2（图 10－2）。

嘌呤核苷酸的从头合成过程为首先合成一磷酸次黄苷（inosine monophosphate，IMP），由 IMP 再分别转变为一磷酸腺苷（adenosine monophosphate，AMP）和一磷酸鸟苷（guanosine monophosphate，GMP）。

（1）PRPP 的生成　在磷酸核糖焦磷酸激酶（也称为磷酸核糖焦磷酸合成酶，phosphoribosyl pyrophosphate kinase，PRPPK）的催化下，5′－磷酸核糖接受 ATP 提供的焦磷酸，转变为 5′－磷酸核糖－1′－焦磷酸（5′－phosphoribosyl－1′－pyrophosphate，PRPP）。该反应是核苷酸合成的关键反应。PRPP 是 5′－磷酸核糖的活性供体，提供磷酸核糖参与嘌呤核苷酸和嘧啶核苷酸的合成。

5′－磷酸核糖（R-5′-P）　—磷酸核糖焦磷酸合成酶（ATP → AMP）→　5′－磷酸核糖焦磷酸（PRPP）

（2）IMP 的合成　①在磷酸核糖酰胺转移酶（又称 PRPP 酰胺转移酶，glutamine－PRPP amidotransferase，GPAT）催化下，PRPP 脱去焦磷酸，接受谷氨酰胺的酰胺基提供的氨基，生成 5′－磷酸核糖胺（5′－phosphoribosyl－β－amine，PRA），PRPP 酰胺转移酶是嘌呤从头合成的关键酶，受产物 IMP、AMP 和 GMP 的变构抑制；②在甘氨酰胺核苷酸合成酶催化下，消耗 1 分子 ATP，5′－磷酸核糖胺与甘氨酸缩合形成甘氨酰胺核苷酸（glycinamide ribonucleotide，GAR）；③在 GAR 转甲酰基酶催化下，GAR 接受 N^{10}－甲酰基四氢叶酸提供的甲酰基，转变为甲酰甘氨酰胺核苷酸（formylglycinamide ribonucleotide，FGAR）；④在甲酰甘氨脒核苷酸合成酶

NOTE

（也被称为酰胺转移酶）催化下，FGAR 接受谷氨酰胺的酰胺基提供的氨基，生成甲酰甘氨脒核苷酸（formylglycinamidine ribonucleotide，FGAM），该反应消耗 1 分子 ATP；⑤在 5－氨基咪唑核苷酸合成酶催化下，消耗 1 分子 ATP，FGAM 的甲酰甘氨脒闭环，形成 5－氨基咪唑核苷酸（5－aminoimidazole ribonucleotide，AIR）；⑥在 AIR 羧化酶催化下，消耗 1 分子 ATP，AIR 羧化生成羧基氨基咪唑核苷酸（carboxyamino imidazole ribonucleotide，CAIR），后者在变位酶作用下生成 5－氨基咪唑－4－羧酸核苷酸；⑦在 5－氨基咪唑－4－（N－琥珀酸）甲酰胺核苷酸合成酶催化下，CAIR 与天冬氨酸缩合生成 5－氨基咪唑－4－（N－琥珀酸）甲酰胺核苷酸［5－aminoimidazole－4－（N－succinylo－carboxamide）ribonucleotide，SAICAR］，该反应也消耗 1 分子 ATP；⑧在裂解酶催化下，SAICAR 裂解释放延胡索酸，生成 5－氨基咪唑－4－氨甲酰核苷酸（5－aminoimidazole－4－carboxamide ribonucleotide，AICAR）；⑨在 AICAR 转甲酰基酶催化下，AICAR 接受 N^{10}－甲酰基四氢叶酸提供的甲酰基，生成 5－甲酰胺咪唑－4－氨甲酰核苷酸（5－formaminoimidazole－4－carboxamide ribonucleotide，FAICAR）；⑩在环水解酶（也被称为 IMP 合成酶）催化下，FAICAR 脱水环化生成 IMP（图 10－3）。

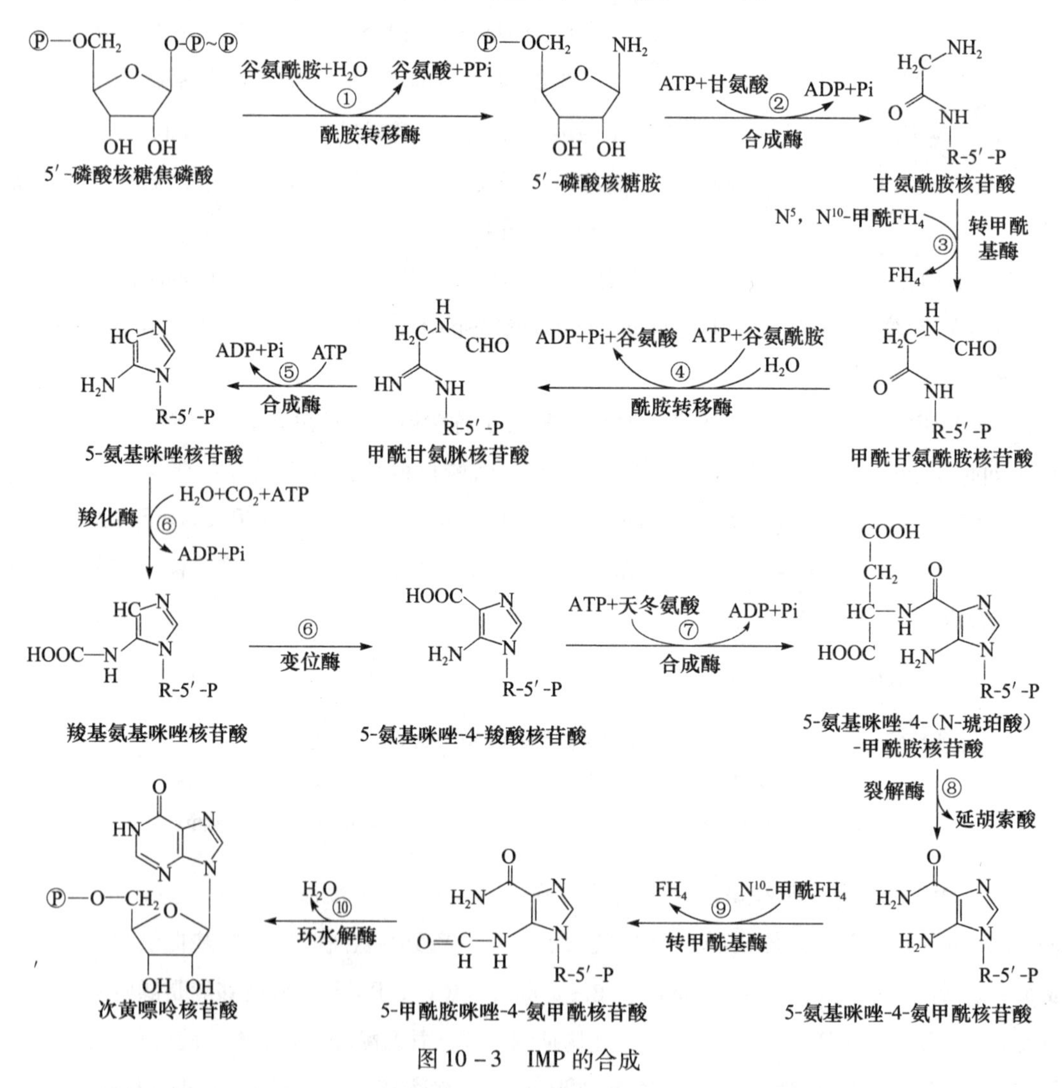

图 10－3　IMP 的合成

（3）AMP 和 GMP 的生成　在腺苷酸代琥珀酸合成酶（adenylosuccinate synthetase，ASS）催化下，IMP 与天冬氨酸缩合，生成腺苷酸代琥珀酸（adenylosuccinate，AS），该反应消耗 1

分子 GTP；再经腺苷酸代琥珀酸裂解酶催化，裂解生成延胡索酸和 AMP。经 IMP 脱氢酶（IMP dehydrogenase，IMPD）催化，IMP 也可加水脱氢生成黄嘌呤核苷酸（xanthosine monophosphate，XMP）；后者在 GMP 合成酶催化下，接受谷氨酰胺的酰胺基提供的氨基，转变成 GMP，该反应消耗 1 分子 ATP（图 10－4）。

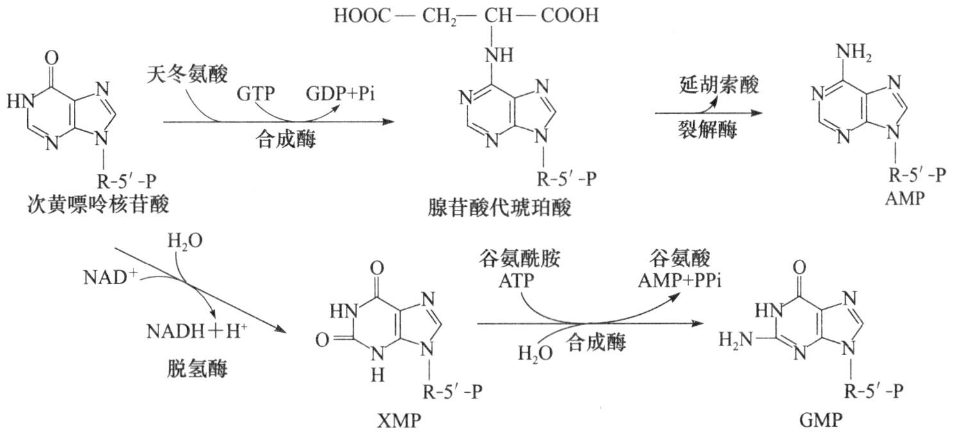

图 10－4 AMP 和 GMP 的生成

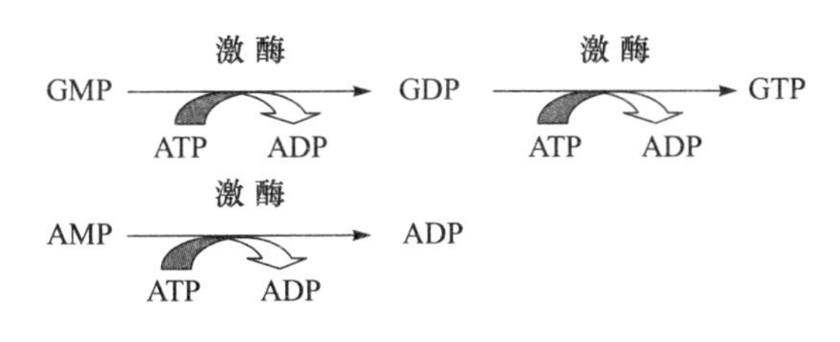

图 10－5 GTP 和 ADP 的生成

在激酶催化下，由 ATP 提供磷酸基，GMP 经两步磷酸化反应生成 GTP；AMP 经磷酸化反应生成 ADP（图 10－5）。

2. 嘌呤核苷酸从头合成的调节 从头合成是体内嘌呤核苷酸的主要来源，该途径消耗大量的 ATP 和氨基酸等原料。为使核苷酸的合成量处于最适水平，机体对嘌呤核苷酸从头合成途径进行精密调节：①IMP、AMP 和 GMP 反馈抑制 PRPP 合成酶和 PRPP 酰胺转移酶，从而抑制嘌呤核苷酸过量合成；②AMP 反馈抑制腺苷酸代琥珀酸合成酶，GMP 反馈抑制 IMP 脱氢酶，从而抑制 AMP 和 GMP 的过量合成；③GTP 促进 AMP 的生成，ATP 促进 GMP 的生成，从而维持 ATP 与 GTP 合成量的平衡（图 10－6）。

（二）嘌呤核苷酸的补救合成

嘌呤核苷酸的补救合成是细胞直接利用现有的嘌呤或嘌呤核苷，在酶的催化下合成嘌呤核苷酸的过程。该途径主要在脑、骨髓等组织进行。

腺嘌呤磷酸核糖转移酶（adenine phosphoribosyl transferase，APRT）和次黄嘌呤－鸟嘌呤磷酸核糖转移酶（hypoxanthine－guanine phosphoribosyl transferase，HGPRT）催化现有的嘌呤碱与 PRPP 发生磷酸核糖转移反应，生成嘌呤核苷酸（图 10－7）。

1964 年，Michael Lesch 和 Willian Nyhan 首次描述了 Lesch－Nyhan 综合征，患者表现为智力低下，全身运动障碍，自残行为，甚至自毁容貌，故也称为自毁容貌症。该病由 HGPRT 遗传性缺陷造成。由于 HGPRT 的缺陷，细胞内次黄嘌呤和鸟嘌呤不能通过补救合成途径转变为 IMP 和 GMP，而进行分解代谢转变为尿酸（uric acid）。

体内还可在腺苷激酶催化下，利用现成的腺苷与 ATP 反应，生成 AMP（图 10－7）。

嘌呤核苷酸补救合成的生理意义：①脑、骨髓等组织缺乏催化嘌呤核苷酸从头合成的酶，

NOTE

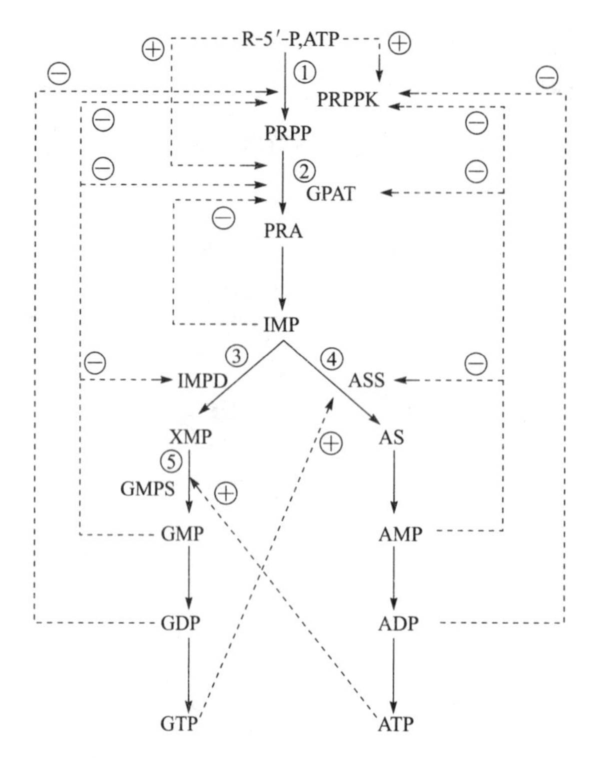

图 10－6 嘌呤核苷酸从头合成的调节

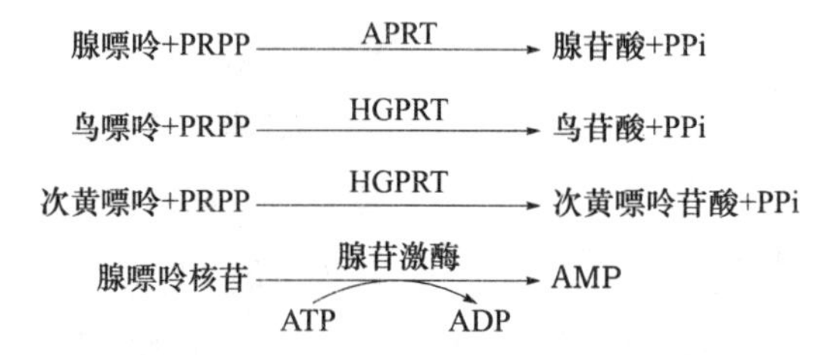

图 10－7 嘌呤核苷酸的补救合成

只能通过补救合成途径合成嘌呤核苷酸；②该途径可节省从头合成途径所消耗的氨基酸和ATP 等。

（三）脱氧核苷酸的合成

DNA 生物合成的原料是三磷酸脱氧核苷（deoxynucleoside triphosphate，dNTP）。dNTP 是二磷酸脱氧核苷（deoxynucleoside diphosphate，dNDP）磷酸化的产物。dNDP 的生成是二磷酸核苷（nucleoside diphosphate，NDP）在核苷酸还原酶（ribonucleotide reductase，RR）催化下，由NADPH 和 H^+ 参与，加氢脱水而成。dNDP 在激酶催化下与 ATP 反应，磷酸化生成 dNTP（图 10－8）。

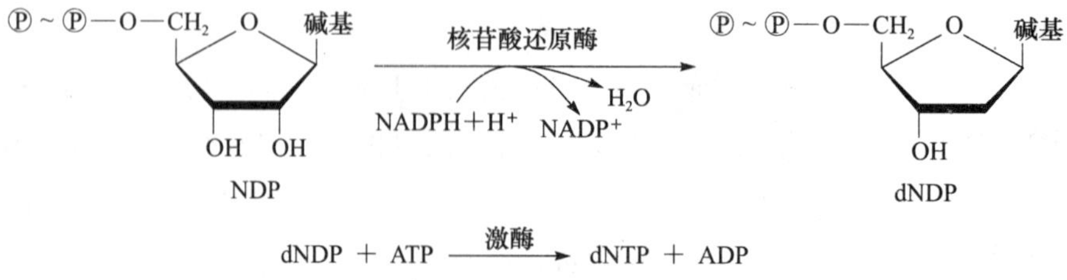

Ⓟ～Ⓟ—O—CH_2 O 碱基 —核苷酸还原酶（NADPH＋H^+ → $NADP^+$，H_2O）→ Ⓟ～Ⓟ—O—CH_2 O 碱基

OH OH（NDP） OH（dNDP）

dNDP ＋ ATP —激酶→ dNTP ＋ ADP

图 10－8 dNTP 的生成

二、嘌呤核苷酸的分解代谢

1. AMP 的分解　经核苷酸酶催化，AMP 水解释放磷酸生成腺苷，经腺苷脱氨酶催化，腺苷脱氨基生成次黄苷；或经腺苷酸脱氨酶催化，AMP 脱氨基生成 IMP，经核苷酸酶催化，IMP 水解释放磷酸生成次黄苷。次黄苷经嘌呤核苷磷酸化酶催化与磷酸反应，释放 1 - 磷酸核糖，生成次黄嘌呤，经黄嘌呤氧化酶催化，次黄嘌呤转变为黄嘌呤，后者再经黄嘌呤氧化酶催化转变为尿酸。

2. GMP 的分解　经核苷酸酶催化，GMP 脱去磷酸生成鸟苷，经嘌呤核苷磷酸化酶催化，鸟苷与磷酸反应，释放 1 - 磷酸核糖，生成鸟嘌呤，鸟嘌呤经鸟嘌呤脱氨酶催化转变为黄嘌呤后，再经黄嘌呤氧化酶催化转变为尿酸（图 10 - 9）。

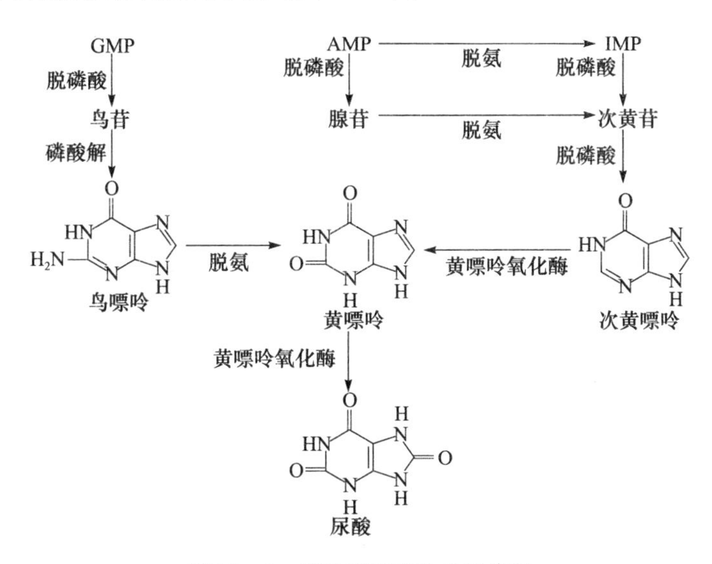

图 10 - 9　嘌呤核苷酸的分解代谢

案例1分析讨论

本病初步诊断：痛风。诊断依据：本病例为 43 岁男性，有反复发作的足关节肿痛，右足关节肿胀变形、触痛，局部皮肤呈暗红色，以第一跖趾关节为甚，血尿酸0.69mmol/L，基本可诊断为痛风。如需进一步确诊，可行病变关节腔穿刺寻找特异性尿酸盐结晶，同时实验室检查排除其他原因致关节炎。

尿酸是人体嘌呤碱代谢的最终产物，常以钠盐或钾盐形式由肾脏排泄。血液尿酸正常含量男性和绝经后妇女为 0.15 ~ 0.38mmol/L；育龄期妇女为 0.10 ~ 0.30mmol/L。当体内核酸分解过多（如白血病等）或肾脏排泄功能障碍，或摄入核酸过多，可使血中尿酸含量增高。尿酸的水溶性小，当血液尿酸水平过高，可形成尿酸盐结晶沉积于软骨组织、关节（如足关节、踝关节）等，其中最常累及第一跖趾关节，造成急性炎症反应性滑膜炎，出现关节炎等表现。这种因嘌呤代谢紊乱、体内尿酸增多而引起的疾病称为痛风。痛风的发病率男性高于女性，以 25 ~ 45 岁男性最常见。痛风的病因尚不完全清楚，可能与嘌呤核苷酸代谢酶的缺陷有关。痛风分为原发性和继发性两类，原发性痛风属于先天性代谢疾病，患者体内次黄嘌呤 - 鸟嘌呤磷酸核糖转移酶部分缺陷，嘌呤碱用于合成代谢减少，分解增强，使尿酸生成增多；继发性痛风常继发于某些疾病，患者或因体内核酸分解增强，或因尿酸排泄障碍导致血液尿酸水平升高。治疗痛风时，临床常用别嘌呤醇，其结构与次黄嘌呤相似，可竞争性抑制黄嘌呤氧化酶，抑制尿酸的生成。

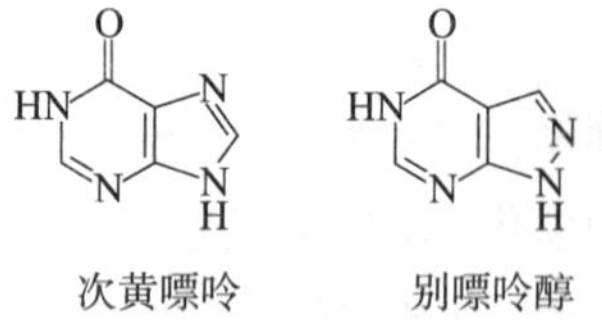

次黄嘌呤　　别嘌呤醇

第二节　嘧啶核苷酸代谢

一、嘧啶核苷酸的合成代谢

嘧啶核苷酸的合成也有从头合成和补救合成两条途径。

（一）嘧啶核苷酸的从头合成

嘧啶核苷酸的从头合成是以磷酸核糖、氨基酸和 CO_2 作为原料，经过一系列酶促反应合成嘧啶核苷酸的过程。其中磷酸核糖的供体是 PRPP，嘧啶环的合成原料有天冬氨酸、CO_2 和谷氨酰胺。嘧啶核苷酸的从头合成途径主要在肝进行，在细胞质完成。

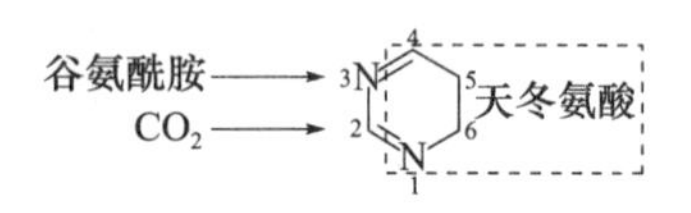

图 10－10　嘧啶环的合成原料

1. 合成过程　研究证实，在从头合成过程中，嘧啶环的 N_1、C_4、C_5 和 C_6 由天冬氨酸提供；C_2 由 CO_2 提供；N_3 由谷氨酰胺的酰胺基提供（图 10－10）。

与嘌呤核苷酸不同，嘧啶核苷酸的从头合成首先由谷氨酰胺、CO_2和天冬氨酸为原料合成嘧啶环，再由 PRPP 提供磷酸核糖，生成乳清酸核苷酸，乳清酸核苷酸脱羧成为尿嘧啶核苷酸，后者进一步转变生成胞嘧啶核苷酸和胸腺嘧啶核苷酸（图 10－11）。

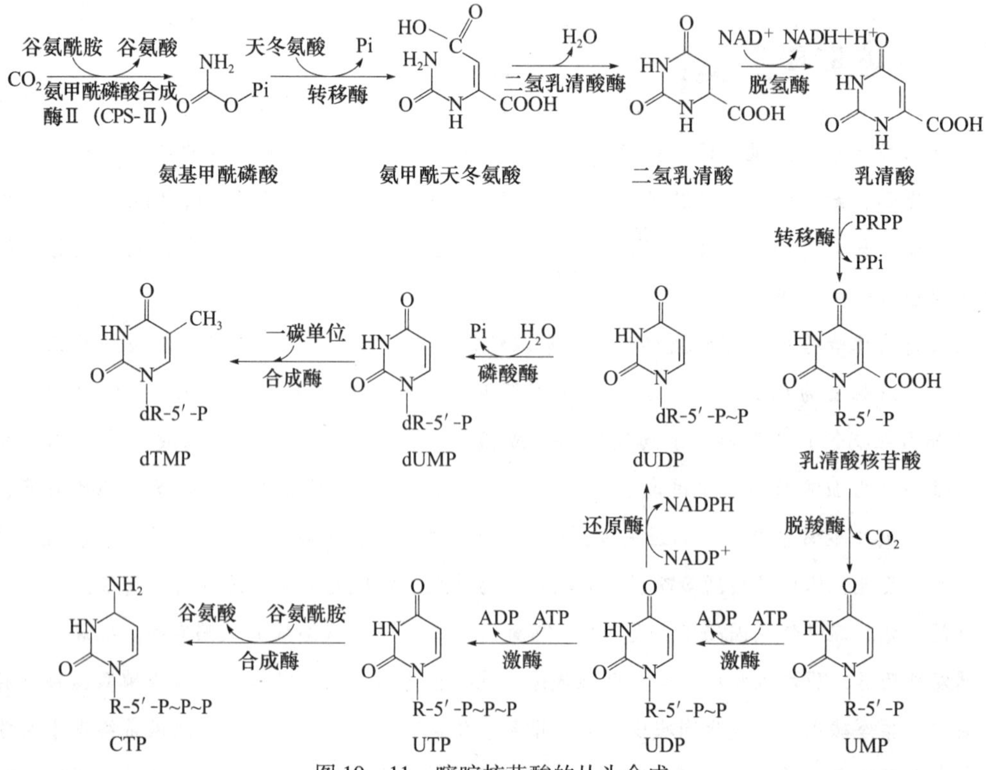

图 10－11　嘧啶核苷酸的从头合成

（1）嘧啶环的合成　在氨基甲酰磷酸合成酶Ⅱ（carbamyl phosphate synthetase Ⅱ，CPS－Ⅱ）的催化下，谷氨酰胺、CO_2 及 ATP 反应生成氨基甲酰磷酸。在尿素合成（鸟氨酸循环）中也合成氨基甲酰磷酸，但是以 NH_3、CO_2 及 ATP 为原料，在肝细胞线粒体内经氨基甲酰磷酸合成酶Ⅰ（carbamyl phosphate synthetase Ⅰ，CPS－Ⅰ）催化完成，N－乙酰谷氨酸是该酶的变构激活剂。与此不同的是，CPS－Ⅱ存在于细胞质，不被N－乙酰谷氨酸变构激活，但受 UMP 的变构抑制和 PRPP 的变构激活。

氨基甲酰磷酸与天冬氨酸在天冬氨酸氨基甲酰转移酶催化下生成氨甲酰天冬氨酸；后者经二氢乳清酸酶催化脱水环化生成二氢乳清酸（dihydroorotate，DHO）；DHO 经二氢乳清酸脱氢酶催化，脱氢生成含有嘧啶环的乳清酸（orotic acid）。

（2）UTP 的合成　乳清酸接受 PRPP 提供的磷酸核糖，经乳清酸磷酸核糖基转移酶催化，生成乳清酸核苷酸（orotidine 5′－monophosphate，OMP）；OMP 经 OMP 脱羧酶催化，脱羧生成 UMP。

UMP 在激酶催化下，由 ATP 提供磷酸基，经磷酸化反应分别生成 UDP 和 UTP（图 10－11）。UTP 是合成 RNA 的原料之一。

（3）CTP 和 dCTP 的合成　在三磷酸胞苷合成酶催化下，UTP 接受谷氨酰胺的酰胺基提供的氨基，转变生成 CTP（图 10－11）。CTP 也是 RNA 的合成原料。

CTP 水解释放磷酸生成 CDP，CDP 在核苷酸还原酶催化下，加氢脱水还原为 dCDP，后者由激酶催化，由 ATP 提供磷酸基，转变为 dCTP（图 10－8）。dCTP 是合成 DNA 的原料之一。

（4）dTTP 的合成　UDP 在核苷酸还原酶催化下加氢脱水，转变为 dUDP，dUDP 经磷酸酶催化水解释放磷酸，生成 dUMP（图 10-11），经胸苷酸合酶催化，dUMP 嘧啶环的 C_5 接受 N^5,N^{10}－甲烯基四氢叶酸提供的甲基，合成 dTMP（图 10－12）。dTMP 在激酶催化下，由 ATP 提供磷酸基，经磷酸化分别转变为 dTDP 和 dTTP。dTTP 也是合成 DNA 的原料之一。

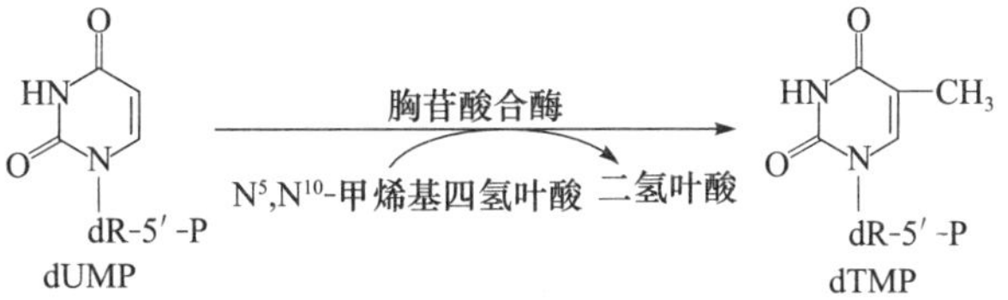

图 10－12　dTMP 的合成

2. 嘧啶核苷酸从头合成的调节　氨基甲酰磷酸合成酶Ⅱ是哺乳动物嘧啶核苷酸从头合成的关键酶，该酶受 PRPP 和 ATP 的变构激活，受 UMP 的变构抑制；天冬氨酸氨基甲酰转移酶是细菌嘧啶核苷酸从头合成的关键酶，该酶受 ATP 的变构激活，受 CTP 的变构抑制。

嘌呤核苷酸和嘧啶核苷酸均可抑制从头合成途径的关键酶 PRPP 合成酶，从而调节两类核苷酸从头合成（图 10－13）。

（二）嘧啶核苷酸的补救合成

细胞直接利用游离的嘧啶或嘧啶核苷，在酶的催化下合成嘧啶核苷酸的过程称为嘧啶核苷酸的补救合成。催化的主要酶是嘧啶磷酸核糖转移酶，还有尿苷激酶和胸苷激酶（图 10－

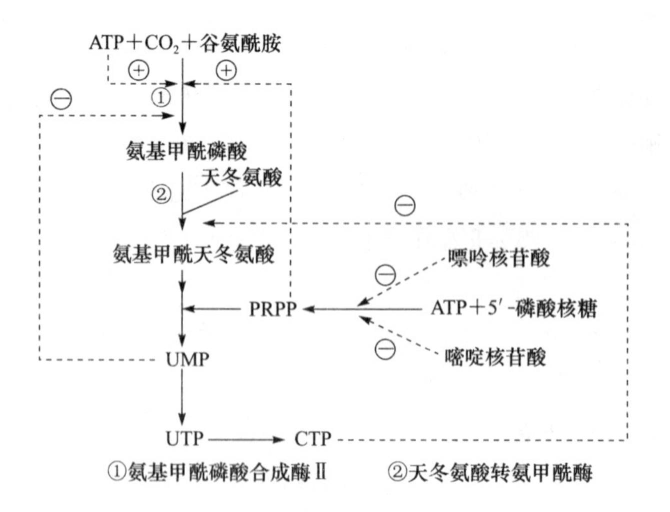

图 10－13　嘧啶核苷酸从头合成的调节

14）。胸苷激酶在正常肝中活性很低，而再生肝中活性很高，因此，临床上胸苷激酶可作为细胞增殖的一种标志物，在肿瘤诊断、疗效评价、病情监控及随访中均有重要价值。

嘧啶＋PRPP $\xrightarrow{\text{嘧啶磷酸核糖转移酶}}$ 嘧啶核苷酸＋PPi

尿嘧啶核苷＋ATP $\xrightarrow{\text{尿苷激酶}}$ UMP＋ADP

胸腺嘧啶脱氧核苷＋ATP $\xrightarrow{\text{胸苷激酶}}$ dTMP＋ADP

图 10－14　嘧啶核苷酸的补救合成

二、嘧啶核苷酸的分解代谢

嘧啶核苷酸经核苷酸酶催化水解生成磷酸和嘧啶核苷，在核苷磷酸化酶作用下嘧啶核苷释放的嘧啶碱进一步分解（图 10－15）。

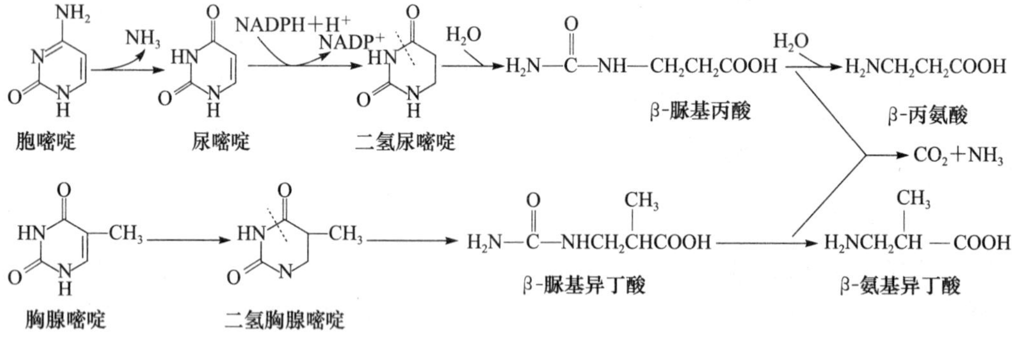

胞嘧啶 $\xrightarrow{NH_3}$ 尿嘧啶 $\xrightarrow{NADPH+H^+ \to NADP^+}$ 二氢尿嘧啶 $\xrightarrow{H_2O}$ $H_2N—CO—NH—CH_2CH_2COOH$（β-脲基丙酸）$\xrightarrow{H_2O}$ $H_2NCH_2CH_2COOH$（β-丙氨酸）＋ CO_2＋NH_3

胸腺嘧啶 ⟶ 二氢胸腺嘧啶 ⟶ $H_2N—CO—NHCH_2CH(CH_3)COOH$（β-脲基异丁酸）⟶ $H_2NCH_2CH(CH_3)—COOH$（β-氨基异丁酸）＋ CO_2＋NH_3

图 10－15　嘧啶核苷酸的分解

胞嘧啶脱氨基生成尿嘧啶，尿嘧啶加氢还原为二氢尿嘧啶，后者的嘧啶环水解开环转变成β－脲基丙酸，进一步水解释放 CO_2 和 NH_3，生成 β－丙氨酸。

胸腺嘧啶首先还原为二氢胸腺嘧啶，进一步加水开环生成 β－脲基异丁酸，后者水解生成β－氨基异丁酸并释放 CO_2 和 NH_3。

第三节　核苷酸抗代谢物

抗代谢物（antimetabolite）是指与机体正常代谢物的化学结构相似，能竞争性抑制机体正常代谢的物质。

核苷酸的抗代谢物主要是与参与核苷酸合成代谢的正常物质（如碱基、氨基酸、叶酸、核苷等）化学结构相似的物质。这些物质能竞争性抑制相关的酶，从而干扰核苷酸及核酸的合成代谢。该类物质在临床上主要用作抗肿瘤药物。

一、嘌呤核苷酸的抗代谢物

嘌呤核苷酸的抗代谢物主要是与嘌呤、氨基酸和叶酸结构相似的物质(图 10－16)。

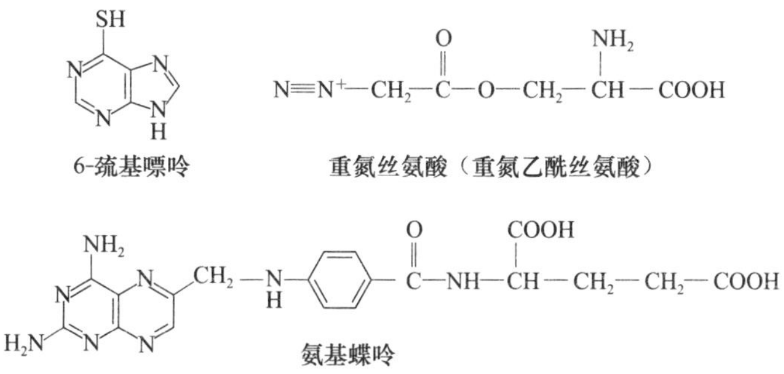

6-巯基嘌呤

$N{\equiv}N^{+}{-}CH_2{-}C(=O){-}O{-}CH_2{-}CH(NH_2){-}COOH$

重氮丝氨酸（重氮乙酰丝氨酸）

氨基蝶呤

图 10－16　嘌呤核苷酸的抗代谢物

（一）嘌呤类似物

嘌呤类似物主要有 6－巯基嘌呤（6－mercaptopurine，6－MP）、8－氮鸟嘌呤（8－azaguanine，8－AG）等，其中临床应用较多的是 6－MP。

6－MP 与次黄嘌呤结构类似，不同之处是次黄嘌呤 C_6 上的羟基被巯基取代，因此能竞争性抑制次黄嘌呤－鸟嘌呤磷酸核糖转移酶，从而抑制嘌呤核苷酸的补救合成途径。6－MP 在体内能转变为 6－巯基嘌呤核苷酸，后者结构与 IMP 类似，不但可干扰 IMP 转变为 AMP 和 GMP，还反馈抑制 PRPP 酰胺转移酶，抑制嘌呤核苷酸的从头合成。临床上 6－MP 主要用于治疗急性白血病。

（二）氨基酸类似物

氨基酸类似物主要有重氮丝氨酸（azaserine，Azas）等。Azas 的化学结构与谷氨酰胺类似，可干扰嘌呤核苷酸以及嘧啶核苷酸合成代谢中谷氨酰胺参与的反应。临床上重氮丝氨酸可用于治疗急性白血病及其他肿瘤。

（三）叶酸类似物

氨基蝶呤（aminopterin）及氨甲蝶呤（methotrexate，MTX）均是叶酸类似物。这类抗代谢物能竞争性抑制催化四氢叶酸合成的二氢叶酸还原酶，减少嘌呤核苷酸从头合成途径一碳单位的供给。临床上氨基蝶呤和氨甲蝶呤主要用于各种急性白血病及其他肿瘤的治疗。

二、嘧啶核苷酸的抗代谢物

5-氟尿嘧啶　　阿糖胞苷

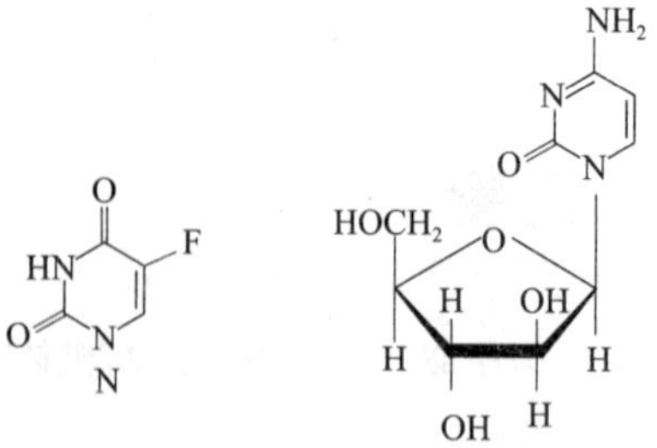

图 10－17　嘧啶核苷酸的抗代谢物

嘧啶核苷酸的抗代谢物主要是结构与嘧啶、氨基酸、叶酸及嘧啶核苷类似的物质（图 10－17）。

（一）嘧啶类似物

5－氟尿嘧啶（5－fluorouracil，5－FU）是应用较广的嘧啶类似物。5－FU 结构与尿嘧啶类似，不同之处是尿嘧啶 C_5 的氢原子被氟原子取代。5－FU 在体内转变为氟尿苷三磷酸（FUTP）及脱氧氟尿苷一磷酸（FdUMP）后发挥作用。FUTP 可“以假乱真”参与 RNA 的生物合成，合成的 RNA 因 FUMP 的掺入而结构异常，从而影响其功能，干扰蛋白质的生物合成；FdUMP 与 dUMP 结构相似，能竞争性抑制催化 dUMP 转变为 dTMP 的胸苷酸合酶，使 dTMP 及 dTTP 的合成减少，干扰 DNA 的生物合成。临床上 5－FU 主要用于消化道肿瘤及其他肿瘤的治疗。

（二）氨基酸和叶酸类似物

Azas 和 MTX 也是嘧啶核苷酸的抗代谢物。Azas 可干扰嘧啶核苷酸合成代谢中谷氨酰胺参与的反应；MTX 能竞争性抑制二氢叶酸还原酶，抑制四氢叶酸的合成，从而影响 dTMP 的合成。

（三）嘧啶核苷类似物

嘧啶核苷类似物主要有阿糖胞苷（cytosine arabinoside，Ara－C）。Ara－C 是胞苷的结构类似物，与胞苷不同之处是由阿拉伯糖取代了核糖。在体内，Ara－C 转变为阿糖胞苷三磷酸（Ara－CTP），后者可抑制 DNA 聚合酶活性而抑制 DNA 的生物合成。临床上阿糖胞苷主要用于治疗白血病。

小结

核苷酸具有多种重要的生理功能：合成核酸、参与能量代谢、参与构成辅酶与辅基或其他活性物质、参与细胞信号转导及代谢调节等。

体内嘌呤核苷酸和嘧啶核苷酸的合成均有从头合成和补救合成两条途径。从头合成是利用磷酸核糖、氨基酸、一碳单位及 CO_2 等简单物质合成核苷酸的过程，主要在肝进行，是核苷酸合成的主要途径。补救合成是直接利用机体现有的碱基或核苷合成核苷酸的过程，脑与骨髓只能进行补救合成。嘌呤在体内分解代谢的终产物是尿酸，体内尿酸过多可引起痛风。嘧啶碱在体内可被彻底氧化分解。核苷酸的抗代谢物是碱基、氨基酸、叶酸及核苷等的结构类似物，其本身或其转化产物能干扰体内核苷酸及核酸的合成，常用作抗肿瘤药物。

中医药治疗痛风的研究进展

中医学对痛风症的认识已有两千多年的历史。根据其发病特点和临床实践经验，不同医家分别将其归属于“历节病”“痹证”“血毒”“浊瘀痹”等范畴。按照《中医病证诊断疗效标

NOTE

准》，痛风系由湿浊瘀阻、留滞关节经络，气血不畅所致。痛风的证候分为湿热蕴结、瘀热阻滞、痰浊阻滞、肝肾阴虚。中医中药在痛风的治疗及药理机制研究上取得一定进展。

1. 中药复方　以补肾利湿法为指导，由熟地黄、山茱萸、山药、牡丹皮、怀牛膝、泽泻、茯苓、车前子组成的中药复方和以清热通络、祛风除湿为指导的白虎桂枝汤加味临床治疗痛风性关节炎取得满意疗效；以温经散寒通络、清热利湿祛瘀为指导，由制川乌、白芍、生黄芪、汉防己等组成的方剂能使实验性急性痛风大鼠关节滑膜组织 IL－1 和 IL－6 含量明显下降；以消石利尿化瘀为指导，由金钱草、车前子、土茯苓、黄柏、萆薢、川牛膝、赤芍、青风藤、丹参等组成的方剂能降低高尿酸血症大鼠血清 IL－1β、TNF－α 含量，升高 IL－4 含量。

2. 单味药及其活性部位　穿山龙具有舒筋活络、祛风止痛等功效，穿山龙的 30% 乙醇洗脱液可显著降低高尿酸血症小鼠的血尿酸水平，明显改善痛风性关节炎大鼠关节滑膜组织的病理形态学改变，穿山龙总皂苷能降低高尿酸血症小鼠血清尿酸水平；虎杖有祛风利湿、散瘀定痛等功效，虎杖提取物能使急性痛风性关节炎大鼠关节外观红肿减轻，显著降低高尿酸血症模型动物的血尿酸水平，抑制黄嘌呤氧化酶活性，改善痛风性关节炎的病理改变，其作用机制可能与降低血清前列腺素 E2 水平、抑制单核细胞 IL－1β 与 IL－8 的基因表达、抑制滑膜组织细胞黏附分子－1 和核转录因子的异常表达与激活有关；鸡血藤具有祛风利湿、消肿止痛等功效，鸡血藤提取物能显著降低实验性急性痛风大鼠的关节肿胀度，改善其步态，减少关节组织炎性细胞浸润，改善滑膜增生等病理变化，其机制可能与抑制 TNF－α 和 IL－1β 水平有关。

NOTE

第十一章 物质代谢的联系与调节

【案例1】

患者，男，58岁，以“口干、多饮、多尿4年，视物模糊伴乏力、泡沫尿3月”为主诉入院。4年前无明显诱因出现口干，每天饮水约4000mL；尿量增多，夜尿明显。3月前出现视物模糊、乏力、泡沫尿及下肢麻木感，且饥饿感明显，食量增加，而体重却下降约5kg，并自诉近几个月来精神较紧张，左足背破溃后久不愈合。

体检：患者身高178cm，体重92kg，体温36.7℃，脉搏78次/分，血压170/88mmHg，呼吸25次/分。神志清楚，双眼视力均为4.6，晶状体轻度混浊。左足背见直径约2cm的溃疡面。

实验室检查：尿常规：尿糖（+++），酮体（+），尿蛋白（+）。生化检查：葡萄糖10.0mmol/L，糖基化血红蛋白12.4%，甘油三酯4.5mmol/L，总胆固醇8.9mmol/L。

问题讨论

1. 该病的初步诊断？
2. 分析症状出现的原因。

物质代谢涉及机体与环境之间进行的物质交换。从食物中摄取的糖、脂和蛋白质等营养物质经消化吸收进入体内，一方面经分解代谢释放能量，满足生命活动需要；另一方面经合成代谢，转变成机体自身的糖、脂、蛋白质和其他成分。物质代谢的顺利进行，有赖于机体复杂而精确的代谢调节机制的正常发挥，以适应机体生命活动需要。

第一节 物质代谢的特点和相互联系

一、物质代谢的特点

物质代谢是在精细的调节下有条不紊地进行。其特点包括：

1. 具有整体性 体内各种物质代谢过程同时进行，相互协调，相互联系，相互转变，形成一个整体。如糖、脂和蛋白质代谢产生共同的中间产物乙酰CoA，不仅可通过三羧酸循环彻底氧化分解，而且乙酰CoA也是脂肪酸合成的原料。

2. 具有共同的代谢池 机体主要营养物质可以从食物中摄取，也可以在体内合成。无论内源性还是外源性营养物质，都形成共同的代谢池参与代谢。如血液中的葡萄糖，无论是从食物中消化吸收的，还是肝糖原分解产生的，或是非糖物质经糖异生途径转变而来的，都形成共同的血糖池，参与体内的糖代谢途径。

3. 各种代谢处于动态平衡 体内糖、脂、氨基酸及核苷酸等物质的代谢受到精细调节，处于动态平衡状态，若这种平衡被破坏，则会导致机体产生疾病。

4. ATP是“通用高能化合物” ATP是体内储存和消耗能量的共同形式，ATP作为机体可直接利用的能量载体，将产能物质的分解代谢和耗能物质的合成代谢紧密联系在一起。

5. NADH/NADPH是体内重要的还原当量 NADH是体内多种代谢和氧化磷酸化的供氢体；NADPH是脂肪酸和胆固醇合成代谢所需的还原当量。

6. 各组织器官物质代谢各具特点 机体各组织器官功能不同，因此各具有特点鲜明的代谢途径，以适应机体的需要（表11－1）。

表11－1 重要组织及器官的代谢特点

组织器官	主要酶及特点	主要代谢途径	功能
肝	葡萄糖－6－磷酸酶、磷酸烯醇式丙酮酸羧激酶、葡萄糖激酶、甘油激酶、HMG－CoA合酶	糖异生、糖有氧氧化、脂肪酸β氧化、酮体生成	代谢核心
脑	己糖激酶、腺苷脱氨酶	糖有氧氧化、糖酵解、氨基酸代谢	神经中枢
心	硫激酶、乳酸脱氢酶	脂肪酸氧化、酮体利用，极少进行糖酵解	泵出血液
脂肪组织	激素敏感性三酰甘油脂肪酶	脂肪酸酯化、脂肪动员	储存、动员脂肪
肾	甘油激酶、磷酸烯醇式丙酮酸羧激酶、HMG－CoA合酶	糖异生、糖酵解、酮体合成	排泄尿液
红细胞	无线粒体	糖酵解	运输氧
肌肉	脂蛋白脂肪酶、丰富的呼吸链	糖酵解、糖有氧氧化、脂肪酸β氧化	运动

二、糖、脂、氨基酸和核苷酸代谢之间的联系和互变

体内糖、脂、蛋白质和核苷酸代谢不是孤立的，而是通过共同的中间产物相互联系，相互转变，形成统一的整体来维持体内代谢的动态平衡，任何一种物质代谢障碍均可引起其他物质代谢的紊乱。

（一）糖代谢与脂代谢的联系

一般来说，在糖供给充足时，除少量合成糖原储存于肝和肌肉组织外，大量转变为脂肪贮存于脂肪组织。糖变为脂肪的大致步骤为：葡萄糖经糖酵解途径产生磷酸二羟丙酮，磷酸二羟丙酮还原为3－磷酸甘油；葡萄糖氧化分解过程中生成的柠檬酸及ATP增多，可变构激活乙酰CoA羧化酶，使葡萄糖氧化分解产生的乙酰CoA羧化成丙二酸单酰CoA，合成脂肪酸，进而合成脂肪。但脂肪分解产生的脂肪酸不能在体内转变成葡萄糖，因为丙酮酸生成乙酰CoA的反应不可逆，所以脂肪酸分解产生的乙酰CoA不能转变为丙酮酸。尽管脂肪分解产生的甘油可在肝、肾、肠等组织的甘油激酶作用下磷酸化生成3－磷酸甘油，转变为磷酸二羟丙酮，经糖异生途径转化为糖，但与脂肪中大量脂肪酸分解产生的乙酰CoA相比量极少，所以可认为脂肪不能转变为糖。此外，脂肪分解代谢还有赖于糖代谢。当饥饿或糖代谢障碍时，尽管脂肪动员增强，脂肪酸经β氧化在肝中生成大量酮体，但由于糖代谢障碍，草酰乙酸相对不足，大量酮体不能及时进入三羧酸循环氧化分解，形成酮血症。

（二）糖代谢与氨基酸代谢的联系

葡萄糖代谢产生的中间产物如丙酮酸、α－酮戊二酸及草酰乙酸等，都可以作为氨基酸的碳架，通过转氨基作用形成相应的非必需氨基酸。同时，构成人体蛋白质的20种氨基酸，除生酮氨基酸（亮氨酸、赖氨酸）外，均可通过脱氨基作用生成相应的α－酮酸，这些α－酮酸既可通过三羧酸循环氧化分解，也可经由草酰乙酸转化为磷酸烯醇式丙酮酸，再经糖异生作用生成葡萄糖。

（三）氨基酸代谢与脂代谢的联系

体内的氨基酸均能分解生成乙酰CoA，后者作为原料可合成脂肪酸，进而合成脂肪，所以氨基酸可以转变成脂肪；同时，乙酰CoA还是胆固醇和磷脂合成的原料。但脂肪酸、胆固醇等脂质不能转变为氨基酸，只有甘油部分可以转变成某些非必需氨基酸，但量很少，所以可认为脂肪不能转变为氨基酸。

（四）核酸与氨基酸、糖代谢的联系

核苷酸中嘌呤碱和嘧啶碱的从头合成需要以天冬氨酸、甘氨酸、谷氨酰胺及一碳单位等为原料。一碳单位是某些氨基酸在分解代谢过程中产生的。此外，核苷酸中另一成分磷酸核糖来自于糖代谢的磷酸戊糖途径。所以，葡萄糖和某些氨基酸可在体内转化为核苷酸。

糖、脂、氨基酸代谢途径之间的相互联系见图11－1。

案例1分析讨论一

糖尿病是一种全身慢性进行性疾病。由于胰岛素相对或绝对不足，或胰岛素信号转导异常诱发机体胰岛素抵抗状态，导致肝、肾糖异生增多，肝与肌肉糖原合成减少，同时胰岛素敏感的骨骼肌、肝、脂肪等器官摄取葡萄糖减少，机体不能氧化利用葡萄糖，引起糖类、脂肪、蛋白质和水、电解质等代谢综合紊乱。临床主要表现为血糖升高，尿糖阳性及糖耐量降低，典型症状有"三多一少"，即多饮、多尿、多食和体重减少。随着病程延长，常并发全身神经、微血管、大血管病变，并导致心、脑、肾及眼等器官的慢性进行性病变。

该患者有多食、多饮、多尿、体重减轻临床症状，伴有左足破溃、下肢麻木、乏力和视物模糊；实验室检查提示尿糖（+++），酮体（+），尿蛋白（+），血糖增高，糖基化血红蛋白增高；可以明确诊断为糖尿病。

该患者血糖升高主要是由于胰岛素信号转导异常导致血糖来源增加、去路减少；血糖浓度超过肾糖阈，引起糖尿；多尿是未能重吸收的糖发生的渗透性利尿；多饮是因为多尿引起体内水丢失增多，血糖增加导致血液高渗状态，刺激大脑产生渴感；多食是体内供能不足引起饥饿感。且患者相对肥胖，胰岛素水平相对较高，促使肝合成甘油三酯增加。故临床肥胖的糖尿病患者往往以甘油三酯升高，总胆固醇轻度升高以及高密度脂蛋白下降多见。

患者血压升高可能与血糖浓度高引起血容量增加有关；此外，也与高血糖、高脂血症导致血液黏稠、血管壁增厚、血流阻力增加有关。视力模糊是由高血糖导致晶体渗透压改变，晶状体屈光度变化，或高血糖导致晶状体混浊，或引起视网膜眼底病变所致。糖尿病患者血糖浓度超过肾糖阈，导致尿糖阳性，且葡萄糖利用率下降，导致脂肪动员增加，患者尽管相对肥胖，但由于胰岛β细胞功能衰退，分解代谢大于合成代谢，故出现乏力和体重减轻，甚至酮体生成

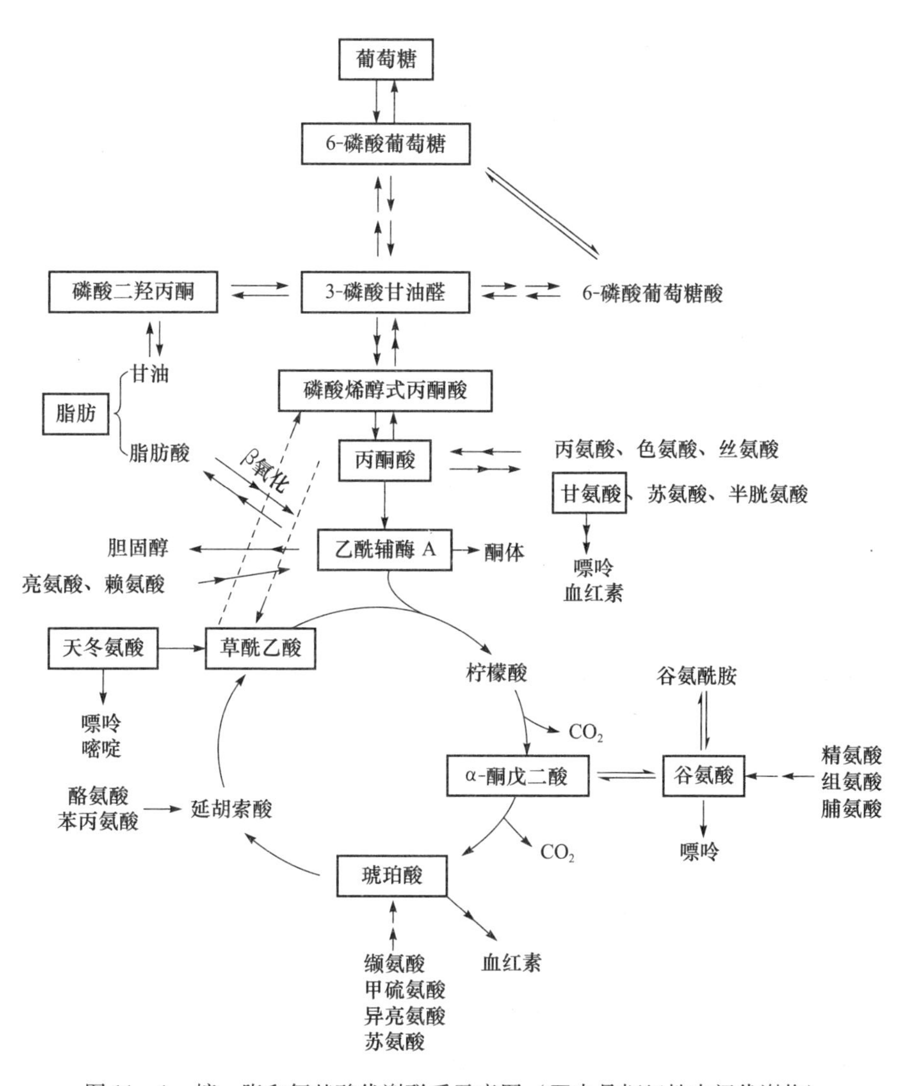

图 11－1　糖、脂和氨基酸代谢联系示意图（□中是枢纽性中间代谢物）

增加，出现尿酮阳性。此外，高糖还可引起肾小球基底膜损伤，使蛋白漏出增加，出现泡沫尿及尿蛋白阳性。

三、糖、脂、氨基酸在能量代谢上的联系

糖、脂和蛋白质是机体的主要能量物质，均可氧化供能。它们通过不同的代谢途径产生相同的代谢中间物乙酰 CoA，乙酰 CoA 通过三羧酸循环彻底氧化分解，生成共同的高能化合物 ATP。从能量供应的角度看，糖、脂及蛋白质这三大营养素可以相互补充，相互制约。一般情况下，供能以糖和脂肪为主，糖提供总能量的 50% ～70%，脂肪提供总能量的 20% ～25%。而且不同器官以不同物质为主要能量来源，如脑组织在正常条件下以葡萄糖为主要供能物质，每日消耗约 120g 葡萄糖，是静息状态下耗糖量最多的组织。红细胞没有线粒体，只能通过糖酵解供能，每日消耗约 20g 葡萄糖。

糖、脂、蛋白质都通过三羧酸循环彻底氧化供能，任一供能物质分解代谢旺盛，ATP 生成过多，可抑制其他供能物质的分解代谢。例如，脂肪分解增强，乙酰 CoA、柠檬酸、ATP 生成增多，ADP 相对减少，ATP/ADP 比值升高，可变构抑制糖分解代谢途径中的限速酶磷酸果糖激酶，从而抑制糖的分解代谢；同时，乙酰 CoA 增多，可激活乙酰 CoA 羧化酶，促进脂肪酸

NOTE

合成。相反，脂肪供能不足时，ADP 相对增加，可变构激活磷酸果糖激酶，促进糖的分解代谢。此外，糖和脂肪分解增加，可减少蛋白质的分解。

第二节　细胞水平的代谢调节

生物体内存在着复杂而精确的调节机制，保证各种物质的代谢途径井然有序地进行，实现细胞的各种生物学功能，以适应内外环境的变化。调节机制包括细胞水平的调节、激素水平的调节、整体水平的调节三个层次。代谢调节的复杂程度随进化程度增加而增高，越高等的生物其调节机制越复杂。细胞水平的调节主要是通过细胞内代谢物浓度的变化实现对酶的活性和含量的调节，是最原始、最基本的调节方式，也是一切代谢调节的基础，这在单细胞生物中就已经存在。随着生物进化及多细胞生物体的产生，分化产生了专司调节功能的内分泌细胞和内分泌器官，通过这些细胞和器官分泌激素来协调其他细胞的代谢途径，称为激素水平的调节。高等动物则具有更复杂、更高级的整体水平的调节，通过细胞内酶、激素和神经系统相互协调实现对机体代谢的综合调节。

一、细胞内酶的分布

各种代谢酶在细胞内区隔分布是物质代谢及其调节的亚细胞结构基础。细胞中催化一系列连续反应的酶常常组成多酶体系，分布于细胞的某一区域或亚细胞结构中，如糖酵解、糖原合成和分解、脂肪酸合酶复合体分布在胞液中，而三羧酸循环、脂肪酸 β 氧化酶系集中在线粒体内，核酸合成酶系绝大部分分布在细胞核内（表 11－2）。这种区隔分布可避免各种代谢途径之间彼此干扰，使同一代谢途径中的酶促反应能够连续地进行，既提高了代谢途径的速度，也有利于调控。

表 11－2　主要代谢途径（多酶体系）在细胞内分布

多酶体系	分布	多酶体系	分布
DNA、RNA 合成	细胞核	氧化磷酸化	线粒体
糖酵解	细胞质	三羧酸循环	线粒体
糖原合成	细胞质	鸟氨酸循环	线粒体、细胞质
糖原分解	细胞质	脂肪酸合成	细胞质
糖异生	细胞质	血红素合成	线粒体、细胞质
脂肪酸 β 氧化	线粒体	磷脂合成	内质网
磷酸戊糖途径	细胞质	胆固醇合成	内质网、细胞质

二、酶活性的调节

细胞水平的调节实质上是对酶活性的调节。代谢途径是一系列酶催化的化学反应，其反应速度不是由该途径中所有酶决定的，而是由其中一个或几个关键酶或限速酶决定的。关键酶是指代谢过程中具有调节作用的酶。特点包括：①催化反应速度较慢的酶，其活性决定整个代谢途径的速度，其中在代谢过程中活性最低的是限速酶；②催化单向反应的酶，其活性决定整个

NOTE

代谢途径的方向。一些代谢途径中的关键酶见表 11－3。

表 11－3　某些重要代谢途径中的关键酶

代谢途径	关键酶	代谢途径	关键酶
糖酵解	己糖激酶、磷酸果糖激酶、丙酮酸激酶	糖有氧氧化	己糖激酶、磷酸果糖激酶、丙酮酸激酶、丙酮酸脱氢酶复合体、异柠檬酸脱氢酶、柠檬酸合酶、α－酮戊二酸脱氢酶复合体
糖异生	丙酮酸羧化酶、磷酸烯醇式丙酮酸羧激酶、果糖 1,6－二磷酸酶、葡萄糖－6－磷酸酶	糖原合成	糖原合酶
脂肪酸合成	乙酰 CoA 羧化酶	糖原分解	磷酸化酶
脂肪酸分解	肉碱脂酰转移酶 I	脂肪动员	激素敏感性三酰甘油脂肪酶
酮体合成	HMG－CoA 合酶	胆固醇合成	HMG－CoA 还原酶

调节代谢途径的速度与方向是通过调节关键酶的活性和含量来实现的。活性的调节通过改变酶的结构来实现，包括变构调节和化学修饰调节。酶活性的调节又称为快速调节，可在数秒或数分钟内发生。酶含量的调节又称为迟缓调节，是通过影响酶蛋白分子的合成和降解速度来改变酶含量，一般需要数小时或数天才能实现。

（一）变构调节

变构调节（allosteric regulation）又称别构调节，是指某些小分子化合物与酶分子活性中心以外的特定部位特异结合，改变酶蛋白分子构象，从而改变酶的活性。受变构调节的酶称为变构酶（allosteric enzyme）或别构酶。小分子调节物质称为变构效应剂（allosteric effector）或变构剂。增强酶活性的物质称为变构激活剂，降低酶活性的物质称为变构抑制剂。变构效应剂可以是酶的底物、酶体系的终产物或其他小分子代谢物。现将一些重要代谢途径中的变构酶和变构效应剂列于表 11－4。

表 11－4　重要代谢途径中的变构酶及其效应剂

代谢途径	变构酶	变构激活剂	变构抑制剂
糖酵解	己糖激酶 磷酸果糖激酶 丙酮酸激酶	AMP、ADP、2,6－二磷酸果糖、1,6－二磷酸果糖	6－磷酸葡萄糖 ATP、柠檬酸 ATP、乙酰 CoA、脂肪酸
三羧酸循环	异柠檬酸脱氢酶 柠檬酸合酶	AMP、ADP ADP	ATP ATP、长链脂酰 CoA
糖原合成	糖原合酶	6－磷酸葡萄糖	
糖原分解	磷酸化酶	AMP、1－磷酸葡萄糖	ATP、6－磷酸葡萄糖
糖异生	丙酮酸羧化酶	乙酰 CoA、ATP	AMP
脂肪酸合成	乙酰 CoA 羧化酶	柠檬酸、异柠檬酸	长链脂酰 CoA
氨基酸代谢	L－谷氨酸脱氢酶	ADP、亮氨酸、甲硫氨酸	GTP、ATP、NADH
嘌呤合成	PRPP 酰胺转移酶		AMP、GMP
嘧啶合成	天冬氨酸氨基甲酰转移酶		CTP、UTP
核苷酸合成	脱氧胸苷激酶	dCTP、dATP	dTTP

NOTE

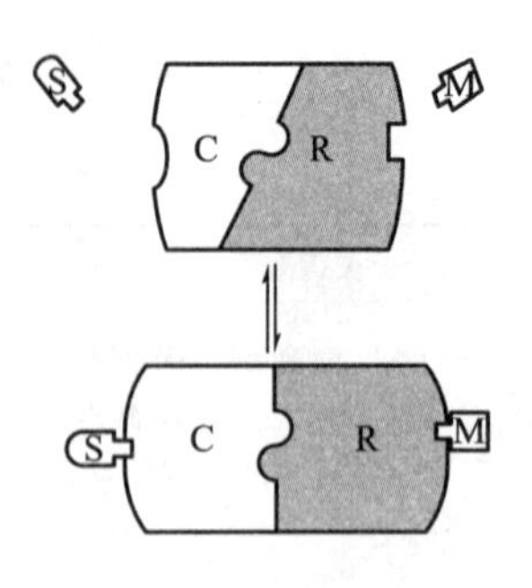

图 11－2 变构调节示意图

C：变构酶催化亚基 R：变构酶调节亚基 M：变构激活剂 S：底物

变构酶通常结构比较复杂，一般由两个以上的亚基组成，包括催化亚基和调节亚基。催化亚基与底物结合起催化作用，调节亚基与变构效应剂结合起调节作用（图 11－2）。变构效应剂通过非共价键与调节亚基结合，引起酶蛋白构象改变，变得致密或疏松，导致酶活性的变化（激活或抑制）。有时调节亚基和催化亚基是同一亚基。

变构调节的特点及意义：

（1）防止代谢终产物生成过多。代谢终产物堆积表明代谢过强，常使该代谢途径中的关键酶受到变构抑制，即反馈抑制（feedback inhibition）。例如长链脂酰 CoA 作为变构抑制剂可反馈抑制乙酰 CoA 羧化酶，抑制脂肪酸合成。

（2）有效利用能量，避免浪费。如 ATP 可变构抑制磷酸果糖激酶、丙酮酸激酶和柠檬酸合酶，抑制糖的氧化分解，使 ATP 不致生成过多，造成浪费。

（3）协调不同的代谢途径。一些代谢中间产物可变构调节多条代谢途径的关键酶，使其相互协调。如三羧酸循环活跃时，异柠檬酸增多，ATP/ADP 增多，ATP 变构抑制异柠檬酸脱氢酶，抑制三羧酸循环；同时异柠檬酸变构激活乙酰 CoA 羧化酶，增强脂肪酸合成。

（二）化学修饰调节

化学修饰调节又称共价修饰调节，是指酶蛋白肽链上的某些氨基酸残基侧链在另一种酶的催化下发生可逆的共价修饰，从而改变酶活性。化学修饰调节通过酶促共价修饰调节酶的活性，是体内又一种重要的快速调节方式，主要有磷酸化和去磷酸化、乙酰化和去乙酰化、甲基化和去甲基化等。（表 11－5）。

表 11－5 磷酸化/去磷酸化修饰对酶活性的调节

酶	化学修饰类型	酶活性的变化
磷酸化酶	磷酸化/去磷酸化	激活/抑制
磷酸化酶 b 激酶	磷酸化/去磷酸化	激活/抑制
三酰甘油脂酶	磷酸化/去磷酸化	激活/抑制
糖原合酶	磷酸化/去磷酸化	抑制/激活
磷酸果糖激酶	磷酸化/去磷酸化	抑制/激活
丙酮酸脱氢酶	磷酸化/去磷酸化	抑制/激活
HMG－CoA 还原酶	磷酸化/去磷酸化	抑制/激活
乙酰 CoA 羧化酶	磷酸化/去磷酸化	抑制/激活

化学修饰调节的特点及意义：

（1）磷酸化和去磷酸化是最常见的修饰方式。酶蛋白分子中丝氨酸、苏氨酸、酪氨酸的羟基是磷酸化的主要修饰位点。在蛋白激酶的催化下，由 ATP 提供磷酸基和酶蛋白发生磷酸化。去磷酸化是由磷蛋白磷酸酶催化的水解反应（图 11－3）。

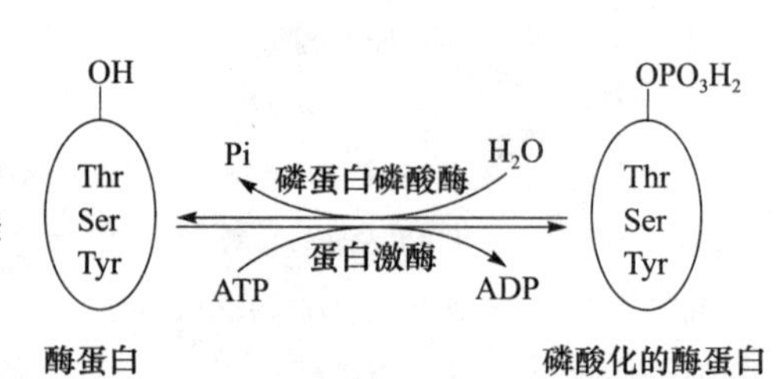

图 11－3 磷酸化与去磷酸化

（2）化学修饰是另一个酶催化的酶促反应，特异性强，作用迅速，具有级联放大效应。

（3）通过化学修饰，酶在有活性（或高活性）和无活性（或低活性）之间互变，其互变反应是由不同酶催化的。

（4）催化发生化学修饰调节的酶在体内受上游调节因素如激素的控制。

变构调节和化学修饰调节都是通过改变酶分子结构而实现对酶活性的调节。对于一种酶，两种调节方式可同时存在，相辅相成，共同调节细胞水平的代谢。但是，变构调节大多是通过效应剂调节关键酶的活性，效应剂浓度过低，就不能对变构酶起调节作用；而化学修饰调节是在激素作用下，通过一系列酶促化学修饰反应改变关键酶的活性，作用迅速，具有级联放大效应。

三、酶含量的调节

除改变酶分子结构外，改变酶含量也能改变酶活性。酶含量调节通过改变合成和（或）降解速率实现，消耗 ATP 较多，需要时间长，属于迟缓调节。

（一）酶蛋白合成调节

调节酶蛋白合成有两种方式，即诱导和阻遏，二者均通过影响酶蛋白生物合成的转录或翻译过程发挥作用，其中影响转录较常见。使酶蛋白合成增加的化合物称诱导剂（inducer）；使酶蛋白合成减少的化合物称阻遏剂（repressor）。酶的底物、产物，激素或药物等均可诱导酶的合成，例如蛋白质摄入增多时，氨基酸分解代谢加强，可诱导参与鸟氨酸循环的酶合成增加；胰岛素能诱导糖酵解和脂肪酸合成途径中关键酶的合成；久服苯巴比妥等镇静催眠药会引起耐药，原因是其诱导肝微粒体中加单氧酶及葡糖醛酸基转移酶的生成，使肝的生物转化能力加强。酶的阻遏剂通常是代谢产物，如肝内 HMG - CoA 还原酶的合成可被胆固醇阻遏，但肠黏膜细胞中该酶不受胆固醇的阻遏，因而高胆固醇饮食有升高血胆固醇的危险。

（二）酶蛋白降解调节

改变酶蛋白分子的降解速度是调节酶含量的重要途径。酶蛋白的降解有两条途径：溶酶体蛋白酶体降解途径和非溶酶体蛋白酶体降解途径。溶酶体蛋白酶体降解途径，主要水解细胞外来的蛋白质和长半寿期的蛋白质（不依赖 ATP 和泛素）。溶酶体蛋白水解酶可非特异性降解酶蛋白，影响蛋白水解酶活性或影响蛋白水解酶从溶酶体释放的因素都可影响酶蛋白的降解。除溶酶体外，细胞中还存在着由多种蛋白酶组成的蛋白酶体（proteasome）。非溶酶体蛋白酶体降解途径中，酶蛋白的特异性降解就是通过 ATP 依赖的泛素 - 蛋白酶体途径完成。待降解的蛋白与泛素结合（泛素化）后，即可将酶蛋白降解。泛素（ubiquitin）是由 76 个氨基酸组成的分子量为 8.5kDa 的小分子蛋白质。需要指出的是泛素化作用是一个十分复杂的过程，需要多种识别蛋白和连接酶的参与。

第三节 激素水平的代谢调节

激素（hormone）对代谢的调节是高等动物体内代谢调节的主要方式。激素调节具有较高的组织特异性和效应特异性。激素与特定的组织或细胞的受体特异结合，通过一系列细胞信号转导反应，引起代谢改变，发挥代谢调节作用。根据激素相应受体在细胞的定位，可将激素分

NOTE

为膜受体激素和胞内受体激素。

一、膜受体激素的调节

膜受体是分布在细胞质膜上的跨膜糖蛋白，作用于膜受体的激素大多是亲水的，不能通过脂质双分子层，而是由激素（作为第一信使）与相应的靶细胞膜受体结合后，经跨膜转导将信号传递到细胞内，再通过细胞内信号转导分子继续传递并放大，直至产生代谢调节效应。此类激素包括胰岛素、甲状旁腺素、促性腺激素、生长因子等肽或蛋白质类激素和肾上腺素等儿茶酚胺类激素。

二、胞内受体激素的调节

胞内受体激素包括类固醇激素、甲状腺激素、活性维生素 D、视黄酸等疏水性激素，可透过细胞质膜进入细胞，与相应的胞内受体结合。胞内受体大多在细胞核内，也有在胞液中的，其与激素结合后形成二聚体进入细胞核。在核内，激素 - 受体复合物与 DNA 上特异基因的激素反应元件结合，通过改变相关基因的表达发挥代谢调节作用，从而协调各细胞、组织及器官之间的代谢。

第四节 整体水平的代谢调节

高等动物各组织器官高度分化，具有各自的功能和代谢特点。为适应内外环境的变化，机体还可通过神经 - 体液途径对物质代谢进行整体调节，保持内环境的相对稳定。现以饥饿和应激为例，说明整体水平的代谢调节。

一、饥饿

随着饥饿状态的不同，机体物质代谢在整体调节下发生一系列的变化。

1. 短期饥饿 短期饥饿通常指 1 ~ 3 天未进食。进食后 6 ~ 8 小时肝糖原开始分解补充血糖，12 ~ 24 小时肝糖原基本耗尽，血糖出现降低趋势，胰岛素水平降低，胰高血糖素升高，引起体内一系列的代谢变化。机体从葡萄糖氧化供能为主转变为以脂肪酸氧化供能为主。糖原耗尽以后，脂肪是最早被动用的能量储存物质，脂肪动员加强，酮体生成增多。脂肪酸和酮体成为心、肌肉、肾的重要供能物质，部分酮体可被大脑利用。肌肉蛋白质分解增加，释放入血的氨基酸增加，大部分转变为丙氨酸和谷氨酰胺。肝糖异生作用增强，糖异生的原料 30% 是乳酸、10% 来自甘油、40% 来自氨基酸。此时机体的能量来源主要是脂肪和蛋白质，组织对葡萄糖的利用降低，但饥饿初期大脑仍以葡萄糖为主要能源。

2. 长期饥饿 长期饥饿指未进食 3 天以上，通常指 4 ~ 7 天以后。此时蛋白质降解减少，释放的氨基酸减少，负氮平衡有所改善。与短期饥饿比较，肝糖异生明显减少，乳酸和丙酮酸作为糖异生的主要原料。肾的糖异生能力明显增强，几乎和肝相同。脂肪分解与酮体生成进一步增多，脑组织利用酮体增加，肌肉则以脂肪酸为主要能源。

理论上，正常人脂肪储备可维持饥饿长达 3 个月的基本能量需要。但由于长期饥饿使脂肪动员加强，产生大量酮体，可导致酸中毒。蛋白质分解增加，同时缺乏维生素、微量元素和蛋白质的补充等，可造成器官损伤甚至危及生命。

不同的饮食状态下各组织、器官的供能物质见表 11 －6。

表 11 －6　正常饮食和饥饿时不同组织器官的供能物质

组织器官	正常饮食	短期饥饿	长期饥饿
骨骼肌和心脏	葡萄糖、少量脂肪酸和酮体	脂肪酸、酮体	脂肪酸（酮体优先供脑）
红细胞	葡萄糖	葡萄糖	葡萄糖
大脑	葡萄糖	葡萄糖、酮体	酮体、葡萄糖
肝	脂肪酸 氨基酸 少量葡萄糖	脂肪酸 氨基酸	脂肪酸 氨基酸

二、应激

应激（stress）是机体受到创伤、剧痛、冻伤、中毒、严重感染等外界环境刺激时出现的一系列反应的总称。应激状态时，交感神经兴奋，肾上腺髓质和皮质激素分泌增多；胰高血糖素和生长激素水平增加，胰岛素分泌减少；肝糖原分解和糖异生加速，血糖升高；脂肪动员和蛋白质分解加强，糖原合成和脂肪合成受到抑制；血中葡萄糖、脂肪酸、氨基酸、酮体等代谢中间产物增多，以有效应对紧张状态。总之，应激时物质代谢的特点是分解代谢增强，合成代谢抑制。应激状态下，体内的代谢变化见表 11 －7。

表 11 －7　应激时体内的代谢变化

激素分泌	代谢改变	血中中间代谢产物含量
肾上腺皮质激素	蛋白质分解增加 糖异生作用加强 葡萄糖利用减少	氨基酸增多 葡萄糖增多 葡萄糖增多
胰岛素	蛋白质分解增加 糖异生作用加强 葡萄糖利用减少 糖原分解增加	氨基酸增多 葡萄糖增多 葡萄糖增多 葡萄糖增多
胰高血糖素	糖原分解增加	葡萄糖增多
生长激素	脂肪分解增加 糖异生作用加强	游离脂肪酸增多，酮体增多 葡萄糖增多

案例1分析讨论二

糖尿病是由于调节糖代谢的激素异常而导致的代谢性疾病。应激状态下（如严重感染、手术、情绪剧烈波动）机体激素分泌的变化也会破坏患者脆弱的糖代谢平衡。如在应激状态下，肾上腺素、肾上腺皮质激素的分泌增加会促进糖原分解、增加糖异生，从而升高血糖；同时，胰岛素分泌相对不足，会加剧葡萄糖利用减少。该患者近3月来因精神较紧张处于“应激”状态，故升糖激素/胰岛素比值增加，因其未及时调整药物，导致其病情恶化。故糖尿病患者在应激状态时需注意监测血糖，合理调整降糖药物，还可配合疏肝理气中药调适情绪，缓解“应激”状态。

小结

高等动物（包括人）的组织器官高度分化，具有各自的功能及代谢特点。为适应内、外环境的变化，各器官组织之间的物质代谢需要相互协调。不同物质代谢途径之间通过共同的中间代谢物相互联系、相互转变、相互依存，形成统一的整体，在细胞、激素及整体水平受到精细调节。任何一种物质代谢障碍均可引起其他物质代谢的紊乱。

糖、脂及氨基酸均可在体内氧化供能，产生共同的能量形式 ATP。从能量供应的角度看，三大营养素可以互相补充，相互制约，但不能完全互变。

物质代谢的细胞水平调节是最原始、最基本的调节方式，主要通过改变关键酶的活性和含量实现，是一切代谢调节的基础。酶活性的调节是改变酶的结构，发生较快，称为快速调节，包括变构调节和化学修饰调节两种方式。酶含量的调节通过影响酶蛋白的合成和降解速度来实现发生较慢，称为迟缓调节。

变构调节是通过变构效应剂与酶的调节亚基结合，引起酶蛋白分子构象变化，进而改变酶活性。化学修饰调节是使酶蛋白发生酶促共价修饰，进而改变酶活性，其中最主要的方式是磷酸化和去磷酸化。变构调节和化学修饰调节的作用是相辅相成的，对细胞水平代谢调节的顺利进行具有重要作用。

激素水平的代谢调节是激素与靶细胞受体特异性结合，将激素信号转化为细胞内一系列化学反应，最终引起代谢转变。根据受体存在的部位和特性不同，激素分为膜受体激素和胞内受体激素。前者通过与膜受体结合将信号跨膜转导到细胞内；后者进入细胞内与胞内受体结合，作用于 DNA 上特定的核苷酸序列，调节基因表达，改变酶含量，调节代谢。

机体还可通过神经 - 体液途径对物质代谢进行调节，整合不同组织细胞内代谢途径，以保持内环境的相对稳定，即整体水平调节。饥饿和应激时的代谢变化就是整体水平调节的结果。

拓展阅读

糖尿病属中医“消渴症”范畴。

在中医经典文献《黄帝内经・奇病论》中已从行为方式上阐述该病：“此肥美之所发也，此人必数食甘美而多肥也。肥者，令人内热，甘者令人中满，故其气上溢，转为消渴。”隋代医学著作《诸病源候论》在防治糖尿病的指导中直接指出了运动与进餐时间安排问题：“先行一百二十步，多者千步，然后食。”唐代医学著作《千金方》中记载行为方式不仅是疾病的起因，也是疾病复发的原因：“不减滋味，不戒嗜欲，不节喜怒，病已而可复作。”明代医学著作《景岳全书》中，进一步强调了营养改变和生活方式变化的问题：“消渴病，其为病之肇端，皆膏粱肥甘之变，酒色劳伤之过，皆富贵人病之而贫贱者少有也。”清代医学著作《辨证冰鉴》描述了进食对解除消渴的意义：“得食则渴减，饥则渴尤甚。”

历代中医药治疗，一般将糖尿病分为阴虚热盛型、气阴两虚型和阴阳两虚型等。

NOTE

(1) 阴虚热盛：表现为烦渴多饮，咽干舌燥，多食善饥，溲赤便秘，舌红少津苔黄，脉滑数或弦数。采用养阴清热治疗。方选增液汤加减，冬桑叶、地骨皮、黄连、天花粉等。

（2）气阴两虚：表现为乏力、气短、自汗，动则加重，口干舌燥，多饮多尿，五心烦热，大便秘结，腰膝酸软，舌淡或舌红暗，舌边有齿痕，苔薄白少津，或少苔，脉细弱。采用益气养阴治疗。方选生脉散加减，玉竹、制黄精、生黄芪、制女贞子、枸杞子等。

（3）阴阳两虚：表现为乏力自汗，形寒肢冷，腰膝酸软，耳轮焦干，多饮多尿，或浮肿少尿，或五更泻，阳痿早泄，舌淡苔白，脉沉细无力。采用温阳育阴治疗。方选肾气丸加减，鹿角霜、仙灵脾、肉苁蓉、菟丝子等。

第十二章　DNA的生物合成

【案例1】

患者，男，35岁，因“手足部位反复出现大疱、糜烂35年”来院就诊。患者自出生后即出现双手足部位水疱，每年夏季病情加重，冬春季节明显好转。水疱多发生于双手足掌趾，偶可累及肘部、膝部和腰部，以摩擦部位和皮肤受压后尤为明显，用力后病情加重，愈后不留疤，随年龄增大病情稍减轻。家族中连续5代发病，患者共8人，男女发病比例1∶1。

体格检查：患者发育正常，营养中等，神智清楚，智力正常。双手足掌趾轻度增厚，附有鳞屑，其上有散在紧张性的米粒至黄豆大小水疱，部分破溃，并可见糜烂面，未见白色丘疹及瘢痕，尼氏征阴性。余各系统检查均未见异常。

实验室检查：取手足水疱边缘组织病理检查，部分基底细胞液化及空泡变性，表皮内水疱形成。透射电镜：角质形成细胞间水肿，基底细胞内裂隙和空泡形成。

问题讨论

1. 该患者初步诊断患什么疾病？

2. 该病发生的分子机制是什么？

【案例2】

患者，男，15岁，因“腹胀、腹痛2天”入院。既往体健，否认有肝炎病史。患儿家族中其他人无相同疾病。

体格检查：体温38.2℃，脉搏113次/分。急性痛苦病容，全身皮肤无明显黄染，角膜可见角膜色素环（K-F环），上腹剑突下压痛，全腹未触及异常肿块，移动性浊音（+），双下肢水肿。诊断性腹穿抽出3mL透明清亮液。

实验室检查：血常规Hb 92g/L，WBC 11.7×10^9/L，血K^+ 3.16mmol/L。血清谷丙转氨酶（ALT）为182U/L，血铜蓝蛋白0.05g/L（正常值0.21～0.53g/L）。24小时尿铜排泄量为1.93μmol/天（正常<0.5μmol/天）。

B超影像学提示：肝大，肝实质回声略粗欠均匀；胆囊炎、胆囊内沉积物；腹腔中等量积液；脾肿大。

问题讨论

1. 结合该病发生的分子机制，试述该病DNA损伤的主要类型。

2. 确诊Wilson's病，实验室还需进行哪些检查？

3. Wilson's病发生的分子机制是什么，有哪些治疗原则？

在生物界，子代与亲代在形态结构、生理机能和行为方式等方面相似的现象称为遗传（heredity）。物种通过遗传使其生物学特性和形态世代相传。脱氧核糖核酸（Deoxyribonucleic acid，DNA）是遗传的主要物质基础，遗传信息（genetic information）荷载在 DNA 分子上，表现为特定的核苷酸排列顺序。基因是 DNA 分子上携带有遗传信息的功能片段，编码包括蛋白质和各种 RNA 在内的多种生物活性产物。1958 年 Francis Crick 提出的生物学中心法则（central dogma of biology）认为，DNA 贮存并控制所有细胞的遗传信息，遗传信息在细胞周期的 S 期通过 DNA 复制（replication）由亲代传递给子代；在子代个体发育过程中由 DNA 经转录（transcription）传递到 RNA 进而翻译（translation）成特异的蛋白质，使子代表现出与亲代相似的遗传性状（图 12－1）。

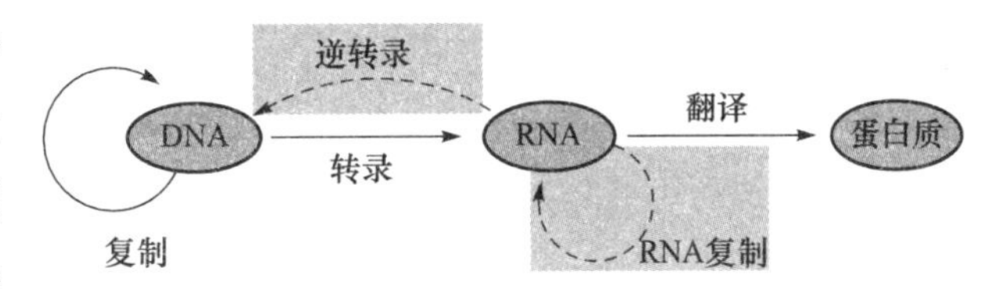

图 12－1　遗传信息传递的中心法则

第一节　概　　述

一、DNA 生物合成的概念

DNA 生物合成是指在生物体内经酶促反应聚合生成 DNA 分子的过程，包括 DNA 指导的 DNA 合成、RNA 指导的 DNA 合成以及 DNA 修复合成三种方式。DNA 指导的 DNA 合成又称 DNA 复制，是以亲代 DNA 为模板，合成与其碱基序列几乎完全相同的子代 DNA 分子的过程，是细胞内 DNA 合成的最主要方式。RNA 指导的 DNA 合成是以 RNA 为模板合成 DNA 的过程，因该方式中遗传信息的流动方向与转录过程相反，故又称逆转录（reverse transcription）。逆转录是 RNA 病毒遗传信息的传递方式。此外，某些自发原因或包括物理、化学和生物因素等在内的一些环境因素可引起 DNA 分子结构的损伤，生物体内存在的 DNA 修复合成系统，可修复损伤 DNA 的碱基序列，以保持 DNA 结构的稳定性。

二、DNA 复制的基本规律

复制实质上是遗传物质的传代，是以亲代 DNA 为模板，四种 dNTP 为底物，在 DNA 聚合酶及许多蛋白质因子的共同参与下合成子代 DNA 的过程。原核生物与真核生物 DNA 复制的基本原理相同，遵循着以下一些共同的规律。

（一）半保留复制

DNA 复制时，亲代 DNA 双螺旋结构解开，形成两条单链；每条单链各自作为模板遵照碱基互补配对原则指导子代 DNA 的合成，并且在子代双链 DNA 分子中，一条链完全来自亲代 DNA，另一条链是新合成的，这种复制方式称为半保留复制（semiconservative replication）（图 12－2）。

DNA 半保留复制的合成方式最早是 1953 年 James Watson 和 Francis Crick 在提出 DNA 双螺旋结构的基础上推测出来的。1958 年，M. Meselson 和 W. F. Stahl 利用同位素标记和密度梯度离

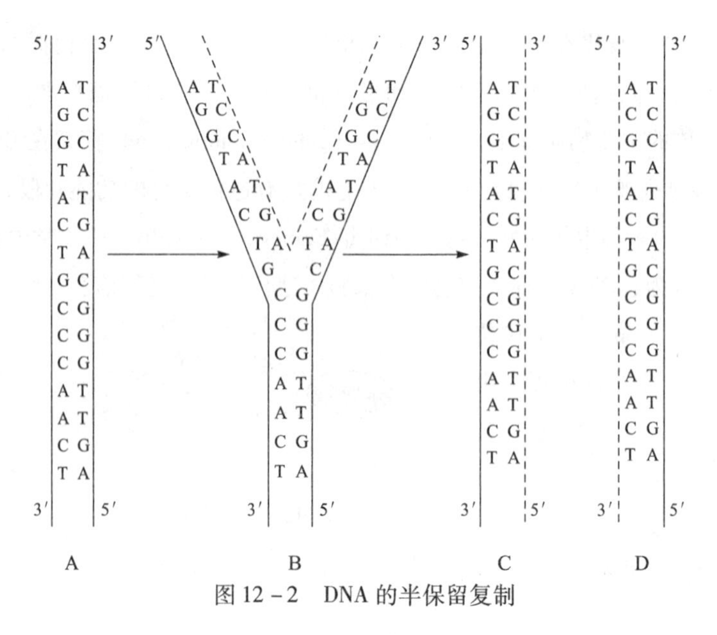

图 12－2 DNA 的半保留复制

心实验在大肠杆菌（*E. coli*）中首次证实了半保留复制的假说。*E. coli* 能利用 NH_4Cl 作为氮源合成 DNA，他们先将 *E. coli* 置于以重氮（^{15}N）标记的$^{15}NH_4Cl$ 为唯一氮源的培养基中培养数代，直到 *E. coli* 的所有 DNA 都被^{15}N 标记。由于^{15}N－DNA 的密度较普通^{14}N－DNA 大，经过密度梯度离心后^{15}N－DNA 下沉，显示为一条重密度区带，位于^{14}N－DNA 离心后产生的轻密度区带的下方。接下来将^{15}N 标记的 *E. coli* 转到含$^{14}NH_4Cl$ 的培养基中继续培养。培养一代后，*E. coli*形成了一条链为^{15}N 标记，另一条链为^{14}N 标记的杂合 DNA 分子，经过离心只出现位置介于^{15}N－DNA 与^{14}N－DNA 间的一条中密度区带。培养二代后，*E. coli* DNA 中同时出现了中密度和轻密度两条区带（图 12－3）。随着细菌在含$^{14}NH_4Cl$ 培养基中培养代数的增加，中密度带保持不变，低密度区带逐渐加宽。上述研究结果强有力支持了 DNA 半保留复制的合成方式。

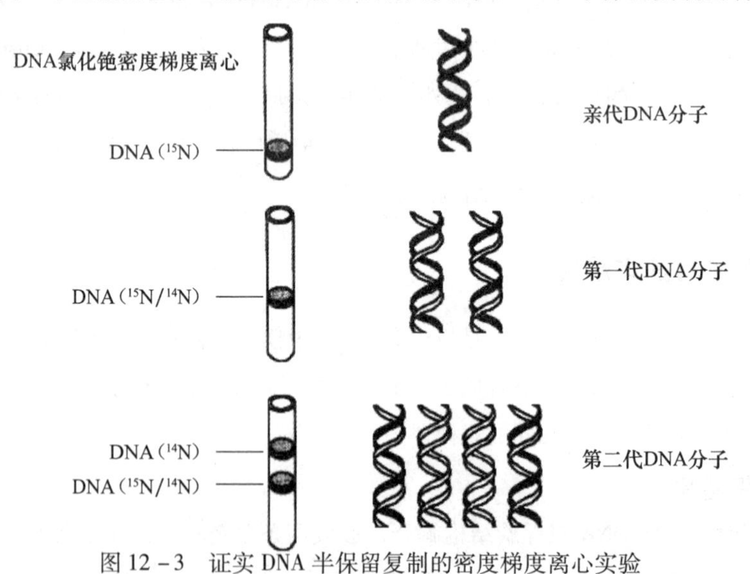

图 12－3 证实 DNA 半保留复制的密度梯度离心实验

（二）双向复制

DNA 复制开始于 DNA 分子上的特定部位——复制起始点（replication origin，*ori*）。复制时，DNA 双链从 *ori* 同时向两个方向解链，各自为模板指导合成互补链，子链沿着模板延长形成两个延伸方向相反的 Y 字形复制叉（replication fork）结构，称为双向复制（bidirectional replication)。DNA 分子上相邻两个复制起始点间的核苷酸序列，称为一个复制子（replicon），是完成 DNA 复制的独立功能单位。原核生物基因组 DNA 是环状的，只含一个复制起始点，其双向复制是从唯一的 *ori* 开始形成两个反向移动的复制叉，属于单复制子复制。真核生物 DNA 分子庞大、复杂，每条染色体上存在多个复制起始点，同时进行着多个 DNA 片段的复制，其双向复制是每个起始点产生两个反向延伸的复制叉，在复制完成时，复制叉彼此间相遇并汇合连接。真核生物的双向复制为多复制子复制（图 12－4）。

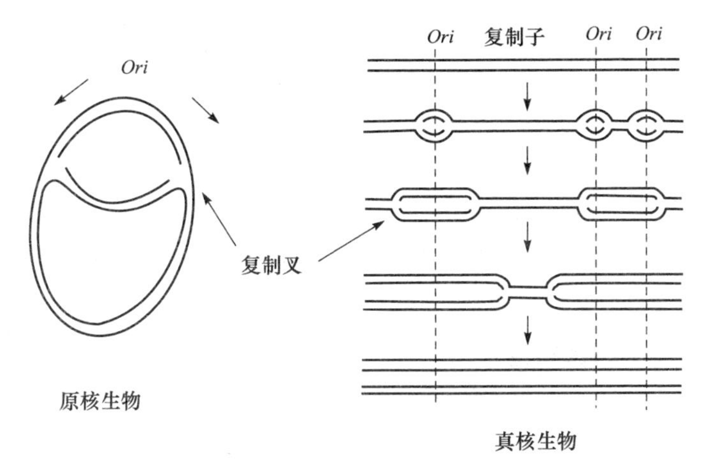

图 12－4 DNA 的双向复制

（三）半不连续复制

DNA 双螺旋的两条链走向是反向平行的，一条链为 5′→3′方向，另一条为 3′→5′方向。复制时，两条链各自作为模板，指导子代 DNA 合成。由于目前已知的所有 DNA 聚合酶都只能催化核苷酸发生 5′→3′聚合反应，因此 DNA 新链的合成只能沿着 5′→3′方向进行。3′→5′方向的模板链指导生成的子代 DNA，因其合成方向与解链方向即复制叉前进的方向一致，所以连续复制，称为领头链或前导链（leading strand）。而 5′→3′方向的模板链指导生成的子代 DNA，因其合成方向与复制叉的前进方向相反，故必须等待模板链解开一定长度后，才能按照模板的指导沿着 5′→3′方向合成子代 DNA 的一部分，这部分子链合成结束后，又需等待下一段模板解链至足够长度，再合成下一部分子链，因此这条链的合成是间断、不连续的，称为随从链或后随链（lagging strand）。后随链在合成过程中会逐步生成多条 DNA 小片段，这些小片段最初是由日本科学家 Reiji Okazaki 于 1968 年在验证 DNA 复制的不连续性实验中发现的，因此被称为冈崎片段（Okazaki fragment）。复制完成后各冈崎片段连接起来，形成一条完整的 DNA 链。由此可见，DNA 复制过程中，前导链合成方向与解链方向一致，连续复制，后随链合成方向与解链方向相反，不连续复制，这样的复制模式称为半不连续复制（semi－discontinuous replication）（图 12－5）。

（四）DNA 复制必须有引物

参与复制的 DNA 聚合酶不能催化两个游离的脱氧核苷酸直接连接形成 3′,5′－磷酸二酯键，只能在已存在的 3′－OH 末端或 DNA 链的基础上添加新的核苷酸。因此，大多数 DNA 复制必须要有引物为其提供自由的 3′－OH 末端，才能使脱氧核苷酸在 DNA 聚合酶的作用下逐个加入，使 DNA 链延伸。DNA 复制中的引物是短链 RNA，它是由引物酶直接催化游离 NTP 聚合

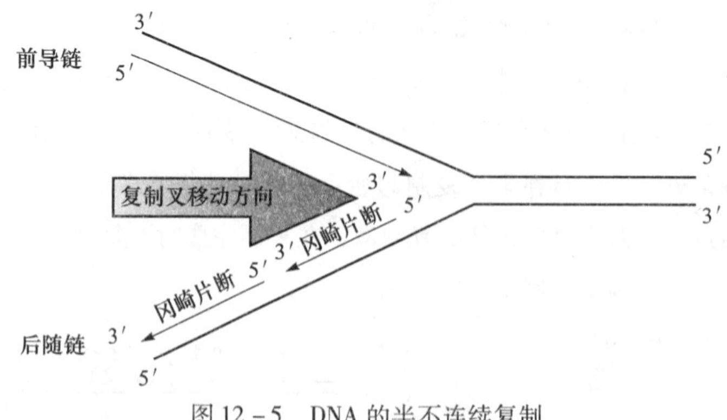

图 12-5　DNA 的半不连续复制

而成的。前导链在连续合成过程中只需要在复制起始时首先合成一小段 RNA 引物，而后随链在不连续合成过程中每条冈崎片段的生成都需要由引物来起始。复制结束时 RNA 引物会被 DNA 聚合酶 I 切除，留下的空隙也在 DNA 聚合酶 I 催化下由 DNA 链取代，最后的缺口再经 DNA 连接酶进行封补。

（五）DNA 复制的高保真性

生物体的 DNA 复制具有高保真性是物种遗传稳定性的重要保证。DNA 复制高保真性的主要机制包括：①严格遵守碱基互补配对原则；②复制延长过程中起主要作用的 DNA 聚合酶具有精确的碱基选择功能；③DNA 聚合酶的 3′→5′核酸外切酶功能对于错误配对的碱基能够进行实时校对；④细胞内存在的 DNA 修复系统也是 DNA 复制高保真性的重要保证。

第二节　DNA 复制体系

DNA 复制实质是在酶的作用下，脱氧核苷酸之间逐一聚合形成 3′,5′-磷酸二酯键的过程。DNA 复制体系的主要组成是：①模板：解开为单链的亲代 DNA；②底物：四种脱氧三磷酸核苷，即 dATP、dGTP、dCTP、dTTP；③引物：短链 RNA 分子，为 dNTP 依次聚合形成磷酸二酯键提供 3′-OH 末端；④多种酶和蛋白质因子：DNA 聚合酶、拓扑异构酶、解链酶、引物酶、DNA 连接酶等。

一、DNA 聚合酶

DNA 聚合酶，又称 DNA 依赖的 DNA 聚合酶（DNA-dependent DNA polymerase，DNA pol），它是以亲代 DNA 为模板，催化底物 dNTP 分子聚合形成子代 DNA 的一类酶。此酶最早是美国科学家 Arthur Kornberg 于 1957 年在大肠杆菌中发现的，被称为 DNA 聚合酶 I（DNA polymerase I，简称 pol I）。以后陆续在其他原核生物及真核生物中找到了多种 DNA 聚合酶，这些 DNA 聚合酶的共同特征为：①具有 5′→3′聚合酶活性，这就决定了 DNA 只能沿着 5′→3′方向合成；②需要引物，DNA 聚合酶不能催化 DNA 新链从头合成，只能催化 dNTP 加入核苷酸链的 3′-OH 末端。因而复制之初需要一段 RNA 引物的 3′-OH 端为起点，合成 5′→3′方向的新链。

（一）原核生物 DNA 聚合酶

大肠杆菌的 DNA 聚合酶主要有三种，即 DNA pol Ⅰ、DNA pol Ⅱ、DNA pol Ⅲ。其中 DNA

NOTE

pol Ⅲ是复制过程中起主要作用的酶，DNA pol Ⅰ、DNA pol Ⅱ主要在复制错配的校读和损伤修复过程中发挥作用。

1. DNA pol Ⅰ 最早是由 Arthur Kornberg 在大肠杆菌中发现的，故该酶也称为 Kornberg 酶。Kornberg 由于发现 DNA pol Ⅰ这一成就获得了 1959 年的诺贝尔生理学或医学奖。

DNA pol Ⅰ由一条相对分子量约为 110 000 的多肽链组成，具有多种催化功能，是典型的多功能酶。使用枯草杆菌蛋白酶水解 DNA pol Ⅰ时，可获得一个相对分子质量为 76 000Da 的大片段和另一个相对分子质量为 34 000Da 的小片段。大片段通常称为 Klenow 片段（Klenow fragment），兼具 5′→3′聚合酶和 3′→5′核酸外切酶两种催化活性，是 DNA 合成和分子生物学研究中常用的工具酶。小片段仅具有 5′→3′核酸外切酶活性。

（1）*5′→3′聚合酶活性* 5′→3′聚合酶活性是指在模板 DNA 碱基序列的指导下，DNA pol Ⅰ催化互补的 dNTP 沿着 5′→3′方向依次聚合。DNA pol Ⅰ分子中含有一个 Zn^{2+}，是聚合活性必需的。DNA pol Ⅰ的聚合酶活性只能够催化中等程度的 DNA 聚合反应，即当 DNA 链延长到 20 个核苷酸时，DNA pol Ⅰ就脱离模板。研究发现，当 DNA pol Ⅰ发生基因失活时，细胞活性不会受到严重影响，表明对于 DNA 复制来说，DNA pol Ⅰ的聚合活性并非发挥主要作用。

（2）*3′→5′核酸外切酶活性* 3′→5′核酸外切酶活性主要是指 DNA 聚合酶沿着3′→5′方向识别并切除新生子代 DNA 链 3′末端未能与模板 DNA 正确配对的核苷酸的功能。在 DNA 合成过程中，一旦连接了错配的核苷酸，聚合反应便会立即终止，在 3′→5′核酸外切酶活性作用下，未配对的核苷酸会被切除，正确的核苷酸将聚合上去，然后 DNA 合成继续进行；若连接了正确配对的核苷酸，则 3′→5′核酸外切酶活性受到抑制，故正确配对的核苷酸不会被切除。因此，DNA 聚合酶的这种 3′→5′核酸外切酶活性主要表现为校读功能（proofreading）。该功能对于遗传信息传递的稳定性和 DNA 复制的高保真性至关重要，它可以大大提高 DNA 复制的精确性，显著降低错配率。

（3）*5′→3′核酸外切酶活性* 5′→3′外切酶活性是指 DNA 聚合酶沿着 5′→3′方向水解 DNA 新生链前方已经配对的核苷酸，主要产生 5′-脱氧核苷酸，该反应的本质是切断磷酸二酯键。这种酶活性在 DNA pol Ⅰ的聚合活性作用下可以激活达 10 倍以上。因此，5′→3′外切酶活性对于去除 DNA 片段 5′端的 RNA 引物是必不可少的，并且在 DNA 损伤修复中可能也起到了重要作用。DNA 复制过程中新链是在 RNA 引物基础上逐步延伸生成的。在新链延伸达一定长度后，需要将引物切除，切除引物后留下的空隙需要进行进一步填补，这些工作主要依赖于 DNA pol Ⅰ的 5′→3′外切酶和 5′→3′聚合酶活性的共同作用来完成。此外，当 DNA 分子出现损伤时，又可利用 DNA pol Ⅰ的 5′→3′外切酶和5′→3′聚合酶活性，以切除并修复损伤 DNA。

由上可见，DNA pol Ⅰ是一种典型的多功能酶，它除了具有催化 DNA 合成和校读功能外，主要参与切除 RNA 引物、填补空隙和 DNA 损伤修复过程。

2. DNA pol Ⅱ 继 DNA pol Ⅰ发现之后，德国科学家 Rolf Knippers 于 1970 年发现了 DNA pol Ⅱ，该酶兼具 5′→3′聚合酶和 3′→5′外切酶两种活性。目前，DNA pol Ⅱ在体内的功能还不十分清楚，但该酶缺陷的大肠杆菌突变株依然能存活，推测它可能是在 DNA pol Ⅰ和 DNA pol Ⅲ缺失的特殊情况下暂时发挥作用的酶。另外 DNA pol Ⅱ对模板的特异性不高，即便是以已发生损伤的 DNA 为模板，它也能催化核苷酸进行聚合，因此 DNA pol Ⅱ可能主要参与 DNA 损伤的应急修复过程。

3. DNA polⅢ　DNA pol Ⅲ存在全酶和核心酶两种结构形式。DNA polⅢ全酶是由包括α、ε、θ、τ、β、γ、δ、δ′、χ、ψ10种不同亚基组成的不对称的异二聚体。其中α、ε、θ 3个亚基组成核心酶，α亚基具有5′→3′DNA聚合酶活性，能催化磷酸二酯键形成；ε亚基拥有3′→5′核酸外切酶活性，它可以切除延伸链末端的错配核苷酸，发挥校读功能；θ亚基起组装核心酶的作用，并能够加强ε亚基的校读功能。β亚基是一个环形蛋白质，它就像是一个滑行的DNA夹子，能够稳稳地夹住模板DNA，并且使酶能沿着模板滑动，确保了DNA复制过程中酶的持续合成能力。而γ、δ、δ′、χ、ψ、τ亚基则构成了γ复合体（γδδ′χψτ），该复合体的功能好比是一个滑行夹加载器，有促进全酶组装至模板上及增强核心酶活性的作用（图12-6）。

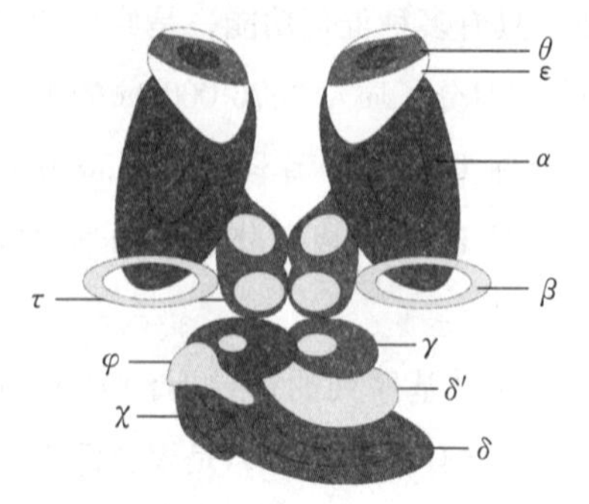

图12-6　DNA聚合酶Ⅲ

DNA polⅢ是大肠杆菌DNA复制过程中起主要作用的酶。与DNA pol Ⅰ相比，DNA polⅢ具有高续进性、高聚合酶活性及产物高忠实性三个特点：①高续进性：所谓续进性是指DNA聚合酶从模板上释放之前加入核苷酸的平均数。DNA polⅢ的续进性≥500 000；而DNA pol Ⅰ仅合成3～200个核苷酸便与模板分离。②高聚合酶活性：DNA pol Ⅲ的聚合酶活性远远高于DNA pol Ⅰ，它每秒钟可催化1000个核苷酸发生聚合，而DNA pol Ⅰ每秒仅能催化16～20个核苷酸聚合。③产物高忠实性：DNA polⅢ不但聚合酶活性高，催化DNA合成速度快，而且具有3′→5′外切酶的校读活性，因而催化聚合生成的产物忠实性高。综上原因，DNA polⅢ是原核生物DNA复制的主要复制酶。

在大肠杆菌进行DNA复制时，DNA polⅢ全酶并非单独起作用，而是与引发体（primosome）、解链酶等构成一个复制体（replisome）。

表12-1　大肠杆菌DNA聚合酶活性及功能

酶活性及其作用	DNA pol Ⅰ	DNA pol Ⅱ	DNA polⅢ
5′→3′聚合酶活性	+，中等程度	+	+，活性高
5′→3′聚合速度（nt/s）	16～20	40	250～1000
3′→5′核酸外切酶活性	+	+	+
5′→3′核酸外切酶活性	+	-	-
功能	切除引物	特殊的DNA损伤修复	主要复制酶
	填补空隙	校读作用	校读作用
	校读作用		
	DNA损伤修复		

（二）真核生物DNA聚合酶

真核生物中常见的DNA聚合酶主要有5种，分别为α、β、γ、δ、ε。其中DNA pol α，DNA pol δ、DNA pol ε和DNA pol β四种酶，均定位于细胞核中；而DNA pol γ存在于线粒体中，主要负责线粒体DNA的合成。

DNA pol α，DNA pol δ和DNA pol ε主要参与染色体DNA的复制。DNA pol α同时具有DNA聚合酶和“引发酶”两种酶活性，它催化DNA链延伸的长度有限，且缺乏3′→5′外切酶的校读功能，因此它的主要作用不是负责DNA新链的延长，而是催化DNA复制起

NOTE

始阶段 RNA 引物的合成及随从链中冈崎片段的合成。DNA pol α 被认为类似原核生物中的引物酶。DNA pol δ 主要催化 DNA 链的延长，它兼具聚合酶活性和 3′→5′外切酶活性，类似原核生物的 DNA polⅢ。DNA pol δ 功能的发挥需要一种称为增殖细胞核抗原（proliferating cell nucleus antigen，PCNA）的蛋白质的帮助。PCNA 类似于 DNA polⅢ中的 β 亚基，是一个滑行的 DNA 夹子，能够使 DNA pol δ 沿着模板 DNA 持续合成的能力提高 50 倍。PCNA 装配到 DNA pol δ 还需要复制因子 C（replication factor C，RFC）复合体的参与。RFC 复合体是一个滑行夹加载器，类似于 DNA polⅢ中的 γ 复合体。DNA pol ε 具有聚合酶和 3′→5′外切酶活性，它在复制过程中主要发挥校读功能及填补切除引物后留下的缺口，类似原核生物的 DNA pol Ⅰ。

DNA pol β 缺乏 3′→5′外切酶活性，复制的保真度较低，它主要以存在缺口的 DNA 分子为模板进行复制。在整个细胞周期中，DNA pol β 稳定而持续地表达；而当 DNA 损伤时，其表达水平增加，表明 DNA pol β 的作用主要是参与 DNA 损伤的应急修复过程。

二、参与复制的其他酶和蛋白质因子

DNA 复制过程非常复杂，除了 DNA 聚合酶外，还包括解旋、解链酶类，引物酶和 DNA 连接酶等一系列酶和蛋白质因子的参与，现分述如下：

（一）解旋、解链酶类

活细胞内的 DNA 处于双股超螺旋状态，碱基位于双螺旋内侧。只有在复制起始前，将模板 DNA 的超螺旋结构松弛后，才能将两股链解开，碱基才能暴露，从而使子代 DNA 能够按照模板上碱基序列的指导进行复制合成。将 DNA 双股超螺旋局部解开为两条单链是在 DNA 拓扑异构酶（DNA topoisomerase）、解链酶（helicase）和单链 DNA 结合蛋白（single stranded DNA - binding protein，SSB）三类解旋、解链酶的协同作用下完成的。

1. DNA 拓扑异构酶 DNA 超螺旋的松弛以及解链过程中 DNA 分子的过度拧紧、打结、缠绕、连环等状态的解除，均需借助于 DNA 拓扑异构酶（简称拓扑酶）的作用来完成。拓扑酶通过切断或连接 DNA 分子中的磷酸二酯键，改变 DNA 分子的构象，理顺 DNA 链，使复制能够顺利进行。

拓扑酶广泛存在于原核生物与真核生物中，按作用方式可以分为Ⅰ型拓扑酶和Ⅱ型拓扑酶两种。其中Ⅰ型拓扑酶主要作用于 DNA 双链中的一股链，使 DNA 解链旋转不致打结，适当时候封闭切口，DNA 变为松弛状态；Ⅰ型拓扑酶催化的反应不需要 ATP 供能。Ⅱ型拓扑酶，能切断 DNA 分子的两股链，断端通过切口旋转使超螺旋松弛；该酶需要 ATP 供能连接断端，进而将 DNA 分子引入负超螺旋状态。在复制过程中主要是Ⅱ型拓扑酶对双链 DNA 模板及新复制完成的两条子代 DNA 进行解结、连环或解连环，使它们达到适度盘绕（图 12 - 7）。

2. 解链酶 从复制起始点开始断裂 DNA 双链碱基对之间的氢键，使双链局部解开形成两股单链（即复制叉结构）的过程需要解链酶的催化。大肠杆菌的解链酶是由 DnaB 基因编码，因此又称为 DnaB 蛋白，DnaB 蛋白结合于解链区需要 DnaC 蛋白的协助。复制过程中，解链酶沿着模板 DNA 的 5′→3′方向移动，催化 DNA 双螺旋链分开成两条 DNA 单链，该过程需要 ATP。

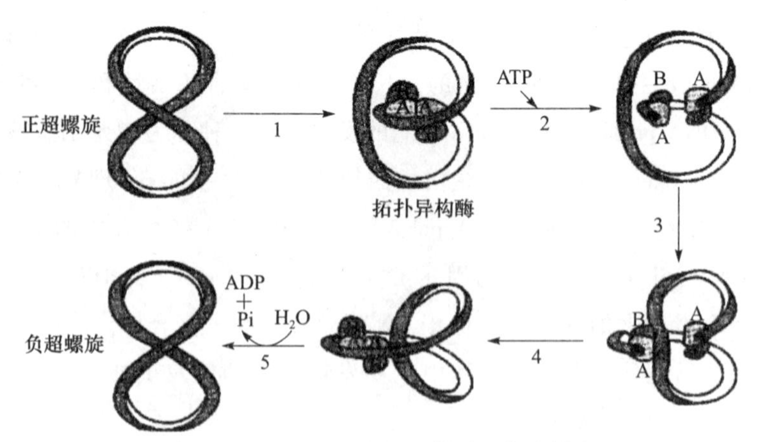

图 12-7 DNA Ⅱ型拓扑异构酶的作用模式

3. 单链 DNA 结合蛋白 在解链酶作用下，模板 DNA 沿复制叉的前进方向产生了一段单链区，但是这样的单链 DNA 不能长久存在，一方面由于两条单链间碱基互补配对的关系依然存在，因此单链 DNA 有重新配对形成双链 DNA 的趋势；另一方面单链 DNA 还随时会面临着细胞内核酸酶降解的威胁。幸好细胞内存在着大量的单链 DNA 结合蛋白，它可以迅速地和已解开的 DNA 单链紧密结合，防止其重新配对形成双链 DNA 或遭到核酸酶的降解，以维持模板处于稳定的单链状态。复制过程中，SSB 可以重复利用，待到子代 DNA 链合成到某一位置时，该处的 SSB 便会脱离，它将与新解开的单链 DNA 模板再次结合。

（二）引物酶

DNA 聚合酶不能催化游离的两个 dNTP 直接聚合，dNTP 只能是依次连接到已有的寡核苷酸链的 3′-OH 末端上，才能使 DNA 链不断延长。因此 DNA 复制必须要首先合成引物来提供 3′-OH 末端，以便 dNTP 的加入。DNA 复制中的引物是长度介于十几到几十个核苷酸的短链 RNA，它是由引物酶（primase）催化合成的。引物酶实质上是一种特殊的 RNA 聚合酶，它以解开的 DNA 单链为模板，以四种三磷酸核苷（NTP）为原料，按照碱基互补配对原则催化 RNA 引物的合成。大肠杆菌的引物酶由 DnaG 基因编码，因此通常又称为 DnaG 蛋白。

（三）DNA 连接酶

DNA 连接酶（ligase）催化一条 DNA 链的 3′-羟基与另一条 DNA 链的 5′-磷酸基之间形成磷酸二酯键的化学反应。连接酶的催化作用需要 ATP 供能。研究发现，连接酶不能连接单独存在的两条 DNA 单链，只能作用于碱基互补基础上双链中的单链缺口或双链 DNA 分子上两股链的缺口。在复制过程中，连接酶主要是将后随链中相邻冈崎片段间的缺口进行连接，从而使后随链形成完整的长链 DNA。此外，在 DNA 修复、重组和剪接中，连接酶也发挥缝合缺口的作用。因此该酶也是基因工程中的重要工具酶之一。

第三节 DNA 复制过程

DNA 复制是个连续的过程，原核生物与真核生物的 DNA 复制过程基本相似，均可分为起始、延长和终止三个阶段。

NOTE

一、原核生物的 DNA 复制

（一）复制起始

起始阶段主要解决两个问题：一是模板 DNA 双螺旋局部解开成单链，为子代 DNA 复制提供模板；二是合成引物 RNA，为原料 dNTP 的加入提供 3′-OH 末端。

1. 辨认复制起始点和 DNA 双螺旋解链　原核生物环状染色体 DNA 的复制开始于特定的复制起始点（*ori*）部位。*ori*C 是 *E. coli* 染色体 DNA 的复制起始点，它长约 245bp，包含位于上游的 3 个长为 13bp 的串联重复序列和位于下游的 4 个长为 9bp 的反向重复序列，两组核心序列均富含 AT 配对的碱基，因此 *ori*C 的结构有利于双链 DNA 解链。

复制起始时，辨认复制起始点并使模板 DNA 双链解开形成复制叉需要 DnaA、DnaB、DnaC、拓扑酶及 SSB 的共同参与。首先多个 DnaA 蛋白（20～40 个）识别并结合于 *ori*C 中的反向重复序列（即 DnaA 的结合位点），形成 DNA-DnaA 蛋白质复合体；接下来，该复合体由 ATP 供能，促进 *ori*C 上游的串联排列序列局部双螺旋解链；随之 DnaB 蛋白（解链酶）在 DnaC 蛋白的帮助下与解链区结合，并借助于 ATP 水解产生的能量沿着解链方向移动，继续解开 DNA 双链至一定长度，形成两个复制叉。

2. 形成引发体并合成引物　复制叉形成后，高度解链的模板与多种蛋白质促使引物酶（DnaG 蛋白）加入其中，形成了包含 DnaA、DnaB、DnaC 蛋白，引物酶及 DNA 复制起始区的引发体。

接下来引发体在 DNA 链上沿着复制叉方向移动，引物酶则遵照碱基配对原则，以解开的 DNA 单链为模板，4 种 NTP 为原料，沿 5′→3′方向催化合成一段短链 RNA 引物。引物提供了 3′-OH 末端，为 dNTP 的加入，也就是复制的延伸做准备。

由于上述 DNA 双链局部解开的过程是一种高速的反向旋转，因此会导致 DNA 超螺旋的其他部分由于过度拧转为正超螺旋而出现打结现象。此时，需要Ⅱ型拓扑酶不断地对打结部分的双链模板 DNA 进行切开、旋转和再连接等多种处理，以消除解链产生的拓扑张力，使正超螺旋恢复为负超螺旋。另外，自解链之初，单链 DNA 结合蛋白（SSB）便结合于 DNA 单链模板，发挥稳定单链 DNA、防止 DNA 复性为双链的作用。

（二）复制延长

延长阶段是指领头链与后随链在 DNA pol Ⅲ的催化下，分别以 DNA 的两条链为模板，以 RNA 引物的 3′-OH 末端为起点，在碱基互补配对原则的指导下，四种底物 dNTP 沿着 5′→3′方向通过磷酸二酯键的不断形成依次加入的过程。

前已述及，DNA 复制大多数为双向复制，即从一个复制起始点开始，DNA 双链松弛并解链后，会形成方向相反的两个复制叉。对于每一个复制叉而言，前导链由于延长方向与复制叉的行进方向一致，因此它可以在 RNA 引物 3′-OH 的基础上连续合成；而后随链由于延长方向与复制叉的行进方向相反，因此它的合成过程会逐步产生一段一段的冈崎片段，表现为不连续性。后随链中每个冈崎片段的生成都需要等待双链 DNA 解开至相当长度后，先由引物酶催化合成一段 RNA 引物，再在引物基础上由 DNA pol Ⅲ催化 DNA 新链的延长。因此在同一复制叉上，领头链的合成总是要先于随从链，但两者的延长却是由共同的 DNA pol Ⅲ催化的，这又是如何实现的呢？其催化过程可能是在延长过程中，随从链的模板 DNA 在 γ 复合体的协助下，环绕

NOTE

DNA pol Ⅲ进行了180°回转后绕成了一个突环，使后随链和前导链的生长点都处在DNA pol Ⅲ的催化位点上，这样后随链和前导链就可以在同一方向上进行合成。当一个冈崎片段的DNA链合成到达前一个冈崎片段引物的5′端时，回环解开，随从链的模板以及刚合成的冈崎片断便从DNA pol Ⅲ上释放出来。这时，由于复制叉继续向前移动，又会产生一段新的后随链的单链模板，它将再次环绕DNA pol Ⅲ，并在该酶的作用下开始合成新的冈崎片段（图12－8）。

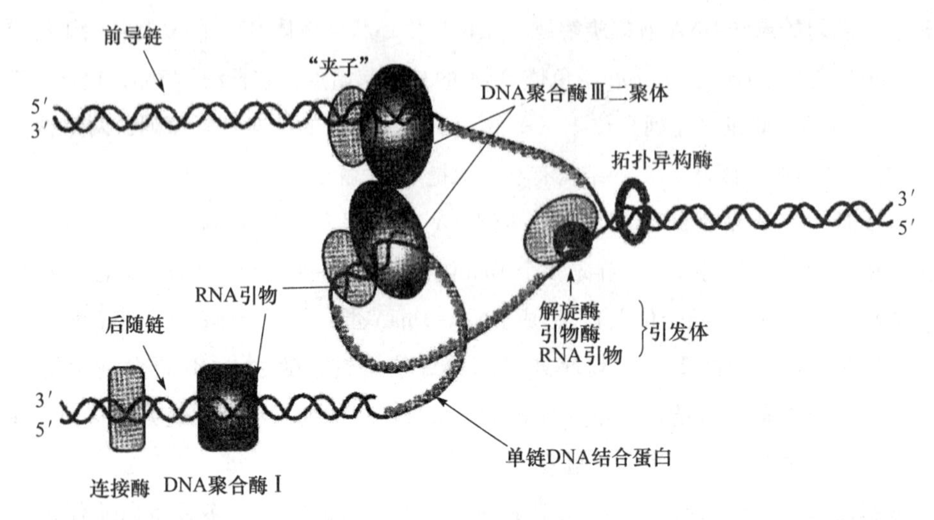

图12－8 大肠杆菌复制延伸

（三）复制终止

终止阶段主要涉及DNA pol Ⅰ切除RNA引物并填补空隙以及DNA连接酶封闭缺口等反应。

1. 切除RNA引物并填补空隙 复制过程中，两条子代DNA链都是在RNA引物的基础上不断延伸的。前导链连续合成后其5′端存在RNA引物，后随链不连续合成过程中产生的众多冈崎片段前方也留下了相应数目的RNA引物。这些引物会在复制终止阶段全部由DNA pol Ⅰ发挥5′→3′外切酶活性水解，而引物切除后留下的空隙会继续由DNA pol Ⅰ发挥其5′→3′聚合酶活性，以dNTP为原料，沿5′→3′方向进行填补。

2. DNA连接酶封闭缺口 随从链中各冈崎片段前方的RNA引物被切除并由DNA链填补后，各DNA片段间还留下了若干缺口，这些缺口最后会在DNA连接酶的作用下，通过磷酸二酯键彼此连接起来，从而形成完整的DNA长链。

大肠杆菌DNA呈环状，从复制起始点（*ori*C）开始，形成两个复制叉进行双向复制，它们的汇合点就是复制终止点。研究发现，在复制叉汇合点两侧含有特殊碱基序列构成的终止区，可以阻止DnaB蛋白的解链作用，从而抑制复制叉的行进，终止DNA复制。

表12－2 参与大肠杆菌DNA复制的主要蛋白质和酶及其作用

复制阶段	酶及蛋白的名称	主要作用
起始	拓扑异构酶	松弛超螺旋，理顺打结
	DnaA蛋白	辨认复制起始点
	解链酶（DnaB蛋白）	断开氢键，解开双链，活化引物酶
	单链DNA结合蛋白（SSB）	结合并稳定单链模板

NOTE

续表

复制阶段	酶及蛋白的名称	主要作用
起始	引物酶（DnaG 蛋白）	催化 RNA 引物合成
延长	DNA pol Ⅲ	主要复制酶，催化前导链和后随链的延长
终止	DNA pol Ⅰ	切除引物 RNA，填补空隙，校对错配
	DNA 连接酶	连接并封闭缺口

二、真核生物的 DNA 生物合成与原核生物的差异

真核生物基因组较原核生物基因组庞大，结构和功能也更为复杂，尽管真核生物与原核生物的复制过程基本相似，但复制的各个阶段也存在着一些差异：

（一）复制起始

1. 复制起始具有时序性 真核细胞从一次有丝分裂期完成开始到下一次有丝分裂期结束所经历的全过程称为细胞周期（cell cycle）。完整细胞周期包括 DNA 合成前期（G1 期）、DNA 合成期（S 期）、DNA 合成后期（G2 期）和分裂期（M 期）四个时相。真核生物只在细胞周期的 S 期进行 DNA 合成，细胞周期蛋白（cyclin）和细胞周期蛋白依赖性激酶（CDK）对细胞周期进入 S 期进行精确调节。真核细胞 DNA 一次复制开始后在结束前不会再进行复制，而原核生物则在细胞生长的整个过程中都可以合成 DNA。

2. 存在多个复制起始点，复制起始点较短 真核生物基因组 DNA 庞大，其上存在多个复制起始点，如酵母 *S. cerevisiae* 的 17 号染色体约有 400 个起始点，每个复制起始点控制着一个复制子的合成，复制过程中会形成多个复制叉，因此真核生物 DNA 属于多复制子。多个复制子的启动激活是以分组方式进行的，因而也具有一定的时序性。而原核生物 DNA 只有唯一的复制起始点，其 DNA 为单复制子。

此外，真核生物的复制起始点从结构上与原核生物相比较短，如前所述，*E. coli* 的复制起始点（*ori*C）跨度为 245bp，而酵母细胞的复制起始点仅为 11bp 长的富含 AT 的核心序列，此外它还需要克服核小体和染色体结构对 DNA 复制的阻碍。

3. 参与复制起始的酶和蛋白质因子 真核细胞 DNA 的复制起始需要具有引物酶活性的 DNA pol α 和具有解链酶活性的 DNA pol δ 的共同参与及拓扑酶和复制因子 C（RFC）的协助。与 *E. coli* 一样，真核生物的复制起始也是打开复制叉，形成引发体和合成 RNA 引物，完成起始过程。增殖细胞核抗原在复制起始和延长过程中均发挥关键作用。PCNA 可形成环形可滑动的 DNA 夹子，在 RFC 作用下，PCNA 能够结合于引物-模板链处，并使 DNA pol δ 获得持续合成能力。

4. 引物 真核生物 DNA 复制的引物较原核生物短，长度仅为约 10 个核苷酸，并且引物不仅可以是 RNA，还可以是 DNA。

（二）复制延长

1. 参与复制延长的酶和蛋白质因子 真核生物 DNA 复制延长过程主要由 DNA pol α 及 DNA pol δ 的配合才能完成。DNA pol δ 催化 DNA 链延长的能力及它对模板的亲和力强于 DNA pol α。在真核生物 DNA 复制叉处，具有引物酶活性的 DNA pol α 在复制因子 C 的协助下，先在 DNA 模板上合成了 RNA 引物和紧随其后的长为 20~30bp 的一段 DNA 链，然后由结合在引

NOTE

物模板上的PCNA释放DNA pol α，换成DNA pol δ结合到生长链的3′末端，并与PCNA结合，继续向前合成前导链、随从链。只是随从链的合成中需不断由DNA pol α引发下一段冈崎片段的引物合成，DNA pol α和DNA pol δ不断发生转换，PCNA在该过程中反复发挥作用。

真核生物基因组比原核生物大，DNA pol的催化速率比原核生物（1700核苷酸/秒）慢很多，约为50核苷酸/秒。但由于真核生物是多复制子，利用更多的复制起始点可以提高整体复制速度。

2. 冈崎片段较短 与原核生物冈崎片段长为1000～2000nt不同，真核生物随从链中的冈崎片段长度相当短，大约只是一个核小体所含的DNA的量或其若干倍，因此引物合成的频率相当高。

3. 复制过程中涉及核小体的组装 实验研究发现，真核生物在S期进行DNA复制时，同步合成了大量的组蛋白，这些新生成的组蛋白与细胞中原有的大部分组蛋白均可组装至DNA新生链上，用以满足核小体的重新装配。

（三）复制终止和端粒、端粒酶

1. 端粒 与细菌环状染色体不同，真核生物染色体DNA是线性分子。线性DNA复制时，随从链中各冈崎片段的引物去除后留下的空隙，可以由DNA聚合酶来填补。但是在线性DNA的末端，无论是前导链还是后随链去除引物后留下的空隙，由于没有3′-OH作为DNA聚合酶合成的起点，因此无法补缺，从而导致新合成链将比其模板链缩短相当于引物长度的一段核苷酸碱基序列。由于新合成链又将作为下一轮复制的模板，因而DNA分子在不断复制的过程中有可能会变得越来越短，使遗传信息丢失，甚至会出现基因缺失。但实际上，由于真核生物线性染色体的末端存在着端粒（telomere）特殊结构，因而可以补偿DNA 5′末端去除RNA引物后造成的空缺，防止染色体DNA缩短，对于维持染色体的稳定性和DNA复制的完整性具有重要意义。

端粒，在形态学上是染色体末端的粒状膨大（图12-9），它像两顶帽子样盖在染色体两端，保护染色体的末端。端粒的共同结构是由多次重复的一些富含T、G碱基的短序列构成，这种特殊结构是由端粒酶催化合成的。

2. 端粒酶 端粒酶（telomerase）是由RNA和蛋白质构成的复合体，它是一种以自身携带的RNA为模板合成互补链的特殊逆转录酶。端粒酶中的蛋白组分可以识别并结合到端粒的3′末端上，利用端粒的3′-OH端单链为起点，自身RNA为模板，合成端粒重复序列，从而使端粒DNA链延长。如人的端粒DNA重复序列为5′-TTAGGG-3′组成。合成一个重复序列后，链发生回折，回折利于端粒酶再向前移动继续合成重复序列，直至足够长度。

第四节 DNA损伤与修复

由遗传物质的结构改变而引起的遗传信息改变，均可称为突变（mutation）。从分子水平来看，突变就是DNA分子上碱基的改变。各种因素造成DNA的碱基组成和/或结构的永久性改变称为DNA损伤（DNA damage）。

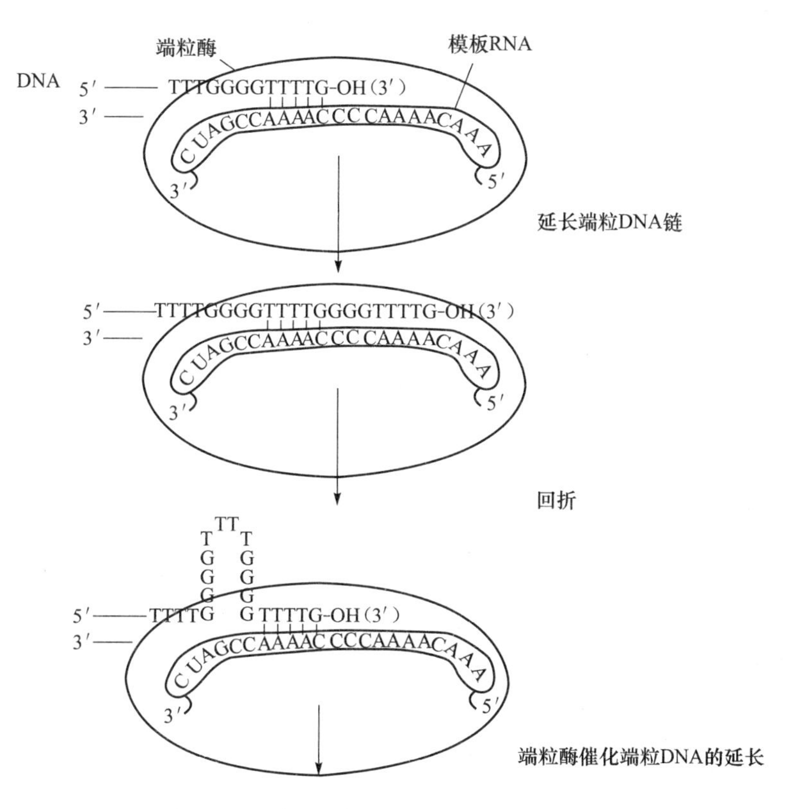

图 12－9　端粒酶催化端粒 DNA 延长

一、DNA 损伤的因素

引起 DNA 损伤的因素很多，包括生物体内的自发因素以及生物体内外环境中的物理和化学因素。

（一）自发因素

由于受周围环境溶剂分子的随机碰撞，腺嘌呤或鸟嘌呤与脱氧核糖之间的 N－糖苷键可能发生断裂，引起腺嘌呤或鸟嘌呤脱落。人体每天每个细胞中的 DNA 要脱落 5000 个左右嘌呤碱，约有 100 个胞嘧啶自发脱氨生成尿嘧啶。

（二）物理因素

1. 紫外线照射　由于 DNA 分子中的嘌呤碱基和嘧啶碱基结构中均含有共轭双键，它们能吸收紫外线而引起 DNA 损伤。紫外线对嘧啶碱基的损伤大于嘌呤碱基，主要引起相邻两个碱基发生共价交联，形成嘧啶二聚体（图 12－10）。

2. 电离辐射　当生物体接触了 X 射线和 γ 射线等电离辐射后，一方面射线的辐射能量可能会直接造成 DNA 损伤；另一方面，射线的辐射能量被 DNA 周围的溶剂分子吸收后，可能会间接引起 DNA 损伤。电离辐射可导致 DNA 分子的多种结构变化，包括碱基的破坏、单链或双链的断裂、分子间交联、核糖的破坏等。

（三）化学因素

通常都是一些诱发突变的化学物质或致癌剂。

1. 烷化剂　烷化剂是一类亲电子化合物，容易与生物体中大分子的亲核位点发生反应。烷化剂的作用可引起 DNA 分子发生碱基烷基化、碱基脱落、断链、交联等多种类型的损伤。

NOTE

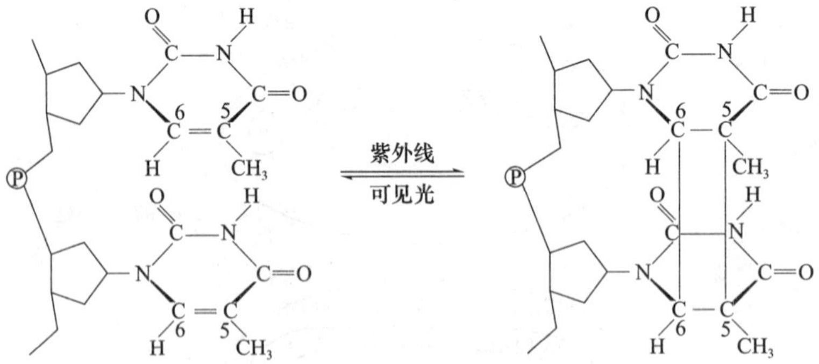

图 12－10　DNA 损伤产生的嘧啶二聚体

2. 碱基类似物　一些抗癌药物，如 5－溴尿嘧啶（5－BU）、5－氟尿嘧啶（5－FU）、2－氨基腺嘌呤（2－AP）等，因其结构与正常碱基相似，进入细胞能替代正常碱基掺入到 DNA 链中而干扰 DNA 复制合成。例如 5－BU 结构与胸腺嘧啶十分相近，在酮式结构时与 A 配对，却又更容易成为烯醇式结构与 G 配对，在 DNA 复制时导致 A－T 转换为 G－C。

3. 其他　亚硝酸盐能使胞嘧啶脱氨变成尿嘧啶；2,3－环氧黄曲霉素 B 也能专一攻击 DNA 上的碱基导致序列变化。

二、DNA 突变的类型

（一）错配

错配（mismatch）又称为点突变（point mutation），是指 DNA 分子上一个碱基的变异。有转换和颠换两种类型：①转换（transition）：指同型碱基之间的变异，即一种嘌呤被另一种嘌呤所替代，或一种嘧啶被另一种嘧啶替代；②颠换（transversion）：指异型碱基之间的变异，即嘌呤变成嘧啶或嘧啶变成嘌呤。点突变发生的位置不同，所引起的后果也不尽相同。如位于基因的编码区域，可引起三联体密码子的改变，导致编码蛋白质的氨基酸序列的变化，从而引起疾病。如镰状红细胞贫血患者的 Hb 为 HbS，与正常成人 Hb（HbA）比较，仅是 β 链上第 6 位氨基酸（谷氨酸→缬氨酸）的变异，而基因的变化仅为编码第 6 位氨基酸的密码子一个碱基的点突变（A→T）（图 12－11）。

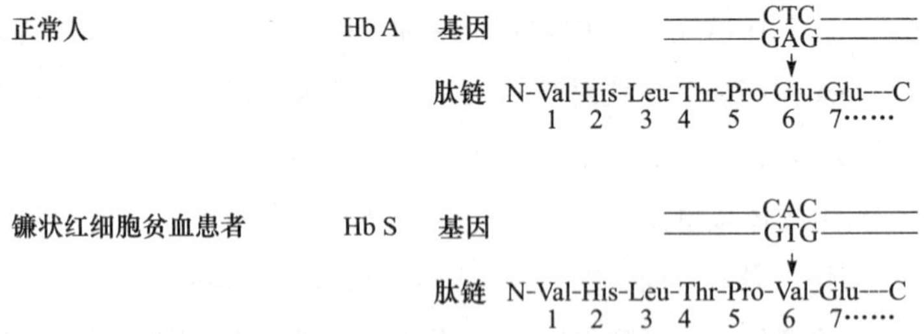

正常人　Hb A　基因　CTC / GAG
肽链　N-Val-His-Leu-Thr-Pro-Glu-Glu---C
1　2　3　4　5　6　7……

镰状红细胞贫血患者　Hb S　基因　CAC / GTG
肽链　N-Val-His-Leu-Thr-Pro-Val-Glu---C
1　2　3　4　5　6　7……

图 12－11　点突变引起镰状红细胞贫血

（二）缺失、插入和框移突变

一个或一段核苷酸链从 DNA 大分子上消失称为缺失（deletion）。一个原来没有的碱基或一段核苷酸链插入到 DNA 大分子中间即为插入（insertion）。缺失或插入都可能引起框移突变（frame－shift mutation），从而导致三联体密码的阅读方式改变，造成编码蛋白质的氨基酸排列顺序发生变化，其可能的后果是翻译出完全不同的蛋白质（图 12－12）。

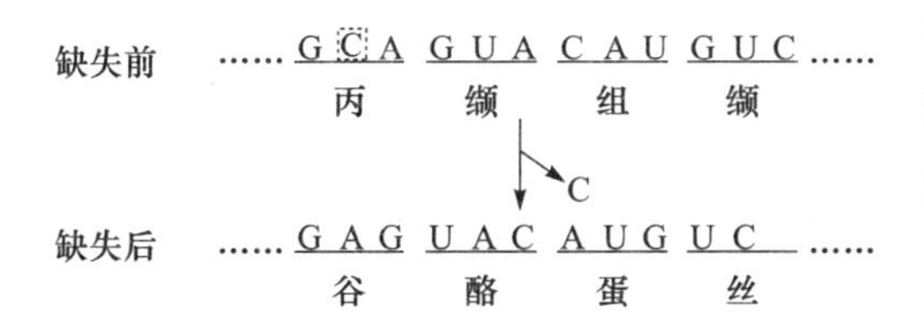

图 12-12 碱基缺失引起移码突变

当然，并非所有编码区的插入或缺失突变都导致移码，三个或 3n 个核苷酸的插入或缺失，不一定引起框移突变。

（三）重排

DNA 分子内发生较大片段的交换，称为重排（rearrangement）或重组（recombination）。例如，由基因重排引起的两种地中海贫血的基因型（图 12-13）。

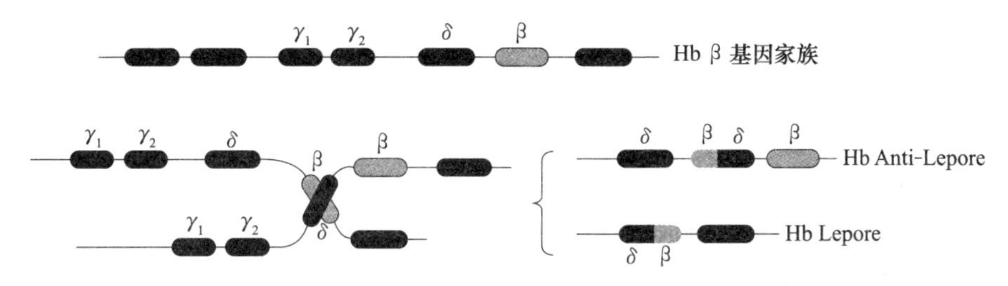

图 12-13 基因重排引起的两种地中海贫血的基因型

三、DNA 损伤的修复

DNA 修复（DNA repairing）是针对已发生的 DNA 损伤进行的补救机制。有些修复措施能够使 DNA 结构完全恢复正常，重新执行原来的功能；但有的修复机制并不能完全修复 DNA 损伤，只是使细胞能够耐受损伤而继续生存。主要的修复机制包括直接修复、切除修复、重组修复和 SOS 修复等。

（一）直接修复

光修复（light repairing）是直接修复（direct repairing）的一种。这种修复通过光修复酶（photoreactivating enzyme）催化完成。紫外线照射可引起 DNA 产生嘧啶二聚体，光修复酶能够在可见光照射下被激活，催化嘧啶二聚体分解为原来的非聚合状态，使 DNA 完全恢复正常。光修复酶在生物界分布广泛，从低等单细胞生物到鸟类都有，人体细胞中也有发现。

（二）切除修复

切除修复（excision repairing）是指在一系列酶的作用下，切除 DNA 分子中的损伤部分，同时以另一条完整的 DNA 链为模板，修补切除部分留下的空缺，使 DNA 结构恢复正常的过程。切除修复是细胞内最重要且最有效的一种修复机制，包括切除损伤 DNA、填补空缺及连接过程。

DNA 损伤程度不同，切除修复的方式也有所差异。当 DNA 损伤为单个碱基突变时，在 DNA 糖苷酶、无嘌呤/无嘧啶核苷酸（AP）核酸内切酶等的参与下，通过碱基切除修复方式对损伤进行修复。而当 DNA 损伤引起 DNA 双螺旋结构发生较大片段变异时，则通过切除修复方式予以修复。修复后，单个碱基或大片段切除产生的缺口由 DNA 聚合酶 I 填补，最后由 DNA 连接酶连接。人类着色性干皮病的发生就是由于患者体内缺乏切除紫外线照射引起 DNA 损伤的核酸内切酶，当皮肤受到紫外线照射后，损伤的 DNA 不能被修复。这类患者身体上任何暴露于阳光下的皮肤都会出现色斑、损伤，并极易患皮肤癌。

（三）重组修复

重组修复（recombination repairing）是指DNA复制后，子代DNA在损伤的对应部位因无模板的指引出现空隙时，可以通过分子间的重组，利用重组蛋白RecA的核酸酶活性从另一条完整的母链上将相应DNA片段转移到子代DNA的空隙处；而母链留下的空隙，可以进一步以与其互补的完整子链为模板，在DNA聚合酶I和DNA连接酶的作用下进行填补，使母链结构完全复原。重组修复虽然填补了子代DNA损伤的空隙，但是DNA链的损伤并未被去除。随着DNA复制代数的增加，损伤链所占比例越来越低，即损伤链在复制过程中被“稀释”（图12－14）。

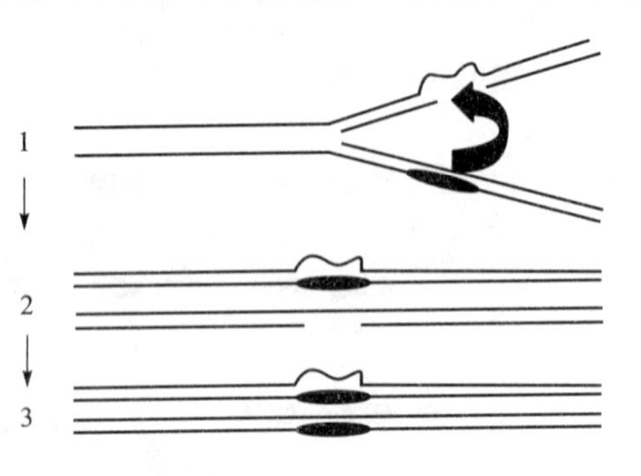

图12－14　DNA损伤的重组修复

与切除修复发生在DNA复制之前不同，重组修复多发生在DNA复制跨过损伤区或损伤DNA片段较长时，此时由于DNA还来不及修复完善就已开始了复制，因此重组修复又称为复制后修复。

（四）SOS修复

SOS修复（SOS repairing）是当DNA发生广泛损伤难以继续复制时，而诱发出的一种应急修复方式。这时，各种与修复有关的基因组成一个网络式调控系统，这种修复特异性低，对碱基的识别和选择能力差。修复后复制能继续，但DNA保留的错误较多，会引起较广泛、长期的突变。

案例1分析讨论

该患者初步诊断：单纯型大疱性表皮松解症（epidermolysis bullosa simplex，EBS）。

EBS为一种常染色体显性遗传病，该病主要由于编码角蛋白5（K5）的KRT5基因或编码角蛋白14（K14）的KRT14基因突变所致。通过对患者KRT5及KRT14基因检测发现，KRT5基因1号外显子第508位碱基发生了由腺嘌呤替代鸟嘌呤的点突变（错配），导致编码蛋白的第170位的氨基酸从谷氨酸变为赖氨酸，引起了相应蛋白的结构与功能异常，导致基底细胞变性，最终使皮肤基底膜的连接功能受损，从而引发了表皮内的水疱形成。

依据患者的家族史、特征性临床表现、组织病理学及电镜检查结果，且进一步致病基因的定位与克隆均符合EBS的诊断。遗传性皮肤病是由于遗传物质改变所引起的，通常具有上下代之间呈垂直传递或家族聚集性及终身性的特征。

案例2分析讨论

该患者初步诊断为肝豆状核变性。

肝豆状核变性（hepatolenticular degeneration），也称Wilson's病，是一种常染色体隐性遗传病，主要由于编码P型铜转运ATP酶（ATP7B）的基因突变，包括单核苷酸变异引起的错配或无义突变（61%）、小片段的插入缺失（26%）和剪接位点突变（9%）等引起的铜代谢障碍所致，导致胆汁排铜及铜蓝蛋白合成减少，使铜过多累积于肝、脑、肾等组织器官而致病。

该患者的确诊需要对 Wilson's 病的致病基因 ATP7B 进一步分析。通过采集患儿的血样本，对致病基因进行进一步检测，结果发现 ATP7B 基因第 2273 位点碱基发生了由胸腺嘧啶替代鸟嘌呤的点突变，使 CGG 变成 CTG，导致基因编码的蛋白质第 778 位氨基酸由亲水的 Arg 置换为疏水的 Leu，引起了相应蛋白的结构与功能异常，从而导致铜代谢障碍，引起了 Wilson's 病。

Wilson's 病是目前遗传病中为数不多的可治性疾病之一，如能早期诊断、尽早治疗，可以完全控制病情，恢复正常的生活和工作。本病治疗以减少铜摄入、促进铜排出、减少铜积聚为原则，给予低铜饮食及口服 D－青霉胺（D－penicillamine）进行驱铜治疗，并给予保肝（葡糖醛内酯、肌苷等）、升白细胞（鲨肝醇、利血升等药）等对症治疗药物并定期复查铜蓝蛋白。

第五节 逆转录

一、逆转录

逆转录（reverse transcription，RT）是以 RNA 为模板，dNTP 为原料，由逆转录酶催化合成与模板 RNA 互补的 DNA 的过程。该过程中遗传信息的流动方向是从 RNA 至 DNA，与中心法则的转录过程中遗传信息从 DNA 传递至 RNA 的方向相反，因此称为逆转录。

（一）逆转录酶

逆转录是 RNA 病毒的复制形式之一，需要逆转录酶的催化。逆转录酶，又称依赖 RNA 的 DNA 聚合酶，它是一种由逆转录病毒基因组编码的多功能酶，兼具 3 种催化活性：①RNA 指导的 DNA 聚合酶活性；②RNA 酶 H 活性；③DNA 指导的 DNA 聚合酶活性。

（二）逆转录过程

逆转录酶是逆转录病毒基因组的表达产物。逆转录病毒的基因组是 RNA，可以通过逆转录过程指导合成 DNA。逆转录病毒体内的 DNA 合成过程，分为三个步骤(图 12－15)。

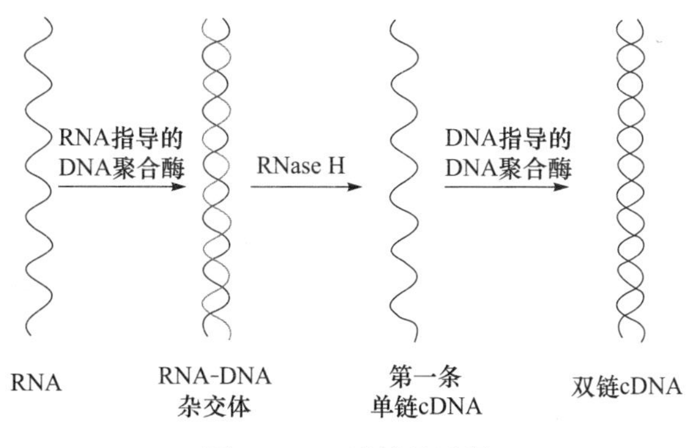

图 12－15 逆转录过程

1. 以病毒基因组 RNA 为模板，利用 RNA 指导的 DNA 聚合酶活性催化 dNTP 聚合生成 cDNA 单链，即生成 RNA－DNA 杂化双链。该反应过程需要引物提供 3′－OH 合成 cDNA，逆转录病毒中常见引物为其自身携带的 tRNA。

2. RNase H 特异水解去除 RNA－DNA 杂化双链中的 RNA，留下游离的单链 cDNA。同时产

生一个 RNA 片段，作为第二链 cDNA 合成的引物。

3. 以 cDNA 第一链为模板，在 DNA 指导的 DNA 聚合酶活性的作用下，沿 5′→3′方向催化合成另一条 cDNA，形成双链 cDNA 分子，完成 RNA 指导的 DNA 合成过程。

与 DNA 聚合酶不同，逆转录酶没有 3′→5′核酸外切酶活性，因此缺乏校读功能。在逆转录过程中，一般每添加 20000 个核苷酸残基就会有一个错误出现，错配率较高。这似乎可以解释为什么大多数 RNA 病毒进化率高并且不断有新病毒株快速出现的原因。

（三）逆转录的意义

1. 逆转录酶和逆转录发展和补充了中心法则，是对分子生物学研究的重大发现，这一发现表明至少在某些生物体内遗传信息的载体是 RNA，RNA 也可以像 DNA 一样具有遗传信息的传代与表达功能。

2. 有利于探索逆转录病毒致癌机制，如人类免疫缺陷病病毒（human immunodeficiency virus，HIV）就是逆转录病毒，它是获得性免疫缺陷综合征（acquired immune deficiency syndrome，AIDS）又称艾滋病的病原体。HIV 致 AIDS 的机制研究也为 AIDS 治疗药物的开发提供了依据。

3. 逆转录酶的发现极大地推动了重组技术。目前，逆转录酶已成为基因工程中重要的工具酶，可以用于 cDNA 文库的构建等。

小结

遗传信息的传递方向是从 DNA 到 RNA 再到蛋白质。遗传信息也可存在于病毒 RNA 分子中，由 RNA 通过逆转录的方式将遗传信息传递给 DNA。这是生物体内遗传信息传递的中心法则，是理解生命现象与生命过程的重要基础。

DNA 的生物合成包括 DNA 复制、逆转录和损伤 DNA 的修复。DNA 复制的基本特征包括半保留复制、双向复制、半不连续复制，需要引物和高保真性。半保留复制方式保持了生物体各代之间 DNA 碱基序列的一致性，保证了物种的稳定性及遗传的保守性。

DNA 复制的本质是在 DNA 聚合酶作用下脱氧核苷酸之间生成 3′,5′磷酸二酯键的过程。DNA 复制的反应体系包括底物（dNTP）、DNA 聚合酶、单链 DNA 模板、引物 RNA 和其他酶与蛋白质因子。DNA 复制过程可分为起始、延长、终止三个阶段。

原核生物的 DNA 复制过程比较清楚。原核生物只有一个固定的复制起始点。在起始阶段，复制起始因子首先识别复制起始点，与拓扑异构酶、解链酶、单链 DNA 结合蛋白、引物酶、ATP 及其他蛋白质因子共同形成引发体，为前导链和后随链合成引物。延长阶段，DNA pol Ⅲ全酶二聚体加入到引发体上，通过形成复制体，同时催化前导链与后随链的合成。后随链的合成是先生成一些冈崎片段，再通过 DNA 连接酶连接起来。终止阶段，DNA pol Ⅰ切除 RNA 引物并填补空隙以及最后由 DNA 连接酶封闭缺口。

真核生物 DNA 复制过程相对复杂。真核生物复制只发生在细胞周期的 S 期，受细胞周期蛋白及其相应激酶的严格调控。真核生物 DNA 具有多个复制起始点，每个起始点控制一个复制子的合成，因此是多复制子。复制延长过程中，真核生物冈崎片段的长度大致与核小体的大小或其倍数相当。在终止阶段，真核生物线性染色体的末端需要端粒酶保证染色体复制的完整性。

DNA 损伤或突变是生物进化的分子基础。DNA 损伤的类型包括错配、缺失、插入和重排等。修复的机制包括直接修复、切除修复、重组修复和 SOS 修复。

逆转录是以 RNA 为模板指导的 DNA 合成过程，是 RNA 病毒的复制形式。催化逆转录过程的逆转录酶有三种活性，即 RNA 指导的 DNA 聚合酶活性、RNase H 活性和 DNA 指导的 DNA 聚合酶活性。逆转录现象和逆转录酶的发现，发展和补充了遗传信息传递的中心法则，它说明遗传信息可以从 RNA 流向 DNA，也推动了基因重组技术的发展。

拓展阅读

基因组学（Genomics）主要是对生物体内所有基因进行绘图、核苷酸序列分析以及基因定位和基因功能分析。随着人类基因组计划的完成及后基因组时代的到来，功能基因组学（functional genomics）从整体水平研究基因及其产物在不同时间、空间、条件的结构与功能关系及活动规律，已成为新的研究重点。

基因组学的分析方法包括基因芯片分析、基因表达序列分析、差异显示等。由于基因芯片的高通量和简便易行的优点，在中医药基因组学研究中最为常用。

目前，中医药基因组学研究主要集中在对中医证候、中药作用靶点及机制、中药有效部位的确定、中药材鉴定等研究方面。如在中医证候研究方面国内有学者进行了不同恶性肿瘤 HSP70 基因表达与中医热证关系的研究，结果表明，HSP70 基因在多种恶性肿瘤如肺癌、大肠癌、胃癌等组织中呈高表达，其表达水平与机体处于不同的证候状态有关，以热证组表达为明显，说明了其与中医热证的强相关性。再如某学者对 102 例高脂血症患者的载脂蛋白 E（ApoE）基因型进行了检测，发现肝肾阴虚证与气滞血瘀证患者 E3/4 + E4/4 基因型频率和 84 等位基因频率明显高于脾肾阳虚证和痰浊阻遏证，从而认为 E3/4 + E4/4 基因型和 84 等位基因具有证的特异性。

对中药有效部位确定方面，通过寡核苷酸芯片技术分析黄连根及其组成分子的12 600个基因，最终确定小檗碱是黄连抗增殖的有效部位。再如对中药藏茵陈的鉴定研究中，学者从“藏茵陈”药材中提取 DNA，PCR 扩增 ITS1 – 5. 8SrDNA – ITS2 整个片段，扩增产物直接测序得到约 700bp 片段，采用排序和系统发育分析软件分析“藏茵陈”原植物的亲缘，据此设计的特异性分子快速鉴定试剂盒可对市场上的藏茵陈进行检测。

因此，把握中医学理论体系的“整体观念”与基因组学“整体性”的相似性，中医学“体质”与基因组学“易感基因”的相似性及中医“阴阳平衡”与基因组学“动态平衡”的相似性，可以使得中医学与基因组学之间能够相互渗透，为中医药学的现代化研究提供了良好的切入点。

NOTE

第十三章 RNA 生物合成

【案例 1】

患者，男，3.5 岁，以“无明显原因面色苍白，倦怠，懒言乏力，偏食纳差月余”入院，患儿曾以贫血经多家医院治疗，效果不佳。

体格检查：体温 36.8℃，血压 100/68mmHg，呼吸频率 25 次/分。面色苍白，营养较差，头发稀疏枯黄，前额隆起，眼距增宽，鼻梁塌陷，咽部充血，扁桃体未见肿大。两肺呼吸音清，心音低钝，律齐，心尖区可闻及 3 级收缩期杂音；腹软，肝肋下可及 1cm，脾肋下可及 2cm，均质软无触痛。

实验室检查：血常规：白细胞 8.1×10^9/L，红细胞 2.4×10^{12}/L，血红蛋白 56g/L，血小板 294×10^9/L。血象检查示红细胞大小不等，呈小细胞低色素性贫血，中央浅染。外周血涂片红细胞异形明显，网织红细胞增加；骨髓片示红细胞异常增殖活跃。血红蛋白 A 24.2%，血红蛋白 F 4.6%。

问题讨论

1. 该病初步诊断是什么？其诊断依据是什么？
2. 该病的发病机制如何？

RNA 生物合成有 2 种方式：转录和 RNA 复制。转录（transcription）是指在 RNA 聚合酶催化下，以 DNA 为模板，按碱基互补配对原则合成与其互补的 RNA 单链的过程。通过转录，可将 DNA 所携带的遗传信息传递给 RNA。转录生成的 RNA 产物通常需要经过一系列加工才能成为成熟的 RNA 分子，经转录合成的 RNA 包括 mRNA、rRNA 和 tRNA 以及具有各种特殊功能的小 RNA。RNA 复制是指以 RNA 为模板，在 RNA 复制酶（RNA replicase）的作用下合成 RNA 的过程。病毒 RNA 不但传递遗传信息，而且还能指导 RNA 复制以及通过逆转录合成 DNA。

第一节 概 述

为保留物种的全部遗传信息，全部基因组 DNA 都需要进行复制。而人体全套基因组中只有少数基因发生转录。不同的组织细胞、生存环境和发育阶段，都会有某些基因被选择性地进行转录。能转录生成 RNA 的 DNA 区段，称为结构基因（structural gene）。结构基因的 DNA 双链中只有一股链可被转录，其中能作为模板被转录的那股 DNA 链称为模板链（template strand），与其互补的不被转录的另一股 DNA 链称为编码链（coding strand）。对于不同的基因，

NOTE

其模板链并非总在同一股单链上，即某一基因以 DNA 分子中的一股链为模板链，而另一基因又以其对应链作为模板，转录的上述特征称为不对称转录（asymmetric transcription）（图 13－1）。由于合成 RNA 链的方向是 5′→3′，所以，RNA 聚合酶阅读模板链的方向是3′→5′。

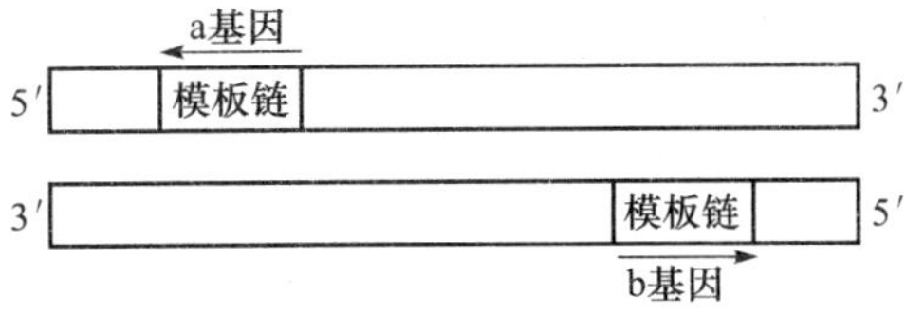

图 13－1　不对称转录

DNA 编码链的方向及碱基序列都与转录出来的 RNA 一致，只是以 U 代替了 T，为避免烦琐，文献或书刊上一般只写出编码链。通常将编码链上转录起始点对应的碱基编为 +1。转录进行的方向为下游，核苷酸依次编为 +2、+3……相反方向为上游，核苷酸依次编为 －1、－2……此外，真核生物转录产物都是各种 RNA 前体，无生物活性，必须在细胞核内经过适当转录后加工，使之变成具有活性的成熟 RNA 后，才能由细胞核运输至细胞质执行功能。由此可知，真核细胞的转录和翻译无论在空间上还是时间上都是彼此分开进行的。而原核细胞转录生成的绝大部分 mRNA 具有活性，无须加工和运输，且转录和翻译是紧密偶联的。

第二节　RNA 聚合酶

转录是由 DNA 指导下的 RNA 聚合酶（DNA－dependent RNA polymerase，以下简称 RNA 聚合酶）催化进行。该酶以 DNA 为模板，以 4 种核苷三磷酸（NTP）为底物，还需要 Mg^{2+} 或 Mn^{2+} 参与。RNA 聚合酶广泛存在于原核生物和真核生物中，但其在结构、组成、性质等多方面都存在差异。

一、原核生物 RNA 聚合酶

不同种类的原核生物都只有一种 RNA 聚合酶，兼有合成 mRNA、tRNA、rRNA 的功能，而且不同原核生物的 RNA 聚合酶在亚基组成、结构、相对分子质量大小、催化功能以及对某些药物的敏感性等方面都非常一致。第一个被发现并研究得比较清楚的是大肠杆菌 RNA 聚合酶，该酶是由 5 种亚基组成的六聚体（$\alpha_2\beta\beta'\omega\sigma$），相对分子质量为 500000。$\alpha_2\beta\beta'\omega$ 称为核心酶（core enzyme），σ 因子与核心酶结合后称为全酶（holoenzyme）。

在转录过程中，RNA 聚合酶各亚基的功能是：①σ 亚基（又称 σ 因子）：识别 DNA 模板上的启动子（Promoter，指 DNA 模板上由特殊核苷酸序列组成的，RNA 聚合酶识别并结合的位点，启动子控制基因转录的起始和表达的程度）。σ 因子只有与核心酶结合成全酶后，才能与模板 DNA 的启动子结合，不同的 σ 因子识别不同的启动子，从而使不同的基因得以转录。②α 亚基：与基因的启动子（见第十五章调控序列）结合，决定被转录基因的类型和种类。③β 亚基：催化形成 3′,5′－磷酸二酯键。④β′亚基：与 DNA 模板结合，促进 DNA 解链。⑤ω 亚基：功能尚不清楚。转录起始后，σ 因子脱离，核心酶沿 DNA 模板移动合成 RNA。因此，核心酶参与整个转录过程。

二、真核生物 RNA 聚合酶

目前已发现真核生物中有 5 种 RNA 聚合酶，分别负责不同基因的转录，产生不同的转录

产物（表13-1）。

表13-1 真核生物RNA聚合酶

种类	细胞内定位	转录产物	对鹅膏蕈碱的敏感性
RNApol Ⅰ	核仁	45S rRNA	耐受
RNApol Ⅱ	核质	hnRNA、某些snRNA	极敏感
RNApol Ⅲ	核质	5S rRNA、tRNA、snRNA	中度敏感
RNApol Ⅳ	核质	siRNA	不详
RNApol mt	线粒体	线粒体RNA	不敏感

RNA聚合酶Ⅰ、Ⅱ、Ⅲ均含有2个大亚基和6~10个小亚基。大亚基相对分子质量大于140000，在功能上与原核生物的β、β′亚基相对应，具有催化作用，在结构上也与β和β′有一定同源性。小亚基相对分子质量为10000~90000，其中有些小亚基是2种或3种酶共有的。此外，与原核生物的RNA聚合酶不同，真核生物细胞核内RNA聚合酶对利福霉素及利福平均不敏感。

三、RNA聚合酶的特点

原核生物和真核生物的RNA聚合酶具有以下共同特点：①不需要引物。原核生物的RNA聚合酶可直接识别并结合转录起始部位，但真核生物的RNA聚合酶需在转录因子的帮助下，识别并结合起始部位。②以一股DNA链为模板。在转录过程中，RNA聚合酶可促使DNA分子双螺旋局部解开（约17bp），形成单股DNA模板链。③以碱基互补配对原则（即A-U、T-A、G-C、C-G）转录合成长链RNA。④以5′→3′方向连续合成RNA。⑤可识别DNA分子中的转录终止信号，使转录特异终止。⑥有聚合活性而无3′→5′外切酶活性，故无校对能力，出错率较高，可达十万分之一。⑦可与激活蛋白、阻遏蛋白相互作用而调节基因表达。

第三节 转录过程

不管是原核生物还是真核生物，RNA转录过程都包括起始、延长和终止三个阶段。由于原核生物和真核生物的RNA聚合酶种类不同，结合模板的特性也不同，二者在转录起始、转录终止也不尽相同。

一、原核生物RNA转录

（一）起始

转录起始就是RNA聚合酶（全酶）结合到DNA模板上，DNA双链局部解开，根据模板序列进入第一、第二个NTP并形成3′,5′-磷酸二酯键，构成转录起始复合物的过程。

转录的起始发生在DNA模板上的启动子，也是控制转录的关键部位。经分析发现各种启动子碱基序列有下列共同点：转录起始点上游-35bp处（以转录RNA第一个核苷酸的位置为

+1，负数表示上游的碱基数）有一个含6个碱基的保守序列（其共有序列为TTGACA，称为-35区，又称为Sextama框），它是σ因子识别并初始结合的位点，又称为RNA聚合酶识别位点；在-10bp处有一段富含AT的保守序列（其共有序列为TATAAT，称为-10区，又称为Pribnow框），这是RNA聚合酶牢固结合的位点；此外，-10区的Pribnow框中的碱基富含AT易被局部解开，有利于转录的起始（表13-3）。

表13-3 原核基因启动子-35区和-10区核苷酸序列

操纵子	-35区	-10区	+1
trp	TTGACA N_{17}	TTAACT N_7	A
lac	TTTACA N_{17}	TATGTT N_6	A
$tRNA^{Trp}$	TTTACA N_{16}	TATGAT N_7	A
reca	TTGATA N_{16}	TATAAT N_7	A
ara	CTGACG N_{18}	TACTGT N_6	A
共有序列	TTGACA	TATAAT	
出现百分数	$T^{85}T^{83}G^{81}A^{61}C^{69}A^{52}$	$T^{89}A^{89}T^{50}A^{65}A^{65}T^{100}$	

在转录起始时，首先σ因子辨认启动子-35区TTGACA序列，并以全酶形式与之结合。在这一区段，酶与模板结合相对松弛，酶移向-10区TATAAT序列，并到达转录起始点，此区段富含AT，故DNA双链容易打开。无论是转录起始还是延长中，DNA双链解开范围通常为17bp左右。当解开17bp时，模板链暴露出来，按照DNA模板链的碱基顺序指导RNA合成，不需要引物的RNA聚合酶直接催化起始点上与模板链互补的第一、第二个相邻排列的NTP进行聚合，生成RNA链第一个3′,5′-磷酸二酯键，其中第一个核苷酸通常是GTP或ATP，尤以GTP常见，这个反应可简单表示如下：

$$pppG-OH+pppN-OH \longrightarrow 5'pppGpN-OH\ 3'+PPi$$

由反应式可知，5′-GTP与第二位NTP聚合生成磷酸二酯键后，仍保留其5′端三磷酸结构，并且在转录过程中一直保留直至转录完成，RNA从模板链脱落后仍存在5′端这种结构。其3′端的游离羟基，可加入NTP使RNA链延长下去。

转录起始后，RNA聚合酶、模板DNA和第一次聚合生成的二核苷酸共同形成转录起始复合物。然后，σ因子从复合物上脱落下来，核心酶沿DNA链向前移动，进入延长阶段。

（二）延长

第一个磷酸二酯键形成后，一方面σ因子从转录起始复合物上脱落下来，与另一个核心酶结合成RNA聚合酶全酶而被循环使用。另一方面，σ因子释放后，核心酶的构象变疏松，有利于核心酶沿DNA模板链3′→5′方向滑行，按碱基互补配对原则催化NTP的5′-磷酸基团与RNA链3′-OH形成磷酸二酯键，使RNA链按5′→3′方向延伸。

在此过程中，转录生成的RNA链与模板链形成长8~12bp的RNA/DNA杂交双链，由于DNA/DNA双链结构比DNA/RNA杂交双链稳定，RNA产物5′端不断脱离模板向外伸出，随着RNA聚合酶沿模板链3′→5′方向滑行，其前方不断解链，后方又重新形成双螺旋。这种在转录的局部区域由RNA聚合酶-DNA-RNA形成的转录复合物，被形象化地称为转录空泡（transcription bubble）（图 13-2）。伸出空泡的 RNA 产物，其 5′端仍保持 pppGpN 结构。

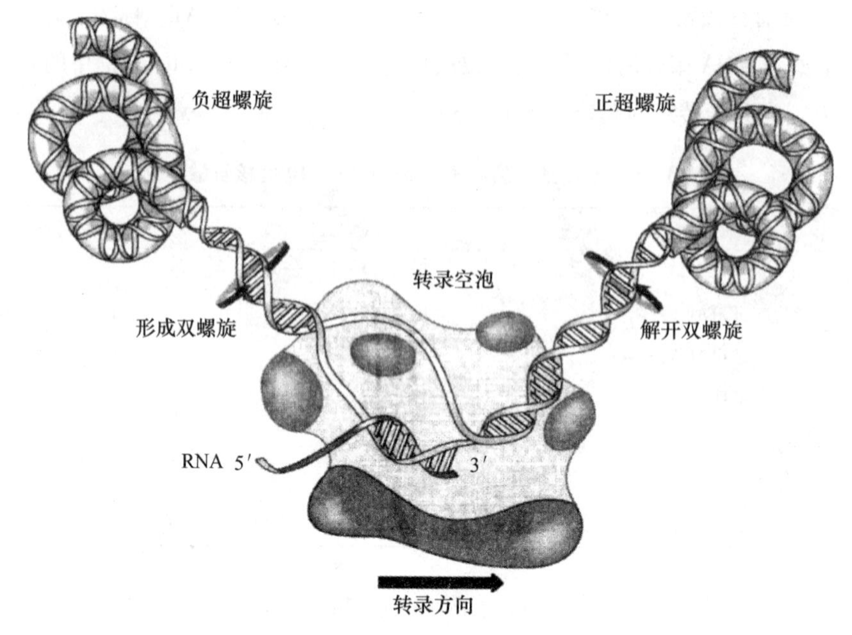

图 13-2 转录空泡

在整个延长阶段，模板 DNA 始终有约 17bp 被解链，以利于转录作用不断延伸。延伸的速率为每秒钟 20~50 个核苷酸。

（三）终止

转录终止是指 RNA 聚合酶核心酶移行到转录终止信号时，RNA 聚合酶不再沿模板链滑行，新合成的 RNA 链延伸停止，并从转录复合物中脱落下来，RNA 聚合酶与模板解离的过程。原核生物转录终止分为依赖 ρ 因子和非依赖 ρ 因子两种方式。

1. 依赖 ρ 因子的转录终止 ρ 因子是由 6 个相同亚基组成的六聚体蛋白质，具有 ATP 酶和解旋酶双重活性，且与多聚 C 有很高的亲和力。当产物 RNA3′端出现较丰富的 C 碱基，或有规律地出现 C 碱基时，ρ 因子与 RNA 转录产物结合（图 13-3），ρ 因子的 ATP 酶活性使其本身和 RNA 聚合酶都发生构象变化，使 RNA 聚合酶停止转录。ρ 因子的解旋酶活性使 DNA/RNA 杂化双链解离，利于产物从转录复合物中释放。

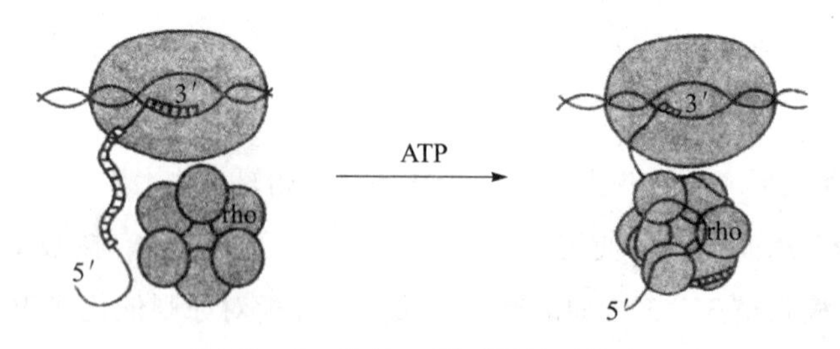

图 13-3 依赖 ρ 因子的转录终止

2. 非依赖 ρ 因子的转录终止 DNA 模板靠近终止区域处含有特异的转录终止信号（往往为发夹或茎环结构），可被 RNA 聚合酶直接识别，无须 ρ 因子参与。转录终止信号一般是一个连续的 AT 碱基对序列区，此区的上游则有两段由多个 G-C 碱基对组成的回文序列。因此，转录生成的 RNA 链，能通过碱基互补配对形成发夹结构或茎环结构（图 13-4），紧接发夹结

NOTE

构的是一连串的碱基 U。RNA 聚合酶与发夹结构作用后，即停止转录。另外，发夹结构 3′端的几个 U 和模板 DNA 上的 A 配对很不稳定，容易使新合成的 RNA 解离下来。

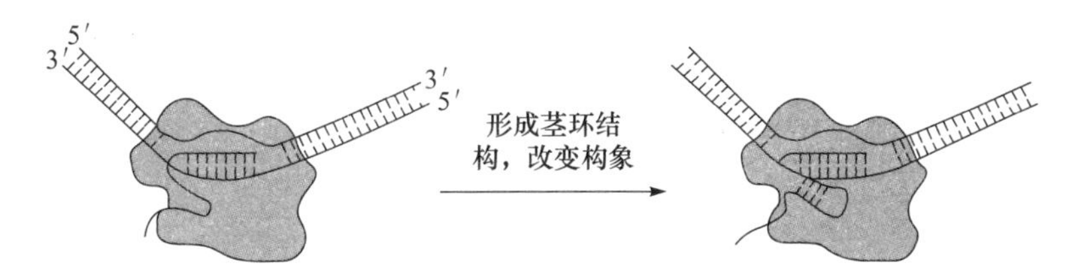

图 13－4 非依赖 ρ 因子的转录终止

二、真核生物 RNA 转录的特点

真核生物的转录是由 RNA 聚合酶催化，在顺式作用元件（cis－acting element）与蛋白质辅助因子的协同作用下完成的。顺式作用元件是 DNA 链上对基因表达有调节作用的特定序列，包括启动子、增强子、沉默子等结构（见第十五章）。真核生物转录过程基本上与原核生物相似，也包括起始、延长和终止，但整个过程更加复杂。

（一）起始

原核生物 RNA 聚合酶可直接与 DNA 模板结合，而真核生物转录起始时 RNA 聚合酶不直接与模板结合，需要众多的蛋白因子参与，形成转录起始前复合物。转录因子（transcriptional factor，TF）是指与 RNA 聚合酶结合的蛋白因子，TF Ⅰ、TF Ⅱ、TF Ⅲ分别识别 RNApol Ⅰ、RNApol Ⅱ、RNApol Ⅲ相应的启动子（如 TATA 框、CAAT 框、GC 框）。

目前发现至少有 6 种不同的转录因子参与 RNA 聚合酶Ⅱ转录起始复合物的形成，包括 TF ⅡA、TF ⅡB、TF ⅡD、TF ⅡE、TF ⅡF 和 TF ⅡH（表 13－4），其中 TF ⅡD 是转录起始过程中最重要的基本转录因子，它由 TATA 结合蛋白（TATA binding protein，TBP）和 8～10 个 TBP 辅因子（TBP associated factors，TAF）组成，TBP 可与 TATA 框结合，TAF 则辅助 TBP 与 TATA 框结合。转录起始过程如下：①首先是 TF ⅡD 的亚基 TBP 与启动子的 TATA 框特异结合，并在 TF ⅡA 和 TF ⅡB 的促进与配合下，形成了 TF ⅡD－TF ⅡA－TF ⅡB－DNA 复合物；②在TF ⅡF 的辅助下，RNA 聚合酶Ⅱ和 TF ⅡB 结合；③RNA 聚合酶Ⅱ就位后，TF ⅡE 和 TF ⅡH 加入，形成闭合转录起始前复合物（pre－initiation complex，PIC）（图 13－5），启动转录。

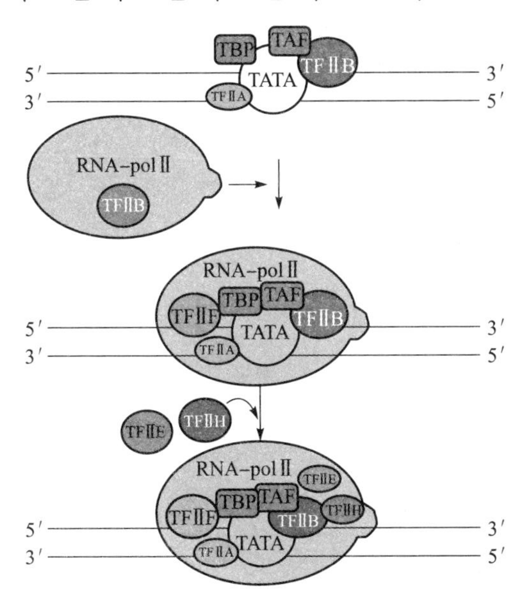

图 13－5 转录起始前复合物的形成

表 13-4　RNA 聚合酶Ⅱ的通用转录因子的功能

蛋白因子	功　能
TFⅡD	TBP 和 TAF 形成复合物，与 TATA 框结合
TFⅡA	与 TBP 结合，稳定 TBP 与 TATA 框的相互作用
TFⅡB	与 TFⅡD 结合，帮助 RNA 聚合酶Ⅱ与启动子结合，决定转录起始
TFⅡF	回收 RNA 聚合酶Ⅱ到前起始复合物中
TFⅡE	回收 TFⅡH 到起始复合物中，调节 TFⅡH 的解旋酶和蛋白激酶活性
TFⅡH	具有解旋酶及蛋白激酶活性，参与转录起始

真核生物多数启动子在转录起始点上游 -25 区具有由 7 个碱基 TATAAAA 组成的共有序列，称为 TATA 框或 Hogness 框。绝大多数真核生物基因的准确表达需要 TATA 框，只有当 RNA 聚合酶与 TATA 框牢固结合后才能起始转录。除 TATA 框外，通常在转录起始点上游 -30 ~ -110区域还具有 GC 框和 CCAAT 框，GC 框含有 GGGCGG 组成的共有序列，CCAAT 框含有 GGCCAATCT 组成的共有序列，两者都可以增强启动子的活性，控制转录的频率（图13-6）。

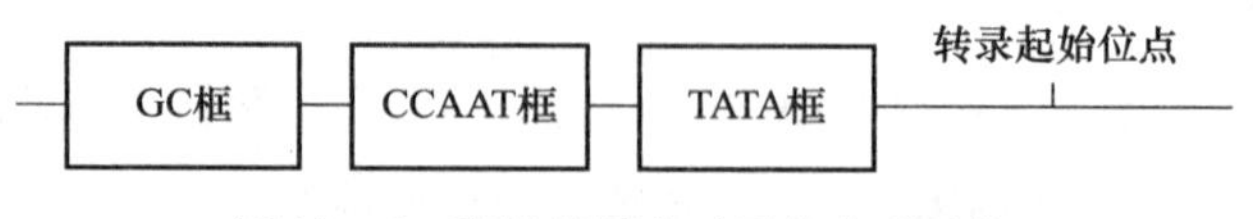

图 13-6　真核基因启动子的典型结构

（二）延长

RNA 链延长前，首先部分 TFⅡ因子释放，便于 RNA 聚合酶催化转录，然后在 RNA 聚合酶Ⅱ催化下按碱基互补配对原则延伸合成 RNA。当 RNA 合成达 60 ~ 70nt 长度后，TFⅡE 及 TFⅡH 释放脱落，转录进入延长阶段。真核生物基因组 DNA 形成了以核小体为结构单位的染色体高级结构。因此，RNA 聚合酶Ⅱ催化过程中时常会遇到核小体。近年来，体内外的转录实验表明，核小体在真核生物转录延长过程中可能发生了移位和解聚现象（图 13-7）。

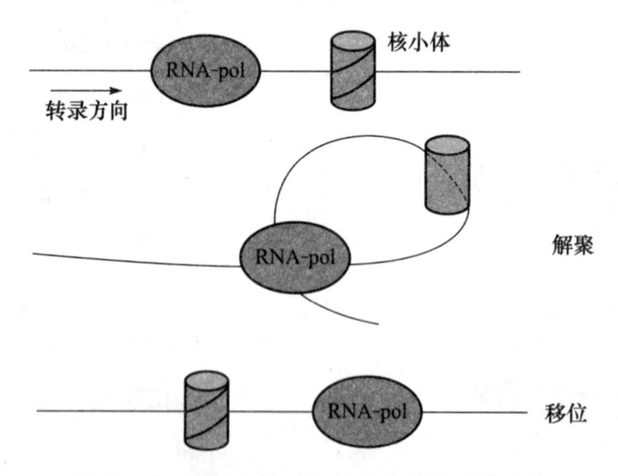

图 13-7　真核生物转录延长中的核小体移位

（三）终止

真核生物转录的终止与转录后修饰密切相关。目前，在 DNA 编码链 3′-端发现有一段 AATAAA 序列，下游还有一定数目的 GT 序列，将这些序列称为加尾修饰点或加尾信号，是转录终止的修饰位点，但不是转录终止点。转录通过修饰位点后，mRNA 在修饰位点处被水解切

NOTE

断而终止转录，随即加上3′-端 polyA 尾巴和5′-端帽子结构。下游的 RNA 虽继续转录，但很快会被 RNA 酶降解（图 13-8）。

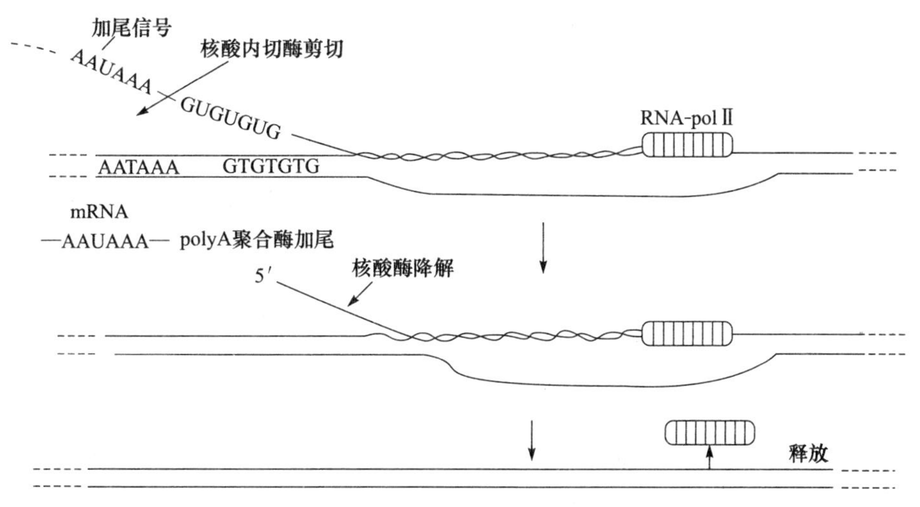

图 13-8　真核生物的转录终止及加 polyA 尾修饰

无论是原核生物还是真核生物，复制和转录都属于核酸的合成，但各有其不同的特点，复制和转录的不同之处见表 13-5。

表 13-5　复制和转录的主要区别

	复　制	转　录
原料	dNTP	NTP
模板	DNA 两股链均可作模板	DNA 模板链作模板（不对称转录）
酶	DNA 聚合酶	RNA 聚合酶
碱基配对	A-T，G-C	A-U，T-A，G-C
产物	子代双链 DNA	mRNA，tRNA，rRNA
引物	需要 RNA 引物	不需要引物

第四节　真核生物 RNA 转录后加工

真核生物转录生成的 RNA 是不成熟的初级转录产物，没有生物学活性和功能，必须经过适当的加工修饰，才能转变为具有生物学活性的成熟 RNA，此过程称为 RNA 的加工修饰或转录后加工。但原核生物中绝大多数 mRNA 分子转录后无须加工修饰就可作为蛋白质合成的模板。

一、mRNA 前体的加工

真核生物编码蛋白质的基因多为断裂基因，其转录生成的原始转录产物是 mRNA 前体，又称不均一核 RNA（heterogeneous nuclear RNA，hnRNA）。hnRNA 既包含表达为成熟 RNA 的序列（称为外显子），也包含在剪接过程中被除去的序列（称为内含子），故初级转录产物分子的长度往往比成熟 mRNA 大几倍，甚至几十倍，必须经过加工修饰才能作为蛋白质翻译的模板。

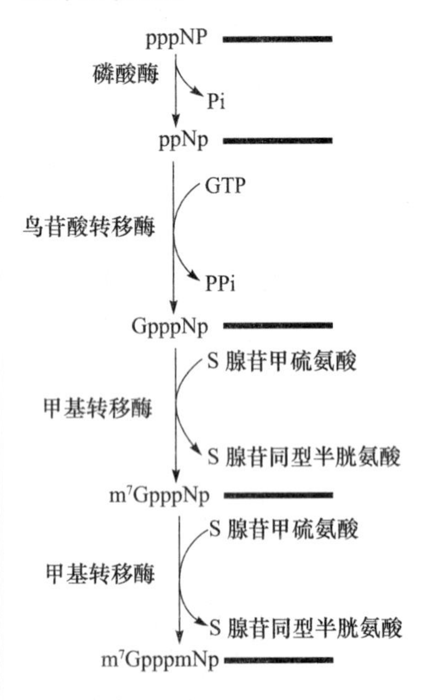

13－9　5′端帽子结构的形成过程

hnRNA 转变为成熟 mRNA 的加工修饰主要包括：① 5′端形成帽子结构；② 3′端加 polyA“尾”（tailing）；③切除内含子和拼接外显子；④核苷酸序列的编辑；⑤链内核苷酸的甲基化修饰。

（一）5′端帽子结构的形成

真核生物 mRNA 的帽子结构位于5′端，是一个以 7－甲基鸟苷三磷酸为主体的结构。hnRNA 第一个核苷酸往往是 5′－三磷酸鸟苷（pppG），mRNA 加工过程中，先由磷酸酶把 5′－pppG 水解，生成 5′－ppG－，然后，5′端与另一个三磷酸鸟苷（G）反应，生成三磷酸双鸟苷。再在甲基转移酶作用下，鸟嘌呤发生甲基化，形成帽子结构中的 7－甲基鸟苷三磷酸（m^7Gppp），再在甲基转移酶催化下，第二位核苷酸的核糖 2′位 O 甲基化。两次甲基化反应均由 S－腺苷甲硫氨酸提供甲基。反应过程如图 13－9 所示。

5′端帽子结构是真核细胞核糖体小亚基识别并结合 mRNA 的部位，从而参与蛋白质合成的启动作用；5′端帽子结构也是 mRNA 在细胞质内的稳定因素，能使 mRNA 免受核酸酶的攻击；另外，5′端帽子结构有利于成熟的 mRNA 从细胞核输送到细胞质。

（二）3′端 poly A“尾”的生成

真核生物 mRNA3′端通常具有 80～250 个腺苷酸，称为 3′端 poly A“尾”。

转录过程中，当 RNA 聚合酶Ⅱ沿 DNA 链向前滑动而到达基因末端时，转录作用并不停止，而是继续沿 DNA 模板转录一段核苷酸序列，因此真核生物转录生成的最初产物 mRNA 前体 3′端往往长于成熟 mRNA。加工过程先由核酸外切酶切去 3′－末端一些过剩的核苷酸，然后由多聚腺苷酸酶催化，以 ATP 为原料，在 mRNA 3′－末端逐个加入腺苷酸，形成 poly A“尾”。

Poly A“尾”的主要功能是参与 mRNA 由细胞核向细胞质转运；阻止 3′核酸外切酶对 mRNA 的降解，增加 mRNA 的稳定性；维持 mRNA 翻译模板活性。

（三）mRNA 的剪接

真核生物的结构基因为由若干个外显子和内含子交替构成的断裂基因（split gene）。在断裂基因中，出现在成熟 mRNA 中的核苷酸序列为外显子（exon），而在剪接过程中被去掉的非编码序列为内含子（intron）。mRNA 的剪接是指去除 hnRNA 中的内含子，把外显子连接为成熟 RNA 的过程。根据内含子剪接方式的不同，可将其分为Ⅰ、Ⅱ、Ⅲ三类。Ⅰ类内含子：主要存在于 rRNA 的初级转录产物中，通过自我剪接方式进行拼接，由 RNA 分子催化。Ⅱ类内含子：主要是指 hnRNA 中的内含子，通过套索形成方式进行剪接。Ⅲ类内含子：主要是指 tRNA 初级转录产物中的内含子，剪接时需要 ATP 及酶。

snRNA 由 100～300 个核苷酸组成，其分子中碱基以尿嘧啶含量最多，因而以 U 进行分类命名。现已发现的 snRNA 包括 U1、U2、U4、U5、U6 等，它们与核内蛋白质共同组成小分子核糖核蛋白体（small nuclear ribonucleoprotein，snRNP），参与 mRNA 的剪接，剪接过程大致分为以下两个阶段：

1. 剪接体（spliceosome）的形成 剪接体是由 snRNP 与 hnRNA 结合，使内含子形成套索并拉近上、下游外显子距离的复合物，是 mRNA 剪接的场所。真核生物 mRNA 前体中的内含子都含有保守的核苷酸序列区，起剪接信号作用。5′端的 GU 称为5′剪接部位，可被 U1 snRNP 识别并与之互补结合。3′末端的 AG 称为 3′剪接部位，可被 U5 snRNP 识别并与之互补结合。另外，在内含子内部距其 3′端 18～38 个富含嘧啶核苷酸处的一段核苷酸序列中，含有一个特定的腺苷酸，称为“分支点”，能被 U2 snRNP 识别并与之互补结合。剪接开始时，U1、U2 snRNP 先识别内含子的剪接信号并互补结合形成复合物，继而 U4、U5、U6 加入形成完整的剪接体，此时内含子形成套索状，上、下游外显子相互靠近。经过剪接体内部的结构重排，释放出 U1、U4 和 U5 时，U2 和 U6 形成催化中心，催化转酯反应，切除套索状的内含子。

2. 剪接体催化的转酯反应 剪接体中的 snRNP 不仅使 mRNA 前体折叠成特殊的结构，以利于剪接反应的进行，而且 snRNP 本身还起着某些酶的催化作用。mRNA 前体的整个剪接过程分两步进行：第一步反应是剪下外显子 1，同时在内含子的 5′端形成一个套索状的中间产物。第二步反应是将套索状内含子剪切下来，同时使外显子 1 和外显子 2 连接起来（图 13－10）。当 mRNA 前体的剪接过程完成后，被连接起来的两个外显子从剪接体中释放出来，而剪下来的套索状内含子“脱支酶”及其他 RNase 迅速降解破坏。

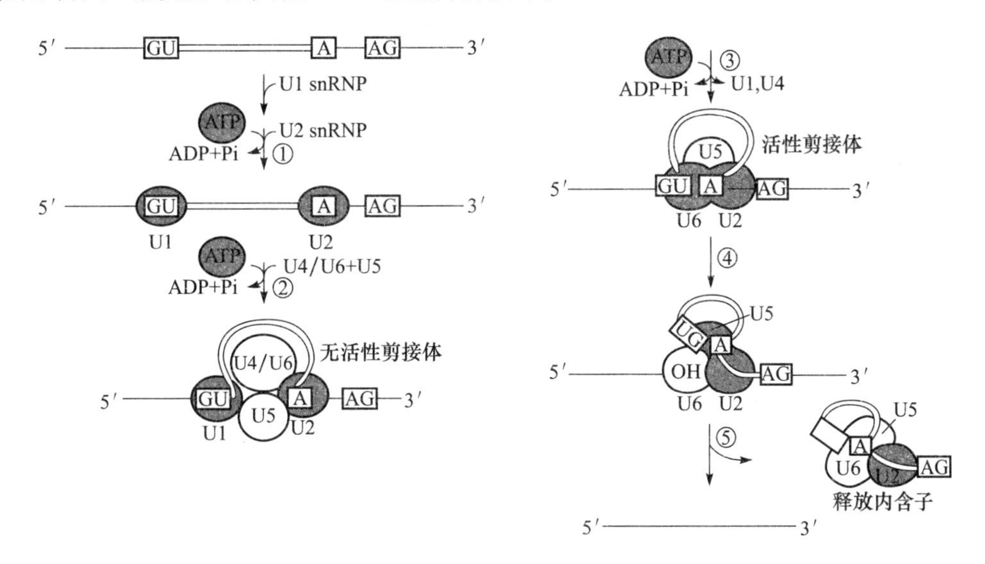

图 13－10 内含子通过形成剪接体剪接

（四）mRNA 分子内部的甲基化

真核生物 mRNA 除了在 5′端的帽子结构中有 1～3 个甲基化的核苷酸外，分子内部也含有 1～2 个 N^6－甲基腺嘌呤，常见于 5′端的非编码区。m^6A 是在 mRNA 前体剪接之前由特异甲基化酶催化产生的，其意义及功能尚不清楚。

（五）核苷酸序列的编辑

转录后加工时 RNA 编码序列的改变称为 mRNA 编辑（editing）。这种加工方式使遗传信息在转录水平上发生改变，使一个基因可以编码多种蛋白质。例如，人类基因组中只含有一个载脂蛋白 B（apoB）基因，而可以表达出 $apoB_{100}$ 和 $apoB_{48}$ 两种蛋白质。在肝细胞内，apoB 基因的转录产物加工后合成相对分子质量为 512000 的 $apoB_{100}$。在小肠黏膜细胞内，apoB mRNA 的第

NOTE

666 位 C 发生脱氨基反应，从而转化成 U，使得原有密码子 CAA 变为终止密码子 UAA，翻译提前结束，得到相对分子质量为 250000 的 $apoB_{48}$。因此，RNA 的编辑极大地增加了 mRNA 的遗传信息容量。

案例1分析讨论

本病儿为 3.5 岁男孩，面色苍白，营养较差，头发稀疏枯黄，肝脾肿大。实验室检查：患儿 HbA 24.2%，HbF 4.6%，心脏彩超示贫血性心脏病。结合临床表现、血液检查，特别是 HbF 含量增高（HbF <5% 为轻型，>5% 为中重型），可诊断为轻型 β－地中海贫血，有条件者可进一步作肽链分析可确诊何种基因缺陷。

β－地中海贫血又称海洋性贫血，是一种由于基因突变导致 β 珠蛋白肽链合成障碍引起的隐性遗传性疾病。其基因突变多种多样，包括 β 珠蛋白的编码序列出现的框移突变，以及造成 β 珠蛋白肽链合成过早终止的突变；还有不少是由于发生了影响 β 珠蛋白 mRNA 合成的基因突变，比如 β－珠蛋白的基因启动子发生突变，造成转录效率下降；其他还有一些突变会引起转录产物的加工异常，比如造成在剪切前体 mRNA 的两个内含子在 3’端加上 polyA 尾巴时出现错误。β－地中海贫血患者体内 HbA（成人血红蛋白）合成出现障碍性的终止，而 HbF 的合成增加。患者大多婴儿时即发病，表现为贫血、虚弱、腹内结块、发育迟滞等，严重者多生长发育不良，常在成年前死亡。

中医诊断：虚劳，证属气血亏损、肝肾精亏。

中医治则：益气补血、养肝滋肾填精。

二、tRNA 前体的加工

真核生物 tRNA 基因成簇排列，且被间隔区分开，由 RNA 聚合酶Ⅲ催化转录。初级转录产物由 100～140 个核苷酸组成，其 5′端有一段前导序列，中部为 10～60 个核苷酸组成的内含子，3′端含有一段附加序列。在 tRNA 加工过程中，先由核酸内切酶切除内含子，再由连接酶将两端连接。由 RNase P 将 5′端的前导序列切除，由 RNase D 将 3′端的附加序列切除，由核苷酸转移酶催化添加 CCA 序列（图 13－11）。

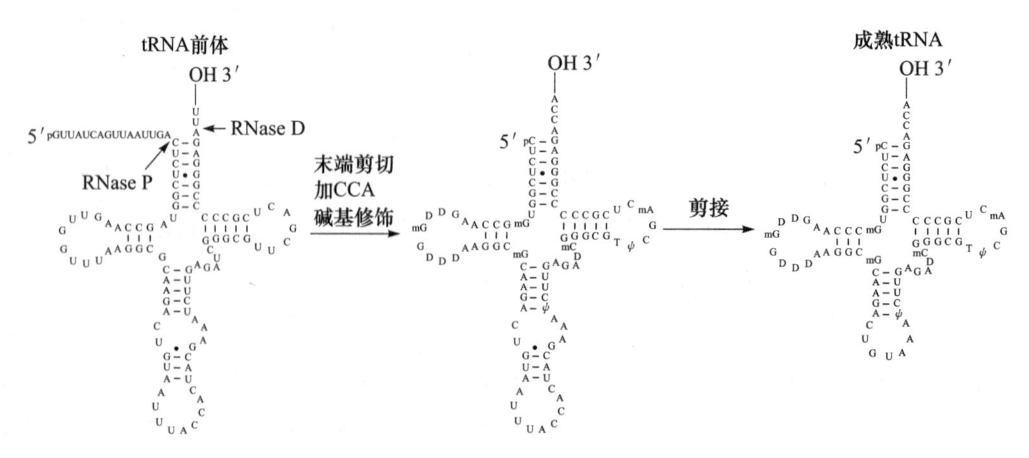

图 13－11　真核生物 tRNA 加工

此外，tRNA 的加工过程还包括把核苷酸的碱基修饰为稀有碱基。例如，嘌呤甲基化生成甲基嘌呤；尿嘧啶核苷转变为假尿嘧啶核苷（Ψ）；尿嘧啶还原为双氢尿嘧啶（DHU）；另外，某些腺苷酸脱氨成为次黄嘌呤核苷酸（I）。

三、rRNA 前体的加工

真核生物 rRNA 基因的拷贝数较多，通常在几十至上千之间，属于丰富基因族的 DNA 序列，由 5.8S、28S、18S rRNA 基因组成一个转录单位，它们彼此被间隔区分开，在核仁中由 RNA 聚合酶 I 催化进行转录，合成 45S 的初级转录产物，后者在核仁内多种核酸内切酶及核酸外切酶的作用下进行加工：首先，45S RNA 5′端被剪切生成 41S RNA；然后，41S RNA 被剪切生成 32S RNA 和 20S RNA 两个中间体；最后，32S RNA 剪切为成熟的 5.8S rRNA 及 28S rRNA，20S RNA 被剪切为成熟的 18S rRNA。它们在核仁内与蛋白质装配成核糖体，输送到胞质（图 13－12）。

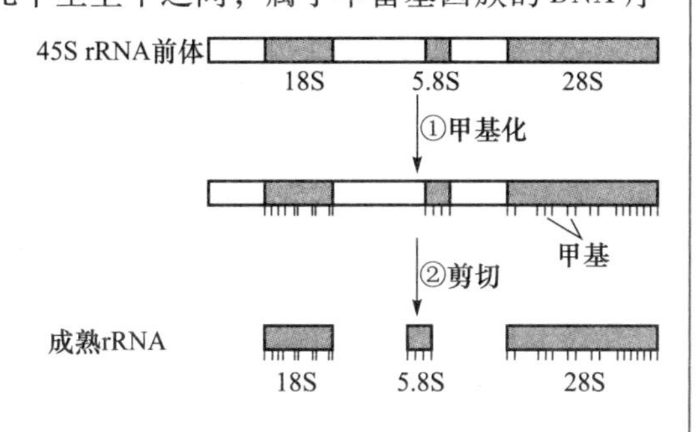

图 13－12 真核 rRNA 加工

此外，5S rRNA 基因也属于丰富基因族，中间隔有不被转录的序列，位于核仁外区域的染色体 DNA 分子中，5S rRNA 分子不需加工直接从核质转移至核仁，与 28S rRNA、5.8S rRNA 及多种蛋白质组装成核糖体大亚基，再转运到胞质中参与蛋白质合成。

第五节 RNA 复制

RNA 复制（RNA replication）是指以 RNA 为模板，在 RNA 复制酶，又称 RNA 依赖性 RNA 聚合酶（RNA dependent RNA polymerase）的作用下，以 4 种 NTP 为原料，按5′→3′方向催化合成 RNA 的过程。

某些噬菌体和 RNA 病毒的基因组是 RNA，除逆转录病毒外，这类病毒在宿主细胞中都是以病毒的单链 RNA 为模板合成子链 RNA，这种依赖 RNA 的 RNA 合成又称为 RNA 复制。

RNA 病毒分为正单链 RNA[(+)ssRNA] 病毒、负单链 RNA[(-)ssRNA] 病毒和双链 RNA（dsRNA）病毒，其 RNA 复制方式也不同，过程如下：

1. (+) ssRNA 病毒的 RNA 复制 正链 RNA 是指具有 mRNA 功能的 RNA 链，其互补链为负链 RNA。(+) ssRNA 病毒感染宿主细胞后，首先利用宿主细胞表达系统合成复制酶，然后由复制酶以正链 RNA 为模板复制合成负链 RNA，再以负链 RNA 为模板合成正链 RNA，最后正链 RNA 和蛋白质组装成新的病毒颗粒。

2. (-) ssRNA 病毒的 RNA 复制 (-) ssRNA 病毒感染宿主细胞后，借助于病毒带进去的复制酶合成正链 RNA，再以正链 RNA 为模板，合成负链 RNA 和病毒蛋白质，再组装成新的病毒颗粒。

3. dsRNA 病毒的 RNA 复制 dsRNA 病毒以双链 RNA 为模板，在复制酶的作用下，通过不对称转录合成正链 RNA，再以正链 RNA 为模板合成双链 RNA，然后以正链 RNA 为模板合成病毒蛋白质，并组装成新的病毒颗粒。

小结

转录是以 DNA 为模板，按碱基互补的原则合成 RNA 的过程。转录具有不对称性，DNA 双链中被转录的那股单链称为模板链，与其互补的另一股单链称为编码链。不同组织细胞以及在不同的发育阶段，机体会根据生存条件和需要转录不同的基因，这是转录的选择性。真核生物转录生成的各种产物都是无生物活性的前体，须在细胞核内经过适当加工，使之变成具有活性的成熟 RNA 后，才能运送至细胞质执行相应的功能，这个过程称为转录后加工。

无论是原核生物还是真核生物，转录都以 DNA 为模板、NTP 为原料，在 RNA 聚合酶的催化作用下，严格遵循碱基互补配对原则，按 5′→3′方向合成 RNA。原核生物 RNA 聚合酶只有一种，比较清楚的是大肠杆菌的 RNA 聚合酶，它是由 5 种亚基 α、β、β′、ω 和 σ 因子组成的六聚体。其中核心酶（$\alpha_2\beta\beta'\omega$）负责合成 RNA；核心酶与 σ 因子结合后称为全酶。σ 因子的功能是辨认转录起始点，使全酶特异性识别模板上的启动子并与之结合。真核生物 RNA 聚合酶Ⅰ催化 45S rRNA 的合成；RNA 聚合酶Ⅱ催化 mRNA 前体 hnRNA 的合成；RNA 聚合酶Ⅲ催化合成各种 tRNA 前体、5S rRNA、snRNA。

转录过程分为起始、延长和终止三个阶段。原核生物转录的起始是 RNA 聚合酶中的 σ 因子辨认启动子的 -35 区，RNA 聚合酶（全酶）结合到 DNA 模板上形成转录起始复合物，滑动至 -10 区时，DNA 双螺旋解开形成转录空泡，此时暴露出 DNA 模板，并催化形成第一个 3′,5′-磷酸二酯键。而真核生物转录起始则需要众多转录因子的协助，RNA 聚合酶辨认并结合 DNA 模板上游的启动子，生成转录起始复合物。随着 RNA 聚合酶沿模板链不断向前移动，转录产物逐渐延长，直到 RNA 聚合酶到达终止信号处，此时 RNA 聚合酶与 DNA 模板分离，产物 RNA 链脱落，转录终止。原核生物转录的终止是通过依赖 ρ 因子和非依赖 ρ 因子两类方式完成，而真核生物转录的终止比较复杂，且伴随有 RNA 的加尾修饰。

真核生物转录的产物需要经过加工修饰才能成为成熟 RNA。其中 mRNA 的加工最为复杂和重要，包括 5′端加帽，3′端加多聚腺苷酸尾，剪接去除内含子，mRNA 分子内部甲基化和 mRNA 的编辑。tRNA 的加工包括去除 5′端先导序列，去除内含子，3′端加上 CCA 以及碱基修饰生成稀有碱基。而在核酸酶的作用下，45S RNA 前体剪切成 18S rRNA、5.8S rRNA 和 28S rRNA。

RNA 生物合成的抑制剂

一些临床药物、科研试剂是干扰 RNA 合成的抗代谢物或抑制剂，包括碱基类似物、核苷类似物、模板干扰剂、RNA 聚合酶抑制剂等。碱基类似物能抑制核苷酸的合成，也能掺入核酸分子中，形成异常 RNA，影响核酸功能并导致突变，如 5-氟尿嘧啶、6-氮尿嘧啶、6-巯基嘌呤、硫鸟嘌呤、2,6-二氨基嘌呤、8-氮鸟嘌呤等。而烷化剂（如环磷酰胺）、放线菌素 D、嵌入染料（如溴化乙锭）等化合物能与 DNA 结合，使 DNA 失去模板功能，从而抑制其复制与转录。利福霉素、利迪链菌素等能够抑制 RNA 聚合酶活性，从而抑制 RNA 合成。

NOTE

抑制 RNA 生物合成的中药成分 已经从多种中药中分离得到抑制 RNA 生物合成的单体成分，如厚朴中分离的厚朴酚能抑制前列腺癌细胞中雄性激素受体 RNA 的合成，进而下调其蛋白质的合成；中药莪术中分离的 β－榄香烯通过抑制乳腺癌 MCF 细胞中 E-钙黏蛋白 RNA 的合成来降低细胞侵袭能力。

转录组学（transcriptomics）及其研究技术

转录组学是一门在整体水平上研究细胞中基因转录的情况及转录调控规律的学科。转录组即一个活细胞或一个细胞群的特定细胞类型所能转录出来的所有 RNA 的总和，是研究细胞表型和功能的一个重要手段。目前转录组数据获得和分析的方法主要有基于杂交技术的芯片技术，包括 cDNA 芯片和寡聚核苷酸芯片，基于序列分析的基因表达系列分析（serial analysis of gene expression，SAGE）和大规模平行信号测序系统（massively parallel signature sequencing，MPSS）。

SAGE 可以定量分析已知基因及未知基因表达情况，在疾病组织、癌细胞等差异表达谱的研究中，SAGE 可以帮助获得完整转录组学图谱、发现新的基因及其功能以及作用机制和通路等信息。MPSS 是对 SAGE 的改进，它能在短时间内检测细胞或组织内全部基因的表达情况，是功能基因组研究的有效工具。MPSS 技术对于致病基因的识别、揭示基因在疾病中的作用、分析药物的药效等都非常有价值，该技术的发展将在基因组功能方面及其相关领域研究中发挥巨大的作用。

第十四章 蛋白质的生物合成

【案例1】

患者，女，6岁，以“发热，伴咽喉痛4天”入院。4天前无明显诱因出现发热，伴咽喉痛，吞咽时疼痛加剧。抗感染治疗5天不见好转。

体格检查：体温38.2℃，脉搏104次/分，呼吸36次/分，血压104/84 mmHg。神志清楚，声音稍有嘶哑，双侧颈淋巴结肿大略有压痛，两侧扁桃体Ⅱ度肿大，表面有片状白膜，不易剥脱，咽腔充血，延及咽腔后壁，鼻腔发现有脓血样分泌物溢出。呼吸急促。肺可闻及干性啰音。

实验室检查：白细胞（WBC）(15.4～19.8)×10^9/L，中性粒细胞（NEU）0.82～0.9，血红蛋白（Hb）136～175g/L。尿蛋白（++++），可见白细胞及颗粒管型。鼻及咽拭子细菌培养24小时后都有白喉杆菌生长。动物毒力试验呈阳性反应。

问题讨论

1. 患者初步诊断患什么疾病？
2. 从生物化学的角度分析导致本病症状的原因。
3. 白喉杆菌及其毒素作用机制如何？

以mRNA为模板合成蛋白质的过程称为翻译（translation）。严格地说，是以mRNA为模板指导多肽链的合成过程。虽然遗传信息储存在DNA分子中，但DNA并不直接指导蛋白质的合成，而是靠转录生成的mRNA分子中4种核苷酸（A、G、C、U）的碱基序列来指导蛋白质分子中的20种氨基酸序列，由此将mRNA分子中的“碱基语言”转换为蛋白质分子中的“氨基酸语言”，故此过程称为“翻译”。此外，蛋白质合成后还需加工修饰才具有生理功能，许多蛋白质合成后还需定向输送到最终发挥功能的场所。

第一节 蛋白质生物合成的反应体系

蛋白质生物合成的反应体系由作为原料的20种氨基酸、蛋白质合成的直接模板mRNA、运载氨基酸的工具tRNA、蛋白质合成的场所核糖体、相关的酶及各种蛋白因子、供能物质ATP和GTP以及K^+、Mg^{2+}等构成。

NOTE

一、mRNA——蛋白质合成的直接模板

mRNA的种类繁多、碱基序列各异、分子大小不同，这与蛋白质的种类和大小是相对应的。虽然不同mRNA分子的大小及碱基序列不同，但都有5′-非翻译区、开放阅读框区（即编码区）和3′-非翻译区。在mRNA的编码区，从5′→3′方向，每三个相邻的核苷酸组成一个三联体密码即遗传密码（genetic codon）或称为密码子（codon），它们代表着某种氨基酸或起始和终止信号。mRNA分子中三联体遗传密码的排列顺序，决定了多肽链一级结构中氨基酸的排列顺序。1961年，美国国家卫生研究院（NIH）的Nirenberg破解了首个遗传密码UUU，随后与威斯康星大学的Khorana于1966年破译了全部64个遗传密码。他们因破解遗传密码与Holley（阐明了$tRNA^{Phe}$）共同获得1968年的诺贝尔生理学/医学奖。64个遗传密码中，有61个分别代表20种不同的编码氨基酸，UAA、UAG、UGA则代表多肽链合成的终止信号，称为终止密码子（termination codon）。当AUG位于ORF的第一位时，它既编码甲硫氨酸，又作为多肽链合成的起始信号，称为起始密码子（initiation codon）（表14-1）。

表14-1　遗传密码表

第1个核苷酸（5′-端）	第2个核苷酸				第3个核苷酸（3′-端）
	U	C	A	G	
U	苯丙氨酸	丝氨酸	酪氨酸	半胱氨酸	U
	苯丙氨酸	丝氨酸	酪氨酸	半胱氨酸	C
	亮氨酸	丝氨酸	终止密码子	终止密码子	A
	亮氨酸	丝氨酸	终止密码子	色氨酸	G
C	亮氨酸	脯氨酸	组氨酸	精氨酸	U
	亮氨酸	脯氨酸	组氨酸	精氨酸	C
	亮氨酸	脯氨酸	谷胺酰胺	精氨酸	A
	亮氨酸	脯氨酸	谷胺酰胺	精氨酸	G
A	异亮氨酸	苏氨酸	天冬酰胺	丝氨酸	U
	异亮氨酸	苏氨酸	天冬酰胺	丝氨酸	C
	异亮氨酸	苏氨酸	赖氨酸	精氨酸	A
	甲硫氨酸	苏氨酸	赖氨酸	精氨酸	G
G	缬氨酸	丙氨酸	天冬氨酸	甘氨酸	U
	缬氨酸	丙氨酸	天冬氨酸	甘氨酸	C
	缬氨酸	丙氨酸	谷氨酸	甘氨酸	A
	缬氨酸	丙氨酸	谷氨酸	甘氨酸	G

遗传密码具有以下几个重要特点：

1. 方向性（directionality）　翻译时从mRNA开放阅读框区的5′-端起始密码子（AUG）开始，沿5′→3′方向“阅读”，直到3′-端终止密码子为止。

2. 连续性（non-punctuation）　密码子之间没有任何特殊的符号加以间隔，翻译时从起始密码子连续“阅读”下去，直到终止密码子为止。mRNA上碱基的缺失或插入都可能会造成密码子的阅读框架改变，使翻译出的氨基酸序列发生变异，产生“框移突变”（frame shift mutation）（图14-1）。

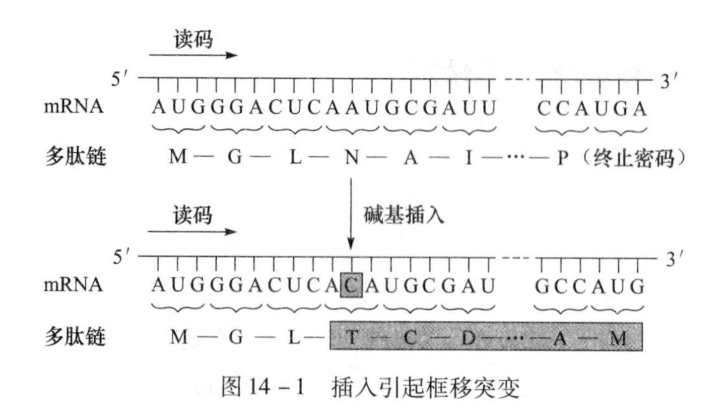

图 14－1 插入引起框移突变

3. 简并性（degeneracy） 20 种编码氨基酸中，除色氨酸和甲硫氨酸各有一个密码子外，其余氨基酸都有两个或两个以上密码子，如亮氨酸和丝氨酸多达 6 个密码子。一种氨基酸具有两个或两个以上密码子的现象，称为遗传密码的简并性。同一种氨基酸的不同密码子互称为同义密码子或简并密码子。编码同一氨基酸密码子的前两位碱基往往相同，而第三位碱基不同，所以密码子的专一性主要由前两位碱基决定，第三位碱基突变时，仍可能翻译出正确的氨基酸，保证所合成多肽链的一级结构不变。遗传密码的简并性对于减少有害突变，保证遗传的稳定性具有一定的意义。

4. 摆动性（wobble） 密码子的第三位碱基与反密码子的第一位碱基配对时，有时会不严格遵守碱基配对原则，称为遗传密码的摆动现象（表 14－2）。摆动性使一种 tRNA 能识别 mRNA 的多个简并密码子。

表 14－2 密码子与反密码子的摆动配对

tRNA 反密码子的第一位碱基	I	U	G
mRNA 密码子的第三位碱基	U、C、A	A、G	U、C

5. 通用性（universality） 表 14－1 中的 64 个遗传密码几乎适用于从简单的病毒、细菌到高等的人类，此为遗传密码的通用性。这表明各种生物可能是从同一祖先进化而来的。但研究发现，动物细胞的线粒体和植物细胞的叶绿体内所使用的遗传密码与“通用密码”有一定差别，如人、牛、酵母线粒体基因组中的 UGA 编码色氨酸，而非终止密码子。

二、tRNA——运载氨基酸和作为蛋白质合成的适配器

氨基酸是蛋白质合成的原料，但氨基酸本身却不能辨认 mRNA 分子中的密码子，两者间无直接的对应关系，这就需要一种既能结合氨基酸，又能识别密码子的中介分子，tRNA 刚好就能起到这一作用。tRNA 3′末端腺苷酸（A）的 3′羟基可与氨基酸的 α－羧基脱水缩合，形成氨基酰－tRNA，起到运载氨基酸的作用；同时 tRNA 反密码环上的反密码子能识别与结合 mRNA 上的密码子，使它所携带的氨基酸在核糖体上按一定顺序“对号入座”，起到“适配器”的作用。细胞内有 60 多种不同的 tRNA，每种氨基酸至少需一种 tRNA 来运载。

三、核糖体——蛋白质合成的场所

NOTE

核糖体（或称核蛋白体）是由几种 rRNA 和多种蛋白质构成的复合体，是蛋白质生物合成

的场所，在蛋白质生物合成中起到“装配机”的作用。核糖体由大小两个亚基组成。原核生物核糖体的沉降系数为70S，其中大亚基为50S，小亚基为30S。与原核生物相比，真核生物核糖体（线粒体和叶绿体的核糖体除外）体积较大，成分也较为复杂，沉降系数为80S，其中大亚基为60S，小亚基为40S（图14－2）。

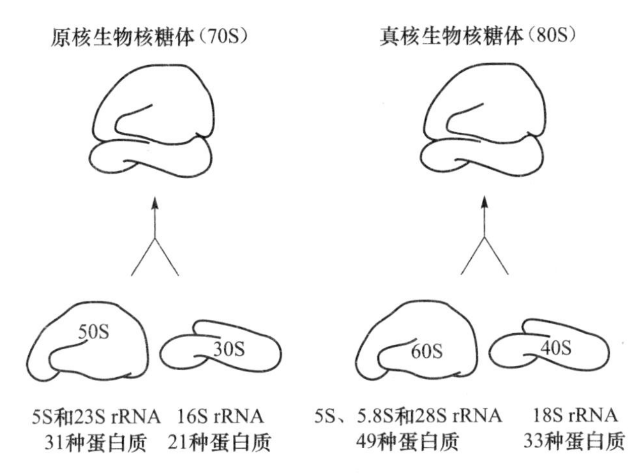

图14－2　核糖体大小亚基及其构成组分

核糖体具有以下的功能位点：①小亚基有供mRNA附着的位点，当大、小亚基聚合时，两者间形成的裂隙可容纳mRNA；②具有结合氨基酰－tRNA和肽酰－tRNA的部位，即氨基酰位（aminoacyl site，A位）和肽酰位（peptidyl site，P位）；③具有肽酰转移酶活性，催化肽键生成；④原核生物核糖体大亚基上还有排除卸载tRNA的排除位（exit site，E位），而真核生物核糖体没有E位；⑤核糖体还具有结合起始因子、延长因子及释放因子等蛋白质因子的位点（图14－3）。

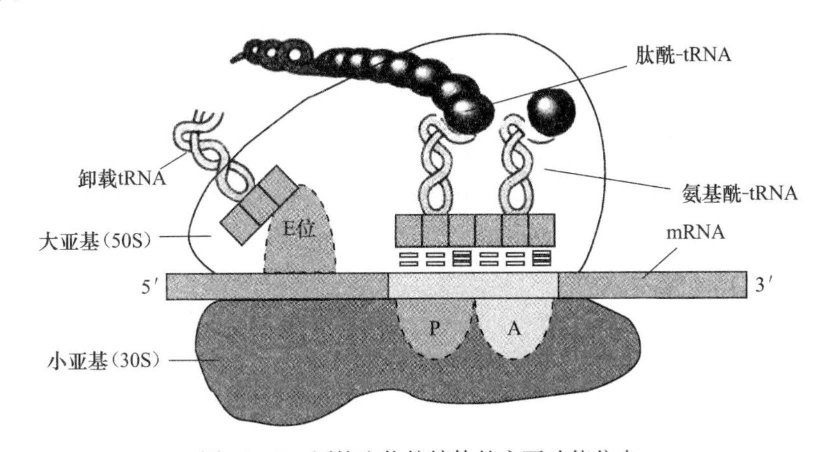

图14－3　原核生物核糖体的主要功能位点

四、参与蛋白质合成的相关酶类和蛋白因子

（一）氨基酰－tRNA合成酶

氨基酰－tRNA合成酶（aminoacyl－tRNA synthetase）又称氨基酸活化酶，其功能是催化氨基酸的α－羧基以酯键结合在tRNA的3′末端腺嘌呤核苷酸（A）戊糖的3′－羟基上（图14－4）。氨基酸活化后才能参与肽链合成，其活化的部位是α－羧基。

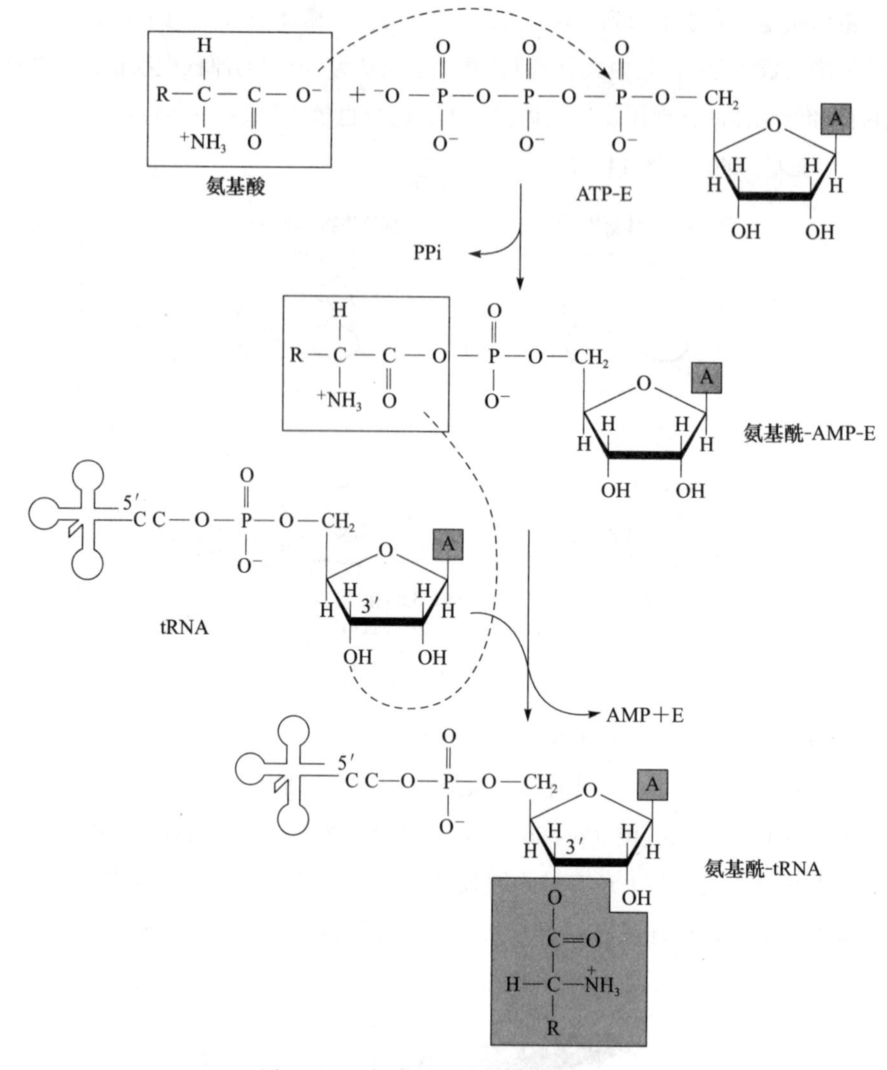

图 14－4 氨基酰－tRNA 的合成过程

氨基酰－tRNA 合成酶催化氨基酰－tRNA 的合成分两步进行：①氨基酸首先与ATP－酶（ATP－E）反应形成中间产物氨基酰－AMP－E；②氨基酰－AMP－E 催化 tRNA 与氨基酸结合，生成氨基酰－tRNA。整个反应消耗 2 个高能磷酸键。

$$\text{氨基酸}+\text{ATP-E}\xrightarrow[\text{Mg}^{2+}]{\nearrow \text{PPi}}\text{氨基酰-AMP-E}\xrightarrow[\text{Mg}^{2+}]{\text{tRNA}\quad\text{AMP}+\text{E}}\text{氨基酰-tRNA}$$

细胞质中至少有 20 种以上的氨基酰－tRNA 合成酶，它们对底物氨基酸和 tRNA 具有高度特异性，即每种氨基酰－tRNA 合成酶只催化一种特定的氨基酸与相应的 tRNA 结合。此外，氨基酰－tRNA 合成酶还具有校读功能。原核生物肽链合成的起始 tRNA（tRNAi，i 表示起始）所携带的甲硫氨酸还需甲酰化，形成甲酰甲硫氨酰－tRNA，表示为“fMet－$\text{tRNAi}^{\text{fMet}}$”（f 表示甲酰基）；真核生物中 tRNAi 所携带的甲硫氨酸不需甲酰化，表示为“Met－$\text{tRNAi}^{\text{Met}}$”（图 14－5）。因此，原核生物多肽链合成的第一个氨基酸是甲酰甲硫氨酸，真核生物是甲硫氨酸。

NOTE

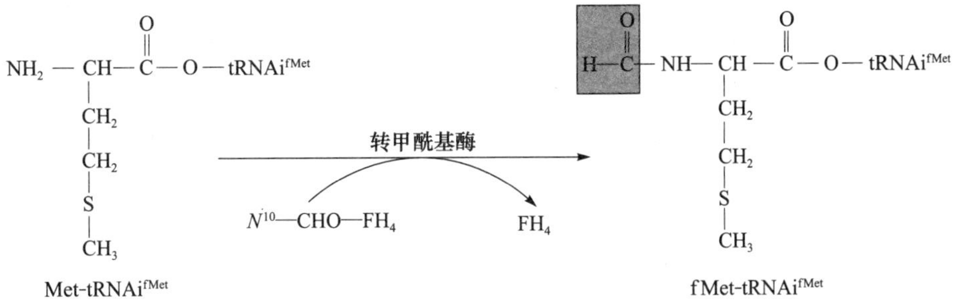

$$NH_2-CH(CH_2CH_2SCH_3)-C(=O)-O-tRNAi^{fMet} \xrightarrow[N^{10}-CHO-FH_4 \;\rightarrow\; FH_4]{\text{转甲酰基酶}} H-C(=O)-NH-CH(CH_2CH_2SCH_3)-C(=O)-O-tRNAi^{fMet}$$

Met-tRNAi^{fMet}　　　　fMet-tRNAi^{fMet}

图 14-5　原核生物甲硫氨酰-tRNA 的甲酰化反应

（二）肽酰转移酶

肽基转移酶（peptidyl transferase）又称转肽酶（transpeptidase），其作用是催化核糖体 P 位的肽基转移到核糖体 A 位的氨基酰-tRNA 的氨基上形成肽键。肽基转移酶的本质是核酶。原核生物的肽基转移酶是位于核糖体大亚基上的 23S rRNA，真核生物的肽基转移酶是位于核糖体大亚基上的 28S rRNA。

（三）转位酶

转位酶催化核糖体沿 mRNA 的 5′端向 3′端移位，每次移动一个密码子的距离。原核生物起转位酶作用的是延长因子 G（EF-G），真核生物是延长因子 2（eEF-2）。

（四）蛋白质因子

蛋白质生物合成的整个过程均需要多种蛋白因子参加。

1. 起始因子　起始因子（initiation factor，IF；真核细胞为 eIF）是与多肽链合成与起始有关的一类蛋白因子。原核生物中有 3 种起始因子，分别称为 IF-1、IF-2、IF-3；真核生物中至少有 10 种。起始因子的作用主要是促进核糖体小亚基、起始 tRNA 与模板 mRNA 的结合及大、小亚基的分离。

2. 延长因子　延长因子（elongation factor，EF；真核细胞为 eEF）是参与多肽链延长的一类蛋白因子，其主要作用是促使氨基酰-tRNA 进入核糖体的“A 位”，并促进转位过程。原核生物延长因子为 EF-T 和 EF-G，真核生物延长因子则为 eEF-1 和 eEF-2。

3. 释放因子　释放因子（release factor，RF；真核细胞为 eRF）是与多肽链的合成终止有关的一类蛋白因子。它们能识别 mRNA 上的终止密码子，并具有诱导肽酰转移酶转变为酯酶的活性，使肽链从核糖体上释放。原核生物中有 RF-1、RF-2、RF-3 三种释放因子，真核生物只有一种释放因子 eRF。

第二节　蛋白质的生物合成过程

蛋白质合成过程即是翻译的过程。原核生物和真核生物蛋白质合成过程基本相似，可分为起始（initiation）、延长（elongation）和终止（termination）三个阶段。

一、原核生物的蛋白质合成过程

（一）翻译起始

原核生物翻译的起始阶段是指 fMet－tRNAi^{fMet}、模板 mRNA 与核糖体大、小亚基结合，组装形成 70S 翻译起始复合物（initiation complex）的过程。这一过程还需要 Mg^{2+}、三种 IF、ATP 和 GTP 的参与。肽链合成的起始过程分四步进行：

1. 核糖体大、小亚基的分离　翻译是一个在核糖体上连续进行的过程，上一轮合成的终止就是下一轮合成的起始。起始时首先是核糖体的大、小亚基分开，以便使 mRNA 和 fMet－tRNAi^{fMet}结合在小亚基上。IF－3 促进大、小亚基分离，同时还能防止大、小亚基重新聚合；IF－1促进 IF－3 和小亚基的结合。

2. mRNA 与小亚基的结合　原核生物 mRNA 5′－端起始密码子上游 8～13 个核苷酸处有一段富含嘌呤碱基（－AGGAGG－）的特殊保守序列，称为 S－D 序列（Shine－Dalgarno sequence），此序列可被核糖体小亚基 16S rRNA 3′－端富含嘧啶碱基的短序列（－UCCUCC－）辨认并配对结合。紧接 S－D 序列后的一段核苷酸序列可被核糖体小亚基蛋白 rpS－1 识别并结合（图 14－6）。

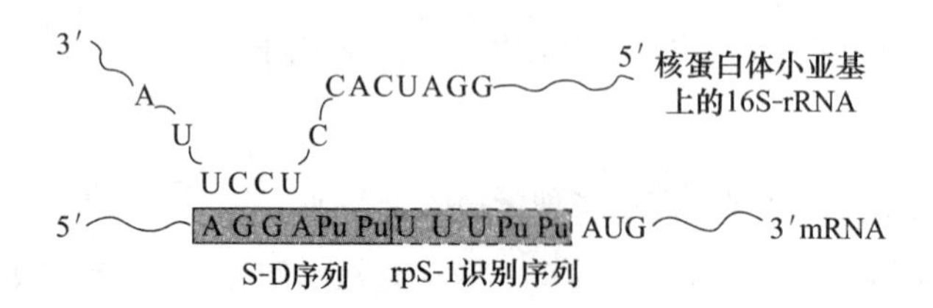

图 14－6　原核生物 mRNA 的 S－D 序列及其与核糖体小亚基的结合

3. 起始 fMet－tRNAi^{fMet}与 mRNA 的结合　fMet－tRNAi^{fMet}、IF－2 和 GTP 结合形成复合体，然后与核糖体小亚基结合，促使 fMet－tRNAi^{fMet}定位于 mRNA 序列上的起始密码子 AUG，保证了 mRNA 准确就位。起始时核糖体的 A 位被 IF－1 占据，不与任何氨基酰－tRNA 结合。

4. 核糖体大亚基的结合　fMet－tRNAi^{fMet}、小亚基和 mRNA 结合完成后，利用IF－2具有 GTP 酶的活性，催化 GTP 水解，释放的能量使起始因子释放，大亚基结合到小亚基上，形成由完整核糖体、mRNA、fMet－tRNAi^{fMet}组成的 70S 翻译起始复合物（图 14－7）。此时，P 位被结合起始密码子 AUG 的 fMet－tRNAi^{fMet}占据，而 A 位空缺，对应 mRNA 上 AUG 后的下一组三联体密码，准备接纳相应氨基酰－tRNA 的进入。

（二）翻译延长

翻译的延长阶段是指在 70S 翻译起始复合物的基础上，各种氨基酰－tRNA 按照 mRNA 密码子的顺序在核糖体上一一对号入座，由氨基酰－tRNA 携带到核糖体上的氨基酸依次以肽键相连接，直到新生肽链达到应有的长度为止。这一阶段是在核糖体上连续循环进行的，故又称核糖体循环，此为狭义的核糖体循环。每个循环可分为进位（registration）、成肽（peptide bond formation）和转位（translocation）三个步骤。每次循环使新生肽链延长一个氨基酸残基。延长过程需要延长因子（EF）参与。

1. 进位　又称注册，根据 mRNA 上位于核糖体 A 位的密码子，相应的氨基酰－tRNA 进入

NOTE

A 位，并通过反密码子与位于 A 位的 mRNA 密码子结合。这一过程需要延长因子 EF－T、GTP 和 Mg^{2+} 的参与。EF－T是由 Tu 和 Ts 组成的二聚体，Tu 结合 GTP 后与 Ts 分离。氨基酰－tRNA 进位前先与 Tu－GTP 结合形成氨基酰－tRNA－Tu－GTP 活性复合物而进入 A 位。Tu 有 GTP 酶活性，水解 GTP 释能来驱动 Tu 释放，重新形成 Tu－Ts 二聚体，并继续催化下一个氨基酰－tRNA 进位(图 14－8)。

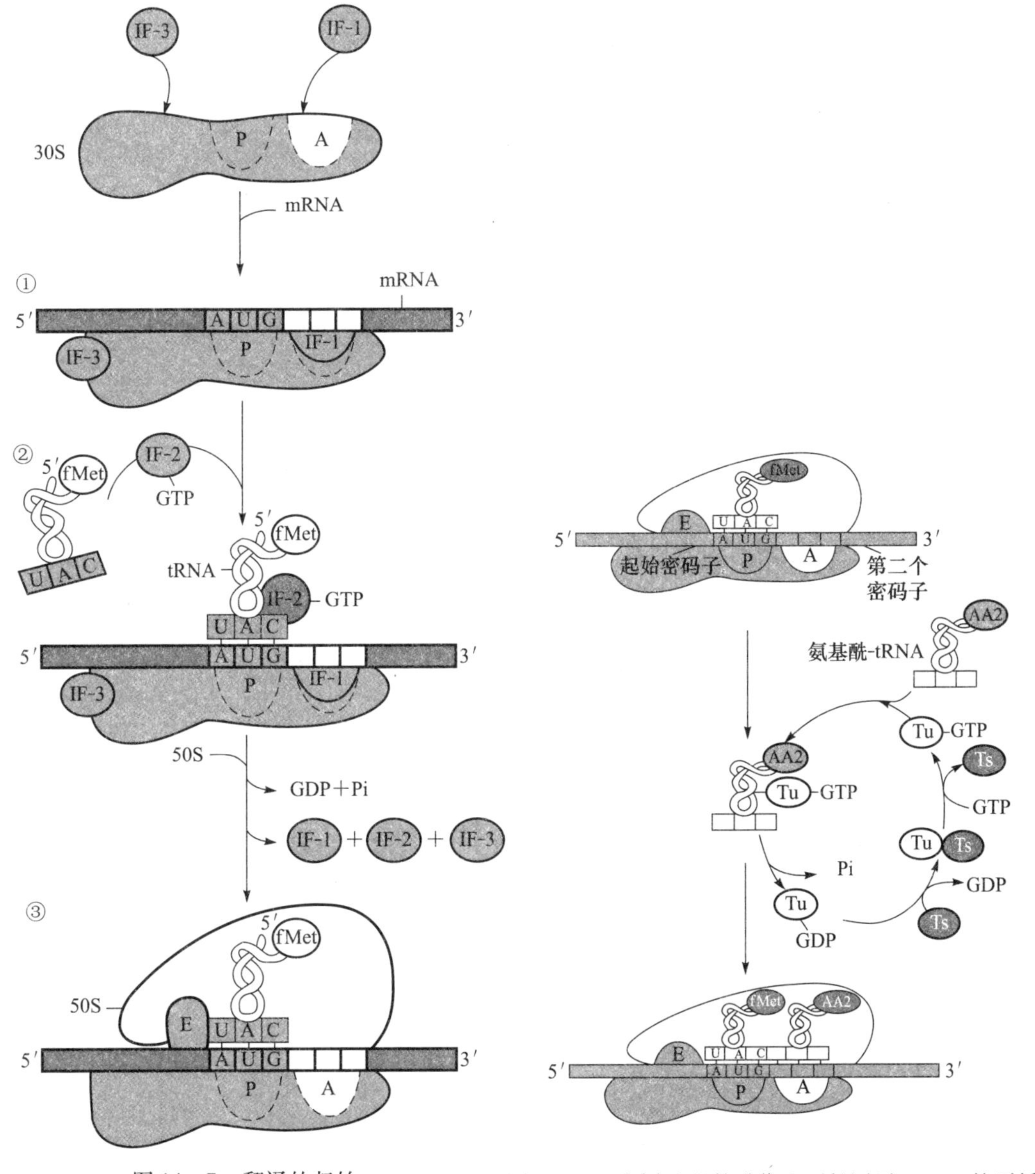

图 14－7　翻译的起始　　　图 14－8　翻译过程的进位和延长因子 EF－T 的再循环

2. 成肽　在肽基转移酶的催化下，P 位上肽酰－tRNA 所携带的肽酰基（第一次成肽反应时 P 位被 fMet－$tRNAi^{fMet}$所占据）转移到 A 位上的氨基酰－tRNA 的氨基酸的氨基上形成肽键，使新生肽链延长一个氨基酸残基（图 14－9）。该步反应需 Mg^{2+} 及 K^{+} 的存在。

3. 转位　又称移位，是在转位酶的催化下，核糖体沿 mRNA 从 5′→3′方向移动一个密码子的距离。此时，原位于 P 位上的密码子离开了 P 位，原位于 A 位上的密码子连同结合的肽酰－tRNA 一起进入 P 位，与之相邻的下一个密码子进入 A 位，为另一个能与之对号入座的氨基酰－tRNA 的进位准备好了条件。转位消耗的能量由 GTP 供给，并需要 Mg^{2+} 的参与。当下一个

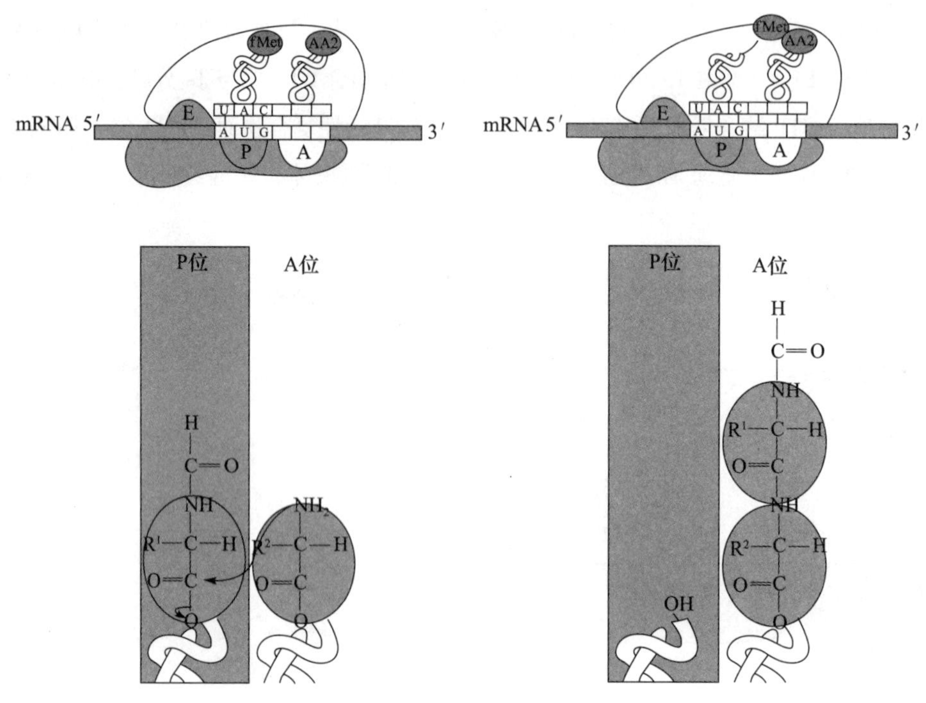

图 14－9 肽键的生成

氨基酰－tRNA 进入 A 位时，位于 E 位上的空载 tRNA 脱落排出（图 14－10）。原核生物由延长因子 EF－G 催化核糖体转位，真核生物由延长因子 eEF－2 催化。

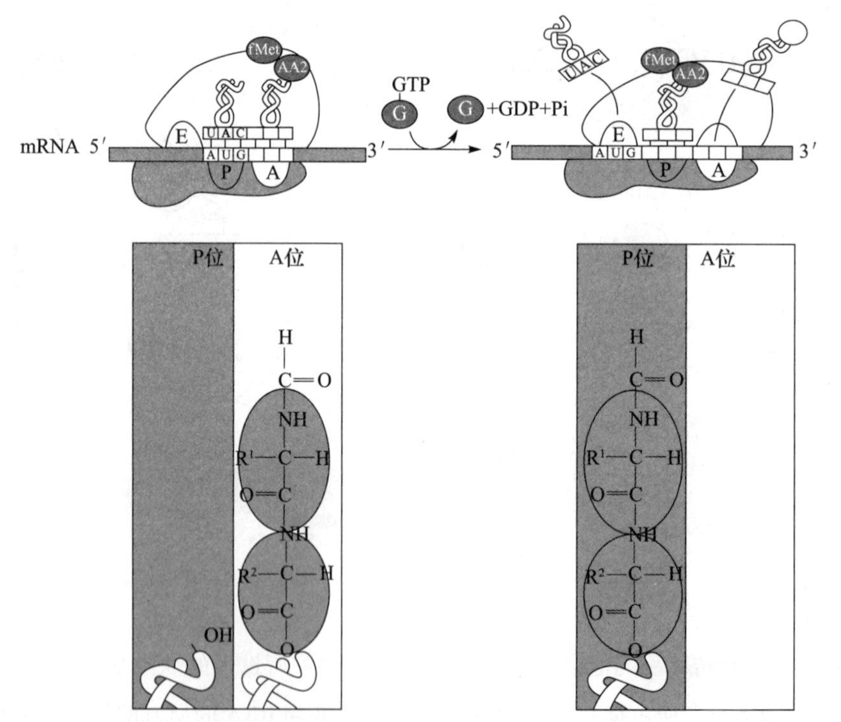

图 14－10 核糖体的转位

新生肽链上每增加一个氨基酸残基都需要经过上述 3 步反应，即核糖体沿 mRNA 链从 5′→3′方向滑动，连续进行进位、成肽、转位的循环过程。每次循环在肽链 C 端添加一个氨基酸残基，使相应肽链的合成从 N 端向 C 端延伸，直到终止密码子出现在核糖体的 A 位为止。此过程需三种 EF 参与，并消耗两分子 GTP。

NOTE

（三）翻译终止

当肽链合成至 A 位上出现终止信号（UAA、UAG、UGA）时，氨基酰 - RNA 无法识别，而只有释放因子（RF）能辨认终止密码子，进入 A 位。RF－1 能辨认并结合终止密码子 UAA 和 UAG，RF－2 能辨认并结合终止密码子 UAA 和 UGA，RF－1 或 RF－2 都具有激活肽基转移酶的酯酶活性而水解酯键。RF－3 能促进 RF－1 或 RF－2 进入 A 位，并具有 GTP 酶活性，通过水解 GTP 释能帮助肽链的释放。

RF 的结合可诱导转肽酶变构而成为酯酶活性，使 P 位上的肽链被水解释放下来，并促使 mRNA、卸载的 tRNA 及 RF 释放出来，最终核糖体也解离成大、小亚基(图 14－11)。解离后的大、小亚基又可重新聚合形成起始复合物，开始另一条肽链的合成。

二、真核生物与原核生物蛋白质合成的比较

真核生物的蛋白质合成过程与原核生物基本相似，只是反应更复杂，涉及的蛋白质因子更多。

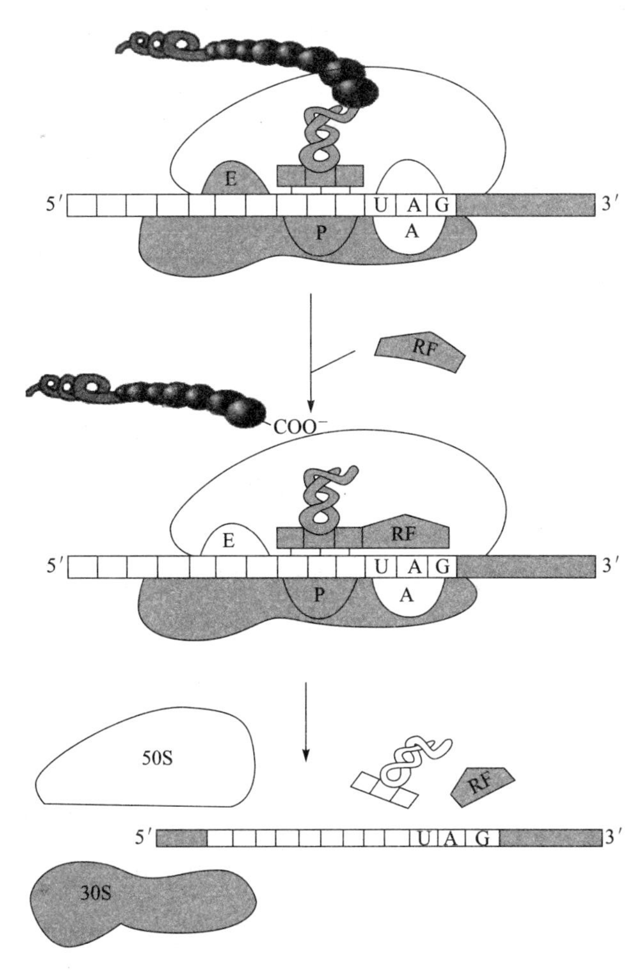

图 14－11　翻译的终止

（一）翻译起始的差异

真核生物蛋白质合成的起始阶段是在各种 eIF 的作用下，Met－tRNAi^{Met}、mRNA 及核糖体形成 80S 翻译起始复合物。

1. 核糖体大、小亚基分离　起始因子 eIF－2B、eIF－3 与核糖体小亚基结合，并在 eIF－6

的参与下，促进核糖体60S大亚基和40S小亚基解聚。

2. Met - tRNAi^{Met}与小亚基结合 Met - tRNAi^{Met} - eIF - 2 - GTP复合物结合在小亚基的P位。

3. mRNA与小亚基定位结合 真核生物mRNA不含S - D序列，在mRNA 5′端帽结构后面通常具有CCA/GCCAUGG序列，起始密码子AUG常位于此序列中，该序列被称为kozak序列或扫描序列。该序列可与翻译起始因子结合而介导含有5′帽结构的mRNA翻译起始。eIF - 4复合物（包含eIF - 4E、eIF - 4G、eIF - 4A）通过其eIF - 4E与mRNA的5′帽结构结合，polyA结合蛋白（Pab）与mRNA的3′端poly（A）尾结合，再通过eIF - 4G和eIF - 3与小亚基结合。eIF - 4A具有RNA解旋酶活性，通过消耗ATP使mRNA引导区二级结构解链。小亚基自5′→3′方向沿mRNA进行扫描，直至Met - tRNAi^{Met}的反密码子与起始密码子AUG配对结合，完成mRNA与小亚基的定位结合（图14 - 12）。

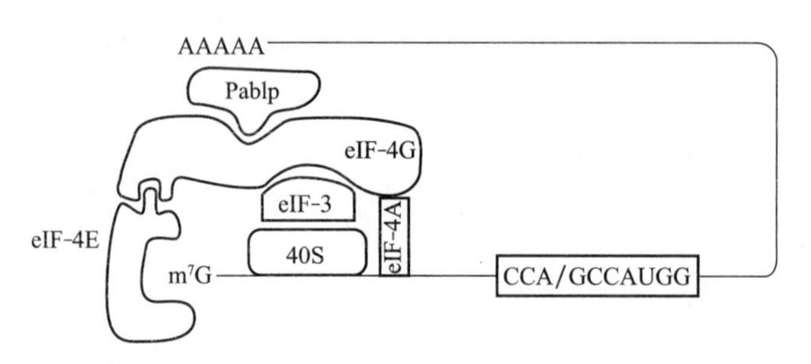

图14 - 12 真核生物mRNA与小亚基的结合

4. 核糖体大亚基结合 在eIF - 5的作用下，已经结合mRNA和Met - tRNAi^{Met}的小亚基迅速与大亚基结合，同时各种eIF从核糖体上脱落，形成80S起始复合物。

（二）翻译延长的差异

真核生物蛋白质合成的延长阶段与原核生物基本相似。真核生物eEF - 1催化氨基酰 - tRNA进到A位，肽基转移酶催化肽键生成，eEF - 2催化核糖体沿mRNA的5′→3′方向移位。真核细胞核糖体没有E位，卸载的tRNA直接从P位脱落。

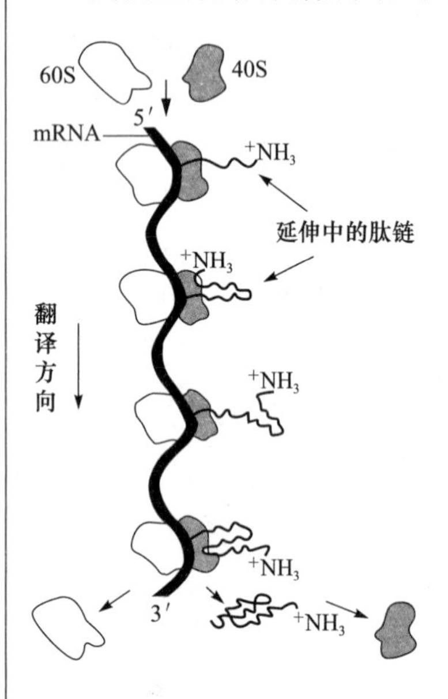

图14 - 13 多聚核糖体循环

（三）翻译终止的差异

真核生物只有一种eRF，可识别与结合所有终止密码子，激发终止反应。

无论是原核生物还是真核生物，蛋白质生物合成都是以多聚核糖体循环的方式进行的，即蛋白质合成时，在一条mRNA链上常常附着10～100个核糖体，呈串珠状排列，每个核蛋白体之间相隔约80个核苷酸，这些核糖体在一条mRNA上同时进行翻译，可以大大加快蛋白质合成的速率，使mRNA得到充分的利用。多个核糖体在一条mRNA上同时进行翻译，合成相同肽链的过程称为多聚核糖体循环（图14 - 13）。

第三节　翻译后的加工修饰与靶向转运

一、翻译后的加工修饰

从核糖体上释放出来的新生肽链，还不具有生物学活性，需经过一定的加工和修饰才具有生物学活性，这种肽链合成后的加工修饰过程称为翻译后加工。

（一）一级结构的加工修饰

一级结构的加工修饰包括肽链的水解剪裁、氨基酸残基的共价修饰等。

1. N端甲酰甲硫氨酸或甲硫氨酸的切除　绝大多数肽链的第一个氨基酸残基由脱甲酰基酶或氨基肽酶催化水解去除。

2. 蛋白质前体中部分肽段的水解切除　一些多肽链合成后，在特异蛋白水解酶的作用下，去除某些肽段或氨基酸残基，生成有活性的多肽。例如，由256个氨基酸残基构成的鸦片促黑皮质素原经水解可产生多种小分子活性肽（图14－14）。

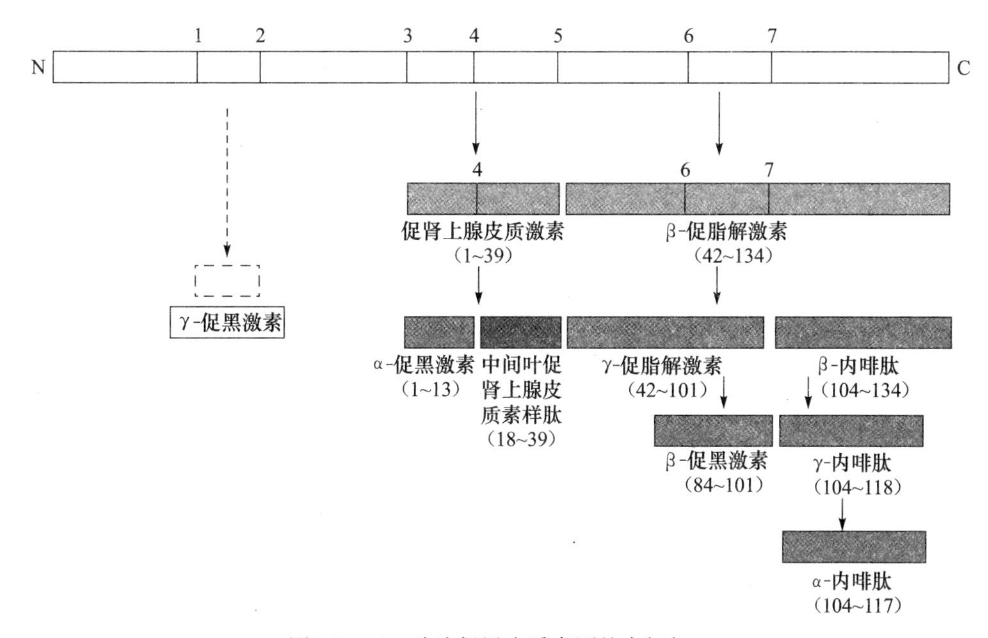

图14－14　鸦片促黑皮质素原的水解加工

3. 个别氨基酸残基的化学修饰　如胶原蛋白前体中的赖氨酸、脯氨酸残基的羟基化，丝氨酸、苏氨酸或酪氨酸的磷酸化，组氨酸的甲基化等。

4. 亲脂性修饰　某些蛋白质在翻译后需要在肽链的特定位点共价连接一个或多个疏水性的脂链，以增强它们与膜系统的结合能力，或增进蛋白质之间的相互作用。

（二）空间结构的形成

新生肽链需要经过折叠形成特定的空间结构才具有生物学活性。

1. 多肽链的折叠　新生肽链的折叠需在折叠酶和分子伴侣的参与下才能完成。折叠酶包括蛋白质二硫键异构酶和肽－脯氨酰顺反异构酶，前者催化蛋白质中二硫键形成；后者催化蛋白质中肽－脯氨酰顺反异构体间的转变。分子伴侣（molecular chaperone）是细胞中一类保守

NOTE

的蛋白质，可识别肽链的非天然构象，促进其正确折叠。

分子伴侣包括热休克蛋白（heat shock protein，HSP）和伴侣素（chaperonin）两大家族。

热休克蛋白属于应激反应性蛋白质，高温应激可诱导该蛋白质合成。大肠杆菌中参与多肽链折叠的热休克蛋白包括 HSP70、HSP40 和 Grp E。

大肠杆菌中，HSP70 由基因 Dna K 编码，故 HSP70 又被称为 Dna K。它有两个主要功能域：一个是存在于 N－端的高度保守性 ATP 酶结构域，能结合和水解 ATP；另一个是存在于 C－端的多肽链结合结构域。多肽链折叠需要这两个结构域的相互作用。在多肽链的折叠过程中，HSP70 还需两个辅助因子 HSP40 和 Grp E。大肠杆菌的 HSP40 又被称为 Dna J。在 ATP 存在的情况下，Dna J 和 Dna K 的相互作用能抑制蛋白质的聚集；Grp E 作为核苷酸交换因子与 HSP40 作用，通过改变 HSP70 的构象而控制 HSP70 的 ATP 酶活性。

大肠杆菌中热休克蛋白促进多肽链折叠的基本过程是 HSP70 反应循环。HSP40 首先与未折叠或部分折叠的多肽链结合，将多肽导向 HSP70－ATP 复合物，并与 HSP70 结合。HSP40 激活 HSP70 的 ATP 酶活性，使其水解 ATP，在 Grp E 参与下完成折叠过程（图 14－15）。

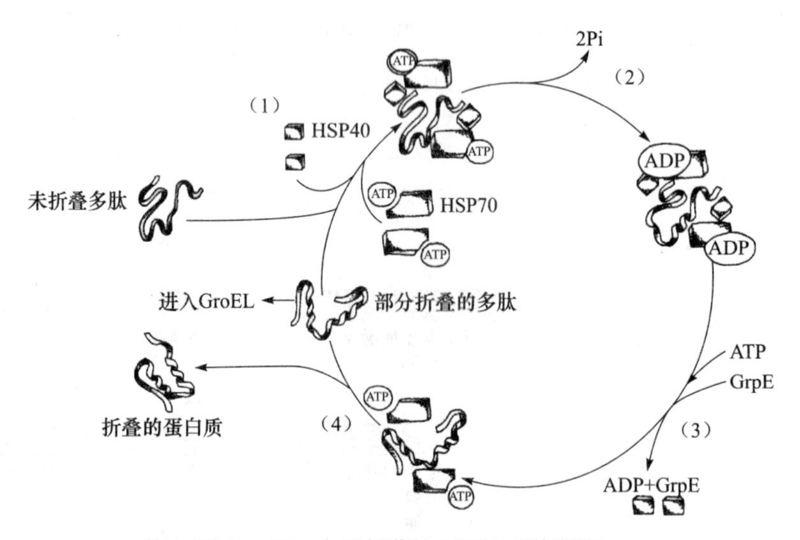

图 14－15　大肠杆菌的 HSP70 反应循环

伴侣素的主要作用是为非自发性折叠蛋白质提供能折叠形成天然空间构象的微环境，如大肠杆菌的 Gro EL 和 Gro ES（真核细胞中的同源物为 HSP60 和 HSP10）。

Gro EL 是由 14 个相同亚基组成的多聚体，每 7 个亚基围成一圈，上下两圈堆砌形成桶状空腔，组成未封闭的复合体，顶部是空腔的出口。Gro ES 是由 7 个相同亚基组成的圆顶状蛋白质，可与 Gro EL 一起形成 Gro EL－Gro ES 复合物。当待折叠肽链进入 Gro EL 的桶状空腔后，Gro ES 可作为“盖子”瞬时封闭 Gro EL 的出口，封闭后的桶状空腔提供了能完成该肽链折叠的微环境。由 ATP 供能，肽链在密闭的 Gro EL 空腔内，使其表面由疏水状态转变为亲水状态，促进肽链不断折叠。折叠过程完成后，形成天然空间构象的蛋白质被释放，尚未完成折叠的肽链可再进入下一轮反应循环，直到形成具有天然空间构象的蛋白质（图 14－16）。

2. 亚基的聚合　具有两个或两个以上亚基的蛋白质，如血红蛋白，在各条肽链合成后，还需通过非共价键将亚基聚合成多聚体，形成蛋白质的四级结构。

3. 辅基的连接　各种结合蛋白质如脂蛋白、糖蛋白、色素蛋白及各种带辅基的酶，合成后还需进一步与辅基连接，才能成为具有功能活性的天然蛋白质。

NOTE

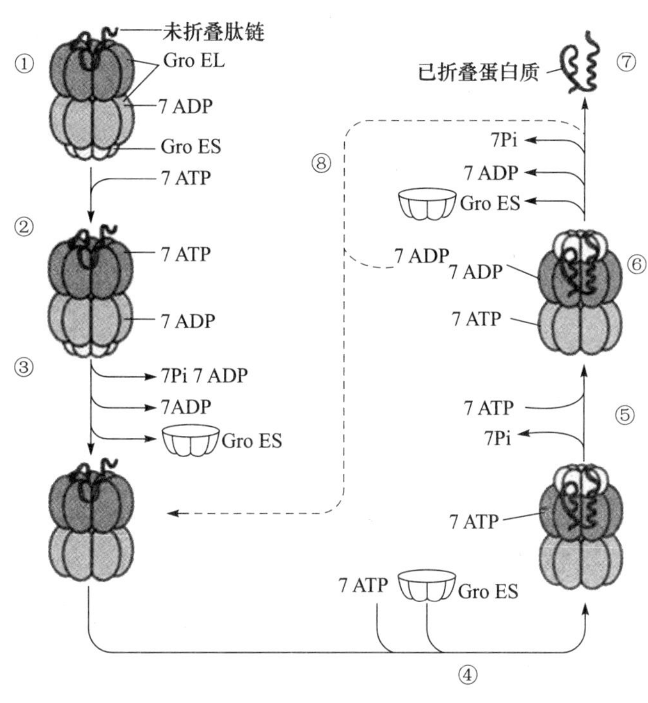

图 14-16 Gro EL-Gro ES 反应循环

二、蛋白质的靶向转运

蛋白质在核糖体上合成后，必须被分选出来，并定向地输送到其发挥功能的部位，称为蛋白质的靶向转运。蛋白质合成后的去向主要是：①保留在胞质；②进入细胞器；③分泌到细胞外。靶向转运的蛋白质在其一级结构上存在分选信号，可引导蛋白质转运到靶部位，这类分选信号序列称为信号序列（signal sequence）。靶向不同的蛋白质各有特异的信号序列或成分，如保留在细胞质的蛋白质通常缺乏特殊信号序列，分泌型蛋白质有 N 端信号肽（signal peptide），定位在细胞核内的蛋白质有核定位序列（nuclear localization sequence，NLS）（表 14-3）。

表 14-3 靶向输送蛋白质的信号序列或成分

靶向输送蛋白	信号序列或成分
分泌型蛋白	N 端信号肽
内质网腔蛋白	N 端信号肽
线粒体蛋白	N 端信号序列
核蛋白	核定位序列（-Pro-Pro-Lys-Lys-Lys-Arg-Lys-Val-）
过氧化物酶体	C 端 -Ser-Lys-Leu-
溶酶体蛋白	Man-6-P（6-磷酸甘露糖）

（一）分泌型蛋白质的靶向输送

核糖体上合成的肽链先由信号肽引导进入内质网腔并被折叠成具有一定功能构象的蛋白质，然后再在高尔基复合体中被包装进分泌小泡，移行至细胞膜，再被分泌到细胞外。信号肽是未成熟蛋白质中的一段可被细胞转运系统识别，并把后续肽链引向膜性结构的特征性氨基酸序列。

分泌型蛋白质进入到内质网腔需要多种蛋白成分的协同作用：①当肽链合成至大约 70 个氨基酸残基时（信号肽已产生），细胞液中的信号肽识别颗粒（signal recognition particle，SRP）与信号肽、GTP 及核糖体结合，形成 SRP-肽链-核糖体复合物，使肽链合成暂时停止；

NOTE

②SRP引导此复合体移向内质网膜，SRP与内质网膜上的SRP受体结合，核糖体大亚基与内质网膜上的核糖体受体结合，SRP具有GTP酶活性，通过水解GTP而脱离复合体，肽链合成又开始进行；③后续正在合成的肽链在信号肽引导下，通过肽转位复合物进入内质网腔，信号肽被位于内质网腔面的信号肽酶切除并被蛋白酶降解，分子伴侣（如热休克蛋白70）促进蛋白质折叠成熟（图14－17）。

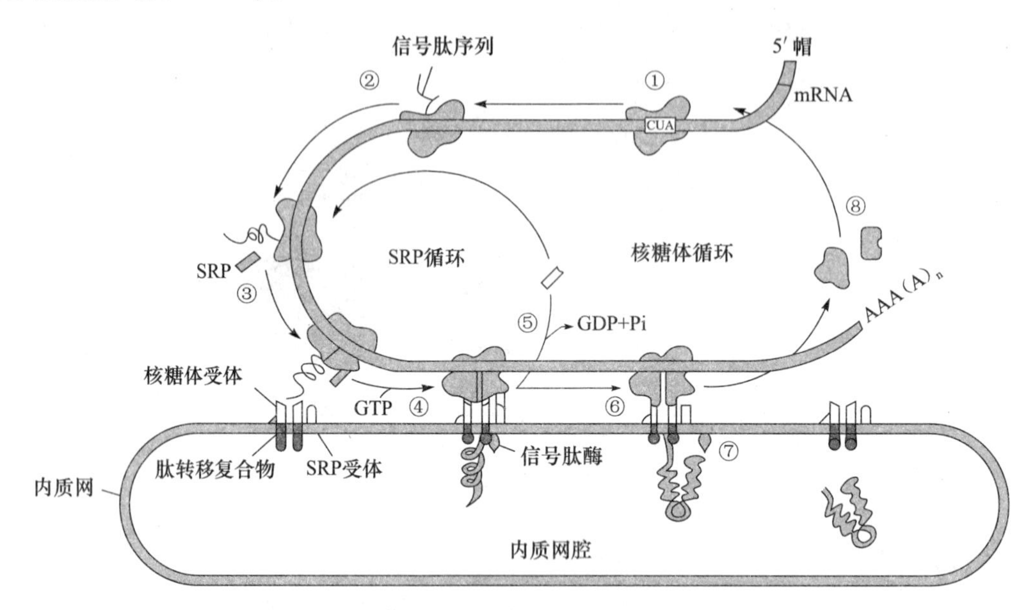

图14－17　信号肽引导分泌型蛋白质进入内质网腔

（二）溶酶体蛋白的定位

溶酶体酶和溶酶体膜蛋白在粗面内质网合成，然后转运至高尔基体的顺面，在此进行糖基化修饰，加上6－磷酸甘露糖。6－磷酸甘露糖是一个能将溶酶体蛋白靶向输送至目的地的信号。它能被定位于高尔基体反面的6－磷酸甘露糖受体所识别和结合，并将溶酶体蛋白包裹，形成运输小泡，以出芽方式与高尔基体脱离。运输小泡再与含有酸性内容物的分选小泡融合，分选小泡中较低的pH使溶酶体蛋白与受体解离，随后被磷酸脂酶水解为甘露糖和磷酸，以阻止6－磷酸甘露糖再与其受体结合。余下的含有受体的膜片层，再通过出芽方式脱离分选小泡并返回高尔基体进行再循环利用；而溶酶体蛋白即通过小泡之间的融合最终释放至溶酶体（图14－18）。

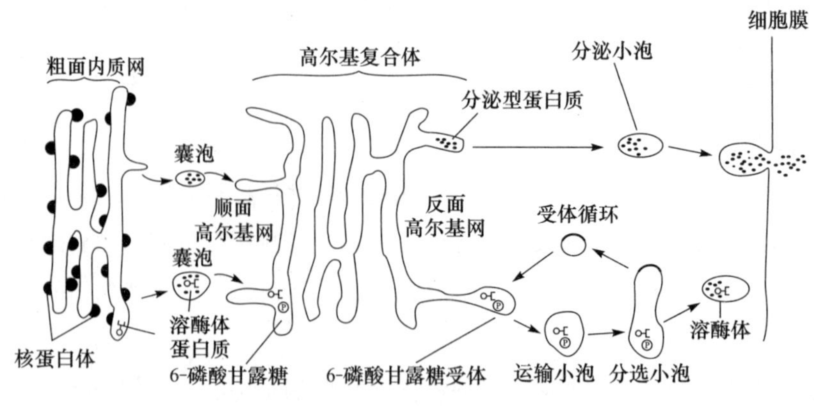

图14－18　真核细胞溶酶体蛋白的定位过程

（三）线粒体蛋白的跨膜转运

90%以上的线粒体蛋白前体在细胞质游离核蛋白体合成后输入线粒体，其中大部分定位基质，其他定位内、外膜或膜间隙。线粒体蛋白N端都有12～30个氨基酸残基构成的信号序列，称为导肽。

线粒体基质蛋白翻译后定位过程：①前体蛋白在细胞质游离核蛋白体上合成，并释放到细胞质中；②细胞质中的分子伴侣HSP70或线粒体输入刺激因子（mitochondrial import stimulating factor，MSF）与前体蛋白结合，以维持这种非天然构象，并阻止它们之间的聚集；③前体蛋白通过信号序列识别、结合线粒体外膜的受体复合物；④再转运、穿过由线粒体外膜转运体（Tom）和内膜转运体（Tim）共同组成的跨内、外膜蛋白通道，以未折叠形式进入线粒体基质；⑤前体蛋白的信号序列被线粒体基质中的特异蛋白水解酶切除，然后蛋白质分子自发地或在上述分子伴侣帮助下折叠形成有天然构象的功能蛋白（图14－19）。

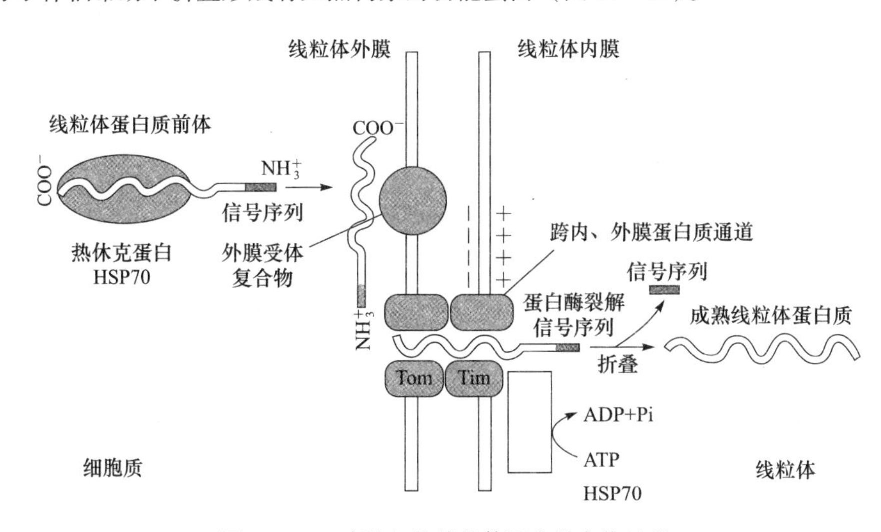

图14－19 真核细胞线粒体蛋白的定位过程

（四）细胞核蛋白质的定位

细胞核中的蛋白，包括组蛋白及复制、转录、基因表达调控相关的酶和蛋白因子等都是在细胞质游离核蛋白体上合成之后转运到细胞核的，而且都是通过体积巨大的核孔复合体进入细胞核的。所有被输送到细胞核的蛋白质都含有一个核定位序列。与其他信号序列不同，NLS可位于核蛋白的任何部位，不一定在N末端，而且NLS在蛋白质进入核后不被切除。

蛋白质向核内输送过程需要几种循环于核质和胞质的蛋白质因子，包括α、β核输入因子和一种分子量较小的GTP酶（Ran蛋白）。3种蛋白质组成的复合物停靠在核孔处，α、β核输入因子组成的异二聚体可作为胞核蛋白受体，与NLS结合的是α亚基。核蛋白定位过程如下：①核蛋白在胞质游离核蛋白体上合成，并释放到细胞质中；②蛋白质通过NLS识别结合α、β输入因子二聚体形成复合物，并被导向核孔复合体；③依靠Ran GTP酶水解GTP释能，将核蛋白－输入因子复合物跨核孔转运入核基质；④转位中，β和α输入因子先后从复合物中解离，胞核蛋白定位于细胞核内，α、β输入因子移出核孔再循环利用（图14－20）。

NOTE

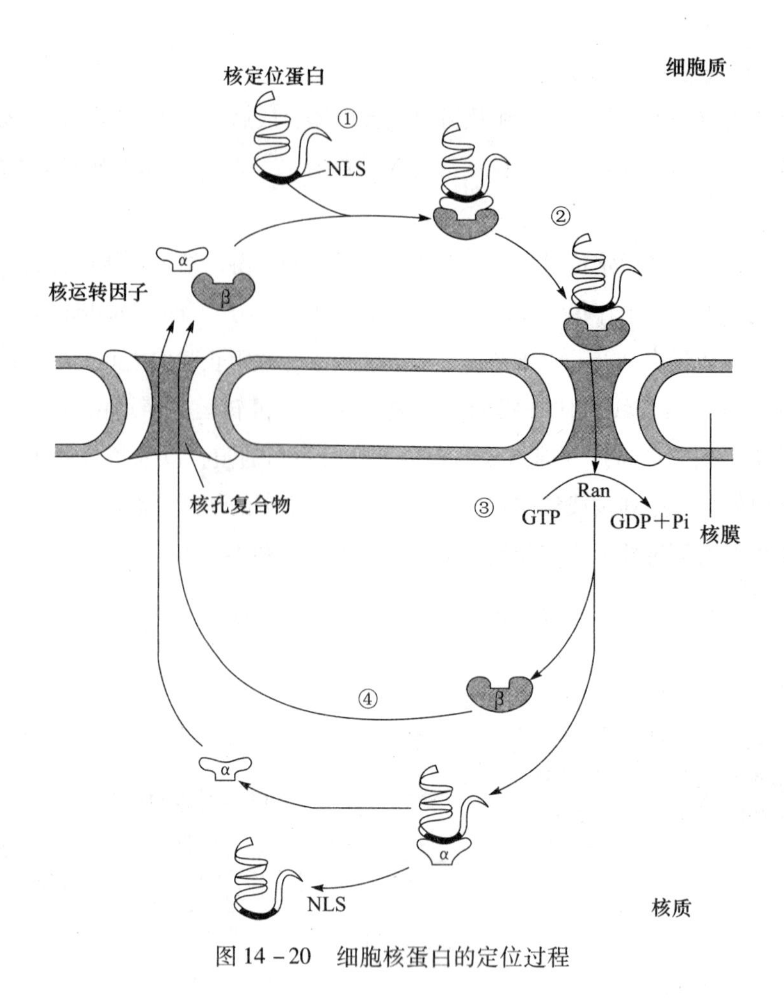

图 14－20 细胞核蛋白的定位过程

第四节 蛋白质生物合成的抑制剂

有许多物质能抑制蛋白质的生物合成，它们作用于蛋白质合成的不同阶段。

一、抗生素对蛋白质合成的抑制作用

抗生素（antibiotics）是一类能够杀灭或抑制细菌生长的药物。天然抗生素是由微生物（如细菌、真菌、放线菌属）在生活过程中所产生的具有抗病原体或其他活性的一类次级代谢产物。临床上常用的抗生素来自微生物培养液提取物以及化学合成或半合成的化合物。

多种抗生素通过抑制细菌的蛋白质合成而发挥作用，有些抗生素也可抑制真核生物蛋白质的合成（表 14－4）。

表 14－4 某些抗生素抑制蛋白质合成的机制

抗生素	作用机理
链霉素	与原核生物核糖体小亚基蛋白结合，阻止 fMet－$tRNAi^{fMet}$与小亚基结合，抑制翻译起始
卡那霉素	与原核生物核糖体小亚基结合，引起读码错误或抑制翻译
庆大霉素	与原核生物核糖体小亚基结合，抑制翻译
阿米卡星	与原核生物核糖体小亚基结合，引起读码错误

续 表

抗生素	作用机理
壮观霉素	与原核生物核糖体小亚基结合而阻碍蛋白质的合成
四环素、土霉素	与原核生物核糖体小亚基 16S rRNA 结合，抑制氨基酰 - tRNA 进位
氯霉素	与原核生物核糖体大亚基结合，抑制肽酰转移酶的活性，阻断肽链的延长
林可霉素、克林霉素	作用于原核生物核糖体大亚基 23S rRNA，抑制肽酰转移酶的活性，阻断肽链延长
红霉素、阿奇霉素、克拉霉素	作用于原核生物核糖体大亚基，抑制核糖体转位
夫西地酸、大观霉素	作用于原核生物核糖体小亚基，抑制转位
伊短菌素	作用于原核及真核生物核糖体小亚基，阻碍翻译起始复合物的形成
嘌呤霉素	作用于原核及真核生物核糖体，使肽链提前释放
放线菌酮	作用于真核生物核糖体大亚基，抑制肽酰转移酶的活性，阻断肽链延长

二、干扰素对蛋白质合成的抑制作用

干扰素（interferon，IFN）是真核细胞被病毒感染后分泌的一种具有抗病毒作用的细胞因子，包括 IFN - α、IFN - β 和 IFN - γ，它们分别由白细胞、成纤维细胞和活化的 T 细胞产生。干扰素干扰病毒蛋白质合成的机制：①在某些病毒双链 RNA 存在时，干扰素能诱导特异的蛋白激酶活化，活化的蛋白激酶使 eIF - 2 磷酸化而失活，从而抑制病毒蛋白质合成；②干扰素能与双链 RNA 共同活化特殊的 2′,5′ - 寡聚腺苷酸合成酶，催化 ATP 聚合成以 2′,5′ - 磷酸二酯键连接的 2′,5′ - 寡聚腺苷酸，后者可活化核酸内切酶 RNase L，使病毒 mRNA 降解，从而阻断病毒蛋白质合成（图 14 - 21）。

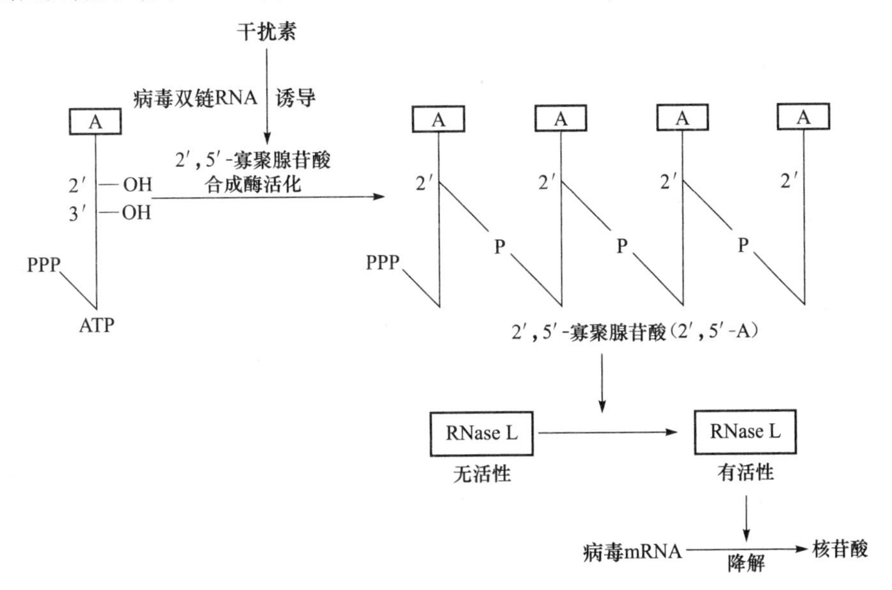

图 14 - 21 干扰素降解病毒 mRNA 的机制

三、毒素对蛋白质合成的抑制作用

（一）白喉毒素

白喉毒素（diphtheria toxin）是白喉杆菌产生的一种外毒素。白喉毒素作为一种化学修饰酶，可使 eEF - 2 发生 ADP 核糖基化共价修饰而失活（图 14 - 22）。它的催化效率很高，只需

NOTE

微量就能有效抑制蛋白质的生物合成。白喉毒素对真核生物有剧烈毒性。现已知铜绿假单胞杆菌的外毒素A也与白喉毒素一样，以相似的机制起作用。

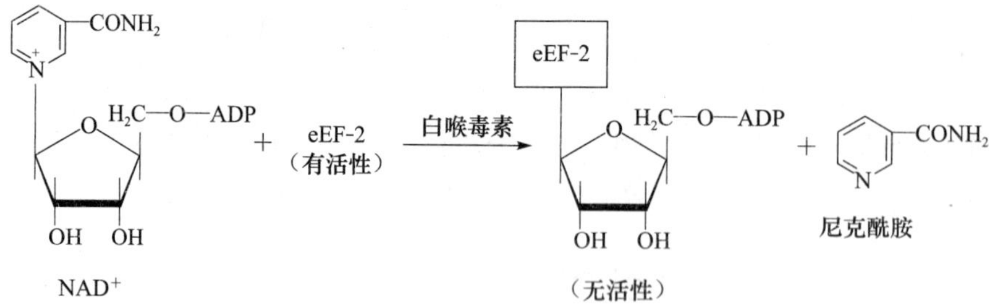

图 14－22 白喉毒素的作用机制

案例1分析讨论

患者初步诊断：鼻咽白喉。

患者入院后，给养阴清肺汤加减内服，局部喷用吹喉散，因局部炎症剧烈合并注射青霉素，4天后全身症状减轻，局部炎症消退，假膜渐次隐没，住院18天痊愈出院。

白喉患者局部病理改变包括：局部组织黏膜上皮细胞坏死，血管扩张，大量纤维蛋白渗出及白细胞浸润，局部的炎症、坏死等。产生上述病理变化的主要原因是白喉毒素抑制宿主细胞的蛋白质合成。白喉杆菌凝结在一起覆盖在被破坏的黏膜表面形成本病的特殊病变，即假膜。假膜一般为灰白色，有混合感染时可呈黄色或污秽色，伴有出血时可呈黑色。假膜形成处及周围组织呈轻度充血肿胀。喉、气管和支气管被覆柱状上皮的部位形成的假膜与黏膜粘连不紧，易于脱落造成窒息。毒素吸收量可因假膜部位及范围不同而异，咽部毒素吸收量最大，扁桃体次之，喉和气管较少。

白喉毒素对哺乳动物的细胞有直接致死作用。白喉毒素由A和B两个亚单位组成，两者通过二硫键连接，相对分子质量为62000。B亚单位含跨膜区、转位区和受体结合区。B亚单位与细胞表面特异性受体结合后，通过转位区的介导，可输送A亚单位进入宿主细胞质内。A亚单位具有催化功能，可使细胞内延长因子-2（eEF-2）ADP-核糖基化而失活，阻断蛋白质合成的转位过程，导致肽链延长停止，受染细胞因蛋白质合成停止而死亡。

（二）蓖麻毒素

蓖麻毒素（ricin）是蓖麻籽中所含的植物糖蛋白，由A、B两条多肽链组成，两链间由1个二硫键连接。A链可作用于真核生物核糖体大亚基的28S rRNA，催化其中特异腺苷酸发生脱嘌呤基反应，使28S rRNA降解，从而核糖体大亚基失活；B链对A链发挥毒性具有重要的促进作用，且B链上的半乳糖结合位点也是毒素发挥毒性作用的活性部位。

小结

以mRNA为模板指导蛋白质的生物合成过程称为翻译。蛋白质生物合成体系由氨基酸、mRNA、tRNA、核糖体、相关的酶和各种蛋白因子、供能物质ATP和GTP以及必要的金属离子（如K^+、Mg^{2+}）所构成。mRNA是蛋白质合成的直接模板，在其开放阅读框（ORF）区，每3个相邻的核苷酸组成一个密码子。密码子共有64个，其中AUG除了编码甲硫氨酸外，还可作为起始密码子；UAA、UAG和UGA只代表终止信号，称为终止密码子。遗传密码的特点有：方向性、连续性、通用性、简并性和摆动性。tRNA在蛋白质生物合成中充当搬运氨基酸的工具和适配器。体内约有60多种不同的tRNA，每种氨基酸至少有一种tRNA与之对应。氨基酰-tRNA合成酶催化氨基酸与对应的tRNA反应生成氨基酰-tRNA，此时的氨基酸得到活化，活化部位是其羧基。核糖体是蛋白质生物合成的场所。核糖体上的功能位点有：①小亚基有供mRNA附着的位点；②具有结合氨基酰-tRNA和肽酰-tRNA的部位；③具有肽酰转移酶活性；④核糖体还具有结合起始因子、延长因子及终止因子等蛋白质因子的结合位点；⑤原核生物核糖体还有排除卸载tRNA的排除位，而真核生物核糖体没有此位点。

真核生物的蛋白质合成过程与原核生物基本相似，只是反应更复杂，涉及的蛋白质因子更多。蛋白质的合成过程分为起始、延长和终止三个阶段。翻译的起始阶段是指起始氨基酰-tRNA和模板mRNA分别与核糖体大、小亚基结合、组装形成翻译起始复合物，这一过程还需要Mg^{2+}、起始因子、ATP和GTP的参与。翻译的延长阶段即是狭义的核糖体循环阶段，每次循环包括进位、成肽和转位，每次循环使新生肽链延长一个氨基酸，延长过程需要延长因子参与。翻译的终止阶段是释放因子识别终止密码子，并与核糖体结合，激活肽酰转移酶的酯酶活性，使P位上的肽链被水解释放下来，并促使mRNA、卸载的tRNA及RF释放出来，最终核糖体也解离成大、小亚基。

从核糖体上释放出来的新生多肽链，还不具有生物学活性，大多数新合成的肽链需要经过一定的加工和修饰才具有生物学活性。一级结构的加工修饰包括肽链的水解剪裁、氨基酸残基的共价修饰等。蛋白质空间结构的形成包括：①多肽链的正确折叠；②二硫键的形成；③亚基的聚合；④辅基的连接。蛋白质在核糖体上合成后，还必须被分选和定向地输送到其发挥功能的部位，如①保留在细胞质；②进入细胞器；③分泌到细胞外。

蛋白质构象异常与疾病

在体内蛋白质合成后的加工与成熟过程中，多肽链的正确折叠对其功能的发挥至关重要。若蛋白质发生错误折叠，尽管其一级结构未变，但由于空间构象改变，不仅影响蛋白质的功能，严重的构象改变可导致疾病发生，此称为蛋白质构象病。例如，疯牛病即是一种典型的蛋白质构象病。病牛脑组织呈海绵状、多孔泡状而坏死，长的纤维细胞增生并形成斑块，故又称牛脑海绵样病。造成疯牛病的分子基础是神经组织的朊（病毒）蛋白在其分泌过程中可能发生“解折叠”和“重折叠”而产生更多的β折叠所致。正常的朊蛋白含有36.1%的α-螺旋，11.9%的β-折叠，而异常的朊蛋白（即朊病毒，prion）则含30%的α-螺旋，43%的β-折叠。

正常的朊蛋白是存在于细胞膜上的一种糖蛋白，它在神经系统（神经元、神经胶质细胞）表达量最高，在外周淋巴细胞、单核细胞、造血细胞也有较高表达，在心、骨骼肌、胰腺和肾也可检测到。该种蛋白具有多方面的生理功能：①抗氧化活性，保护神经系统免受氧化损伤；②将胞外Cu^{2+}运输到胞内（跨膜转运载体蛋白）；③调节神经细胞Ca^{2+}浓度，参与信号转导；

NOTE

④调节脑内 γ－氨基丁酸（GABA）受体兴奋作用；⑤维持小脑皮层蒲肯野细胞活性，使机体不出现共济失调和早熟死亡；⑥促进 T 淋巴细胞成熟及活化过程［可能与磷脂酰肌醇锚（GPI）有关］；⑦参与核酸代谢。

新生的或外源的异常朊蛋白以某种不清楚的机制攻击大脑的正常朊蛋白，使之构象改变并与其结合，形成朊病毒二聚体，此二聚体再攻击正常的朊蛋白，形成朊病毒四聚体，最终产生淀粉样纤维沉淀。这种过程周而复始，使脑组织中异常朊蛋白不断积蓄，造成脑组织发生退行病变。由于异常的朊蛋白具有传染性，如果健康牛食用混有病牛骨粉的食料，就会染上疯牛病。

人类朊病毒病有库鲁病、克雅病、吉斯综合征以及致死性家族失眠症；动物朊病毒病有疯牛病、绵羊（山羊）瘙痒症、传染性水貂脑病以及麋鹿慢性消耗病。

美国加州大学医学院 Stanley B. Prusiner 教授因发现朊（病毒）蛋白及其致病机制而获得 1997 年度诺贝尔生理学/医学奖。

第十五章　基因表达调控

【案例1】

患儿，男，11月龄，因"发热、咳嗽、气促8天"就诊。患儿家长诉8天前因受凉出现咳嗽，伴发热、气促、喉中痰鸣、食欲不振。在家予以抗生素、止咳药口服，未见明显好转。患儿出生后曾多次患肺炎及鹅口疮。

体格检查：体温39.1℃，脉搏120次/分，呼吸50次/分，体重9kg，神清，萎靡，未触及全身浅表淋巴结，嘴唇发绀，鼻翼扇动，有轻度的三凹征，咽部充血，双侧扁桃体Ⅰ度肿大，心音低钝，双下肺呼吸音减弱，并闻及支气管呼吸音及中、细湿啰音，触诊语颤增强。

实验室检查：白细胞 12×10^9/L，淋巴细胞数 1.0×10^9/L，淋巴细胞比率10%；血清总Ig 2g/L，IgA 50mg/L，IgG 2g/L，IgM 0.3g/L；红细胞腺苷脱氨酶活性0.5U/gHb，血清腺苷脱氨酶活性0.7U/L。

问题讨论

1. 该患者初步诊断患什么疾病？
2. 该病发生的生化机制是什么？
3. 除抗感染治疗外，该病还可采取哪些治疗方法？

第一节　概　　述

基因表达是遗传信息呈现出表型的过程，也是基因决定细胞生物学行为的内在机制。同一个体内所有组织细胞的基因组都相同，但不同组织细胞中基因表达的种类和水平却存在很大差异，这种差异性表达源于基因表达调控。通过严格有序的基因表达调控过程，生物体可产生复杂多样的RNA和蛋白质分子，并被赋予环境适应性和发育分化等基本特征。研究基因表达调控的特点和机制有助于揭示生命现象的本质，如器官组织的发育调控机制、细胞的差异分化机制以及生物体对内外环境信号变化的适应性机制等。

一、基因表达的概念、特点与基本方式

（一）基因、基因组与基因表达

基因是核酸分子中储存遗传信息、决定遗传性状的基本单位，其物质基础为DNA，少数生物（如RNA病毒）的基因存在于RNA分子上。从功能来看，基因是储存蛋白质多肽链序列信

NOTE

息和功能 RNA 序列信息，以及编码以上信息所需的全部核苷酸序列。

生物体或细胞中一整套遗传物质的总和称为基因组（genome）。原核生物基因组是单个染色体所含的全部基因。真核生物的基因组包括染色体基因组和核外基因组，其中染色体基因组来自两个亲本的不同配子，包含了一整套染色体的全部 DNA。核外基因组如线粒体基因组，是在生殖细胞融合时接收母本提供的遗传物质而形成。

基因组携带的遗传信息指导合成具有特定生物学功能的 RNA 或蛋白质的过程称为基因表达（gene expression）。基因表达的产物包括蛋白质、rRNA、tRNA 和 snRNA 等。生物体的表型特征都是通过基因表达产物——蛋白质来体现的。

（二）基因表达的特点

在生物体生长、发育的不同阶段或在相同个体不同组织细胞中，基因开放的种类及程度差异，决定了生物体内 RNA 和蛋白质种类和数量的不同。这一表现可归纳为基因表达的时间和空间特异性。

1. 基因表达的时间特异性 根据机体生长、发育和细胞分化的需要，基因按照特定的时间顺序开启或关闭的规律被称为基因表达的时间特异性（temporal specificity），或阶段特异性（stage specificity）。如人珠蛋白基因的各类表达产物会在个体发育的不同阶段有序地产生，并且由发育程序精确控制。胚胎发育早期，ξ 及 ε 基因短暂性表达，产生胚胎型珠蛋白（$\xi_2\varepsilon_2$ 四聚体）；随后 ξ 及 ε 基因沉默，α 及 γ 基因激活，产生胎儿型血红蛋白 HbF（$\alpha_2\gamma_2$ 四聚体）；胎儿出生前 β、δ 基因逐步被激活，表达产生成年血红蛋白 HbA（稳定的 $\alpha_2\beta_2$ 四聚体结构）及 HbA_2（$\alpha_2\delta_2$ 四聚体）；γ 基因则将在出生后 25 周左右完全关闭。由此可见，珠蛋白基因的表达存在明显的发育阶段特异性。

2. 基因表达的空间特异性 多细胞生物中，同一基因在不同组织或器官中的差异表达称为基因表达的空间特异性（spatial specificity）或组织特异性（tissue specificity）。同一个体的不同组织细胞具有相同的基因组，但细胞内反映基因表达种类和水平的基因表达谱却各不相同，这种基因表达的差异性可决定细胞的分化状态和功能以及组织特有的形态和功能。如催化白蛋白合成的酶基因仅在肝细胞内表达，正是酶基因表达的空间特异性赋予了白蛋白合成的组织学特点。

（三）基因表达的基本方式

当生物体赖以生存的内外环境发生变化时，基因表达也随之改变，这种变化主要通过基因表达调控来实现。基因表达的方式及其调控类型可分为以下几类：

1. 组成性表达 组成性表达（constitutive expression）是指在一个生物个体的几乎所有细胞中都能持续进行的基因表达方式。呈组成性表达的基因一般只受启动序列或启动子与 RNA 聚合酶相互作用的调控，较少受环境变化的影响，基因的表达量变化相对较小，因此表达产物在不同细胞中总保持一定的浓度。呈组成性表达的基因通常被称为管家基因（housekeeping gene）。管家基因多是生命过程必需的基因，如细胞基本组成成分和细胞基本代谢相关的基因多呈组成性表达方式，以维持细胞基本功能。

2. 适应性表达 适应性表达（adaptive expression）是指基因的表达水平随生长发育和环境变化而变化。在特定环境信号刺激下，基因表达相应地开放或增强，这种表达方式称为诱导性表达（induction expression），呈诱导性表达的基因称为可诱导基因。相反，在特定环境信号刺激下，基因表达关闭或被抑制，则称为阻遏性表达（repression expression），呈阻遏性表达的基因称为可阻遏基因。基因的诱导和阻遏是生物体为适应环境变化而产生的两种基本应答方式。

在环境信号发生变化时，同一基因的应答方式可能截然相反，如细菌培养基中存在足量的葡萄糖时，细菌中乳糖代谢相关酶基因呈现阻遏性表达；但当培养基中缺乏葡萄糖，由乳糖取而代之时，细菌中乳糖代谢相关酶基因则会出现诱导性表达。

3. 协同表达　基因组中功能相关的一组基因，无论其表达方式是诱导还是阻遏，都需要协调一致、共同表达，这种表达方式称为协同表达（coordinate expression）。对协同表达的调节称为协同调节。多细胞生物生长发育的全过程均需要通过基因表达的协同调节来实现，如对同一代谢途径中各种酶或转运蛋白基因的表达进行协同调节，可使这些酶或蛋白质维持适当比例，以确保代谢的顺利进行。

二、基因表达调控的概念及生物学意义

（一）基因表达调控的概念

基因表达调控（gene expression regulation）是指生物体通过特异的蛋白质 - DNA 以及蛋白质 - 蛋白质相互作用，选择性、程序性和适度地控制基因表达开放/关闭或表达多/少的过程。基因表达调控由一系列严格有序的复杂事件组成，其作用方式具备多因素、多层次、多环节调控的特征，一旦调控过程出现异常或失控，则会导致疾病的发生。原核生物和真核生物在细胞结构及基因组结构上的差异，使得两者基因表达调控的方式也存在不同。通常而言，生物物种的进化水平越高，基因表达调控的复杂程度和精细度也越高。

（二）基因表达调控的生物学意义

基因表达调控的生物学意义主要是为了适应环境的变化，满足机体生长和繁殖的需要，以及维持个体发育与分化。

1. 适应环境，维持生长和繁殖　生物体赖以生存的内外环境（如温度、酸碱度、营养物质供给、代谢状态等）会不断发生变化，细胞必须适应环境变化才能维持其生长、繁殖。细胞对环境变化的应答主要通过基因表达调控来实现，基因表达调控的结果将直接改变细胞内酶蛋白、生长因子、调节蛋白等分子的水平，从而影响生物体的代谢，维持并调节细胞的生长、分裂和分化。细菌等单细胞生物的基因表达调控主要是为了适应外环境的变化，高等生物的基因表达也存在对环境的适应性调控方式。

2. 维持个体发育和分化　多细胞生物的基因表达调控除了适应环境变化的需要外，还具备维持组织器官分化、个体发育的意义。如在受精卵向胚胎及成熟个体发育的各个阶段，各种基因在调控系统影响下，严格有序、极为协调地进行表达，逐步产生功能、形态各不相同的组织器官，并完成细胞及个体从幼稚形态向成熟形态的转变。

三、基因表达调控的基本原理

（一）基因表达调控的基本要素

1. 调控序列（regulatory sequence）　调控基因表达的 DNA 序列统称为调控序列，其调控方式有两种：

（1）顺式调节　位于基因侧翼，甚至于基因内部，可以调控基因表达的特异DNA序列，称为顺式作用元件（cis - acting element）。顺式作用元件具有特定的核苷酸序列，与结构基因存在特定的相对位置关系（图15 -1）。顺式作用元件没有编码功能，但能决定结构基因表达的类型和表达活性。根据其功能的差异，顺式作用元件可分为启动子（promoter）、增强子（enhancer）、沉默子（silencer）等。某一基因表达的蛋白质产物作用于自身基因的顺式作用元件，调节自身基因表达，此调控方式称为顺式调节。起顺式调节作用的蛋白质分子称为顺式调节蛋白。

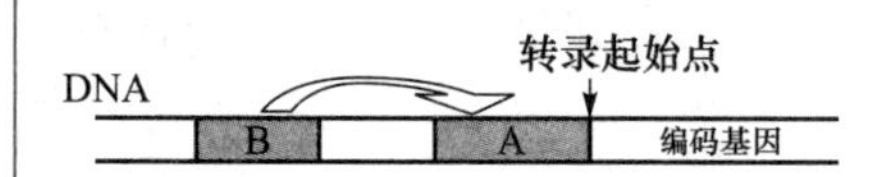

图15 -1　顺式作用元件

图中A、B分别代表同一DNA分子中相邻的两段调控序列，A序列受B序列影响，控制编码基因转录起始的准确性及频率。A、B序列为调节编码基因转录活性的顺式作用元件。

（2）反式调节　某一基因表达的蛋白质产物作用于其他基因的顺式作用元件，调控该基因表达，此为反式调节。起反式调节作用的蛋白质称为反式作用因子（trans - acting factor）。近年来研究也发现，细胞中还存在RNA通过反式调节影响基因表达的现象，如miRNA、lncRNA对基因表达的调控作用。

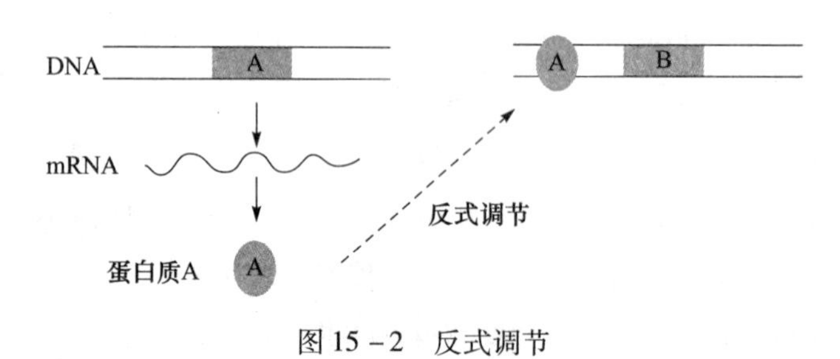

图15 -2　反式调节

2. 调节蛋白（regulatory protein）　调节蛋白能直接或间接作用于DNA或RNA等核酸分子，调控基因表达。反式作用因子是最常见和最重要的调节蛋白。调节蛋白具有特定的空间结构，通过特异性结合顺式作用元件或依赖蛋白间相互作用而产生调控效应。调节蛋白的效应有以下两种：

（1）正调节（positive regulation）　调节蛋白结合顺式作用元件后呈现基因表达增强的效应，又称为正调控。起正调控作用的调节蛋白称为正调控反式因子。

（2）负调节（negative regulation）　调节蛋白结合顺式作用元件后呈现基因表达阻遏的效应，又称为负调控。起负调控作用的调节蛋白称为负调控反式因子。

RNA聚合酶功能上属于反式作用因子，原核生物的RNA聚合酶能直接结合启动子，发挥启动转录的作用；真核生物的RNA聚合酶则需要其他反式作用因子协助，才能与启动子结合。除RNA聚合酶外，细胞中还存在数量众多的反式作用因子，协同作用调节基因转录。它们既可以直接结合DNA，也可彼此结合形成蛋白质二聚体或多聚体再结合DNA。

（二）基因表达调控的分子机制

基因表达调控的分子基础为蛋白质 - DNA以及蛋白质 - 蛋白质相互作用。其中蛋白质 - DNA相互作用为核心环节，即顺式作用元件与反式作用因子之间的特异性结合。反式作用因子与顺式作用元件的亲和力极高，大多数反式作用因子为DNA结合蛋白，利用其特定的空间结构如α - 螺旋嵌入DNA分子表面的大沟或小沟，进一步通过其DNA结合域的局部氨基酸残基侧链与 DNA 碱基非共价结合，形成蛋白质 - DNA 复合物。

另有部分反式作用因子不直接与 DNA 结合，而是通过蛋白质 - 蛋白质相互作用，形成蛋白质二聚体（dimer）或多聚体（polymer），进而影响特定反式作用因子的空间构象，改变其结合顺式作用元件的能力，以发挥调控基因表达的作用。

（三）基因表达调控的多层次性

基因表达产生特定功能的 RNA 或蛋白质，要经历转录和/或蛋白质合成等诸多环节，其中任何一个环节出现异常，都会影响基因表达。因此，基因表达调控体系是由多层次、多环节的复杂成分组成。原核生物的基因表达调控可在转录和翻译水平进行。与原核生物不同，真核生物由于具备庞大的基因组，其基因表达调控的环节更为复杂、精细，调控环节涉及了染色质活化、转录起始、转录后加工、转录产物由胞核向胞质的转运、翻译起始、翻译后加工等。基因表达产物蛋白质的总量变化可在七个层次上进行调节：mRNA 初始转录本的合成、mRNA 的转录后加工、mRNA 的降解、蛋白质的生物合成、蛋白质翻译后加工、蛋白质的分泌和定向输送、蛋白质降解(图 15 - 3)。

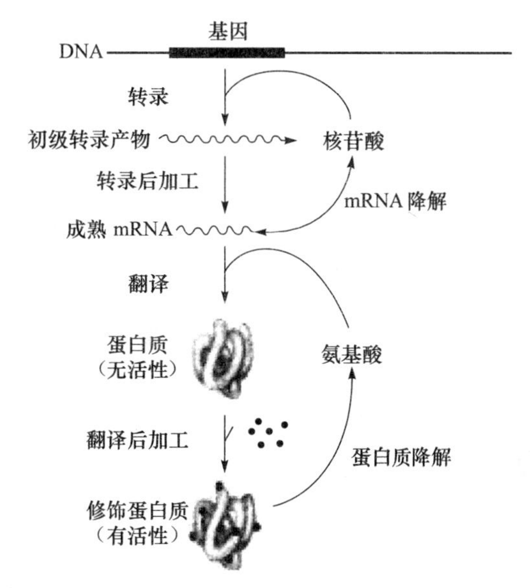

图 15 - 3　基因表达调控的多层次

第二节　原核生物的基因表达调控

原核生物对外环境的变化十分敏感。特定基因呈现阻遏或诱导表达的应答方式，是为了适应各种营养、代谢条件和环境条件的变化，维持细胞的生长和分裂。原核生物基因表达的调控通常在转录水平和翻译水平进行，其中转录水平是主要调控环节。

一、原核生物基因表达及其调控的特点

（一）原核生物基因组的特点

原核生物具备完善的代谢系统和较强的生长繁殖能力，其结构基因的表达主要用以维持代谢和细胞的分裂增殖。原核生物基因组具有如下特点：

1. 大多数原核生物的基因组 DNA 为单一闭环双链分子。原核生物的 DNA 未形成染色体结构，而是以超螺旋结构游离于细胞质中，并与少量支架蛋白质和 RNA 组成类核。习惯上仍将原核生物 DNA 称为染色体 DNA。

2. 基因组 DNA 只有一个复制起点。

3. 基因组多个结构基因按功能相关性成簇串联构成信息区，与上游的调控区和下游的转录终止信号共同构成转录单位——操纵子结构。同一操纵子中多个结构基因由一个启动序列控

制，共同转录产生多顺反子 mRNA（polycistronic mRNA），再翻译为一组蛋白质。

4. 基因组中编码序列数量远大于非编码序列，非编码序列主要是一些调控序列。

5. 基因是连续的，无内含子，结构基因间不发生重叠。

6. 基因组中编码蛋白质的基因多为单拷贝基因，而编码 rRNA 的基因可为多拷贝。

（二）原核生物基因表达的特点

由于原核生物细胞没有细胞核和亚细胞结构，其基因组结构与真核生物也有所不同，因此，两者的基因表达方式存在许多差异。

1. 以操纵子为基本转录单位 原核生物中功能相关的一组基因成簇串联，构成由一个启动子、一个操纵序列控制的转录单位，称为操纵子（operon）。一个操纵子转录产生一个 RNA 分子，该 RNA 分子包含全部结构基因转录形成的多个蛋白质编码序列，称为多顺反子 mRNA。由于操纵子中相关结构基因共同使用一个启动子，这些基因的协同表达就通过调控启动子活性来实现。

2. 基因转录的特异性由 σ 因子决定 原核生物 RNA 聚合酶由核心酶（$\alpha_2\beta\beta'\omega$）和 σ 因子组成，核心酶参与转录的起始和延长过程，σ 因子在转录起始阶段识别和结合启动子。原核生物的核心酶只有一种，但 σ 因子存在各种亚型。已知的 σ 因子有 σ^{70}、σ^{54}、σ^{38}、σ^{32}、σ^{28}、σ^{24}、σ^{18}（右上角的数字表示 σ 因子的相对分子质量单位为 Kd）。不同 σ 因子与核心酶竞争性结合后，促进 RNA 聚合酶识别并结合不同基因的启动子，从而决定转录何种基因。环境条件可以诱导合成特定的 σ 因子，启动特定基因的转录，如环境温度升高时，大肠杆菌细胞内 σ^{32} 合成，σ^{32} 促进核心酶识别并结合一组热休克蛋白基因的启动子，使细胞内热休克蛋白的含量增加，进而增强大肠杆菌对高温的耐受性。

3. 基因转录与翻译偶联 原核生物的细胞结构较为简单，原核基因的转录和翻译过程都在细胞质中完成。原核生物的基因是连续的，绝大多数 mRNA 不需剪接，在转录过程终止之前就已结合在核糖体上，开始进行蛋白质的生物合成。

（三）原核生物基因表达调控的特点

1. 基因表达调控主要为适应性调控 原核生物的基因表达与周围环境密切相关，这是由原核生物的单细胞生命形态及特殊的细胞结构所决定。原核生物虽然具备完善的代谢系统，却无法储备能量，通常直接与环境发生物质与能量的交换。环境的变化可以影响原核细胞的生物学行为，如改变营养条件可使原核细胞的代谢活动、生长、分化甚至衰老、死亡发生相应的变化。这种对外环境变化的高度适应性，是原核生物基因表达调控的结果。因此，原核生物基因表达调控的意义主要在于应答生存环境的变化，通过基因表达的调控改变原核细胞内酶和调节蛋白的水平，维持其生长繁殖和正常的代谢。

2. 转录调控是原核生物基因表达的主要调控环节 原核生物的基因表达调控主要发生于转录水平，而转录起始阶段，RNA 聚合酶的 σ 因子辨认和结合启动子的过程，又是决定基因转录活性的关键步骤。因此，原核生物在转录水平的调控主要取决于转录起始速率，即主要调节转录起始复合物形成的速率。

3. 操纵子模式为原核生物基因表达调控的普遍模式 操纵子是原核生物基因转录的基本单位，在原核生物基因表达中具有普遍性。

NOTE

4. 原核生物基因表达存在正调控和负调控 原核生物基因表达调控依赖调节蛋白与调控

序列的直接结合。阻遏蛋白与调控序列结合，阻遏基因表达，为负调控；反之，激活蛋白与调控序列结合，促进基因表达，为正调控。原核生物中负调控和正调控都存在，但以负调控为主。

5. 某些基因表达存在衰减子调控机制　原核生物中，合成某些氨基酸或核苷酸的酶基因表达存在衰减子介导的精密调控机制。

二、原核生物基因表达的转录水平调控

（一）原核生物基因表达调控的要素

1. 调控序列

（1）*启动子*（promoter，P）　启动子是原核生物 RNA 聚合酶特异性识别和结合的 DNA 序列，由转录起始点、RNA 聚合酶结合位点和转录调控元件组成。启动子本身不被转录，但可决定转录的基础效率。同一生物体各基因的启动子有较高的同源性，启动子的 -35 区和 -10 区碱基序列越保守，与 RNA 聚合酶的亲和力越大，基因的转录活性也就越高，这类启动子称为强启动子。反之，如启动子 -35 区和 -10 区碱基序列与共有序列差异大，则结合 RNA 聚合酶的能力低，转录活性低，这类启动子则为弱启动子（图 15 -4）。

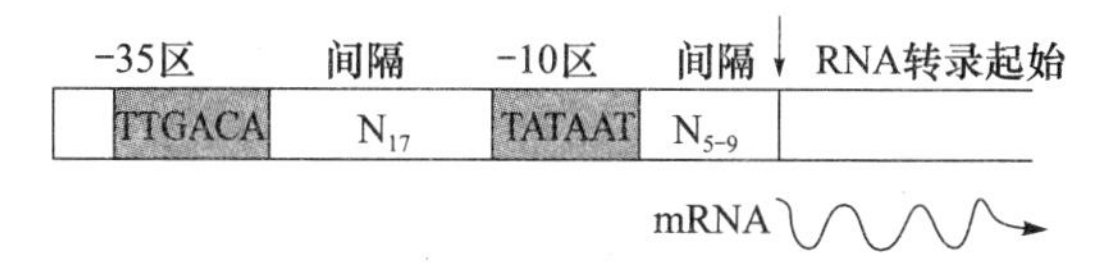

图 15 -4　大肠杆菌启动子的共有序列

（2）*操纵序列*（operator，O）　阻遏蛋白识别和结合的 DNA 序列，位于启动子和转录起始点之间，或与启动子的部分碱基序列重叠。操纵序列属于操纵子的调控序列，可与阻遏蛋白结合，发挥阻遏基因表达的作用。

（3）*激活蛋白结合位点*（activator site）　激活蛋白的结合位点，位于启动子上游，与激活蛋白结合，可促进转录。

（4）*阻遏蛋白基因*　阻遏蛋白基因位于操纵子上游远端或其他 DNA 链上，其表达产物为阻遏蛋白。阻遏蛋白与操纵序列结合，可阻遏基因表达。阻遏蛋白基因的调节方式为反式调节。

2. 调节蛋白　原核生物基因的调控蛋白多能直接结合 DNA，根据其效应可分为以下三类：

（1）*特异因子*　RNA 聚合酶的 σ 因子可决定转录的特异性，σ 因子与启动子的结合能力也是决定基础转录水平的关键因素。

（2）*阻遏蛋白*　阻遏蛋白直接结合操纵序列，阻遏基因表达。阻遏蛋白的构象可受到小分子效应物的调节，并因此改变阻遏蛋白与操纵序列的结合能力。

（3）*激活蛋白*　激活蛋白结合于激活蛋白结合位点后，可促进 RNA 聚合酶识别结合启动子的活性，介导基因表达的正调控。

（二）乳糖操纵子

乳糖和葡萄糖都是能源物质，细菌首先利用葡萄糖产能，这是由于通常情况下，原核细胞中葡萄糖代谢相关的酶基因呈现高表达，但在环境中缺乏葡萄糖时，细菌也会使乳糖代谢相关的酶基因表达增强，从而利用乳糖。1961 年，F. Jacob 和 J. L. Monod 提出了乳糖操纵子模型，阐明了不同营养条件下，*E. coli* 中乳糖代谢相关的酶基因表达的调节机制。乳糖操纵子是研究原核生物基因表达调控机制的重要模型。

NOTE

1. 乳糖操纵子的结构 乳糖操纵子（*lac* operon）是 *E. coli* 的操纵子模型。三个结构基因成簇串联构成由一个启动子和一个操纵序列控制的乳糖操纵子。三个结构基因 *lac*Z，*lac*Y 和 *lac*A 分别编码 β－半乳糖苷酶（β－galactosidase）、半乳糖苷通透酶（lactose permease）和半乳糖苷乙酰基转移酶（galactoside acetyltransferase），这三种酶催化乳糖代谢。结构基因上游的调控序列包括启动子 *lac*P、操纵序列 *lac*O 和 CAP 结合位点，其中 *lac*P 和 *lac*O 存在部分重叠（图 15－5）。乳糖操纵子的启动子－35 区序列为 TTTACA，－10 区序列为 TATGTT，与共有序列存在差异，属于弱启动子，因此，即使乳糖操纵子处于转录开放的状态，其转录效率也很低。在乳糖操纵子上游远端还存在阻遏蛋白基因 *lacI*，*lacI* 编码阻遏蛋白。

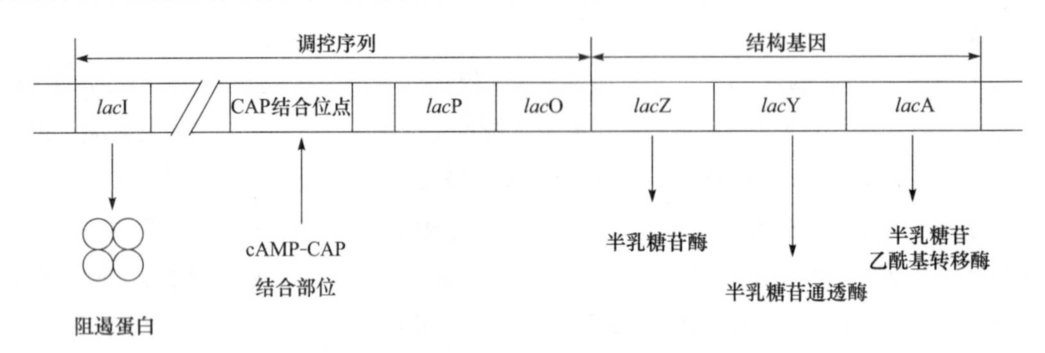

图 15－5 乳糖操纵子的基本结构

2. 乳糖操纵子的负调控 阻遏蛋白基因 *lac*I 编码同四聚体阻遏蛋白，调节乳糖操纵子的表达。当环境中只存在葡萄糖时，*lac*I 呈组成性表达，阻遏蛋白直接与 *lac*O 结合，并覆盖了 *lac*O 中与 *lac*P 重叠的序列，从而抑制 RNA 聚合酶与 *lac*P 的结合，使下游结构基因的转录基本处于关闭状态，这一调节过程为乳糖操纵子的负调阻遏。乳糖操纵子的负调阻遏保证了细菌对于葡萄糖的利用，在葡萄糖存在的情况下，乳糖操纵子只转录开放时的千分之一（图 15－6）。

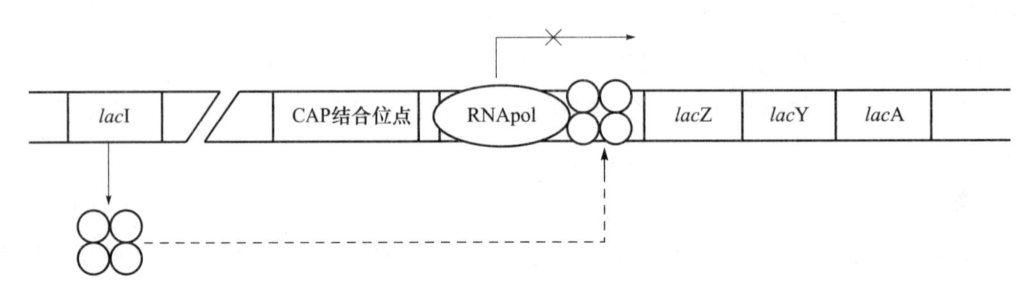

图 15－6 乳糖操纵子的负调阻遏

当环境中既存在乳糖，又存在葡萄糖时，极少量的乳糖进入 *E. coli* 细胞，异构化为别乳糖（allolactose）。别乳糖作为诱导剂，特异结合阻遏蛋白，使这一四聚体蛋白的构象发生变化，失去与 *lac*O 结合的能力，解除了阻遏蛋白的阻遏效应，使乳糖操纵子开始转录，这一调节过程为乳糖操纵子的负调诱导（图 15－7）。

3. 乳糖操纵子的正调控 如前所述，乳糖操纵子的转录启动效率不高，即使通过负调诱导解除阻遏，其转录效率仍然不高，因此，当环境中缺乏葡萄糖而代之以乳糖时，需要激活蛋白介导正调控来促进基因表达。

乳糖操纵子的激活蛋白称为分解代谢物基因激活蛋白（catabolite gene activator protein，CAP），CAP 结构为同二聚体，每个亚基含有两个结构域：①N 端结构域：又称为 cAMP 结合

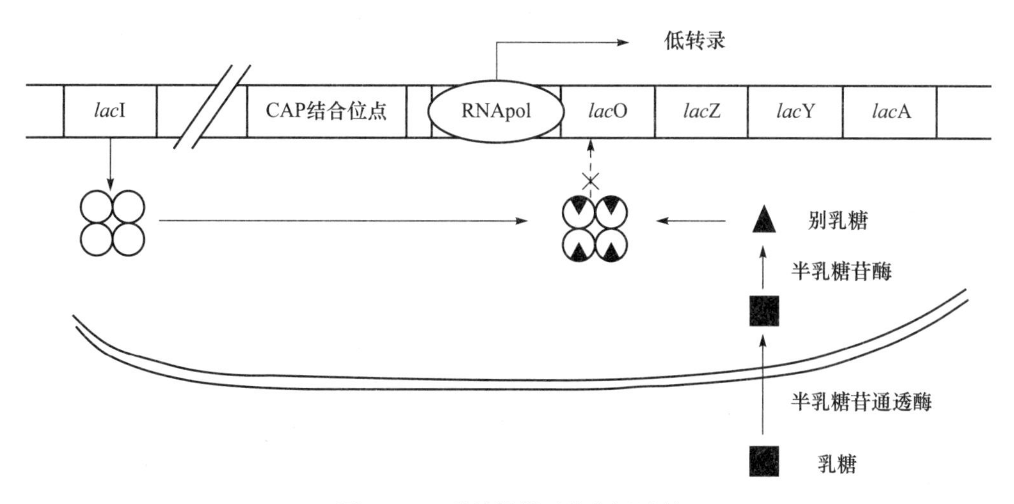

图 15-7 乳糖操纵子的负调诱导

域，与 cAMP 结合，改变 CAP 构象，形成活性 cAMP-CAP 复合物。②C 端结构域：又称为 DNA 结合域，cAMP-CAP 复合物的 C 端结构域结合 CAP 结合位点，可促进基因转录。CAP 激活基因表达的效应受到 cAMP 浓度的调节。细菌培养基中缺乏葡萄糖时，细胞中 cAMP 的浓度会相应升高，cAMP-CAP 复合物也增加，cAMP-CAP 复合物结合 CAP 位点，使基因转录活性增强，乳糖操纵子的结构基因呈现高表达，生成大量的乳糖代谢酶，细菌利用乳糖分解产生能量（图 15-8）。

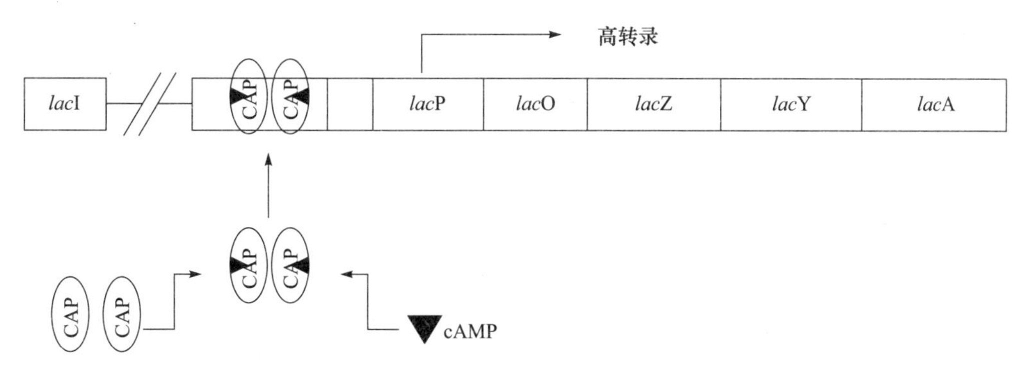

图 15-8 cAMP-CAP 介导乳糖操纵子的正调控

4. 乳糖操纵子的协同调控 阻遏蛋白介导乳糖操纵子的负调阻遏、别乳糖作为诱导剂去阻遏后呈现的负调诱导、cAMP-CAP 介导的正调控，这几种调控模式协同作用，精密地调节乳糖操纵子的表达，以应答环境的变化。

外环境中葡萄糖浓度高时，葡萄糖的分解抑制腺苷酸环化酶的活性，cAMP 的生成减少，cAMP-CAP 复合物浓度较低，CAP 介导的正调控难以进行，而阻遏蛋白呈组成性表达，*lacI* 介导的负调阻遏发挥主要作用，乳糖操纵子结构基因的转录受抑，细菌不能利用乳糖。此时，培养基中即使存在乳糖的负调诱导作用，乳糖操纵子的转录仍处在低活性状态，细菌还是首先利用葡萄糖作为碳源。直到细胞中葡萄糖消耗殆尽，只有乳糖而无葡萄糖时，乳糖操纵子不仅去阻遏，还激活 CAP 介导的正调控，乳糖操纵子的结构基因呈现高表达，细菌转而利用乳糖（图 15-9）。乳糖操纵子的正调和负调的协同调控方式可保证细菌首先利用葡萄糖，当葡萄糖消耗殆尽后，经分解代谢物相关基因表达的调控，转而利用其他糖，这种现象称为葡萄糖效应或分解代谢物阻遏（catabolite repression）。

NOTE

（三）色氨酸操纵子

色氨酸操纵子（*trp* operon）是原核生物氨基酸合成相关酶基因表达的调控模型。与乳糖操纵子不同，色氨酸操纵子通常处于开放状态，但当外环境富含色氨酸时，色氨酸操纵子的结构基因会以两种方式呈现转录阻遏，除阻遏蛋白介导的负调阻遏外，还存在转录衰减调控模式。

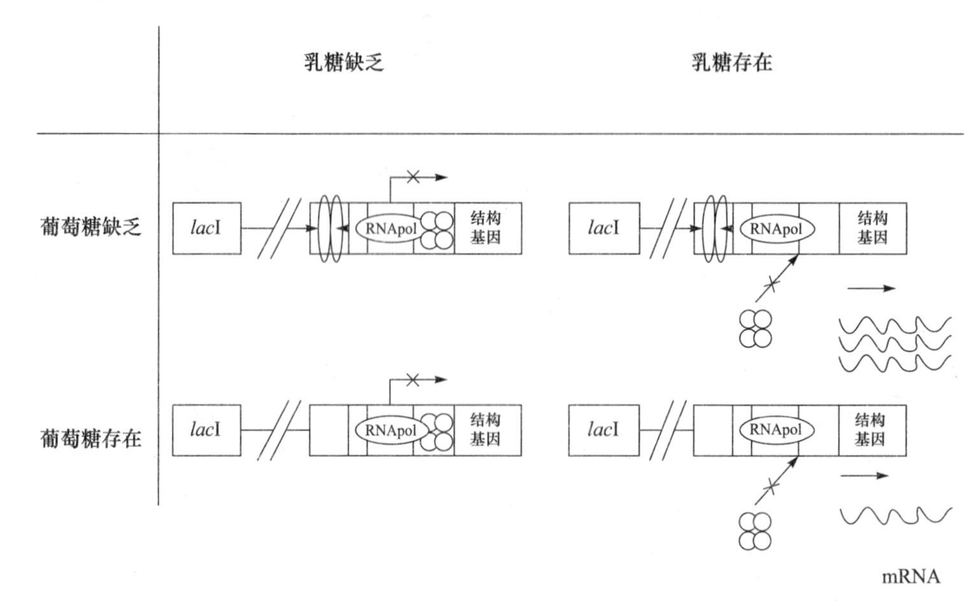

图 15-9　乳糖操纵子的协同调控

1. 色氨酸操纵子的结构　*trp* 操纵子中，五个结构基因成簇串联构成编码序列，五个结构基因依次为 *trp*E、*trp*D、*trp*C、*trp*B 和 *trp*A，分别编码色氨酸合成相关的五种酶蛋白。*trp* 操纵子的调节序列包括一个启动子（*trp*P）、一个操纵序列（*trp*O）和一个前导肽（leader peptide，*trp*L）编码序列，*trp*P 和 *trp*O 区域存在重叠序列。在 *trp* 操纵子的上游远端，还存在一个阻遏蛋白基因（*trp*R），编码阻遏蛋白（图 15-10）。

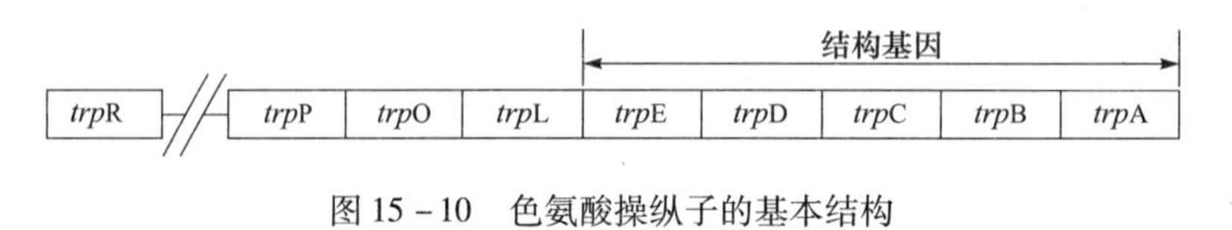

图 15-10　色氨酸操纵子的基本结构

2. 阻遏蛋白介导的负调控　*trp*R 编码同二聚体阻遏蛋白。与乳糖操纵子不同的是，游离的阻遏蛋白不能结合 *trp*O。细胞中色氨酸浓度低或不存在色氨酸时，阻遏蛋白游离，难以结合 *trp*O，结构基因表达呈现去阻遏效应；相反，细胞中存在高浓度色氨酸时，色氨酸与阻遏蛋白结合，改变阻遏蛋白构象，形成活性辅阻遏物，后者特异性结合 *trp*O，抑制 RNA 聚合酶与启动子的结合，*trp* 操纵子的结构基因表达则呈现负调阻遏（图 15-11）。

3. 衰减子介导的调节　*trp* 操纵子中存在一段长度为 162nt 的特殊序列，位于 *trp*E 与 *trp*O 之间，该序列称为前导序列（*trp*L）。前导序列转录本中形成的不依赖 ρ 因子的终止子结构称为衰减子（attenuator），该结构包括互补配对的茎环结构及随后出现的连续 U 序列（polyU）。*trp* 操纵子转录本上的衰减子能在第一个结构基因（*trp*E）起始密码子形成之前终止转录。因原核生物基因的转录和翻译偶联，*trp* 操纵子前导序列 5′端编码区翻译产生的前导肽能精密调控衰减子结构的形成。如前导肽能完整合成，与翻译偶联的前导序列转录本会形成衰减子，使

NOTE

转录提前终止（图 15-12）。

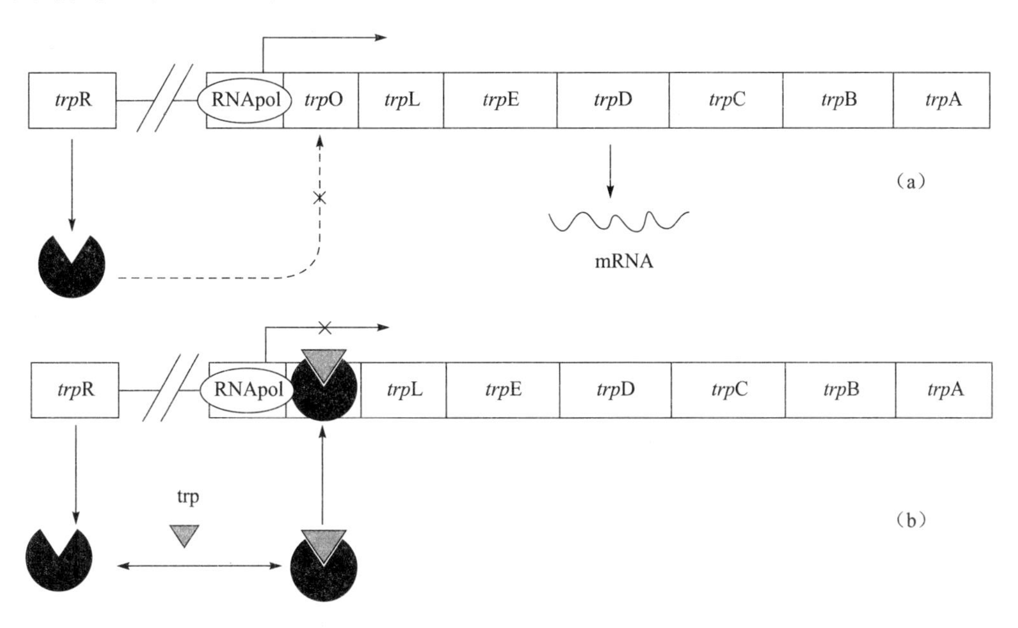

图 15-11　阻遏蛋白介导的负调控

（a）细胞中缺乏色氨酸时，阻遏蛋白二聚体不能结合 *trpO*，呈现去阻遏效应

（b）细胞中色氨酸浓度高时，色氨酸-阻遏蛋白复合物结合 *trpO*，呈现阻遏效应

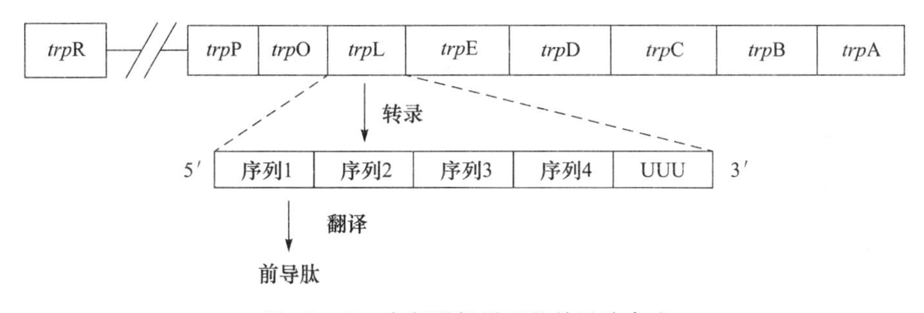

图 15-12　色氨酸操纵子的前导肽合成

三、原核生物基因表达的翻译水平调控

由于原核生物以操纵子为单位进行转录，同一操纵子中不同结构基因在转录水平的差异往往不大，多顺反子 mRNA 合成后，经由翻译水平的适当调控，可在一定程度上弥补转录水平调控的不足，使同一操纵子中不同结构基因编码的蛋白质出现差异。如 *lac* 操纵子编码的三个酶蛋白水平明显不同，这就是结构基因表达在翻译水平进行调控的结果。关于翻译水平的调控方式，目前已知的有如下几种：

（一）mRNA 稳定性调节

细菌的增殖周期短，为 20～30 分钟，快速的增殖需要快速的代谢来提供能量和原料，故而要求细胞中 mRNA 也能快速地合成或降解。mRNA 的稳定性决定翻译产物的量。在核酸外切酶作用下，mRNA 降解速率会加快，翻译产物的量则会相应减少。如 mRNA 3′存在茎环结构，可提高 mRNA 对外切酶的耐受性，从而增强 mRNA 的稳定性。相反，破坏茎环结构将降低 mRNA 的稳定性。

（二）SD序列调控翻译起始活性

原核生物mRNA的SD序列与16S rRNA的结合效率是调控翻译起始活性的重要因素。SD序列识别并结合16S rRNA有助于翻译起始阶段mRNA在核糖体小亚基上的准确定位，从而调控翻译起始活性。SD序列与16S rRNA的结合效率主要取决于SD序列的特征、位置。SD序列越接近共有序列，与16S rRNA的亲和力越高，翻译起始活性也就越高。

（三）翻译阻遏反馈调控翻译起始活性

调节蛋白特异性结合自身mRNA，反馈阻遏自身基因翻译的调控过程称为翻译阻遏（translational repression），该调节蛋白则称为翻译阻遏蛋白（translational repressor）。翻译阻遏蛋白为靶mRNA的编码产物，因此翻译阻遏为一种典型的自身调控模式，如核糖体蛋白（ribosomal protein，RP）对其模板mRNA的自身调节。在翻译过程中，RP对rRNA的亲和力高于mRNA，当细胞中存在游离rRNA时，RP首先结合rRNA，参与核糖体的装配，启动翻译。但当rRNA合成减少或停止，导致RP过剩时，游离的RP转而结合其模板mRNA，从而阻断自身翻译，使RP的合成与rRNA合成保持同步。RP反馈阻遏其自身mRNA翻译的同时，也可阻断同一顺反子mRNA编码的一组蛋白质的翻译。

（四）反义RNA的调控

原核细胞内一类能与其他功能RNA序列互补结合的小分子单链RNA，称为反义RNA（antisense RNA，asRNA）。质粒、转座子等都含反义RNA基因，能够转录产生反义RNA。反义RNA可与靶RNA互补结合形成双链RNA片段，并进一步由RNase降解，因此具备阻遏基因表达的作用。反义RNA通过结合复制起始阶段的RNA引物、转录过程中的RNA产物以及mRNA的SD序列或编码区，参与复制、转录和翻译的阻遏调控。

第三节　真核生物的基因表达调控

真核生物基因的结构和功能极为复杂，其基因表达调控的复杂程度是原核生物无法比拟的。多数真核生物为多细胞结构，基因表达不是对外环境信号的直接应答，而是通过细胞信号调控特定发育阶段、特定细胞内、特定基因的表达，启动真核细胞生长、分化和发育的预定程序，从而实现严格有序的、不可逆转的分化发育过程。由于细胞核结构使真核生物基因的转录和翻译出现了区位化，且在转录和翻译后都存在复杂的加工过程，真核基因的表达受到多级调控系统的影响，调控可发生在染色质水平、转录水平、转录后加工水平、翻译水平和翻译后修饰水平等环节，其中转录水平是最主要的调控环节。

一、真核生物基因表达及其调控的特点

（一）真核生物基因组的特点

1. 真核生物基因组庞大且结构复杂　真核基因组远远大于原核基因组，其结构也远较原核基因复杂。与*E. coli*基因组DNA相比（4×10^6bp，含4000个基因），人类基因组DNA约为3.0×10^9bp，包含2万~2.5万个基因。真核生物基因组大部分为非编码序列，仅有不到10%的序列为编码序列。真核生物的染色体以核小体为结构单元高度压缩而成，其复杂的化学组成

NOTE

及装配过程，是真核基因表达在染色质水平进行调控的基础。

2. 真核基因由各自独立的调节序列控制　与原核基因操纵子中多个结构基因的串联模式不同，真核基因多由一个结构基因与相关的调控区组成，每个基因使用各自的调节元件进行转录调控。因此，真核细胞中一个结构基因转录生成单顺反子，即一个基因编码一条多肽链或RNA 链。

3. 真核生物的转录调节区较大　原核生物的转录调节区大多位于转录起始点上游不远处，调节蛋白可通过直接结合调控序列影响 RNA 聚合酶与启动子的结合，从而调控相关基因表达。而真核生物基因的转录调节区较大，转录调节序列可能远离核心启动子，虽然也能与调节蛋白结合，但并不直接影响启动子与 RNA 聚合酶的结合，而是通过改变整个受控基因上游 DNA 构象来调控启动子与 RNA 聚合酶的结合能力。

4. 真核基因为断裂基因　真核基因的结构是不连续的，由外显子与非编码序列内含子交替排列而成，因此真核基因转录的初始产物须经剪接才能加工为成熟的 mRNA。

（二）真核生物基因表达的特点

1. 真核基因转录合成单顺反子 mRNA　与原核生物不同，真核基因的转录产物为单顺反子 mRNA，每个单顺反子 mRNA 只能翻译为一条相应的多肽链。因此，调控真核细胞中各种蛋白质多肽链的生成，即使是同一种蛋白质的不同亚基，也必须通过不同结构基因的协同表达才能实现。

2. 转录后加工过程复杂　许多真核基因转录为初始转录物后还须经过复杂的成熟和剪接过程，如通过 RNA 修饰、剪接才能顺利被翻译为蛋白质。

3. 转录和翻译分区进行　真核生物的转录和翻译过程分别在细胞核和细胞质中进行，存在严格的时空间隔特征。因此，mRNA 的转运也是基因表达调控的重要环节。此外，细胞信号须传递至胞核，才能调控基因表达。

4. 翻译和翻译后修饰更复杂　真核基因表达还包括复杂的翻译和翻译后修饰过程。影响翻译水平的因素主要有阻遏蛋白、5′端非编码区的长度以及小分子非编码 RNA 等。翻译后蛋白质的修饰和定位也是影响基因表达的一个重要环节。

（三）真核生物基因表达调控的特点

1. 真核基因表达调控包括瞬时调控和发育调控两种类型　真核基因表达的效应可以是瞬时的、可逆的，也可以是持久的、不可逆的。瞬时调控又称为可逆性调控，与原核基因表达应答环境条件的变化相似，通过调控真核细胞中特定的酶基因或蛋白质基因的表达，以改变细胞代谢水平，适应环境信号（如代谢物水平或激素）的变化。这种调控方式与环境信号密切相关，一旦环境信号消失，调控也随之消失。发育调控是真核生物控制体细胞有序生长分化的基因调控模式。正常生理条件下，体细胞的生长分化按一定程序严格控制。发育调控过程中，基因表达的类型及其表达活性会因组织细胞的特异性和生长发育的阶段性发生相应的变化。发育调控具备不可逆的特点，又称为不可逆调控，如细胞在生长因子刺激下，原癌基因表达刺激细胞生长，抑癌基因表达促进细胞分化或凋亡等，通过两类基因的协同表达来维系体细胞生长分化的有序性，细胞分化成熟后，不会再因生长因子等的缺乏逆向转化为幼稚细胞。

2. 转录效率与转录区染色质和 DNA 结构的变化有关　与原核生物不同，真核基因表达调控可在染色质和 DNA 水平进行。由于真核生物 DNA 大部分与组蛋白和非组蛋白结合形成染色质，只有少部分是裸露的，基因的转录激活受控于转录区 DNA 和蛋白质的解离程度。此外，真核生物还能根据生长发育的需要，有序地进行 DNA 片段的重排，或增加细胞内某些基因的拷贝数，或通过甲基化改变基因的表达，这些能力在原核生物中极为罕见。

3. 转录调控以正调控为主 真核生物基因表达调控的主要环节仍然为转录调控，而转录起始又是转录过程的关键步骤，因此，转录起始阶段，RNA 聚合酶与启动子的结合能力决定转录活性的高低。真核生物可诱导基因的启动子多为弱启动子，RNA 聚合酶对启动子的亲和力弱，须通过正调控增强启动子与 RNA 聚合酶的结合能力，才能有效启动转录。由此可知，真核基因的转录虽存在正调控和负调控，但以正调控为主。

4. 调控因素种类繁多，调节机制复杂 真核基因转录的调控依赖多种调节蛋白和多种反应元件的协同作用。从蛋白质的调节效应来看，调节既需要起正调控作用的蛋白质，也需要起负调控作用的蛋白质，两种功能相反的蛋白质协同作用。从蛋白质的调节机制来看，真核基因表达的调节既依赖蛋白质 - DNA 相互作用，也依赖蛋白质 - 蛋白质相互作用，如转录起始阶段，十几种或几十种调节蛋白辨认、结合启动子和 RNA 聚合酶、DNA 模板形成结构复杂的转录起始复合体，才能启动特定基因的转录。

二、真核生物基因表达在染色质水平的调控

（一）染色质活化

真核生物 DNA 与组蛋白结合形成核小体，再以核小体为基本结构，通过与非组蛋白、少量 RNA 的结合，高度压缩成染色质结构。染色质结构制约 RNA 聚合酶与 DNA 的接触、识别和结合。因此，染色质的结构状态会直接影响基因表达的频率和程度。DNA 的甲基化、组蛋白的化学修饰等作用可通过改变染色质的压缩程度稳定而长效地调控基因表达。

1. 染色质结构疏松 染色质结构疏松为真核基因转录激活的前提。转录活化区域的染色质结构疏松，长度仅压缩 1000 ~ 2000 倍，其中 DNA 序列多为缺乏核小体或没有蛋白质结合的“裸露”区段，这些区段对脱氧核糖核酸酶 Ⅰ（又称 DNA 酶 Ⅰ，催化单链/双链 DNA 水解的酶）敏感，可被 DNA 酶 Ⅰ 降解为短片段，因此称为 DNA 酶 Ⅰ 超敏位点（DNase Ⅰ hypersensitive site）。

2. 组蛋白修饰和含量变化 转录活化区域的染色质组成与非活化区域存在如下差异：

（1）转录活化区域的组蛋白，尤其是富含赖氨酸的 H1 组蛋白的含量降低，组蛋白所带正电荷减少，从而降低组蛋白与 DNA 的亲和力，染色质结构疏松。

（2）转录活化区域内 H2A - H2B 组蛋白二聚体的稳定性降低，核小体核心颗粒结构疏松。

（3）转录活化区域的组蛋白可能发生化学修饰，核小体表面的氨基酸残基发生甲基化、乙酰化、磷酸化、泛素化等化学修饰，可改变核小体结构的稳定性，如组蛋白 N 端保守的丝氨酸的磷酸化、赖氨酸和精氨酸的乙酰化，均可导致组蛋白的正电荷数目减少，从而改变染色质的构象，使染色质疏松，有利于 DNA 与调节蛋白和 RNA 聚合酶的结合，促进转录。

（二）基因扩增

某些细胞在生长分化过程中需要大量相关蛋白或功能 RNA，常通过基因的大量复制实现表达产物的增量。真核基因多为单拷贝序列，在整个基因组中仅有一个或几个拷贝。在生长环境发生变化时，为满足生长发育的需要，细胞内某一特定基因大量复制，细胞在短时间内可获

得该基因的大量拷贝，进而大量表达某一基因的特定产物的现象称为基因扩增。基因扩增现象在真核基因表达调控环节中普遍存在，是影响细胞生长分化的重要方式。肿瘤细胞中基因扩增与其抗药性有关，如氨甲蝶呤竞争性抑制二氢叶酸还原酶活性，从而减少肿瘤细胞内 dTMP 的生成，以抑制肿瘤细胞的分裂；但体外培养的肿瘤细胞在氨甲蝶呤培养基中培养一段时间之后会产生抗药性，原因在于为满足生长分裂的需要，肿瘤细胞内二氢叶酸还原酶基因扩增，拷贝数增加 200 ~ 250 倍。

（三）基因重排

通过基因片段的交换，使特定基因更换调控序列，从而形成新的基因表达单位的现象为基因重排。基因重排可提高表达效率，如原癌基因的启动子活性非常弱，但通过基因重排使原癌基因的编码序列被转移至某些强启动子附近，会使原癌基因激活。基因重排还可形成新的表达产物，如免疫球蛋白基因的重排，可使抗体的表达呈现多样性。

（四）DNA 甲基化

DNA 甲基化（DNA methylation）是真核生物基因表达在染色质水平进行调控的特殊机制。真核基因表达活性与 DNA 甲基化程度呈负相关，DNA 分子中甲基化位点越多，甲基化密度越高，基因转录受抑程度越强。DNA 甲基化可维持染色质的致密结构，影响 DNA 与组蛋白的解离，干扰 DNA 与调节蛋白的结合，从而阻遏基因表达。

（五）染色质丢失

真核生物在细胞分化过程中丢失染色质或染色质片段，从而改变基因表达。染色质丢失的现象多在一些低等真核生物中存在，染色质片段的丢失可能促进基因的表达，说明染色质中某些片段可能阻遏基因的表达。

（六）基因组印记

在配子或合子发生期间，来源于不同亲本的等位基因发生化学修饰，使带有亲代印记的等位基因出现差异性表达的现象，称为基因组印记（genomic imprinting）（又称为遗传印记）。因亲源不同而呈现差异表达的等位基因则称为印记基因（imprinted genes）。印记基因根据亲代的不同而有不同的表达，有些印记基因只从母源染色体上表达，而有些印记基因则只从父源染色体上表达。印记基因在低等动物和植物中多见，在人类基因组中虽只占少数，但在胎儿生长、行为发育和细胞生长方面发挥重要作用，正常基因组印记模式改变可引起一系列人类遗传性疾病，如印记的抑癌基因会由于杂合性丧失、单亲二倍体或突变失活导致基因沉默。

三、真核生物基因表达的转录水平调控

真核生物的基因转录是一个复杂的过程，参与转录的物质包括 RNA 聚合酶和一些蛋白质因子。真核生物的 RNA 聚合酶有三种，分别催化三种 RNA 的合成（见第十三章）。其中 RNA 聚合酶Ⅱ负责 mRNA 前体的转录，在真核生物基因转录中起主要作用。因此，转录调控的核心机制为 RNA 聚合酶Ⅱ的调控。

（一）顺式作用元件

真核生物的顺式作用元件有两类，一类决定基因转录的基础频率，如启动子；另一类决定组织特异性表达或适应性表达，如增强子、沉默子、激素反应元件等。两类元件与转录因子相

互作用，共同调节基因的表达。

1. 启动子　真核生物的启动子种类较多，其结构和调节机制均较原核生物复杂。真核生物的启动子有三类，包括Ⅰ型、Ⅱ型和Ⅲ型启动子，在转录因子的共同作用下分别与三种RNA聚合酶识别并结合（见第十三章）。与原核生物不同，真核生物RNA聚合酶不能直接结合启动子，而是要依赖一系列转录因子在启动子附近的有序装配，与RNA聚合酶、DNA模板结合形成转录起始复合体，转录才能启动。

2. 增强子　真核生物基因中促进转录的调控序列称为增强子。增强子位于真核基因的远端调控区（远离转录起始点1~30kb），其效应与距离和方向无关，但需依赖特定的启动子和转录因子的共同作用才能发挥其增强效应（图15-13）。增强子对启动子虽无严格的专一性，但若缺乏特定启动子，增强子也不能表现其活性。从结构来看，增强子含有一个或多个独立的核心序列，这些序列为特异转录因子结合DNA的功能组件。增强子结合组织细胞内特异转录因子的作用，可归纳为增强子的组织细胞特异性。若细胞中缺乏某种特异转录因子，增强效应则会丧失，基因转录活性随之降低。

3. 沉默子　真核生物基因中阻遏转录的调控序列称为沉默子。沉默子结合特异的调节蛋白，能解除增强子的正调控。沉默子与增强子协同作用决定基因表达的时空特异性。

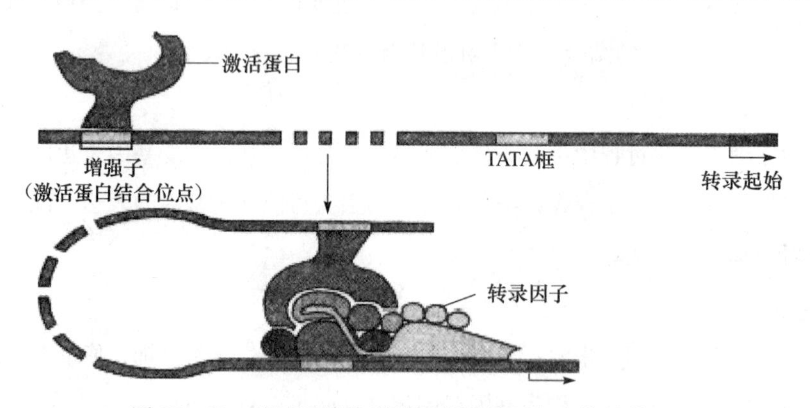

图15-13　基因远端的增强子促进转录复合体的装配

（二）反式作用因子

1. 反式作用因子的种类　真核细胞中反式作用因子的主要功能是调节转录活性，故又称为转录因子（transcription factor，TF）。根据不同的作用方式和途径，可将真核细胞内的转录因子分为三类：

（1）通用转录因子　对于基因转录而言，有些转录因子是RNA聚合酶结合启动子必需的，并决定转录产物的种类和转录的基础频率。真核细胞中识别和结合启动子元件并启动转录的反式作用因子称为通用转录因子（general transcription factor，GTF）。RNA聚合酶须借助多种GTF的作用，才能结合启动子元件，启动转录。GTF对所有基因都是必需的。

（2）转录调节因子　能与靶基因的顺式作用元件（如增强子、沉默子）结合，调控特定基因转录活性的转录因子为转录调节因子（transcription regulation factor），又称为特异转录因子。其中起激活转录作用的称为转录激活因子（transcription activator）；抑制转录的则称为转录抑制因子（transcription repressor）。转录激活因子通常结合增强子，转录抑制因子通常结合沉默子。转录调节因子是基因适应性表达调控的关键分子，可决定细胞内基因表达的时空特异性，与机体的生长发育和细胞信号转导相关。某些信号分子如激素的细胞内受体可作为转录调节因子，与顺式作用元件（激素应答元件）结合，调节靶基因转录。因此，某些基因的转录调控也是信号转导的效应环节。

（3）共调节因子　不直接结合DNA，而是通过蛋白质-蛋白质相互作用与转录调节因子、RNA聚合酶、通用转录因子结合而调控转录的蛋白质称为共调节因子（mediator），其中与转录激活因子具协同效应的称为共激活因子（coactivator，又称为辅激活物），与转录抑制因子具协同效应的称为共阻遏因子（corepressor，又称为辅阻遏物）。

2. 转录因子的结构　真核细胞中存在种类繁多的转录因子，结构不同的转录因子发挥不同的功能。转录因子通过特定的蛋白质模体形成以下几种功能结构域：DNA结合域、转录激活域及蛋白质相互结合结构域。

（1）DNA结合域（DNA binding domain）　DNA结合域由直接结合DNA的模体构成，包括锌指结构、碱性螺旋-环-螺旋、碱性亮氨酸拉链、螺旋-转角-螺旋、同源异形域、溴结构域等。锌指（zinc finger）是DNA结合蛋白常见的模体结构。每个锌指结构含有30个氨基酸残基，由2个反向平行的β-折叠和1个α-螺旋自我折叠为形似“手指”的模体，其中β-折叠上存在的1对半胱氨酸（Cys）残基，与α-螺旋上存在的1对组氨酸（His）或半胱氨酸（Cys）残基，通过配位键与Zn^{2+}连接形成Cys_2His_2或Cys_4两种结构类型（第二章图2-12，图15-14），单一锌指与DNA的结合能力很弱，因此，DNA结合蛋白中通常含有多个重复的锌指结构，如与GC盒结合的转录因子Sp1的C端含有3个锌指结构（Cys_2His_2），固醇类激素受体含有2个锌指（Cys_4）结构。锌指结构主要存在于真核生物DNA结合蛋白中，通过与靶分子DNA、RNA或DNA-RNA的特异性结合，调控基因的表达。有些锌指也可介导自身与其他蛋白质的结合，故可在翻译水平调控基因表达，如翻译阻遏蛋白。

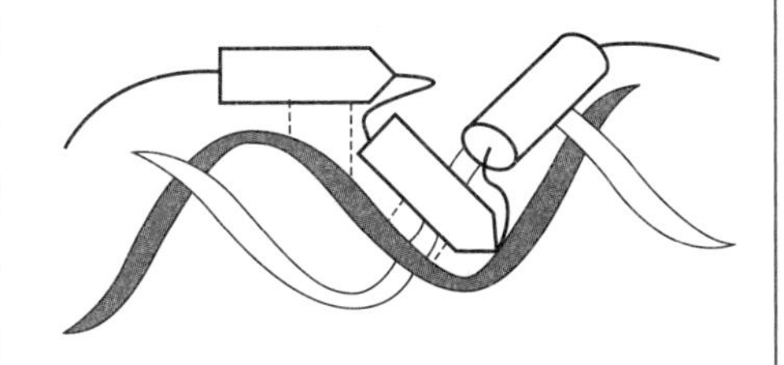

图15-14　DNA与蛋白质相互作用

除锌指结构外，DNA结合域还包括碱性螺旋-环-螺旋（helix-turn-helix，HTH）、亮氨酸拉链等模体。HTH模体由两个α-螺旋通过一个β-转角相连而成，其N端的α-螺旋称为识别螺旋，识别螺旋富含带正电荷的碱性氨基酸残基，可嵌入DNA大沟，与DNA表面带负电荷的磷酸基以盐键结合。亮氨酸拉链存在于卷曲螺旋或纤维状的转录激活因子中，其模体是由两条含有两性α-螺旋的肽链借两链间的疏水作用力结合成二聚体结构域，形同拉链，因而得名亮氨酸拉链。二聚体结构域的N端富含碱性氨基酸，借助其正电荷与DNA结合。

（2）转录激活域（transcriptional activation domain）　转录激活域以组成特点命名，有以下几种结构域类型：

1）酸性激活结构域（acidic activation domain，AAD）：AAD为富含酸性氨基酸的保守序列，该序列多折叠成带负电荷的疏水α-螺旋，可能通过与TFⅡD的非特异性结合，协助转录起始复合体的装配，激活转录。

2）富含谷氨酰胺结构域（glutamine-rich domain，GD）：转录激活因子Sp1的N末端含有2个主要的转录激活区，氨基酸组成中有25%的谷氨酰胺，很少有带电荷的氨基酸残基。酵母的HAP-1、HAP-2和GAL-2及哺乳动物的OCT-1、OCT-2、Jun、AP-2和SRF也含有这种结构域。

3）富含脯氨酸结构域（proline－rich domain，PD）：CTF 家族（包括 CTF－1、CTF－2、CTF－3）的 C 端存在一个富含脯氨酸结构域，含有 20%～30% 的脯氨酸残基，与其转录激活功能有关。

（3）蛋白质相互作用结构域（protein interaction domain，PID） 除了 DNA 结合域外，转录因子中还含有结合 RNA 聚合酶和其他调节蛋白的结构域。例如 Tamkun 等在果蝇 Brahma（brm）基因中发现的一段高度保守的功能结构域，该基因表达产物 BRM 中一段高度保守序列称为溴结构域。目前已知的 50 多种溴结构域蛋白家族成员可介导蛋白质－蛋白质相互作用，参与核小体的装配、基因的激活或（和）共激活。

（三）顺式作用元件与反式作用因子的相互作用

基因表达的精细调控需通过顺式作用元件与反式作用因子的特异性结合而完成，两者的结合具有相对特异性，即一种反式作用因子能与多种顺式作用元件结合，而一种顺式作用元件也能和一种或多种反式作用因子结合。基因表达活性的高低既取决于顺式作用元件的序列结构，也受控于转录因子的活性。转录因子活性的调节可通过数量调节、化学修饰调节、变构调节、蛋白质－蛋白质相互作用等方式进行。

（四）转录起始调节

真核基因的转录起始是转录的关键步骤，因此，基因的转录水平调控的核心环节仍然为转录起始的调节。转录起始阶段，TFⅡD 亚基 TBP 特异性结合启动子 TATA 盒，RNA 聚合酶与一系列转录因子 TFⅡA～F 按一定顺序组装，形成稳定的转录起始前复合物（pre－initiation complex，PIC）后，RNA 聚合酶Ⅱ才启动 mRNA 转录（见第十三章）。

RNA 聚合酶Ⅱ的化学修饰也是转录起始调节的重要环节。开放复合体形成后，RNA 聚合酶Ⅱ的羧基末端域（carboxyl－terminal domain，CTD）在蛋白激酶催化下磷酸化，复合体构象改变，RNA 聚合酶Ⅱ与 TFⅡD、TFⅡB 和 TFⅡA 解离，转录延长因子和加工因子就位，RNA 聚合酶Ⅱ跨过转录起始点，向模板下游滑动，RNA 合成至 60～70nt 后，TFⅡE 和 TFⅡH 释放，转录进入延长阶段。TFⅡD、TFⅡB 和 TFⅡA 结合的复合体在转录延长阶段仍牢固结合 TATA 盒，有利于启动下一轮转录，提高转录频率。

四、真核生物基因表达的转录后调控

1. 转录后加工修饰的调节 RNA 聚合酶Ⅱ负责合成不均一核 RNA（hnRNA），后者为成熟 mRNA 的前体，需经一系列加工修饰过程，转变为成熟 mRNA 后，转运至细胞质，方能指导蛋白质的生物合成。通过加帽、加尾、RNA 编辑等转录后加工环节（见第十三章），使 mRNA 的稳定性得到控制，进而影响翻译效率及翻译产物的数量，以实现基因表达在转录后加工水平的调控。

2. mRNA 的出核转运 成熟 mRNA 由细胞核向细胞质转运的环节，也是调控细胞质内 mRNA 数量的重要方式。目前，尚未发现调控 mRNA 出核转运的确切机制，但可以肯定的是，核内加工不完全的 mRNA 分子不能转运至核外，而是在很短的时间内被降解。mRNA 的这种选择性出核转运方式，可调控细胞质 mRNA 的稳定性。

NOTE

3. 非编码小分子 RNA 介导转录后基因沉默 高等真核生物细胞中存在一些非编码小分子

RNA，能通过序列互补作用与 mRNA 结合，导致 mRNA 的降解或翻译抑制，这种作用称为转录后基因沉默（post - transcription gene silencing，PTGS）。能介导 PTGS 的小分子 RNA 有两类：双链结构的小干扰 RNA（small interference RNA，siRNA）和微小 RNA（microRNA，miRNA）。这两类非编码小 RNA 由 Dicer 加工而成，Dicer 具备核酸内切酶活性和解旋酶活性，能特异性识别双链 RNA 并将其切割为短的双链 RNA。随后小 RNA 与 Dicer 结合形成 RNA 诱导的沉默复合物（RNA - induced silencing complex，RISC）；RISC 通过 Dicer 的解旋酶活性将双链 RNA 转变为两条互补的单链 RNA，其中一条 RNA 互补结合靶 mRNA，再利用 RISC 的核酸内切酶活性使 mRNA 降解，阻止其表达，发挥基因沉默的作用。

五、真核生物基因表达的翻译水平调控

翻译水平调控的主要环节为翻译起始阶段，调节蛋白通过干预起始核糖体复合体的装配过程，或调控翻译起始因子的磷酸化修饰等途径，影响翻译起始效率，导致蛋白质合成数量的改变。

（一）5′端非翻译区长度

成熟 mRNA 分子的非翻译区（untranslated region，UTR）包含 5′端帽子结构、开放阅读框上游的 5′端非翻译区、3′端 Poly（A）尾以及 3′非编码序列。翻译起始时，核糖体小亚基首先结合在 mRNA 5′端非翻译区，5′端非翻译区的长度将影响核糖体复合体的装配以及核糖体复合体对起始密码子的选择，从而改变翻译起始效率。

（二）UTR 结合蛋白介导的翻译阻遏

与原核细胞类似，真核细胞内也存在翻译阻遏蛋白，这些蛋白主要通过与 UTR 结合而阻遏翻译，因此又称为 UTR 结合蛋白。UTR 含有反向重复序列时，能折叠形成茎环结构，UTR 结合蛋白可以与这种茎环结构结合，抑制翻译的起始。

（三）翻译起始因子的磷酸化

在翻译起始因子的协助下形成核糖体复合体，是翻译起始阶段的关键环节。当细胞内环境条件发生变化时，如生长因子或营养成分缺失、病毒感染等因素会激活某些蛋白激酶，催化翻译起始因子发生磷酸化反应。经磷酸化修饰的起始因子功能随之变化，从而影响翻译起始效率。如 eIF - 2 经磷酸化修饰后，eIF - 2 · GDP 难以转化为 eIF - 2 · GTP，eIF - 2 的循环利用被破坏，导致蛋白质合成速度下降。

六、翻译后修饰与靶向转运水平的调控

翻译产生多肽链之后，还需对新生肽链进行切除 N 端氨基酸残基、氨基酸修饰以及肽链的折叠、亚基装配等加工，才能使肽链转变为有生物学活性的蛋白质，并通过靶向转运使活性蛋白质到达特定组织细胞或亚细胞结构（见第十四章）。因此，真核基因翻译后水平的调控也是通过翻译后修饰快速调节蛋白质的功能，通过靶向转运调节功能蛋白质的分布。

案例1分析讨论

本案例中，患儿出现较为典型的肺炎的临床表现，如高热、咳嗽、呼吸困难、肺细湿啰音等症状及肺实变体征，诊断似乎较为明确，但还需进一步分析肺部感染的确切原因。该病既往

史中提到患儿出生后多次患肺炎及鹅口疮，实验室检查发现患儿外周血淋巴细胞数明显减少，并出现低免疫球蛋白血症，应高度怀疑重症联合免疫缺陷病（severe combined immunodeficiency disease，SCID）并发肺炎。进一步检查患儿血清及红细胞腺苷脱氨酶（adenosine deaminase，ADA）活性，结果显示血清及红细胞腺苷脱氨酶活性明显降低，可证实SCID的诊断。

SCID是T、B细胞发育异常导致机体细胞及体液免疫缺陷的一组遗传疾病。SCID疾病类型中一类以ADA活性降低为主要表现的常染色体隐性遗传疾病，被称为ADA活性缺陷性疾病。该病是由于ADA的编码基因发生突变，基因表达关闭或受抑，导致ADA活性及稳定性降低。ADA可催化腺苷脱氨生成肌苷，当ADA活性降低时，腺苷水平升高，可转化为脱氧腺苷或dATP。正常的淋巴细胞具有高活性的ADA，使淋巴细胞内的dATP水平维持正常，一旦ADA活性降低，dATP含量会显著增加，这一改变将使淋巴细胞损伤或死亡，最终导致机体细胞及体液免疫缺陷。

该病的治疗以消除病因、控制感染及对症治疗为原则，在疾病的缓解期定期注射免疫球蛋白能帮助提升患者的免疫力，骨髓移植也是治疗SCID的方法之一。但消除病因还得从调控ADA基因的表达着手，以逆转录病毒为载体将ADA基因转入T淋巴细胞，使表达ADA的细胞在患者体内增殖，从而恢复患者的细胞及体液免疫。自20世纪90年代开始，该病许多患者已接受体细胞基因治疗，结果表明基因治疗SCID是安全有效的方法。SCID的体细胞基因治疗方法也因此成为体外基因治疗的范例。

小结

基因表达调控是指生物体选择性、程序性和适度地控制基因表达开放/关闭或表达多/少的过程。基因表达根据生长、分化和发育的需要，或者伴随着环境的变化而具有时间特异性和空间特异性。

基因表达在转录水平的调控主要取决于顺式作用元件与反式作用因子的相互作用，依赖蛋白质-DNA以及蛋白质-蛋白质复杂的相互作用完成其调控。

基因表达调控是在复制、转录、转录后加工、翻译、翻译后加工等多级水平上发生的复杂事件。其中，转录起始为基因表达的关键步骤。基因转录调控要素包括DNA调控序列、调节蛋白及RNA聚合酶活性。

原核生物基因表达调控的基本模式为操纵子。阻遏蛋白结合于乳糖操纵子的操纵序列可阻遏基因表达，辅阻遏物如别乳糖结合阻遏蛋白可解除阻遏，使乳糖操纵子结构基因的转录效率提高。正调控蛋白CAP的结合可使乳糖操纵子的结构基因转录激活。色氨酸操纵子除阻遏蛋白介导的负调控外，还存在衰减调控机制，可使RNA转录提前终止。

真核生物基因表达调控具备多环节、多因素的特点。真核基因表达可在染色质水平、转录水平、转录后水平及翻译、翻译后水平进行调节。真核基因可通过活化染色质、基因扩增、基因重排、基因组印记、DNA甲基化等方式在染色质水平上调控其表达。真核基因转录调控要素种类繁多，其顺式作用元件按功能特性分为启动子、增强子及沉默子。反式作用因子又称转录因子，是转录水平的主要调控分子。真核生物基因的转录调控以正调控为主。转录因子通过DNA结合域、转录激活结构域和蛋白相互作用结构域，发挥转录调节作用。真核生物RNA转录后的加工修饰过程复杂，可影响 mRNA 的结构与含量。mRNA 的出核转运、非编码小分子 RNA 介导的转录后基因沉默也是转录后调节的重要环节。翻译起始因子的活性、mRNA 分子的寿命、mRNA 分子非翻译区的结构则在翻译水平上影响基因表达的终产物含量和结构。

长链非编码 RNA 的基因表达调控作用

2002 年，Okazaki Y 等在对小鼠全长 cDNA 文库进行大规模测序时发现了一类新的转录本，这类转录本长度大于 200nt。与 mRNA 不同，这些大型的 RNA 并不编码蛋白质，因此被称为长链非编码 RNA（long non－coding RNA，lncRNA）。RNA 为人们所熟知是源于它们在蛋白质生物合成中的重要作用，如负责编码蛋白质的 mRNA，转运氨基酸并识别密码子的 tRNA，以及参与构成核糖体的 rRNA。除 mRNA 外，其余的功能 RNA 统称为非编码 RNA（non－coding RNA，ncRNA）。近年来，非编码 RNA 的研究可谓如火如荼，从荣获 2006 年诺贝尔奖的 RNA 干扰机制到 miRNA，再到 siRNA，ncRNA 成为红极一时的明星分子，原被比喻为基因组上“杂音”的 lncRNA 也开始进入人们的视野，关于 lncRNA 生物学功能的研究逐渐升温。令人惊讶的是，越来越多的证据显示，这种具备保守二级结构的长链非编码 RNA 可发挥多种生物学功能，尤其是 lncRNA 能够在多种层面调控基因表达，通过介导染色质重组、组蛋白修饰、反义互补、与蛋白质相互作用、剪切形成 miRNA 或 siRNA 等机制实施其表观遗传学调控、转录调控及转录后调控功能。lncRNA 在机体生长发育的各阶段以及各类细胞中特异性表达，调节胚胎及组织器官的发育、细胞的生长分化等。lncRNA 的不当表达则可能导致疾病的发生，目前认为病变细胞中会出现特定 lncRNA 的异常表达，如 lncRNA－βGL 3 的过表达能抑制 Bcr－Abl 融合蛋白诱导小鼠骨髓细胞恶性转化的能力，促进细胞凋亡，故 lncRNA－βGL 3 有望成为治疗白血病的药物或靶点。此外，研究者对于 lncRNA 与特定发育途径或某些疾病相关模式的研究，以及疾病相关 lncRNA 数据库的建立，可使病变细胞特异表达的 lncRNA 作为诊断标记物应用于临床。

NOTE

第十六章　细胞信号转导

【案例1】

患儿，男，2岁，因“反复咳嗽2周”就诊。2周前患儿出现不明原因咳嗽、低热等上呼吸道症状，10天前，低热消失，咳嗽加剧，出现阵发性痉挛性咳嗽，发作时可闻高音调鸡鸣声，并伴眼结膜出血。

体格检查：体温37.5℃，心率95次/分，发育正常，精神良好，反应佳。唇绀，颈静脉怒张，心脏检查未见异常。肺部听诊有湿啰音，肝脾无肿大。生理反射存在，病理反射未引出。二便调，舌红，苔薄黄腻，脉洪数。

实验室检查：白细胞$30 \times 10^9/L$，淋巴细胞比率0.61。咽拭子细菌培养：百日咳杆菌（++）。血清学检查：百日咳特异性IgM抗体（++）。

问题讨论

1. 根据病例资料，该患者诊断为什么疾病？
2. 该患者发病涉及的生化分子机制是什么？

生物体的一切生命现象都依赖细胞内、外的信号传递和调控。单细胞生物对环境信号可直接做出应答；多细胞生物需要在细胞间建立高效的通信网络，才能准确应答外界刺激。由细胞外信号分子与受体结合，引发细胞内一系列生物化学反应及蛋白间的相互作用，从而调节相应基因表达，产生各种生物学效应的全过程称为细胞信号转导（signal transduction）。一旦信号转导过程异常，可能导致各种疾病的发生发展。

第一节　细胞信号转导概述

在细胞内，各种信号分子依次相互识别、相互作用，有序地进行信号的转换和传递，构成信号转导通路（signal transduction pathway）。细胞信号转导涉及细胞信号分子、受体、胞内信号转导分子，它们彼此相互联系、相互作用，形成了复杂的信号转导通路网络。

一、细胞信号分子

多细胞生物感受环境中物理、化学和生物学等刺激信号，可通过换能途径将各类信号转换为细胞可直接感受的化学信号分子。细胞信号分子按化学本质可分为：蛋白质（多肽）类、儿茶酚胺类、固醇类、脂肪酸衍生物和气体分子（如NO、CO）类等。

NOTE

二、细胞通讯方式

信号分子通过细胞之间的通讯传递信息。细胞通讯方式按作用距离远近可分为：

1. 内分泌（endocrine） 是最经典的细胞间通讯方式，主要指由特殊分化的细胞组成的内分泌腺分泌激素，通过血液循环作用于远距离的靶细胞受体，发挥作用。

2. 旁分泌（paracrine） 是指信号分子（如白细胞介素、各种生长因子、细胞因子等）通过细胞间隙，作用于相邻靶细胞相应受体而发挥作用。

3. 自分泌（autocrine） 是指信号分子在局部扩散又反馈作用于产生该信号分子的分泌细胞本身。一些肿瘤细胞存在生长因子的自分泌作用以保持不断增殖。

4. 直接接触 是指当两个细胞相互接触时，一个细胞的信号分子可与另一细胞的相应受体直接作用（或通过孔道，或通过膜表面的蛋白质、糖蛋白等分子特异性识别）从而传递信号。

三、胞内信号转导物质

细胞间信号分子通过膜受体或胞内受体的特异性转导后，进一步通过胞内信号转导物质（一些蛋白质分子、小分子活性物质）有序转换，将信号不断往下游传递，直至产生相应的生物学效应。其中参与胞内信号转导的小分子活性物质称为第二信使（second messenger），参与胞内信号转导的蛋白质分子称为信号转导分子（signal transducer）。细胞中各种信号转导分子特异性相互识别，聚集在一起形成信号转导复合体。其中衔接蛋白（adaptor protein）是信号转导中不同信号分子的接头，通过蛋白质相互作用结构域连接上、下游信号转导分子，从而募集并组建信号转导复合物。支架蛋白（scaffolding protein）可同时结合很多位于同一信号通路中的转导分子，从而保证相关信号分子能容纳于一个隔离而稳定的信号转导通路内，避免与其他信号转导通路发生交叉反应，以维持通路的特异性。因此，通过衔接蛋白和支架蛋白既维持了信号转导通路的特异性，又可以改变所结合的信号分子活性，增加了信号转导调控的复杂性和多样性。

信号转导分子中存在的蛋白质相互作用结构域是形成复合体的基础。信号转导复合体增加了信号转导反应的复杂性和多样性，使调节更精细，更准确。目前已经确认的蛋白质相互作用结构域已超过 40 种，如酪氨酸蛋白激酶的 Src 同源序列 2 结构域（Src homology 2 domain，SH2），Pleckstrin 同源序列（pleckstrin homology，PH）结构域等。

四、信号转导通路的基本规律

尽管信号转导通路组成各异，生物学效应千差万别，但它们又具有共同的基本规律：一是信号转导分子的构象、分布和数量的双向调节决定了信号的传递与终止；二是转导过程中逐级放大细胞信号。具体表现包括：

1. 信号转导分子通过构象的可逆性变化引发效应。信号转导分子的化学修饰、变构调节和蛋白质 - 蛋白质相互作用等方式发生构象的可逆性改变。构象变化主要引起 3 种效应：①改变酶类信号转导分子的催化活性；②暴露出潜在的亚细胞定位区域，使信号转导分子发生转位；③形成新的信号转导复合体，通过与上、下游分子的迅速结合或解离以启动或终止信号传递。

2. 细胞内第二信使的浓度能迅速发生改变。通过基因表达调控或改变分子稳定性可调节第二信使分子的浓度，进而影响信号转导的速度和方向，产生相应的信号应答效应。

3. 不同的信号转导复合体在细胞内有特定的存在区域。信号转导分子可以从细胞质转位至细胞膜、细胞核或其他亚细胞部位，从而将信号传递到相应的应答部位。

4. 信号转导分子的化学修饰可快速“开关”信号。细胞在对外源信号进行转换和传递时，由于伴随化学修饰调节（包括磷酸化/去磷酸化、乙酰化/去乙酰化、甲基化/去甲基化等），因此具有信号的逐级放大效应。例如G蛋白偶联受体介导的信号转导过程即为典型的级联反应过程。

5. 细胞信号转导具有一定的复杂性和多样性。①不同的细胞具有不同的受体，或同样的受体在不同的细胞中介导不同的信号转导通路。②在同一细胞中，有些受体自身磷酸化后产生多个与其他信号转导分子相互作用的位点，可以激活几条信号转导通路。③一条信号转导通路也并非只由同一种受体激活，如有多种受体可以激活 PI-3K 通路。细胞内不同信号转导通路的信号转导分子之间发生交互对话（cross-talking），形成复杂的信号转导网络。④一些特殊的细胞内事件，如 DNA 损伤、活性氧、低氧状态等，可通过激活特定的分子而启动或调节相关信号转导。这些通路可以与细胞外信号分子共用部分转导通路，也可以启动一些特殊的通路，如凋亡信号转导通路。

第二节 细胞信号分子

一、细胞间信号分子

在细胞间发挥作用的信号分子主要有神经递质、激素、细胞因子和气体信号分子等四大类，被统称为第一信使（first messenger）。

（一）神经递质

神经递质（neurotransmitter，NT）是在神经元、肌细胞或腺体细胞之间传递信号的化学物质，主要以旁分泌方式传递，速度快，准确性高。根据神经递质的化学组成特点，主要分为：①胆碱类（如乙酰胆碱）；②单胺及其他生物胺类（如肾上腺素、去甲肾上腺素、多巴胺、5-羟色胺等）；③氨基酸类（兴奋性神经递质如谷氨酸、天冬氨酸等，抑制性神经递质如γ-氨基丁酸、甘氨酸等）；④神经肽类。当一个神经元接收到外界的信号刺激时，储存在突触前囊泡内的神经递质由突触前膜向突触间隙释放，与相应的突触后膜受体结合，产生突触去极化电位或超极化电位，导致突触后神经兴奋性升高或降低，从而将神经递质信号传递给下一个神经元。神经递质信号的终止依赖于再回收机制，即突触间隙中多余的神经递质被突触前膜特异性摄取并回收至轴浆内，贮存于囊泡，重新加以利用；或者依赖于突触间隙或后膜上相应的水解酶对递质分解灭活。但大部分由突触前膜将递质再摄取，回收到突触前膜。

（二）激素

NOTE

激素（hormone，H）通常以内分泌方式传递信号，调节靶细胞的代谢活动。激素按化学本质可分为：蛋白质（多肽）类、氨基酸衍生物（如甲状腺素）、类固醇激素和脂肪酸衍生物（如前列腺素）四大类。激素必须与靶细胞受体特异性结合来启动细胞应答，因此，激素可按受体在细胞内的定位分为两大类：一类激素亲水性较强（如蛋白质、多肽类），只能结合并作用于膜受体；另一类激素疏水性较强（如类固醇激素），可以直接透过脂质双分子层，与胞内特异受体结合。

（三）细胞因子

细胞因子（cytokine，CK）是由免疫细胞及组织细胞分泌的一类小分子可溶性多肽或蛋白质，参与调节细胞生长、分化、免疫应答等。根据细胞因子主要功能的不同，可分为白细胞介素（interleukins，ILs）、集落刺激因子（colony stimulating factor，CSF）、生长因子（growth factor，GF）、肿瘤坏死因子（tumor necrosis factor，TNF）、干扰素（interferon，IFN）、转化生长因子-β家族（transforming growth factor-β family，TGF-β family）、趋化因子家族（chemokine family）等七大类。细胞因子参与人体多种重要的生理功能，具有作用广泛、功能多样、效率高等特点。

（四）气体信号分子

气体信号分子是一些能溶于水的小分子气体分子，可自由通过细胞膜，受体内代谢通路的调控，在生理浓度下有明确的生理功能，具有特定的细胞和分子作用靶点，如一氧化氮（nitric oxide，NO）、一氧化碳（carbon monoxide，CO）。近年来发现硫化氢（hydrogen sulfide，H_2S）也具有信号转导的作用。一氧化氮可分为酶生性一氧化氮和非酶生性一氧化氮，非酶生性通过供体生成，如硝酸甘油等临床药物；酶生性是由一氧化氮合酶（nitric oxide synthase，NOS）催化L-精氨酸分解释出NO。正常情况下NOS的活性很低，需要硝基类药物或者皂苷类活性物质的激活。生成的NO可迅速扩散，对邻近的细胞或自身细胞发挥信号分子作用，在心血管、免疫和神经系统等多方面发挥着特殊的调节作用。内源性CO主要是由血红素加氧酶（heme oxygenase，HO）催化血红素氧化分解产生，CO在某些方面也具有类似NO的作用。

二、细胞内信号转导分子

细胞内信号转导分子主要有蛋白质（多肽）类信号转导分子和小分子活性物质两类。

水溶性信号分子需先与靶细胞膜受体进行特异性识别、作用，引发细胞内产生小分子活性物质，后者再将信号传递给下游的效应蛋白（或酶），直至产生生物学效应。这些在细胞内进一步传递信号的小分子活性物质，统称为第二信使。常见的第二信使有cAMP、cGMP、二酰甘油（diacylglycerol，DAG）、磷脂酰肌醇（phosphatidylinositol，PI）及其衍生物（如PIP、PIP_2、PIP_3等）、肌醇三磷酸（inositol triphosphate，IP_3）、花生四烯酸类（arachidonic acid）、神经酰胺（ceramide，Cer）、Ca^{2+}、NO等。

在胞内信号转导中，细胞内蛋白激酶（protein kinase，PK）可分别催化效应蛋白（或酶）分子中的丝氨酸/苏氨酸残基或酪氨酸残基发生磷酸化修饰。蛋白磷酸酶（phosphatase）可催化磷酸化的蛋白质或酶分子发生去磷酸化反应。依靠蛋白激酶的磷酸化和蛋白磷酸酶的去磷酸化作用可对细胞内的蛋白质或酶活性执行“开关”样的调节作用，从而快速改变代谢速度和方向。同时，信号转导分子之间进行特异性识别和结合，还需要一些特殊的结构域或称“接头分子”参与，实现蛋白质-蛋白质之间的相互作用，如SH2结构域等。

NOTE

第三节 受 体

受体（receptor，R）是位于细胞膜或细胞内的一类特殊生物大分子，化学本质主要为蛋白质，少数为糖脂。受体能特异识别、并选择性结合信号分子，通过相互作用将信号转导入细胞内，产生相应的生物学效应。能被受体蛋白特异识别并结合的物质（见本章第二节各类细胞间信号分子），统称为配体（ligand，L）。根据受体的细胞定位，可分为膜受体和胞内受体两大类。

一、膜受体

膜受体定位于细胞膜上，大多为糖蛋白。膜受体一般可分为以下三类：离子通道型受体、G蛋白偶联型受体、酶偶联受体（图16－1）。

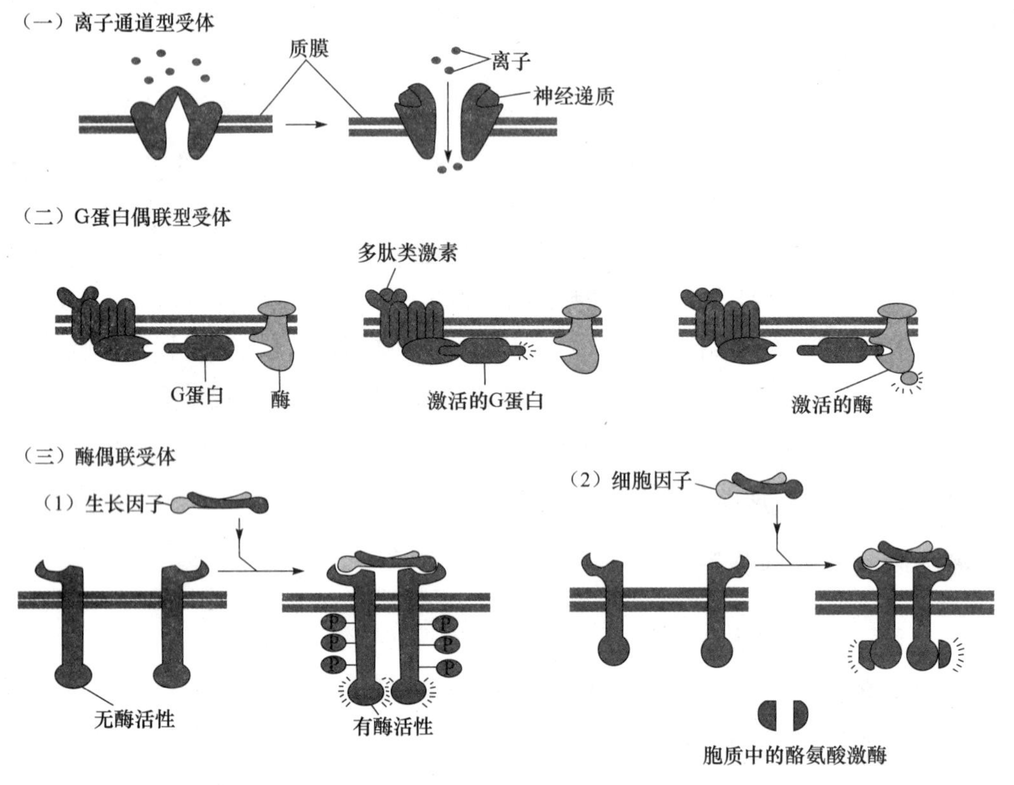

图16－1 膜受体示意图

（一）离子通道型受体（Ion channel receptor）

离子通道型受体是一类自身为离子通道的受体，因为受体的开放或关闭直接受神经递质等配体控制，又称为配体门控通道（ligand－gated channel）。

离子通道型受体主要存在于神经、肌肉等可兴奋细胞，常见的是位于神经末梢突触后膜的一些神经递质受体，可分为阳离子通道受体：如N－乙酰胆碱受体（N－Ach－R）、N－甲基－D－天冬氨酸受体（NMDA－R）（谷氨酸受体亚型之一）、5－羟色胺受体（5－HT_3－R）；阴离子通道受体：如γ－氨基丁酸A型受体（$\gamma GABA_A$－R）和甘氨酸受体（Gly－R）等。

当神经递质（配体）与特异受体结合后，受体构象发生改变，导致离子通道的开启或关闭，改变质膜的离子通透性，引起一些无机离子（如 Na^+、K^+、Ca^{2+} 和 Cl^-）的跨膜流动，引起细胞膜电位改变，进而改变突触后细胞（靶细胞）的兴奋性。

（二）G 蛋白偶联型受体（G protein - coupled receptor，GPCR）

细胞外的许多信号分子，如某些肽类激素（促肾上腺皮质激素、胰高血糖素、甲状旁腺素、降钙素等）、肾上腺素、多巴胺、5 - 羟色胺、乙酰胆碱等，作用于靶细胞膜特异受体后，需经过 GTP 结合蛋白（guanylate birding protein，简称 G 蛋白）的介导，才能调节效应蛋白（或酶）活性，故将这些受体统称为 G 蛋白偶联型受体。

GPCR 是一大类膜蛋白受体的统称，目前已知有数百种之多，它们具有相似的立体结构特征：多肽链中均含 7 个 α 螺旋组成的跨膜结构域，故又称为 7 次跨膜受体。当受体的膜外侧与相应配体发生特异结合后，GPCR 变构活化，通过膜内侧第三个环与 G 蛋白相互作用，进而影响效应蛋白（或酶）活性，引起胞内产生第二信使，将信号下传。

（三）酶偶联型受体（enzyme linked receptor）

酶偶联型受体大多是单次跨膜蛋白，跨膜区为 α 螺旋，胞外侧肽链为配体结合部位，胞内侧肽链具有潜在酶活性或者可与胞质内具有酶活性的分子偶联。

1. 自身具有酶活性的受体　当特异配体与受体相互作用后，引发相邻两个受体分子位移，形成二聚体，引起受体胞内侧肽链某些氨基酸残基发生自身磷酸化修饰，激活受体自身潜在的酶活性，同时这些磷酸化的氨基酸残基区在空间上又形成了底物结合区。酶偶联型受体通过底物结合区结合细胞质内的效应蛋白（或酶），并催化效应蛋白（或酶）分子中氨基酸残基发生磷酸化修饰，从而改变后者活性，进一步将信号下传。常见的有受体型蛋白酪氨酸激酶，如大多数生长因子受体（NGF - R、EGF - R、FGF - R、PDGF - R）和胰岛素受体（IR）；受体型蛋白丝/苏氨酸激酶，如转化生长因子受体（TGF β - R）；以及受体型鸟苷酸环化酶，如心钠素受体（ANP - R）等。

2. 偶联胞质蛋白激酶型受体　这类受体自身不含有激酶活性区，故没有蛋白激酶活性。但当此类受体与配体结合后，发生变构、二聚化等变化，通过蛋白质 - 蛋白质相互作用，与细胞质中已存在的蛋白酪氨酸激酶（或蛋白丝/苏氨酸激酶）结合，可激活后者活性，然后再将信号下传。如一些细胞因子受体（IL - 2R、IL - 3R 等）、干扰素受体（IFN - R）和促红细胞生成素受体（EPO - R）等。

二、胞内受体

胞内受体又分为细胞质受体和核受体。一些疏水性信号分子，如类固醇激素、甲状腺激素等可以直接透过细胞膜，与胞内受体结合。胞内受体多为反式作用因子。

胞内受体通常具有几个重要结构域：①C 端的激素结合域，当与激素发生特异结合后可使受体变构、活化；②靠近肽链中部的 DNA 结合域，序列比较保守，富含碱性氨基酸和半胱氨酸残基，可形成两个或以上的锌指结构，便于插入靶基因 DNA 相邻的大沟内；③转录激活域，可作用于靶基因的一段特异核苷酸序列，后者被称为激素反应元件（hormone response element，HRE），胞内受体通常需和其他转录因子相互作用，起激活转录作用。

三、受体的作用特点及调节

细胞间信号分子作为配体（L）作用于特定靶细胞上的特异受体（R），产生不同的调节效

NOTE

应。R 与 L 的结合类似于酶与底物的相互作用，其分子基础为分子的热运动、静电引力，以及大分子诱导契合机制。

（一）受体的作用特点

1. 可饱和性　由于在靶细胞上的受体数量有限，当靶细胞受体与配体结合完全后，配体浓度的增高并不能增加 L－R 复合物的量。因此，L－R 的结合具有饱和性。

2. 特异性　受体选择性地与具有互补构象的特定配体结合，呈现高度特异性。但特异性结合并非绝对，某些配体可有一种以上受体，同一受体有时也可结合不同的配体，产生不同效应。如肾上腺素既能与 α 受体结合，引起平滑肌收缩，又能与 β 受体结合，引起平滑肌松弛。

3. 高亲和力　受体与配体结合的能力称为亲和力。受体与配体的亲和力很强，体内配体浓度在 $10^{-11} \sim 10^{-9}$mol/L 之间，即可与相应受体结合产生显著的生物学效应，这就保证了极低浓度的信号分子也能被相应受体识别与结合。

4. 可逆性　受体与配体之间以非共价键结合，在发生生物学效应后，L－R 复合物即可解离，受体恢复原来构象，并被再次利用，配体常被立即灭活，以保证信号通路的及时终止。

（二）受体的调节

受体的数量及活性并非固定不变，它遵守新陈代谢规律不断地合成和降解，且受生理、病理或药物等因素的影响。

1. 受体数量的调节　在某些特定信号刺激下，受体数量可随配体浓度的变化而发生改变。在长期使用激动剂的患者体内，如用异丙肾上腺素治疗哮喘，可使受体数目减少，疗效逐渐下降，称为向下调节（衰减性调节，down regulation）；反之，受体数目也可以随血液中配体浓度的下降而上调，称此为向上调节（up regulation）。长期使用拮抗剂，如普萘洛尔，可出现相应受体数目增加，突然停药，则会表现为敏感性增高，引起反弹现象（rebound）。当有些受体长期暴露在配体环境中，L－R 复合物通过内化作用（internalization）进入胞质可能也是受体功能下调的机制之一。

2. 受体活性的调节　受体的丝氨酸/苏氨酸残基或酪氨酸残基在化学修饰（如磷酸化修饰）后，引起受体活性的改变，从而减弱或加强信号转导。如跨膜的胰岛素受体，其胞内侧肽链上的酪氨酸残基发生磷酸化修饰后可以激活受体活性，激活的 β_2 肾上腺素受体胞内侧肽链上丝氨酸残基发生磷酸化修饰后，使受体与 G 蛋白解偶联，细胞对外界信号刺激的敏感性降低，这种现象被称为受体的脱敏。

第四节　细胞信号转导通路

一、离子通道型受体介导的信号转导通路

烟碱型乙酰胆碱受体（nicotinic acetylcholine receptor，N－AchR）是典型的离子通道型受体。乙酰胆碱结合 N－AchR 后可诱导其通道孔开启，选择性通过阳离子。以下简述神经－肌肉接头的信号转导。

NOTE

烟碱型乙酰胆碱受体是由高度同源的亚基组成 $\alpha_2\beta\gamma\delta$ 五聚体，乙酰胆碱结合位点位于 α 亚

基。其中每个亚基都是以 α-螺旋构成肽链跨膜区，参与形成亲水性孔道，该区域带负电荷的氨基酸残基能排斥相同电荷的阴离子进入。

在静息状态下，烟碱型乙酰胆碱受体处于关闭状态。当神经冲动到末梢时，释放的乙酰胆碱与2个 α 亚基的相应位点结合，N-AchR 通道闸门开启，引起大量 Na^+ 流入细胞，并伴有部分 K^+ 逆向外流，由于 Na^+ 流入多于 K^+ 流出，细胞电化学梯度迅速下降，导致细胞膜局部去极化，进一步促使细胞膜上电压门控的 Na^+ 通道开启，引起更多的 Na^+ 内流，产生动作电位并扩展到整个细胞。

离子通道型受体处于通道开放构象状态的时限一般十分短暂，在几十毫微秒内又回到关闭状态，然后乙酰胆碱与之解离，受体恢复到初始状态，做好重新接受配体的准备。

二、G 蛋白偶联型受体介导的信号转导通路

不同的 G 蛋白可与不同的下游分子组成信号转导通路，产生不同的效应，但其信号通路的转导模式具有共同的特点：①细胞外信号分子通过变构效应结合受体；②受体激活的 G 蛋白存在有活性和无活性的转换；③活化的 G 蛋白下传信号的主要方式是催化产生小分子第二信使；④小分子第二信使作用于相应的靶分子（主要是蛋白激酶）使之构象改变而激活；⑤活化的蛋白激酶通过磷酸化作用激活与代谢、基因表达、细胞运动相关蛋白，产生各种细胞应答。下面介绍几条经典的 GPCR 介导的信号转导通路。

（一）cAMP-蛋白激酶 A 通路

经研究发现，肾上腺素亲水性强，只能作用于细胞膜表面，可诱导细胞内产生环磷腺苷（cAMP）。Sutherland 由此首次在 1965 年提出第二信使学说。cAMP 首先激活 cAMP 依赖性蛋白激酶 A（cAMP dependent protein kinase A，PKA），PKA 作用于多种下游酶蛋白，最终分解肝糖原。此信号转导通路以 cAMP 的产生和 PKA 激活为关键点，因此称为 cAMP-PKA 通路。

胞外许多信号分子，如胰高血糖素（glucagon）、促甲状腺激素（thyroid stimulating hormone，TSH）、促肾上腺皮质激素（adrenocorticotropic hormone，ACTH）、促黄体生成素（luteinizing hormone，LH）和甲状旁腺素（parathyroid hormone，PTH）等，在作用于靶细胞膜后，均可诱导产生 cAMP，并通过 cAMP-PKA 通路传递信号，产生生物学效应。因此，cAMP-PKA通路广泛存在于动物细胞内，在此以肾上腺素作用于靶细胞 β 受体为例，介绍 cAMP-PKA 通路调节细胞中糖原分解的过程。

1. 肾上腺素与 β 受体结合　β-肾上腺素受体（β-adrenergic receptor，β-AR）是具有典型的7次跨膜 α-螺旋结构的 G 蛋白偶联型受体。胞外侧肽链结合肾上腺素，胞内侧肽链有若干个丝氨酸/苏氨酸残基，可被磷酸化，导致受体脱敏或失活。肾上腺素与 β-AR 结合后，引起受体变构并活化。

2. G 蛋白激活腺苷酸环化酶　G 蛋白由 α、β 和 γ 三个亚基构成异三聚体，在细胞信号通路中起“分子开关”的作用。目前已鉴定出 20 多种 G 蛋白（表 16-1），其中 α 亚基结构各异，活性不同，可以介导多种受体和膜效应蛋白（或酶）之间的信号传递。例如，G_q 蛋白介导磷脂酶 C（phospholipase C，PLC）活性，使磷脂酰肌醇-4,5-二磷酸（phosphatidylinositol-4,5-bisphosphate，PIP_2）水解产生 IP_3 和 DAG。G_t 蛋白介导 cGMP 依赖的磷酸二酯酶（cGMP-dependent phosphodiesterase，cGMP-PDE），降低 cGMP 水平。G_o 蛋白介导某些细胞膜

离子通道，从而改变细胞内 K^+、Ca^{2+} 浓度。介导腺苷酸环化酶（adenylate cyclase，AC）活性的 G 蛋白主要有刺激型 G 蛋白（stimulatory G protein，G_s）、抑制型 G 蛋白（inhibitory G protein，G_i）。G_s 偶联兴奋性受体（stimulatory receptor，R_s），激活 AC，增高胞内 cAMP 水平；G_i 则反之。

表 16－1　常见的几类 G 蛋白及其效应蛋白（酶）

G 蛋白类型	效应蛋白（酶）的活性	胞内信使物质的变化
G_s	AC↑	cAMP↑
G_i	AC↓	cAMP↓
G_q	PLC_β↑	DAG↑、IP_3↑、Ca^{2+}↑
G_t	cGMP－PDE↑	cGMP↓
G_o	激活某些离子通道（如 K^+、Ca^{2+}）	改变膜电位

G 蛋白的 α 亚基都具有鸟苷酸（GTP 或 GDP）、受体及效应蛋白的结合位点，同时还具有 GTP 酶的活性。β、γ 亚基同源性较高，并以异二聚体形态存在。α 亚基与 βγ 二聚体分别通过共价连接的脂链锚定在细胞膜内侧面。静息状态下，G 蛋白的 α、β、γ 亚基组成异三聚体，其中 α 亚基与 GDP 可逆性结合（Gα－GDP），存在于细胞膜内侧面，不体现活性。配体与受体结合后，受体激活 G 蛋白，α 亚基释出 GDP 而结合 GTP，并与 βγ 二聚体分离，转变为有活性的 Gα－GTP。α 亚基有 GTP 酶活性，在发挥生物学效应后，能将结合的 GTP 水解为 GDP 并释出 Pi，使 Gα－GTP 转变为 Gα－GDP 而失去活性。无活性的 Gα－GDP 与游离的 βγ 二聚体结合，重新构成异三聚体形式，恢复至静息状态，此过程称为 G 蛋白循环（图 16－2）。

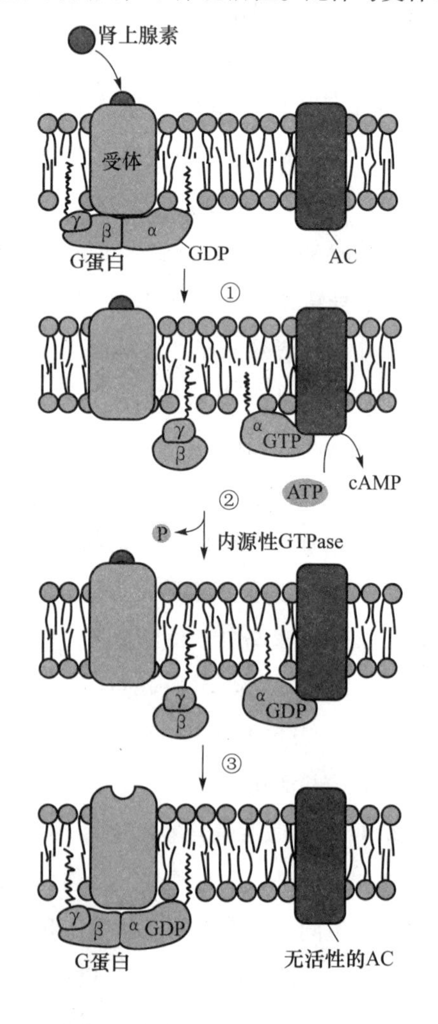

图 16－2　G 蛋白循环

3. AC 催化 cAMP 合成　胞膜上活化后的 AC 进一步催化细胞质内的三磷酸腺苷，使其环化生成 cAMP。此反应极其高效，几秒钟内即可使细胞内 cAMP 水平从低于 10^{-7} mol/L 迅速升高 5 倍以上。cAMP 作为第二信使，激活下游的蛋白激酶（主要是 PKA）。在 cAMP 发挥作用后，被胞内磷酸二酯酶（phosphate diesterase，PDE）迅速水解，恢复至原来的低水平。因此，细胞质内 cAMP 产生与降解的动态平衡取决于 AC 和 PDE 的交替作用。

4. cAMP 激活 PKA　PKA 属丝氨酸/苏氨酸激酶，它需依赖于 cAMP 的激活才能发挥作用。PKA 由两个催化亚基（catalytic subunit，C）和两个调节亚基（regulatory subunit，R）组成。PKA 以四聚体（C_2R_2）形式存在时，无激酶活性。当两个 cAMP

分子结合到两个调节亚基上后，酶蛋白发生变构，催化亚基与调节亚基解离，PKA 被激活(图 16－3)。

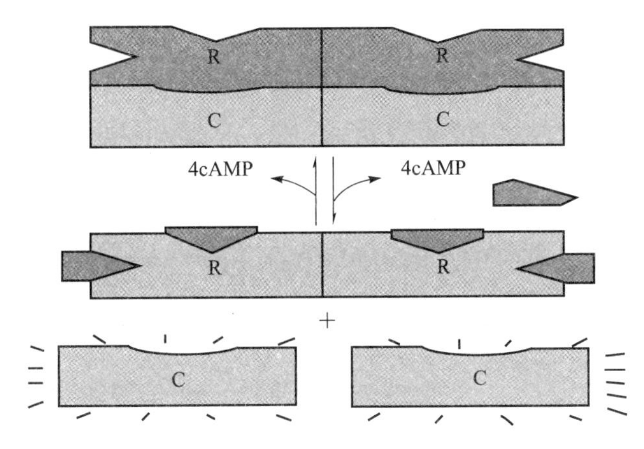

图 16－3 cAMP 激活蛋白激酶 A

5. PKA 催化靶蛋白（酶）发生磷酸化修饰 PKA 将 ATP 末端的磷酸基团转移到靶蛋白的丝氨酸或苏氨酸残基上，从而影响靶蛋白的活性，产生生物学效应（图 16－4）。

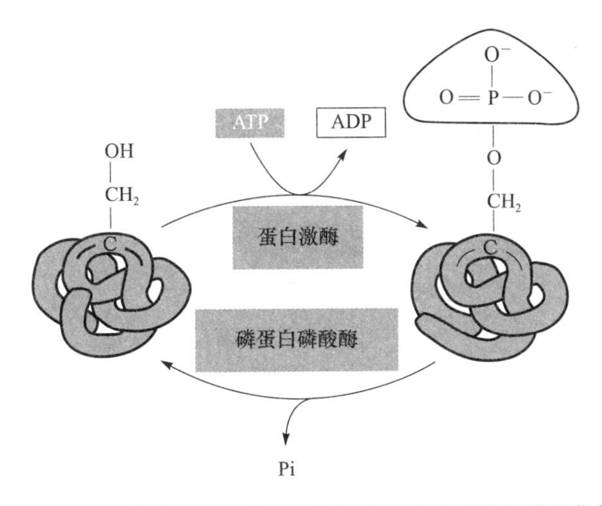

图 16－4 PKA 催化靶蛋白（酶）丝/苏氨酸残基发生磷酸化修饰

肾上腺素通过上述 cAMP－PKA 信号转导通路，调节肝糖原分解，满足应激状态下机体对能量的需求。应激时，肾上腺素分泌急剧增加，以内分泌形式与肝细胞膜 β－AR 结合，使受体变构活化，激活 G_s蛋白，再通过 G_s激活膜上的 AC，AC 催化胞内 ATP 自身环化产生 cAMP，后者将信号下传，进一步激活 PKA。PKA 使磷酸化酶 b 激酶发生磷酸化并活化，促进肝糖原降解为 1－磷酸葡萄糖；而另一方面 PKA 又能催化糖原合酶 I 发生磷酸化并失活，以抑制肝糖原的合成，从而双重调节肝糖原代谢，以提高血糖浓度。图 16－5 概述肾上腺素调节血糖的信号转导过程。

cAMP 还能通过与转录因子相互作用，调控部分基因表达。在某些基因的转录调控区域内含有被称为 cAMP 反应元件（cAMP response element，CRE）的碱基序列，CRE 序列能被核内特异的转录因子——CRE 结合蛋白（CRE－binding protein，CREB）识别结合。当 G_s偶联受体与配体结合后，通过 cAMP－PKA 通路，引起 PKA 催化亚基与调节亚基解离，转位入核内，催化 CREB 肽链 N 端转录活性区的丝氨酸残基（如 Ser_{133}）发生磷酸化修饰，核内 CBP（CREB

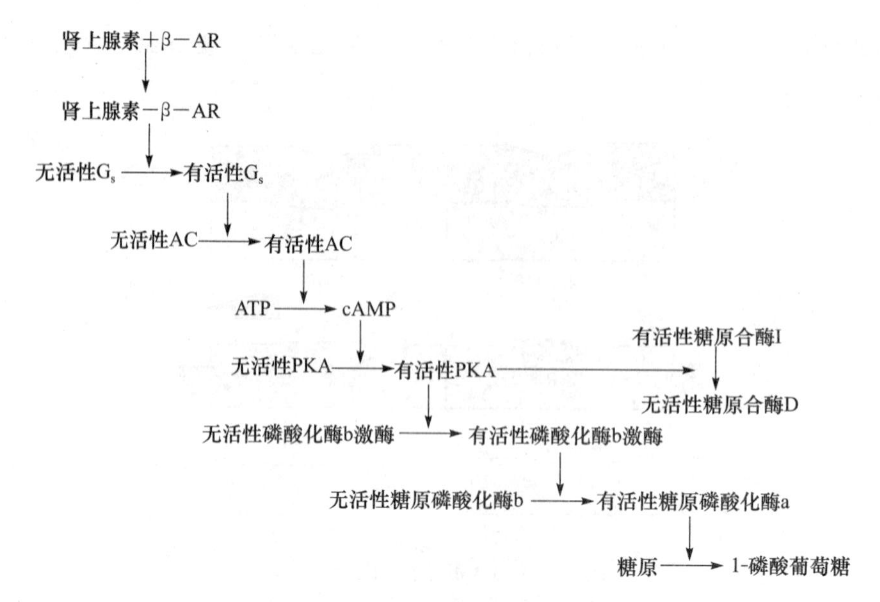

图 16-5 肾上腺素调节血糖的信号转导过程

binding protein）/P300 蛋白与磷酸化的 CREB 结合，使后者发生二聚化而活化。活化的 CREB 与 CBP/P300 一起作用于 CRE 碱基序列，激活特异基因的转录。活化 CREB 又受蛋白磷酸酶-1 作用去磷酸化而失活，从而关闭该基因转录。

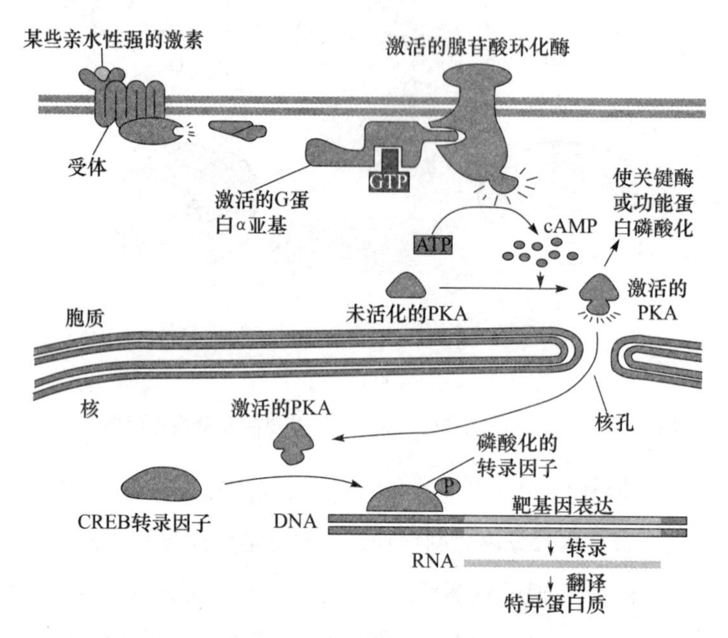

图 16-6 cAMP-PKA 通路参与部分基因表达的调节

案例1分析讨论

1. 该患者诊断：百日咳。

2. 该病变发生涉及 cAMP-PKA 信号通路。已知 G_i 蛋白与 G_s 蛋白可共用 β、γ 亚基，G_i-GTP抑制 AC 活性，而 G_s-GTP 激活 AC 活性，二者互相联系、互相制约，处于动态平衡状态。正常情况下，当 G_i-GTP 发挥抑制 AC 作用后，GTP 迅速被水解为 GDP，G_i-GDP 的 α 亚基进一步与 β、γ 亚基结合，失去 GDP，从而恢复 G_i 蛋白的原有状态。当患者感染了百日咳杆菌后，百日咳杆菌所产生的百日咳毒素作用于 G_i 蛋白，使 G_i 蛋白 α 链上的一个半胱氨酸残基发生 ADP-核糖基化，使 G_i-GDP 丧失转变为 GTP 的能力，而持续处于无活性的 G_i-GDP 状态，不能正常抑制 AC 活性，使 AC 活性持续处于高水平，产生过多的 cAMP，造成呼吸道黏膜持续分泌黏液，不断刺激纤毛上皮细胞，引起反复咳喘，并导致病理生理改变。

（二）肌醇磷脂信使通路

在研究乙酰胆碱加速膜磷脂代谢的实验中，发现代谢主要改变的是肌醇磷脂。后续多种类型细胞的研究中证实，有些信号分子作用于靶细胞膜特异受体（如乙酰胆碱作用于 M_1-AchR、肾上腺素作用于 α_1-AR、5-HT 作用于 5-HT_2-R、组胺作用于 H_1-R 等），使受体变构活化后，经过 G_q 蛋白介导，激活膜中 PLC_β，PLC_β 催化细胞膜内侧的 PIP_2，水解产生 IP_3 和 DAG。IP_3 和 DAG 可分别作为第二信使，进一步传递信号，因此也被称为 IP_3-DAG 双信使传导通路。其中 IP_3 作用于钙库上的 IP_3 受体，引起胞内 Ca^{2+} 水平增高，启动胞内 Ca^{2+}-CaM 通路。DAG 主要在膜上磷脂酰丝氨酸（phosphatidylserine，PS）和 Ca^{2+} 参与下，通过激活 PKC，以进一步传递信号，称为 DAG-PKC 通路。

1. Ca^{2+}-CaM 信号转导通路

（1）IP_3 引起细胞质内 Ca^{2+} 水平增高　细胞内 Ca^{2+} 主要来自胞外 Ca^{2+} 跨膜内流，以及胞内钙库（如内质网，肌细胞内称肌浆网）的 Ca^{2+} 释放。IP_3 与内质网膜上的 IP_3 受体（IP_3R）结合后，IP_3R 变构，Ca^{2+} 通道开放，钙库释放 Ca^{2+} 进入细胞质；同时，IP_3 被磷酸化为 IP_4，开启细胞膜钙通道，使胞外 Ca^{2+} 内流。细胞质内 Ca^{2+} 水平从基础的 10^{-7}mol/L 迅速上升到 10^{-6}mol/L。Ca^{2+} 发挥调节功能后，内质网膜上的 Ca^{2+} 泵启动，将 Ca^{2+} 重新摄入钙库；或开启细胞膜 Ca^{2+} 泵，使 Ca^{2+} 泵出细胞，快速恢复 Ca^{2+} 浓度至基础水平。若 Ca^{2+} 不能及时泵出，胞内 Ca^{2+} 浓度持续升高超过 10^{-5}mol/L 以上时，易引起高 Ca^{2+} 浓度的毒性表现（图 16-7）。

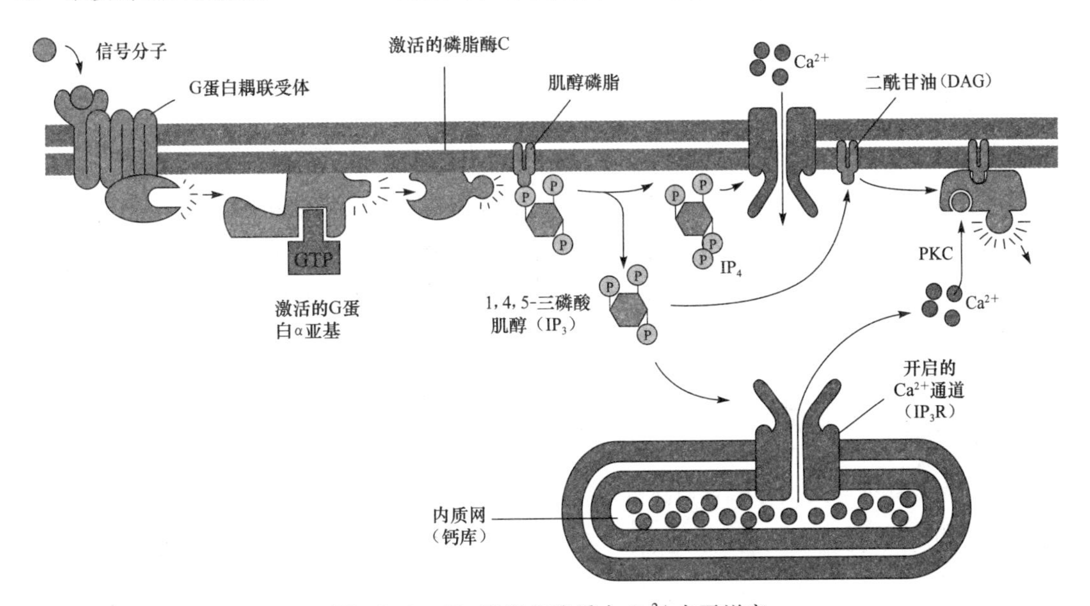

图 16-7　IP_3 引起细胞质内 Ca^{2+} 水平增高

（2）Ca^{2+} 与钙调蛋白结合形成 Ca^{2+}-CaM 活性复合物　细胞质内 Ca^{2+} 浓度达到 10^{-6}mol/L 时，可以诱导神经末梢细胞分泌神经递质，激活多条代谢通路中的关键酶。Ca^{2+} 信号的多样性还体现在产生 Ca^{2+} 信号的钙通道及其调节因子的多样性上。绝大多数情况下，Ca^{2+} 需与胞内多种钙结合蛋白（如钙调蛋白、肌钙蛋白 C、蛋白激酶 C、磷脂酶 A_2 等）结合形成复合物，才能发挥其第二信使的作用。其中钙调蛋白（calmodulin，CaM）几乎存在于所有真核细胞。CaM 的空间结构中包含 4 个钙离子结合域，与 Ca^{2+} 的亲和力为 $0.5\times10^{-6}\sim15\times10^{-6}$mol/L。当胞内 Ca^{2+} 浓度从基础水平增高到 10^{-6}mol/L 时，Ca^{2+} 与 CaM 的钙离子结合域中酸性氨基酸残基以离子键结合，形成 Ca^{2+}－CaM 活性复合物，CaM 发生构象改变，将信号下传，进一步激活其下游多种效应蛋白或酶，如 AC、PDE、糖原磷酸化酶 b 激酶、钙调蛋白激酶（CaM kinase，CaMK）、肌球蛋白轻链激酶（myosin light chain kinase，MLCK）、钙泵（Ca^{2+}－ATPase）、NOS、细胞骨架相关蛋白、核内转录因子 CREB 等。因此 Ca^{2+}－CaM 信号转导通路调节的细胞生理功能十分广泛，涉及炎症反应、代谢、细胞凋亡、肌肉收缩、细胞内运动、短期和长期记忆、神经生长以及免疫反应等。因此，CaM 既是 Ca^{2+} 的受体又是重要的调节蛋白。

2. DAG－PKC 信号转导通路 DAG 主要在 Ca^{2+} 协同下激活蛋白激酶 C（protein kinase，PKC），对下游蛋白质或酶进行磷酸化修饰；此外 DAG 也能进一步分解产生花生四烯酸，后者代谢转变为前列腺素、白三烯和血栓素（又称血栓噁烷）等活性物质。PKC 的 N 端调节结构域可以结合 Ca^{2+}、DAG 和磷脂，C 端有丝氨酸/苏氨酸激酶活性区。当 DAG 在膜中出现时，细胞质中的 PKC 被结合到质膜上，在高浓度 Ca^{2+} 的作用下被激活。PKC 被活化后，可以使多种酶蛋白、生长因子受体、转录因子等肽链中的丝氨酸/苏氨酸残基发生磷酸化修饰而改变活性，呈现多种调节功能。

（1）*参与糖原代谢的调节* PKC 可磷酸化糖原合酶 I，使其失活；也可使磷酸化酶 b 激酶磷酸化而激活，从而抑制糖原合成、促进糖原分解。

（2）*参与酪氨酸蛋白激酶型受体活性的调节* PKC 可使多种生长因子受体（酪氨酸蛋白激酶型受体），如 IR、EGFR 等肽链上的丝氨酸/苏氨酸残基发生磷酸化修饰，使受体失活，调节跨膜信号转导。

（3）*参与基因表达调控* DNA 碱基序列中有一段“…TGAGTCA…”受 DAG－PKC 调控，称为 TPA 反应元件（TRE）。TPA（12－O－tetradecanoyl phorbol－13－acetate，TPA）简称佛波醇酯，是一种致癌剂，由于其结构与 DAG 相似，可以代替 DAG 激活 PKC，作用于 TPA 反应元件，促进基因表达。TPA 在细胞内不易被降解，使 PKC 处于持续激活状态，持久作用于 TRE 反应元件，导致基因异常表达，引起细胞过度增殖，促进癌变。另外，PKC 也可使 I－κB 磷酸化，降低与 NF－κB 的亲和力，NF－κB 解离、活化、入核，作用于靶基因 κB 序列，促进相关基因转录。

三、酶偶联型受体介导的信号转导通路

酶偶联型受体介导的信号转导通路可分为两大类，一类为受体自身具有蛋白激酶活性，另一类为偶联胞质具有蛋白激酶活性的受体。酶偶联型受体介导的信号转导通路较复杂，但基本模式大致相同，一是胞外信号分子与受体结合；二是最终激活特定的蛋白激酶；三是蛋白激酶通过磷酸化修饰激活代谢途径中的关键酶，转录调控因子等，影响代谢、基因表达、细胞运动、细胞增殖分化等。以下介绍几条常见的通路。

（一）PI3K 通路

NOTE

磷脂酰肌醇－3－激酶（PI3K）蛋白家族参与细胞增殖、分化、凋亡和葡萄糖转运等多种

功能的调节。

1. 受体型蛋白酪氨酸激酶　大多数生长因子受体因胞内区具有潜在的酪氨酸蛋白激酶活性，统称为受体型蛋白酪氨酸激酶（receptor protein tyrosine kinase，RTK）。当配体特异识别并结合 RTK 后，受体发生变构，形成二聚体，并催化彼此胞内侧酪氨酸残基发生磷酸化（又称自磷酸化），磷酸化的酪氨酸残基区形成一个停泊位点，具有特异 SH2 结构域的效应蛋白或酶可在此位点募集。效应蛋白或酶与 RTK 结合后，RTK 发挥磷酸化作用，使效应蛋白或酶的肽链中酪氨酸残基发生磷酸化修饰，依次将信号逐级下传。下面以胰岛素信号转导为例，简述 RTK－PI3K 信号转导的基本过程。

2. 胰岛素－PI3K 通路　胰岛素受体（insulin receptor，IR）由两个 α 亚基和两个 β 亚基通过二硫键连接成四聚体，膜内侧肽链上含有潜在的酪氨酸激酶活性，可将胰岛素受体底物（insulin receptor substrates，IRS）磷酸化。当胰岛素与 IR α 亚基胞外侧肽链结合后，受体变构活化，使 β 亚基胞内侧酪氨酸残基发生自磷酸化修饰（IR－P），使激酶活性增高，同时磷酸化的酪氨酸残基区又成为细胞质 IRS 的结合区域。当 IRS 结合到 IR 的磷酸化酪氨酸残基区后，受到 IR 酪氨酸激酶催化，IRS 发生磷酸化修饰。磷酸化的 IRS 可作为多种蛋白的停泊点，激活其下游含有 SH2 结构域的多种效应蛋白（如 PI3K、Ras 和 PLC_γ 等），启动不同的信号转导通路。

PI3K 可使磷脂酰肌醇分子（PI）的肌醇环的羟基磷酸化，生成 4,5－二磷酸磷脂酰肌醇（PIP_2）和 3,4,5－三磷酸磷脂酰肌醇（PIP_3）。一方面 PIP_2 在磷脂酶 C 的作用下，产生 DAG 和 IP_3 等信使分子（图 16－8）而下传信号；另一方面 PIP_2 和 PIP_3 本身可以作为具有 PH 结构域信号蛋白的停泊位点，并激活这些蛋白，进而激活磷脂酰肌醇依赖性蛋白激酶（phosphatidylinositol dependent protein kinase，PDK_1）。PDK_1 激活转位到膜上的蛋白激酶 B（protein kinase B，PKB），PKB 又称 Akt，是一种丝氨酸/苏氨酸激酶。活化的 PKB 游离入细胞质，对胞内多种靶蛋白发挥作用（图 16－9）。

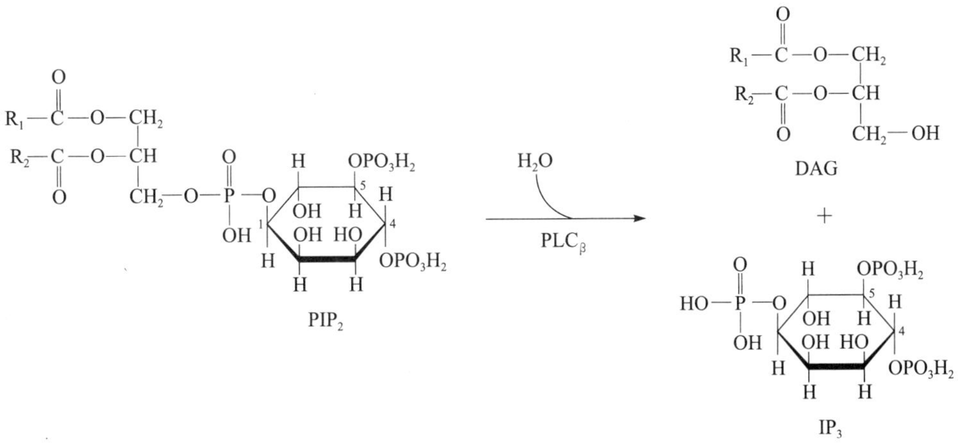

图 16－8　PIP_2 在 PLC 作用下生成 DAG 和 IP_3

（二）Ras－MAPK 通路

Ras－MAPK 通路在研究多种生长因子的信号转导中被发现，是调节细胞生长、增殖的重要信号转导通路。

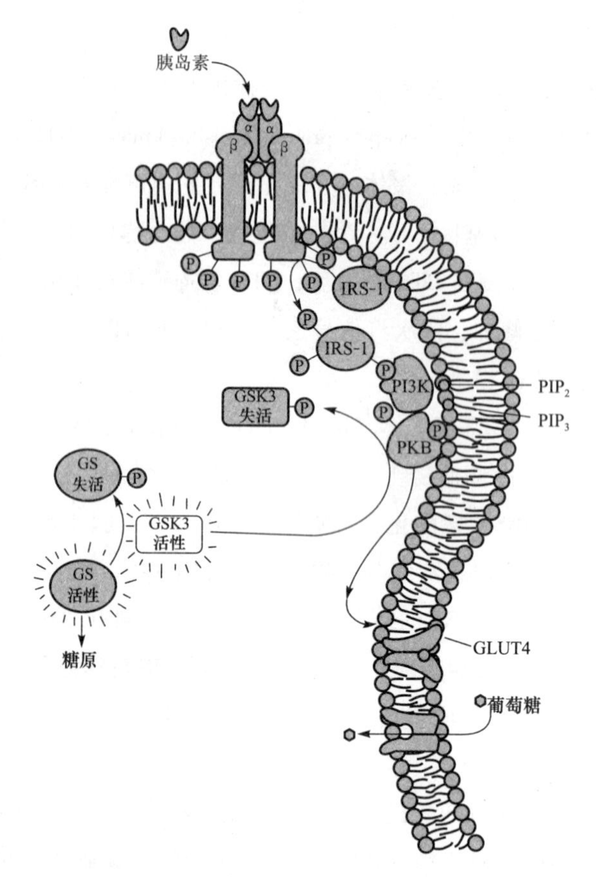

图 16-9 胰岛素降血糖的 PI3K 通路

1. Ras 蛋白 Ras 蛋白是癌基因 *ras*（*H*-、*K*-、*N*-*ras*）表达的小 G 蛋白，具有较弱的 GTP 酶活性，相对分子质量约为 21000Da。Ras 蛋白的活化方式类似于异三聚体 G 蛋白的 α 亚基，当与 GTP 结合时（Ras-GTP）有活性，而与 GDP 结合时（Ras-GDP）无活性。GTP 酶激活蛋白（GTPase activating protein，GAP）、鸟苷酸交换因子（Guanine-nucleotide exchange factor，GEF 或称 SOS）、鸟苷酸解离抑制因子（Guanine-nucleotide dissociation inhibitor，GDI）调控 Ras 蛋白活性形式的互变（图 16-10）。

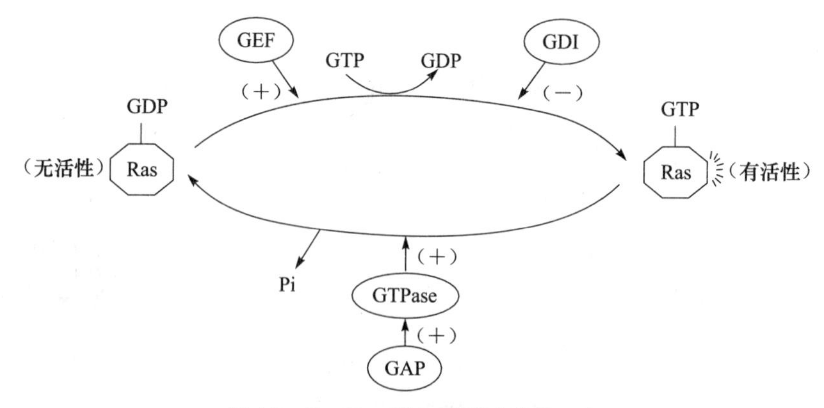

图 16-10 Ras 蛋白活性形式的互变

Ras 蛋白利用生长因子受体结合蛋白 2（growth factor receptor binding protein，GRB2）与 GEF 形成复合物（GRB2-GEF），后者间接与活性 RTK 结合。接头蛋白 GRB2 分子中含有 SH2 和 SH3 结构域；GEF 分子只有 SH3 结构域，不能直接和受体结合。RTK 与信号分子结合后，形成二聚体，发生自磷酸化，活化的 RTK 通过胞内侧磷酸化的酪氨酸残基区结合 GRB2 的 SH2

NOTE

结构域，再经 SH3 结构域与 GEF 结合，GEF 促使 GDP 从 Ras 蛋白上释放出来，以 GTP 取而代之，从而激活 Ras，进一步下传信号（图 16－11）。

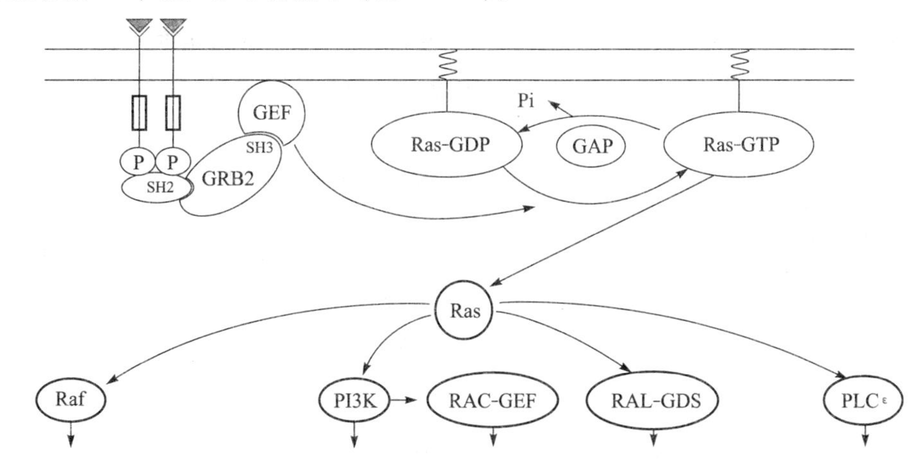

图 16－11　Ras 蛋白的活化及信号下传

2. Ras－MAPK 通路的激活　活化的 Ras（Ras－GTP）进一步激活下游的有丝分裂原激活的蛋白激酶（mitogen activated protein kinase，MAPK）。MAPK 级联反应系统至少包括 MAPKK 激酶（MAPKKK，或称 Raf）、MAPK 激酶（MAPKK，或称 MEK）、MAPK（或称 ERK）等组分，它们是存在于细胞质中的一组蛋白丝氨酸/苏氨酸激酶兼底物分子，能依次催化下游效应蛋白酶分子中的丝氨酸/苏氨酸残基发生磷酸化修饰。当 MAPK 被磷酸化后，将信号从细胞质带入细胞核，催化 C－Fos、C－Jun、ATK－2、Myc 等多种转录因子发生磷酸化修饰，增强对 DNA 调控序列的亲和力，从而提高细胞生长相关基因的转录活性。

3. Ras－MAPK 通路的终止　在信号通路发挥作用后，GTP 酶激活蛋白（GTPase activating protein，GAP）激活 Ras 蛋白的 GTP 酶，将 GTP 水解成 GDP，重新恢复成无活性的 Ras－GDP 状态。MAPK 磷酸酶（MKP－1）可使 MAPK 脱磷酸而失活，从而终止该通路的信号转导活性（图 16-12）。

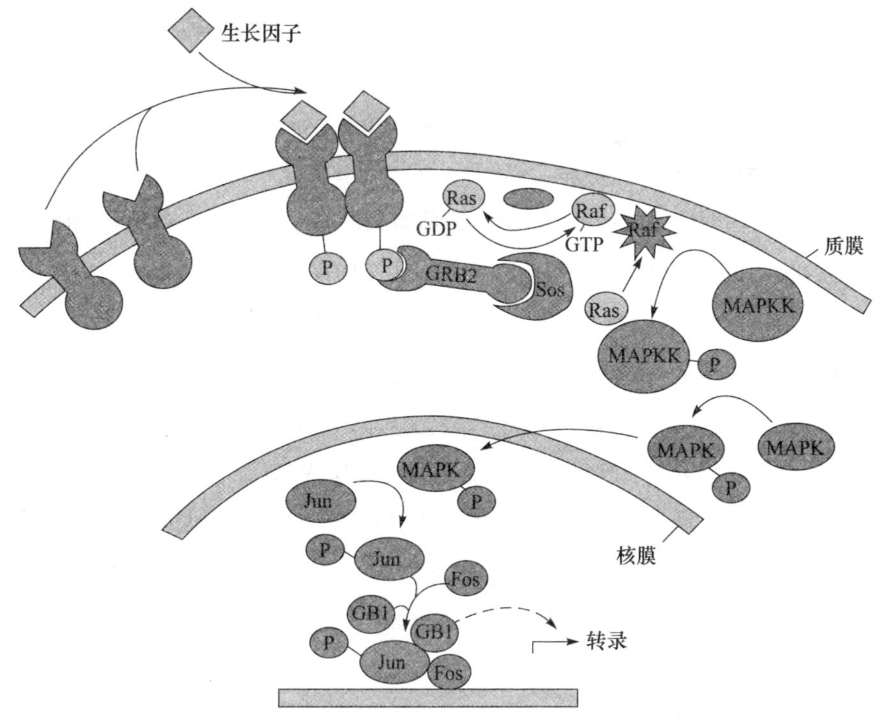

图 16－12　生长因子调控细胞增殖的 Ras－MAPK 信号转导通路

NOTE

（三）cGMP－PKG 通路

环化鸟苷酸（cyclic GMP，cGMP）由鸟苷酸环化酶（guanylate cyclase，GC）催化 GTP 而生成，在磷酸二酯酶（PDE）的催化下降解。cGMP 激活 cGMP 依赖性蛋白激酶（cGMP dependent protein kinase，PKG），PKG 催化下游效应蛋白（酶）中丝氨酸/苏氨酸残基发生磷酸化修饰，产生生物学效应。

GC 有两种存在形式：一种为膜结合型 GC，为酶偶联型受体（其配体如心房肽，又称心钠素）；另一种为可溶性 GC，由 α、β 二个亚基构成异二聚体，存在于细胞质中，属胞内受体（其配体如 NO、CO）（图 16－13）。

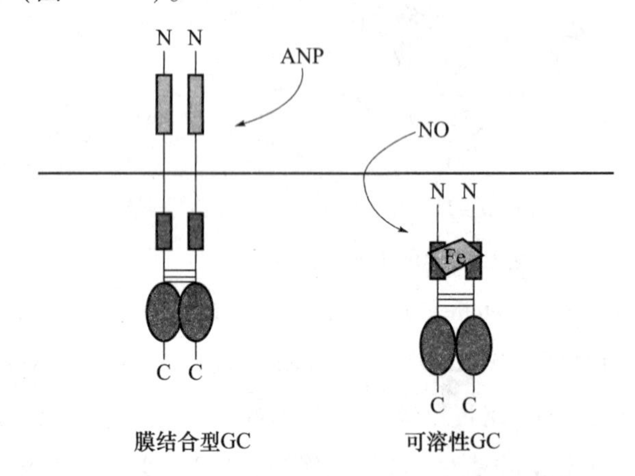

图 16－13　两类鸟苷酸环化酶结构示意图

1. ANP－GC－cGMP－PKG 通路　膜结合型 GC 至少有三个亚型：GC－A、GC－B 和 GC－C，它们受不同的肽类配体激活。如心钠素受体（atrial natriuretic peptide－receptor，ANP－R）分布于肾小管细胞和血管平滑肌细胞等质膜上，属于 GC－A 受体。当 ANP－R 胞外侧与配体 ANP 特异结合后，引起受体变构，形成同二聚体，进而激活胞内 GC 活性，GC 催化胞质内 GTP 生成 cGMP；cGMP 作用于 PKG，进一步使相关效应蛋白或酶发生磷酸化修饰，产生生物学效应，如引起血管平滑肌松弛，排钠利尿，并间接影响交感神经系统和肾素－血管紧张素－醛固酮系统，抑制血管收缩，使血管扩张、血压下降。

2. NO－GC－cGMP－PKG 通路　NO 是一种特殊的信使物质。当乙酰胆碱（Ach）作用于血管内皮细胞 M－AchR，经 G_q 蛋白介导，激活磷脂酶 $C_β$（$PLC_β$），使 PIP_2 水解生成 IP_3 和 DAG。IP_3 引发胞内 Ca^{2+} 水平增高，形成 Ca^{2+}－CaM 活性复合物，激活血管内皮细胞一氧化氮合酶（NOS），催化精氨酸分解释出 NO。NO 进入血管平滑肌细胞内，可以结合到可溶性 GC 受体的血红素结构上，引起 GC 蛋白结构活化，催化 GTP 生成 cGMP。cGMP 进一步激活 PKG，活化的 PKG 催化细胞膜/肌浆网膜钙泵发生磷酸化修饰，使 Ca^{2+} 移出胞外，平滑肌松弛而血管舒张（图 16－14）。在以上乙酰胆碱作用于血管内皮细胞 M 型受体而引发平滑肌松弛的过程中，包括 IP_3、Ca^{2+}、NO 和 cGMP 等在内的信号转导分子，呈级联放大效应，从而快速舒张血管。近年来研究证实，硝酸甘油进入体内可转化为 NO，NO 通过上述通路引起血管平滑肌松弛，心肌舒张，血流恢复通畅，从而快速缓解心绞痛。

（四）$TGF_β$－Smad 通路

NOTE

$TGF_β$－Smad 通路主要由转化生长因子（transforming growth factor－β，$TGF_β$），$TGF_β$ 受体

和 Smad（Sma and Mad homologue）蛋白家族等成员组成。TGF_β 是一类多功能的多肽类生长因子，参与细胞生长、分化以及胚胎发育、损伤修复等。

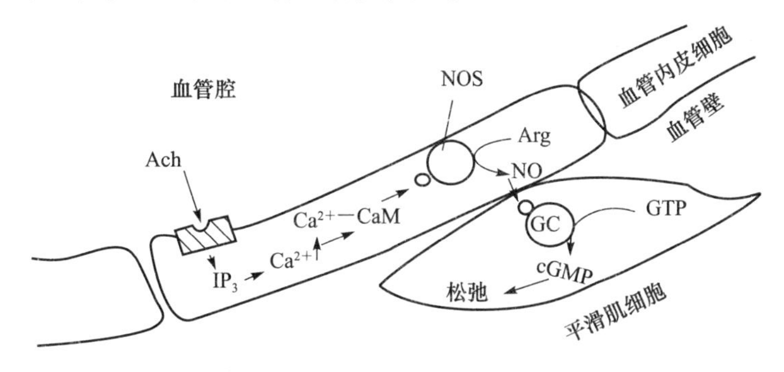

图 16－14　cGMP 参与 NO 舒张血管的信号转导过程

1. TGF_β 受体　TGF_β 受体为蛋白超家族，至少由 40 种细胞因子组成，包括 TGF_β 家族、激活素（activin）亚族、抑制素（inhibin）亚族、骨形成蛋白（bone morphogenetic protein）等。TGF_β受体属于单次跨膜的丝氨酸/苏氨酸激酶型受体，主要有两个亚型：由 479 个氨基酸残基组成的 TGF_β IR 和由 565 个氨基酸残基组成的 TGF_β ⅡR。

2. Smad 蛋白家族　Smad 蛋白家族目前发现至少有 8 个成员，命名为 Smad 1～8。可分为三类：①受体活化的 Smad（Receptor activated Smad，R－Smad），包括 R－Smad 1、2、3、5、8；②共配体 Smad（common Smad，Co－Smad），Smad 4 归于此类，被磷酸化后与 R－Smad 形成异聚体，发生核转位以调节靶基因转录；③抑制性 Smad（inhibitory Smad），包括Ⅰ－Smad 6、7，能阻断 R－Smad 与受体或 Co－Smad 的结合，发挥负调控作用。

3. TGF_β－Smad 通路　TGF_β 家族中不同细胞因子的信号转导通路有相似之处。首先，配体 TGF_β 与膜上 TGF_β 受体Ⅱ（TβRⅡ）发生特异结合，引起受体变构，磷酸化 TβRⅡ胞内侧丝氨酸/苏氨酸残基并激活，TβRⅡ再磷酸化激活 TβRⅠ，形成异二聚体。接着，活化的受体二聚体与 Smad 2/3 二聚体结合，形成异源寡聚体，并催化 Smad 2/3 二聚体发生磷酸化，活化的 Smad 2/3 二聚体在 Smad 4 参与下入核，将 TGF_β 家族信号转导至核内。最后，Smad 寡聚体直接与 DNA 结合，或在其他转录因子协同下作用于靶基因 DNA 调控序列，调节相应的靶基因转录，呈现特异的生物学效应。Smad 6、7 过度表达可以抑制 Smad 2、3 的磷酸化修饰，阻断信号转导（图 16－15）。

（五）JAK－STAT 通路

JAK－STAT 通路发现于干扰素的信号转导研究中，在几乎所有细胞因子信号如干扰素（IFN）、白细胞介素（IL－2、IL－3）、促红细胞生成素（erythropoietin，EPO）等传递中都发挥重要作用。

1. JAK 和 STAT　JAK（Janus Kinase）是一类非受体型酪氨酸蛋白激酶，能磷酸化并激活多种含特定 SH2 区的信号分子。STAT 即信号传导子及转录激活子（signal transducers and activators of transcription），含有 SH2 和 SH3 结构域，可与含磷酸化酪氨酸的肽段结合，STAT 被磷酸化后，聚合为活化的转录激活因子，进入胞核内与靶基因结合，促进其转录。

2. EPO－JAK－STAT 通路　EPO 是红细胞生成的主要调节剂。当 EPO 与细胞膜受体特异结合后，引起受体变构、二聚化，进一步与胞质中可溶性 JAK 结合，JAK 催化受体胞内侧酪氨酸残基发生磷酸化修饰，形成特异靶蛋白的结合位点，STAT 蛋白含有 SH2 结构域，与该位

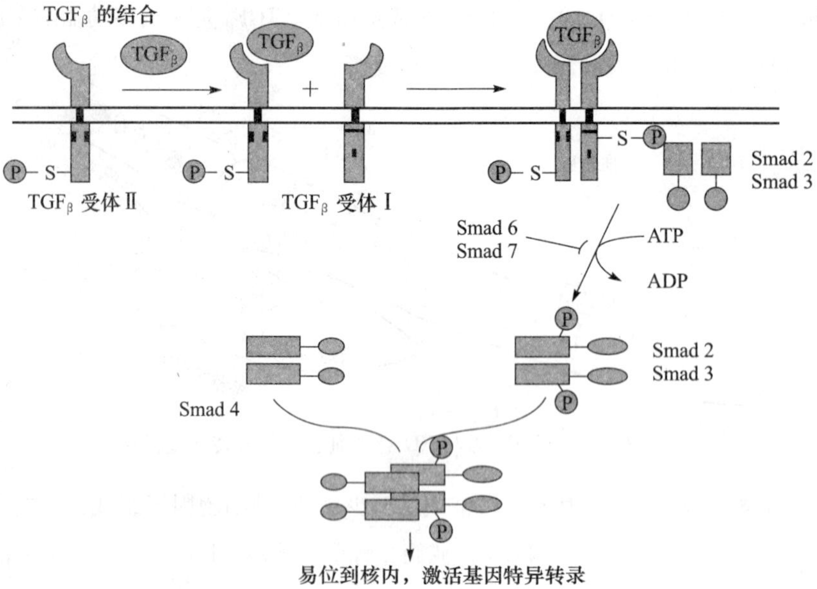

图 16－15 TGF_{β}－Smad 信号转导通路

点结合，磷酸化并二聚化，暴露核定位序列（nuclear localization sequence，NLS），后者转移入细胞核，促进与红细胞成熟有关的特异基因转录。EPO 与受体结合后，也可使 JAK 发生自磷酸化而活化，活化 JAK 与衔接分子 GRB2 结合，后者启动 MAPK 级联系统进一步下转信号。已发现 JAK 家族有 JAK1、JAK2、JAK3 和 TYK2 四个成员；STAT 家族有 1～6 共六个成员。通过 JAK 家族和 STAT 家族成员的不同组合，传递不同的细胞因子信号，调节特异基因表达（图 16－16）。近年来研究发现，MAPK 可能处于调节 Ras－MAPK 通路和 JAK－STAT 通路的关键位置。

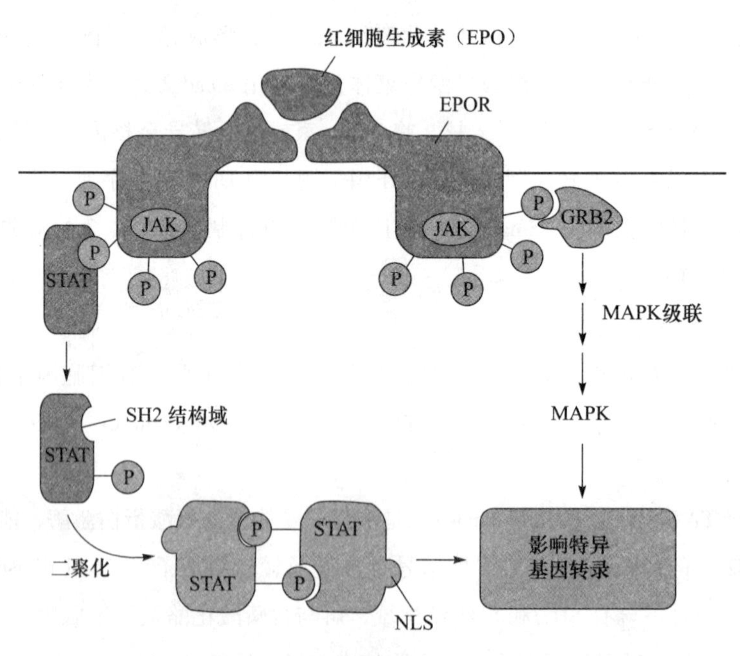

图 16－16 红细胞生成素受体的 JAK－STAT 信号转导通路

（六）核因子 NF－κB 通路

核因子 NF－κB（nuclear factor－κB，NF－κB）是一种能与免疫球蛋白 κ 链基因的增强子

κB 序列特异结合的核转录因子，参与多种生理或病理过程，如炎症、免疫反应、细胞凋亡和细胞周期控制与分化，调节细胞因子、趋化因子、黏附因子、生长因子、氧化应激相关蛋白、急性时相反应蛋白等基因的表达。

1. NF－κB 的游离活化 在哺乳动物细胞中 NF－κB/Rel 家族共有五个成员：p50（NF－κB1），p52（NF－κB2），RelA（p65），RelB 和 c－Rel。静息态时，细胞质中NF－κB与 NF－κB 的抑制蛋白家族 IκB 结合，以无活性的异寡聚体形式存在，常用 NF－κB/IκB 表示。IκB 抑制 NF－κB 活性的机制：①与 NF－κB 亚基结合后，掩盖 Rel 同源区（rel homology domain，RHD）上的 NLS，使其不能核转位与 DNA 结合；②变构抑制核内 NF－κB 与 DNA 的结合活性，诱导其解离；③促进核内 NF－κB 出核。当细胞受到刺激（如脂多糖、IL－1、TNF－α、anti CD3/antiCD28 等）时，NF－κB 诱导激酶（NF－κB inducible kinase，NIK）活化；NIK 还可受到其他激酶的活化，如 MAPK、PKC 等。活化的 NIK 迅速激活 IκB 磷酸化激酶（IKK），IKK 使与 NF－κB 结合的 IκB N 末端的丝氨酸发生磷酸化，磷酸化的 IκB 被泛素蛋白（ubiquitin）结合，泛素化的 IκB 迅速被一种多蛋白酶复合物识别，发生构象改变并降解。

2. NF－κB 的转录因子作用 一旦 NF－κB 游离出来，NF－κB 中的 NLS 暴露，在 NLS 引导下，NF－κB 进入核内，可特异地与靶基因 DNA 调控元件的 κB 序列（…GGGACTTTCC…）结合，调节特异基因转录。

3. NF－κB 信号终止 活化的 NIK 在一种蛋白磷酸酶（PP－2A）作用下去磷酸化而失活，NF－κB 在核内与新合成的 IκB 结合后出核，恢复静息态。

四、胞内受体介导的信号转导通路

胞内受体超家族包括类固醇激素受体（steroid hormone receptor，SR）、维生素 D 受体（vitamin D receptor，VDR）、视黄酸受体（retinoic acid receptor，RAR）、甲状腺激素受体（thyroid hormone receptor，TR）等。另有一部分受体的配体尚未得到证实，被称为孤儿受体（orphan receptor）。类固醇激素受体又包括糖皮质激素受体（glucocorticoid receptor，GR）、盐皮质激素受体（mineralocorticoid receptor，MR）、孕激素受体（progesterone receptor，PR）、雄激素受体（androgen receptor，AR）、雌激素受体（estrogen receptor，ER）等。其中糖皮质激素受体主要位于细胞质中，其他受体大多在细胞核中。下面以 G/GR 通路为例加以说明。

1. GR 结构域 GR 广泛存在于机体各种组织的细胞质中，几乎所有细胞都是它的靶细胞。GR 由约 800 个氨基酸构成的多肽组成，包括 3 个功能区，即 N 端的转录活化区、C 端的糖皮质激素结合区和中间的 DNA 结合区（DNA binding domain，DBD），DNA 结合区具有 2 个锌指结构，其中 α－螺旋能镶嵌于 DNA 的大沟中，从而与 DNA 结合。静息状态时，GR 主要与两个热休克蛋白 90（heat shock protein 90，Hsp90）等形成无活性的异聚体复合物，相对分子质量约为 300000。热休克蛋白使得糖皮质激素受体维持一定的构象，并阻止受体在游离状态下与核内 DNA 产生相互作用。

2. G－GR 通路 糖皮质激素（glucocorticoid，G）为脂溶性激素，直接进入胞内，与 GR 发生特异结合，GR 构象改变并与 Hsp 解离，激素－受体复合物形成同二聚体而活化，后者进入细胞核。在靶基因中存在一段能与激素/受体复合物发生特异性作用的核苷酸序列，称为激素反应元件（hormone response element，HRE），又称糖皮质激素反应元件（GRE，为高度保守的碱基序列…AGAACA…)。活化的GR作用于靶基因中GRE碱基序列，募集其他辅助激活因子修饰组蛋白，发生染色质重构，并结合其他转录因子形成转录起始复合物，从而激活或抑制特异基因转录。糖皮质激素还可通过限制细胞间的缝隙连接（gap junction），调控基因表达，被称为非经典的细胞信号传递。

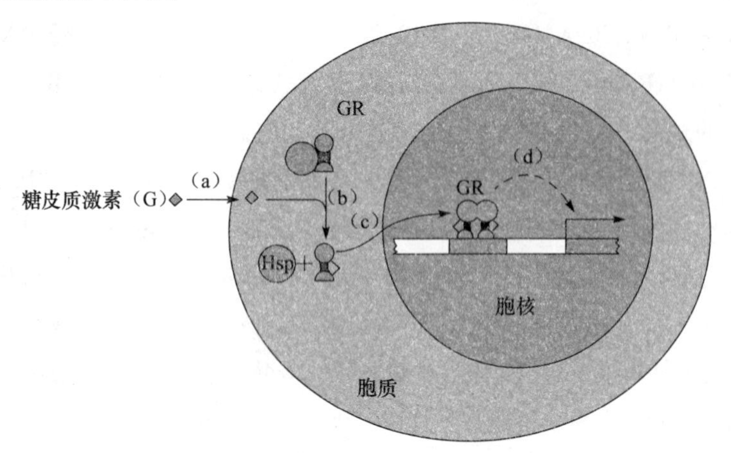

图16－17 胞内受体作用模式

为了研究方便，研究者人为地将信号转导网络分割成线性通路来进行阐述，但某一胞外信号所产生的生物学效应，可能是众多通路综合作用的结果。各条通路之间相互协调，将胞外信号精准地传入细胞内，再经整合、梳理、放大，产生生物学效应。近年来信号转导领域的研究取得飞速发展，本章仅介绍了其中一小部分细胞信号转导通路的基础知识。随着研究的不断深入，已知的信号转导通路将不断地被完善，新的信号转导通路也将陆续被阐明，如Wnt信号通路、Notch信号通路、Toll样受体信号通路等。

第五节 信号转导通路的异常与疾病

阐明细胞信号转导机制在医学发展中具有重大意义，有助于我们更深入地探明疾病的发病机制，并为新的诊断和治疗技术提供靶点。

一、信号转导异常主要发生在受体和细胞内信号转导分子两个层次

（一）受体功能异常

1. 受体功能异常激活 在正常情况下，受体在结合外源性信号分子后激活，向细胞内传递信号。但某些因素可以导致受体的异常激活：①基因突变可导致异常受体的产生，不依赖外源性信号的存在，直接激活细胞内的信号通路。例如，EGF受体只有在结合EGF后才能激活MAPK通路，但ERB－B癌基因所表达的变异性EGF受体的胞内区直接处于活性状态，因而持续激活MAPK通路。②在某些因素作用下，受体基因过度表达，受体数量大幅增高，导致外源性信号所诱导的细胞内信号转导通路的激活水平会远远高于正常细胞，靶细胞反应过度。③外源性信号异常导致受体的异常激活。例如自身免疫性甲状腺疾病中，患者产生针对促甲状腺激素（TSH）受体的抗体，其中有一种TSH受体抗体为刺激性抗体，与TSH受体结合后能模拟TSH的作用，在没有TSH存在时也可激活TSH受体。

2. 受体功能异常减弱 主要表现为受体分子数量、结构或调节功能发生异常，导致受体功能下降，不能正常传递信号。如胰岛素受体基因突变后可导致：①受体合成减少，或异常结构的受体在细胞内分解加速，最终导致受体数量减少；②精氨酸735突变为丝氨酸后，受体与胰岛素的亲和力下降；③甘氨酸1008突变为缬氨酸，导致受体胞内区RTK结构域异常，其磷酸化酪氨酸残基的能力减弱。在这些情况下，受体均不能正常传递胰岛素的信号。

自身免疫性疾病中产生的自身抗体也可能导致特定受体失活，如自身免疫性甲状腺病产生一种TSH受体抗体是阻断性抗体，与TSH受体结合后，可抑制受体与TSH的正常结合，从而减弱或抑制受体的激活。

（二）细胞内信号转导分子功能异常

细胞内信号转导分子可因各种原因而发生功能的改变，导致信号传递的异常激活或中断，使细胞失去对外源信号的反应性。

1. 细胞内信号转导分子异常激活 细胞内信号转导分子变构后，可能导致其不依赖于外源性信号及上游信号转导分子的激活而维持于活性状态，持续向下游传递信号。例如，霍乱毒素可以使Gs蛋白α亚基发生ADP-核糖基化修饰，使其丧失内源性GTP酶活性，因而Gsα-GTP处于恒久激活状态，以致AC持续活化，产生大量的cAMP，促进肠液过多分泌，造成大量水盐丢失，引起急性腹泻和严重脱水，甚至死亡。

2. 细胞内信号转导分子异常失活 如基因突变可导致PI3K的p85亚基表达下调或结构改变，使PI3K不能正常激活或不能达到正常活性水平，而不能正常传递胰岛素信号。

基因突变、细菌毒素、自身抗体、应激等均可导致细胞信号转导和细胞功能异常。细胞信号转导异常可局限于单一通路，也可累及多条信号转导通路，造成信号转导网络失衡。

细胞信号转导异常既可作为疾病的直接原因，引起特定疾病的发生，也可参与疾病的某个环节，导致特异性症状或体征的产生。在某些疾病，可因细胞信号转导系统的某个环节原发性损伤引起疾病的发生，而细胞信号转导系统的改变也可继发于某种疾病的病理过程，其功能紊乱又促进了疾病的进一步演变。

一般而言，当信号转导发生异常时，其产生的可能后果有：①使细胞获得异常的增殖能力。比如Ras蛋白是MAPK通路中的开关分子，介导生长因子等多种胞外信号转导。Ras基因突变使得Ras蛋白处于持续性激活状态，导致大约30%的恶性肿瘤发生。②导致细胞的分泌功能异常。PI3K通路是调控胰岛β细胞分泌胰岛素的重要通路。IR作用于PI3K进而激活其下游的AKT/PKB通路，活化后的AKT通过不同的下游底物调节β细胞数量及胞内的基因转录。如果特异性敲除β细胞IR或AKT2，表现为β细胞数量减少，胰岛素分泌下降，细胞内葡萄糖代谢障碍。③改变细胞膜通透性。如霍乱毒素导致PKA持续激活，通过磷酸化小肠上皮细胞膜上的蛋白质，增高细胞膜通透性，Na^+、Cl^-通道持续开放，造成水与电解质的大量丢失。④导致细胞失去正常的反应性。如长期儿茶酚胺刺激可导致β-AR表达下降，并使心肌细胞失去对肾上腺素的兴奋性，细胞内cAMP水平降低，从而导致心肌收缩功能不足。

二、细胞信号转导分子是重要的药物作用靶位

对各种疾病过程中的信号转导异常的不断深入研究，尤其是对信号转导分子结构与功能的认识，为新药的筛选和开发开创了一个新领域，由此产生了信号转导药物的概念。有学者采用

信号转导治疗（signal transduction therapy）的方法，以信号转导分子为靶分子，研究其激动剂和抑制剂，以防治多种疾病。

例如，各种蛋白激酶的抑制剂被广泛用作母体药物进行抗肿瘤新药的研发。由于85%与肿瘤相关的原癌基因和癌基因产物是酪氨酸蛋白激酶（TPK），且肿瘤时TPK活性常常升高，因此学者关注如何通过抑制TPK介导的细胞信号转导通路从而阻断细胞增殖。如：①采用单克隆抗体阻断配体与受体TPK结合。目前，抗EGF受体的单克隆抗体已用于人鼻咽癌及肺腺癌等肿瘤的临床实验治疗。②设计特异性抑制TPK的催化活性的药物，抑制Ras向膜转移，可阻断其激活，或应用无活性突变的Ras阻断Ras信号转导。此外，还有一些针对细胞周期调控、转录因子和核受体环节干扰信号转导通路的措施正在研究中。

一种成功信号转导调节药物应该既可有效防治疾病，又具有较小的副作用，而这主要取决于两点：①药物所调节的信号转导通路在体内是否广泛存在。如果该通路广泛存在于各种细胞内，则很难控制其副作用。②药物自身的选择性：对信号转导分子的选择性越高，副作用就越小。以此为理论指导，一方面进一步探明各信号转导分子在不同细胞的分布情况，另一方面通过筛选和改造已有的化合物，以发现具有更高选择性的激动剂或抑制剂，将有助于临床药物研发。

第六节　癌基因产物与细胞信号转导

癌基因（oncogene）是指在特定条件下，能引起细胞癌变的一类基因。事实上，广义的癌基因根据生物学活性分成两大类：一类是病毒癌基因（viral oncogene，v－*onc*），指逆转录病毒的基因组里带有能使被感染宿主细胞发生癌变的基因；另一类是细胞癌基因（cellular oncogene，c－onc），又称原癌基因（pro－oncogene），指在正常细胞中以无活性或低表达状态存在的细胞癌基因。抑癌基因或肿瘤抑制基因（tumor suppressor gene），又称抗癌基因（anti－onco－gene），是指能够抑制细胞癌基因活性的一类基因。

许多癌基因与抑癌基因的表达产物是细胞信号转导通路中的重要成员，如生长因子、生长因子受体、蛋白激酶、Ras蛋白及转录因子等，参与许多重要的细胞活动。

一、病毒癌基因

病毒癌基因存在于病毒（大多是逆转录病毒）基因组中。它不编码病毒结构成分，对病毒无复制作用，但是当受到外界条件激活时可诱导肿瘤发生。

1911年，Rous发现含有鸡肉瘤病毒的无细胞滤液能诱发出小鸡肉瘤，这种病毒被命名为Rous肉瘤病毒（rous sarcoma virus，*rsv*），并于1970年被Temin和Batimore证实属于逆转录病毒。rsv除了含有自身复制所需的*gag*、*pol*和*env*基因外，还含有一个特殊的*src*基因，其编码的蛋白质位于细胞膜，属于生长因子受体，具有蛋白酪氨酸激酶活性，可使培养细胞发生恶性转化，形成肿瘤。进一步研究发现，*src*的同源物普遍存在于动物细胞（如鸡、鸭、果蝇）内。癌基因的名称一般用三个斜体小写字母来表示，如*src*、*myc*、*ras*等。

NOTE

二、原癌基因

原癌基因是细胞内与细胞增殖相关的基因，在进化上高等保守。原癌基因的表达产物涉及细胞信号转导通路中的各个环节，分布在细胞膜、细胞质、细胞核，甚至细胞外等部位，从不同环节参与基因转录调控、细胞周期调控以及细胞生长、增殖和分化等调控，并在细胞凋亡、衰老过程中起重要作用。在细胞分化过程中，与分化有关的原癌基因表达增加，而与细胞增殖有关的原癌基因表达受抑制，所以生物生存依赖于原癌基因的适度表达。通常可按原癌基因表达产物的生物学作用及细胞定位分为以下几类(表 16－2)。

表 16－2　细胞原癌基因表达产物及其作用

类别	原癌基因	表达产物	生物学作用
生长因子类	*sis*	PDGF β 链	通过旁/自分泌作用与相应受体结合，参与调控细胞生长与增殖等
	int－2	FGF 成员	
	hst	FGF 成员	
生长因子受体类	*erb*－*B*	EGFR 胞内区	大多为跨膜的 RTK，当被生长因子特异识别并活化后，可进一步参与调控细胞生长和增殖等
	fms	CDF－1R	
	trk	NGFR	
	kit	PDGFR	
蛋白激酶类	*src*	蛋白 Tyr 激酶	在细胞质内可以分别催化其下游效应蛋白 Tyr 或 Ser/Thr 残基发生磷酸化修饰
	mos	蛋白 Ser/Thr 激酶	
	raf	蛋白 Ser/Thr 激酶	
G 蛋白类	*H/K/N*－*ras*	Ras 蛋白	位于细胞膜内侧，在 Ras－MAPK 通路中，介导多种生长因子的信号转导
转录因子类	*myc*	Myc 蛋白	在核内发生磷酸化修饰后，参与调控基因表达
	myb	Myb 蛋白	
	fos	Fos 蛋白	在核内形成 Fos/Jun 二聚体，作为转录因子调控基因转录活性
	jun	Jun 蛋白	
其他类	*erb*－A	甲状腺激素受体	在核内接受甲状腺激素信号，促进细胞生长、增殖，调控能量代谢等
	crk	磷脂酶 C_γ	被 RTK 募集到细胞膜上，催化 PIP_2 水解，生成 IP_3 和 DAG 两种信使物质

当原癌基因受到某些致癌因素（如化学致癌物、病毒、辐射等）刺激后，可发生点突变、插入突变、基因重排、基因扩增等变异，使原癌基因异常激活，形成狭义的癌基因，细胞发生恶性转化。换言之，在每一个正常细胞基因组里都有原癌基因，但它们在正常情况下无致癌性，只是在发生突变或被异常激活后才变成具有致癌能力的癌基因。

三、抑癌基因

抑癌基因的功能是抑制细胞周期，阻止细胞增殖以及促使细胞死亡。当抑癌基因的一对等

NOTE

位基因都缺失或都失去活性时，抑癌基因原先对细胞分裂周期或细胞生长设置限制的功能也随之丧失，于是出现了细胞癌变。因此，抑癌基因反映了基因的功能丢失（loss of function）。抑癌基因与癌基因之间的区别在于癌基因只要有一个等位基因发生突变时就可引起癌变，而抑癌基因只要有一个等位基因是野生型时，就可抑制癌变。

至今已被确定的抑癌基因有20多种，如*Rb*、*WT*1、*p*53、*NF*1、*NF*2、*VHL*、*APC*、*DCC*、*MCC*、*PTP*、*p*16、*BRCA*1、*MSH*1、*MSH*2、*PTEN*、*INK*4α等。其中对*Rb*基因和*p*53基因研究得比较深入。

（一）*Rb*基因及其产物

成视网膜细胞瘤基因（retinoblastoma gene，*Rb*基因）是最早被克隆和完成全序列测定的抑癌基因。将Rb患者的瘤细胞和正常细胞的染色体基因图谱比较发现，肿瘤细胞的染色体13q14发生缺失，此缺失区段正是*Rb*基因。Rb蛋白分布于核内，是一类DNA结合蛋白，在细胞周期调控与分化中起重要作用。Rb蛋白至少含有16个可被周期蛋白依赖性激酶（cyclin-dependent kinases，CDK）磷酸化的丝氨酸/苏氨酸残基，在细胞周期的不同时相，Rb蛋白可以发生不同程度的磷酸化，呈现不同的调控活性。Rb蛋白的磷酸化/去磷酸化是其调控细胞周期、调节细胞生长分化的主要方式。

在G_0、G_1早期，Rb蛋白为去磷酸化或低磷酸化状态，去磷酸化或低磷酸化状态的Rb蛋白与转录因子E2F蛋白结合，使E2F失活，S期活动所需的DNA聚合酶α、细胞周期蛋白E及A等基因的表达下降，细胞不能顺利进入S期。在G_1后期，细胞周期蛋白D/CDK复合物调控Rb蛋白发生初步磷酸化，促进细胞通过G_1/S控制点进入S期；在G_2期，则经细胞周期蛋白A、E/CDK作用使Rb蛋白发生高度磷酸化，进而使细胞通过G_2/M控制点。高磷酸化的Rb（pRb）蛋白失去抑制活性，不能与E2F结合，游离的E2F发挥转录因子作用，结合到靶基因的启动子中特殊的DNA序列（5′-TTTSSCGC-3′，S为C或G序列）上，促进细胞从G_1到S期所需基因的表达，如胸腺嘧啶核苷激酶、DNA聚合酶α、二氢叶酸还原酶、p34以及细胞周期蛋白E、D1、D2和细胞增殖核抗原（PCNA），进而促进细胞分裂、增殖。

Rb蛋白的抑制活性与其磷酸化程度呈反比，去磷酸化或低磷酸化状态的Rb蛋白主要发挥抑制作用。在视网膜母细胞瘤、骨肉瘤、乳腺癌和膀胱癌等组织中常见*Rb*基因发生表达异常。此外，转录因子、细胞生长调节因子、蛋白激酶、蛋白磷酸酶、核基质蛋白等至少四十余种蛋白能与Rb蛋白结合，表明Rb蛋白还具有其他的调节功能。

（二）*p*53基因及其蛋白

*p*53基因位于人染色体17p13，因表达含393个氨基酸残基、相对分子质量为53000的蛋白产物而得名。1989年Lebine和Oren在实验室发现，野生型*p*53基因过量表达可抑制细胞转化，而*p*53突变体或*p*53失活则促进细胞转化。因此，突变型*p*53是癌基因，野生型*p*53是抑癌基因。

野生型p53蛋白在维持细胞正常生长、抑制恶性肿瘤增殖中起重要作用。当DNA在理化因素作用下发生损伤时，野生型p53蛋白被激活，形成四聚体形式。活化的p53蛋白发挥核内转录因子作用，与*p*21基因的调控区结合，促进*p*21基因表达p21蛋白。p21蛋白作为细胞周期依赖性激酶抑制因子，与活化的细胞周期蛋白-CDK复合物结合而抑制它们的活性，下调Rb蛋白的磷酸化程度，细胞周期停止在G_1期，从而给细胞提供足够的时间来进行DNA修复。

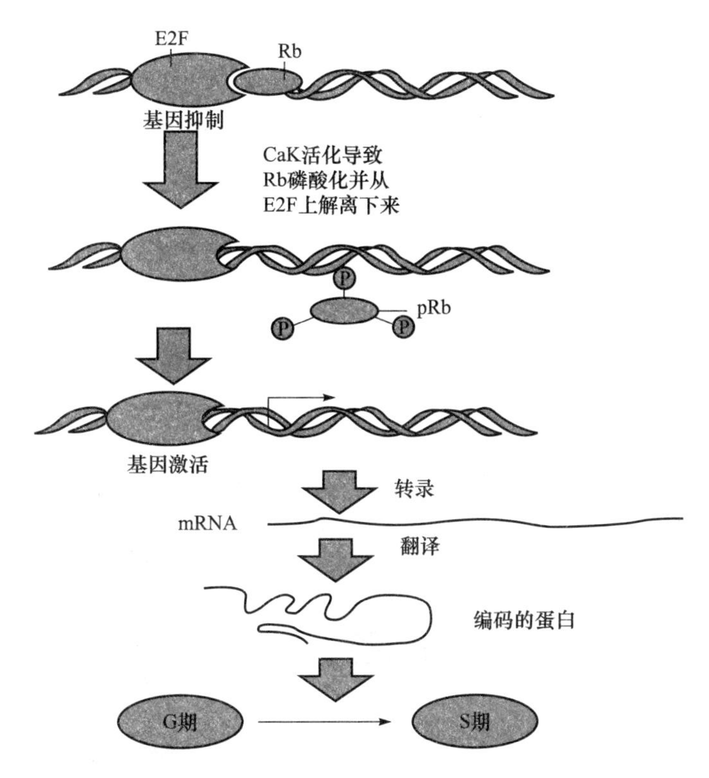

图 16－18　Rb 蛋白在细胞周期调控中的作用

p21 蛋白还能抑制解链酶活性，并与复制因子 A（replication factor A）结合，参与损伤 DNA 的修复作用。如果修复失败，野生型 p53 蛋白通过诱导凋亡基因 *bax* 表达 Bax 蛋白，使损伤细胞发生凋亡，从而防止细胞癌变。所以野生型 p53 蛋白时刻监视着基因的完整性，被称为“基因卫士”。

*p*53 基因极易发生突变，突变型 p53 蛋白稳定性高于野生型 p53，易在细胞内尤其在肿瘤细胞中呈高水平累积。在人类 50% 以上的肿瘤组织中均发现了 *p*53 基因的突变，结肠癌中突变率大约为 70%、肺癌 50%、乳腺癌 35%。突变型 *p*53 基因与野生型 p53 蛋白结合，使细胞内野生型 p53 蛋白相对缺乏或失活，不能发挥正常的抑癌作用，甚至获得转化能力，在细胞恶性转化中代替癌基因起启动作用。

综上所述，原癌基因和抑癌基因的变异可引起细胞癌变。癌基因和抑癌基因实际上分属于一系列与调节细胞生长和分化有关的调节蛋白的编码基因，是细胞正常生长必不可少的。因此，癌基因的研究与生长因子及其受体、蛋白激酶、转录因子、信号转导和基因表达调控等各领域研究相辅相成，相互促进，共同发展，成为当今生命科学研究中的热点课题。

小结

细胞间信号分子又称为第一信使，是在细胞间传递信号的各类化学物质的统称。可分为神经递质、激素、细胞因子、气体信号分子等。

受体是位于细胞膜或细胞内，能特异性识别并结合信号分子，将信号转导入胞内，最终引起生物学效应的一类生物大分子，绝大多数的受体本质为蛋白质。能与受体特异性结合的称为配体。受体根据细胞定位分为膜受体和胞内受体，膜受体又分为离子通道受体、G 蛋白偶联受

NOTE

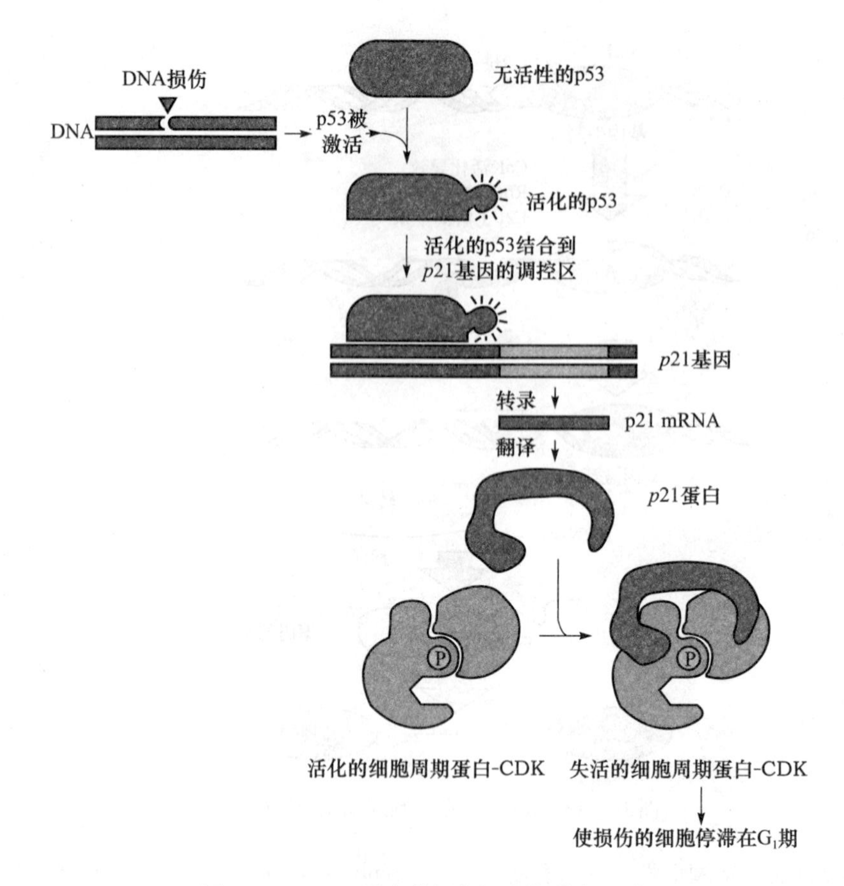

图 16－19　p53 蛋白使损伤细胞停滞在 G_1 期

体、酶偶联受体等。

第二信使指在胞内合成的小分子活性物质，能将胞外信号进一步在胞内进行传递，主要有 cAMP、cGMP 、DAG、IP_3、Ca^{2+}、NO、CO 等。

由膜受体介导的信号传递涉及受体众多，其通路主要有 cAMP－PKA 通路、IP_3－DAG 双信使通路、PI3K 通路、Ras－MAPK 通路等。胞内受体信号转导通路中所涉及的受体主要有类固醇激素受体、维生素 D 受体、视黄酸受体、甲状腺激素受体、孤儿受体等。信号转导通路异常，最常见的有受体功能异常和细胞内信号转导分子异常。因此，探明各信号转导分子在不同细胞的分布情况，并发现高选择性的激动剂或抑制剂，成为研发临床治疗药物的方向。

癌基因指在体外可以引起细胞转化、在体内能引起肿瘤的一类基因。在生理条件下，细胞癌基因不表达或低表达，称为原癌基因，为维持细胞正常生长分化所必需。抑癌基因是一类能抑制细胞过度生长、增殖，从而抑制肿瘤形成的基因。

中药对细胞信号转导通路异常变化的干预作用

充分利用现代生命科学的理论、思路和手段研究重大疾病的发病机制，发现中药新的药物靶点及可能干预环节是中医药基础研究领域的重要方向之一。近年来，从细胞信号转导通路入手，研究中药防治多种重大疾病亦取得了较大的进展。

在体外细胞实验中发现，许多中药提取物如大豆异黄酮、猪苓多糖等具有调控肿瘤细胞

NOTE

cAMP - PKA 等信号途径的作用，通过升高 cAMP，降低 PDE 等，抑制肿瘤细胞生长。斑蝥素、丹参素等能通过抑制 Ras - MAPK 通路中 MEK、ERK1/2 等信号分子的表达，或降低其磷酸化水平，从而下调 MMP - 2、胶原蛋白 Ⅰ 表达，延缓肝纤维化进展。

动物实验报道，单味中药如红花、黄芪、冬虫夏草、桃仁、丹参、三七等能不同程度干预 TGF_{β} - Smad 通路，下调纤维化模型动物相关组织 TGF_{β}、Smad 2 的过度表达，上调 Smad 7 的表达，从而抑制 Ⅰ、Ⅲ 型胶原蛋白的合成及过度沉积，延缓纤维化进展。

研究还发现，衰老大鼠下丘脑 - 垂体 - 肾上腺（HPA）轴功能异常亢进，血中皮质酮浓度病理性增高，可使海马神经细胞、胸腺细胞等受损，学习记忆功能、细胞免疫功能等下降。补肾类中药复方左归丸，则能上调衰老大鼠海马神经细胞中 GR、CaMK Ⅱ、ERK、CREB 等因子的表达，改善与学习记忆相关的信号通路，延缓学习记忆功能的退化。此外，补肾方药还能在一定程度上促进老年动物 CD_4^+ T 细胞中 NF - κB 的核转位，增进 IL - 2 等细胞因子的表达，提高细胞免疫功能。

中药有效成分复杂，同一活性成分在有效剂量范围内，能调控不同的细胞信号转导通路。不同浓度药物在不同靶细胞中产生多种甚或完全相反的生物效应。而同一受体上也可能具有多个药物活性位点，且受体变构后发生受体数量、亲和力、相互作用模式等多方面调节，部分揭示了中药的多环节、多靶点、多途径综合效应。

NOTE

第十七章　分子生物学常用技术的原理及应用

【案例1】

患者，男，56岁，以“发热4天，胸闷、呼吸困难1天”为主诉入院。患者长期从事活禽宰杀和贩卖工作。4天前无明显诱因出现发热、咳嗽，伴头痛、肌肉酸痛，1天前出现胸闷和呼吸困难。

体格检查：体温39.1℃，心率88次/分，血压120/65mmHg，呼吸32次/分，呼吸急促，双下肺可闻及支气管呼吸音。

实验室检查：白细胞3.8×10^9/L，淋巴细胞18%。影像学检查：X线提示双下肺内出现少量片状影。取患者痰液进行病毒核酸检测（实时荧光PCR法），提示H7N9禽流感核酸阳性。

问题讨论

1. 该患者初步诊断患何种疾病？
2. PCR技术对该病的确认有何意义？

当前生命科学研究的发展与突破，无一不与分子生物学技术的创立、完善与发展息息相关，分子生物学技术已成为生命科学研究领域的“通用技术”。因此，了解分子生物学技术的原理与用途，对于加深理解现代生物学的基本理论、深入认识疾病的发生机制、建立新的诊断和治疗方法都有极大的帮助。本章主要介绍常用的分子生物学技术，如聚合酶链反应、重组DNA技术、核酸印迹杂交技术、DNA测序技术以及目前关注热点的各种“组学”的一些基本概念。

第一节　聚合酶链反应

聚合酶链反应（polymerase chain reaction，PCR）是1983年由Mullis建立的一种体外扩增核酸的技术。其以待扩增DNA分子为模板，以一对与模板互补的寡核苷酸片段为引物，在DNA聚合酶催化下，按照DNA的半保留复制机制沿模板链延伸直到完成两条新链合成。这种以指数级扩增的技术已广泛应用在生物学研究和医学临床实践，成为分子生物学研究的重要技术之一。PCR具有特异性强、灵敏度高、简便快捷、重复性好、对样品要求低、产率高和易自动化等优点，能在数小时内，将目的DNA扩增几百万倍，供检测鉴定和分析研究。

NOTE

一、基本原理

PCR 是一种选择性扩增 DNA 的技术，扩增过程类似于体内 DNA 的半保留复制过程。不同之处是使用耐热的 DNA 聚合酶取代一般的 DNA 聚合酶，以合成的 DNA 引物取代 RNA 引物。PCR 包括变性、退火和延伸三个步骤。

1. 变性 将反应体系加热至 94℃，使模板 DNA 完全变性解成单链，同时引物自身及引物之间存在的局部双链也得以消除。

2. 退火 将反应体系降温到适宜的温度（一般为引物 T_m 值的附近），使得预先加入的两种引物分别与模板 DNA 两股单链杂交。

3. 延伸 将反应体系加热到所选用的 DNA 聚合酶的最适温度（70～75℃），在有四种 dNTP 存在的条件下，聚合酶按照碱基互补配对原则，从引物的 3′端以待扩增 DNA 为模板合成新的 DNA 链，引物也被整合到扩增产物中。

以上变性、退火、延伸三步反应为 PCR 的一个循环，每一个循环的产物可以再变性解链，作为下一个循环的模板。这样每循环一次，目的 DNA 的拷贝数就增加一倍。整个 PCR 过程一般需要 25～35 次循环，理论上能将目的 DNA 扩增 2^{25}～2^{35} 倍。不过，PCR 的平均扩增效率约为 75%，经过 n 次循环后，扩张倍数约为 $(1+75\%)^n$，完成一次循环需要 2～3 分钟，因此仅需 2～3 小时就能将 DNA 扩增几百万倍（图 17－1）。

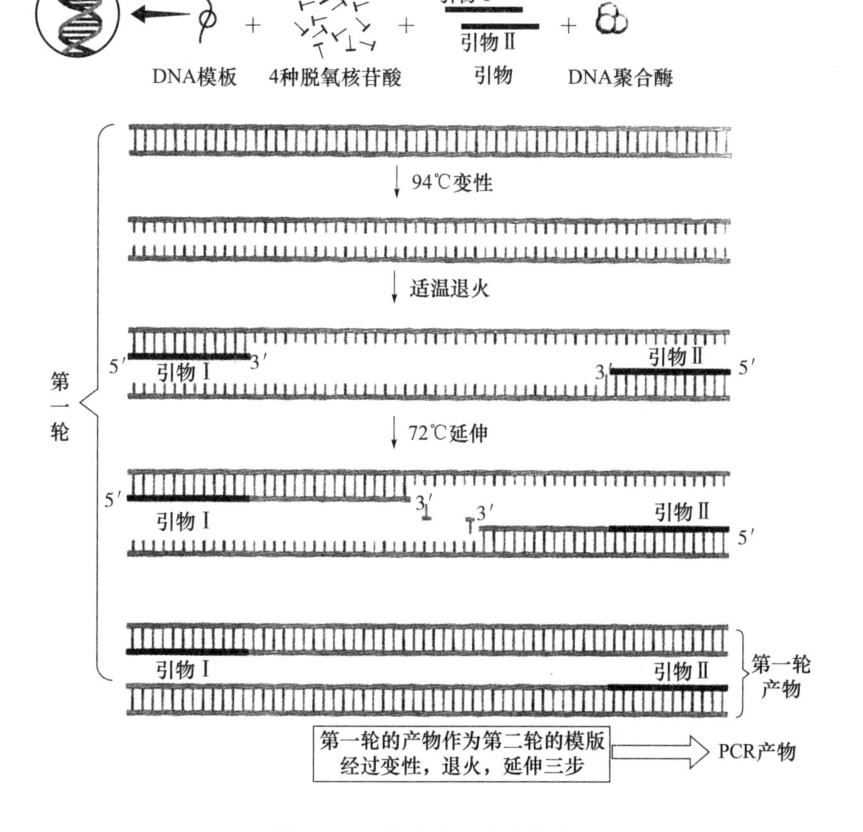

图 17－1　聚合酶链反应原理

二、反应体系

常规的PCR反应体系包括寡核苷酸引物、耐热DNA聚合酶、dNTPs、缓冲溶液、模板和$MgCl_2$等。

（一）引物

引物决定PCR产物的特异性与长度。因此，合理引物设计是PCR成败的关键环节。PCR扩增的模板是一个双链目的DNA，需要两个引物分别与目的DNA两股链的3′端互补。引物的设计需遵循以下原则：

1. 引物长度适合 引物的长度应不小于15个核苷酸（nt），为15～30nt，如引物过短会影响PCR的特异性，引物过长，则会影响扩增效率。

2. 引物碱基的组成和分布具有随机性 要避免嘌呤或嘧啶碱基含量过高或集中排列，G/C含量以40%～60%为宜。

3. 两引物的碱基组成比例相近 碱基组成影响退火温度，因此两引物的T_m尽量一致。

4. 避免引物内部形成二级结构 通过减少引物自身互补序列，以避免形成茎环结构影响退火。

5. 两引物之间不应存在互补序列 避免形成引物二聚体，特别是在引物的3′端更不能有互补碱基。

6. 引物的3′端最好是G/C 引物的3′端是延伸的起点，决定PCR产物的特异性，必须与模板严格互补，而且末端碱基最好是G/C。

7. 引物的5′端可以修饰 引物的5′端即使与模板不互补，也基本不影响PCR的特异性，因而可以修饰，包括加接限制性酶切位点或密码子序列，引入突变位点或末端标记。

8. 引物严格特异 引物与样品中其他序列同源性一般不超过70%。

（二）耐热的DNA聚合酶

PCR技术最早使用大肠杆菌DNA聚合酶，由于其不耐热，在每一次循环后都要追加酶。耐热DNA聚合酶的发现解决了这一问题，使PCR操作大大简化，并实现了自动化。目前用于PCR的耐热DNA聚合酶有多种，其中*Taq* DNA聚合酶应用最为广泛。

Taq DNA聚合酶是从水生栖热菌YT1株分离得到的，有良好的热稳定性，在92.5℃、95℃和97.5℃下的半寿期分别为130分钟、40分钟和5～6分钟。其催化合成DNA的活性可以适应相当宽的温度范围，但在75～80℃活性最高，降低温度则扩增效率降低。

Taq DNA聚合酶具有以下特点：①以dNTP为底物，DNA为模板，引物的3′端为起点，遵循碱基互补原则，按5′→3′方向合成DNA新链；②有5′→3′外切酶的活性，但无3′→5′外切酶的活性，所以没有校对功能，其错配率可达0.25%；③具有逆转录酶活性；④具有类似末端转移酶的活性，可以在新生链的3′端加接一个不依赖模板的核苷酸，而且优先加接dAMP，利用这一特征可以构建重组DNA载体，克隆带dAMP尾的PCR产物。

（三）DNA模板

PCR的模板是DNA，PCR扩增目的DNA的长度一般在1kb以内，特定条件下可以扩增10kb的片段。

NOTE

PCR的模板来源广泛，可以根据科学研究或临床检验的需要进行选择。如病原体标本可以是病毒、细菌、真菌、支原体、衣原体和立克次氏体等；临床标本可以是组织细胞、血液、尿液、分泌物和羊水等；法医学标本可以是犯罪现场的血迹、精斑和毛发等；考古标本也可以。

（四）Mg^{2+}

Mg^{2+}浓度对PCR扩增的特异性和产量有显著的影响。*Taq* DNA聚合酶的催化活性有赖于Mg^{2+}。在一般的PCR反应中，各种dNTP浓度为200μmol/L时，Mg^{2+}浓度为1.5～2.0mmol/L为宜。Mg^{2+}浓度过高，反应特异性降低，出现非特异扩增；反之，浓度过低，会降低*Taq* DNA聚合酶的活性，使反应产物减少。

（五）缓冲体系pH

最常用的PCR缓冲液是10～50mmol/L的Tris－HCl（pH值8.3～8.8，20℃），在72℃（PCR反应延长阶段的常用温度）时，其pH值为7.2左右，有利于*Taq* DNA聚合酶在适合的pH下发挥活性，从而提高扩增效率。

三、几种重要的PCR衍生技术

PCR技术自建立以来不断发展，并与其他技术联合，形成了多种PCR衍生新技术，提高反应的特异性和应用的广泛性。下面举例介绍部分与医学研究关系密切的相关PCR技术。

1. 逆转录PCR　逆转录PCR（reverse transcription PCR，RT－PCR）是以RNA为模板，由逆转录酶催化合成cDNA后，将cDNA进行PCR以扩增目的基因。RT－PCR具有灵敏度高、特异性强和省时等优点，是目前获取目的基因cDNA和构建cDNA文库的有效方法之一，也是对已知序列RNA进行定性和半定量分析的有效方法。

2. 实时PCR　实时PCR（real time PCR）技术是近年来发展起来的一种对PCR产物进行定量分析的技术。通过动态监测反应过程的产物量，消除产物堆积对定量分析的影响，亦被称为定量PCR（quantitative PCR）或实时定量PCR（real－time quantitative PCR）。

实时PCR基本原理是引入荧光标记分子，并使荧光信号强度与PCR产物成正比，对每一反应时刻的荧光信号进行实时分析，即可计算出PCR产物量。根据动态变化的数据，可以精确计算出样品最初的含量差异。根据荧光化学原理不同可分为双链DNA结合染料法、TaqMan探针法、杂交探针法等。以TaqMan探针法为例，在PCR反应体系中加入一对引物和一个特异性的TaqMan探针，该探针两端分别标记一个报告荧光基团和一个淬灭荧光基团。探针完整时，报告基团发射的荧光信号被淬灭基团吸收。PCR扩增时，DNA聚合酶的5′→3′外切酶活性将探针降解，使报告荧光基团和淬灭荧光基团分离从而发出荧光。荧光监测系统可接收到荧光信号，即每扩增一条DNA链，就有一个荧光分子形成，实现了荧光信号的累积与PCR产物形成完全同步。（图17－2）

3. 原位PCR　原位PCR（in situ PCR）是以细胞内的DNA或RNA为靶序列，先在细胞内进行PCR反应，然后用特定探针与细胞内PCR产物进行原位杂交，检测细胞或组织内是否存在待测DNA或RNA序列。原位PCR将靶基因的扩增与细胞定位相结合，从而提高检测的灵敏度，已成为靶基因序列细胞定位、组织分布和表达检测的重要手段。

四、PCR技术的应用

PCR技术是分子生物学核心技术之一，广泛应用于生命科学各个领域。在分子生物学科研

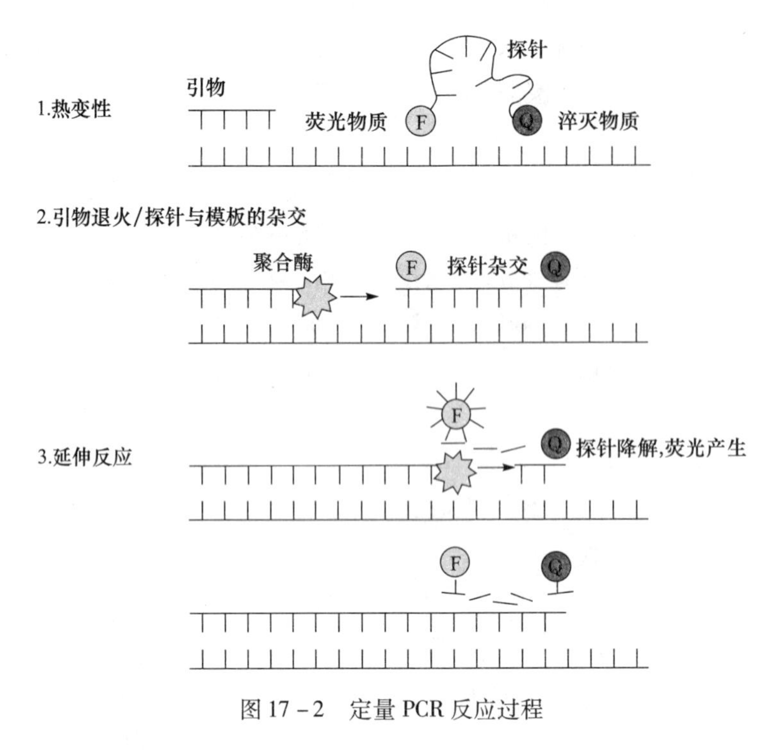

图 17－2 定量 PCR 反应过程

领域，可用于目的基因克隆、DNA 测序、基因定量、基因突变分析、基因定点诱变等；在临床医学领域，可用于传染性疾病基因诊断、遗传疾病基因诊断、肿瘤基因诊断、免疫学及器官移植配型、法医学鉴定等。

案例1分析讨论

该病初步诊断：人 H7N9 禽流感。

人感染禽流感，是由禽流感病毒引起的人类疾病。禽流感病毒，属于甲型流感病毒，依据流感病毒血凝素蛋白（HA）的不同可分为 16 种亚型，根据病毒神经氨酸酶蛋白（NA）的不同可分为 9 种亚型。禽流感病毒一般感染禽类，当病毒在复制过程中发生基因重配，致使结构发生改变，获得感染人的能力。至今发现能直接感染人的禽流感病毒亚型有：H5N1、H7N1、H7N2、H7N3、H7N7、H9N2 和 H7N9 亚型。其中，高致病性 H5N1 亚型和 2013 年 3 月在人体首次发现的新禽流感 H7N9 亚型尤为引人关注。携带病毒的禽类是人感染禽流感的主要感染源，密切接触被感染的禽类或其排泄物污染的物品是主要感染途径。

该患者有活禽密切接触史，出现发热、肌肉酸痛等流感样全身症状，同时有流涕、咳嗽、胸闷等呼吸道症状。患者痰液的病毒核酸检测 H7N9 禽流感核酸阳性可以确认。

第二节 重组 DNA 技术

重组 DNA 技术（recombinant DNA technology）又称为基因工程，是制备 DNA 克隆所采用的技术和相关工作的统称。其主要目的是获得 DNA 克隆，即通过不同方法获得特定 DNA 片段，将其与 DNA 载体连接成重组 DNA，然后导入合适的宿主细胞，随细胞分裂，重组 DNA 在

NOTE

每个细胞内大量复制，最终得到该 DNA 片段的大量拷贝。

重组 DNA 技术从诞生之日起就为生命科学研究提供了有力的实验手段，也为医药卫生开拓了新的发展领域。

一、主要工具

重组 DNA 技术的核心内容之一是 DNA 重组，即将目的基因与载体连接成重组 DNA。DNA 重组的基本过程是切割和连接 DNA，有三种基本必需工具：①限制酶：用于切割 DNA；②载体：用于目的 DNA 重组；③连接酶：用于连接 DNA，以 T4 DNA 连接酶较为常用。这里主要介绍限制酶和载体。

（一）限制性内切核酸酶

限制性内切核酸酶（restriction endonuclease），简称限制酶，由细菌产生，能识别双链 DNA 的特异序列，并水解（切割）该序列内部或附近的磷酸二酯键，该特定序列称为限制位点。

限制酶大都用产生该酶的细菌的学名来命名，其命名原则是：①第一个字母取自该细菌的属名，用大写；②第二、三个字母取自该细菌的种名，用小写；③第四个字母代表菌株等；④用罗马数字代表同一菌株中不同限制酶的编号，现在多用来表示发现酶的时间顺序；⑤前三个字母用斜体。例如，从大肠杆菌（*E. coli*）R 株中分离到的限制酶，分别表示为 *Eco*R Ⅰ、*Eco*R Ⅱ和 *Eco*R Ⅴ。

1. 限制酶的分类　限制酶可根据活性和特异性等分成三类：①Ⅰ型限制酶，具有限制和修饰活性，这类酶通常在离限制位点约 1kb 处切割 DNA，切割位点不确定；②Ⅲ型限制酶，与Ⅰ型限制酶一样，具有限制和修饰活性，能在限制位点附近切割 DNA，切割位点不确定；③Ⅱ型限制酶，这类酶的切割位点位于限制位点内部，即限制位点与切割位点都确定。重组 DNA 技术中所用的限制酶主要是Ⅱ型限制酶。

2. 限制位点的识别与切割　限制位点有两个特点，一是含有 4 ~ 8bp，二是具有回文序列。限制酶切割 DNA 形成两种末端：①切割限制位点的对称轴，产生平端；②在限制位点的两个对称点错位切割 DNA 链，产生黏端，包括 5′黏端和 3′黏端。

如 *Sma* Ⅰ切割后产生平端：

```
5′-CCC. GGG-3′          5′-CCC        GGG-3′
3′-GGG. CCC-5′  ——→     3′-GGG   +    CCC-5′
```

*Eco*R Ⅰ切割后产生 5′黏端：

```
5′-G. AATTC-3′          5′-G          5′AATTC-3′
3′-CTTAA. G-5′  ——→     3′-CTTAA  +         G-5′
```

Pst Ⅰ切割后产生 3′黏端：

```
5′-CTGGA. G-3′          5′-CTGGA            G-3′
3′-G. ACGTC-5′  ——→     3′-G       +   ACGTC-5′
```

表 17-1　限制酶的识别与切割位点

种类	酶类	举例	识别切割位点
多数酶	限制位点不同，切割产生不同末端	*Hind* Ⅲ	5′-A. AGCTT-3′ 3′-TTCGA. A-5′
		Sal Ⅰ	5′-G. TCGAC-3′ 3′-CAGCT. G-5′
异裂酶 neoschizomer	限制位点相同，切割产生不同末端	*Kpn* Ⅰ	5′-GGTAC. C-3′ 3′-C. CATGG-5′
		*Asp*718 Ⅰ	5′-G. GTACC-3′ 3′-CCATG. G-5′
同裂酶 isoschizomer	限制位点相同，切割产生相同末端	*Aha* Ⅲ，*Dra* Ⅰ	5′-TTT. AAA-3′ 3′-AAA. TTT-5′
同尾酶 isocaudarner	限制位点不同，切割产生相同黏端	*Bam*H Ⅰ	5′-G. GATCC-3′ 3′-CCTAG. G-5′
		Bgl Ⅱ	5′-A. GATCT-3′ 3′-TCTAG. A-5′

（二）载体

重组 DNA 技术的一个重要内容是把目的基因导入宿主细胞，使其在宿主细胞内扩增。大部分目的基因很难自己进入宿主细胞，不能自我复制，因此必须将目的基因连接到一个特定的能自我复制的 DNA 分子上，这种 DNA 分子称为载体（vector）。

1. 载体的分类　用于重组 DNA 技术的载体按功能分为克隆载体和表达载体（图 17-3）。

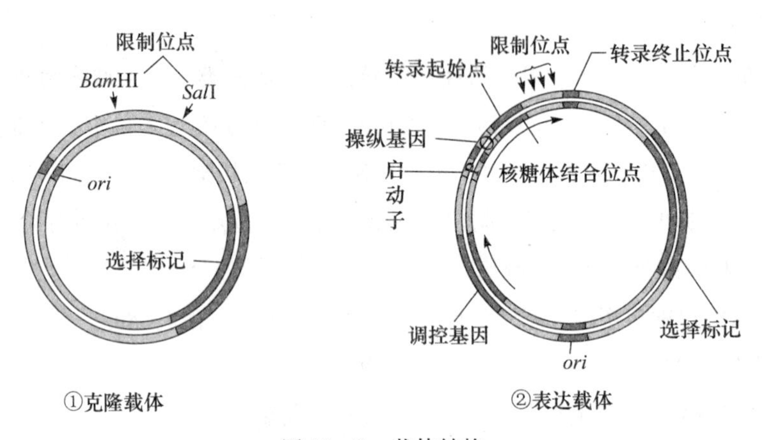

图 17-3　载体结构

（1）克隆载体　克隆载体是用来克隆和扩增目的 DNA 的载体，含有以下基本元件：①复制起点（*ori*）：能利用宿主的酶系统，启动复制和扩增，目的基因也随之复制和扩增；②克隆位点：目的基因的插入位点，为某种限制酶的单一限制位点，或多种限制酶的单一限制位点，后者多集中形成多克隆位点；③选择标记：是一种能产生表型的功能基因，如抗性基因或营养代谢物基因，便于筛选重组 DNA 克隆。克隆载体还具有容量大，容易导入宿主细胞，拷贝数高，容易提取和抗剪切力强等特点。

（2）表达载体　表达载体是指含有能被宿主基因表达系统识别的表达元件，从而可以在宿主细胞内表达目的基因、合成目的蛋白的载体。表达载体除了含有克隆载体的基本元件之外，还含有表达元件。原核细胞的表达载体含有原核生物基因的表达元件，包括启动子、核糖体结合位点和转录终止信号，只能被原核生物细胞的基因表达系统识别；真核细胞的表达载体，含有真核生物基因的表达元件，包括增强子、启动子、核糖体结合位点、转录终止信号和加尾信号，只能被真核生物的基因表达系统识别。

常用的载体有以原核细胞为宿主的质粒载体和噬菌体载体，以真核生物细胞为宿主的病毒载体，它们是由相应的野生质粒或病毒改造成的。

2. 常用的克隆载体－质粒　质粒是游离于细菌的染色体外、能自主复制的闭环双链 DNA。pBR322 是第一种人工构建的载体，含有 4361bp，包含以下元件：①一个复制起点（*ori*）；②两个抗性基因，氨苄青霉素抗性基因（amp^R）和四环素抗性基因（ter^R）；③多种限制酶的单一限制位点，其中有的位于 ter^R 基因内（例如 *Bam*H Ⅰ 限制位点），在这些位点插入目的基因会导致 ter^R 基因失活；有的位于 amp^R 基因内（例如 *Pst* Ⅰ 限制位点），在这些位点插入目的基因会导致 amp^R 基因失活。pBR322 质粒载体的 DNA 图谱如图 17－4 所示。

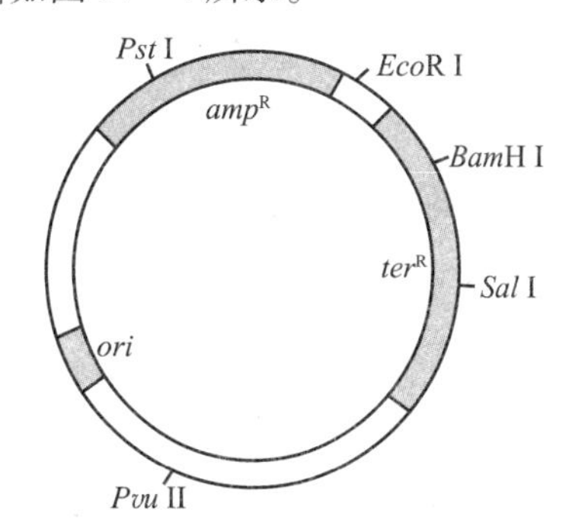

图 17－4　pBR322 质粒载体

pUC 系列质粒由 pBR322 质粒改造而成，长度约为 2.7kb，是目前实验室中使用比较广泛的一类质粒载体。典型的 pUC 包含以下元件：①复制起点：来自 pBR322 质粒；②amp^R：来自 pBR322 质粒，但其序列已经改造过，不再含有原来的限制位点；③*lacZ'*：包含大肠杆菌乳糖操纵子的启动子 *lac*P、操纵基因 *lac*O 和结构基因 *lac*Z 的 5′端部分序列，编码 β－半乳糖苷酶 N 端的 146 个氨基酸；④多克隆位点，是目的 DNA 的插入位点，位于 *lac*Z′序列内；⑤一个调节 *lac*Z′表达的调节基因 *lac*I。可用于 α 互补和蓝白筛选技术筛选重组 DNA 克隆。

二、DNA 重组技术的基本过程

DNA 重组技术包括以下基本操作（图 17－5）：①获取。获取目的 DNA 和合适的载体。②切割。用限制酶在特定位点切割目的 DNA 和载体，使两者形成合适的末端。③重组。将目的 DNA 和载体进行连接，制备重组 DNA。④转化。将重组 DNA 导入合适的细胞，该细胞称为重组 DNA 的宿主细胞。⑤筛选。筛选和鉴定含有重组 DNA 的宿主细胞，并进一步克隆。

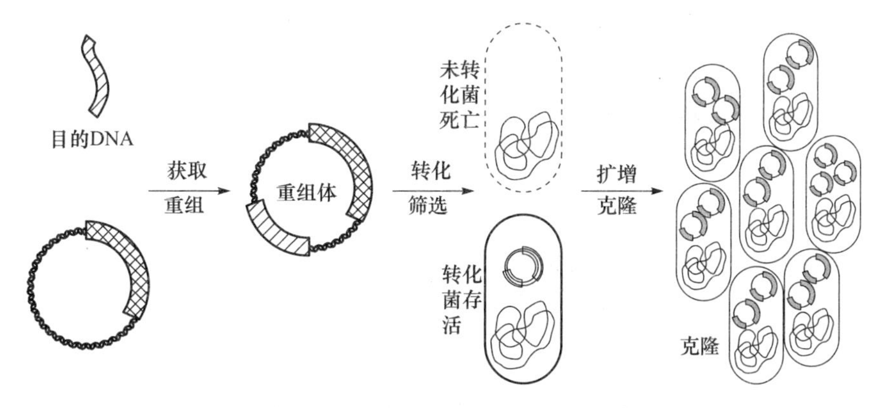

图 17－5　重组 DNA 技术的基本操作过程

1. 获取目的 DNA　目的基因是指要研究或应用的基因或 DNA，也是要克隆或表达的基因或 DNA。获取目的 DNA 的方法，可以根据构建重组 DNA 的目的选择。

（1）制备基因组 DNA。用限制酶将基因组 DNA 切割成片段，每一 DNA 片段都与一个载体分子拼接成重组 DNA。将所有的重组 DNA 分子都导入宿主细胞并进行扩增，得到分子克隆的混合体，这样一个混合体称为基因组文库（genomic library）。用适当的方法，可以从基因组文库中筛选出某一基因进行克隆。

（2）制备 cDNA。从细胞提取 mRNA，利用逆转录酶合成 cDNA，与适当载体连接后导入宿主细胞，扩增为 cDNA 文库（cDNA library）。cDNA 文库，包含了细胞全部的 mRNA 信息。用适当的方法可从 cDNA 文库中筛选出某一基因的 cDNA 进行克隆。目前报道的蛋白编码基因大多都是这样分离的。

（3）聚合酶链反应扩增 DNA。

（4）化学合成 DNA。化学合成需要先知道 DNA 碱基序列，化学合成 DNA 的长度通常不超过 100nt，不过如果想合成更长一点，可以先分段合成，然后再连接成大片段。化学合成目前已经自动化，其优点是准确性高、合成速度快，缺点是成本高。

2. 目的 DNA 与载体连接 在重组 DNA 技术中，DNA 连接酶连接目的 DNA 与载体的过程称为 DNA 重组。重组的产物称为重组 DNA，根据目的 DNA 结构的不同，可以运用以下连接方法。

（1）*平端连接* 凡具备 3′-羟基和 5′-磷酸的平端 DNA，可由 DNA 连接酶催化，形成 3′，5′-磷酸二酯键，称为平端连接。

（2）*互补黏端连接* 目的 DNA 与载体由同种限制酶切割，产生相同黏性末端，因其彼此互补，称为互补黏端。适宜条件下，互补黏端退火，由 DNA 连接酶催化3′,5′-磷酸二酯键，这就是互补黏端连接。

（3）*加同聚物尾连接* 利用末端转移酶在线性载体 DNA 分子的两端加上同聚物尾，如 poly（dA）；目的 DNA 分子的两端加上互补同聚物尾，如 poly（dT）。两者混合退火，用 DNA 聚合酶催化填补缺口，再由 DNA 连接酶催化同聚物尾互补结合，即加同聚物尾连接。

（4）*加人工接头连接* 人工接头是一种化学合成的 DNA 片段，含有限制位点，可以用 T4 DNA 连接酶连接目的基因的平端，然后用限制酶切割，产生与载体互补的黏端，便可以通过互补黏端连接制备重组 DNA。

3. 重组 DNA 导入宿主细胞 目的 DNA 与载体在体外连接成重组 DNA 后，需导入宿主细胞才能得到扩增及表达。理想的宿主细胞通常是具有较强的接纳外源 DNA 的能力，同时还应是 DNA/蛋白质降解系统缺陷株和（或）重组酶缺陷株，才能保证外源 DNA 长期、稳定地遗传或表达。宿主细胞既有原核细胞也有真核细胞，因此应选择不同的导入方法。

（1）*转化*（transformation） 将质粒 DNA 或重组质粒 DNA 导入宿主细胞的过程称为转化。最常用的宿主细菌是大肠杆菌，通过化学诱导法（如 $CaCl_2$ 法）增加细菌的细胞膜通透性，制备感受态细胞，从而实现接受外源 DNA。

（2）*转染*（transfection） 外源 DNA 直接导入真核细胞的过程称为转染。常用的转染方法包括化学方法（如磷酸钙共沉淀法、脂质体融合法）和物理方法（如显微注射法、电穿孔法等）。导入细胞内的 DNA 分子可以被整合至真核细胞染色体，经筛选而获得稳定转染（stable transfection）；也可游离在宿主染色体外短暂地复制表达，不加选择压力而进行瞬时转染（transient transfection）。

NOTE

（3）*感染*（infection） 将人工改造的噬菌体或病毒为载体构建形成的重组 DNA，经体外包装成具有感染性的噬菌体颗粒或病毒颗粒，然后经感染方式将重组 DNA 转入受体菌或真核细胞。

4. 筛选和鉴定重组 DNA　制备 DNA 克隆的最后一道工序就是筛选转化细胞，并对重组 DNA 进行鉴定，再经过进一步培养与扩增，分离目的基因，用于研究该基因的结构、功能和表达等。根据载体与宿主细胞的不同，可以应用以下方法进行筛选和鉴定。

（1）遗传标记筛选　含有某种抗生素抗性基因标记的载体转化至宿主细胞后，将赋予宿主细胞新的标记表型。通过对有、无该抗生素的培养基对比培养，可以区分有、无载体导入。但是载体中是否含有目的基因，需进一步根据载体的耐药性标记的插入失活，区分单纯载体或含目的 DNA 的重组载体。

以 pBR322 为例，应用插入失活筛选过程如下：①将目的 DNA 插入 amp^R 所含的 *Pst* Ⅰ限制位点，制备重组 DNA，其 amp^R 被破坏；②转化大肠杆菌，转化后有三种不同表型的大肠杆菌：未导入质粒或重组质粒的表型为 $amp^- tet^-$，导入单纯质粒的表型为 $amp^+ tet^+$，导入重组质粒的表型为 $amp^- tet^+$；③用含 Tet 平板培养，$amp^- tet^-$ 细胞不能生长，$amp^+ tet^+$ 与 $amp^- tet^+$ 能生长；④继续用 Amp 平板培养，$amp^+ tet^+$ 细胞能生长，而 $amp^- tet^+$ 细胞不能生长。通过对比，从 Tet 平板上挑出对应的生长细胞，即为含重组 DNA 的转化细胞（图 17－6）。

（2）酶切分析　将初步筛选获得的菌落少量培养后再分离重组 DNA，用合适的限制酶切割，通过琼脂糖凝胶电泳分析，可以判断有无目的基因及目的基因是否完整。酶切鉴定的关键是选择合适的限制酶，必须根据载体和目的基因的限制位点来选择。

（3）PCR 分析　用 PCR 技术对目的基因进行扩增后，通过琼脂糖凝胶电泳分析，可以直接观察到扩增产物的存在。因此，PCR 技术对鉴定阳性克隆十分有效。

（4）核酸分子杂交分析　要想直接鉴定目的基因，可以通过核酸杂交，即从转化细胞中提取 DNA，与探针进行杂交分析。这种方法最被认可，并且不用考虑目的基因是否表达。

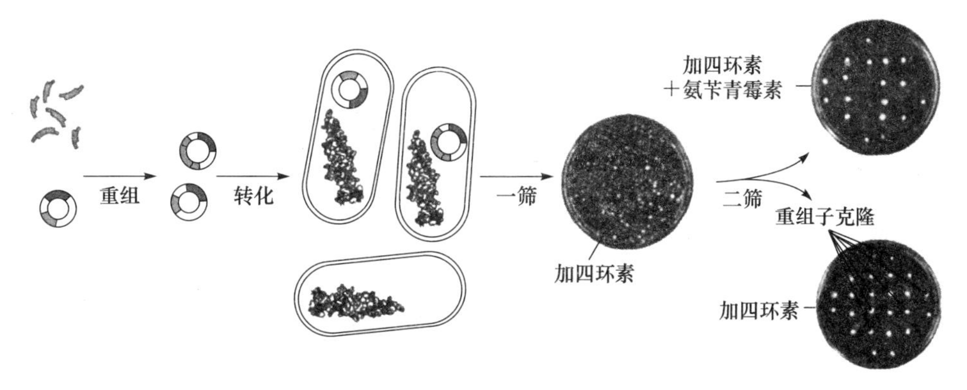

图 17－6　插入失活筛选示意图

5. 目的 DNA 的表达　获得目的 DNA 的表达产物是重组 DNA 技术的主要内容之一。目前已用大肠杆菌、酵母、昆虫细胞、哺乳动物细胞等构建各种表达系统，它们具有安全性高、无致病性、不会对环境造成污染等优点，在理论研究与生产实践中有较高的应用价值。

E. coli 是当前应用最多的原核表达体系，也是生产人体蛋白质最主要的表达系统，部分产品（如干扰素、胰岛素等）已上市。其优点是培养方法简单、迅速、经济而又适合大规模生产工艺。运用 *E. coli* 表达有用的蛋白质必须使构建的表达载体符合下列条件：①含大肠杆菌适

NOTE

宜的选择标志；②具有能调控转录、产生大量 mRNA 的强启动子，如 *lac*、*tac* 启动子或其他启动子序列；③含适当的翻译调控序列，如核糖体结合位点和翻译起始点等；④合理设计，保证目的基因按一定方向与载体正确连接。

三、DNA 重组技术在医学上的应用

重组 DNA 技术促进了生物学研究的发展，并在医药领域应用越来越广泛，这些应用包括药用蛋白和非药用蛋白的生产、诊断试剂盒的开发、法医学鉴定、基因诊断和基因治疗等，该技术为医学发展开辟了广阔的前景。

1. 发现致病基因 根据克隆基因的定位和信息所提供的线索，可以进一步确定该基因在疾病中的作用。因此，一个疾病相关基因的克隆对遗传病的诊断和治疗是极有价值的。

2. 生产蛋白质和多肽 利用重组 DNA 技术生产具有医用价值的蛋白质和多肽产品，已经成为当今社会的一项产业，生产重组蛋白类药物需要克隆相关基因并与适当的表达载体重组。

3. 制备基因工程疫苗 传统的疫苗大多数是减毒的病原体，一种疫苗只能预防一种疾病。有些病原体不易制备成减毒疫苗，不得不采用其分离纯化的蛋白成分作为疫苗，但免疫效果不佳。利用重组 DNA 技术可以制备基因工程疫苗，特别是多价疫苗，可以达到一种疫苗预防多种疾病的目的，也可以将一些病原体的蛋白成分制备高效疫苗。

4. 改造物种特性 转基因动物是将特定的基因导入受精卵后发育成的动物，除了转入外源基因之外，其整个基因组与正常动物完全一样，故可以用来研究某一种蛋白质的生理功能、致病或抗病作用。另外，转基因动物也可以作为理想的动物模型用于研究和筛选新药。

第三节 印迹与杂交技术

印迹杂交技术是 20 世纪 70 年代开发的一项分子生物学技术，通过利用核酸变性与复性、抗原和抗体特异性结合等特点，进行 DNA、RNA 和蛋白质等生物分子的定性或定量分析研究。其基本操作包括电泳、转移（即印迹）、固定、杂交及分析等。

一、印迹技术

印迹技术（blotting technique）是指将电泳分离的待测分子用类似于吸墨迹的方法，转移并结合到一定的固相支持物上，然后与一个标记的探针进行杂交的过程。常用的固相支持物有硝酸纤维素膜、尼龙膜和活化滤纸等，这些固相支持物可以根据不同需要选择使用。目前常用的印迹转移方法有毛细管虹吸转移法、真空转移法和电转移法。

1. 毛细管虹吸转移法 毛细管虹吸转移法是通过转移缓冲溶液的流动，利用毛细管虹吸作用将核酸分子转移到固相膜上，该方法操作简单，而且不需要特殊设备。

2. 真空转移法 真空转移法是将缓冲溶液从上层容器中通过凝胶和固相膜抽到下层真空室中，同时带动核酸片段转移到凝胶下面的固相膜上，其优点是简单、快速、高效，并且可以在转移的同时对核酸进行变性和中和处理。

NOTE

3. 电转移法 电转移法是利用电场作用将核酸分子从凝胶中转移到固相膜上，是近年来

发展起来的一种简单、快速、高效的核酸转移方法。

二、探针技术

探针（probe）是指带标记的已知序列的特殊核酸片段，能够与待测的核酸片段互补结合。

1. 探针的基本条件　理想的探针应当具备以下基本条件：①带有标记物，便于分析杂交体；②为单链核酸，双链核酸探针使用前需变性解链；③具有高度特异性，只与待测的核酸片段互补杂交；④探针序列通常是基因编码序列，因为非编码序列特异性低；⑤探针标记灵敏度高而稳定，标记方法简便而安全。

2. 探针的种类　根据来源和性质的不同，探针可以分为基因组DNA探针、cDNA探针、寡核苷酸探针和RNA探针。在实际应用中，应当根据研究目的选择合适的探针，选择的基本原则是考虑探针的特异性和制备的方便性。

（1）基因组DNA探针　基因组DNA探针多为某一基因的全部或部分序列。由于真核生物基因组中存在高度重复序列，制备基因组DNA探针应当尽可能选用编码序列，避免假阳性。

（2）cDNA探针　cDNA探针不含内含子等非特异性序列，故特异性高，是一种较为理想的核酸探针。

（3）寡核苷酸探针　寡核苷酸探针是人工合成的DNA探针，其优点是可以根据需要任意合成。大多数寡核苷酸探针长度只有15～30nt，只要其中一个碱基不配对就会影响杂交，因而特别适合于分析点突变。另外，寡核苷酸探针复杂性较低，因而杂交所需时间较短。

（4）RNA探针　为带标记的单链RNA分子，杂交效率高，特异性高。

3. 探针标记　探针标记物包括放射性同位素标记和非放射性标记物。用于标记核酸探针的放射性同位素有^{32}P和^{3}H等，非放射性标记物有生物素、地高辛、荧光素、酶等。在杂交反应中，标记探针若与固相支持物上的待测序列结合，经放射自显影或其他检测手段就可判定膜上是否存在互补序列。

三、常用印迹与杂交方法

目前常用的印迹杂交技术包括DNA印迹、RNA印迹和蛋白质印迹。

1. DNA印迹　1975年，英国爱丁堡大学的Southern首次将DNA片段从琼脂糖凝胶中转印到硝酸纤维素膜上进行分子杂交分析，故称之为Southern blotting。DNA印迹不但能检出特异的DNA片段，还能测定相对分子量，可用于分析DNA限制酶图谱、DNA指纹、基因突变、基因扩增和DNA多态性等，是最经典的基因分析方法。DNA印迹法基本过程如下（图17－7）。

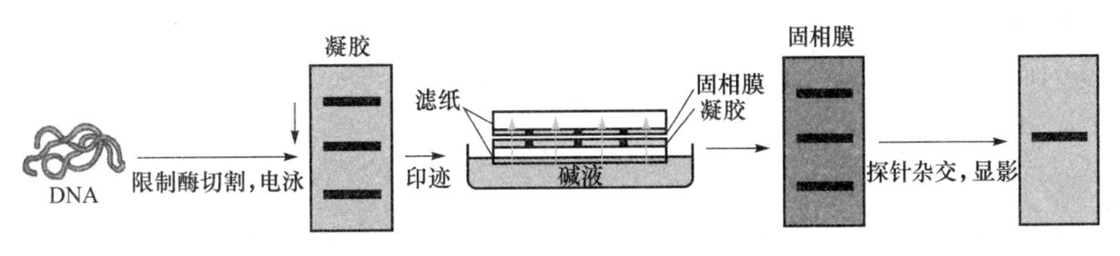

图17－7　DNA印迹杂法

（1）待测DNA的酶切　印迹杂交的前提是获取具有一定纯度和完整性的核酸，基因组DNA很长，需要用限制酶切割成大小不同的片段后才能用于杂交分析。

（2）电泳分离 通过琼脂糖凝胶电泳将DNA片段按大小分离。

（3）变性 用碱处理电泳凝胶，将DNA片段原位变性解链。

（4）印迹 将变性的DNA片段从凝胶转移到固相膜上，并且保持核酸片段的相对位置不变。

（5）预杂交 能够结合核酸片段的固相膜同样能够结合探针。为了降低本底，必须用封闭物将固相膜上能够结合核酸片段的背景全部封闭，这就是预杂交。这样在接下来的操作中，探针只能与待测核酸杂交。

（6）杂交 探针与固相膜上结合的DNA片段进行杂交。杂交结果受众多因素影响，因而需要优化杂交条件。

（7）洗膜 用不同离子强度的溶液依次漂洗固相膜，除去固相膜上未杂交的游离探针和形成非特异性杂交的探针。其中，非特异性杂交体稳定性差，解链温度低，可以在低于解链温度5～12℃的条件下解链，而特异性杂交体不会解链。

（8）分析 通过放射自显影或化学显色等方法确定杂交体的位置，可用于进一步分析DNA片段的大小和含量。

2. RNA印迹 RNA印迹（Northern blotting）是将完全变性的RNA样品，通过琼脂糖凝胶电泳按大小分离后，转移到固相膜上，固定后与探针进行杂交。RNA印迹法的基本原理和过程与DNA印迹法相似，主要区别是先变性再进行电泳，而且RNA不采用碱变性以避免RNA水解。

3. 蛋白质印迹 蛋白质印迹（Western blotting）与DNA印迹、RNA印迹类似，由电泳分离、转移固定和检测分析等主要步骤组成，不同的是需要能与待测蛋白特异性结合的抗体，因此被称为免疫印迹（immunoblotting）

先通过SDS－聚丙烯酰胺凝胶电泳分离蛋白质样品，使其在凝胶中按分子量大小分开；通过电转移法将待测蛋白质转移到固相支持物硝酸纤维素膜或其他膜上；根据抗原－抗体反应检测印迹在固相支持物上的待测蛋白；特异性抗体（第一抗体）先与膜上待测蛋白结合，然后用含辣根过氧化物酶或碱性磷酸酶标记的第二抗体与之结合；通过底物显色或发光来检测待测蛋白质区带的信号。蛋白印迹技术可用于检测样品中是否存在特异性蛋白质，半定量分析细胞中特异蛋白质以及蛋白质之间的相互作用。

四、印迹与杂交技术的应用

印迹与杂交技术可以用于克隆基因的限制性酶切图谱分析、特定基因的定性和定量、基因突变分析、限制性片段长度多态性分析，因而广泛应用在分子克隆、基因诊断、基因表达、法医学等方面。

第四节 DNA测序技术

DNA是生物遗传物质，通过碱基序列携带生物体的遗传信息。因此，要想破解遗传信息就要进行DNA一级结构序列的解析，最精确的技术就是DNA测序。自从1977年第一代DNA

NOTE

测序技术问世以来，科学家们不断探索创新完善，第二代与第三代 DNA 测序技术相继推出，它们在高通量测序中有明显优势。

一、第一代 DNA 测序技术

1977 年，Sanger 双脱氧链终止法和 Maxam – Gilbert 化学降解法两种 DNA 测序方法同时问世。在第一代测序技术中，Sanger 双脱氧链终止法得到较广泛的应用，故这里只介绍该技术的基本原理。

（一）Sanger 双脱氧链终止法

其操作过程包括制备标记 DNA 片段、电泳、显影和读序等步骤。

1. 制备标记 DNA 片段　Sanger 双脱氧链终止法的核心内容是针对待测序 DNA 所含的四种碱基分别制备四组标记 DNA 片段。它们具有以下特征：①四组片段 5′端的序列相同，3′端的序列不同；②每组片段 3′端所对应的碱基是确定的，因而分析该组片段的长度可以确定某类碱基在待测序 DNA 中的位置；③某类碱基在待测 DNA 中有多少个，相应片段组所含 DNA 片段就有多少种，因而在待测序 DNA 中的全部同类碱基都可以被定位。

Sanger 双脱氧链终止法是建立四个反应体系合成 DNA，四个体系都以待测序 DNA 为模板，寡核苷酸为引物，四种 dNTP 为底物，由 DNA 聚合酶催化合成待测序 DNA 的互补链。

Sanger 双脱氧链终止法的关键是在每个反应体系中加入一种 ddNTP（2′,3′ – 双脱氧核苷三磷酸）。以 ddATP 为例，它可以取代相应的 dATP，掺入正在延伸的 DNA 链的 3′ 端。由于 ddATP 缺少 3′ – 羟基，不能与下一个 dNTP 形成 3′,5′ – 磷酸二酯键，导致 DNA 新链的延伸终止，即最后合成的 DNA 片段的 5′端为引物序列，3′端碱基均为 A。

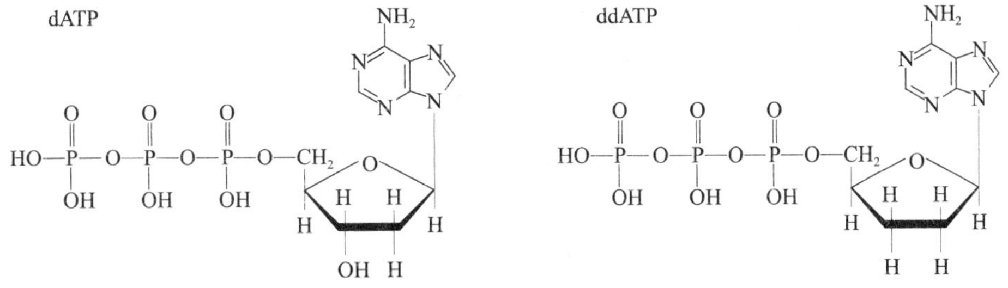

dATP　　　ddATP

由于 ddATP 的掺入是随机的，通过调整 dATP 和 ddATP 的比例，在模板上任何 T 位点都可能发生 ddATP 的掺入。因此。在模板链上有多少个 T，该反应体系就会合成多少种 5′端为引物序列，3′端碱基为 A 的 DNA 片段，只要分析该组片段的长度就可以确定在待测序 DNA 的哪些位置上是 T。

为了方便分析，必须对 Sanger 双脱氧链终止法合成的 DNA 片段进行标记。所用标记法有引物标记法和 ddNTP 标记法，其标记物可用放射性同位素或荧光素。

2. 电泳　接下来就是分析四组 DNA 片段的长度，要求分辨率达到一个碱基单位，而这完全可以用变性聚丙烯酰胺凝胶电泳来实现。变性聚丙烯酰胺凝胶电泳技术具有很高的分辨率，可把长度仅差一个核苷酸的 DNA 片段分开。通过将四个反应体系中获得的 DNA 片段在同一块聚丙烯酰胺凝胶上进行变性电泳，可形成按长度分离、阶梯状排列的区带。

3. 显影　将凝胶电泳区带显影，获得 DNA 图谱，用于读序。显影方法随标记方法而异，同位素标记的 DNA 片段要用放射自显影，荧光素标记的 DNA 片段可用激光扫描。

4. 读序 从 DNA 图谱上读出 DNA 的碱基序列。因为 DNA 合成方向为 5′→3′，所以 DNA 链终止得越早，终止位点离 5′端越近，所合成的 DNA 片段越短，电泳时泳动速度越快。因此，从凝胶的底部到顶部依次读出的碱基序列为新生链 5′→3′方向的碱基序列。值得注意的是，新生链的碱基序列是待测序 DNA 的互补序列（图 17－8）。

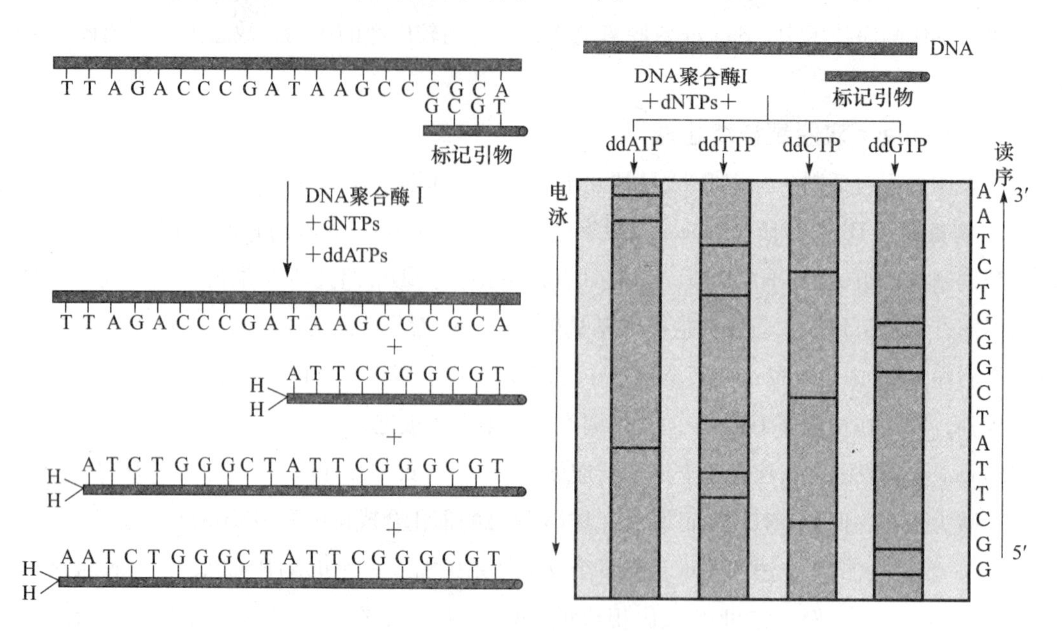

图 17－8 Sanger 双脱氧链终止法示意图

（二）DNA 测序自动化

1987 年，美国应用生物系统公司以 Sanger 双脱氧链终止法为基础开发出一种 DNA 自动测序仪。DNA 自动测序仪在技术上的重大改进就是用荧光染料替代了放射性同位素标记，实现了凝胶电泳、数据收集和序列分析自动化。在制备标记片段时，同样建立四个反应体系，每个反应体系中分别含有 4 种 dNTP、1 种 ddNTP 和 1 种荧光标记引物。其关键是 4 个反应体系中的引物是用不同的荧光染料标记的，因此，每种 ddNTP 终止反应的 DNA 片段带有各自不同的荧光染料。4 种反应产物可以混合在一起进行聚丙烯酰胺凝胶电泳，并通过位于凝胶底部的检测仪进行扫描，将扫描信号传送到计算机中，利用软件进行分析，自动读出待测序 DNA 的序列。

20 世纪 90 年代，自动化 DNA 测序进一步发展，用集束化的毛细管电泳代替了传统的聚丙烯酰胺凝胶电泳。毛细管电泳首先将引物荧光标记改为 ddNTP 荧光标记，因而在一个反应体系中就可以合成四种标记 DNA；其次，取消了大部分凝胶电泳中繁琐的人工操作；此外，由于电泳电压的提高，显著地提高了分析速度，使 DNA 测序工作成为一种可规范化进行的生产线。

二、第二代 DNA 测序技术

随着科学的发展，对模式生物进行基因组重测序以及对一些非模式生物的基因组测序，都需要费用更低、通量更高、速度更快的测序技术，传统的 Sanger 测序已经不能完全满足研究的需要，第二代测序技术（next－generation sequencing）应运而生。

第二代测序技术即循环芯片测序（cyclic - array sequencing），该技术采用大规模矩阵结构的芯片分析技术，阵列上的 DNA 样本可以被同时并行分析。目前该技术平台主要包括 Roche 的 454 FLX、Illumina 的 Solexa Genome Analyzer 和 ABI 的 SOLID system。

1. Roche/454 FLX 平台　该平台系统的测序片段比较长，高质量的读长能达到 400 bp，其原理是在 DNA 聚合酶、ATP 硫酸化酶、荧光素酶和三磷酸腺苷双磷酸酶的作用下，将每一个 dNTP 的聚合与一次化学发光信号的释放偶联起来，通过检测化学发光信号的有无和强度，来检测 DNA 序列。

2. Solexa 测序平台　该平台系统的性价比最高，其基本原理是将基因组 DNA 的随机片段附着到透明的光学玻璃表面，DNA 片段经过延伸和桥式扩增后，在玻璃表面上形成了数以亿计的具有数千份相同模板的单分子簇，然后利用带荧光标记的 4 种特殊脱氧核糖核苷酸，通过可逆性终止的边合成边测序技术对待测的模板 DNA 进行测序。

3. SOLID 测序平台　这是目前第二代测序技术中准确度最高的测序平台。其原理是用连接法测序获得基于“双碱基编码原理”的颜色编码序列，通过比较原始颜色序列与转换成颜色编码的参照序列数据分析，把系统的颜色序列定位到参照序列上，同时校正测序错误。

第二代测序技术实现高通量、高效率、高准确度的测序，并且大幅降低了测序成本，以前完成一个人类基因组的测序需要 3 年时间，而使用第二代测序技术则仅仅需要 1 周，这使得 DNA 测序可以向个人测序发展。

三、第三代 DNA 测序技术

由于第二代测序技术存在一定程度的系统偏向性错误和测序长度较短等不足。为解决上述缺点，第三代测序技术孕育而生，其中以 PacBio 公司的 SMRT、Oxford Nanopore Technologies 纳米孔单分子测序技术为代表。

Pacific Biosciences 公司 SMRT 技术也应用边合成边测序的思想，并以 SMRT 芯片为测序载体。基本原理是用不同的荧光标记 dNTP，当荧光标记的 dNTP 被掺入 DNA 链的时候，同时能在 DNA 链上探测到荧光；当它与 DNA 链形成化学键的时候，它的荧光基团就被 DNA 聚合酶切除，荧光消失；通过检测荧光的波长与峰值变化，判断进入的碱基类型。

Oxford Nanopore Technologies 公司所开发的纳米孔单分子测序技术是基于电信号而不是光信号的测序技术。该技术中纳米孔内共价结合有分子接头，当不同的 DNA 碱基通过该特殊的纳米孔时，影响流过纳米孔的电流强度（每种碱基所影响的电流变化幅度是不同的），从而鉴定所通过的碱基种类。

目前还有一种基于半导体芯片的新一代测序技术 Ion Torrent，以高密度半导体芯片为载体，通过检测 DNA 聚合延伸过程释放出的 H^+ 的变化来获得序列碱基信息。

第三代测序技术具备以下特点：①测序速度快。一秒可以测 10 个碱基，测序速度是化学法测序的 2 万倍。②测序长度增加。第二代测序可以测到上百个碱基，第三代测序可以测数千个碱基。③精度高。由于不需要引入 PCR 步骤，避免第二代测序的系统错误。④直接检测 RNA 序列。借助逆转录酶也可对 RNA 模板进行测序。⑤直接测甲基化的 DNA 序列。借助 DNA 聚合酶在甲基化模板处（如甲基化的 C）停顿的时间不同，可以判断模板是否甲基化。

第五节 组学与医学

生物的遗传信息传递具有方向性和整体性。“组学”是一种基于群体或集合的认识论，这种认识注重事物之间的相互联系，即事物的整体性。1990年后相继形成的基因组学、转录组学、蛋白质组学、代谢组学等，从“DNA→RNA→蛋白质→生物学效应”的各个层次揭示遗传信息传递的整体性规律。组学的研究提示了特定环境或状态下生物表型与全基因组网络的联系，并诠释生命科学的根本问题。下面简要介绍目前研究较热门的一些组学概念。

一、基因组学

基因组学（genomics）是以分子生物学技术、电子计算机技术和信息网络技术为研究手段，以生物体内基因组为研究对象，从整体水平上探索全基因组在生命活动中的作用及其内在规律和内外环境影响的机制，从而阐明整个基因组的结构、结构与功能的关系以及不同基因之间相互作用的科学。基因组研究包括两方面的内容：以全基因组测序为目标的结构基因组学（structural genomics）和以基因功能鉴定为目标的功能基因组学（functional genomics），后者又被称为后基因组（post - genome）研究，是系统生物学的重要方法。

（一）结构基因组学

结构基因组学是基因组学的一个重要组成部分和研究领域，它是一门通过基因作图、核苷酸序列分析确定基因组成、基因定位的科学。主要包括构建生物体基因组高分辨率的遗传图谱（genetic map）、物理图谱（physical map）、转录图谱（transcription map）以及序列图谱（sequence map）。

1. 遗传图谱 又称为连锁图谱（linkage map），是自然存在的基因组分区的遗传学标志，遗传学图谱的建立为基因识别和基因定位创造了条件。遗传学图谱是以DNA多态性标记为位标，以多态性标记的遗传学距离为图距的基因组图。连锁的DNA多态性标记之间的遗传图距是通过计算它们的重组频率来确定的，一般用厘摩（centimorgan，cM）表示。

2. 物理图谱 是以一段已知序列的DNA片段为位标，以DNA实际长度（kb）为图距的基因组图。物理图谱的位标间距小，便于DNA测序。

3. 转录图谱 从cDNA文库随机取样测序，并明确其在基因组中定位，作为表达基因的位标即表达序列标记（expressed sequence tag，EST）。转录图谱就是以EST作为位标的基因组图，又称cDNA图或表达序列图。

绘制转录图谱的目的是要鉴定基因组中所有的功能基因以及它们在基因组中的位置。转录图谱具有特殊的生物学意义，一方面，cDNA具有组织特异性和时间特异性，因而可以绘制基因表达的时空图，以研究基因表达的时空特异性，为医学研究奠定基础；另一方面，通过分析cDNA可以发现基因，为我们提供人类基因或基因家族的准确数目、每一基因的序列和在基因组中的位置，深入分析基因产物的功能及其与各种疾病的关系，进而获得基因组中与医学和生物制药产业关系最密切的信息。

4. 序列图谱　人类基因组序列图谱为人类基因组的全部核苷酸排列顺序，是在分子水平上层次最高、最详尽的物理图谱，遗传图谱、物理图谱、转录图谱等都可以在序列图谱的水平上得到整合。

2003年4月14日，科学家们在华盛顿宣布，通过美、英、日、法、德和中国科学家的共同努力，人类基因组测序工作已经基本完成。2004年10月21日，人类基因组计划首席代表、美国国家人类基因研究所主任Collins报告，人类基因数量在2万~2.5万个，远少于2001年估计的3万~4万个。美国和英国科学家在2006年5月18日于《Nature》杂志网络版上发表了人类最后一个染色体——第一号染色体的基因测序，标志着解读人类基因密码的“生命之书”宣告全部完成。

（二）功能基因组学

功能基因组学是基因分析的新阶段。利用结构基因组学所提供的生物信息和材料，采用高通量和大规模的实验手段，结合计算机科学和统计学在整体水平上全面系统地分析研究全部基因功能及基因之间相互作用的信息，认识基因与疾病的关系，掌握基因产物在生命活动中的作用。功能基因组学研究使生物学研究从对单一基因或蛋白质的研究转向对多个基因或蛋白质同时进行系统性研究。这是在明确静态基因组的碱基序列后，而进行的对动态基因组生物学功能的研究。

（三）比较基因组学

比较基因组学（comparative genomics）是基于基因组图谱和测序基础上，对已知的基因和基因组结构进行比较，来了解基因的功能、表达机制和物种进化的学科。利用模式生物基因组与人类基因组之间编码顺序上和结构上的同源性，克隆人类疾病基因，揭示基因功能和疾病分子机制，阐明物种进化关系及基因组的内在结构。

二、转录组学

转录组（transcriptome）是指一种生物基因组表达的全部转录产物的总称，包括某一环境条件下、某一生命阶段、某一生理或病理状态下，生命体的细胞或组织所表达的基因种类和水平。研究生物细胞中转录组的发生和变化规律的科学就称为转录组学（transcriptomics）。

转录组学是功能基因组学的重要分支，也是连接基因组结构和功能的一个桥梁和纽带，更是基因调控研究的主要基础。通过系统研究转录组而得到转录组谱，可以了解哪些基因在何时何种条件下表达或不表达的信息，揭示特定基因的作用机制，从而有利于更深入地了解基因表达的调控机制。通过这种基于基因表达谱的分子标签，将为认识疾病发生机制提供重要工具，也将为药物研发提供重要信息。

三、蛋白质组学

蛋白质组（proteome）是一个细胞或某一特定组织类型或生物体在特定生理或病理状态下表达的全部蛋白质的总和。蛋白质组与基因组既相互对应又显著不同，因为基因组是确定的，组成某个个体的所有细胞共同享有固定的基因组；而各个基因的表达调控及表达程度却会因时间、空间和环境条件发生显著的变化，所以不同器官、组织或细胞内拥有不同的蛋白质组。这种动态变化增加了蛋白质组研究的复杂性。

蛋白质组学（proteomics）是蛋白质和基因组学研究在形式和内容上的完美结合，是在一定时间内或某一特定的环境条件下，对细胞、组织或有机体所表达的所有蛋白质进行系统大规模分析的一门学科。其研究内容包括两个方面，一是蛋白质组表达模式的研究，即结构蛋白质组学；二是蛋白质组功能模式的研究，即功能蛋白质组学。

四、代谢组学

代谢组（metabolome）是指一个细胞、组织、器官或生物个体中所有代谢物的集合。代谢组学（metabonomics）是研究生命体系受到外界环境刺激、病理生理干扰或基因改变等所引起的各种代谢物质和量的变化规律，从整体水平上评价生命体系的功能状态及其变化。所以，基因组学、转录组学和蛋白质组学能够说明可能发生的事件，而代谢组学则反映出确实已经发生的事件。目前，代谢组学已经成为生物与医药科学的研究热点，作为系统生物学的核心组学，其通过与基因组、转录组和蛋白质组等组学数据的整合，构建系统生物学知识库，对生命体系进行定量和系统化研究，为深入认识生命现象、也为中医药学的研究提供了新思路和新方法。

面对海量的各种组学数据，与之相关的数据资料的收集、存储、整理、排列、归纳、分析的工作量庞大，需要建立计算机资料库和管理系统。目前世界最大的 3 个生物信息中心包括美国国家生物技术情报中心（NCBI，网址：http://ncbi. nih. gov）、欧洲生物信息研究所（EBI，网址：http://ebi. ac. uk）和日本 DNA 数据库（DDBJ，网址：http://ddbj. nig. ac. jp），通过互联网向公众开放，供研究者查询、分析和应用。

五、组学在医学上的应用

各种组学的不断发展及组学原理技术与医学、药学等领域交叉产生的疾病基因组学、药物基因组学等学科，有助于从分子水平重新认识疾病，改变现有的医疗模式。

1. 疾病基因组学阐明疾病的发病机制 定位克隆技术极大地推动了疾病相关基因的发现与鉴定。如采用该技术鉴定的第一个疾病相关基因是 X 连锁慢性肉芽肿病基因。

2. 蛋白质组学有助发现和鉴别药物新靶点 通过比较分析疾病发生的不同阶段蛋白质变化，寻找疾病不同时期的蛋白质标志物，为疾病的诊断提供理论依据，同时该蛋白也可成为药物治疗的候选靶点。

3. 药物基因组学有助预测药物反应并指导个体化用药 药物基因组学是功能基因组学与分子药理学的有机结合。药物基因组学通过研究患者的遗传组成的差异，阐明影响药物吸收、转运、代谢、清除的个体差异基因，预测不同个体对药物的可能差异反应，从而指导临床个体化用药。

4. 代谢组学促进个体化医学的发展 开展药物代谢组学的研究，可阐明药物在不同个体体内的代谢途径及其规律，为合理用药和个体化医疗提供依据。

聚合酶链反应是一种体外核酸扩增的技术，是由变性、退火、延伸三个步骤形成的循环过

NOTE

程，具有特异性强、灵敏度高、简便快捷、重复性好、对样品要求低、产率高和易自动化等优点。常规 PCR 体系组成包括耐热 DNA 聚合酶、dNTP、寡核苷酸引物、目的 DNA 模板、缓冲溶液和 $MgCl_2$ 等，其中引物是决定 PCR 特异性的关键。

重组 DNA 技术又称基因工程，是制备 DNA 克隆所采用的技术和相关工作的统称。限制酶、DNA 连接酶和载体是重组 DNA 技术的基本工具。DNA 克隆过程通常包括获取目的 DNA、选择载体、构建重组 DNA、将重组 DNA 导入宿主细胞、筛选和鉴定转化细胞。

印迹杂交技术是将凝胶电泳分离的待测核酸转移并结合到固相支持物上，然后与探针进行杂交并分析，探针质量是决定印迹杂交成败的关键因素。核酸分子杂交可用于 DNA 或 RNA 的定性或定量分析；蛋白印迹杂交借助免疫学原理也可用于蛋白质的定性与定量分析。

DNA 测序是破解生物体遗传信息的重要方法。Sanger 双脱氧链终止法是第一代 DNA 测序中最常用的方法，应用 2′,3′－双脱氧核苷三磷酸作为终止剂，包括制备标记 DNA 片段、电泳、显影和读序四个步骤。随科学技术发展，目前第二代、第三代测序技术也迅猛发展。

组学是目前生命科学研究的热点领域，以核酸和蛋白质等生物大分子为主，包括基因组学、转录组学、蛋白质组学、代谢组学等。

基因测序“治未病”

《黄帝内经》有云：“上医治未病，不治已病，此之谓也。”“治未病”主要是采取相应的措施，防止疾病的发生、发展；即未病先防和既病防变。现在，基因测序技术正在践行中医“治未病”的智慧。

基因测序，通过检测四种碱基排列顺序解码生命这本天书，有助于人类生老病死规律的揭秘和人类患病基因的掌握，对人类疾病的预防和诊断起到辅助性的作用。随着基因测序技术的飞速发展以及测序成本的大幅降低，原本一直躲在实验室中的基因测序技术开始走出实验室，走向大众，改变大众生活。2013 年，好莱坞知名影星安吉丽娜·朱莉接受基因测序疾病筛查，结果显示她携带家族遗传的缺陷基因，有 87% 的可能性会罹患乳腺癌。朱莉毅然接受了双侧乳腺切除术。全球在热议朱莉这一壮举的同时也对基因测序技术产生了浓厚的兴趣，人们发现基因测序技术确实有用，尤其是在个人健康管理上。

如何解读基因测序数据从而判断某人得某种病的概率，目前是一个科学研究热点。许多疾病是基因和环境（包括饮食、生活习惯等）相互作用的结果，仅仅依靠基因组测序，是难以判断这些疾病的概率的。所以，需要积累测序以及病人的大量数据，在达到一定的数据量后，对基因组的重组、小片段 DNA 序列的缺失或插入等进行分析，并与病人的生活习惯等环境因素相关联，从而得出测序数据与疾病之间的关系。

基因工程在中药生产过程的应用

从菊科蒿属植物青蒿中提取的青蒿素，是我国科学工作者开发出的强效抗疟药物。在非洲和亚洲许多地区，疟原虫对多数抗疟药物具有抗药性，这些地区对青蒿素类药物的需求迫切，但价格昂贵。

我国现已克隆出青蒿素生物合成途径中的关键酶基因。将源于棉花基因组的(+)-8-杜松烯合成酶（Cad）基因和法呢基焦磷酸（FPP）合成酶基因分别插入到植物表达载体 pBI 121 和 pBI 101.2 系列中，再通过根癌农杆菌和发根癌农杆菌介导转化青蒿叶片，获得了转基因发状根、愈伤组织和不定芽。青蒿素检测结果表明，与对照组相比，转基因组青蒿素含量提高 2~3 倍，达到了增加青蒿素产量的目的。美国科学家也成功地用转基因酵母合成了青蒿素的前体物质——青蒿酸，有望大幅增加青蒿素产量，降低治疗疟疾费用。

第十八章 血液化学

【案例1】

患者，女，48岁，务农，因“反复腰部酸痛5年，全身水肿2年，加重2个月”为主诉入院。患者于5年前无明显诱因出现反复腰部酸痛，疼痛与体位无明显关系。2年前出现双下肢肿胀并逐渐发展为全身水肿，经降压利尿剂治疗后水肿消失。近2个月腰部酸痛加重，伴尿频、尿急、尿痛，伴肢寒怕冷、腹胀纳差、便溏、皮肤瘙痒及反复双下肢抽筋。患者自诉平时饮水较少（约300mL），2年来血压不断升高，否认肝炎、结核病史。

体格检查：体温36.3℃，脉搏90次/分，血压160/105mmHg，呼吸19次/分。面色黯，神清语利，皮肤巩膜无明显黄染，淋巴结无肿大。心肺（-），肝脾未触及，移动性浊音（±），肠鸣音正常。双肾区有叩痛，输尿管压痛点无压痛。双下肢中度凹陷性水肿。舌淡、双脉细弱，关尺尤甚。

实验室检查：血常规：红细胞2.9×10^{12}/L，血红蛋白（Hb）90g/L，平均红细胞体积数（MCV）70fl，红细胞平均血红蛋白（MCH）20pg，红细胞平均血红蛋白浓度（MCHC）23%；尿常规：红细胞（+），蛋白（+）；血肌酐845μmol/L，血尿素氮33mmol/L，肾小球滤过率23mL/min，促红细胞生成素（EPO）9.5 U/L（正常12.5～34.5U/L），血清铁蛋白8.2μmol/L（正常10.6～28.3μmol/L）。

影像学检查：双肾超声示：左肾约有4.3cm×2.3cm，右肾约有5.8cm×3.3cm的强光团，双肾实质缩小，致密度增加。

问题讨论

1. 初步诊断患者患何种疾病？试给出中医诊断（中医辨证）。
2. 试分析上述指标异常的生化机制。

血液（blood）是体液的重要组成部分，它与淋巴液、细胞间液一起组成细胞外液，在沟通机体内外环境、维持内环境恒定及多种物质的运输、免疫、凝血和抗凝血等方面都具有重要作用。

正常人体血液总量（又称血容量）约占体重的8%，pH值为7.35～7.45，比重为1.050～1.060，渗透压在37℃时约为7.70×10^2kPa。血液由血细胞和血浆组成。血细胞中红细胞占血细胞总数的99%，还有少量白细胞和血小板；离体的抗凝血液离心得到的浅黄色上清液为血浆（plasma）；离体血液自然凝固后所析出的淡黄色透明的液体即为血清（serum）。血浆与血清的区别在于血清中无纤维蛋白原，但含有一些在凝血过程中生成的分解产物。

血浆占全血容积的55%～60%。血浆的主要成分是水，占80%以上，其余为可溶性固

NOTE

体和少量的氧、二氧化碳等气体。可溶性固体成分非常复杂，可分为无机物和有机物两大类。无机物主要是多种无机盐，重要的阳离子有 Na^+、K^+、Ca^{2+}、Mg^{2+} 等，重要的阴离子有 Cl^-、HCO_3^-、HPO_4^{2-} 等，这些离子在维持血浆晶体渗透压、酸碱平衡以及神经肌肉的正常兴奋性等方面起重要作用。有机物主要包括蛋白质、非蛋白质类含氮化合物（尿素、肌酸、肌酐、胆红素、尿酸、氨等）、不含氮的有机化合物（糖类、脂类、酮体等）。非蛋白质类含氮物质所含的氮总称为非蛋白氮（non－protein nitrogen，NPN）。正常人血中 NPN 的含量为 14.28～24.99mmol/L，其中尿素氮含量最多，占 NPN 总量的 1/2～1/3，是血液非蛋白氮的主要来源，因而称为血尿素氮（blood urea nitrogen，BUN），可作为临床评价肾功能的重要指标。血肌酐（creatinine，Cr）是肌酸代谢的终产物和排泄形式，一般而言，血肌酐正常值范围为 44～133μmol/L。肾功能障碍患者肌酐排泄障碍可致血肌酐含量升高，临床上常通过检测血肌酐水平评价肾功能，因血肌酐水平不受摄入氮量的影响，故其临床意义优于血尿素氮。

案例1分析讨论

1. 本病例初步诊断：①双肾结石；②慢性肾衰竭，尿毒症期；③肾性贫血。

中医诊断：脾肾阳虚，湿浊内困。

诊断依据是：①平时饮水较少，反复腰部酸痛 5 年，全身水肿 2 年，加重 2 个月，伴尿频、尿急。②体格检查：贫血面貌，双肾区有叩痛，双下肢中度凹陷性水肿。③辅助检查：血常规：红细胞及血红蛋白下降；尿常规：红细胞及尿蛋白阳性；血尿素氮 33mmol/L（正常 2.86～7.14mmol/L），血肌酐 845μmol/L（正常 44～133μmol/L），肾小球滤过率 23mL/min；血清铁蛋白减少。④B 超：双肾结石，双肾实质缩小。⑤患者面色黯、腰部酸痛、全身水肿，伴肢寒怕冷、乏力、纳差、腹胀、大便溏、尿频、舌淡、双脉细弱、关尺尤甚。辨证：脾肾阳虚，湿浊内困。

2. 血肌酐主要由肾小球滤过率决定。由于人体肾具有很强的代偿能力，轻度肾损伤时一般无明显症状，血肌酐水平仍可维持正常。当肾小球滤过率下降超正常 50% 时，血肌酐开始上升（一般不超过 176.8μmol/L），此为慢性肾衰竭代偿期（慢性肾病 I 期）。当机体出现纳差、恶心、呕吐、头晕等症状时，肾已出现明显损伤。当肾小球滤过率降到 15% 以下时，肾功能严重受损，血肌酐会急剧升高，出现肾功能衰竭，血肌酐可达 707μmol/L 以上，则为尿毒症期。

第一节　血浆蛋白质

血浆蛋白质是血浆中的主要固体成分，正常人血浆蛋白质总浓度为 60～80g/L，含量仅次于水。各种血浆蛋白质的含量不同，多至每升数十克，少至每升几毫克。除清蛋白（又称白蛋白）外，几乎所有蛋白质均为糖蛋白。分析生理情况下血浆蛋白质的种类、含量和病理状态的变化，对于疾病诊断、治疗和预后等具有重要意义。

一、血浆蛋白质的分类

目前已知血浆中的蛋白质有200多种，根据其分离方法和生理功能不同可将血浆蛋白质进行分类。

1. 盐析法 根据各种血浆蛋白质在不同浓度的盐溶液中溶解度不同，通过调节盐浓度，可使混合蛋白质溶液中的不同血浆蛋白质分段析出，故采用分段盐析法可将血浆蛋白质分为清蛋白（albumin，A）、球蛋白（globulin，G）和纤维蛋白原（fibrinogen）三大类。

2. 电泳法 根据各种血浆蛋白质的分子大小和所带电荷不同，在电场中彼此的泳动速度不同而得以分离，电泳是最常用的分离蛋白质的方法。例如利用醋酸纤维素薄膜电泳（缓冲液pH＝8.6）快速分离血清蛋白质，可将血清蛋白质分为清蛋白、α_1球蛋白、α_2球蛋白、β球蛋白、γ球蛋白五个组分（图18－1）。其中清蛋白是人体血浆中最主要的蛋白质，浓度为35～55g/L，约占血浆总蛋白的50%；肝每日约合成12g清蛋白，以前清蛋白形式合成。球蛋白的浓度为15～30g/L。A与G的正常浓度比值（A/G）为1.5～2.5。某些临床疾病可导致血浆蛋白质组分比例改变或出现异常区带，如重度慢性肝炎、肝硬化、肝癌等肝病患者，由于清蛋白合成减少，可出现A/G比值降低，甚至倒置；而在多发性骨髓瘤患者血浆蛋白质的电泳图谱中可出现巨球蛋白。

A

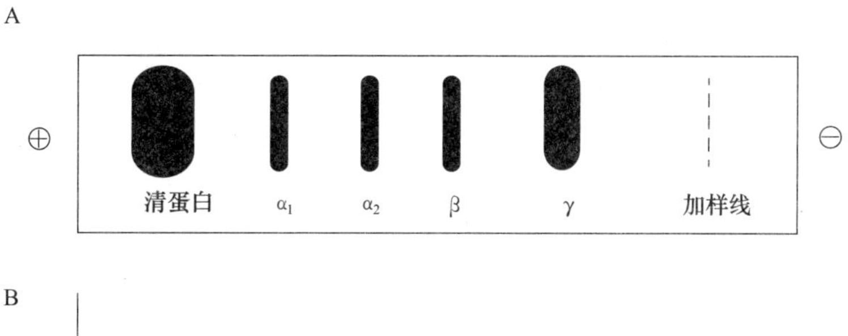

B

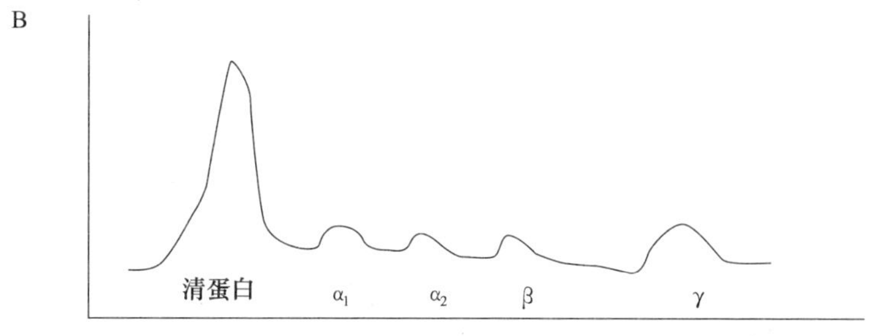

图18－1 血清蛋白质的醋酸纤维素薄膜电泳图谱

（A. 染色后的图谱 B. 光密度扫描后的电泳峰）

3. 超速离心法 根据血浆蛋白质的密度不同将其分离。如用密度离心法可将血浆脂蛋白分为乳糜微粒、极低密度脂蛋白、低密度脂蛋白和高密度脂蛋白（见第八章）。

4. 功能分类法 按生理功能可将血浆蛋白分为8种：①凝血系统蛋白质，包括各种凝血因子（Ca^{2+}除外）；②纤溶系统蛋白质，包括纤溶酶原、纤溶酶等；③免疫防御系统蛋白质，包括IgG、IgM、IgA、IgD、IgE和补体C_2～C_9等；④载体蛋白，如清蛋白、载脂蛋白、铜蓝蛋白、运铁蛋白等；⑤血浆蛋白酶抑制剂，包括酶原激活抑制剂、凝血抑制剂、纤溶酶抑制剂、激肽释放抑制剂、内源性蛋白酶及其他蛋白酶抑制剂；⑥炎症应答相关蛋白，如C－反应蛋白；⑦激素，包括胰岛素、促红细胞生成素等；⑧未知功能的血浆蛋白质（表18－1）。

NOTE

表 18-1 部分血浆蛋白质的生成部位和主要功能

血浆蛋白质	生成部位	主要功能
清蛋白	肝	维持血浆渗透压、运输营养
α_1 球蛋白、α_2 球蛋白	主要在肝	形成血浆脂蛋白
β 球蛋白	大部分在肝	形成血浆脂蛋白
γ 球蛋白	主要在肝外	机体免疫
纤维蛋白原	肝	参与凝血
凝血酶原	肝	参与凝血

二、血浆蛋白质的特点

血浆蛋白质的种类繁多，但都具有一些共同特点：

1. 绝大多数血浆蛋白质由肝细胞合成，如清蛋白、纤维蛋白原等。少数由其他组织细胞合成，如 γ 球蛋白是由浆细胞合成的。

2. 血浆蛋白质的合成场所一般位于生物膜结合的多核糖体上。进入血浆前，血浆蛋白质在肝细胞内经历了从粗面内质网到高尔基复合体，再抵达质膜而分泌入血的途径。血浆蛋白质先以蛋白质前体被合成，经翻译后加工修饰（如信号肽剪切、糖基化、磷酸化等）转变为成熟蛋白质。血浆蛋白质自肝合成后分泌入血的时间为 30 分钟到数小时不等。

3. 除清蛋白外，几乎所有的血浆蛋白质都是糖蛋白，它们含有 N-或 O-连接的寡糖链。糖蛋白中的寡糖链参与血浆蛋白质分子三级结构的形成，具有许多重要的作用，如血浆蛋白质合成后的定向转运、细胞间的识别等。

4. 许多血浆蛋白质呈现多态性（polymorphism）。多态性是指在同一生物群体中，有两种或两种以上变异类型并存，且发生频率不低于 1% 的现象。如 ABO 血型具有最典型的多态性，另外运铁蛋白、免疫球蛋白、α_1-抗胰蛋白酶等均具有多态性。研究血浆蛋白质的多态性对遗传学、人类学和临床学等具有重要意义。

5. 在循环过程中，每种血浆蛋白均有特征性的半衰期。正常成人清蛋白的半衰期为 20 天左右。如果剪切寡糖链可使一些血浆蛋白质的半衰期缩短。

6. 在急性炎症或某些类型的组织损伤时，部分血浆蛋白质（如 C-反应蛋白、纤维蛋白原、结合珠蛋白、α_1-抗胰蛋白酶、α_1 酸性蛋白等）水平升高，这些血浆蛋白质称为急性时相蛋白质（acute phase protein，APP）。急性时相蛋白质在人体炎症反应时发挥一定的作用，如 α_1-抗胰蛋白酶能使急性炎症反应时释放的某些蛋白酶失活。白细胞介素-1（interleukin-1，IL-1）作为单核吞噬细胞释放的一种多肽，能刺激肝细胞合成许多急性时相反应物（acute phase reactant，APR）。此外，亦有一些血浆蛋白质（如清蛋白、转铁蛋白等）在急性时相期浓度降低。

三、血浆蛋白质的功能

1. 维持血浆胶体渗透压 血浆胶体渗透压的大小取决于血浆蛋白质的含量和分子大小。清蛋白是血浆中含量最多的蛋白质，分子量约为 69kDa，比多数血浆蛋白质的分子量（160～180kDa）小，75%～80% 血浆胶体渗透压由清蛋白产生。清蛋白由肝合成，正常成人每日合成量为 120～200mg/kg 体重，当血浆清蛋白含量下降时，血浆胶体渗透压下降，使水在细胞间隙潴留，导致水肿。临床上血浆清蛋白含量降低的主要原因有：①合成原料不足（如营养不良等）；②合成能力降低（如重症肝炎等）；③丢失过多（如肾疾病、大面积烧伤等）；④分解过多（如甲状腺功能亢进等）。

2. 维持血浆正常 pH 正常血浆 pH 值为 7.35 ~ 7.45。蛋白质是两性电解质，大多数血浆蛋白质的等电点介于 pH 值 5.0 ~ 7.0 之间，血浆蛋白质可以弱酸或部分以弱酸盐的形式存在，组成缓冲体系，维持血浆 pH 的相对恒定。

3. 运输作用 某些血浆蛋白质能与血浆中一些难溶于水以及一些易被细胞摄取或易随尿液排出的物质专一性结合，以利于它们在血液中运输和参与代谢调节，例如固醇类、脂类、胆红素等与清蛋白、载脂蛋白、固醇类结合球蛋白等结合而运输。血浆蛋白质还能与某些药物（如磺胺药、阿司匹林、青霉素 G 等）结合，使其水溶性增加便于运输，且对这些药物具有一定的解毒和促进排泄的功能。

4. 催化作用 血浆中包含许多具有酶活性的蛋白质，按其来源和功能可将其分为三类：①血浆功能酶：这类酶绝大多数由肝合成后分泌入血，并在血浆中发挥催化作用，如凝血及纤溶系统的蛋白水解酶、假性胆碱酯酶、脂蛋白脂肪酶等多种蛋白酶。②外分泌酶：指外分泌腺分泌的酶类，如胃蛋白酶、胰蛋白酶、胰淀粉酶、丙氨酸氨基转移酶等。在生理条件下，这些酶少量逸入血浆，它们的催化活性与血浆正常生理功能无直接关系。但当这些组织损伤时，逸入血浆的酶量增加，血浆中相应的酶活性增高，如急性胰腺炎时血浆中淀粉酶含量显著增多。③细胞酶：存在于细胞和组织内参与物质代谢的酶。正常生理状态下，它们在血浆中含量甚微，随着细胞的不断更新，这些酶可释放入血。这类酶大部分无器官特异性，小部分来源于特定的组织，测定这些组织特有的酶在血浆中的活性变化有助于疾病的诊断。

5. 凝血、抗凝血与纤溶作用 多数凝血因子、抗凝血及纤溶物质属于血浆蛋白质，通常以酶原形式存在，在一定条件下被激活后发挥凝血、抗凝血和纤维蛋白溶解作用。凝血因子Ⅰ ~ ⅩⅢ除Ⅲ、Ⅳ（为 Ca^{2+}）、Ⅴ外，均由肝细胞合成，肝细胞严重受损者（如肝硬化患者）凝血因子合成不足，会导致凝血功能障碍，出现凝血时间延长和出血倾向。凝血与纤溶系统在血液中相互联系、相互制约，保持血液循环通畅。

6. 免疫作用 血浆中具有抗体作用的蛋白质称为免疫球蛋白（immunoglobulin，Ig）。Ig 可分为五大类：IgG、IgA、IgM、IgD、IgE，它们在体液免疫中能识别并结合特异性抗原形成抗原 - 抗体复合物，以消除抗原对机体的损伤；而且能通过激活补体系统，杀伤靶细胞、病原体或感染细胞。

7. 营养作用 机体某些组织细胞（如单核吞噬细胞系统）可以摄取血浆蛋白质，并被细胞内的酶类分解为氨基酸进入氨基酸代谢库，用于合成组织蛋白质或转变成其他含氮化合物，或异生成糖，或氧化供能。

第二节 红细胞代谢

红细胞是血液中数量最多的血细胞。红细胞在发育过程中经历了一系列形态和代谢的改变，由造血干细胞依次分化为原始红细胞、早幼红细胞、中幼红细胞、晚幼红细胞、网织红细胞，最后成为成熟红细胞进入血循环。表 18 - 2 简要概括了红细胞成熟过程中的代谢变化。

成熟红细胞除细胞膜和细胞质外，无其他细胞器结构，不能进行蛋白质和核酸的生物合成，不能进行有氧氧化，只保留了对自身生存和功能发挥必要作用的少数代谢途径，如糖酵解、2,3－二磷酸甘油酸旁路和磷酸戊糖途径。

表 18－2 红细胞成熟过程中的代谢变化

代谢途径	有核红细胞	网织红细胞	成熟红细胞
分裂增殖能力	+	－	－
DNA 合成	+ *	－	－
RNA 合成	+	－	－
RNA 存在	+	+	－
蛋白质合成	+	+	－
血红素合成	+	+	－
脂类合成	+	+	－
三羧酸循环	+	+	－
氧化磷酸化	+	+	－
糖酵解	+	+	+
磷酸戊糖途径	+	+	+

注："+"和"－"分别代表该途径有或无，"*"晚幼红细胞为"－"。

一、成熟红细胞代谢特点

（一）糖代谢

成熟红细胞的能量代谢有赖于糖代谢。红细胞以协助扩散的方式摄取葡萄糖。人体内的成熟红细胞每天约消耗 30g 葡萄糖，其中 90%～95% 经糖酵解和 2,3－二磷酸甘油酸旁路进行代谢，5%～10% 通过磷酸戊糖途径进行代谢。

1. 糖酵解和 2,3－二磷酸甘油酸旁路 糖酵解是红细胞获得能量的唯一途径。红细胞内存在催化糖酵解所需要的酶和中间代谢物，糖酵解的基本反应和其他组织相同（见第七章）。

红细胞内的糖酵解还存在 2,3－二磷酸甘油酸（2,3－bisphosphoglycerate，2,3－BPG）旁路（图 18－2）。2,3－BPG 旁路是红细胞特有的一个糖酵解侧支循环：①糖酵解中间产物 1,3－二磷酸甘油酸（1,3－bisphosphoglycerate，1,3－BPG）在二磷酸甘油酸变位酶催化下，生成 2,3－BPG。②2,3－BPG 经 2,3－二磷酸甘油酸磷酸酶催化生成 3－磷酸甘油酸。

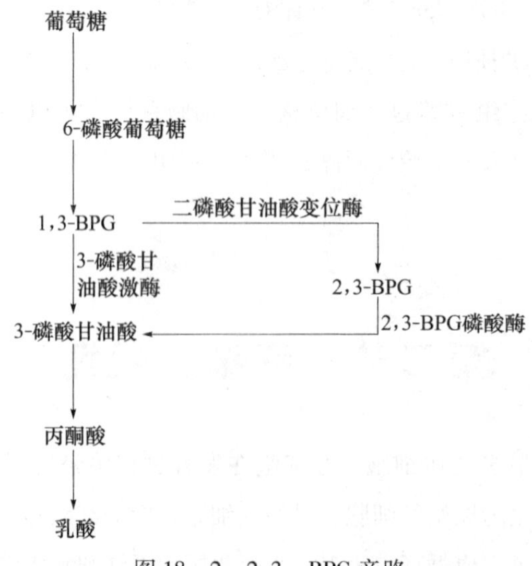

图 18－2 2,3－BPG 旁路

2,3-BPG 旁路的分支点是 1,3-二磷酸甘油酸。正常情况下，2,3-二磷酸甘油酸对二磷酸甘油酸变位酶的负反馈抑制作用大于对 3-磷酸甘油酸激酶的抑制作用，因此，2,3-BPG 旁路仅占糖酵解的 15%~50%。但是，由于 2,3-二磷酸甘油酸磷酸酶的活性较低，2,3-BPG 的生成大于分解，所以红细胞内有 2,3-BPG 积累，浓度可达4~5mmol/L。

2. 红细胞内糖代谢的生理意义

（1）生成 ATP　糖酵解是红细胞获得 ATP 的唯一途径。ATP 的主要功能体现在：

① 维持红细胞膜上钠泵（Na^+-K^+-ATPase）的正常运转。Na^+ 和 K^+ 一般不易透过细胞膜，钠泵通过消耗 ATP 将细胞内的 Na^+ 泵出细胞外，将细胞外的 K^+ 泵入细胞内，维持红细胞内外离子平衡、细胞容积和双凹圆盘状形态。

② 维持红细胞膜上钙泵（Ca^{2+}-ATPase）活动。正常情况下，血浆中的 Ca^{2+} 浓度（2~3mmol/L）高于红细胞内的 Ca^{2+} 浓度（20μmol/L），血浆中的 Ca^{2+} 能被动扩散进入红细胞，ATP 供能又可使钙泵将红细胞内的 Ca^{2+} 及时泵出，以维持红细胞内低 Ca^{2+} 状态。

③ 维持红细胞膜上脂质和血浆脂蛋白中脂质的交换，此过程需要 ATP 提供能量。

④ 用于谷胱甘肽、NAD^+ 的合成供能。

⑤ 用于葡萄糖的活化，启动糖酵解过程。

若 ATP 缺乏，钠泵和钙泵不能正常运转，细胞内外离子平衡失调，红细胞膜的脂质更新受阻，可导致红细胞的形态异常或可塑性降低，易被破坏。

（2）生成 2,3-BPG　红细胞通过 2,3-BPG 旁路获得 2,3-BPG，其功能为：

① 调节血红蛋白的氧合能力。2,3-BPG 是一个电负性很高的分子，能与血红蛋白结合，结合部位在 Hb 分子 4 个亚基的对称中心孔穴内。2,3-BPG 的负电基团与组成孔穴侧壁的两个 β 亚基的正电基团形成盐键，使两个 β 亚基保持分开状态（图 18-3），血红蛋白分子由紧密态变成松弛态，降低血红蛋白对氧的亲和力。在氧分压（P_{O_2}）相同的条件下，当红细胞内 2,3-BPG 的浓度升高时，2,3-BPG 与血红蛋白结合，使血红蛋白与 O_2 的亲和力下降，有利于 O_2 的释放，从而使组织获得更多的氧气。但是在 P_{O_2} 较高的肺部，2,3-BPG 对血红蛋白与 O_2 结合影响不大。机体通过改变红细胞内 2,3-BPG 的浓度来调节组织供氧状况，红细胞的这一特点，有利于正常机体适应高原缺氧环境。

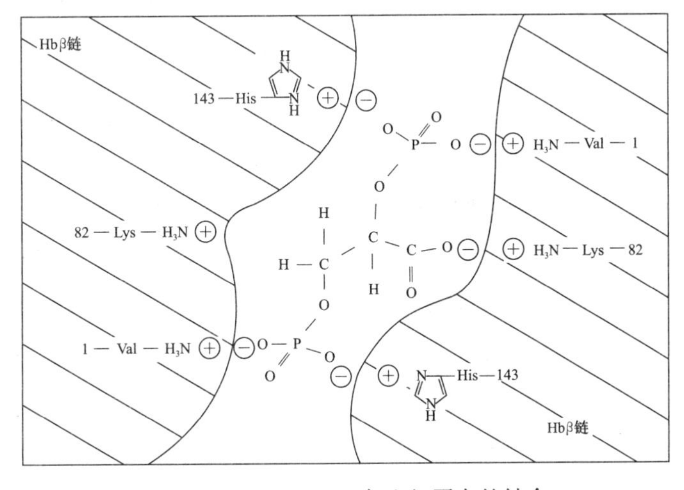

图 18-3　2,3-BPG 与血红蛋白的结合

② 红细胞中不能贮存葡萄糖，但含有较多的2,3-BPG。2,3-BPG氧化时，可生成ATP。因此，2,3-BPG还是红细胞的储能形式。

（3）生成NADH和NADPH　红细胞中磷酸戊糖途径是产生红细胞内NADPH的唯一途径。红细胞内存在NAD^+/NADH、$NADP^+$/NADPH、GSSG/GSH等氧化还原系统，它们作为红细胞内重要的还原物质，在抗氧化、保护细胞膜蛋白和血红蛋白及酶蛋白的巯基不被氧化、维持红细胞的正常功能等方面发挥重要作用。如红细胞产生的NADPH能维持细胞内还原性谷胱甘肽（GSH）的含量（图18-4），GSH是红细胞内重要的抗氧化剂，在谷胱甘肽过氧化物酶的催化下，可清除过氧化脂质和H_2O_2，保护红细胞膜上的脂类和蛋白质不被氧化，而GSH自身被氧化成氧化型谷胱甘肽（GSSG），后者又在谷胱甘肽还原酶作用下，从NADPH接受氢而被还原成GSH。

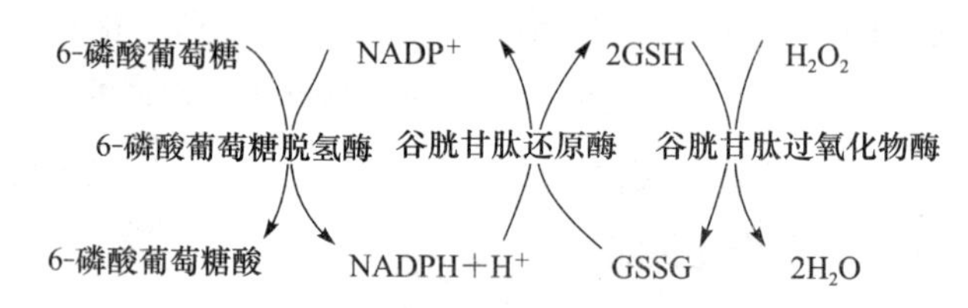

图18-4　谷胱甘肽的氧化与还原反应及其相关代谢

（4）还原高铁血红蛋白　由于各种氧化作用，红细胞内经常产生少量高铁血红蛋白（methemoglobin，MHb），MHb中的铁为三价（Fe^{3+}），不能携带氧。红细胞内有NADH-高铁血红蛋白还原酶和NADPH-高铁血红蛋白还原酶系统，可催化MHb还原为Hb。此外，抗坏血酸和GSH也可直接还原MHb。故正常红细胞中MHb只占1%~2%。

（二）脂代谢

成熟红细胞由于缺乏完整的亚细胞结构，所以不能从头合成脂肪酸。成熟红细胞中的脂类几乎都位于细胞膜上。红细胞通过主动摄取和被动交换不断与血浆进行脂类交换，以满足其膜脂不断更新及维持其正常的脂类组成、结构和功能。

二、血红素的合成与血红蛋白代谢

血红蛋白是红细胞中最主要的蛋白质，由珠蛋白和血红素组成。血红素是含铁的卟啉化合物。血红素不但是血红蛋白的辅基，也是肌红蛋白、细胞色素、过氧化氢酶、过氧化物酶等的辅基。

（一）血红素的合成

1. 合成原料与场所　血红素（heme）的基本合成原料为琥珀酰CoA、甘氨酸、Fe^{2+}等。体内大多数组织均具有合成血红素的能力，以骨髓与肝为主要合成部位，合成的起始和终末阶段在线粒体中进行，中间阶段则在细胞质中进行。成熟红细胞不含线粒体，故不能合成血红素。

2. 合成过程　血红素的生物合成过程可分为四个阶段：

（1）δ-氨基-γ-酮戊酸（ALA）的合成　在线粒体内，琥珀酰CoA与甘氨酸缩合生成δ-氨基-γ-酮戊酸（δ-aminolevulinic acid，ALA）（图18-5）。催化此步反应的酶是ALA合酶（ALA synthase），该酶是血红素合成的关键酶，以磷酸吡哆醛为辅助因子，并受血红素的反馈调节。

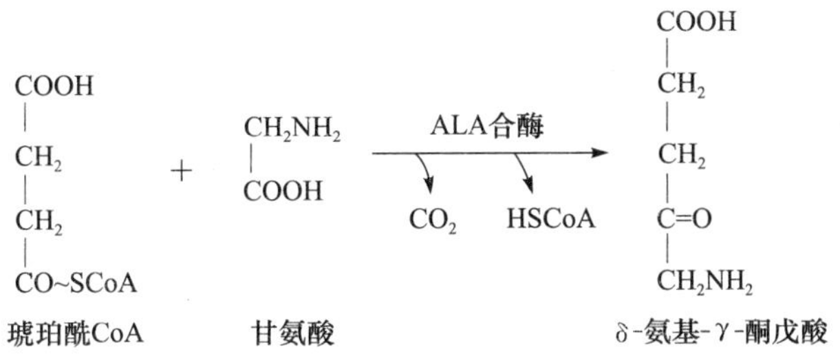

COOH
CH2
CH2
CO~SCoA
琥珀酰CoA
CH2NH2
COOH
甘氨酸
ALA合酶
CO2
HSCoA
COOH
CH2
CH2
C=O
CH2NH2
δ-氨基-γ-酮戊酸

图 18-5 δ-氨基-γ-酮戊酸（ALA）的合成

（2）胆色素原的合成 ALA 从线粒体进入细胞质，两分子 ALA 在 ALA 脱水酶（ALA dehydrase）催化下，脱水缩合成 1 分子胆色素原（porphobilinogen，PBG）（图 18-6）。

ALA脱水酶
2H2O
HO
OH
H2N
N
H
δ-氨基-γ-酮戊酸
胆色素原

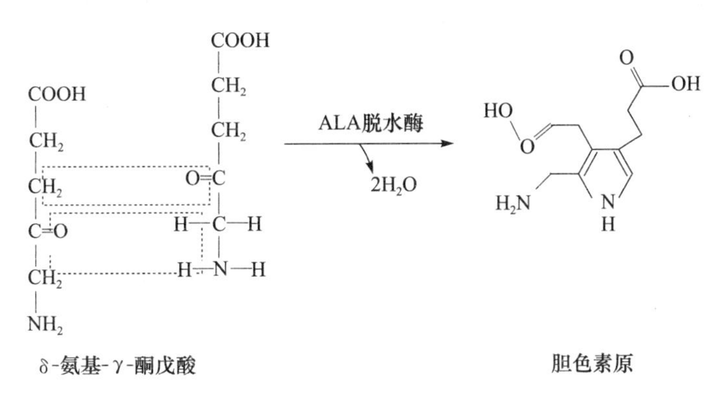

图 18-6 胆色素原的合成

（3）尿卟啉原及粪卟啉原的合成 在细胞质内，4 分子胆色素原在胆色素原脱氨酶（porphobilinogen deaminase，PBD）的催化下，脱氨缩合生成 1 分子线状四吡咯，后者再在尿卟啉原Ⅲ同合酶（uroporphyrinogen Ⅲ cosynthase）作用下生成尿卟啉原Ⅲ（uroporphyrinogen Ⅲ，UPG Ⅲ）。线状四吡咯化合物不稳定，可自然环化生成尿卟啉原Ⅰ（uroporphyrinogen Ⅰ，UPG Ⅰ）。UPG Ⅰ和 UPG Ⅲ的主要差别在于第 7 位和第 8 位的侧链基团，前者第 7 位侧链为乙酸基（A），第 8 位为丙酸基（P）；而后者第 7 位侧链为 P；第 8 位为 A。正常生理情况下，以 UPG Ⅲ的合成为主，UPG Ⅰ的合成极少。UPG Ⅲ进一步经尿卟啉原Ⅲ脱羧酶（uroporphyrinogen Ⅲ decarboxylase）催化，使其 4 个 A 侧链脱羧转变为甲基（M），从而生成粪卟啉原Ⅲ（coproporphyrinogen Ⅲ，CPG Ⅲ）。

（4）血红素的生成 细胞质中生成的粪卟啉原Ⅲ再进入线粒体，在粪卟啉原Ⅲ氧化脱羧酶催化下，其 2，4 位两个丙酸基（P）氧化脱羧变成乙烯基（V），生成原卟啉原Ⅸ；再经原卟啉原Ⅸ氧化酶催化，使其 4 个连接吡咯环的甲烯基氧化为甲炔基，成为原卟啉Ⅸ（protoporphyrin Ⅸ）；后者在亚铁螯合酶（ferrochelatase），又称血红素合成酶（heme synthase）催化下，与 Fe^{2+} 螯合，生成血红素。

血红素生成后从线粒体转运到细胞质，在骨髓的有核红细胞及网织红细胞中，与珠蛋白结合生成血红蛋白。

3. 血红素合成的调节 血红素的合成可受多种因素的调节，其中最主要的调节步骤是 ALA 的合成。

（1）ALA 合酶　ALA 合酶是血红素合成的关键酶，其活性调节包括：

① 反馈抑制和变构调节。游离血红素可反馈抑制血红素的合成；同时过量的游离血红素可被氧化成高铁血红素，而后者是 ALA 合酶的强烈变构抑制剂，从而导致血红素生成速度减慢。

② 阻遏表达。过量血红素本身可阻遏 ALA 合酶基因表达。

③ 某些类固醇激素（如睾酮）能诱导 ALA 合酶的合成，从而促进血红素的合成。

④ 某些非营养物质（如致癌剂、药物、杀虫剂等）在肝内进行生物转化时，需要以铁卟啉作为辅基的细胞色素 P_{450}，而后者的生成需要消耗血红素，使红细胞中血红素下降，故对肝 ALA 合酶有去阻抑作用。

⑤ 磷酸吡哆醛是 ALA 合酶的辅酶，故维生素 B_6 缺乏也将影响血红素生成。

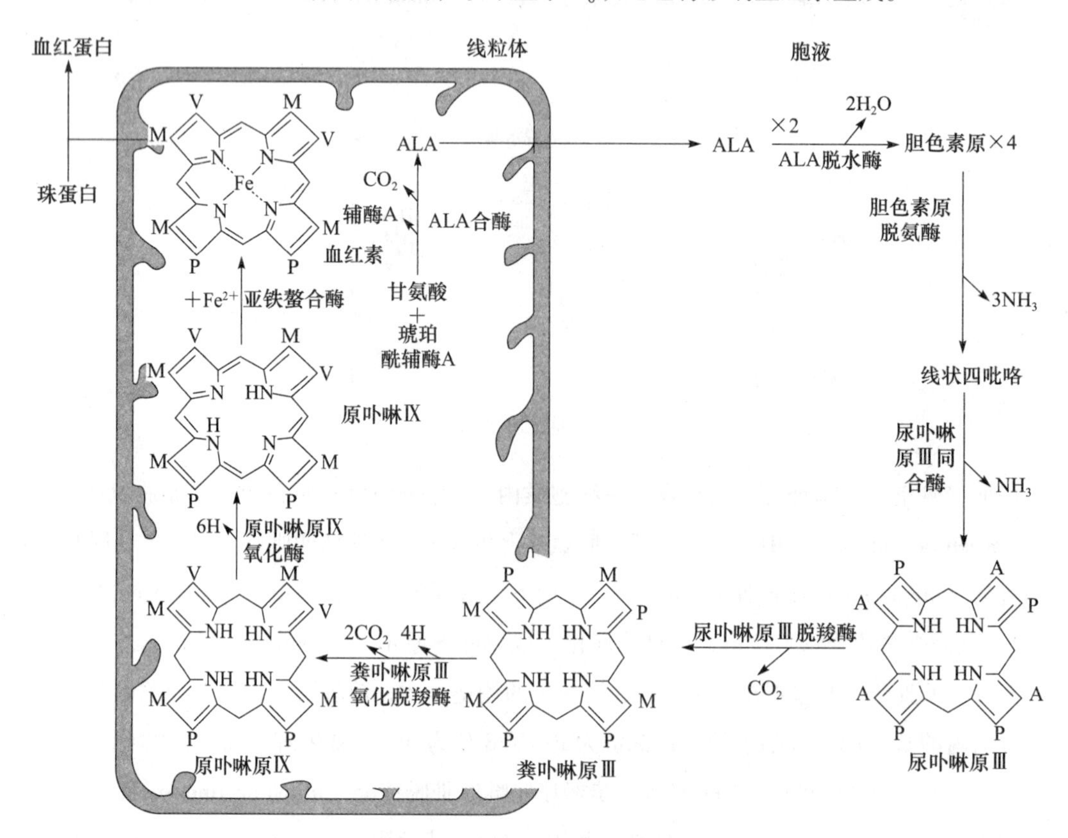

图 18－7　血红素的生物合成

（2）ALA 脱水酶和亚铁螯合酶　重金属中毒可抑制 ALA 脱水酶和亚铁螯合酶活性，使血红素的合成减少。此外，亚铁螯合酶还需谷胱甘肽等还原剂的协同作用，如果还原剂水平降低也会影响血红素的合成。

（3）促红细胞生成素（erythropoietin，EPO）的调节　当血液中红细胞容积降低或机体缺氧时，EPO 的合成与分泌增加，其释放入血并运至骨髓，促进骨髓的原始红细胞的增殖与分化，加速有核红细胞的成熟，诱导 ALA 合酶的生成，促进血红素和血红蛋白的生成。

2. 血红蛋白的合成　血红素生成后从线粒体转运到细胞质，与珠蛋白结合生成血红蛋白。血红蛋白中珠蛋白的合成与一般蛋白质相同，其合成受血红素的调节。在珠蛋白多肽链合成后，一旦容纳血红素的空穴形成，血红素立刻与之结合，并使珠蛋白折叠成三级结构，再形成稳定的 αβ 二聚体，最后由两个二聚体构成有功能的 $\alpha_2\beta_2$ 四聚体——血红蛋白。

案例1分析讨论

本案例患者在肾结石早期，仅有不易察觉的轻微腰酸痛，不表现出其他症状；当肾结石进一步增大影响尿液排泄并压迫肾实质，引起严重肾功能障碍，此时仅以单纯利尿剂以消水肿，未进一步检查治疗，直至肾功能衰竭尿毒症期。

1. 患者尿频、尿急、夜尿多，且皮肤瘙痒，反复双下肢抽筋，为慢性肾功能衰竭后机体低蛋白血症、抵抗力下降，易合并尿路感染，出现水肿。尿潴留使机体代谢物无法由尿排出，从皮肤渗出，出现皮肤瘙痒甚至皮肤奇痒症状，出现水肿加重；刺激胃肠道黏膜，可出现腹胀、纳差、恶心、呕吐等消化系统症状。

2. 贫血是尿毒症常见的并发症。因结石长期压迫肾实质，致使肾功能障碍，导致肾分泌EPO减少（使ALA合酶表达下降）、潴留的代谢产物抑制红细胞生成、损害红细胞膜、使红细胞寿命缩短以及胃肠道的消化吸收功能障碍（使铁、叶酸、蛋白质摄入不足），故患者出现贫血，且不易纠正。

患者因处尿毒症期，不宜立即手术取石。故先通过中西医联合内科治疗，以健脾温肾、祛湿化浊为主的中药，联合血液透析，纠正肾代谢紊乱，促进潴留代谢物排出。4周后血肌酐下降低于400μmol/L，外科行肾实质切开取石术，续以中药调理，后渐好转。

第三节 白细胞代谢

粒细胞、淋巴细胞和单核吞噬细胞三大系统共同组成人体白细胞，白细胞的主要功能是抵御外来病原微生物的入侵。免疫学将详细介绍淋巴细胞，而白细胞的代谢与白细胞的功能密切相关。因此，在此仅扼要介绍粒细胞和单核吞噬细胞的代谢。

（一）糖代谢

由于粒细胞中线粒体很少，糖酵解是其主要的糖代谢途径。中性粒细胞能利用外源性和内源性糖进行糖酵解，为细胞的吞噬作用提供能量。单核吞噬细胞虽能进行有氧氧化，但糖酵解仍占很大比重。在中性粒细胞中，约有10%的葡萄糖通过磷酸戊糖途径进行代谢。中性粒细胞和单核吞噬细胞被趋化因子激活后，可启动细胞内磷酸戊糖途径，产生大量的NADPH；经NADPH氧化酶递电子体系可使O_2接受单电子还原，产生大量的超氧阴离子（$^{\bullet}O_2^-$）；超氧阴离子再进一步转变成H_2O_2、OH·等自由基，发挥杀菌作用。

（二）脂代谢

中性粒细胞不能从头合成脂肪酸。粒细胞和单核吞噬细胞受多种刺激因子激活后，可将花生四烯酸转变成血栓素、前列腺素和白三烯，它是速发型过敏反应中产生的慢反应物质。

（三）蛋白质和氨基酸代谢

氨基酸在粒细胞中浓度较高，特别是组氨酸脱羧后的产物组胺含量较高。白细胞激活后，组胺释放参与变态反应。成熟粒细胞缺乏内质网，故蛋白质的合成量极少，而单核吞噬细胞具有活跃的蛋白质代谢，能合成各种细胞因子、多种酶和补体。

小结

血液由血浆和血细胞组成。血浆的主要成分是水、无机盐、小分子有机化合物和蛋白质等。

血浆蛋白质是血浆中含量最多的固体成分，清蛋白是其中最主要的蛋白质，约占血浆总蛋白的50%以上。非蛋白质类含氮物质所含的氮总称为非蛋白氮，如尿素、肌酸、肌酐、胆红素、尿酸、氨等，其含量的变化不仅反映代谢状况，也反映肾的排泄功能。其中血肌酐临床意义较大。

血浆蛋白质可通过盐析、电泳、超速离心等方法分类，具有维持血浆胶体渗透压、维持血浆正常pH、运输、催化、免疫、营养、凝血、抗凝血与纤溶等重要的生理功能。

成熟红细胞无细胞核和细胞器，只保留对其生存和功能必需的少数代谢途径。糖酵解是红细胞获得能量的唯一途径。红细胞通过2,3-BPG旁路获得2,3-BPG，产生的2,3-BPG具有调节血红蛋白氧合能力的作用。红细胞还可通过磷酸戊糖途径获得NADPH，维持红细胞的正常结构和功能。

未成熟的红细胞可利用琥珀酰CoA、甘氨酸、Fe^{2+}合成血红素。血红素合成的主要部位是骨髓和肝，合成的起始和终末阶段在线粒体中进行，中间阶段则在细胞质中进行。与血红素合成有关的酶受多种因素的调节，其中，ALA合酶是血红素合成的限速酶。

有吞噬功能的白细胞的磷酸戊糖途径和糖酵解也较活跃。白细胞中NADPH氧化酶递电子体系在杀菌过程中起重要作用。

缺铁性贫血与中医药

缺铁性贫血（iron deficiency anemia，IDA）是指各种原因缺铁导致红细胞生成减少引起的贫血。铁是合成血红蛋白的原料，缺铁对细胞的分裂、增殖影响虽较小，但可致血红素生成不足，血红蛋白合成减少，形成小细胞低色素性贫血。由于储存铁的缺失，血清铁蛋白含量几乎为零。患者血清转铁蛋白含量（反映总铁结合能力）显著升高，血清铁饱和度低于15%。临床上将缺铁性贫血分为储铁减少期、红细胞生成缺铁期、缺铁性贫血期三个阶段。在储铁减少期，已有铁相对摄入吸收不足，但供红细胞合成血红蛋白的铁尚未减少；红细胞生成缺铁期，体内储存铁进一步耗竭，红细胞生成所需的铁也不足，但循环中血红蛋白量的减少尚不明显；缺铁性贫血期为缺铁的晚期阶段，除了出现小细胞低色素性贫血，还有非造血系统的临床症状。临床上补铁治疗通常采用口服硫酸亚铁片，必要时需要静脉内补铁治疗；对于严重缺铁患者，还可考虑输注红细胞。

中医虽无缺铁性贫血的病名，根据其临床表现可归属"血虚""萎黄""虚劳"等范畴。中医认为，心主血、肝藏血、脾统血、肾藏精，故贫血的发生与心、脾、肝、肾的功能失调，脏腑虚损密切相关，治疗上以益气健脾、补益气血、滋补肝肾为主要治则。现代研究表明，中药治疗缺铁性贫血具有一定的药理学基础。如党参、白术、熟地均能刺激造血系统；大枣含糖、蛋白质、维生素C、铁等，能促进造血；当归有显著的生血作用；何首乌所含卵磷脂、铁

NOTE

等物质，是合成红细胞的重要原料，具养血补虚功效；皂矾含硫酸亚铁，能直接补充体内缺乏的铁等。临床根据辨病与辨证相结合的原则，以小剂量含铁中药与健脾益气之品相伍，辅以补肾养血之药，采用归脾丸、阿胶补血口服液、人参养荣丸、生血宁片等复方制剂，综合调理，是治疗缺铁性贫血的理想途径之一。

第十九章 肝胆生物化学

【案例1】

患者，男性，65岁，因“腹痛、腹胀6个月，皮肤、巩膜黄染进行性加深1个月”入院。6个月前无明显诱因出现右上腹痛，以餐后明显，伴腹胀，食欲下降。1个月前发现皮肤、巩膜黄染，呈进行性加深。小便黄如浓茶，大便呈陶土色。

体格检查：消瘦，全身皮肤、巩膜明显黄染，右上腹有轻压痛，无反跳痛。

实验室检验：血清总胆红素406.0μmol/L，结合胆红素397.4μmol/L，未结合胆红素8.6μmol/L，尿胆红素（+++），粪胆素原、尿胆素原阴性。

B超检查提示：肝胆大小正常，肝内胆管、胆总管、主胰管扩张，胰头后方实性包块，考虑壶腹周围占位病变。

问题讨论

1. 该患者初步诊断患什么疾病？还需要做哪些辅助性检查帮助确诊疾病的原因？
2. 为什么患者血清总胆红素和结合胆红素明显增高而未结合胆红素没有增高？
3. 为什么患者小便黄如浓茶，大便呈陶土色，尿胆红素+++，而尿胆原阴性？

肝是人体最大的腺体，重1000～1500g，占体重的2.5%，人肝约含2.5×10^{11}个肝细胞，组成50万～100万个肝小叶。肝不仅与糖、脂、蛋白质、维生素及激素等物质代谢密切相关，而且是胆汁酸代谢、胆色素代谢和非营养物质生物转化的重要器官，被誉为“物质代谢的中枢器官”，体内最大的“化工厂”等。肝如果发生疾患会影响机体物质代谢，严重时可以危及生命。因此，维持肝的正常功能对机体有着举足轻重的意义。

肝之所以有诸多的重要生理功能，与其独特的形态结构及化学组成密切相关。肝有肝动脉和门静脉双重血液供应及丰富的肝血窦，既能从肝动脉获得由肺运来的O_2，又能从门静脉获得由消化道运来的营养物质，为肝进行物质代谢创造良好条件。肝有肝静脉和胆道系统两条输出通路。其中肝静脉与体循环相连，可将肝的代谢产物运输到其他组织，或排出体外；胆道系统与肠道相连，将肝的代谢产物、有毒物质和解毒产物排入肠道。肝细胞中还具有丰富的线粒体、内质网、高尔基体和溶酶体等亚微结构和多种酶的活性，使其代谢非常活跃。有些酶是肝细胞所特有的，如鸟氨酸氨甲酰基转移酶。丰富的酶类和完备的酶体系使肝在物质代谢中起重要作用。

NOTE

第一节　肝在物质代谢中的作用

一、肝在糖代谢中的作用

肝是调节血糖含量的重要器官，主要通过糖原的合成与分解，糖异生作用等来维持血糖的相对恒定。

1. 肝糖原的合成及储存　进食后，大量糖类物质在肠道消化、吸收，经门静脉入肝。除了一部分糖在肝内被直接氧化利用外，有相当部分糖被合成为糖原暂时储存起来。当大量葡萄糖被肝细胞摄取之后，过多的葡萄糖可以转化成脂肪，以 VLDL 的形式被输出肝细胞，从而使血糖浓度不致过高。

2. 肝糖原的分解及糖异生　在不进食或空腹时，肝糖原分解释放出血糖，为脑组织和细胞等提供能量。肝糖原储存量有限，不超过 100g，一般 12 小时后即被消耗殆尽。因此，当饥饿导致血糖供应不足时，肝还可以通过糖异生作用，将非糖物质（如甘油、乳酸、氨基酸等）异生为葡萄糖，以持续不断地向血液提供葡萄糖，维持血糖的正常水平。

当肝功能严重损害时，肝糖原的合成与分解及糖异生作用降低，维持血糖浓度恒定的能力下降，因此，空腹时易发生低血糖，而进食后，患者由于糖原合成能力下降而易出现饮食性高血糖，呈现出耐糖能力的下降。

二、肝在脂代谢中的作用

肝在脂类的消化吸收、运输、分解与合成等过程中均起重要作用。

1. 促进脂类的消化吸收　肝可以将胆固醇转变为胆汁酸，并生成和分泌胆汁，胆汁中的胆汁酸盐能乳化脂类，激活胰脂酶，促进脂类及脂溶性维生素的消化、吸收。当肝细胞受损导致胆汁酸分泌减少，或胆道阻塞导致胆汁排泄困难，会引起脂类的消化吸收障碍，可出现厌油、脂肪泻和脂溶性维生素缺乏等临床症状。

2. 脂肪酸的分解、合成和改造　脂肪动员释放的甘油和脂肪酸，可以进入肝组织进一步氧化分解为乙酰 CoA。乙酰 CoA 除了部分被直接氧化利用外，也可在脂肪酸合酶复合体等作用下合成软脂酸，后者进一步加工（包括碳链的延长与缩短、改变饱和度等）改造成各种脂肪酸。

3. 合成酮体　肝可利用脂肪酸分解产生的乙酰 CoA 在生酮酶系作用下合成酮体，然后运输到肝外组织利用，在空腹或饥饿状态下肝合成的酮体是脑、心、肾、骨骼肌等肝外组织良好的能源。当肝内酮体的生成大于肝外组织酮体的利用时，则出现酮血症和酮尿症。

4. 合成磷脂和脂蛋白　肝是体内磷脂合成量最多、合成速度最快的场所，特别是合成卵磷脂。极低密度脂蛋白（VLDL）和高密度脂蛋白（HDL）主要在肝细胞合成。VLDL 的主要作用是输送三酰甘油出肝细胞，而 HDL 的主要作用是转运血浆胆固醇进入肝内代谢转化。肝功能受损或磷脂合成的原料不足时，磷脂合成降低、脂蛋白合成减少，影响肝内脂肪的运出而过多堆积；此外，长期饮酒者及由于其他原因使肝脂肪代谢功能发生障碍导致脂类物质的动态

NOTE

平衡失调，脂肪在肝组织内储存量超过5%，或在组织学上有50%以上肝细胞脂肪化时，即为脂肪肝（fatty liver）。长期脂肪肝可引起肝细胞纤维性变化，造成肝硬化。由于肝合成卵磷脂需要胆碱或甲硫氨酸等活性甲基供体，故补充胆碱或甲硫氨酸可防止脂肪肝。当肝功能障碍影响 HDL 合成时，可致血浆胆固醇逆向转运受阻而过多积聚在血中，导致动脉粥样硬化发生率增高。

5. 胆固醇的代谢 人体内的胆固醇1/3靠食物供给，2/3由体内合成，其中由肝合成的胆固醇占全身总合成量的3/4以上。肝细胞合成与分泌的卵磷脂－胆固醇脂酰基转移酶（LCAT），可使胆固醇酯化。当肝功能障碍时，血浆胆固醇酯/胆固醇比值下降，脂蛋白电泳谱异常。

三、肝在蛋白质代谢中的作用

肝在蛋白质代谢中的主要作用是合成蛋白质、分解氨基酸和合成尿素。

1. **血浆蛋白的合成代谢** 肝是合成蛋白质的重要器官。肝中蛋白质代谢极为活跃，尤其是能合成多种血浆蛋白。其合成蛋白质的特点是：①更新速度快：肝内蛋白质的更新速度为肌肉蛋白质的18倍（肝内蛋白质半衰期仅为10天，而肌肉蛋白质半衰期为180天）。②合成量大：在人体各种合成蛋白质的细胞中，以肝合成蛋白质的能力最强，其合成量约占全身合成蛋白质总量的40%以上。③合成种类多：肝不仅能合成自身的结构蛋白质，还能合成多种血浆蛋白，如全部的清蛋白、凝血酶原、纤维蛋白原、血浆脂蛋白所含的载脂蛋白（ApoA、B、C、E）和部分球蛋白（α_1、α_2、β球蛋白），故肝在维持血浆蛋白与全身组织蛋白质之间的动态平衡中起重要作用。各种血浆蛋白质的合成部位和主要生理功能不同（表19－1）。

表19－1 各种血浆蛋白合成部位及主要生理功能

类别	占血浆蛋白总量的百分比	相对分子质量	合成部位	主要生理功能
清蛋白	55	66000	仅在肝内合成	维持血浆胶体渗透压、合成组织蛋白的原料
α_1 球蛋白	5	200000	主要在肝内合成	形成血浆蛋白，运输脂类
α_2 球蛋白	9	300000	主要在肝内合成	形成血浆蛋白，运输脂类
β球蛋白	13	90000～150000	大部分在肝内合成	形成血浆蛋白，运输脂类
γ球蛋白	11	156000～300000	主要在肝外由单核－吞噬细胞系统、浆细胞合成	形成多种Ig，具有抗体作用
纤维蛋白原	7	340000	仅在肝内合成	参与凝血
凝血酶原	极微	68000	仅在肝内合成	参与凝血
甲胎蛋白	极微	72000	主要由胚胎肝合成	—

肝合成清蛋白（albumin，A）的量最多，每天合成量约12g。而其分子质量最小，含量最多，在维持血浆胶体渗透压方面起着举足轻重的作用，故肝功能或蛋白营养不良时，血中清蛋白浓度降低会出现水肿或腹水。正常人血浆清蛋白含量为40～55g/L，球蛋白（globulin，G）20～30g/L，A/G比值在1.5～2.5。慢性肝炎或肝硬化患者，肝合成清蛋白能力大大下降，加之由于炎症刺激使肝外单核－吞噬细胞系统合成γ球蛋白大大增加，而使 $A/G<1.0$，称此为A/G比值倒置。此外，肝功能严重受损时，可影响多种凝血因子（Ⅷ、Ⅸ、Ⅹ和凝血酶原）和纤维蛋白原等的合成，进而导致凝血功能障碍，呈现出血和凝血时间延长的现象。

另外，胚胎肝细胞还可合成一种与血浆清蛋白分子质量相似的甲胎蛋白（α - fetoprotein，AFP），这是一种分泌性胚胎抗原，是胎儿血清中的正常成分，在妇女妊娠6周达最高峰（500μg/L），胎儿出生后编码AFP的基因受到阻遏使表达量逐渐减少。因而正常人血浆中含量极微（<25μg/L），但原发性肝癌患者，癌细胞中编码AFP的基因表达失去阻遏，使患者血浆中AFP含量显著增高，甚至高达400μg/L以上，此时血浆中可检测出该蛋白质。故认为AFP是原发性肝癌的重要标志物，检测血浆AFP对原发性肝癌的诊断和普查具有一定的意义。

2. 氨基酸的分解代谢　肝是氨基酸分解的主要场所。氨基酸经转氨基、脱氨基、转甲基、脱硫及脱羧基等作用，转变为酮酸或其他化合物，进一步经异生作用转变为葡萄糖或氧化分解供能，或合成非必需氨基酸，供应一定量氨基酸入血，调整氨基酸之间比例，以利各组织需要。当肝细胞受损时，肝细胞通透性增强，细胞内酶释出而引起血清丙氨酸氨基转移酶（ALT）等活性异常增高。所以血清ALT活性的测定，有助于辅助诊断急性肝炎。

3. 合成尿素以解氨毒　各组织氨基酸分解代谢产生的氨和肠道腐败作用产生并吸收入血的氨，都可在肝中转变为无毒的尿素，以解氨毒。当肝组织严重损害时，尿素合成障碍，可引起血氨升高，很容易通过血 - 脑屏障进入脑细胞，而导致神经系统症状。这与肝性脑病（肝昏迷）的发生常有一定关系。

肝也是胺类物质的重要解毒器官，胺类物质的重要来源是肠道细菌对氨基酸（特别是芳香族氨基酸）的分解作用，其中有些属于“假神经递质”，它们的结构类似儿茶酚胺类神经递质，能竞争性抑制后者的合成，取代或干扰这些大脑神经递质的正常作用，这也与肝性脑病（肝昏迷）的发生有一定关系。

四、肝在维生素代谢中的作用

肝在多种维生素的吸收、储存和转化等方面均起着重要作用。

1. 促进脂溶性维生素的吸收　肝分泌的胆汁酸盐可协助脂溶性维生素A、D、E、K的吸收。肝胆疾病时，容易引起脂溶性维生素的吸收障碍，如因维生素K吸收障碍而出现凝血时间延长。

2. 储存多种维生素　肝是脂溶性维生素和水溶性维生素储存的主要场所。维生素A、D、E、K和B_{12}主要在肝中储存，其中维生素A有95%储存于肝内。肝病变时，影响维生素A的储存，使血中维生素A水平低下，进而影响视杆细胞中视紫红质的合成，导致“夜盲症”。

3. 参与多种B族维生素代谢转变为辅酶　肝能利用B族维生素转变为相应的辅酶或辅基，参与物质代谢。例如维生素B_1转化成TPP（硫胺素焦磷酸酯）；维生素B_2转化成FMN（黄素单核苷酸）、FAD（黄素腺嘌呤二核苷酸）；维生素PP转变为NAD^+（辅酶Ⅰ）和$NADP^+$（辅酶Ⅱ）；维生素B_6转变为磷酸吡哆醛；泛酸转变为HSCoA（辅酶A）。肝还可将氧化型维生素C还原，有利于维生素C的利用；维生素A原（β - 胡萝卜素）转化成维生素A；维生素D_3羟化为25 - OH - D_3，有利于在肾生成活性维生素D_3。

五、肝在激素代谢中的作用

肝和多种激素的灭活与排泄有密切的关系。激素在体内发挥其调节作用后，主要在肝内被分解转化，从而降低或失去活性，此过程称为激素的灭活作用（inactivation of hormone）。激素

NOTE

灭活过程是体内调节激素作用时间长短和强度的重要方式之一，灭活后的产物大部分随尿排出。

严重肝功能损害时，体内多种激素因灭活减弱而堆积，会不同程度地引起激素调节功能紊乱。如雌激素水平升高，可出现男性乳房发育，局部小动脉扩张，出现“肝掌”和“蜘蛛痣”；肾上腺皮质激素和醛固酮水平升高，可引起高血压和水钠潴留，出现组织水肿；血中抗利尿激素水平升高，使重症肝病患者出现水肿或腹水等。

第二节　肝的生物转化作用

一、生物转化的概述

机体对许多内源性、外源性非营养物质进行代谢转化，改变其极性，使其易随胆汁和尿液排出的过程称为生物转化（bioconversion）。生物转化主要在肝进行，少量在肠黏膜、肺、肾等组织进行。

内源性非营养物质包括如激素、神经递质和其他胺类等一些对机体具有强烈生物学活性的物质，以及氨、胆红素等对机体有毒性的代谢产物；外源性非营养物质主要包括食品添加剂、色素、药物和肠道中经细菌作用产生的腐败产物，如胺、酚、吲哚和硫化氢等。

机体通过对非营养物质进行转化，使其生物学活性降低或消除（灭活作用），或使有毒物质的毒性减低或消除（解毒作用），如氨的解毒、激素的灭活等。更为重要的是生物转化作用可将这些物质的溶解性增高，使其转变为易于从胆汁或尿液中排出体外的物质。

二、生物转化反应的主要类型

生物转化的化学反应，可归纳为两相反应，即第一相反应和第二相反应。第一相反应包括氧化、还原和水解反应，第二相反应为结合反应。

（一）第一相反应

许多非营养物质通过第一相反应，其分子中某些非极性基团转变为极性基团，增加亲水性，或使其分解，改变其理化性质，易排出体外。

1. 氧化反应　氧化反应是生物转化反应中最常见的反应类型。肝细胞含有参与生物转化的各种氧化酶类，如加单氧酶、单胺氧化酶和脱氢酶。

（1）*加单氧酶系*　是由肝细胞中多种氧化酶系所催化的最多见的生物转化反应，其中最重要的是存在于微粒体内依赖细胞色素 P_{450} 的加单氧酶。该酶又称混合功能氧化酶，催化许多脂溶性物质从分子氧中接受一个氧原子，生成羟基化合物或环氧化合物，另一个氧原子被 NADPH 还原为水。加单氧酶系催化的基本反应如下：

$$RH + O_2 + NADPH + H^+ \longrightarrow ROH + NADP^+ + H_2O$$

加单氧酶的羟化作用不仅增加药物或毒物的水溶性，有利于排泄，而且是许多物质代谢不可缺少的步骤。

（2）*单胺氧化酶系* 存在于线粒体内，是另一类参与生物转化的氧化酶类。它是一种黄素蛋白，可催化胺类氧化脱氨基生成相应的醛，后者进一步在胞质中醛脱氢酶催化下氧化成酸。肠道细菌作用于蛋白质、多肽和氨基酸所生成的各种胺类（见第九章），在肠壁细胞与肝细胞内均按此氧化脱氨方式处理，使之丧失生物活性。

$$RCH_2NH_2 + H_2O_2 \xrightarrow{\text{单胺氧化酶}} RCHO + NH_3 + H_2O$$

$$RCHO + NAD^+ + H_2O \xrightarrow{\text{醛脱氢酶}} RCOOH + NADH + H^+$$

（3）*醇脱氢酶与醛脱氢酶系* 肝细胞内含有非常活跃的醇脱氢酶（alcohol dehydrogenase，ADH），可催化醇类氧化成醛，后者再经醛脱氢酶（aldehydedehydrogenase，ALDH）的催化生成酸。如乙醇在肝中的生物转化。

$$RCH_2OH \xrightarrow[NAD^+ \to NADH+H^+]{ADH} RCHO \xrightarrow[NAD^+ \to NADH+H^+]{ALDH} RCOOH$$

2. 还原反应 肝细胞中的还原反应主要是在肝微粒体中进行，主要还原酶类是硝基还原酶类和偶氮还原酶类，分别催化硝基化合物与偶氮化合物从 NADPH 或 NADH 接受氢，还原成相应的胺类。

$$C_6H_5{-}NO_2 \rightarrow C_6H_5{-}NO \rightarrow C_6H_5{-}NHOH \rightarrow C_6H_5{-}NH_2$$

硝基苯 亚硝基苯 苯胲 苯胺

$$C_6H_5{-}N{=}N{-}C_6H_5 \rightarrow C_6H_5{-}NH{-}NH{-}C_6H_5 \rightarrow C_6H_5{-}NH_2$$

偶氮苯 苯胺

3. 水解反应 肝细胞的细胞质与微粒体中含有多种水解酶类，可将脂类、酰胺类和糖苷类化合物水解，以减低或消除其生物活性。这些水解产物通常还需进一步反应，以利排出体外。例如，局部麻醉剂普鲁卡因由肝或血液中胆碱酯酶水解而失活；又如抗结核病药物异烟肼主要在肝微粒体被水解。

$$\text{(4-吡啶基)}{-}C(=O){-}NH{-}NH{-}CH(CH_3)_2 \xrightarrow{\text{水解}} \text{(4-吡啶基)}{-}COOH + H_2N{-}NH{-}CH(CH_3)_2$$

异丙烟肼 异烟酸 异丙肼

（二）第二相反应

第二相反应是结合反应，肝细胞内含有许多催化结合反应的酶类。凡含有羟基、羧基或氨基的药物、毒物或激素均可与葡糖醛酸、硫酸、谷胱甘肽、甘氨酸等发生结合反应，或进行酰基化和甲基化等反应。其中，与葡糖醛酸、硫酸和酰基的结合反应最为重要，尤以葡糖醛酸的结合反应最为普遍。

1. 葡糖醛酸结合反应 肝细胞微粒体中含有非常活跃的葡糖醛酸基转移酶（UGT），它以尿苷二磷酸 α－葡糖醛酸（UDPGA）为供体，催化葡糖醛酸基转移到多种含极性基团的化合物分子（如醇、酚、胺、羧基化合物等）上。

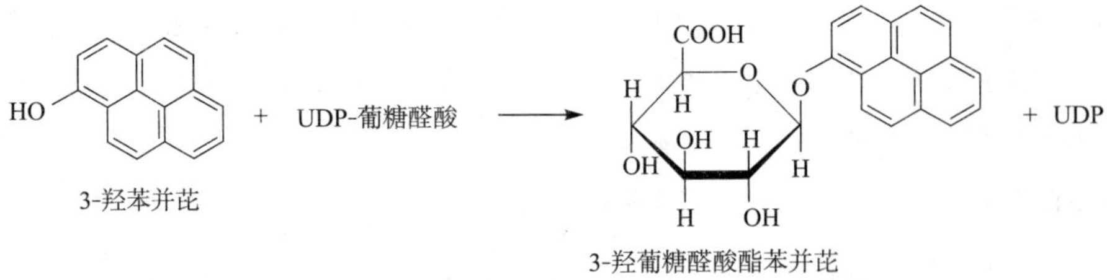

3-羟苯并芘 + UDP-葡糖醛酸 ⟶ 3-羟葡糖醛酸酯苯并芘 + UDP

2. 硫酸结合反应 3′-磷酸腺苷5′-磷酸硫酸（PAPS）是活性硫酸供体，在肝细胞质硫酸转移酶的催化下，将硫酸基转移到多种醇、酚或芳香族胺类分子上，生成硫酸酯化合物。例如，雌酮就是通过形成硫酸酯进行灭活的。

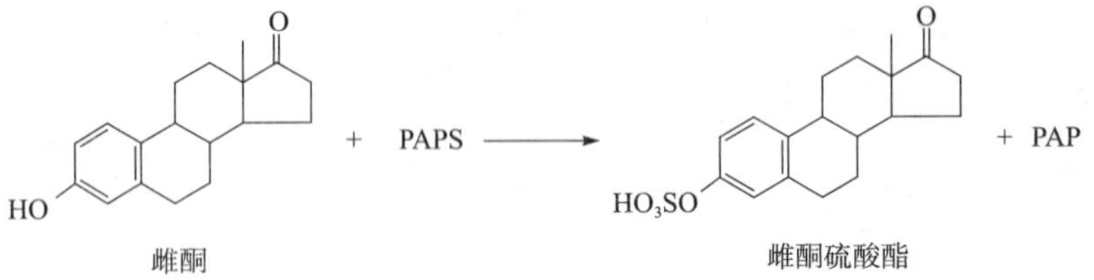

雌酮 + PAPS ⟶ 雌酮硫酸酯 + PAP

3. 酰基化反应 肝细胞质中含有乙酰基转移酶，催化乙酰基从乙酰辅酶A转移到芳香族胺化合物上，形成乙酰化衍生物。例如，抗结核病药物异烟肼在肝内乙酰基转移酶催化下经乙酰化而失去活性。

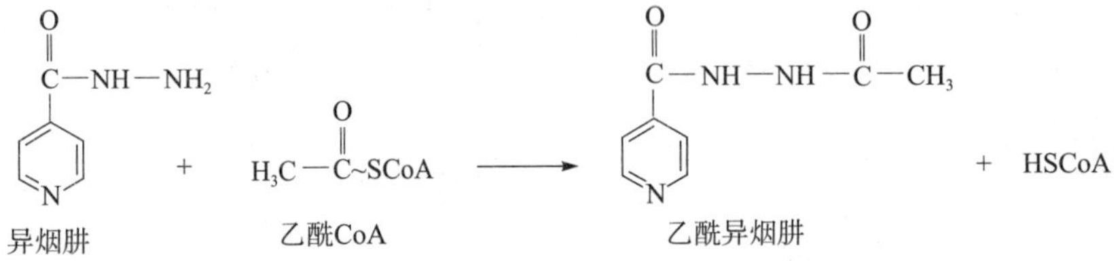

异烟肼 + 乙酰CoA ⟶ 乙酰异烟肼 + HSCoA

此外，大部分磺胺类药物在肝内也通过这种形式灭活。但应指出，磺胺类药物经乙酰化后，其溶解度反而降低，在酸性尿中易于析出形成结石，故在服用磺胺类药物时应服用适量的小苏打，以提高其溶解度，利于随尿排出。

4. 甲基化反应 体内一些胺类生物活性物质和药物可在肝细胞质和微粒体中甲基转移酶的催化下，通过甲基化灭活。S-腺苷甲硫氨酸（SAM）是甲基的供体。

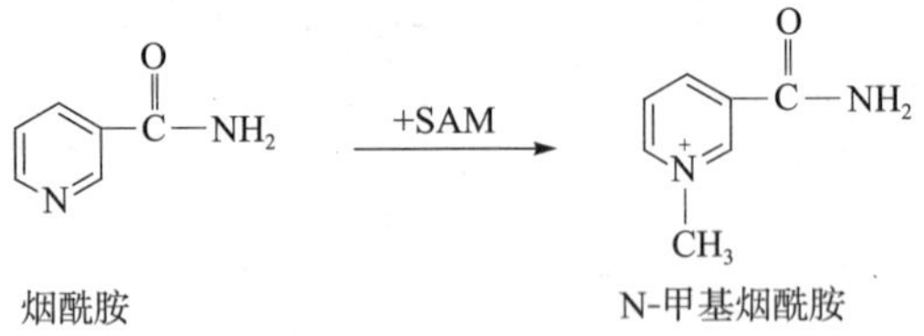

烟酰胺 $\xrightarrow{+SAM}$ N-甲基烟酰胺

5. 谷胱甘肽结合反应 谷胱甘肽（GSH）在肝细胞质谷胱甘肽S-转移酶催化下，可与许多卤代化合物和环氧化合物结合，生成含GSH的结合产物；生成的谷胱甘肽结合物主要随胆汁排出体外，不能直接从肾排出。

6. 甘氨酸结合反应 甘氨酸在肝细胞线粒体酰基转移酶的催化下可与含羧基的外来化合物结合。例如，胆酸和脱氧胆酸可与甘氨酸或牛磺酸结合，生成结合胆汁酸。

NOTE

三、生物转化的特点

1. 转化反应连续性 一种物质的生物转化常需要连续几种反应，产生几种产物；一般先进行第一相反应，再进行第二相反应。例如，乙酰水杨酸先水解成水杨酸，再结合；或者在水解后先氧化成羟基水杨酸，再结合，所以在尿中出现的转化产物可有多种形式。

2. 转化反应类型多样性 同一类物质可因结构上的差异而进行不同类型的反应，甚至同一种物质在体内可以进行多种不同反应，产生多种不同的产物。如乙酰水杨酸水解后生成的水杨酸，既可羟化成羟基水杨酸，也可与甘氨酸结合成水杨酰甘氨酸，也可与 UDPGA 结合成葡糖醛酸苷等。

3. 解毒与致毒双重性 一种物质在体内经过生物转化作用后，其毒性可能减弱（解毒），也可能增强（致毒）。例如，3,4 - 苯并芘是存在于烟草中的一种多核芳香族化合物，本身并无致癌作用，但进入人体后，由肝微粒体环氧化酶、水合酶催化，最终形成 3,4 - 苯并芘的 7,8 - 二氢二醇 - 9,10 - 环氧化物，是一种强烈的致癌物，可以直接攻击 DNA 的几种碱基。

四、影响生物转化作用的因素

1. 年龄、种族及个体差异 新生儿肝中生物转化酶体系还不完善，对药物及毒物的耐受性较差；老年人肝的重量和肝细胞数量明显减少，肝微粒体代谢药物的酶不易被诱导，对许多药物的耐受性下降，服用药物后，易出现中毒现象。异烟肼中毒多见于白种人，产生多发性神经炎，这是由于白种人体内缺乏乙酰转移酶者较多，不能及时使异烟肼灭活所致。

2. 肝病变 肝功能低下可影响肝的生物转化功能，使药物或毒物的灭活速度下降，药物的治疗剂量与毒性剂量之间的差距减小，容易造成肝损害。故对肝病患者用药应当慎重。

3. 药物或毒物对生物转化的诱导作用 药物或毒物本身可诱导相关酶的合成，长期服用某种药物可出现耐药性。许多物质的生物转化反应常受同一酶体系的催化，同时服用几种药物时可发生药物之间对酶的竞争性抑制作用，影响其生物转化。

第三节 胆汁酸代谢

一、胆汁

胆汁（bile）是肝细胞分泌的一种液体，贮存于胆囊，经胆总管流入十二指肠。它既是消化液，又是排泄液。正常人日分泌量为 300 ~ 700mL，呈金黄色或黄褐色，有苦味，比重在 1.009 ~ 1.032。从肝初分泌出来的胆汁称为肝胆汁（hepatic bile），比重较低，进入胆囊后，经逐渐浓缩为原体积的 10% ~ 20%，并掺入黏液等物质，比重增高，形成胆囊胆汁（gallbladder bile），随后经胆总管流入十二指肠。

胆汁的主要成分为胆汁酸盐，占固体物质总量的 50% ~ 70%，是胆汁酸的钠盐或钾盐的形式；其余成分为各种蛋白质、磷脂、脂肪、无机盐等。

NOTE

二、胆汁酸的分类

胆汁中的胆汁酸（bile acid）种类很多，主要有胆酸（cholic acid）、鹅脱氧胆酸（chenodeoxycholic acid）、脱氧胆酸（deoxycholic acid）和石胆酸（lithocholic acid）四类。其中胆酸和鹅脱氧胆酸及其相应的结合型胆汁酸是在肝细胞内以胆固醇为原料直接合成，称为初级胆汁酸（primary bile acid）。脱氧胆酸和石胆酸是以初级胆汁酸为原料，在肠菌作用下转变生成的，它们及其相应的结合型胆汁酸称为次级胆汁酸（secondary bile acid）（表 19－2）。

表 19－2　胆汁酸的种类

来源分类	结构分类	
	游离胆汁酸	结合胆汁酸
初级胆汁酸	胆酸	甘氨胆酸、牛磺胆酸
	鹅脱氧胆酸	甘氨鹅脱氧胆酸、牛磺鹅脱氧胆酸
次级胆汁酸	脱氧胆酸	甘氨脱氧胆酸、牛磺脱氧胆酸
	石胆酸	甘氨石胆酸、牛磺石胆酸

三、胆汁酸的代谢与功能

（一）胆汁酸的代谢

1. 初级胆汁酸的生成　肝细胞以胆固醇为原料合成初级胆汁酸。胆固醇首先在肝细胞经 7α－羧化酶（微粒体及细胞质）催化生成 7α－羟胆固醇，然后又经过羟化、加氢、氧化断开侧链，加辅酶 A 等多步酶促反应，生成胆酰辅酶 A 或鹅脱氧胆酰辅酶 A，最后生成初级胆汁酸，包括游离型和结合型初级胆汁酸（图 19－1）。

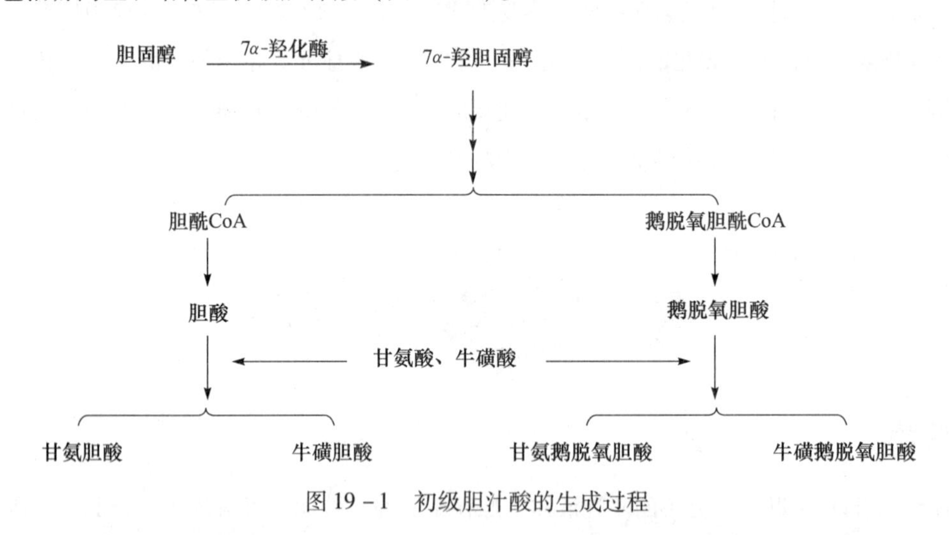

图 19－1　初级胆汁酸的生成过程

7α－羟化酶是胆汁酸合成过程中的关键酶，受产物胆汁酸的反馈抑制。因此，若能使肠道胆汁酸含量降低，减少重吸收的胆汁酸，可加速肝内胆固醇转化成胆汁酸，从而降低血液中胆固醇的含量。临床应用口服阴离子交换树脂（消胆胺），可与胆汁酸结合成不溶性络合物以减少其重吸收，促进排泄，减弱其对 7α－羟化酶的反馈抑制作用，促进肝内胆固醇转化为胆汁酸，起到降低血清胆固醇的治疗作用。此外 7α－羟化酶也是一种加单氧酶，维生素 C 对该羟化反应有促进作用。甲状腺素能促进 7α－羟化酶及侧链氧化酶的活性，从而加速胆固醇转化

NOTE

为胆汁酸。所以甲状腺功能亢进患者由于胆汁酸合成增强，故血清胆固醇浓度降低；甲状腺机能低下患者则有血清胆固醇浓度升高的趋势。

2. 次级胆汁酸的生成　结合型初级胆汁酸随胆汁进入肠道后，在回肠和结肠上段受细菌作用分解。①结合胆汁酸水解形成游离胆汁酸；②胆酸和鹅脱氧胆酸常进行 7 - 位脱羟基而转变成游离型次级胆汁酸，即脱氧胆酸和石胆酸。

甘氨（或牛磺）胆酸
甘氨（或牛磺）鹅脱氧胆酸 —— 甘氨酸或牛磺酸（↗）；7-位脱羟基（↘）——→ 脱氧胆酸
石胆酸

3. 胆汁酸的肠肝循环　各种胆汁酸随胆汁分泌排入肠腔后，只有一小部分受肠菌作用后排出体外，极大部分通过重吸收经门静脉又回到肝，在肝内转变为结合型胆汁酸，经胆道再次排入肠腔的过程，称胆汁酸的肠肝循环（enterohepatic circulation）（图 19 - 2）。

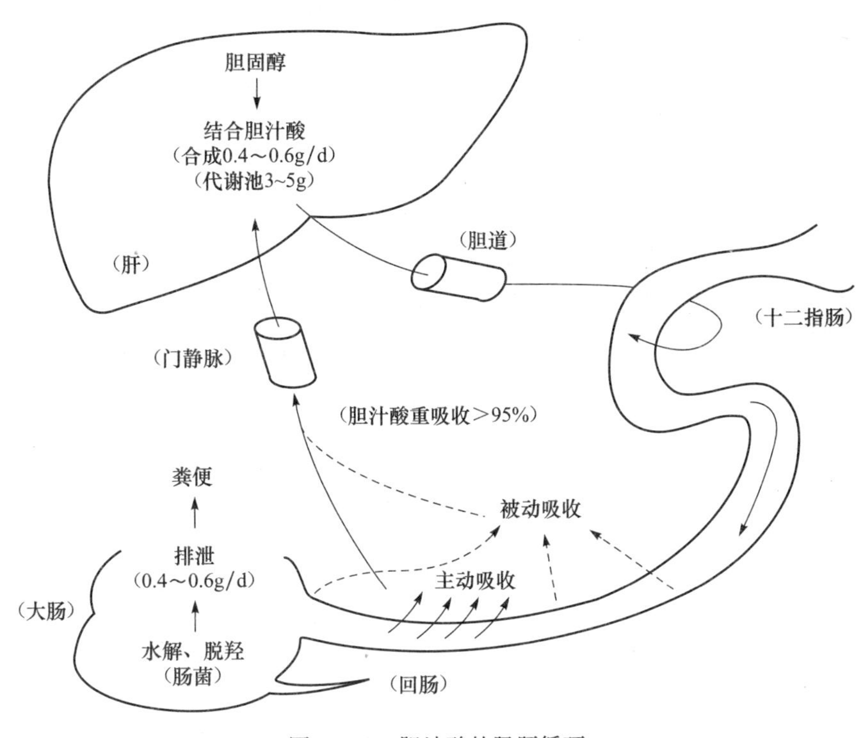

图 19 - 2　胆汁酸的肠肝循环

胆汁酸是由胆固醇在肝细胞转化而来，是体内清除胆固醇的主要方式。正常人每天合成胆固醇 1.0 ~ 1.5g，其中在肝内转变 0.4 ~ 0.6g 胆汁酸，与肠道排泄的胆汁酸保持动态平衡。人体内共有胆汁酸 3 ~ 5g，每天经肠肝循环 6 ~ 12 次，从而维持肠内胆汁酸盐浓度，使有限的胆汁酸能反复应用，有利于脂类消化吸收，维持胆汁中胆固醇的溶解。

（二）胆汁酸的功能

1. 促进脂类消化　胆汁酸分子表面既含有亲水的羟基和羧基或磺酸基，又含有疏水的甲基和烃核，使胆汁酸的立体构象具有亲水和疏水两个侧面，能够降低油/水两相之间的表面张力。促进脂类物质在水溶液中乳化成 3 ~ 10μm 的微团，增加脂类与脂肪酶的接触面，并激活脂肪酶等，加速脂类的消化过程。

2. 促进脂类吸收　胆汁酸盐与甘油一酯、脂肪酸、磷脂、脂溶性维生素等组成混合微团，

NOTE

有利于脂类物质透过肠黏膜表面水层，促进脂类吸收，再形成乳糜微粒入血。

3. 抑制胆汁中胆固醇的析出 部分未转化的胆固醇随胆汁排入胆囊，胆汁在胆囊浓缩后，胆固醇因难溶于水而易析出沉淀。但是在胆汁中胆汁酸盐的乳化作用下，可使胆固醇分散成可溶性微团，使胆固醇不易形成结晶沉淀，因此胆汁酸有抑制胆固醇从胆汁中析出沉淀的作用。当胆囊中的胆固醇过高（如高胆固醇血症）或胆汁中胆汁酸盐与胆固醇的比值下降（小于10∶1）、肝合成胆汁酸能力下降、肠肝循环量减少或胆汁酸在消化道丢失过多时，均可使胆固醇从胆汁中析出，而形成结石。

第四节 胆色素代谢

胆色素（bile pigment）是铁卟啉化合物在体内的主要分解代谢产物，包括胆绿素（biliverdin）、胆红素（bilirubin）、胆素原（bilinogen）和胆素（bilin）等，其中胆红素呈橙黄色或金黄色，是胆汁中的主要色素，故称胆色素。

一、胆色素的正常代谢

胆色素的成分主要是胆红素，下面以胆红素为例介绍胆色素的正常代谢。

（一）胆红素的生成

1. 来源 正常人每天产生250～300mg胆红素。其中约80%来自衰老红细胞中血红蛋白的分解，其余部分来自肌红蛋白、细胞色素、过氧化氢酶及过氧化物酶等色素蛋白的分解。

2. 生成过程 体内红细胞不断地更新、衰老和被破坏。正常人红细胞平均寿命为120天，衰老的红细胞被肝、脾、骨髓组织中单核吞噬细胞系统识别并吞噬破坏，释放出血红蛋白，每天释放量约8g。血红蛋白再进一步分解为珠蛋白和血红素，其中珠蛋白按一般蛋白质代谢途径分解为氨基酸供组织细胞重新利用；而血红素则在氧和 $NADPH + H^+$ 的参与下，由吞噬细胞微粒体的血红素加氧酶（heme oxygenase，HO）催化，使分子中α－次甲基桥断裂，释放出CO及 Fe^{2+}，生成胆绿素。CO可排出体外或发挥气体信号分子作用，Fe^{2+} 则可被机体再利用。胆绿素进一步在细胞质胆绿素还原酶（biliverdin reductase）的催化下，从 $NADPH + H^+$ 获得2个氢原子，还原生成胆红素(图19－3)。

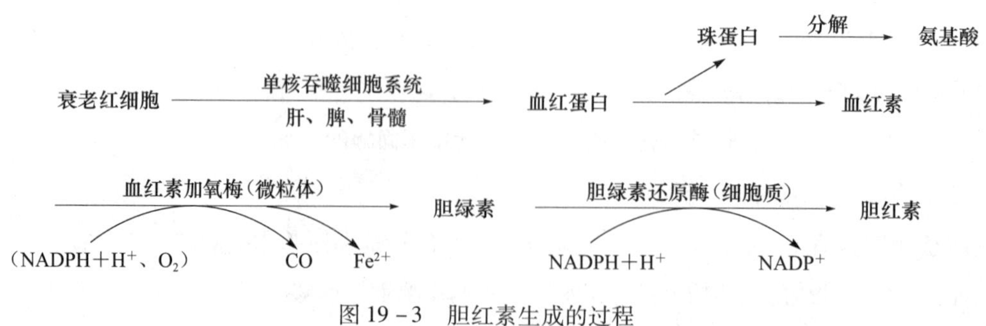

图19－3 胆红素生成的过程

胆红素由4个吡咯环通过3个次甲基桥相连，吡咯环上有许多取代基（图19－4）。环上的丙酸基、羟基和亚氨基等亲水基团相互间易形成分子内氢键，从而使胆红素在空间上发生扭曲形成脊瓦状的刚性折叠结构，成为难溶于水而亲脂性强的物质。脂溶性的胆红素容易自由透过生物膜对组织产生毒性。

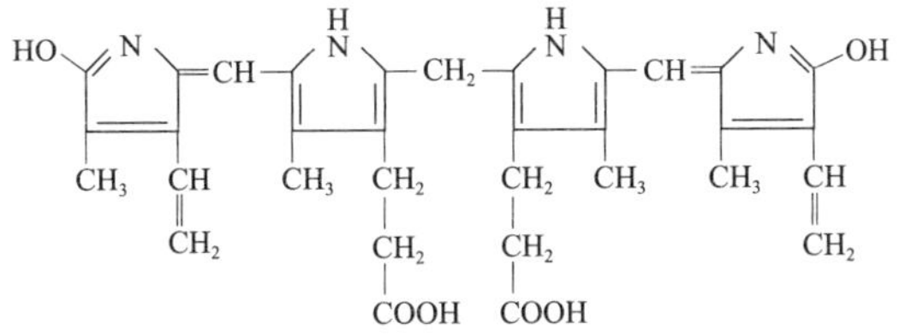

图 19－4 未结合胆红素的结构

胆红素的性质为亲脂疏水，过量的胆红素对人体大脑具有毒性作用，但适宜水平的胆红素对人体是有益的。胆红素是人体内强有力的内源性抗氧化剂，是血清中抗氧化活性的主要成分，可有效清除超氧化物和过氧化物自由基，改变体内某些酶的活性等。氧化应激可诱导 HO－1的表达，从而增加胆红素含量以抵御氧化应激状态。胆红素的这种抗氧化作用通过胆绿素还原酶循环（biliverdin reductase cycle）实现：胆红素氧化成胆绿素，后者再在胆绿素还原酶催化下，利用 NADH 或 NADPH 再还原成胆红素。由于胆绿素还原酶分布广、活性强，可使胆红素的抗氧化作用增大 10000 倍。

血红素降解过程中产生的 CO，并不是对人体无用而有害的物质。近年发现，低浓度 CO 有类似 NO 的信息分子和神经递质的作用，可通过激活鸟苷酸环化酶而促进 cGMP 的生成，产生舒张血管、增加血流量及调节血压的效应；可抑制血小板的激活和聚集，发挥抗炎作用；还可作为下丘脑中的神经递质，发挥神经内分泌调节作用。

（二）胆红素的转运

单核吞噬细胞系统生成的胆红素是亲脂的，能自由透过细胞膜，进入血液后，即与血浆清蛋白结合，胆红素－清蛋白是胆红素在血中的运输形式。其特点：①既增大了胆红素的溶解度又可限制胆红素透过细胞膜或进入组织，减少其对脑的毒性或组织内沉着；②胆红素与清蛋白结合后分子质量变大，不易滤过肾小球，且易被肾小管重吸收，故正常尿中无胆红素；③血胆红素尚未经过肝的结合反应，故称未结合胆红素（或称游离胆红素、间接胆红素）。

正常人血胆红素含量仅为 1.7～17.1μmol/L（0.1～1.0mg/dL），血浆清蛋白可结合 340～425μmol/L（20～25mg/dL）胆红素，故足以防止游离胆红素进入组织细胞产生毒性作用。当血中胆红素升高或清蛋白结合量下降，或结合部位被其他物质所占据，或胆红素与结合部位的亲和力降低，均可促使胆红素从血浆向组织转移。如某些有机阴离子（如磺胺类药物、脂肪酸、水杨酸、胆汁酸等）可与胆红素竞争结合清蛋白，使胆红素游离，过多的游离胆红素容易进入脑组织导致核黄疸（kernicterus），或称胆红素脑病（bilirubin encephalopathy）。因此，对有黄疸倾向的患者或新生儿高胆红素血症（neonatal hyperbilirubinemia）及先天性家族性非溶血性黄疸（congenital familial nonhemolytic jaundice）等血中未结合胆红素升高的疾病，应避免使用有机阴离子药物。另外，酸中毒可促使胆红素进入细胞，故高胆红素血症患者要防止酸中毒。过多的胆红素除了对脑组织细胞造成损伤外，还有人发现许多心脑血管疾病与体内胆红素的含量有一定关系。

（三）胆红素在肝细胞内的代谢

肝细胞对游离胆红素的代谢包括摄取、结合、排泄三个阶段。

NOTE

1. 摄取 胆红素由清蛋白运输至肝，先与清蛋白分离，然后迅速被肝细胞摄取，血液通过肝一次，就约有40%的胆红素被肝摄取。胆红素进入肝细胞后，即与胞质中的Y或Z蛋白结合形成胆红素-Y蛋白或胆红素-Z蛋白复合物，既增加了它的水溶性，又利于复合体运输至滑面内质网上进一步结合转化。Y蛋白对胆红素的亲和力高于Z蛋白，因此胆红素优先与Y蛋白结合。甲状腺素、四溴酚酞磺酸钠（BSP）均可竞争性地与Y蛋白结合，影响肝细胞对胆红素的摄取。新生儿出生后7周，Y蛋白才达到成人水平，而苯巴比妥能诱导Y蛋白的生成，故临床上可用苯巴比妥缓解新生儿高胆红素血症。

2. 结合 上述胆红素为游离胆红素，或称未结合胆红素（unconjugated bilirubin），由Y蛋白或Z蛋白运至滑面内质网，经葡糖醛酸基转移酶的催化，胆红素接受来自UDPGA的葡糖醛酸基，生成胆红素葡糖醛酸酯。其中70%～80%是双葡糖醛酸酯，20%～30%为单葡糖醛酸酯，还有2%～3%与硫酸、甘氨酸、甲基、乙酰基等结合，总称为结合胆红素（conjugated bilirubin）（图19-5）。

UDP葡萄糖（UDPG） —UDPG脱氢酶（NAD^+ → $NADH+H^+$）→ UDP葡糖醛酸（UDPGA）

胆红素 + UDPGA —UDP葡糖醛酸基转移酶→ 单葡糖醛酸胆红素酯 + UDP

单葡糖醛酸胆红素酯 + UDPGA —UDP葡糖醛酸基转移酶→ 双葡糖醛酸胆红素酯 + UDP

胆红素在肝细胞内结合转化后，由极性低的未结合胆红素转变为极性高的结合胆红素，从而不易透过生物膜，既有利于胆红素的排泄，又消除了其对细胞的毒性作用。

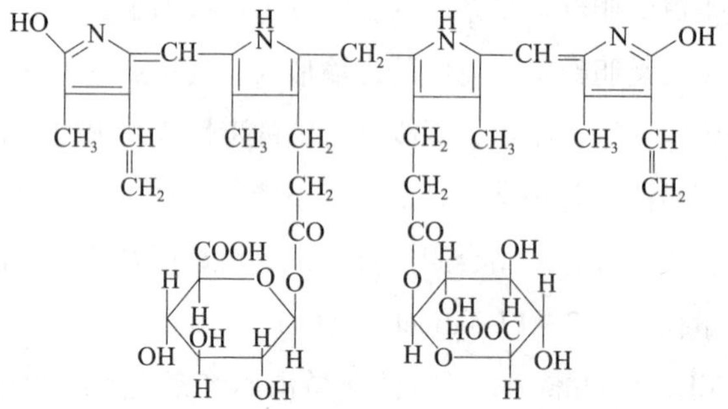

图19-5 结合胆红素（葡糖醛酸胆红素）结构

3. 排泄 结合胆红素在滑面内质网形成后，经高尔基体的分泌与排泄，最终几乎全部排入毛细胆管中，再经毛细胆管膜上的主动转运载体，将结合胆红素转运到胆汁中，随胆汁排入肠腔。正常人每天排入肠道的胆红素为250～300mg，其中仅有不足0.2mg/dL的结合胆红素进入血循环，故尿中极微，一般检测不出。当肝内外胆道阻塞或重症肝炎，可因结合胆红素排泄障碍导致其大量返流入血，使血清中结合胆红素含量增高，尿中结合胆红素排出量随之增加，此时尿胆红素定性试验呈阳性反应。

（四）胆红素在肝外的代谢

1. 胆红素在肠道中的转变 结合胆红素随胆汁排入肠腔后，受肠菌作用产生两类反应。

（1）水解 结合胆红素在β-葡糖醛酸酶的催化下，水解脱去葡糖醛酸而成为游离胆

NOTE

红素。

（2）还原　胆红素结构中，侧链的乙烯基、次甲基桥等被逐步还原生成多种无色的胆素原族化合物，包括中胆素原、粪胆素原和尿胆素原等，这些物质统称为胆素原。大部分胆素原在结肠下段与空气接触后，可分别被氧化为黄褐色尿胆素、粪胆素，统称为胆素，它们是尿和粪便的主要色素。正常成人每天从粪便中排出胆素原的总量为 40～280mg。当胆道完全阻塞时，因胆红素不能排入肠道转变为胆素原和胆素，所以粪便呈现灰白色。新生儿因肠道中缺少细菌，粪便中未被细菌作用的胆红素使粪便呈橙黄色。

2. 胆素原的肠肝循环　肠道中有 10%～20% 胆素原被重吸收，经门静脉入肝，其中大部分再由肝细胞分泌随胆汁排入肠腔，构成胆素原的肠肝循环（bilinogen enterohepatic circulation）。在肠肝循环中只有极少量（10%）的胆素原进入体循环，被运输到肾随尿排出体外，受空气中氧的作用，被氧化为黄褐色的胆素，成为尿液色素之一。这些随尿排出的胆素原与胆素常被称为尿胆素原与尿胆素（图 19－6）。正常成人每天从尿液中排出 0.5～4.0mg 胆素原。胆道阻塞时，结合胆红素排入肠道受阻，受肠菌作用生成的胆素原随之减少，尿胆素原可明显下降甚至完全消失；而当溶血使胆红素释放增多时，经肝细胞处理后排入肠道的结合胆红素也增加，受肠菌作用生成的胆素原随之增多，尿胆素原排出量也增多。临床将尿液中胆红素、胆素原、胆素称为尿三胆，作为鉴别诊断不同类型黄疸的常用指标。

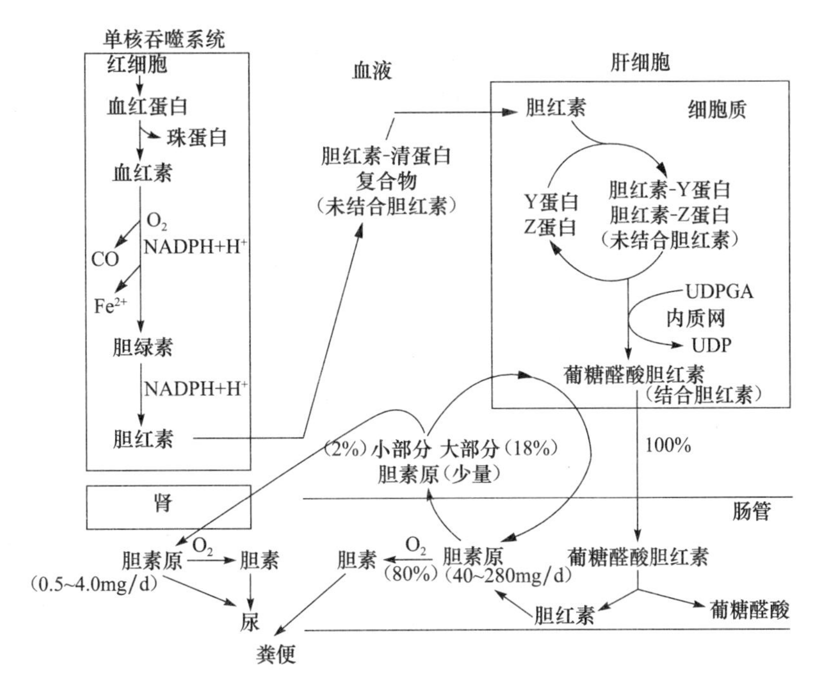

图 19－6　胆色素的形成与胆素原的肠肝循环

二、血清胆红素与黄疸

（一）胆红素的种类与性质

正常人血清中胆红素含量不超过 17.1μmol（1.0mg/dL），主要以两种形式存在：①来自单核吞噬细胞系统破坏衰老红细胞而释出的胆红素，在血浆中主要与清蛋白结合为胆红素－清蛋白的形式而运输，这类胆红素尚未进入肝细胞与葡糖醛酸结合，故被称为未结合胆红素，占胆红素总量的80%。未结合胆红素因分子内部形成氢键，不易与重氮试剂反应，必须加入乙醇或尿素破坏分子内氢键后才表现出明显的紫红色反应，故又称为间接胆红素，或间接反应胆红素。正常人血清未结合胆红素含量≤13.7μmol/L，呈间接反应弱阳性。②在肝细胞滑面内质网与葡糖醛酸结合而形成的结合胆红素，占胆红素总量的20%。结合胆红素分子内无氢键，能直接与重氮试剂迅速反应呈现紫红色，故称为直接胆红素，或直接反应胆红素。健康人血清结合胆红素含量≤3.4μmol/L，直接反应阴性。未结合胆红素是脂溶性物质，极易透过细胞膜对细胞造成危害，尤其是对富含脂质的神经细胞，使神经系统的功能紊乱。因此，肝对未结合胆红素的结合转化，使其毒性减小，水溶性增大易于排泄，这对机体具有十分重要的保护作用。两类胆红素的主要性质比较见表19-3。

表19-3 两类胆红素的比较

分类	未结合胆红素	结合胆红素
常见其他名称	游离胆红素 血胆红素 间接胆红素 间接反应胆红素	肝胆红素 直接胆红素 直接反应胆红素
占胆红素总含量（%）	80%	20%
血清胆红素的含量（μmol/L）	≤13.7	≤3.4
与葡糖醛酸结合	未结合	结合
与血浆清蛋白亲和力	大	小
溶解性	脂溶性	水溶性
细胞膜通透性及毒性	大	小
经肾小球滤过随尿排出	不能	能
与重氮试剂反应	慢、间接	快、直接

（二）黄疸类型与胆色素变化特征

正常情况下，胆红素的生成与排泄处于动态平衡，一旦某个环节发生障碍，都会造成胆红素在血中潴留，其原因归纳起来为胆红素的来源增多或去路受阻两大方面。胆红素为金黄色的物质，当血清中大量胆红素扩散进入组织，使皮肤、巩膜和黏膜等组织黄染，这一体征称为黄疸（jaundice）。黄疸的程度取决于血清胆红素的浓度，若血清胆红素浓度虽超过正常，但未超过34.2μmol/L（2.0mg/dL），肉眼看不出巩膜或皮肤明显黄染，称为隐性黄疸；若超过34.2μmol/L，皮肤、巩膜和黏膜等组织出现明显黄染则称为显性黄疸。根据胆红素代谢异常环节，黄疸可分三类。

1. 溶血性黄疸（hemolytic jaundice） 也称肝前性黄疸，某些疾病（如恶性疟疾、过敏等）、药物和输血不当引起大量溶血，使血中未结合胆红素生成过多，超过肝细胞的摄取能力，从而导致未结合胆红素在血中蓄积，临床上出现黄疸。其特点有：①血中未结合胆红素增多，重氮反应试验为间接反应阳性。②尿中无胆红素。③胆汁中结合胆红素和粪便中尿胆素原增多，粪便颜色加深。④血和尿液中尿胆素原增加。⑤伴有其他特征如贫血、骨髓增生、末梢血液网织红细胞增多、脾肿大等。

2. 肝细胞性黄疸（hepatocellular jaundice） 也称肝原性黄疸，由于肝细胞受损后变性或坏死，使肝细胞一方面由于摄取和结合未结合胆红素的能力减弱，不能将未结合胆红素转化为结合胆红素，造成血清未结合胆红素含量增加。另一方面已生成的结合胆红素，由于肝细胞的肿胀，受压毛细胆管或毛细胆管与肝血窦直接相通，使部分结合胆红素不能顺利地排入胆汁而反流入血，致使血清结合胆红素含量增加。其特点有：①血清未结合与结合胆红素均增加，重氮反应试验为双相反应阳性。②尿胆红素阳性。③尿胆素原增高，如果胆小管堵塞严重，则尿中胆素原反而减少。④粪便中胆素原含量正常或减少。⑤肝功能试验阳性，谷丙转氨酶常显著升高。

3. 阻塞性黄疸（obstructive jaundice） 也称肝后性黄疸，由于胆管炎症、肿瘤、结石或先天性胆管闭锁等造成胆管系统阻塞引起胆汁排泄受阻，使胆小管和毛细胆管内压不断增高，结果胆小管扩张，通透性增强，甚至胆小管破裂，胆汁返流入血，造成血清结合胆红素升高。其特点有：①血清结合胆红素含量增加，重氮反应试验为直接反应阳性。②尿中出现大量的胆红素，尿色变深。③由于胆道阻塞，结合胆红素不能排出肠道（如阻塞不完全则可有少量排入肠道），致使肠内无或很少有胆素原生成，故尿中无或很少含胆素原，粪便颜色灰白或变浅。④胆汁中的胆盐入血，刺激感觉神经末梢，引起皮肤瘙痒，刺激迷走神经，出现心动过缓。⑤血清胆固醇和碱性磷酸酶活性常明显增高。各种类型黄疸的比较（表19-4）。

表19-4 三种类型黄疸比较

类 型	溶血性黄疸（肝前性黄疸）	肝细胞性黄疸（肝原性黄疸）	阻塞性黄疸（肝后性黄疸）
黄疸发生的机制	细胞破坏过多引起未结合胆红素生成过多	肝功能下降，转化胆红素的能力降低	肝内外胆道阻塞引起胆红素排泄障碍，反流入血
血总胆红素	增高	增高	增高
血未结合胆红素	明显增高	增高	改变不大
血结合胆红素	改变不大	增高	显著增高
重氮反应试验	间接反应阳性	双相反应阳性	直接反应阳性
尿胆红素	阴性	阳性	强阳性
尿胆素原	增多	改变不大	减少或消失
尿胆素	增多	改变不大	减少或消失
粪胆素原	增多	减少	减少或消失
粪便颜色	加深	变浅或正常	变浅或灰白色（陶土色）

注：尿胆红素、尿胆素原和尿胆素在临床上称“尿三胆”。

案例1分析讨论

本病患者初步诊断为阻塞性黄疸，胰头占位性病变。

(1) 全身皮肤、巩膜出现重度黄染，血清总胆红素浓度远超过正常值，以结合胆红素升高为主，且大便呈陶土色，故可诊断阻塞性黄疸。

在解剖学上，肝内左、右肝管在肝门处汇合成肝总管，肝总管与胆囊管汇合成胆总管，胆总管与胰管汇合成膨大的壶腹（Vater壶腹），共同开口于十二指肠乳头部，由Oddi括约肌控制胆汁、胰液的排出。各种原因的胆汁流动阻塞（如胆结石、胆总管或胰腺肿瘤、肝肿瘤、胆道蛔虫直接阻塞胆总管等）都可引起不同程度的胆汁排泄受阻，使胆小管和毛细胆管内压力增高，胆小管扩张，通透性增强甚至破裂，肝内已经转化的结合胆红素则随胆汁返流入血，造成血清结合胆红素升高，出现阻塞性黄疸。

因恶性肿瘤产生的阻塞性黄疸往往呈进行性加深。本病患者B超检查显示胰头后方实性包块，因此考虑胰腺肿瘤。由于胰腺头部与胆道系统解剖学上毗邻，故该部位的肿瘤常常压迫胆总管下段，导致胆汁排泄受阻，产生阻塞性黄疸；随肿瘤增大，压迫程度加剧，故黄疸呈不断加深趋势。若需进一步确诊，可通过CT或核磁共振（MRI）及抽针穿刺等病理学检查。

（2）由于胆总管阻塞还未严重影响肝细胞功能，未结合胆红素可以在肝细胞内进行生物转化，生成结合胆红素（直接胆红素），再排入胆汁中。因此，胆总管阻塞后，胆汁的排泄障碍，造成胆汁中的结合胆红素反流入血，导致血清总胆红素和结合胆红素明显增高，而未结合胆红素不增高。

（3）由于胆总管阻塞，胆汁不能被排泄入肠道，肠道中缺乏胆红素，不能生成粪胆素原和粪胆素，故粪便呈陶土色；由于肠中没有胆素原被吸收进入血液，尿胆素原阴性。结合胆红素水溶性大，可通过肾排泄。血液结合胆红素增高后，可以随尿排出，故尿液呈深黄色。

肝是物质代谢的“中枢器官”。当肝病变时，肝酶活性的异常变化，会累及多种物质代谢发生障碍，同时可引起血液中某些化学成分的改变。因此，肝功能检查可以帮助诊断或鉴别诊断肝胆疾病、了解病情和观察疗效等。迄今为止，临床用于肝功能检查方法已有数百种，由于受特异性、灵敏度、技术难度等限制，常用的只有数十种，而且没有一种方法能够反映肝功能的全貌。在临床运用时，还需要根据患者的症状、体征、病程的长短、疾病的转归等选择性进行某些指标的检测，以提高诊断的准确性。常用的检测指标及临床意义见表19-5。

表19-5 常见肝功能检测指标及临床意义

检测指标	缩写	临床意义（诊断）
总蛋白	TP	慢性肝炎和肝硬化
清蛋白	ALB	慢性肝炎和肝硬化
球蛋白	GLO	慢性肝炎和肝硬化
清蛋白/球蛋白	A/G	慢性肝炎和肝硬化
谷丙转氨酶	ALT（GPT）	急性病毒性肝炎、慢性肝炎及肝硬化活动期
谷草转氨酶	AST（GOT）	急性病毒性肝炎、慢性肝炎及肝硬化活动期
乳酸脱氢酶	LDH	心肌梗死、肝疾患、恶性肿瘤
单胺氧化酶	MAO	肝疾患
碱性磷酸酶	AKP（ALP）	骨及肝疾病
卵磷脂-胆固醇脂酰转移酶	LCAT	肝胆疾患
γ-谷氨酰转肽酶	GGT（γ-GT）	急性肝炎、肝硬化、慢性肝炎活动期、肝癌
四溴酚酞磺酸钠	BSP	肝细胞早期病变
吲哚氰绿	ICG	急性肝硬化
甲胎蛋白	AFP	原发性肝癌

小结

肝是物质代谢的“中枢器官”，具有很多重要的功能。肝通过糖原合成、糖原分解与糖异生调节血糖浓度，维持血糖的相对恒定；肝在脂类和多种维生素的消化、吸收、运输、分解与合成、储存和转化等过程中均起重要的作用；肝既是合成蛋白质、分解氨基酸、合成尿素解氨毒的主要器官，也是多种激素灭活的场所。

NOTE

肝是生物转化的场所，肝可将许多内、外源性非营养物质进行代谢转化，改变其极性，使其易随胆汁和尿液排出。生物转化过程可归纳为第一相反应（包括氧化、还原和水解反应）和第二相反应（结合反应）。生物转化的特点是反应连续性、反应类型多样性和解毒与致毒双重性。肝的生物转化作用受年龄、种族、个体差异、肝病变、诱导物、抑制物等因素的影响。

胆汁酸是胆汁的重要成分，它既能乳化脂类，促进脂类的消化吸收，又是胆固醇的主要排泄形式，还能抑制胆固醇在胆汁中析出。胆固醇在肝细胞内转化为初级（游离）胆汁酸，并进一步与甘氨酸和牛磺酸结合，转化为结合胆汁酸，进入胆汁。部分初级胆汁酸在肠道细菌作用下水解并转化为次级胆汁酸。胆汁酸大部分经肠道重吸收入肝，其中的游离胆汁酸再次转化为结合胆汁酸，汇入胆汁，形成肠肝循环。

胆色素是铁卟啉化合物在体内代谢的产物，主要是胆红素。衰老红细胞在单核吞噬细胞系统内破坏，释出血红蛋白，血红蛋白分解出血红素。血红素经微粒体血红素加氧酶催化生成胆绿素，再还原成游离胆红素。游离胆红素是亲脂疏水的，在血液中与清蛋白结合，转运至肝，与葡糖醛酸结合成水溶性强的胆红素葡糖醛酸酯，即结合胆红素。结合胆红素经胆道排入肠腔，在肠道细菌作用下，脱去葡糖醛酸，并被还原成胆素原，其大部分随粪便排出体外，小部分经门静脉回肝，以原形再回到肠道，称胆素原的肠肝循环。胆汁中的部分胆素原经体循环入肾自尿中排出，称尿胆素原。粪胆素原与尿胆素原可被氧化生成粪胆素与尿胆素。尿胆红素、尿胆素原与尿胆素在临床上称尿三胆。胆色素代谢障碍可产生黄疸，根据代谢异常环节，可将黄疸分为三大类，即溶血性黄疸、肝细胞性黄疸和阻塞性黄疸，临床上可通过病史和血、尿、粪便检查而鉴别诊断黄疸。

中医药防治非酒精性脂肪肝的研究

非酒精性脂肪肝（nonalcoholic fatty liver disease，NAFLD）是指排除过量饮酒史以外的其他因素导致的肝弥漫性脂肪浸润，病变部位在肝小叶，表现为肝实质细胞脂肪变性和脂肪贮积的临床病理综合征。包括单纯性脂肪肝、脂肪性肝炎（NASH）、脂肪性肝纤维化和脂肪性肝硬化 4 个病理类型。研究表明肥胖、糖尿病、高脂血症等是非酒精性脂肪肝高发的诱因，因此，在采用有效的药物干预同时，纠正不良生活习惯、调整饮食结构、合理的有氧锻炼、控制体重等，也是治疗 NAFLD 的有效方法。

中医将 NAFLD 归属于“肝癖”“痰湿”“胁痛”等范畴，医家认为其起因多为饮食失节、过食肥甘厚味；或起居失常、情志失调、肝气郁结；或外感湿浊、脏腑虚衰，引起肝失疏泄、脾失健运、肾精亏损、痰浊内生、淤血阻滞，导致痰湿瘀互结，痹阻肝脏脉络而形成。本病病位在肝，病机为本虚标实，本虚以脾肾为主，标实主要与气滞、痰湿、血瘀有关。针对上述病因病机，各医家在治疗 NAFLD 的过程中，根据其病变阶段和不同证型辩证施治，在实践中逐步形成了一些针对该病的治疗组方，综合其治疗原则，多以疏肝健脾、活血化瘀、消积导滞为主，又因本病多属本虚标实之证，故在益气健脾、化痰利湿的过程中，尚需使用补虚药等顾护正气，使水湿得运、痰浊得化、淤脂得清。

中医药在防治 NAFLD 的实验研究方面日趋活跃，中药组方多选择山楂、泽泻、丹参、柴胡、何首乌、郁金、半夏、陈皮、茯苓、白芍、草决明、虎杖、大黄、甘草、白术、茵陈蒿、赤芍、当归、枸杞子、枳壳、香附、党参、姜黄、黄芪、黄精、决明子、莱菔子、荷叶等具有活血化瘀、祛湿化痰、疏肝解郁、导滞通便、健脾养肝等作用，其作用机制涉及减肥、调脂、抗氧化应激、抗脂质过氧化、抗炎症性肝损害等方面。

NOTE

第二十章　水盐代谢

【案例1】

患者，男，43岁，以“呕吐，腹泻，伴发热，口渴，尿少4天”入院。体格检查：体温38.2℃，血压110/80mmHg，汗少，皮肤黏膜干燥。实验室检查：血 Na^+ 155mmol/L，血浆渗透压320mmol/L，尿比重 >1.020。其余实验室检查正常。

立即给予静脉推注5%葡萄糖溶液2500mL/d和抗生素等治疗。2天后，除体温、尿量恢复正常和口不渴外，反而出现眼窝凹陷，皮肤弹性明显降低，头晕，厌食，肌肉软弱无力，肠鸣音减弱，腹壁反射消失，浅表静脉萎陷，脉搏110次/分，血压72/50mmHg，血 Na^+ 120mmol/L，血浆渗透压255mmol/L，血 K^+ 3.0mmol/L，尿比重 <1.01，尿钠8mmol/L。

问题讨论

1. 该患者临床诊断是什么？
2. 诊断依据是什么？
3. 治疗前后上述水和电解质代谢紊乱的生化机制是什么？

第一节　水和无机盐在体内的生理功能

一、水的生理功能

水是维持人体正常代谢活动和生理功能所必需的物质之一，是人体内含量最多的成分，在人体正常生命活动中发挥着重要作用。其主要生理功能有：

1. 构成组织和体液的成分　人体内的水有两种存在形式：一种是自由水，多分布于体液；另一种是结合水，多与蛋白质、多糖等结合，参与细胞原生质特殊形态构成，在维持组织器官的正常形状、硬度和弹性上起着重要作用。如心肌含水约79%，血液含水约83%，血液中的水多以自由水形式存在，使血液流动自如；但心肌主要含结合水，使心脏具有一定形态，同时使心肌具有独特的机械功能，保证心脏有力地推动血液循环。

2. 促进并参与物质代谢和营养运输　水是良好的溶剂，是一切生化反应进行的场所。营养物质和代谢产物溶解于水中，利于机体进行消化、吸收、运输、代谢和排泄。同时水还直接参与代谢反应，如水解、加水脱氢等。

3. 调节并维持体温恒定　水的蒸发热大，1g水在37℃完全蒸发时能吸收2.4kJ的热量，蒸发少量的水能带走较多的热，机体通过蒸发少量的汗就能散发大量的热。水的比热大，1g水每升高1℃需4.2kJ热量，因此水能吸收较多的热而本身温度升高不多，体温不易因外界温

NOTE

度的变化而发生显著改变。水的流动性大，能将代谢产生的热量通过血液循环迅速带往全身，使热量迅速转移，以维持机体的正常体温。

4. 润滑作用 水是一种良好的润滑剂，如泪液可防止眼球干燥；唾液帮助食物吞咽；关节腔滑液可减少关节面的摩擦等。

二、无机盐的生理功能

体内无机盐含量少，种类很多，功能各异，主要生理功能有以下几个方面：

1. 构成组织和体液的成分 体液中含有重要的无机盐，包括 Na^+、K^+、Cl^-、HCO_3^-、HPO_4^{2-} 等。无机盐还是构成人体组织的重要成分，硬组织如骨骼和牙齿，大部分是由钙、磷和镁组成，软组织含较多的钾，铁是形成血红蛋白的关键物质等。

2. 维持体液渗透压平衡与水平衡 体液中由无机盐等小分子物质产生的渗透压称为晶体渗透压，它对细胞内外水分的转移及物质交换起着十分重要的作用。Na^+、Cl^- 是维持细胞外液晶体渗透压的主要离子；K^+、HPO_4^{2-} 是维持细胞内液晶体渗透压的主要离子。当这些电解质的浓度发生改变时，细胞内外液的渗透压亦发生改变，从而影响体内水的分布。

3. 维持体液酸碱平衡 正常人的组织间液及血浆的 pH 值为 7.35～7.45，在血液缓冲系统、肺和肾的调节下维持相对稳定。体液中的 Na^+、K^+、HCO_3^-、HPO_4^{2-} 等离子参与体液缓冲体系的构成，具有调节和维持酸碱平衡的作用。

4. 维持神经、肌肉的兴奋性 神经肌肉的兴奋性与多种无机离子的浓度及比例有关：

$$\text{神经肌肉兴奋性} \propto \frac{[Na^+] + [K^+] + [OH^-]}{[Ca^{2+}] + [Mg^{2+}] + [H^+]}$$

当 Na^+、K^+、OH^- 浓度升高时，神经肌肉的兴奋性增强；当血 K^+ 浓度过低时，神经肌肉的兴奋性降低，可出现肌肉软弱无力甚至麻痹。而 Ca^{2+}、Mg^{2+}、H^+ 能降低神经肌肉的兴奋性，当血浆 Ca^{2+}、Mg^{2+}、H^+ 浓度增高时，神经肌肉的兴奋性降低；当血浆 Ca^{2+} 浓度过低时，神经肌肉的兴奋性升高，可出现手足搐搦甚至惊厥。

心肌细胞的兴奋性也受上述离子的影响，其关系如下：

$$\text{心肌兴奋性} \propto \frac{[Na^+] + [Ca^{2+}] + [OH^-]}{[K^+] + [Mg^{2+}] + [H^+]}$$

血 K^+ 浓度过高对心肌有抑制作用，使心肌的兴奋性降低，可出现心动过缓、心率减慢、传导阻滞和收缩力减弱，严重时甚至可使心跳停止于舒张期；而血 K^+ 浓度过低时，心肌的兴奋性增强，可出现心率加快、心律失常，严重时可使心跳停止于收缩期。Na^+ 和 Ca^{2+} 可拮抗 K^+ 对心肌的作用，维持心肌的正常状态，保证其完成正常功能。

5. 参与细胞正常的新陈代谢 主要体现在：①作为酶的辅助因子或激活剂影响酶的活性。如各种 ATP 酶需要一定浓度的 Na^+、K^+、Mg^{2+}、Ca^{2+} 的存在才表现出活性，Cl^- 是淀粉酶的激活剂等。②参与或影响物质代谢。如 K^+ 参与糖原、蛋白质的合成，Na^+ 参与小肠对葡萄糖的吸收，Mg^{2+} 参与蛋白质、核酸、脂类和糖类的合成，Ca^{2+} 作为细胞信号转导的第二信使等。因此，无机盐在机体物质代谢及其调控中起着重要作用。

第二节　体液的含量和分布

人体内存在的液体称为体液（body fluid），其中水是体液的主要成分，此外还含有无机盐和有机物。无机盐和部分以离子形式存在的有机物（如蛋白质、氨基酸等）统称为电解质，葡萄糖、尿素等不能解离的有机物称为非电解质。人体正常生命活动的顺利进行依赖于体液的分布、容量和浓度保持动态平衡。疾病和内外环境的剧烈变化都可能破坏这种动态平衡，使体液的分布、电解质的含量等发生变化，易引起平衡失调，这种失调如果得不到及时纠正，将导致严重后果，甚至危及生命。

一、水的含量和分布

水是体液的主要成分。正常成人体液总量约占体重的60%（女性50%～55%）。以细胞膜为界，体液可分为细胞内液与细胞外液。分布在细胞内的体液称为细胞内液（约占体重40%）；分布在细胞外的体液称为细胞外液（约占体重20%），细胞外液又分两部分，流动于血管与淋巴管的血浆和淋巴液（占体重4.5%～5%）及细胞间液（又称组织间液，约占体重15%）。细胞外液还包含一部分通透细胞的液体，包括胃肠道分泌液、脑脊液、胸腔液、腹腔液和滑囊液等（占体重1%～3%），可视为细胞外液的特殊部分。

体液（占体重60%）
- 细胞内液（占体重40%）
- 细胞外液（占体重20%）
  - 血浆和淋巴液（占体重5%）
  - 细胞间液（占体重15%）

体液的含量随年龄、性别和胖瘦的不同有较大差异。由于脂肪具有疏水性，肥胖者的体液量比体重相同的瘦者少；女性由于脂肪较多，体液量比男性少。体液总量随年龄的增长而减少，如新生儿含水最多，体液量可达体重的80%，婴幼儿期约为70%，学龄儿童约为65%，成人体液量占体重的60%，而老年人体液量只占体重的55%。儿童由于含水量多，体表面积大，新陈代谢旺盛，耗水量也较成人多，而调节水与电解质平衡的功能不完善，更易发生水和电解质平衡失调，这也是儿童为什么比成年人更容易脱水的原因之一。

二、体液电解质的含量和分布特点

电解质具有维持体液渗透压、保持体内液体正常分布的作用。其中主要阳离子有Na^+、K^+、Ca^{2+}、Mg^{2+}，主要阴离子包括Cl^-、HCO_3^-、HPO_4^{2-}、$H_2PO_4^-$、SO_4^{2-}和蛋白质等，其分布与浓度见表20－1。为直观反映阳离子与阴离子的平衡关系，表中数据采用毫克当量浓度（用mEq/L表示；mEq/L = mmol/L × 原子价 = mg/L × 原子价 ÷ 分子量）。

NOTE

表 20－1 体液电解质浓度（mEq/L）

电解质	细胞内液	细胞间液	血浆	电解质	细胞内液	细胞间液	血浆
Na^+	15	145	141	HCO_3^-	10	27	24
K^+	150	4.5	4.5	Cl^-	18	114	103
游离 Ca^{2+}	0.0001	2.4	2.4	游离 $H_2PO_4^-$ HPO_4^{2-}	100	2	2
总 Ca^{2+}	2		4.8	SO_4^{2-}	2	1	1
游离 Mg^{2+}	2	1.1	1.2	有机酸		7	6
总 Mg^{2+}	26		1.8	蛋白质	63	2	16
总浓度	193	153	152	总浓度	193	153	152

从表 20－1 中可以看出，各部分体液中电解质的含量与分布有下列特点：

1. 体液呈电中性 体液中的电解质毫克当量浓度，无论是细胞内液的阳离子与阴离子或细胞外液的阳离子与阴离子，总量相等，呈电中性。

2. 细胞内液和外液的电解质分布差异大 细胞内液阳离子以 K^+ 为主，阴离子以 HPO_4^{2-} 和蛋白质为主；而细胞外液阳离子以 Na^+ 为主，阴离子以 Cl^- 和 HCO_3^- 为主。

3. 细胞内、外液的渗透压相等 半透膜允许小分子溶剂通过而大分子溶质不能通过。当水和溶液被半透膜隔开时，由于溶液中含有一定数目的溶质分子，对水产生一定的吸引力，使水渗过半透膜进入溶液，这种对水的吸引力称为渗透压。渗透压的大小取决于溶质颗粒的数值，毫渗量浓度（单位：毫渗量/升，mOsm/L）为溶液中能对水产生吸引力的各种溶质颗粒（离子或分子）的总浓度。电解质的 mOsm/L 数 = mmol/L × 离子数；非电解质的 mOsm/L 数 = mmol/L 数。健康人细胞内、外液电解质的组成尽管不同，但总的电解质浓度大致相等，为 290～310mmol/L，因此细胞内外液的总渗透压相等。

临床上，5% 葡萄糖和 0.9% NaCl 溶液因与血浆的毫渗量浓度相近，称为等渗溶液，用这类溶液输液时不会影响红细胞的形态或造成溶血。

4. 血浆蛋白质含量远高于细胞间液 由于蛋白质不能自由通过毛细管壁，使血浆与细胞间液中蛋白质含量明显不同。血浆蛋白质含量为 16mEq/L（60～80g/L），细胞间液蛋白质含量仅为 2mEq/L（0.5～10g/L），这种不同使血浆形成较高的胶体渗透压，对血浆与细胞间液之间水的交换及血容量的维持起着重要作用。

第三节 体液平衡及其调节

一、水代谢

（一）水的来源和去路

1. 水的来源 正常成人每日摄取的水量约为 2500mL。体内水的来源有三条：

（1）饮水 成人每日饮水 1000～1500mL，饮水量与个人生理情况、运动状况、生活习惯以及气候有关。

（2）食物水　因食物含水量不同，成人每日从食物中摄取水量约700mL。

（3）代谢水　又称内生水，主要是糖、脂、蛋白质等营养物质在代谢过程中通过氧化产生的水，每日约300mL。

2. 水的去路　正常成人每日排出水量约为2500mL。水排出的途径有以下四条：

（1）皮肤蒸发　皮肤蒸发水有两种方式：①非显性汗，即在机体自觉未出汗的情况下，每日由皮肤蒸发的水约500mL；②显性汗，即通过皮肤汗腺排出的水分，并伴有Na^+、Cl^-等电解质的排出。所以，在出汗过多补水的同时，还应注意补充NaCl等电解质。

（2）肺呼出　由肺呼出气体带走的水分，其排出量与气候、呼吸深度、基础代谢率等有关，正常人每日呼出约400mL。

（3）肾脏排水　一般成人由尿液排出的水分为1000～1500mL，为水排出的主要去路。尿量的多少随气候、个人饮水量、劳动强度而变化，但正常成年人每日最低尿量不低于500mL。成人每日从尿中排出的物质除水和无机盐外，还有各种非蛋白氮（NPN，包括尿素、尿酸、肌酐等）等代谢废物约35g，其中尿素氮占50%以上，而肾脏排出尿液的最大浓度为6%～8%，要使这些代谢废物以溶解状态随尿排出体外至少需要500mL尿量，否则难以将这些代谢废物全部排出体外。少尿（尿量100～500mL）或无尿（尿量低于100mL）会导致血浆非蛋白氮升高，代谢废物在体内堆积，使机体多系统出现严重中毒症状，引发尿毒症（uremia）。

（4）粪便排出　正常成人由粪便排出的水分每日约为100mL。每天消化道分泌的各种消化液约有8200mL，这些消化液大部分在肠道被重吸收，随粪便排出的量很少。在病理情况下如腹泻、呕吐等都能引起消化液大量丢失而导致脱水和电解质平衡紊乱，因此，对这些患者应补充水分和相应的电解质。

表20－2　一般人体每日水的出入量

水的来源（mL）		水的去路（mL）	
饮水	1000～1500	皮肤非显性蒸发	500
食物水	700	肺呼出	400
代谢水	300	肾脏排水	1000～1500
		粪便排出	100
合　计	2500		2500

（二）体液的交换

人体每天补充的水和电解质在体内各区间不断地进行交换，其中包括血浆与细胞间液、细胞间液与细胞内液之间的交换，通过不断地相互交换流通，维持着体液的动态平衡，从而保证机体各种生理活动的正常进行。

1. 血浆与细胞间液之间的交换　血浆与细胞间液之间交换的主要部位在毛细血管壁。毛细血管壁为一种半透膜，血浆和细胞间液中的水、无机盐和小分子有机物（如葡萄糖、氨基酸、尿素）等可自由通过，而大分子蛋白质则不能自由通过。由于血浆中蛋白质的浓度远高于细胞间液中蛋白质浓度，使血浆的胶体渗透压大于细胞间液的胶体渗透压，两者的压力差（约2.93kPa）称为血浆有效胶体渗透压。

决定水在血浆与细胞间液之间流向的主要因素是毛细血管血压与血浆有效胶体渗透压之

差。毛细血管血压促使水分进入细胞间液，而血浆有效胶体渗透压则将水吸入毛细血管内。在毛细血管的动脉端血压约为4.53kPa，静脉端血压约为1.60kPa，血浆有效胶体渗透压基本恒定在2.93kPa。因此，在毛细血管的动脉端，血压高于血浆有效胶体渗透压（4.53kPa－2.93kPa＝1.60kPa），使水由血浆流向细胞间液；在毛细血管的静脉端，血浆有效胶体渗透压高于血压（2.93kPa－1.60kPa＝1.33kPa），使水由细胞间液回流到血浆。此外，还有一小部分细胞间液向淋巴管回流，通过淋巴循环进入血液。在正常情况下，水由毛细血管流出的量与回流的量基本相等。

血浆与细胞间液之间交换的速度很快，每分钟约为2000mL，并且在水分交换的同时，也进行着物质交换，以实现体内营养物质与代谢废物的交换。

在一些病理情况下，如心力衰竭，毛细血管静脉端压力增大，使细胞间液回流障碍而发生水肿。肝功能障碍时，血浆清蛋白合成减少；慢性肾炎患者，大量血浆清蛋白从尿中丢失，血浆胶体渗透压下降，均可发生水肿。

2. 细胞间液与细胞内液之间的交换 细胞间液与细胞内液隔以细胞膜，细胞膜是一种功能极其复杂的半透膜，除大分子蛋白质不能自由通过外，Na^+、K^+、Ca^{2+}、Mg^{2+}等无机离子也不易通过，而有其特殊规律。

正常情况下，细胞内、外渗透压相等，水的交流量处于相对平衡状态。由于水可以自由透过细胞膜，当细胞内外液渗透压出现压差时，主要靠水的移动来维持渗透压平衡。决定水在细胞内外液之间流向的主要因素是晶体渗透压，其中决定细胞内液渗透压的主要是钾盐；决定细胞外液渗透压的主要是钠盐。水总是从渗透压低的一侧流向渗透压高的一侧。当细胞外液渗透压高于细胞内时，水从细胞内移动至细胞外，引起细胞皱缩；当细胞外液渗透压低于细胞内时，水从细胞外移至细胞内，引起细胞肿胀。

二、无机盐代谢

（一）钠的代谢

1. 钠的含量与分布 正常成人体内钠含量约为1g/kg体重，体重60kg的人体内钠总量约60g，其中约50%分布于细胞外液，10%分布于细胞内液，40%存在于骨骼中。血浆钠含量平均约为142mmol/L（130～150mmol/L）。

2. 钠的吸收与排泄 人体内的钠主要来自食盐（NaCl），正常成人每日NaCl需要量一般为6～10g，摄入量因饮食习惯、气候变化、劳动强度等不同而有差别。NaCl几乎全部被消化道吸收。

Na^+、Cl^-主要由肾排出，少量由汗液和粪便排出。肾排钠机制较完善，具有“多吃多排，少吃少排，不吃几乎不排”的特点。在未进食钠的情况下，每日从尿中排出的量几乎为零。

（二）钾的代谢

1. 钾的含量与分布 正常成人体内钾含量约为2g/kg体重，其中98%存在于细胞内液，2%存在于细胞外液。细胞内液K^+浓度为150mmol/L，血浆钾浓度平均为4.5mmol/L（3.5～5.5mmol/L）。

钾在细胞内外分布不均匀，细胞外的K^+需15小时左右才能与细胞内的K^+达到平衡。因此，临床上在给缺钾患者补钾的治疗过程中，很难在短时间内恢复其体内的钾平衡，故在补钾

NOTE

时应遵守“四不宜”原则，即不宜过浓（一般不大于3%），不宜过多（每日补钾不超过4g），速度不宜过快（因细胞内外达到平衡较慢，宜静脉滴注，严禁推注），不宜过早（要求见尿补钾）。如果短时间内静脉补钾过多过快，应注意观察血钾的情况，否则有发生高血钾的危险。

物质代谢对钾在细胞内外的分布有较大影响，当糖原或蛋白质合成时，钾从细胞外进入细胞内；反之，当糖原或蛋白质分解时，钾由细胞内释放到细胞外。实验结果表明，每合成1g糖原或1g蛋白质时，分别有0.15mmol或0.45mmol的钾进入细胞，每分解1g糖原或1g蛋白质时有同量的钾转出细胞。静脉输注胰岛素和葡萄糖液时，由于糖原和蛋白质合成加强，钾由细胞外快速进入细胞内，可造成血钾降低，故应注意补充钾。

2. 钾的吸收与排泄　正常成人每日钾的需要量为2～4g，主要来自蔬菜、肉类等食物，普通膳食即可满足人体对钾的需要。食物中的钾约90%经消化道吸收。

钾主要随尿排出，少量由粪便及汗液排出。肾排钾的特点为“多吃多排，少吃少排，不吃也排”。因此，对于停止钾摄入或大量丢失钾的患者，易导致体内缺钾，应注意补充。

（三）钙、磷代谢

1. 钙磷的含量、分布及生理功能　正常成人体内钙总量为1000～1400g，绝大多数钙以骨盐的形式存在于骨（约99%）和牙齿（约0.5%），其余则分布于细胞外液（约0.1%）和软组织（约0.4%）。

正常成人体内磷总量为600～800g，其中85%以上分布于骨，主要以羟磷灰石的形式构成骨盐成分；其余以无机磷及含磷化合物（如磷脂、磷蛋白、核苷酸等）形式广泛存在于全身各组织中；存在于细胞外液的磷约2g左右。

钙除了以钙盐形式组成人体骨架外，离子钙在人体内还参与很多重要功能：Ca^{2+}作为凝血因子之一，参与血液凝固过程；Ca^{2+}可降低神经肌肉的应激性，增强心肌收缩，降低毛细血管和细胞膜的通透性；Ca^{2+}是很多酶的激活剂；Ca^{2+}还可作为第二信使在细胞信息传递过程中起重要作用等。

磷的生理功能包括与钙结合生成羟磷灰石，构成骨盐的成分；磷酸参与体内核酸、磷蛋白、磷脂等重要大分子的组成；磷酸在物质代谢中参与高能磷酸键的生成、能量的利用及储存，如形成ATP、磷酸肌酸、磷酸化中间产物等；磷酸盐还参与酸碱平衡调节。

2. 钙的吸收与排泄　正常成人每日需钙量约为1.0g，儿童、孕妇需钙量增加。钙主要来源于牛奶、乳制品及果菜中。食物钙必须转变为游离Ca^{2+}，才能被肠道吸收。钙的吸收部位在小肠，以空肠和回肠吸收能力最强。Ca^{2+}主要通过被动扩散吸收，也有一部分钙在十二指肠通过主动转运吸收。

钙的吸收不仅受$1,25-(OH)_2-D_3$的调节，还受肠道pH和食物成分等因素的影响。$1,25-(OH)_2-D_3$是决定钙吸收的主要因素，当维生素D缺乏时钙的吸收降低。肠道pH升高时，钙吸收减少；pH降低时则促进钙吸收。酸性食物能使钙盐溶解度增强，故乳酸和柠檬酸等有助于钙的吸收；含碱性磷酸盐和草酸盐高的食物，可使Ca^{2+}在肠道内形成难溶性钙盐而抑制钙的吸收。此外，当血液钙磷浓度升高时，钙磷吸收率也下降。

人体钙约20%经肾排出，80%随粪便排出。肾小球滤过的钙，98%以上被肾小管重吸收。血钙升高，则尿钙排出增多，反之，尿钙排出减少。

3. 磷的吸收与排泄　正常人每日摄取磷约为0.8g，其中主要是有机磷酸酯和磷脂。肠道

主要吸收无机磷，有机含磷物则经水解释放出无机磷而被吸收。磷主要通过继发性主动转运吸收。磷的吸收部位也在小肠，以空肠吸收最快。

影响钙吸收的因素也影响磷的吸收。当肠内酸度增加时，磷的吸收增加。Ca^{2+}、Mg^{2+}、Fe^{3+}等离子与磷酸结合成不溶性盐时，磷不易被吸收。当血钙升高时肠内钙浓度也增加，可妨碍磷的吸收。

肾是排磷的主要器官，肾排出的磷占总磷排出量的70%，其余30%由粪便排出。肾小球滤过的磷，85%～95%被肾小管（主要为近曲小管）重吸收。

4. 血钙与血磷 血钙指血浆中所含的钙，健康成人血浆钙浓度为2.25～2.75mmol/L，一般以结合钙和离子钙两种形式存在。结合钙大部分与血浆蛋白（主要为清蛋白）结合，小部分与柠檬酸或其他酸结合。蛋白质结合钙不易透过毛细血管壁，故又称非扩散钙。游离Ca^{2+}及少量与柠檬酸或其他酸结合的钙可以透过毛细血管壁，故又称可扩散钙。

血钙（2.5mmol/L）
- 离子钙 } 可扩散钙
- 结合钙
  - 柠檬酸钙等 } 可扩散钙
  - 蛋白结合钙（非扩散钙）

血浆中发挥生理作用的是离子钙，血浆中离子钙与结合钙之间呈动态平衡关系，此平衡主要受血浆pH影响。血液pH下降时，离子钙浓度升高；相反，血液pH升高时，蛋白结合钙增多，离子钙浓度下降。因此，临床上碱中毒时常伴有抽搐现象，与离子钙减少，神经肌肉兴奋性升高有关。

血磷主要是指血浆中的无机磷，它以无机磷酸盐的形式存在，其中HPO_4^{2-}占80%，$H_2PO_4^-$占20%。正常成人血磷浓度为1.1～1.3mmol/L；儿童稍高，为1.3～2.3mmol/L，一般无性别差异。

血浆中钙与磷的浓度保持着一定关系，血钙浓度与血磷浓度（以mmol/L为单位表示时）的乘积是一个常数，为2.5～3.5，称为钙磷溶度积（solubility product constant，用K_{sp}表示）。

$$K_{sp} = [Ca] \times [P] = 2.5 \sim 3.5$$

当二者乘积大于3.5，钙和磷将以骨盐形式沉积于骨组织中；如果二者浓度乘积小于2.5，则会影响骨组织钙化，甚至使骨盐溶解，称为脱钙作用，临床上易发生佝偻病或骨软化症。

5. 钙磷代谢调节 体内钙、磷的平衡主要受甲状旁腺素、$1,25-(OH)_2-D_3$和降钙素的调节。

（1）甲状旁腺素的调节 甲状旁腺素（parathormone，PTH）是由甲状旁腺主细胞合成和分泌的一种单链多肽激素，成熟PTH含84个氨基酸残基，分子质量约为9500，是维持血钙恒定的主要激素。主要生理功能：①对肾脏的作用：增加肾近曲小管对Ca^{2+}的重吸收，抑制肾小管对磷的重吸收，使血钙升高，血磷降低。②对骨的作用：PTH具有促进成骨和溶骨的双重作用，一方面刺激骨细胞分泌胰岛素样生长因子，促进骨胶原和基质的合成，利于成骨作用；另一方面PTH增加骨组织中破骨细胞的数量和活性，使骨基质及骨盐溶解，释放钙和磷到细胞外液。③加强维生素D的作用，使肠道钙吸收增加。因此，PTH的总体效应是升高血钙、降低血磷。

（2）$1,25-(OH)_2-D_3$的调节 $1,25-(OH)_2-D_3$是由维生素D_3在体内代谢生成，是维

生素 D_3 在体内的主要活性形式，其总体效应是升高血钙和血磷。其对钙磷代谢调节作用表现为：①对小肠的作用：促进小肠对钙、磷的吸收和转运，升高血钙和血磷，这是其最主要的生理功能。②对骨的作用：具有促进成骨和溶骨的双重作用。一方面，$1,25-(OH)_2-D_3$ 刺激破骨细胞活性和加速破骨细胞的生成，促进溶骨作用；另一方面促进小肠对钙、磷的吸收，提高血钙、血磷，以促进骨的钙化。在钙磷供应充足时，主要促进成骨；当血钙降低以及肠道吸收钙不足时，主要促进溶骨，使血钙升高。③对肾的作用：促进肾小管对钙、磷的重吸收，但作用较弱。

（3）降钙素的调节　降钙素（calcitonin，CT）是由甲状腺滤泡旁细胞合成、分泌的一种单链多肽激素，由 32 个氨基酸残基组成，分子量 3500。靶器官主要是骨、肾，具对抗 PTH 作用。总体效应是降低血钙和血磷：①对骨的作用：抑制溶骨过程，增强成骨过程，使骨组织释放的钙磷减少，钙磷沉积增加，因而血钙与血磷含量下降。②对肾的作用：抑制肾小管对钙、磷的重吸收，使钙、磷从尿中排出增多。③对小肠的作用：通过抑制 $1,25-(OH)_2-D_3$ 生成，间接抑制小肠对钙磷的吸收。

三、体液平衡的调节

水、电解质的平衡，受神经系统和某些激素的调节，而这种调节又主要是通过神经特别是一些激素对肾的影响而实现。

（一）神经系统的调节

中枢神经系统通过对体液晶体渗透压变化的感受以影响水的摄入。在下丘脑视上核及其附近有渗透压感受器，能灵敏地感受血浆晶体渗透压的改变。当机体缺水、进食高盐饮食或输入高渗溶液时，血浆渗透压升高，刺激下丘脑视前区渗透压感受器，使大脑皮质兴奋，引起口渴反射而欲饮水。饮水后血浆渗透压恢复，渴感消失。反之，如果体内水增多，体液呈低渗状态，则渴觉被抑制。此外有效血容量的减少和血管紧张素Ⅱ的增多也可以引起口渴感。

（二）抗利尿激素的调节

抗利尿激素（antidiuretic hormone，ADH）又称加压素，是由下丘脑视上核神经细胞分泌，并在神经垂体贮存的一种九肽激素，需要时由神经垂体释放入血。其主要生理作用为提高肾远曲小管和集合管上皮细胞对水的通透性，促进水的重吸收，使尿液浓缩，尿量减少。

调节抗利尿激素分泌的主要因素有血浆晶体渗透压和循环血量。

1. 血浆晶体渗透压　当机体失水时，血浆晶体渗透压升高可刺激下丘脑渗透压感受器，使视上核兴奋而分泌抗利尿激素增加，促使远曲小管及集合管对水的重吸收增加，导致尿量减少，以保留体内水分，使血浆渗透压趋向正常。反之，当血浆晶体渗透压降低时，如大量饮清水时，减少了对渗透压感受器的刺激，从而使垂体后叶抗利尿激素分泌减少而利尿，以排出多余水分，使血浆渗透压恢复正常。

2. 循环血量　胸腔大静脉和左心房内膜下的容量感受器能感受循环血量的变化，冲动沿迷走神经上传中枢，反射性地促进或抑制下丘脑－垂体后叶系统抗利尿激素的释放。当循环血量尤其是胸部的循环血量减少时，抗利尿激素释放增加，促进水的重吸收以恢复血量；反之，当循环血量增加时，抗利尿激素的释放减少，引起利尿，排出过多水分，循环血量得以恢复正常。

此外，动脉血压升高，刺激颈动脉窦与主动脉弓等处的压力感受器，可反射性地抑制抗利尿激素的释放；心房肌合成分泌的心钠素亦可抑制抗利尿激素分泌；血管紧张素Ⅱ、疼痛刺激和精神紧张则可刺激抗利尿激素分泌。

（三）醛固酮的调节

醛固酮（aldosterone）是肾上腺皮质球状带分泌的一种固醇类激素（属盐皮质激素）。醛固酮的主要作用为促进肾远曲小管和集合管对 Na^+ 的主动重吸收，同时通过 K^+-Na^+ 交换和 H^+-Na^+ 交换而促进 K^+ 和 H^+ 的排出，起排 K^+、排 H^+、保 Na^+ 的作用。随着 Na^+ 主动重吸收的增加，Cl^- 和水的重吸收也增多，因此醛固酮也有保水作用。

调节醛固酮分泌的主要因素有肾素-血管紧张素-醛固酮系统以及血 K^+ 和血 Na^+ 浓度。

1. 肾素-血管紧张素-醛固酮系统 肾素-血管紧张素-醛固酮系统是人体调节血压的重要内分泌系统，由一系列激素及相应的酶组成，在调节水、电解质平衡以及血容量、血管张力和血压方面具有重要作用。当血量减少，血压下降时，肾球旁细胞合成和分泌肾素，直接作用于肝组织所分泌的血管紧张素原，使血管紧张素原转变成血管紧张素Ⅰ（10 肽）。血管紧张素Ⅰ在血管紧张素转换酶的作用下，形成血管紧张素Ⅱ（8 肽）。血管紧张素Ⅱ能使小动脉平滑肌收缩，通过脑和自主神经系统间接升压，并促进肾上腺皮质球状带合成分泌具有保钠保水、增加血容量作用的醛固酮，收缩血管，使血压升高。血管紧张素Ⅱ作用后很快被血管紧张素酶水解灭活。正常情况下，肾素、血管紧张素和醛固酮三者相互反馈和制约，以维持动态平衡。

2. 血 K^+ 和血 Na^+ 浓度 血 K^+ 和血 Na^+ 水平也可影响醛固酮的分泌。当血 K^+ 含量升高或血 Na^+ 含量降低时，可以直接刺激肾上腺，使醛固酮的分泌量增加，从而促进肾小管和集合管对 Na^+ 的重吸收和 K^+ 的分泌，维持含量平衡。反之，则醛固酮分泌量减少。

（四）心钠素的调节

心钠素又称为心房利钠肽（atrial natriuretic polypeptide，ANP），是由心房肌细胞合成和分泌的一种 28 肽。主要生理功能：①利钠及利尿作用。心钠素通过增加肾小球滤过率、增加肾髓质的血流量及抑制肾远曲小管和集合管对钠的重吸收，产生利尿利钠作用。②抑制肾素-血管紧张素-醛固酮系统。心钠素能抑制肾球旁细胞释放肾素，并通过抑制肾素-血管紧张素-醛固酮系统以及对肾上腺皮质的直接作用，抑制醛固酮的分泌。③抑制 ADH 的合成、释放，并抑制 ADH 对肾脏集合管和血管平滑肌的作用。④舒张血管、降低血压、增加心肌血流量、改善心功能作用。

第四节 水盐代谢紊乱

一、水、钠代谢紊乱

水、钠代谢紊乱是较常见的水电解质代谢紊乱，一旦发生，往往失水和失钠同时存在。不同原因引起的水、钠代谢紊乱，在失水和失钠的程度上会有所不同，有的以失水为主兼失钠，有的以失钠为主兼失水。在临床上常见的有脱水与水肿两种情况。

（一）脱水

脱水是指体液的丢失，造成体液容量不足。根据水和钠丢失的比例和性质，临床上常将脱水分为三种类型。

1. 高渗性脱水　又称缺水性脱水，血清钠浓度高于150mmol/L。

（1）主要原因　①水摄入不足，如昏迷、创伤、拒食、吞咽困难等；②水分丧失过多，如环境高温、剧烈运动、高热等大量出汗、糖尿病高渗状态等。

（2）体液变化特征与临床表现　高渗性脱水的体液变化特征是失水大于失钠，血清钠高于正常范围，细胞外液容量减少和渗透压升高。由于细胞外液渗透压升高，水从细胞内转移至细胞外，其结果是细胞内液减少。其功能表现：①在脱水初期，因细胞外液得到了细胞内液的补充，使临床脱水体征并不明显，血量减少不多，血压一般也不下降。因细胞外液减少并不严重，故循环衰竭和肾小球滤过率减少都较轻。②细胞外液渗透压增高，刺激下丘脑渗透压感受器而使ADH释放增多，从而使肾脏重吸收水增多，尿量减少而比重增高。由于细胞外液钠浓度过高，使醛固酮的分泌量减少，肾脏重吸收钠减少，结果使尿钠增加，尿比重进一步增大。③由于水从细胞内转移至细胞外，细胞内严重缺水，患者常有剧烈口渴、高热、烦躁不安、肌张力增高等表现，甚至发生惊厥。由于脱水后肾脏负担明显增加，既要尽量重吸收水分，同时又要将体内废物排出体外，若脱水继续加重，最终将出现氮质血症。④脱水严重的病例，尤其是小儿，由于从皮肤蒸发的水分减少，散热受到影响，易发生脱水热。⑤细胞外液渗透压增高，使脑细胞脱水时可引起一系列中枢神经系统功能障碍的症状，包括烦躁、肌肉抽搐、昏迷，甚至导致死亡。

（3）治疗原则　先补水后补钠。单纯失水者，口服淡水或输注5%葡萄糖液；失水多于失钠者，在主要补水的同时，还要适当补钠。

案例1分析讨论

根据该患者治疗前的病因和血钠浓度及血浆渗透压水平初步诊断是高渗性脱水。诊断依据：患者呕吐、腹泻4天可导致大量消化液的丢失，消化液为等渗液体，因伴有发热，患者经皮肤、呼吸道丢失水分增多，最终导致失水多于失钠；实验室检查血Na^+155mmol/L，血浆渗透压320mmol/L，都高于正常水平；尿少，尿比重增高。

（1）口渴：①细胞外液高渗→渗透压感受器（+）→下丘脑口渴中枢（+）→渴感；②口渴中枢细胞脱水→口渴中枢（+）→渴感；③唾液腺细胞脱水→分泌↓→口腔、咽部黏膜干燥→渴感。

（2）尿少，尿比重>1.020：细胞外液高渗→渗透压感受器（+）→下丘脑垂体后叶分泌ADH↑→肾重吸收水↑→尿量↓→比重↑。

（3）发热，体温38.2℃：①汗腺细胞脱水→皮肤蒸发水分↓→散热↓→产热>散热→体温↑；②体温调节中枢神经细胞脱水→功能障碍→体温调定点上移→体温↑。

（4）汗少、皮肤黏膜干燥：细胞内液向细胞外转移→汗腺细胞脱水→汗腺分泌↓。

（5）血压110/80mmHg：细胞外液渗透压>细胞内液渗透压→水从细胞内向细胞外转移→细胞外液减少不显著→血浆量减少轻微→血压正常。

（6）血 Na^+ 155mmol/L，血浆渗透压 320mmol/L：失水＞失钠→血液浓缩→血［Na^+］↑→血浆渗透压↑。

2. 低渗性脱水 又称继发性脱水，血清钠浓度低于 130mmol/L。

（1）主要原因 ①胃肠道消化液持续性丧失，如反复呕吐、腹泻、胃肠道引流或慢性肠梗阻，使 Na^+ 随着消化液大量丢失；②大创面慢性渗液，如各种创伤、烧伤、创口不愈合等；③心、肾疾病患者长期限制钠盐，又应用排钠利尿剂，以致体内缺钠相对多于缺水。

（2）体液变化特征与临床表现 低渗性脱水的特征是失钠大于失水，血清钠低于正常范围，细胞外液容量减少和渗透压降低。由于细胞内液渗透压相对较高，水由细胞外向细胞内转移，使细胞外液更少，细胞内液增多，因而有发生细胞水肿的倾向；由于血液浓缩，血浆蛋白浓度增加，细胞间液被重吸收入血增多，使细胞间液的减少最明显。其功能表现：①由于细胞外液低渗以及水向细胞内转移，引起血容量明显减少，导致循环功能障碍，易发生休克、静脉萎陷、血压降低、脉搏细速、神志异常，甚至发生肾衰竭、氮质血症等。②由于体液减少最明显的部位是细胞间液，使患者出现皮肤弹性降低、眼窝下陷等脱水容貌体征。在婴幼儿由于体液占体重比例大，发生低渗性脱水时，可有囟门凹陷、眼窝凹陷和皮肤黏膜干皱、弹性降低等脱水容貌体征。③低渗性脱水早期，因细胞外液渗透压降低，ADH 分泌受抑制，尿量无明显降低。当细胞外液明显减少时，肾素 - 血管紧张素 - 醛固酮系统活性增强，肾小管对水、钠的重吸收增加，可出现明显少尿；同时，肾素 - 血管紧张素 - 醛固酮系统活性增强，使肾小管对钠重吸收增加，因此在低渗性脱水的后期，患者不仅排尿减少，而且尿钠含量和尿比重也都降低。④低渗性脱水早期因细胞外液低渗可无口渴感，中、后期当血管紧张素Ⅱ水平增高时，患者也会有口渴。重症低渗性脱水有神志淡漠、嗜睡、昏迷等中枢神经系统症状，这与脑细胞水肿引起的中枢功能障碍有关。

（3）治疗原则 针对细胞外液缺钠多于缺水和血容量不足的情况，及时给予生理盐水纠正体液的低渗状态和补充血容量。

案例1分析讨论

在治疗过程中，2 天内静脉滴注 5% 葡萄糖溶液 2500mL/d，即只补充水分而未补充钠盐，使病情发生改变，血 Na^+ 为 120mmol/L，血浆渗透压为 255mmol/L，都低于正常水平。因此，根据该患者治疗后的病因和血钠浓度及血浆渗透压水平判定患者由高渗性脱水转为低渗性脱水。

（1）眼窝凹陷、皮肤弹性差：失钠＞失水→细胞外液低渗→细胞外液向细胞内转移→细胞外液↓↓→血容量↓↓→血液浓缩→血浆胶体渗透压↑→细胞间液入血↑→细胞间液↓↓↓。

（2）浅表静脉萎陷，脉搏 110 次/分，血压 72/50mmHg：失钠＞失水→细胞外液低渗→细胞外液向细胞内转移→细胞外液↓↓→血容量↓↓（浅静脉萎陷）→血压↓↓。

（3）尿比重＜1.010（正常 1.015～1.025），尿钠 8mmol/L：细胞外液↓→血容量↓→肾血流↓→刺激肾素—血管紧张素—醛固酮系统→醛固酮↑→尿钠↓→尿比重↓。

3. 等渗性脱水 又称混合性脱水，血清钠仍在正常范围（130～150mmol/L）。

(1) 主要原因　①消化液的急性丧失，如呕吐、腹泻、胃肠引流、出血等丧失大量等渗液但未补充相应液体；②体液丧失在感染区或软组织内，如腹腔内或腹膜后感染、肠梗阻、烧伤等。③低渗或高渗性脱水患者在补液治疗中也可能转变为等渗性脱水。

(2) 体液变化特征与临床表现　等渗性脱水的特征为水和钠成比例丢失，体液容量减少而渗透压变化不大。由于细胞外液渗透压正常，细胞内液不向细胞外转移，故细胞内液变化不大。其功能表现为：①有效循环血量减少使醛固酮和 ADH 分泌增加，肾小管对钠、水重吸收增多，细胞外液得到一定的补充，同时尿量减少，尿比重增高。②有效循环血容量减少，可因肾血流量减少，刺激渴感中枢而口渴，严重者血压下降。③可通过皮肤非显性蒸发不断丢失水分而转变为高渗性脱水；若仅补水而未补钠，又可转变为低渗性脱水。

等渗性脱水无特异的临床表现，兼有高渗性脱水和低渗性脱水的表现。轻症以失盐的表现为主，如出现厌食、恶心、软弱、口渴、尿少、口腔黏膜干燥、眼窝凹陷和皮肤弹性下降等；重症则表现为外周循环衰竭。

(3) 治疗原则　补水、补盐，纠正血容量减少，改善外周循环。如有酸碱平衡失调，需同时加以纠正。

(二) 水肿

人体组织间隙或体腔内有过多的体液积聚称为水肿。通常又将体腔内的体液增多称为积水。

1. 水肿分类　①水肿按分布范围可分全身性水肿、局部性水肿、积水；②按发生部位分为皮下水肿、肺水肿、脑水肿；③按发病原因分为肾性水肿、心性水肿、肝性水肿、营养不良性水肿、过敏性水肿；④按水肿的皮肤特点分为显性水肿、隐性水肿。

2. 主要原因　①全身水分进出失衡导致钠、水潴留，如各种病因使肾脏排钠、排水减少，导致钠、水在体内潴留；②血管内外液体交换失衡导致细胞间液增多，如血浆胶体渗透压降低、淋巴回流受阻等。

3. 治疗原则　消除引起水肿的原发病因，促进水的排出或调节血管内外液体交换平衡。

二、钾代谢紊乱

(一) 低血钾

血浆钾浓度小于 3.5mmol/L 称为低血钾。

1. 主要原因　①钾摄入不足。如慢性消耗性疾病、心力衰竭、肿瘤、手术后长期禁食等，患者长期不能进食或摄入食物减少，使钾来源少，而肾照常排钾。②钾排出增加。如严重呕吐、腹泻、胃肠引流等，因消化液丢失引起低血钾；具有保钠排钾作用的肾上腺皮质激素分泌增多或长期应用可引起低血钾。③细胞外钾进入细胞内。葡萄糖被利用或进入细胞合成糖原时，钾也进入细胞内，易造成低血钾，故在治疗糖尿病酮症酸中毒时，如静脉输入大量葡萄糖和胰岛素，应及时补充钾。在代谢性碱中毒或输入过多的碱性药物时，易形成急性碱血症，在机体代偿过程中 H^+ 从细胞内移至细胞外以中和碱，而细胞外钾移至细胞内，造成低血钾。

2. 临床表现　①神经、肌肉兴奋性减退。可出现四肢肌肉软弱无力、腱反射迟钝或消失、呼吸肌麻痹、呼吸吞咽困难等；中枢神经系统症状为精神抑郁、倦怠、神志淡漠、嗜睡、神志不清，甚至昏迷。②心肌兴奋性增强。可出现心悸、心律失常，严重者可出现房室传导阻滞、室性心动过速及室颤，严重者心脏停搏于收缩状态。

3. 治疗原则 纠正原发病。轻度缺钾者，给予富含钾的饮食，必要时，可口服氯化钾或枸橼酸钾。重症或不能口服补钾者需静脉补钾。静脉补钾需掌握“四不宜”原则，即不宜过浓，不宜过多，速度不宜过快，不宜过早。否则，在治疗低血钾时易造成高血钾，血钾突然升高，可致心搏骤停。

案例1分析讨论

患者呕吐、腹泻4天，导致含钾丰富的消化液丢失，钾吸收减少，治疗中补充了大量的葡萄糖液，使细胞外钾转移进细胞内，致使细胞外液钾浓度降低；检查血K^+3.0mmol/L，即患者还发生了低钾血症。

厌食、肌肉软弱无力，肠鸣音减弱，腹壁反射消失机制为：血［K^+］↓→肌细胞的兴奋性↓→①骨骼肌细胞兴奋性↓→肌肉软弱无力，腹壁反射消失；②胃肠道平滑肌细胞兴奋性↓→胃肠道运动功能↓→厌食，肠鸣音减弱。

（二）高血钾

血浆钾浓度大于5.5mmol/L称为高血钾。

1. 主要原因 ①摄入过多。如输入含钾溶液太快、太多、输入贮存过久的血液或大量使用青霉素钾盐等，可引起血钾过高。②细胞内钾外移。见于输入不相合的血液或其他原因引起的严重溶血、缺氧、酸中毒以及外伤所致的挤压综合征等。③肾排钾减少。见于肾功能衰竭的少尿期和无尿期、肾上腺皮质机能减退等。④细胞外液容量减少。见于脱水、失血或休克所致的血液浓缩等。

2. 临床表现 ①神经肌肉症状，常有四肢及口周感觉麻木、极度疲乏、肌肉酸疼、肢体苍白、湿冷等一系列类似缺血现象。②抑制心肌收缩，出现心律缓慢、心律不齐，严重时心室颤动、心脏停搏于舒张状态。

3. 治疗原则 积极治疗原发病，如纠正酸中毒、休克，有感染或组织创伤应及时彻底清创；限制含钾丰富食物的摄入，停用含钾药物；静脉注射葡萄糖溶液加胰岛素，促使钾由细胞外转入细胞内。对严重的急性高血钾症患者治疗原则为保护心脏，可应用钙离子拮抗高钾状态，并积极综合治疗降低血钾；尚不能控制高血钾时，可采用腹膜透析或血液透析等方法。

三、钙磷代谢紊乱

（一）低钙血症

血浆钙浓度低于2.25mmol/L称为低钙血症。可因清蛋白结合钙或离子钙的减少而导致降低，通常由于维持血浆钙各种存在形式之间分配的生理机制被破坏而引起。导致低钙血症的常见原因有：

1. 低清蛋白血症 慢性肝病、肾病综合征、营养不良以及充血性心衰均可引起低清蛋白血症，使蛋白质结合钙减少，血浆总钙量降低，但直接检测离子钙多正常。

2. 维生素D代谢障碍 主要见于因吸收不良或不适当饮食、阳光照射不足等造成维生素D缺乏，或肾损害所致的慢性肾功能衰竭使$1,25-(OH)_2-D_3$生成不足，以致血钙和血磷降低。血钙降低可引起甲状旁腺功能继发性亢进，持续增加 PTH 的分泌，影响骨代谢而发生骨病。如成人可发生骨质软化、骨质疏松症，儿童可患佝偻病。

3. 甲状旁腺功能减退　甲状旁腺素分泌减少，引起的钙、磷代谢异常疾病。患者血钙降低，可出现皮肤角化、粗糙并脱屑，牙齿发育不全，毛发脱落，指甲及趾甲变脆，手足搐搦等症状。

4. 电解质代谢紊乱　与高血磷症并发，升高的血磷破坏了钙、磷间的正常比例，使血钙降低。与低镁血症并发，低镁可干扰甲状旁腺素的分泌，并影响其在骨和肾的活性，导致低钙血症。

（二）高钙血症

血浆钙浓度高于 2.75mmol/L 称为高钙血症。高钙血症常见病因有：

1. 甲状旁腺功能亢进　原发性甲状旁腺功能亢进常见于甲状旁腺增生或甲状旁腺肿瘤，由于 PTH 分泌过多，促进溶骨，骨钙释放增多，引起血钙升高。

2. 恶性肿瘤　如乳腺癌、卵巢癌、脾肿瘤、多发性骨髓瘤、急性淋巴细胞白血病等，溶骨作用增强，钙溢出进入细胞外液。

3. 肠吸收钙增加　见于维生素 D 中毒。过量维生素 D 一方面使肠道对钙吸收增加，另一方面刺激破骨细胞活性，促进溶骨作用，骨钙外流，导致血钙升高。

（三）低磷血症

血浆无机磷浓度低于 0.81mmol/L 称为低磷血症。低磷血症一般见于：

1. 摄入减少　呕吐、腹泻及吸收障碍综合征，可引起低磷血症。服用能与磷结合的抗酸药或维生素 D 缺乏时，因肠道内磷的吸收减少导致磷缺乏症。

2. 磷向细胞内转移　是低磷血症最常见原因，与 6－磷酸葡萄糖、1,3－二磷酸甘油酸以及 ATP 等磷酸化合物的生成有关。

3. 甲状旁腺激素过多　抑制肾小管对磷的重吸收，引起低磷血症。

（四）高磷血症

血浆无机磷浓度高于 1.45mmol/L 被称为高磷血症。常见引起高磷血症的原因有：

1. 肾功能衰竭　急慢性肾功能衰竭是高磷血症最常见的原因，由于肾小球滤过率降低，肠道吸收的磷超过肾排出磷的能力，导致血磷升高。

2. 骨磷释放增加　某些继发性甲状旁腺功能亢进患者，由于 PTH 促进溶骨，骨磷释放增多，引起一过性血磷升高。

3. 磷进入细胞外液增多　常见于呼吸性酸中毒、乳酸酸中毒、糖尿病酸中毒、骨骼肌破坏、肿瘤的细胞毒性、化疗药物致细胞损伤、淋巴性白血病、血管内溶血等。

4. 磷酸盐摄入过多　见于口服含磷化合物或使用含磷酸盐的缓泻剂和灌肠液。

小结

水和无机盐都是人体所必需的营养素，参与人体组织和体液的构成。水还具有促进并参与物质代谢和营养运输，调节并维持体温恒定和润滑的作用；而无机盐则在维持体液的渗透压平衡、水平衡、酸碱平衡，维持神经和肌肉的兴奋性，参与细胞的正常新陈代谢等方面具有十分重要的作用。

体液分为细胞内液和细胞外液。正常成人体液总量约占体重的60%，其中细胞内液约占体重的40%，细胞外液约占体重的20%，在细胞外液中，血浆和淋巴液约占体重的5%，细胞间液约占体重的15%。细胞内液与细胞外液在电解质分布和组成上有很大差别，细胞内液主要的阳离子是K^+，主要的阴离子是磷酸根和蛋白质；而细胞外液主要的阳离子是Na^+，主要的阴离子是Cl^-和HCO_3^-，这些离子分别在维持细胞内、外液渗透压和容量方面起主要作用。

体内水的来源和去路保持动态平衡。来源与去路每天总量均约为2500mL。水主要来自饮水、食物水及代谢水；水的去路有皮肤蒸发、肺呼出、肾脏排水以及粪便排出，其中肾脏排水为最主要去路，每日尿量不低于500mL。

水和电解质在体内各区间不断地进行交换，包括血浆与细胞间液、细胞间液与细胞内液的交换，从而保持体液的动态平衡。

钠、钾在消化道吸收，主要由肾排出。肾排钠的特点是“多吃多排，少吃少排，不吃几乎不排”；肾排钾的特点是“多吃多排，少吃少排，不吃也排”。细胞内外钾平衡缓慢，补钾时应遵守“四不宜”原则。

钙、磷的主要功能是构成骨盐，参与骨骼的形成。正常成人血浆［Ca］×［P］=2.5～3.5。调节钙磷代谢的激素有甲状旁腺素、$1,25-(OH)_2-D_3$和降钙素，它们的靶组织均是小肠、骨和肾。甲状旁腺素总效应是升高血钙、降低血磷；$1,25-(OH)_2-D_3$总效应是升高血钙和血磷；降钙素总效应则是降低血钙和血磷。

体液平衡受神经系统、抗利尿激素、醛固酮以及心钠素的调节。抗利尿激素主要生理作用是促进水的重吸收，使尿液浓缩，尿量减少；醛固酮的主要作用是排氢、排钾、保钠、保水；心钠素的主要作用是利钠、利尿。

水、电解质平衡紊乱时会发生脱水、水肿、低血钾或高血钾、低钙血症或高钙血症、低磷血症或高磷血症等病理现象。

津液代谢与水盐代谢

中医学认为，津液是机体一切正常水液的总称，包括各脏腑形体官窍的内在液体及其正常的分泌物，如胃液、肠液、唾液、关节液等，习惯上也包括代谢产物中的尿、汗、泪等。津液以水分为主体，含有大量的营养物质，是构成人体和维持生命活动的基本物质之一。

津液的生成，主要是通过胃对饮食水谷的“游溢精气”，小肠的“分清别浊”，大肠吸收部分水液，其清者经脾运化即为津液，散精于肺而布散全身。

津液的输布，主要通过脾的运化，肺的通调水道和肾的蒸腾汽化而实现。此外亦与肝的疏泄（调畅气机）及三焦的决渎（通利水道）有关。

津液的排泄，主要通过肺将宣发至体表的津液化为汗液，肺在呼气时也排出了部分的水分；肾将水液蒸腾汽化生成的尿液送至膀胱排出；粪便经大肠排出时也带走一部分残余水分。

津液的代谢依赖五脏六腑生理功能的协同配合，以肺、脾、肾三脏的功能活动为主。各有关脏腑特别是肺脾肾功能失调，均可影响津液的生成、输布和排泄，破坏津液代谢平衡，会形成伤津、脱液等津液不足的病变，或形成痰饮、内生水湿、水肿、腹水等津液环流障碍，水液停滞积聚的病变。

NOTE

第二十一章　酸碱平衡

【案例1】

患者，女，45岁，患糖尿病10余年，因“昏迷”入院。

体格检查：血压90/40mmHg，脉搏103次/分，呼吸深大，28次/分。

实验室检查：血糖10.3mmol/L，K^+5.7mmol/L，Na^+140mmol/L，Cl^-104mmol/L；血pH值7.08，P_{CO_2} 26mmHg，AB 5.4mmol/L，SB 10.4mmol/L，BE －2.5mmol/L，尿糖（++++），尿酮（++++）。

问题讨论

1. 该患者临床初步诊断是什么？
2. 患者发生酸碱平衡紊乱的生化机制是什么？

【案例2】

患者，男，11岁，因“发热、咳嗽3天，呼吸急促12小时”发热门诊留观。

体格检查：血压110/70mmHg，呼吸38次/分，肺部闻及湿啰音。

实验室检查：K^+4.5mmol/L，Na^+135mmol/L，Cl^-104mmol/L，HCO_3^-23.3mmol/L；血pH值7.51，$PaCO_2$ 30mmHg，BE1.2mmol/L。

问题讨论

试通过酸碱平衡紊乱的生化机制分析该患者的临床表现并给出初步诊断。

人体的正常代谢和生理活动需要在相对恒定的体液酸碱度下进行。正常人体的血浆pH呈弱碱性，其变动范围很窄，为7.35～7.45。实际上，机体代谢产生的酸性和碱性产物，以及通过消化道摄取的酸性、碱性食物和药物等，都会影响到体液的pH。但正常人体体液pH总是能维持相对稳定，保证生命活动得以正常进行，这有赖于机体对酸碱物质的调节。机体处理酸性和碱性物质的含量和比例，使体液pH维持在恒定范围内的过程称为酸碱平衡（acid－base balance）。

第一节　体内酸碱物质的来源

体内的酸性或碱性物质主要是由细胞内物质分解代谢产生，部分来自于食物和药物等。普通膳食条件下，体内代谢产生的酸性物质比碱性物质多。

NOTE

一、酸性物质的来源

体内的酸性物质包括挥发酸（volatile acid）和固定酸（fixed acid）。

1. 挥发酸 即 H_2CO_3，因其随血液流经肺时可分解成 CO_2 而排出体外，故称挥发酸。H_2CO_3 是糖、脂和蛋白质彻底氧化产生的 CO_2 与 H_2O 结合后的产物，是人体代谢产生的最多的酸性物质。

机体内 CO_2 与 H_2O 结合生成 H_2CO_3 的反应主要是在碳酸酐酶（carbonic anhydrase，CA）的作用下进行的可逆反应，该酶在红细胞、肾小管、肺泡和胃黏膜的上皮细胞内活性较高。

成人在安静状态下每天可产生300～400L CO_2，若全部与 H_2O 合成 H_2CO_3，并释放 H^+，相当于每天产 H^+ 15～20mol。各种因素引起的代谢率增加，如运动、发热、饥饿、甲状腺功能亢进等，均能使 CO_2 生成量显著增加。肺的呼吸作用可对挥发酸进行调节，称为酸碱的呼吸性调节。

2. 固定酸 又称非挥发酸（nonvolatile acid），是指不能转变为碳酸以 CO_2 形式由肺呼出，而只能通过肾由尿排出的酸性物质。固定酸主要由物质氧化分解代谢产生，如磷酸、硫酸、尿酸、丙酮酸、乳酸、三羧酸、β－羟丁酸和乙酰乙酸等；小部分来自机体消化道摄入的一些酸性食物，如醋酸、柠檬酸等，或服用的酸性药物如阿司匹林、氯化铵、水杨酸等。

成人每日由固定酸产生的 H^+ 为0.05～0.1mol。肾脏可对固定酸进行调节，称为酸碱的肾性调节。

糖、脂和蛋白质在体内分解代谢后可产生大量的挥发酸和固定酸，是成酸食物。

二、碱性物质的来源

物质代谢和消化道摄入物均可在体内生成碱性物质，以后者为主。代谢产生的碱如氨基酸脱氨基、肾小管细胞泌氨以及肠道吸收的蛋白质腐败产物胺类等。蔬菜、瓜果中所含的钠盐和钾盐，如柠檬酸盐、苹果酸盐和草酸盐等通过消化道摄入后，可与 H^+ 发生反应，分别转化为柠檬酸、苹果酸和草酸，Na^+ 或 K^+ 则可与 HCO_3^- 结合生成碱性盐，因此蔬菜和水果是成碱食物。某些药物、饮料中含有的 $NaHCO_3$ 也是消化道摄入的碱性物质。

普通膳食情况下，机体内每日产生的酸碱物质中和后，尚剩余 H^+ 约0.07mol。

第二节 酸碱平衡的调节

尽管正常机体中不断生成和摄取酸性或碱性物质，但体液尤其是血液 pH 并不发生明显改变，这是由于体液中的缓冲系统以及一系列调节机制的作用，保持了酸碱的稳态。机体对体液酸碱平衡的调节主要有四个方面。

一、血液缓冲系统的调节

（一）血液缓冲系统的组成

血液能够抵抗少量外来酸性或碱性物质，保持其 pH 几乎不变的作用，即缓冲作用（buffering）。这是因为血液中存在由弱酸（缓冲酸）及其相对应的共轭碱（缓冲碱）组成的缓冲体系构成的缓冲系统，具有缓冲少量外来酸和碱的能力。

血液的缓冲系统主要有碳酸氢盐缓冲体系、磷酸盐缓冲体系、血浆蛋白缓冲体系、血红蛋白和氧合血红蛋白缓冲体系五种。其中血浆和红细胞中存在的缓冲体系各不相同。

血浆中主要缓冲体系：

$$\frac{NaHCO_3}{H_2CO_3}, \frac{Na_2HPO_4}{NaH_2PO_4}, \frac{Na-Pr}{H-Pr}$$（Pr：血浆蛋白）

红细胞中主要缓冲体系：

$$\frac{KHCO_3}{H_2CO_3}, \frac{K_2HPO_4}{KH_2PO_4}, \frac{KHb}{HHb}, \frac{KHbO_2}{HHbO_2}$$（Hb：血红蛋白，HbO_2：氧合血红蛋白）

血浆中以碳酸氢盐缓冲体系最为重要，红细胞中以血红蛋白及氧合血红蛋白缓冲体系最为重要。

表 21-1　全血各缓冲体系缓冲能力比较

缓冲系统	占全血缓冲能力的百分比（%）
血浆碳酸氢盐缓冲体系	35
红细胞碳酸氢盐缓冲体系	18
有机磷酸盐缓冲体系	3
无机磷酸盐缓冲体系	2
血浆蛋白缓冲体系	7
血红蛋白及氧合血红蛋白缓冲体系	35

血浆的 pH 与［$NaHCO_3$］与［H_2CO_3］的比值有关。正常人体血浆 pH 值的均值为 7.4。根据 Henderson - Hasselbalch 方程式，可知：

$$pH = pK_a + \lg\frac{[NaHCO_3]}{[H_2CO_3]}$$

式中 pK_a 为 H_2CO_3 一级解离常数的负对数值，37℃时血浆中为 6.1；血浆中的 $NaHCO_3$ 浓度为 24mmol/L，H_2CO_3 浓度为 1.2mmol/L。代入上式可得：

$$pH = 6.1 + \lg\frac{24}{1.2} = 6.1 + \lg\frac{20}{1} = 6.1 + 1.3 = 7.4$$

可见，血浆 pH 主要取决于血浆［$NaHCO_3$］与［H_2CO_3］的比值，无论两者的绝对浓度如何变化，只要该比值维持 20∶1 左右，血浆 pH 仍可维持在正常范围。因此，机体可通过调节血浆［$NaHCO_3$］和［H_2CO_3］的相对含量，维持［$NaHCO_3$］/［H_2CO_3］=20∶1，来保证血浆 pH 值为 7.4。实际上，正常人动脉血浆 pH 值为 7.4，静脉血浆 pH 值为 7.38，略低于动脉血浆。

（二）血液缓冲系统的缓冲作用

进入血液的挥发酸主要由血红蛋白及氧合血红蛋白缓冲体系所缓冲；而固定酸或固定碱则主要靠碳酸氢盐缓冲体系进行缓冲。

1. 对挥发酸的缓冲作用　体内产生的 CO_2 约有 10% 在血浆中变成 H_2CO_3，其余 90% 进入红细胞。对挥发酸的缓冲作用主要由红细胞中的血红蛋白及氧合血红蛋白缓冲体系来完成。

（1）当血液流经组织时，$KHbO_2$ 释放 O_2 转变成 KHb 时接受 H^+，增强了对来自组织细胞

CO_2 的缓冲能力。

组织中 CO_2 分压高，CO_2 从组织中弥散入血，进入红细胞，在碳酸酐酶催化下与 H_2O 结合生成 H_2CO_3，使红细胞内 pH 有降低的趋势。但组织中 O_2 分压低，红细胞中的 $KHbO_2$ 易释放 O_2 而转变为碱性较强的 KHb，KHb 与 H_2CO_3 作用生成酸性比 H_2CO_3 更弱的 HHb，从而缓冲了 H_2CO_3 的酸性。此过程中 $KHbO_2$ 释放的 O_2 从红细胞弥散入血浆，继而进入组织细胞，完成了组织 CO_2 与血液 O_2 的交换。上述 KHb 与 H_2CO_3 作用生成 HHb 的同时，也产生了 HCO_3^-，HCO_3^- 弥散进入血浆，同时由等量的 Cl^- 进入红细胞以维持电平衡，这种血浆中 Cl^- 与红细胞中 HCO_3^- 相互转移称为氯转移。

（2）当血液流经肺泡时，KHb 转化成酸性更强的 $KHbO_2$，从而抵消了释放 CO_2（最终由肺呼出）所造成的酸性减弱。

肺泡中 O_2 分压高，O_2 从肺泡中弥散入血，进入红细胞，与 KHb 结合生成 $KHbO_2$，进一步与 $KHCO_3$ 反应生成 H_2CO_3，H_2CO_3 在碳酸酐酶催化下分解得到 H_2O 和 CO_2。肺泡中 CO_2 分压低，CO_2 由红细胞弥散入血浆，再由肺呼出体外，从而最终达到缓冲血液中 H_2CO_3 酸性的作用。此过程同时完成了血液 CO_2 与肺泡 O_2 的交换（图 21－1）。而肺呼出 CO_2 的同时所减少的 HCO_3^-，则又由等量的 Cl^- 转移入血浆以维持电平衡。

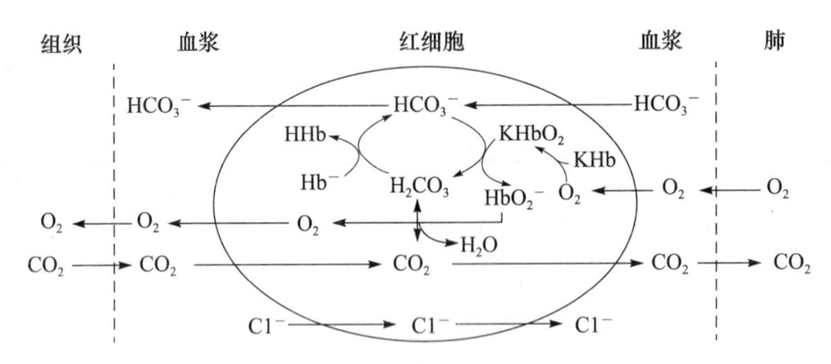

图 21－1 血液缓冲系统对挥发酸的缓冲作用

2. 对固定酸的缓冲作用 血液对固定酸的缓冲主要通过碳酸氢盐缓冲系统来完成。酸性较强的固定酸可通过碳酸氢盐缓冲系统的作用转变成为酸性较弱的 H_2CO_3，从而减轻对血液 pH 的影响。H_2CO_3 可进一步分解为 H_2O 和 CO_2，最后由肺将 CO_2 呼出体外。

$$H-A + NaHCO_3 \longleftrightarrow Na-A + H_2CO_3 \rightarrow H_2O + CO_2$$

血浆中的固定酸主要靠 $NaHCO_3$ 进行缓冲，它在一定程度上代表了血浆对固定酸的缓冲能力，故习惯上把 $NaHCO_3$ 看成是血浆中的碱储备，简称碱储或碱藏（alkaline reserve）。在临床上用血浆二氧化碳结合力（CO_2CP）来反映碱储的含量。

碳酸氢盐缓冲体系进行的是开放性缓冲，在血浆中含量最多，作用最快，其缓冲能力强，占血液缓冲总量的53%。其缓冲潜力大，对固定酸缓冲后所生成的 H_2CO_3，可转化为 CO_2 经肺排出，所消耗的碳酸氢盐可通过肾的调节来补充。

此外，血浆蛋白和 Na_2HPO_4 也能缓冲固定酸。

$$H\text{-}A + Na\text{-}血浆蛋白 \longleftrightarrow Na\text{-}A + H\text{-}血浆蛋白$$

$$H\text{-}A + Na_2HPO_4 \longleftrightarrow Na\text{-}A + NaH_2PO_4$$

3. 对碱的缓冲作用　碱性物质进入血液时，缓冲系统中的酸性物质与其作用，反应式如下：

$$OH^- + H_2CO_3 \longrightarrow HCO_3^- + H_2O$$

$$OH^- + H_2PO_4^- \longrightarrow HPO_4^{2-} + H_2O$$

生成的 HCO_3^- 和 HPO_4^{2-} 最后可由肾脏排出。

总的来说，血液缓冲系统是通过将酸或碱转变为较弱的酸或碱来完成其缓冲作用的，其作用迅速，但若进入血液的酸或碱太多，超过了它们的缓冲能力，则还需要肺及肾的协同调节作用，才能保持体内的酸碱平衡。

二、肺对酸碱平衡的调节

肺可通过改变肺泡对 CO_2 呼出的通气量来控制挥发酸（H_2CO_3）的排出量，从而调节血浆 $NaHCO_3$ 和 H_2CO_3 的相对含量，以保持 pH 相对恒定。因此，呼吸的深浅及频率的变化可影响到体液的酸碱平衡。肺的这种调节作用数分钟内即可达高峰。

呼吸运动的深度和频率受延髓呼吸中枢控制。延髓呼吸中枢通过接受来自中枢化学感受器和外周化学感受器的刺激，从而控制肺的通气量。CO_2 分压的变化可使得脑脊液和脑间质液的 H^+ 浓度发生变化，pH 改变，影响位于延髓腹外侧浅表部位对 H^+ 敏感的中枢化学感受器，从而改变呼吸中枢的兴奋性。缺氧、pH 变化和 CO_2 分压变化也会刺激外周化学感受器，进而使呼吸中枢的兴奋性发生变化，但其反应较迟钝。

当体内固定酸产生过多时，$NaHCO_3$ 可对其进行缓冲，因而会有较多 H_2CO_3 生成，导致血浆 CO_2 分压升高，pH 下降，刺激中枢化学感受器，从而兴奋呼吸中枢，引起呼吸加深加快，CO_2 呼出增加，使血浆 H_2CO_3 浓度下降。当体内碱性物质产生过多时，H_2CO_3 可对其进行缓冲，导致血浆 CO_2 分压降低，pH 升高，中枢化学感受器和呼吸中枢的兴奋性降低，呼吸变浅变慢，CO_2 呼出减少，使血浆 H_2CO_3 得以较多保留。

正常情况下血浆中 CO_2 分压的正常值为 40mmHg（5.32kPa），若增加到 60mmHg（8kPa）时，CO_2 排出量显著增加，肺通气量甚至可增加 10 倍，通过反馈调节使血中 H_2CO_3 浓度或 CO_2 分压降低。但如果 CO_2 分压进一步增加到 80mmHg（10.7kPa）以上时，呼吸中枢反而受到抑制，产生 CO_2 麻醉（carbon dioxide narcosis）。

三、肾对酸碱平衡的调节

机体在代谢过程中产生的酸性物质远多于碱性物质，体液中的固定酸需不断消耗 $NaHCO_3$ 和其他碱性物质来中和，因此，如果不能及时补充碱性物质和排出多余的 H^+，血液 pH 就会发生变动。固定酸最终主要随着尿液被排出体外，所以，正常膳食条件下，尿液的 pH 值约为 6.0。但人体尿液 pH 会随体液中酸碱物质浓度的变化情况，在 4.4～8.2 的范围内变动。可见，根据机体 pH 的变化情况，肾可通过排酸保碱或排碱保酸的作用来调节血中 $NaHCO_3$ 浓度，维持血浆 pH 的相对恒定，且肾脏调节酸碱平衡的作用非常强大。

肾对酸碱平衡的调节是通过 H^+-Na^+ 交换、$NH_4^+-Na^+$ 交换和 K^+-Na^+ 交换等机制来实现的。与肺调节挥发酸排出相比，肾脏主要调节固定酸的排出、$NaHCO_3$ 的重吸收或重新生成，调节速度较慢，但持续时间长，作用稳定。

（一）H^+-Na^+交换

1. $NaHCO_3$ 的重吸收 人体每天从肾小球滤入管腔液的 $NaHCO_3$ 约300g，随尿液排出体外的 $NaHCO_3$ 约0.3g，仅为滤出量的0.1%，即机体几乎无 $NaHCO_3$ 的丢失。$NaHCO_3$ 可自由通过肾小球，肾小球滤液中 $NaHCO_3$ 含量与血浆相等，其中85%～90%在近曲小管被重吸收，其余部分在远曲小管和髓襻被重吸收。肾小管对 $NaHCO_3$ 的重吸收是通过 H^+-Na^+ 交换来实现的，近曲小管细胞在主动泌 H^+ 的同时，从管腔中回收 Na^+，两者转运方向相反，Na^+ 可再吸收入血，同时 HCO_3^- 也被吸收入血，与 Na^+ 结合生成 $NaHCO_3$。其具体作用过程为：①近曲小管上皮细胞内的碳酸酐酶催化 CO_2 与 H_2O 结合生成 H_2CO_3，进而部分解离出 H^+ 和 HCO_3^-；②H^+ 通过肾小管管腔面的 H^+-Na^+ 交换体分泌到管腔中，而管腔中的 Na^+ 则被重吸收入上皮细胞内；③管腔中的 H^+ 与经肾小球滤过的 HCO_3^- 结合生成 H_2CO_3，由肾小管管壁细胞刷状缘上的碳酸酐酶催化分解为 CO_2 和 H_2O，H_2O 随尿液排出，CO_2 通过弥散迅速进入上皮细胞，在细胞内碳酸酐酶的作用下，与 H_2O 结合生成 H_2CO_3，并又解离得到 HCO_3^-；④进入细胞内的 Na^+ 与 HCO_3^- 通过上皮细胞基膜侧的 $Na^+-HCO_3^-$ 载体一起同向被动重吸收到血液循环中，或通过基膜侧的 Na^+-K^+ 泵主动重吸收进入血液循环中（图21－2）。可见，肾小管上皮细胞向管腔分泌1mol H^+，也同时在血浆增加1mol HCO_3^-。酸中毒时碳酸酐酶活性增高，肾泌 H^+ 及保碱的作用加强。

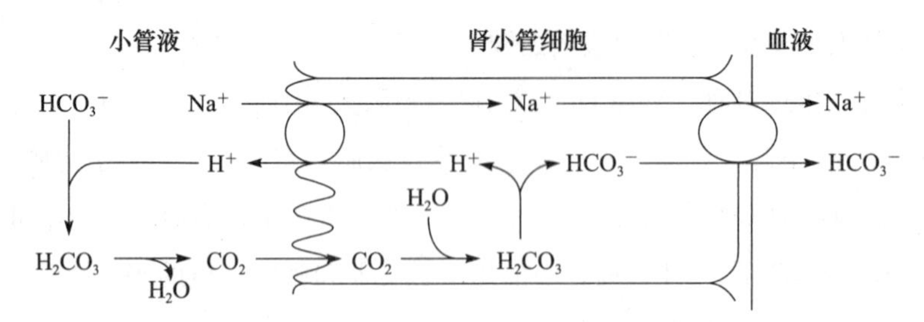

图21－2 肾 H^+-Na^+ 交换与 $NaHCO_3$ 的重吸收

上述作用可将滤入肾小管管腔的 $NaHCO_3$ 几乎全部重吸收入血，但并未增加机体 $NaHCO_3$ 的总量，也未将机体代谢产生的酸性物质排出体外，故还需要有其他的作用机制来调节机体酸碱平衡。

2. 磷酸氢盐的酸化 通过 H^+-Na^+ 交换的方式使磷酸氢钠盐或其他固定酸钠盐中的 Na^+ 重回管壁细胞，使 $NaHCO_3$ 得以再生，同时尿液被酸化，排出固定酸。正常人原尿中的 $[Na_2HPO_4]/[NaH_2PO_4]$ 在近曲小管约为4∶1，pH值为7.4，与血浆相同，原尿流经远曲小管后，pH下降。肾远曲小管可通过 H^+-ATP 酶和 H^+-K^+-ATP 酶主动分泌 H^+ 到集合管管腔，将 HPO_4^{2-} 结合变成 $H_2PO_4^-$，使磷酸氢盐酸化，并通过 H^+-Na^+ 交换换回原尿 Na_2HPO_4 中的 Na^+，Na^+ 和细胞内的 HCO_3^- 可被重吸收进入血液中，使 $NaHCO_3$ 得以再生。当尿液pH值降至4.8左右时，$[Na_2HPO_4]/[NaH_2PO_4]$ 由原来的4∶1变为1∶99，尿液中几乎所有 HPO_4^{2-} 都已转变为 $H_2PO_4^-$，此时缓冲作用达到最大极限（图21－3）。

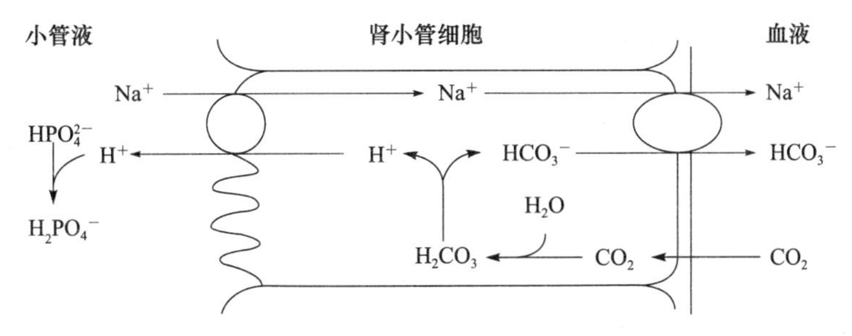

图 21－3 肾 H^+ －Na^+ 交换与磷酸氢盐的酸化

机体代谢产生的其他固定酸如乳酸、乙酰乙酸、β－羟丁酸等形成的钠盐，也可以通过该方式将 Na^+ 换回管壁细胞，重新生成 $NaHCO_3$，固定酸则直接随尿液排出体外。正常情况下，每天代谢产生的 H^+ 约 40% 是通过尿液的酸化作用来排出的。

（二）NH_4^+ －Na^+ 交换

H^+ －Na^+ 交换只可换回肾小管管腔弱酸盐中的 Na^+，NH_4^+ －Na^+ 交换则可换回强酸盐（NaCl、Na_2SO_4 等）中的 Na^+。

近曲小管是产生 NH_3 的主要场所。NH_3 主要由肾小管上皮细胞中谷氨酰胺酶催化谷氨酰胺分解产生，管壁细胞内的氨基酸脱氨基作用也可产生 NH_3。NH_3 与肾小管上皮细胞内的 H^+ 结合生成 NH_4^+，经 NH_4^+ －Na^+ 交换，强酸盐中的 Na^+ 进入肾小管细胞，NH_4^+ 则在管腔中与强酸根结合生成铵盐随尿排出。在远曲小管，NH_3 通过弥散排出后再与管腔原尿中已有的 H^+ 结合生成 NH_4^+，继而完成 NH_4^+ －Na^+ 交换。进入细胞内的 Na^+ 可随 HCO_3^- 回到血液，重新生成 $NaHCO_3$，补充血中碱储（图 21－4）。

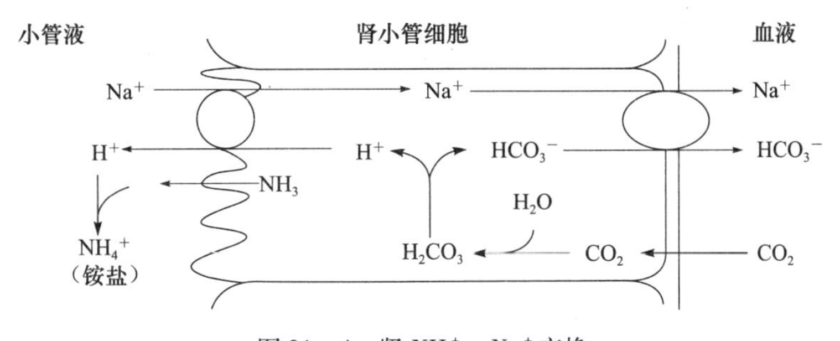

图 21－4 肾 NH_4^+ －Na^+ 交换

NH_4^+ 的生成和排出是 pH 依赖性的，即酸中毒越严重，尿排 NH_4^+ 量越多。在严重的酸中毒时，当远曲小管分泌的 H^+ 与磷酸盐缓冲后使尿液酸化，pH 值下降至 4.8 左右，磷酸盐缓冲系统已不能进行缓冲时，近曲小管泌 NH_4^+ 增多，远曲小管泌 NH_3 也增多，并结合尿中的 H^+ 生成 NH_4^+，尿液排 NH_4^+ 明显增多。正常情况下，每天代谢产生的 H^+ 约 60% 可以 NH_4^+ 形式排出。严重酸中毒时，每天以 NH_4^+ 形式排出的代谢性 H^+ 可高达 10 倍。如尿液呈碱性则泌 NH_4^+ 作用停止，因此，肝昏迷患者禁用碱性利尿药。

（三）K^+ －Na^+ 交换

在远曲小管上皮细胞的管腔侧既有 H^+ －Na^+ 交换，又有 K^+ －Na^+ 交换，它们主要调节 K^+ 的排泄，对血液的酸碱度也会有一定影响，两者间存在竞争作用。酸中毒时，H^+ 分泌增多，K^+ 分泌受竞争性抑制而减少，即在 H^+ －Na^+ 交换占优势时会抑制 K^+ －Na^+ 交换，这是酸中毒时常伴有高血钾，碱中毒时常伴有低血钾的原因之一。反过来，K^+ －Na^+ 交换占优势时也会抑

制 H^+-Na^+ 交换，因此，高血钾易引起酸中毒，低血钾易引起碱中毒。

总之，肾对酸碱的调节主要是通过肾小管细胞的活动来实现的。肾小管上皮细胞在泌 H^+ 的同时，可将 $NaHCO_3$ 重吸收入血。如仍不足以维持细胞外液 $NaHCO_3$ 浓度，则通过磷酸氢盐的酸化和泌 NH_4^+ 生成新的 $NaHCO_3$ 以补充机体缓冲碱的消耗，从而维持血浆碱储。当体内碱性物质增多时，肾减少酸性物质的排出，减少 $NaHCO_3$ 的重吸收和再生，使血浆碱储降低。

四、组织细胞对酸碱平衡的调节

机体组织细胞内存在着大量的细胞内液，可作为酸碱平衡的缓冲池。细胞的缓冲作用有两种方式，即细胞膜内外的离子交换和细胞内缓冲体系。

1. 细胞内外离子交换 细胞可通过 H^+-K^+、H^+-Na^+、Na^+-K^+ 交换维持电中性。当细胞外液 H^+ 增加时，H^+ 弥散进入细胞内，从而减轻了细胞外液酸中毒的程度，而细胞内 K^+ 则移出至细胞外，所以酸中毒时往往伴有高血钾，碱中毒时往往伴有低血钾。由于钾在细胞外液中浓度范围非常小（3.5～5.5mmol/L），而一旦血钾升高或下降则后果严重，因此，临床上酸碱平衡紊乱时应密切关注血钾浓度变化。此外，还存在 $Cl^--HCO_3^-$ 的交换（即氯转移），低 Cl^- 时，通过 $Cl^--HCO_3^-$ 的交换，使 HCO_3^- 移出细胞，所以低 Cl^- 时往往伴有碱中毒；而高 Cl^- 时，使 HCO_3^- 移入细胞，往往伴有酸中毒。一般血浆 Cl^- 浓度的变化与 HCO_3^- 浓度的变化成反比。

2. 细胞内缓冲体系 机体体液的总缓冲能力是血液缓冲能力的6倍，其中细胞内液的缓冲能力强于血液。细胞内液对酸的缓冲能力远超过对碱的缓冲能力。在细胞功能完好的情况下，细胞内的磷酸根离子和蛋白阴离子是最强大的缓冲物质，对细胞内酸中毒有巨大的缓冲作用。

细胞膜为半透膜，CO_2 可迅速进入细胞，但 H^+ 和 HCO_3^- 进出细胞则非常缓慢。因此，体细胞对不同酸碱紊乱的缓冲强度并不一致。代谢性酸中毒时，细胞内的缓冲作用相对缓慢且弱；呼吸性酸中毒时，只要不存在明显的缺氧，细胞内的缓冲作用就非常迅速且强大，一般在15分钟后其缓冲作用就可达60%，3小时后其缓冲作用可达峰值。

此外，肝可以通过合成尿素来降低血氨从而调节酸碱平衡，骨骼的钙盐分解有利于对 H^+ 的缓冲。

上述四方面的调节因素共同维持体内的酸碱平衡，但在作用时间和强度上有所差别。血液缓冲系统作用最快，数秒钟内即可起反应，但不彻底，同时消耗自身缓冲系统，故缓冲作用不易持久。肺的调节作用效能大，在pH改变后几分钟内开始，30分钟达最高峰，通过改变肺泡通气从根本上调节血浆 H_2CO_3 浓度，但不能缓冲固定酸。肾脏的调节作用发挥较慢，常在pH改变后数小时才起作用，但效率高，作用持久，3～5天达高峰，是最重要的调节体系，特别是对固定酸及过多碱性物质的排出完全依靠肾的调节，因此良好的肾功能对保持酸碱平衡十分重要。细胞内液的缓冲作用强于细胞外液，3～4小时后才发挥调节作用，持续24～36小时，但可引起血钾浓度的改变。

第三节 酸碱平衡紊乱

NOTE

当各种因素导致体内酸性、碱性物质过多或不足，超出机体的代偿调节范围，使pH发生改变，就会导致酸碱平衡紊乱或酸碱失衡，机体出现酸中毒或碱中毒。

根据轻重程度不同，酸碱平衡失调有代偿性与失代偿性之分。在酸碱平衡紊乱初期，尽管血液中 $NaHCO_3$ 和 H_2CO_3 的浓度已有所改变，但因各种调节机制仍能较好地发挥作用，故可以保持 $[NaHCO_3]/[H_2CO_3]$ 在 20：1 的比值不变，从而维持血液 pH 恒定，此时称为代偿性酸中毒（compensated acidosis）或代偿性碱中毒（compensated alkalosis）。然而，机体的代偿作用是有限的，若机体的代偿机制不足以使血液 $[NaHCO_3]/[H_2CO_3]$ 维持 20：1 的比值，血液 pH 将随之发生改变，此时称为失代偿性酸中毒（uncompensated acidosis）或失代偿性碱中毒（uncompensated alkalosis）。

一、酸碱平衡失调的基本类型

一般而言，$NaHCO_3$ 的浓度可以反映体内代谢的情况，故又称代谢因素；H_2CO_3 的浓度可以反映肺的通气情况，故又称呼吸因素。因 $NaHCO_3$ 原发性减少或增多引起的酸碱失衡称为代谢性酸中毒（metabolic acidosis）或代谢性碱中毒（metabolic alkalosis）；因 H_2CO_3 原发性增多或减少引起的酸碱失衡称为呼吸性酸中毒（respiratory acidosis）或呼吸性碱中毒（respiratory alkalosis）。

（一）代谢性酸中毒

1. 基本特征 血浆 $NaHCO_3$ 原发性减少。

2. 引发原因 ①体内固定酸过多：固定酸排出障碍，如肾功能不全时，酸性产物潴留，肾小管泌氢和泌氨能力降低；固定酸产生过多，如缺氧、发热或饥饿等引起乳酸性酸中毒、酮症酸中毒等；酸性物质（如阿司匹林）摄入过多或排出障碍等。②碱性物质丢失过多：如严重腹泻、肠梗塞等导致碱性肠液排出体外或蓄积在肠腔内，血浆内碱性物质大量丧失；肾小管肾病使得尿中排 HCO_3^- 增多；大面积烧伤时，血浆 $NaHCO_3$ 由烧伤创面大量渗出流失。③继发原因：严重腹泻脱水患者，不恰当补充大量的生理盐水（0.9% NaCl 溶液）时，由于生理盐水中的 Cl^- 浓度（154mmol/L）高于血浆 Cl^- 浓度（103 mmol/L），肾又来不及迅速排出过多的 Cl^-，结果血浆 Cl^- 过高，通过氯转移，血浆 HCO_3^- 减少，引起代谢性酸中毒；以及高钾血症引起代谢性酸中毒。

3. 代偿调节 血液缓冲系统可将酸性较强的酸转变为弱酸，继而分解后排出体外。血液中的 H^+ 刺激呼吸中枢兴奋，呼吸加深加快，肺泡通气量增大，CO_2 呼出增多，动脉血 CO_2 分压和血浆 H_2CO_3 含量随之降低；肾小管上皮细胞对 $NaHCO_3$ 的重吸收增加；细胞外液中的 H^+ 主要进入红细胞内，由血红蛋白、磷酸盐缓冲体系中和。通过上述代偿调节，使血浆的 pH 维持在正常范围内，则为代偿性代谢性酸中毒。如果固定酸生成不断增加，碱储被不断消耗，经过代偿后 pH 仍低于正常，此时称为失代偿性代谢性酸中毒。

4. 临床表现 呼吸深快，尿液呈酸性；面部潮红、心率加快、血压偏低；对称性肌张力减退、腱反射减弱或消失；可出现神志不清或昏迷。

5. 治疗原则 治疗原发病；恢复循环血容量，缓解缺氧，以减少乳酸的生成；改善肾功能；血浆 $HCO_3^- < 10mmol/L$ 时给予一定量的 $NaHCO_3$ 或乳酸钠，以补充碱储量。由于酸中毒几乎都伴有高血钾，因此要密切关注血钾变化。

NOTE

案例1分析讨论

该患者初步临床诊断：①糖尿病；②酮症酸中毒，失代偿；③高钾血症。

酮症酸中毒属代谢性酸中毒的范畴。该患者已有糖尿病病史10余年，在血糖未控制的情况下，易发生体内脂肪动员增强，脂肪酸的氧化分解增加，伴随产生大量的酮体。由于糖尿病患者胰岛素效应相对不足，导致三羧酸循环的中间产物进入糖异生途径增加，三羧酸循环代谢受阻，过多的酮体不能在肝外组织进行有效分解利用。乙酰乙酸与羟丁酸作为酮体的主要组成，是有机酸类物质，其大量堆积导致代谢性酸中毒。

在酸中毒时，肺能够通过代偿机制排出 CO_2，故导致血中 P_{CO_2} 减少。由于患者存在严重的酸中毒，代偿机制不能维持血pH平衡稳定，最终导致失代偿。

由于酸中毒，细胞内外 H^+-K^+ 交换增强，K^+ 移出细胞，使细胞外 $[K^+]$ 升高，导致高钾血症。

（二）代谢性碱中毒

1. 基本特征 血浆 $NaHCO_3$ 原发性升高。

2. 引发原因 ①体内碱性物质产生过多：如 $NaHCO_3$、乳酸钠、醋酸盐摄入过多或排出障碍等。②酸性物质丢失过多：如胃液引流引起酸性的胃液丢失；血氨升高消耗酸性物质。③继发原因：由于禁食、钾摄入不足引起低血钾，或长期服用某些利尿剂导致低 Cl^-，引起代谢性碱中毒。

3. 代偿调节 血液缓冲系统可通过抗碱的成分进行缓冲。血液中的pH升高，抑制呼吸中枢，呼吸变浅变慢，肺泡通气量减小，CO_2 保留较多，血浆 H_2CO_3 含量代偿性增多；肾小管上皮细胞泌氢和泌氨减少，排出 $NaHCO_3$ 增加。通过上述代偿调节，使血浆的pH维持在正常范围内，则为代偿性代谢性碱中毒。如果碱储被不断消耗，$[NaHCO_3]/[H_2CO_3]$ 不能维持20∶1，pH值高于7.45，此时称为失代偿性代谢性碱中毒。

4. 临床表现 症状不明显，可有浅慢呼吸或神经精神症状（谵妄、精神错乱、嗜睡等），严重者可有昏迷。失代偿时，血液pH和 HCO_3^- 值升高，P_{CO_2} 正常。

5. 治疗原则 积极治疗原发病；轻症患者可输入等渗氯化钠或葡萄糖盐水，严重碱中毒时（血浆 HCO_3^- 45～50mmol/L，pH值>7.65），可用一定量的酸性药物如0.9%的 NH_4Cl 溶液。由于碱中毒几乎均伴有低钾血症，故还应注意补充钾。

（三）呼吸性酸中毒

1. 基本特征 由于 CO_2 吸入过多或排出障碍，导致血浆 H_2CO_3 原发性升高。

2. 引发原因 ①CO_2 吸入过多：如通风不良，人群密度过高的场所中。②CO_2 排出障碍：常见于呼吸中枢抑制、呼吸肌麻痹、呼吸道堵塞、胸廓和肺脏疾病或血液循环障碍等，如急性肺水肿、喉头黏膜水肿、异物堵塞气管、有机磷中毒等。

3. 代偿调节 若呼吸性酸中毒是因呼吸功能障碍而引起的，则呼吸系统代偿作用很弱或无；大量产生的 H_2CO_3 也不能靠碳酸氢盐缓冲系统来缓冲，主要靠非碳酸氢盐缓冲系统（血浆蛋白和 Na_2HPO_4）和肾代偿。肾小管泌氢和泌氨增加，同时通过增加 $NaHCO_3$ 的重吸收来补充碱储。根据 $NaHCO_3$ 和 H_2CO_3 的比值情况，可判断机体对呼吸性酸中毒的代偿调节情况，接

NOTE

近20∶1为代偿性呼吸性酸中毒；若比值变小，pH值低于7.35，为失代偿性呼吸性酸中毒。

4. 临床表现　急性呼吸性酸中毒无任何明显临床表现，慢性呼吸性酸中毒通常有慢性肺疾病症状，如呼吸困难、换气不足、全身乏力等，严重时可有血压下降、谵妄、昏迷，P_{CO_2}增高，急性时pH明显下降，慢性时pH下降不明显。

5. 治疗原则　主要针对病因改善通气和换气功能，促进体内潴留的CO_2及时排出。若情况紧急危及生命，可行气管切开，但由于肾保碱的代偿作用，呼吸性酸中毒时应慎用$NaHCO_3$，尤其在通气尚未改善前。

（四）呼吸性碱中毒

1. 基本特征　血浆H_2CO_3原发性降低。

2. 引发原因　各种原因引起的呼吸中枢兴奋性升高，呼吸加深加快，肺泡通气量过大，CO_2呼出过多，使血浆H_2CO_3含量明显降低，如某些中枢神经系统疾病、癔症性换气过度、药物中毒、低氧血症、甲亢、高热及精神紧张等。

3. 代偿调节　肾小管上皮细胞泌氢和泌氨减少，$NaHCO_3$的重吸收减少，血浆$NaHCO_3$含量呈代偿性降低；细胞内外离子交换和细胞内缓冲作用可使血浆H_2CO_3浓度有所回升。$NaHCO_3$和H_2CO_3的比值仍接近20∶1，为代偿性呼吸性碱中毒；若比值变大，pH值高于7.45，为失代偿性呼吸性碱中毒。

4. 临床表现　可有眩晕，感觉异常，意识障碍，抽搐等；血pH增高，P_{CO_2}和HCO_3^-下降。

5. 治疗原则　积极处理原发病；提高血液P_{CO_2}（可吸入含5% CO_2的氧气或用纸袋罩住口鼻，使患者反复吸回呼出的CO_2以恢复血浆H_2CO_3浓度，症状即可迅速得到控制）；手足抽搐者，给予静脉注射葡萄糖酸钙；对精神性通气过度患者可用镇静剂。

案例2分析讨论

该患者初步临床诊断：①肺部感染（原因待查）；②呼吸性碱中毒，失代偿。

结合患者发热、咳嗽、呼吸急促和肺部湿啰音，可初步诊断为肺部感染。该患者由于肺部感染引起高热，导致呼吸中枢兴奋性升高，呼吸急促，肺泡通气量过大，CO_2呼出过多，血浆P_{CO_2} 30mmHg，含量低于正常值，因而发生呼吸性碱中毒。发生呼吸性碱中毒时，肾脏有一定的代偿能力，但患者血pH高于正常值，故属失代偿。

上述四种临床分型均属于单纯性酸碱平衡紊乱。在临床中，常见同一个体同时并存或相继发生两种或两种以上的酸碱中毒，即出现混合性酸碱平衡紊乱。如肺水肿患者、重症糖尿病患者可同时出现代谢性与呼吸性酸中毒，高热伴呕吐患者可出现代谢性与呼吸性碱中毒，水杨酸或乳酸中毒患者可出现代谢性酸中毒合并呼吸性碱中毒，尿毒症或糖尿病病人因频繁呕吐出现代谢性酸中毒合并代谢性碱中毒等。混合性酸碱平衡紊乱的机理与单纯性的是一致的。

二、酸碱平衡失调的生化指标

通过相关生化指标，可快速、全面地了解患者体内酸碱平衡状况，有助于对病情的分析、诊断和治疗。临床常用的反映酸碱平衡失调的生化指标有：

（一）pH

pH是H^+浓度的负对数，是表示溶液中酸碱度的重要指标。正常人血液pH平均值为7.4，其中动脉血的pH值为7.35～7.45，静脉血pH值较之平均低0.02～0.10。细胞间液的pH与血浆相近，细胞内液的pH一般较细胞外液低。

血浆pH值低于7.33为失代偿性酸中毒，高于7.45为失代偿性碱中毒。pH的异常只能表明酸碱平衡紊乱是否为失代偿性，但不能区分是代谢性的还是呼吸性的酸碱平衡紊乱。而且pH在正常范围内，可以表示酸碱平衡正常，也可表示处于代偿性酸、碱中毒阶段，或同时存在使pH变动相互抵消的混合型酸、碱中毒。因此，在检测pH的同时还要配合其他指标的测定，才有利于做出准确的判断。

（二）动脉血CO_2分压

动脉血CO_2分压（P_{CO_2}）是血浆中呈物理溶解状态的CO_2分子产生的张力。P_{CO_2}正常值为33～46mmHg（4.39～6.25kPa），平均值为40mmHg（5.32kPa）。由于CO_2具有很大的肺泡弥散力，因此动脉血P_{CO_2}相当于肺泡气P_{CO_2}。因此通过测定P_{CO_2}可了解肺泡通气量的情况，为反映呼吸性酸碱平衡紊乱的重要指标。P_{CO_2}与肺泡通气量成反比，如果通气不足，P_{CO_2}升高，见于呼吸性酸中毒，或代偿后的代谢性碱中毒；如果通气过度，P_{CO_2}降低，见于呼吸性碱中毒，或代偿后的代谢性酸中毒。

（三）CO_2结合力

CO_2结合力（CO_2 combining power，CO_2CP）一般指血浆HCO_3^-中CO_2含量。即指血浆中化合状态下的CO_2量，即100毫升血浆在正常肺泡空气压力下（CO_2分压约为40mmHg）所能结合的CO_2毫升数，以容积%表示，正常值为50%～70%容积；或指在标准状态下，CO_2分压为40mmHg时，每升血浆中HCO_3^-所能释放的CO_2毫摩尔数，正常值为23～31mmol/L。由于CO_2在血浆中主要以HCO_3^-的形式存在，代表体内可中和固定酸的碱量，又称碱储。CO_2CP表示来自HCO_3^-和H_2CO_3的CO_2总量，故其受到代谢性和呼吸性两方面因素的影响。当发生代谢性酸中毒或代偿性呼吸性碱中毒时，CO_2CP均表现为下降；而当发生代谢性碱中毒或代偿性呼吸性酸中毒时，CO_2CP则呈上升趋势。

（四）标准碳酸氢盐和实际碳酸氢盐

标准碳酸氢盐（standard bicarbonate，SB）是指在标准条件（38℃，P_{CO_2}为40mmHg，血红蛋白氧饱和度为100%）下测得的血浆中HCO_3^-的浓度。SB的正常范围是22～27mmol/L。由于标准化后HCO_3^-不受呼吸因素的影响，所以是判断代谢因素的指标。

实际碳酸氢盐（actual bicarbonate，AB）是指在隔绝空气的条件下，在实际P_{CO_2}、体温和血氧饱和度条件下测得的血浆HCO_3^-浓度，是人体血浆中的HCO_3^-的实际含量。AB的正常值为21～26mmol/L。AB同时受到呼吸和代谢两方面的影响。

正常人SB与AB相等。两者数值均低表明有代谢性酸中毒；两者数值均高表明有代谢性碱中毒。AB与SB的差值反映呼吸因素对酸碱平衡的影响，$AB > SB$表示有CO_2潴留，可见于呼吸性酸中毒或代偿后的代谢性碱中毒；如果$AB < SB$，表示CO_2呼出过多，见于呼吸性碱中毒或代偿后的代谢性酸中毒。

NOTE

（五）缓冲碱

全血缓冲碱（buffer base，BB）是血液中具有缓冲作用的负离子碱性物质的总和，包括血浆和红细胞中的 HCO_3^-、Hb^-、HbO_2^-、Pr^-、HPO_4^-，因此，BB 比 HCO_3^- 更能全面地反映机体中和酸的能力。BB 通常用氧饱和的全血在标准状态下的测定值，正常值为 45～52mmol/L，是反映代谢因素的指标。代谢性酸中毒时 BB 减少，而代谢性碱中毒时 BB 升高。

（六）碱剩余

碱剩余（base excess，BE）是指标准条件下（38℃，P_{CO_2} 为 40mmHg），用酸或碱滴定全血标本至 pH 值 7.40 时所需的酸或碱的量（mmol/L）。若用酸滴定，使血液 pH 值达 7.40，则表示被测血液的碱过多，BE 用正值表示；如需用碱滴定，说明被测血液的碱缺失，BE 用负值表示。全血 BE 正常值范围为 −3.0～+3.0mmol/L。BE 不受呼吸因素的影响，是反映代谢因素的指标，能比较精确的反映缓冲碱的不足或过剩。代谢性酸中毒时 BE 负值增加；代谢性碱中毒时 BE 正值增加。但在呼吸性酸碱平衡紊乱的情况下，由于肾脏的代偿作用，BE 也可分别增加或降低。

（七）阴离子间隙

阴离子间隙（anion gap，AG）是一项受到广泛重视的酸碱指标。AG 指血浆中未测定的阴离子（undetermined anion，UA）与未测定的阳离子（undetermined cation，UC）的差值，即 AG = UA − UC。正常机体血浆中的阳离子与阴离子总量相等，均为 151mmol/L，从而维持电荷平衡。Na^+ 占血浆阳离子总量的 90%，为可测定阳离子；HCO_3^- 和 Cl^- 占血浆阴离子总量的 85%，为可测定阴离子；血浆中其余的 K^+、Ca^{2+}、Mg^{2+} 以及 Pr^-、HPO_4^{2-}、SO_4^{2-} 和有机酸阴离子分别被称为未测定阳离子和未测定阴离子。临床实际测定时，一般仅测定阳离子中的 Na^+，阴离子中的 Cl^- 和 HCO_3^-。因血浆中的阴、阳离子总数完全相等，即：

$$Na^+ + UC = (HCO_3^- + Cl^-) + UA$$

则 $AG = UA - UC = Na^+ - (HCO_3^- + Cl^-) = 140 - (24 + 104) = 12$mmol/L。

AG 正常范围为 10～14mmol/L。在临床中，AG 可增高也可降低，但增高的意义较大，可帮助区分代谢性酸中毒的类型和诊断混合型酸碱平衡紊乱。AG 降低仅见于未测定阴离子减少或未测定阳离子增多，如低蛋白血症等。

案例 1 分析讨论

在发生代谢性酸中毒的过程中，该患者代偿性通过肺的深大呼吸以排出 CO_2，故 P_{CO_2} 呈现下降；但患者代谢性酸中毒严重，超出机体的代偿能力，故血 pH 仍低于正常值。同时，血 AB 与 SB 数值均下降，作为反映代谢因素的重要指标，BE 也出现负值增加，支持代谢性酸中毒的诊断。

小结

正常人体的血浆 pH 值为 7.3～7.45。机体处理体内酸性和碱性物质的含量和比例，使体液 pH 维持在恒定范围内的过程，称为酸碱平衡。血浆 pH 主要取决于血浆［$NaHCO_3$］与［H_2CO_3］的比值，无论两者的绝对浓度如何变化，只要该比例维持在20∶1左右，就能保证血浆 pH 值为7.4。

体内的酸性物质包括挥发酸与固定酸。挥发酸，即 H_2CO_3，是人体代谢产生最多的酸性物质。固定酸，又称非挥发酸，是指不能转变为碳酸以 CO_2 形式由肺呼出，而只能通过肾由尿排出的酸性物质。物质代谢和消化道摄入均可在体内产生酸、碱性物质，糖、脂和蛋白质是成酸食物，蔬菜和水果是成碱食物。

机体主要通过四个方面调节体液酸碱平衡：血液缓冲系统、肺、肾和组织细胞。血液的缓冲系统是通过将酸或碱转变为较弱的酸或碱来完成缓冲过程的，其作用迅速。血液中有五种缓冲体系，其中血浆中以碳酸氢盐缓冲体系最为重要，红细胞中以血红蛋白及氧合血红蛋白缓冲体系最为重要。肺可通过改变肺泡对 CO_2 的呼出来控制挥发酸（H_2CO_3）的排出量，从而调节血浆 $NaHCO_3$ 和 H_2CO_3 的相对含量。肾脏调节酸碱平衡速度较慢，但持续时间长，作用稳定。肾可通过 H^+-Na^+ 交换、$NH_4^+-Na^+$ 交换和 K^+-Na^+ 交换等机制，主要进行排酸保碱来调节血中 $NaHCO_3$ 浓度，维持血浆 pH 值的相对恒定。组织细胞可通过细胞膜内外的离子交换和细胞内缓冲体系两种方式来调节酸碱平衡。

根据程度不同，酸碱平衡失调可分为代偿性酸中毒或碱中毒、失代偿性酸中毒或碱中毒。按起因不同，酸碱平衡紊乱可分为代谢性酸中毒、代谢性碱中毒、呼吸性酸中毒、呼吸性碱中毒。代谢性酸或碱中毒因 $NaHCO_3$ 原发性减少或增多引起，呼吸性酸或碱中毒因 H_2CO_3 原发性增多或减少引起。

临床常用的反映酸碱平衡失调的生化指标有 pH、CO_2 分压、CO_2 结合力、缓冲碱、碱剩余、阴离子间隙、标准碳酸氢盐和实际碳酸氢盐。

食物、酸碱平衡与健康

明代医学家李时珍说："饮食者，人之命脉也。"人体内体液的酸碱状态与日常饮食有着密切的关系。从营养和代谢的角度，可将食物分为成酸性食物和成碱性食物。而食物的酸碱性是根据它们最终在体内生成的物质呈酸性或呈碱性而定。谷薯类、果蔬类、肉蛋类、油脂类这四大类食物中，除果蔬类及红薯等属于碱性食物外，其余基本都是成酸性食物。

如果人们过多地食用成酸性食物，则可能会破坏机体的酸碱平衡，使血液呈酸性，可表现为血液色泽加深、血黏度和血压升高，甚至发生酸中毒。年幼儿童可诱发皮肤病、神经衰弱、胃酸过多、便秘和蛀牙等，而中年人则容易引起高血压、动脉硬化、脑出血、胃溃疡等疾病。酸性体质者常会感到身体疲乏、记忆力衰退、注意力不集中、腰酸腿痛等。有研究表明，酸性体质者更易罹患癌症。另外，近年来的研究发现，在机体酸碱平衡调节中起重要作用的碳酸酐酶在大多数肿瘤中都有较高表达，在不同肿瘤中表达的碳酸酐酶同工酶不同，对肿瘤发生、发展、侵袭和转移等过程都起到重要的作用。

黄帝内经中提到"谷肉果菜，食养尽之，无使过之，保其正色"，又有"五谷为养，五畜为益，五果为助，五菜为充，气味合而服之，以补精益气"。这些论述既要求营养全面又讲究营养平衡，这与现代营养学的理论不谋而合。所以日常应当多吃蔬菜水果等成碱性食物，以保持体内的酸碱平衡。也可根据中医"药食同源"的观点对食物加以调整和搭配。

NOTE

附录一 临床常用检测指标正常参考值

（一）血液常规

项　目	参考值	项目	参考值
红细胞计数（RBC）	男：$4\times10^{12}\sim5.5\times10^{12}$/L 女：$3.5\times10^{12}\sim5\times10^{12}$/L 新生儿：$6\times10^{12}\sim7\times10^{12}$/L	白细胞计数（WBC）	成人：$4\times10^{9}\sim10\times10^{9}$/L 儿童：$5\times10^{9}\sim12\times10^{9}$/L 新生儿：$15\times10^{9}\sim20\times10^{9}$/L
血红蛋白（HB）	男：120～160g/L 女：110～150g/L 新生儿：170～200g/L	中性粒细胞（N）	0.45～0.75（45%～75%）
红细胞压积（HCT）	男：0.42～0.51L/L 女：0.37～0.43L/L	淋巴细胞（L）	0.185～0.40（18.5%～40%）
网织红细胞计数（RET）	成人：0.005～0.015 新生儿：0.02～0.06	单核细胞（M）	0.03～0.08（3%～8%）
红细胞分布宽度（RDW）	<14.9%	嗜酸性细胞（E）	0.005～0.05（0.5%～5%）
红细胞平均体积（MCV）	80～97fL	嗜碱性细胞（B）	0～0.01（0～1%）
平均红细胞血红蛋白浓度（MCHC）	310～360g/L	血小板计数（PLT）	140～440×10^{9}/L
		血小板压积（PCT）	0.11%～0.28%

（二）尿常规

项目	参考值	项目	参考值
尿比重	1.003～1.030；晨尿大于1.020；24小时尿为1.015～1.025；婴儿1.002～1.006	酸碱反应	4.5～8；多数pH值约6；夜间尿较昼间尿为酸
尿糖定性	阴性（-）	尿酮体定性	阴性（-）
尿蛋白质定性	阴性（-）	尿潜血试验	阴性（-）
尿胆素	阴性或弱阳性	尿胆原	健康人尿胆原含量为（+）或小于1：20或<4.0Ehrlicho/L
尿沉渣镜检：			
红细胞	0～3/HPF	白细胞	0～5/HPF
管型		上皮细胞	

NOTE

（三）血液生化指标

1. 肝功能

项 目	参考值	项 目	参考值
总蛋白（TP）	60～80g/L	总胆红素（TBIL）	3～20.3μmol/L
白蛋白（ALB）	35～55g/L	直接胆红素（DBIL）	0.24～7.1μmol/L
球蛋白（GLB）	20～40g/L	间接胆红素（IBIL）	3.4～13.7μmol/L
白蛋白/球蛋白（A/G）	（1.5～2.4）：1	r－谷氨酰转肽酶（r－GT	13～86U/L
丙氨酸氨基转移酶（ALT）	0～35U/L	天冬氨酸氨基转移酶（AS	5～35U/L
碱性磷酸酶（ALP）	39～125U/L		

2. 血糖与血脂

项目	参考值	项目	参考值
葡萄糖	3.33～6.1mmol/L	甘油三酯（TG）	0.1～1.43mmol/L
总胆固醇（TC）	2.9～6.0mmol/L	载脂蛋白A（ApoA1）	1.00～1.55g/L
高密度脂蛋白胆固醇（HDL－C）	≥0.9mmol/L	载脂蛋白B（ApoB）	0.5～1.05g/L
低密度脂蛋白胆固醇（LDL－C）	≤3.4mmol/L 高度危险临界值：3.4～4.1mmol/L 高度危险范围：>4.1mmol/L	载脂蛋白A1/载脂蛋白B比值（ApoA1/Apo	（1.0～2.0）：1

3. 血电解质

项目	参考值（mmol/L）	项目	参考值（mmol/L）
钾（K）	3.3～5.3	钙（Ca）	2.1～2.6
钠（Na）	133～148	无机磷（P）	0.87～1.50
氯化物（Cl）	96～108	镁（Mg）	0.67～1.04

4. 血气分析

项目	参考值	项目	参考值
血液酸碱度（pH）	7.35～7.45	标准碳酸氢根（HCO_3－Std或SB）	20.0～26.0mmol/L
二氧化碳分压（P_{CO_2}）	35.0～45.0mmHg	实际碳酸氢根（HCO_3～act或AB）	21.4～27.3mmol/L
氧分压（P_{O_2}）	80～105mmHg	缓冲碱（BB）	45～55mmol/L
二氧化碳总量（$CtCO_2$）	24.0～32.0mmol/L	碱剩余（BE）	0±3
二氧化碳结合力（CO_2CP）	22.0～28.0mmol/L	氧饱和度（O_2SAT）	95%～99%

NOTE

5. 肾功能

项目	参考值	项目	参考值
尿素氮（BUN）	2.9～7.5mmol/L	肌酐清除率	>90mL/min
肌酐（Cr）	44～120μmol/L	尿酸（UA）	120～420μmol/L

附录二 专业术语汉英对照

1-磷酸葡萄糖 glucose-1-phosphate，G-1-P
3′-磷酸腺苷-5′-磷酸硫酸 3′-phosphoadenosine-5′-phosphosulfate，PAPS
5-氨基咪唑-4-羧基核糖核苷酸 carboxyaminoimidazole ribonucleotide，CAIR
5-氨基咪唑核糖核苷酸 5-aminoimidazole ribonucleotide，AIR
5-磷酸核糖胺 5-phosphoribosyl-β-amine
5′-磷酸核糖-1′-焦磷酸 5-phosphoribosyl-1-pyrophosphate，PRPP
5-氟尿嘧啶 5-fluorouracil，5-FU
5-羟色胺 5-hydroxytryptamine，5-HT
6-磷酸果糖 fructose-6-phosphate，F-6-P
6-磷酸葡萄糖 glucose-6-phosphate，G-6-P
6-巯基嘌呤 6-mercaptopurine，6-MP
8-重氮鸟嘌呤 8-azaguanine，8-AG
α-酮戊二酸脱氢酶复合体 α-ketoglutarate dehydrogenase complex
α-甲胎蛋白 α-fetoprotein，FP
α 螺旋 α helix
β-羟丁酸 β-hydroxybutyric acid
β-肾上腺素受体 β-adrenergic receptor，β-AR
β 折叠 β sheet
β 转角 β turn
γ-氨基丁酸 γ-aminobutyric acid，GABA
γ-谷氨酰基循环 γ-glutamyl cycl e
δ-氨基-γ-酮戊酸 δ-aminolevulinic acid
σ 因子 sigma factor
ATP 合酶 ATP synthase
ATP 循环 ATP cycle
cAMP 依赖性蛋白激酶 cAMP dependent protein kinase，PKA
cDNA 文库 cDNA library
cGMP 依赖的磷酸二酯酶 cGMP-dependent phosphodiesterase，cGMP-PDE
CO_2 结合力 CO_2 combining power，CO_2CP
CO_2 麻醉 carbon dioxide narcosis
CRE 结合蛋白 CRE-binding protein，CREB
DNA 损伤 DNA damage
DNA 修复 DNA repairing
DNA 依赖的 DNA 聚合酶 DNA dependent DNA polymerase
DNA 印迹法 Southern blotting
D-2-脱氧核糖 D-2-deoxyribose
D-核糖 D-ribose
D 环复制 D-loop replication
GTP 酶激活蛋白 GTPase activating protein，GAP
G 蛋白耦联型受体 G-protein coupled receprors，GPCRs
L-谷氨酸脱氢酶 L-glutamate dehydrogenase
RNA 印迹法 Northern blotting
RNA 诱导的沉默复合物 RNA-induced silencing complex
S-腺苷蛋氨酸 S-adenosyl methionine，SAM

A

阿糖胞苷 cytosine arabinoside，Ara-C
癌基因 oncogene
氨基蝶呤 aminopterin
氨基甲酰磷酸合成酶Ⅰ carbamoyl phosphate synthetase Ⅰ，CPS-Ⅰ
氨基甲酰磷酸合成酶Ⅱ carbamyl phosphate synthetase Ⅱ，CPS-Ⅱ
氨基酸 amino acid
氨基酸代谢库 amino acid metabolic pool
氨基肽酶 aminopeptidase

NOTE

氨基酰-tRNA 合成酶　aminoacyl-tRNA synthetase
氨基酰位　aminoacyl site，A site
氨基转移酶　aminotransferase
氨甲蝶呤　methotrexate，MTX
氨酰基位　aminoacyl site

B

白喉毒素　diphtheria toxin
白介素-2　interleukin-2，IL-2
半保留复制　semiconservative replication
半不连续复制　semidiscontinuous replication
伴侣素　chaperonin
胞苷三磷酸　cytidine triphosphate，CTP
胞嘧啶　cytosine，C
苯丙氨酸羟化酶　tyrosine hydroxylase
苯丙酮酸尿症　phenylketonuria，PKU
比活性、比活力　specific activity
比较基因组学　comparative genomics
吡哆胺　pyridoxamine
吡哆醇　pyridoxine
吡哆醛　pyridoxal
必需氨基酸　essential amino acid
必需基团　essential group
必需脂酸　essential fatty acid
编辑　editing
编码链　coding strand
变构调节　allosteric regulation
变构酶　allosteric enzyme
变构效应剂　allosteric effector
变性　denaturation
标准碳酸氢盐　standard bicarbonate，SB
表型　phenotype
别构调节　allosteric regulation
别构酶　allosteric enzyme
别构效应剂　allosteric effector
丙氨酸氨基转移酶　alanine aminotransferase，ALT
丙酮　acetone
丙酮酸　pyruvate
丙酮酸羧化支路　pyruvate carboxylation shunt
丙酮酸脱氢酶复合体　pyruvate dehydrogenase complex
病毒癌基因　viral oncogene，v-onc
卟啉症　porphyria
补救合成　salvage pathway
不可逆抑制　irreversible inhibition

C

操纵基因　operator
操纵子　operon
插入　insertion
肠激酶　enterokinase
超二级结构　supersecondary structure
超滤　ultrafiltration
超氧化物歧化酶　superoxide dismutase，SOD
沉淀　precipitation
沉降系数　sedimentation coefficient
沉降作用　sedimentation
沉默子　silencer
初级胆汁酸　primary bile acid
次黄嘌呤-鸟嘌呤磷酸核糖转移酶　hypoxanthine-guanine phosphoribosyl transferase，HGPRT
次黄嘌呤核苷酸　inosine monophosphate，IMP
次级胆汁酸　secondary bile acid
从头合成　de novo synthesis
促红细胞生成素　erythropoietin，EPO
促甲状腺激素　thyroid stimulating hormone，TSH
催化基团　catalytic group
错配　mismatch

D

代偿性碱中毒　compensated alkalosis
代偿性酸中毒　compensated acidosis
代谢性碱中毒　metabolic alkalosis
代谢性酸中毒　metabolic acidosis
代谢组　metabolome
代谢组学　metabonomics
单纯蛋白质　simple protein
单纯酶　simple enzyme
单纯脂类　simple lipid
单加氧酶　monooxygenase
单链结合蛋白　single strand binding protein，SSBP

NOTE

单糖 monosaccharide
单体酶 monomeric enzyme
胆钙化醇 cholecalciferol
胆固醇 cholesterol
胆固醇酯 cholesterol ester
胆红素 bilirubin
胆绿素 biliverdin
胆囊胆汁 gallbladder bile
胆色素 bile pigment
胆色素原 porphobilinogen
胆素 bilin
胆素原 bilinogen
胆素原的肠肝循环 bilinogen enterohepatic circulation
胆酸 cholic acid
胆汁 bile
胆汁酸 bile acid
胆汁酸的肠肝循环 bile acid enterohepatic circulation
弹性蛋白酶 elastase
蛋氨酸循环 methionine cycle
蛋白激酶 protein kinase，PK
蛋白聚糖 proteoglycan
蛋白磷酸酶 phosphatase
蛋白酶体 proteasome
蛋白质 protein
蛋白质二硫键异构酶 protein disulfide isomerase，PDI
蛋白质组学 proteomics
氮平衡 nitrogen balance
等电点 isoelectric point，pI
低密度脂蛋白 low density lipoprotein，LDL
低血糖 hypoglycemia
底物 substrate，S
底物循环 substrate cycle
第二代测序技术 next-generation sequencing
第二信使 secondary messenger
点突变 point mutation
电泳 electrophoresis
电子传递链 electron transfer chain
淀粉 starch
蝶酰谷氨酸 pteroylglutamic acid
动脉粥样硬化 atherosclerosis，AS
端粒 telomere
端粒酶 telomerase
断裂基因 interrupted gene
多胺 polyamine
多巴胺 dopamine，DA
多功能酶 multifunctional enzyme
多聚核苷酸 polynucleotide
多聚体 polymer
多酶复合体 multienzyme complex
多酶体系 multienzyme system
多顺反子 mRNA polycistronic mRNA
多态性 polymorphism
多糖 polysaccharide

E

鹅脱氧胆酸 chenodeoxycholic acid
儿茶酚胺类 catecholamine，CAs
二级结构 secondary structure
二磷酸核苷 nucleoside diphosphate，NDP
二磷酸脱氧核苷 deoxynucleoside diphosphate，dNDP
二硫键 disulfide bond
二氢乳清酸 dihydroorotate，DHO
二酸单酰 CoA β-hydroxy-β-methylglutaryl coenzyme A，HMG-CoA
二肽酶 dipeptidase
二糖 disaccharide
二酰甘油 diacylglycerol，DAG

F

翻译 translation
翻译阻遏 translational repression
翻译阻遏蛋白 translational repressor
反竞争性抑制 uncompetitive inhibition
反密码子 anticodon
反式作用因子 trans-acting factor
反义 RNA antisense RNA
泛醌 ubiquinone，Q
泛素 ubiquitin
泛酸 pantothenic acid
范德华力 Van der Waals force

非蛋白氮 non-protein nitrogen
非翻译区 untranslated region
非挥发酸 nonvolatile acid
非竞争性抑制 non-competitive inhibition
分解代谢物基因激活蛋白 catabolite gene activator protein
分子伴侣 molecular chaperone
分子生物学 molecular biology
粪卟啉原Ⅲ coproporphyrinogen Ⅲ
辅基 prosthetic group
辅酶A coenzyme A，CoA
辅酶 coenzyme
辅助因子 cofactor
腐败作用 putrefaction
负调节 negative regulation
复合糖 glycoconjugate
复合脂类 compound lipid
复性 renaturation
复制 replication
复制叉 replication fork
复制起点 origin of replication
复制体 replisome
复制子 replicon
富含脯氨酸结构域 proline-rich domain，PD
富含谷氨酰胺结构域 glutamine-rich domain，GD

G

钙调蛋白 calmodulin，CaM
干扰RNA interference RNA，RNAi
干扰素 interferon，IFN
甘氨酰胺核糖核苷酸 glycinamide ribonucleotide，GAR
甘油磷脂 glycerophosphatide
甘油三酯 triglyceride，TG
甘油糖脂 glyceroglycolipid
肝胆汁 hepatic bile
肝素 heparin
肝细胞性黄疸 hepatocellular jaundice
高密度脂蛋白 high density lipoprotein，HDL
高能化合物 high-energy compound
高铁血红蛋白 methemoglobin
高血糖 hyperglycemia
高脂蛋白血症 hyperlipoproteinemia
高脂血症 hyperlipidemia
功能基因组学 functional genomics
共激活因子 coactivator
共价修饰 covalent modification
共有序列 consensus sequence
共阻遏因子 corepressor
构件分子 building block molecule
构象 conformation
构型 configuration
孤啡肽 orphain
谷氨酰胺合成酶 glutamine synthetase
谷氨酰胺酶 glutaminase
谷丙转氨酶 glutamate-pyruvate transaminase，GPT
谷草转氨酶 glutamate-oxaloacetate trans-aminase，GOT
谷胱甘肽 glutathion，GSH
谷胱甘肽过氧化物酶 glutathione peroxidase
固醇载体蛋白 sterol carrier protein，SCP
固定酸 fixed acid
寡聚酶 oligomeric enzyme
寡肽酶 oligopeptidase
寡糖 oligosaccharide
关键酶 key enzyme
管家基因 housekeeping gene
胱冬蛋白酶 caspase
胱硫醚合酶 cystathionine synthase
滚动环复制 rolling circle replication
国际单位 international unit
过氧化氢酶 catalase
过氧化物酶体 peroxisome
过氧化物酶体增殖剂激活受体 peroxisome proliferator-activated receptor，PPAR

H

核不均一RNA heterogenous nuclear RNA，hnRNA
核定位序列 nuclear localization sequence，NLS
核苷 nucleoside
核苷酸 nucleotide

核酶 ribozyme
核酸 nucleic acid
核糖核苷酸还原酶 ribonucleotide reductase，RR
核糖核酸 ribonucleic acid，RNA
核糖核酸还原酶 ribonucleotide reducatase
核糖核酸酶 ribonuclease，RNase
核糖体 ribosome
核糖体 RNA ribosomal RNA，rRNA
核糖体蛋白 ribosomal protein，RP
核心酶 core enzyme
核因子 NF-κB nuclear factor-κB，NF-κB
后基因组 post-genome
后随链 lagging strand
呼吸链 respiratory chain
呼吸性碱中毒 respiratory alkalosis
呼吸性酸中毒 respiratory acidosis
互补 DNA complementary DNA，cDNA
化学渗透学说 chemiosmotic theory
化学修饰 chemical modification
黄疸 jaundice
黄嘌呤核苷酸 xanthosine monophosphate，XMP
黄素单核苷酸 flavin mononucleotide，FMN
黄素蛋白 flavoprotein，FP
黄素腺嘌呤二核苷酸 flavin adenine dinucleotide，FAD
挥发酸 volatile acid
混合功能氧化酶 mixed-function oxidase
活性部位 active site
活性甲基 activated methyl
活性氧 reactive oxygen species
活性中心 active center

J

基因 gene
基因表达 gene expression
基因家族 gene family
基因型 genotype
基因组 genome
基因组文库 genomic library
基因组学 genomics
激活蛋白 activator
激素 hormone
激素的灭活作用 inactivation of hormone
激素反应元件 hormone response element，HRE
激素敏感性脂酶 hormone sensitive lipase，HSL
极低密度脂蛋白 very low density lipoprotein，VLDL
急性时相蛋白质 acute phase protein
己糖激酶 hexokinase，HK
甲硫氨酸循环 methionine cycle
甲羟戊酸 mevalonic acid，MVA
甲酰甘氨脒核糖核苷酸 formylglycinamidine ribonucleotide，FGAM
甲酰甘氨酰胺核糖核苷酸 formylglycinamide ribonucleotide，FGAR
甲状腺激素 thyroid hormone
甲状腺素 thyroxine
假神经递质 false neurotrans-mitter
剪接体 spliceosome
碱储，碱藏 alkaline reserve
碱基 base
碱剩余 base excess，BE
碱性螺旋-环-螺旋 basic helix-turn-helix
焦磷酸硫胺素 thiamine pyrophosphate，TPP
阶段特异性 stage specificity
结构基因组学 structural genomics
结构域 structural domain
结合胆红素 conjugated bilirubin
结合基团 binding group
结合酶 conjugated enzyme
解偶联蛋白 uncoupling protein
解偶联剂 uncoupler
解旋酶 helicase
进位 entrance
竞争性抑制 competitive inhibition
聚合酶链反应 polymerase chain reaction，PCR
绝对特异性 absolute specifictity

K

抗代谢物 antimetabolite
抗坏血酸 ascorbic acid

抗生素 antibiotics

可逆抑制 reversible inhibition

空间特异性 spatial specificity

框移突变 frame-shift mutation

L

酪氨酸酶 tyrosinase

类固醇 steroid

类固醇激素 steroid hormone

离心 centrifugation

离子键 ionic bond

立即早期基因 immediate early gene

立体异构特异性 stereospecificity

连接酶 ligase

亮氨酸拉链 leucine zipper

磷酸肌酸 creatine phosphate

磷酸戊糖途径 pentose phosphate pathway

磷脂 phospholipid

磷脂酶 C phospholipase C, PLC

磷脂酸 phosphatidate

磷脂酰胆碱-胆固醇酰基转移酶 lecithin-cholesterol acyltransferase, LCAT

磷脂酰肌醇-4,5-二磷酸 phosphatidylinositol-4,5-bis-phosphate, PIP_2

硫胺素 thiamine

硫酸角质素 keratan sulfate

硫酸软骨素 chondroitin sulfate

硫辛酸 lipoic acid

路易斯气 Lewisite

螺旋-环-螺旋 helix-loop-helix

螺旋-回折-螺旋 helix-turn-helix

洛伐他汀 lovastatin

M

麦角钙化醇 ergocalciferol

麦芽糖 maltose

酶 enzyme

酶促反应 enzyme-catalyzed reaction

酶蛋白 apoenzyme

酶活性 enzyme activity

酶原 zymogen

糜蛋白酶（胰凝乳蛋白酶） chymotrypsin

米-曼氏方程 Michaelis-Menten equation

密码子 codon

嘧啶碱 pyrimidine base

模板链 template strand

模体 motif

N

脑苷脂 cerebroside

内含子 intron

内肽酶 endopeptidase

逆转录 reverse transcription

逆转录酶 reverse transcriptase

鸟氨酸循环 ornithine cycle

鸟苷酸环化酶 guanylate cyclase, GC

鸟苷酸交换因子 guanine-nucleotide exchange factor, GEF

鸟苷酸结合蛋白 guanylate binding protein

鸟嘌呤 guanine, G

鸟嘌呤核苷酸 guanosine monophosphate, GMP

尿嘧啶 uracil, U

尿嘧啶核苷酸 uridine monophosphate, UMP

尿素循环 urea cycle

尿酸 uric acid

柠檬酸循环 citrate cycle

牛磺酸 taurine

P

帕金森病 Parkinson's disease

嘌呤碱 purine base

葡萄糖 glucose

Q

启动子 promoter

起始 initiation

起始复合物 initiation complex

起始密码子 initiation codon

起始因子 initiation factor, IF

前导链 leading strand

鞘氨醇 sphingosine

NOTE

鞘磷脂 sphingomyelin
鞘糖脂 glycosphingolipid
切除修复 excision repairing
氢键 hydrogen bond
清蛋白 albumin, A
球蛋白 globulin, G
去甲肾上腺素 norepinephrine, NE
全酶 holoenzyme
全血缓冲碱 buffer base, BB
缺失 deletion

R

热激蛋白 heat shock protein, HSP
热休克蛋白 heat shock protein, HSP
人类基因组计划 human genome project
溶血性黄疸 hemolytic jaundice
融解温度或熔点 melting point, T_m
肉碱 carnitine
乳糜微粒 chylomicron, CM
乳清酸 orotic acid
乳清酸核苷酸 orotidine 5′-monophosphate, OMP
乳糖 lactose
乳糖操纵子 *lac* operon
软脂酸 palmitate

S

三碘甲腺原氨酸 3,5,3′-Triiodothyronine, T3
三级结构 tertiary structure
三磷酸肌醇 inositol triphosphate, IP_3
三磷酸脱氧核苷 deoxynucleoside triphosphate, dNTP
三羧酸循环 tricarboxylic acid cycle, TCA
三酰甘油 triacylglycerol
色氨酸操纵子 *trp* operon
色谱技术 chromatography
神经递质 neurotransmitter, NT
神经节苷脂 ganglioside
神经鞘磷脂 sphingomyelin
神经酰胺 ceramide
肾上腺皮质激素 adrenocortical hormone
肾上腺素 epinephrine, E
生长因子受体 growth factor receptor, GFR
生物大分子 biomacromolecule
生物分子 biomolecule
生物化学 biochemistry
生物素 biotin
生物氧化 biological oxidation
生物转化 biotransformation
生育酚 tocopherol
失代偿性碱中毒 uncompensated alkalosis
失代偿性酸中毒 uncompensated acidosis
石胆酸 lithocholic acid
时间特异性 temporal specificity
实际碳酸氢盐 actual bicarbonate, AB
视黄醇 retinol
视黄醛 retinal
视黄酸 retinoic acid, RA
适应型表达 adaptive expression
释放因子 release factor, RF
受体 receptor
受体型蛋白酪氨酸激酶 receptor tyrosine kinase, RTK
疏水作用 hydrophobic interaction
衰减子 attenuator
双螺旋结构模型 DNA double helix model
双向复制 bidirectional replication
水溶性维生素 water-soluble vitamin
顺式作用元件 cis-acting element
顺乌头酸酶 cis-aconitase
四碘甲腺原氨酸 tetraiodothyronine, T4
四级结构 quaternary structure
四氢叶酸 tetrahydrofolic acid, FH_4
酸碱平衡 acid-base balance
酸性激活结构域 acidic activation domain, AAD
羧基肽酶 carboxypeptidase

T

肽 peptide
肽单位 peptide unit
肽脯氨酰顺反异构酶 peptidyl-prolyl cis-trans isomerase, PPI
肽基转移酶 peptidyl transferase

肽键 peptide bond

肽酰基位 peptidyl site

肽酰位 peptidyl site，Psite

探针 probe

碳水化合物 carbohydrate

碳酸酐酶 carbonic anhydrase，CA

糖胺聚糖 glycosaminoglycan

糖蛋白 glycoprotein

糖的有氧氧化 aerobic oxidation

糖苷键 glycosidic bond

糖酵解 glycolysis

糖类 saccharide

糖无氧氧化 anaerobic oxidation

糖异生 gluconeogenesis

糖原 glycogen

糖原分解 glycogenolysis

糖原合成 glycogenesis

糖原合酶 glycogen synthase

糖原磷酸化酶 glycogen phosphorylase

糖脂 glycolipid

特异性 specificity

体重指数 body mass index，BMI

天冬氨酸氨基转移酶 aspartate aminotransferase，AST

添补反应 anaplerotic reaction

铁硫簇 iron-sulfur cluster

通用转录因子 general transcription factor，GTF

同工酶 isoenzyme

同工型 isoform

同型半胱氨酸 homocysteine

同源蛋白质 homologous protein

酮体 ketone bodies

透明质酸 hyaluronic acid

透析 dialysis

退出位 exit site

退火 annealing

褪黑激素 melatonin

脱氨基作用 deamination

脱氧胆酸 deoxycholic acid

脱氧核酶 deoxyribozyme

脱氧核糖核酸 deoxyribonucleic acid，DNA

脱氧核糖核酸酶 deoxyribonuclease，DNase

拓扑异构酶 topoisomerase

W

外肽酶 exopeptidase

外显子 exon

维生素 vitamin，Vit

卫星 DNA satellite DNA

未结合胆红素 unconjugated bilirubin

无规卷曲 random coil

戊糖 pentose

X

稀有碱基 minor base

细胞癌基因 cellular oncogene，c-onc

细胞色素 cytochrome，Cyt

细胞因子 cytokine，CK

细胞周期 cell cycle

细胞周期蛋白 cyclin

纤维素 cellulose

酰核糖核苷酸 N-formylaminoimidazole-4-carboxamide ribonucleotide，FAICAR

酰基载体蛋白 acyl carrier protein，ACP

限速酶 limiting velocity enzyme

限制性内切核酸酶 restriction endonuclease

线粒体 DNA mitochondrial DNA

线粒体输入刺激因子 mitochondrial import stimulating factor，MSF

腺苷酸代琥珀酸 adenylosuccinate，AS

腺苷酸环化酶 adenylate cyclase，AC

腺嘌呤 adenine，A

腺嘌呤核苷酸 adenosine monophosphate，AMP

腺嘌呤磷酸核糖转移酶 adenine phosphoribosyl transferase，APRT

相对特异性 relative specificity

校读功能 proofreading

协同表达 coordinate expression

协同效应 cooperativity

辛伐他汀 simvastatin

锌指结构 zinc finger motif

NOTE

新陈代谢　metabolism
信号识别颗粒　signal recognition particle，SRP
信号肽　signal peptide
信号转导及转录活化蛋白　signal transducer and ac- tivator of transcription，STAT
信使 RNA　messenger RNA，mRNA
性激素　sex hormone
胸腺嘧啶　thymine，T
旋光性　optical rotation
血红蛋白　hemoglobin，Hb
血红素　heme
血红素加氧酶　heme oxygenase
血浆　plasma
血清　serum
血糖　blood sugar
血型物质　blood-group substance
血液　blood

Y

亚铁螯合酶　ferrochelatase
烟酸（尼克酸）　nicotinic acid
烟酰胺（尼克酰胺）　nicotinamide
烟酰胺腺嘌呤二核苷酸　nicotinamide adenine dinu- cleotide，NAD
烟酰胺腺嘌呤二核苷酸磷酸　nicotinamide adenine dinucleotide phosphate，NADP
延长　elongation
延长因子　elongation factor，EF
盐溶　salting-in
盐析　salting-out
衍生脂类　derived lipid
氧化磷酸化　oxidative phosphorylation
一级结构　primary structure
一碳单位　one carbon unit
一氧化氮合酶　nitrogen monoxide synthase，NOS
胰蛋白酶　trypsin
胰岛素　insulin
胰高血糖素　glucagon
移码突变　frame shift mutation
移位　translocation
遗传密码　genetic code
乙酰 CoA 羧化酶　acetyl CoA carboxylase
乙酰乙酸　acetoacetic acid
异柠檬酸脱氢酶　isocitrate dehydrogenase
抑癌基因　antioncogene
抑制剂　inhibitor
阴离子间隙　anion gap，AG
引发体　primosome
引物酶　primase
应激　stress
有丝分裂原激活蛋白激酶　mitogen activated protein kinase，MAPK
右旋糖酐　dextran
诱导表达　induction
诱导剂　inducer
原癌基因　proto-oncogene
原卟啉Ⅸ　protophorphyrin Ⅸ
原位杂交　in situ hybridization

Z

杂多糖　heteropolysaccharide
杂交　hybridization
载体　vector
载脂蛋白　apolipoprotein，apo
增强子　enhancer
增色效应　hyperchromic effect
增殖细胞核抗原　proliferating cell nuclear antigen，PCNA
折叠酶　foldase
蔗糖　sucrose
震颤麻痹　paralysis agitans
正调节　positive regulation
脂蛋白　lipoprotein
脂蛋白脂酶　lipoprotein lipase，LPL
脂多糖　lipopolysaccharides，LPS
脂肪　fat
脂类　lipid
脂溶性维生素　lipid-soluble vitamin
脂酸　fatty acid
脂酰-胆固醇酰基转移酶　acyl-CoA-cholesterol acyltransferase，ACAT

NOTE

直接修复　direct repairing
中间密度脂蛋白　intermediate density lipoprotein，IDL
中介因子　mediator
中心法则　central dogma
终止　termination
终止密码子　termination codon
重氮丝氨酸　azaserine，Azas
重复序列　repetitive sequence
重排　rearragement
重组 DNA 技术　recombinant DNA technology
重组修复　recombination repairing
转氨酶　transaminase
转录　transcription
转录调节因子　transcription regulation factor
转录后基因沉默　post-transcription gene silencing，PTGS
转录后加工　post-transcriptional processing
转录激活因子　transcription activator
转录空泡　transcription bubble
转录抑制因子　transcription repressor
转录因子　transcription factor
转肽酶　transpeptidase
转运 RNA　transfer RNA，tRNA
缀合蛋白质　conjugated protein
阻遏表达　repression
阻遏蛋白　repressor
阻遏基因　repression gene
阻遏剂　repressor
阻塞性黄疸　obstructive jaundice
组胺　histamine
组成性表达　consititutive expression
最适 pH　optimum pH
最适温度　optimum temperature